仪表工试题集

第二版

在线分析仪表分册

王　森　符青灵　主编

化学工业出版社

·北京·

内 容 提 要

本书较为详细地介绍了各种在线分析仪表的原理、结构、选型、应用、维护、校准知识，取样及样品处理系统的设计和应用技术，分析仪系统的安装施工和分析小屋有关知识。对烟气排放连续监测系统（CEMS）、污水排放自动在线监测仪表、天然气处理和能量计量常用在线分析仪表也作了介绍。全书分为 22 个部分，1200 多道试题。

本书不是一般意义上的考试题汇集，而是以试题形式编写的一本培训教材和参考书，它的内容是系统、完整、连贯的。

本书主要读者对象是石油、化工、天然气、电力、冶金、化纤、建材、轻工、食品、制药、工业水处理和污水处理、环保监测等行业的在线分析技术人员和仪表维修人员。对仪表自控设计人员、有关院校师生、在线分析仪表制造行业的技术人员和销售、服务工程师也有参考价值。

图书在版编目（CIP）数据

仪表工试题集．在线分析仪表分册/王森，符青灵主编 . —2 版 . —北京：化学工业出版社，2006.3
（2024.11 重印）
ISBN 978-7-5025-8322-4

Ⅰ．仪… Ⅱ．①王…②符… Ⅲ．①自动化仪表-试题②分析仪器-试题 Ⅳ．TH86-44

中国版本图书馆 CIP 数据核字（2006）第 014233 号

责任编辑：刘 哲 装帧设计：于 兵
责任校对：王素芹

出版发行：化学工业出版社（北京市东城区青年湖南街 13 号 邮政编码 100011）
印 装：北京七彩京通数码快印有限公司
787mm×1092mm 1/16 印张 22¾ 字数 788 千字 2024 年 11 月北京第 2 版第 15 次印刷

购书咨询：010-64518888 售后服务：010-64518899
网 址：http://www.cip.com.cn
凡购买本书，如有缺损质量问题，本社销售中心负责调换。

定 价：68.00 元

前　言

一

《仪表工试题集》（第二版）现场仪表分册、控制仪表分册分别于 2002 年和 2003 年出版，时隔三年之后，在线分析仪表分册终于和读者见面。

之所以拖延了三年之久，主要是由于编写难度较大。在线分析仪表种类多，涉及的知识面广，技术更新和产品换代快，国内有关书籍和参考资料又少，给编写工作带来一定困难。三年中，先后查阅了上百种图书、标准和资料，包括一部分国外专著和标准，经过一年多的写作和反复修改，在诸多同志的合作和协助下，才得以完稿。

限于编者的知识面和水平，书中难免存在不妥之处，诚恳欢迎广大读者和同行专家不吝赐教，给予批评指导。

二

在线分析仪表（On-Line Analyzers）又称过程分析仪表（Process Analyzers）。这两种名称在国外标准和著作中均在采用，国内分析仪器行业将其称为过程分析仪器，我国石油化工行业大多称为在线分析仪表，环保行业则称为自动在线监测仪表。本书采用读者的习惯称呼，定名为"在线分析仪表分册"。

《仪表工试题集（第二版）·在线分析仪表分册》内容涉及气体分析仪、液体分析仪、样品处理系统和仪表安装几个方面，分为 22 个部分，1200 多道试题。

对本书的内容做以下几点说明。

1. 随着全民环保意识的增强和国家排污总量控制计划的实施，在线分析仪表在环境监测和排污计量方面的使用量近年来迅速增加，在环保方面的应用前景十分广阔，为此，本书增加了"烟气排放连续监测系统（CEMS）"及"污水和地表水监测仪表"两部分内容。

2. 预计到 2010 年，全球天然气消费量将达到一次能源消费量的四分之一，这预示着天然气将成为 21 世纪最主要的能源之一。我国天然气在燃料中所占的份额也将大幅提高，采用在线色谱仪和流量计配套，对管输天然气进行能量计量已势在必行。天然气专用色谱仪、硫化氢和总硫分析仪、微量水分仪等在天然气处理和能量计量方面的使用量也是相当可观的。为此，本书加强了这几种仪表的介绍。

3. 取样和样品处理系统的完善程度和可靠性，是在线分析仪表成功应用的关键所在，也是目前国内的薄弱环节。本书对取样和样品处理技术做了较为详细的介绍，其中许多内容是参考国外标准和专著编写的。

4. 《仪表工试题集》一书不是一般意义上的考试题汇集，而是以试题形式编写的一本培训教材和参考书，它的内容是系统、完整、连贯的。该套试题集自 1985 年出版以来，累计发行量已达十几万套，已为广大读者熟悉和接受，因此，本书仍以试题的形式编写并以试题集的名称命名。

三

本书各部分的编写人员如下：

第 1~4，6，8~16，18，20~22 部分：王森；

第 5 部分：符青灵、任军、曹树德、王森；

第 7 部分：罗德偿、王森、符青灵、曹树德；

第 17 部分：符青灵、王森；

第 19 部分：符青灵、曹树德、王森。

参加本书编写的人员还有卓尔、李鹏飞、梁辛、张继勇、罗传忠、曾森、胡俊祖、何定君、李应甲、钱耀红、窦瑞娟、钱宁、黄汉荣、黄方、李卓越、钦鸣伟、童烂周、曾文秀、郑文章。

全书由王兆连、王京华审定。

本书收录了《仪表工试题集》第一版第七部分"在线分析仪表"中的一些内容，主要作者是魏正森等，特此说明并致以敬意。

在本书编写过程中，天华化工机械及自动化研究设计院苏州自动化研究所、广州石油化工公司检验中心给予大力支持和热情协助，在此，谨对上述单位表示衷心感谢！

王　森

目　　录

第 1 篇　基 础 知 识

第 2 篇　气 体 分 析 仪

第1篇 基础知识

1. 仪表的性能指标和有关知识

1-1 什么是在线分析仪表？在线分析仪表如何分类？

答：在线分析仪表（on-line analyzers）又称过程分析仪表（process analyzers），是指直接安装在工艺流程中，对物料的组成成分或物性参数进行自动连续分析的一类仪表。在线分析仪表不仅广泛用于工业生产实时分析，在环境保护污染源（烟气、污水）排放连续自动监测和排污总量控制中，也有广阔的应用前景。

按被测介质的相态分，在线分析仪表可分为气体分析仪和液体分析仪两大类。

按测量成分或参数分，可分为氢分析仪、氧分析仪、pH值测定仪、电导率测定仪等多种。

按测量方法分，可分为光学分析仪器、电化学分析仪器、色谱分析仪器、物性分析仪器、热分析仪器等多种类别。

分析仪器的种类繁多，用途各异，分析方法的发展迅速，现有的分析方法已达200多种，从不同的角度出发可以有不同的分类方法，但目前尚难对分析仪器做出一个统一、科学的分类。

1.1 在线分析仪表主要性能指标

1-2 在线分析仪表的性能指标主要有哪些？

答：在线分析仪表的性能指标含义广泛，但大体上可以分成两类。

一类性能指标与仪器的工作范围和工作条件有关。工作范围主要是指测量对象、测量范围等，对于不同的分析仪器，工作范围方面的性能指标是不同的。工作条件包括环境条件、样品条件、供电供气要求、仪表的防爆性能和防护等级等。在线分析仪表直接安装在工业现场，对工艺流程物料连续选样分析，因此，环境条件对仪器的适应性要求比较严格，仪器对样品条件的要求也比较严格，工作条件方面的性能指标与实验室分析仪器相比，有较大区别。

另一类性能指标与仪器的分析信号，即仪器的响应值有关。这类性能指标对不同的分析仪器，数值和量纲可能有所不同，但它们的定义是共同的，是不同类型分析仪器共同具有的性能指标，是同一类分析仪器进行比较的重要依据，也是评价分析仪器基本性能的重要参数。这类性能指标主要有灵敏度、检出限、重复性、准确度、分辨率、稳定性、线性范围、响应时间等。

1-3 什么是灵敏度？

答：灵敏度（sensitivity）是指被测物质的含量或浓度改变一个单位时分析信号的变化量，表示仪器对被测定量变化的反应能力。也可以说，灵敏度是指仪器的输出信号变化与被测组分浓度变化之比，这一数值越大，表示仪器越敏感，即被测组分浓度有微小变化时，仪表就能产生足够的响应信号。

如果仪器的输入输出是线性特性，则仪器的灵敏度是常数；如果是非线性特性，则灵敏度在整个量程范围内是变数，它在不同的输入输出段是不一样的。

如果仪器的输入输出具有相同的单位，则灵敏度就是放大倍数；如果是不同的单位，则灵敏度是转换系数。

1-4 什么是检出限？

答：检出限（limit of detection）是指能产生一个确证在样品中存在被测物质的分析信号所需要的该物质的最小含量或最小浓度，是表征和评价分析仪器检测能力的一个基本指标。在测量误差遵从正态分布的条件下，指能用该分析仪器以给定的置信度（通常取置信度99.7%，有时也用置信度95%）检出被测组分的最小含量或最小浓度。

显然，分析仪器的灵敏度越高，检出限越低，所能检出的物质量值越小，所以以前常用灵敏度来表征分析仪器的检出限。但分析灵敏度直接依赖于检测器的灵敏度与仪器的放大倍数。随着灵敏度的提高，通常噪声也随之增大，而信噪比和分析方法的检出能力不一定会改善和提高。由于灵敏度未能考虑到测量噪声的影响，因此，现在已不用灵敏度来表征分析仪器的最大检出能力，而推荐用检出限来表征。

1-5 什么是重复性？什么是精密度？

答：重复性（repeatability）又称重复性误差。重复性误差是指仪器在操作条件不变的情况下，多次分析结果之间的偏差。

精密度（precision）是指多次重复测定同一量时各次测定值之间彼此相符合的程度，表示测定过程中随机误差的大小，一般用标准偏差表征。

从以上定义可知，仪器的重复性和精密度实际上是同一含义。

1-6　什么是准确度？

答：仪器的准确度（accuracy）是指在一定测量条件下，多次测得的平均值与真值相符合的程度，表示仪器的指示值接近于真值的能力。仪器的准确度又称为精确度，简称精度（应当注意，精确度和精密度不是同一概念）。

由于被测变量的真值是无法求得的（标准样品的定值也不是真值），而影响仪器准确度的因素又很多，所以准确度是一个很难确切定义的性能指标。很多分析仪器的样本和说明书中无此项指标，而是用各种误差指标从不同的角度来描述仪器的准确度。近来，也常用不确定度表示仪器的指示值与真值接近的程度。

一般来说，仪器的准确度可用基本误差来衡量（注意，只是衡量而不是等同）。基本误差是指在规定的使用条件下仪器的最大测量误差。如果仪器的使用条件超出规定范围时，所增加的测量误差称为附加误差。附加误差如环境温度附加误差、电源波动附加误差等，只能作为使用时的参考，不应作为评定分析仪器准确度的指标。

1-7　仪器准确度的表示方法有绝对误差和相对误差两种。在仪器样本和说明书中，相对误差一般用 ±%FS 表示，有时也用 ±%R 表示。请说明这两种表示方法的含义和区别。

答：FS 是英文 Full Scale 的缩写，±%FS 表示仪表满量程相对误差。

$$仪表满量程相对误差 = \frac{绝对误差}{测量上限 - 测量下限} \times 100\%$$

R 是英文 Reading 的缩写，±%R 表示仪表读数（示值）相对误差。

$$仪表读数相对误差 = \frac{绝对误差}{仪表读数（示值）} \times 100\%$$

1-8　仪器的准确度和精密度有何区别？

答：简单地说，准确度是指仪器多次测量的平均值与真值相符合的程度，精密度是指仪器多次测量时各次测定值之间彼此相符合的程度。好的精密度是获得良好准确度的先决条件，精密度不好，不可能有良好的准确度；精密度好，却不一定能保证准确度也好。

精密度取决于随机误差，准确度主要取决于系统误差，同时也受到随机误差的影响。系统误差的影响可以用修正值来修正，随机误差的影响无法加以修正，只能用标准偏差来评估。

1-9　什么是不确定度？

答：简单地说，由于测量误差的存在，对测量值不能肯定的程度称为不确定度（inaccuracy）。不确定度主要来自随机误差，随机误差产生的原因很多，而且不可能完全消除，所以测量结果总是存在随机不确定度。

严格地说，不确定度是表征合理地赋予被测量之值的分散性，并与测量结果相联系的一个参数。对测量结果来说，不确定度表示其分散程度。国际计量局（BIPM）、国际标准化组织（ISO）、国际电工委员会（IEC）等国际组织已联合制定了"测量不确定度表示指南"，规定了不确定度的定义和量化方式，它是一个可量化的参数，可通过对其组成量的计算给出。

测量不确定度由多个分量组成，其中一些分量可用测量结果的统计分布估算，可用实验标准偏差 s 表征（称为 A 类不确定度）；另一些分量则可用基于经验或其他信息的假定概率分布估算，也可用类似于标准偏差的量 U_j 表征（称为 B 类不确定度）。将 A 类不确定度和 B 类不确定度按均方根的方式组合起来就得出"合成标准不确定度" U_c；再乘以包含因子 K（该因子与测量所要求的置信概率相关，表示测量值的可信程度，其值在 $1 \sim 3$ 之间）将得出"展伸不确定度"，或称为"总不确定度"，以 U 表示。

1-10　什么是分辨率？

答：分辨率（resolution）又称分辨力或分辨能力（resolving power），是指仪器能区分开最邻近所示量值的能力。不同分析仪器所指的最邻近示量值有所不同，如光谱所指的一般是最邻近的波长量值，色谱所指的是最邻近的两个峰，而质谱所指的是最邻近的两个质量数，所以不同分析仪器的分辨率所指也有所不同。

分析仪器的分辨率是可调的，仪器性能指标中给出的分辨率一般是该仪器的最高分辨率。根据分析的要求，在实际工作中可能使用较低的分辨率，因为此时分析仪器的灵敏度可能更好些。一般来说，分辨率越高，灵敏度越低。

1-11　什么是稳定性？

答：稳定性（stability）是指在规定的工作条件下，仪器保持其计量特性不变的能力。分析仪器的稳定性，主要是指分析仪器响应值随时间的变化特性。稳定性可用噪声（noises）和漂移（drift）两个参数来表征。

噪声是由于未知的偶然因素所引起的分析信号的随机波动，它干扰有用分析信号的检测。在零含量（浓度）时产生的噪声，称为基线噪声，它使检出限变差。噪声大小用标准偏差表示。

漂移是指分析信号朝某个一定的方向缓慢变化的现象。基线朝一个方向变化称基线漂移。漂移表示了系统误差的影响。

噪声和漂移产生的原因，主要是外界条件发生了变化，如电源电压、频率的波动，外界电磁场干扰，周围环境的温度、湿度发生变化等。仪器元件损坏，仪器灵敏度过高也会引起噪声或漂移的出现。

所以，电源电压波动影响、环境温度变化影响、抗电磁干扰性能等也属于仪器的稳定性指标。

1-12 什么是电磁兼容性？

答：电磁兼容性（electromagnetism compatibility）是工业过程测量和控制仪表的一项技术性能。由于工业仪表总是和各类产生电磁干扰的设备在一起工作，因此不可避免地受电磁环境的影响。如何使不同的电气、电子设备能在规定的电磁环境中正常工作，又不对该环境或其他设备造成不允许的扰动，这就是电磁兼容性标准规定的内容。它包括抗扰性和发射限值两类要求。

工业仪表受电磁环境干扰的干扰源主要来自各类开关装置、继电器、电焊机、广播电台、电视台、无线通信工具以及工业设备产生的电磁辐射，带静电荷的操作人员也可能成为干扰源。

干扰源通过工业仪表的电源线、信号输入输出线或外壳，以电容耦合、电感耦合、电磁辐射的形式导入，也可通过公共阻抗直接导入。

绝大部分工业仪表是由电子线路组成的，工作电流很小，并带有微处理器，对电磁干扰十分敏感，故在设计制造中，必须经受再现和模拟其工作现场可能遇到的电磁干扰环境的各种试验，以使它们的技术特性符合电磁兼容性标准的要求。

1-13 什么是线性范围？什么是线性度？

答：线性范围（linearrange）是指校正曲线（标准曲线）所跨越的最大线性区间，用来表示对被测组分含量或浓度的适用性。仪器的线性范围越宽越好。

可以用仪器响应值或被测定量值的高端值与低端值之差来表征仪器的线性动态范围，也可用两者之比来表征仪器的线性动态范围。

用高端值与低端值之差表征线性动态范围的优点是直观和方便应用，物理含义明确，不受校正曲线截距和斜率的影响。

杂散光对校正曲线线性动态范围的上限、噪声对校正曲线线性动态范围的下限有显著的影响，用高端值与低端值之比来表征仪器线性范围，对杂散光和噪声的反应灵敏，适合用来考察杂散光和噪声对线性范围的影响。

线性度（linearity）又称线性度误差或非线性误差，一般是指仪表的输出曲线与相应直线之间的最大偏差，用该偏差与仪器量程的百分数表示。

1-14 什么是响应时间？

答：响应时间（response time）是仪器的动态性能指标，它表征仪器测量速度快慢。响应时间一般定义为：从样品进入仪器到显示器显示出被测组分含量

值的时间。

分析仪器通常可看成惯性环节，从理论上讲显示值与测量值完全一致的时间为无限长。但一般认为，显示值达到与最终值之差与仪表量程之比等于仪表精度时就认为达到了最终值。这样，响应时间可定义为：从测量开始到显示值与最终值相差为相对误差时的时间。例如：相对误差为±5%，这样，响应时间就是显示值达到最终值的95%时所需的时间。也有时把响应时间定义为达到最终值90%所需的时间。为了明确起见，表示响应时间应注明距最终值的差值，比如：$T_{90}=5s$表示显示值达到最终值的90%时所需的时间为5s。

另一种表示方法是仪器响应到达指示值的63%时需要的时间，也叫时间常数，通常用T或T_{63}表示。

1-15 什么是分析滞后时间？

答：分析滞后时间（lag time of analysis）等于"样品传输滞后时间"和"分析仪表响应时间"之和，即样品从工艺设备取出到得到分析结果这段时间。

样品传输滞后时间包括取样、传输和预处理环节所需时间。

1-16 什么是可靠性？

答：可靠性（reliability）是指仪器的所有性能（准确度、稳定性等）随时间保持不变的能力，也可以解释为仪器长期稳定运行的能力，平均无故障运行时间 MTBF 是衡量仪器可靠性的一项重要指标。

1-17 什么是检定？什么是校准？

答：分析仪器新产品出厂要刻度，批量生产时要进行定型鉴定，在日常使用中要进行校准，长期使用，特别在修理或调试后需要进行检定或校准。检定和校准都是"传递值"或"量值溯源"的一种方式，为仪器的正确使用建立准确、一致的基础。检定是定期的，是对仪器计量性能较全面的评价。校准是日常进行的，是对仪器主要性能的检查以保证示值的准确。检定与校准两者互为补充，不能相互替代。

检定（verification）是指为评价仪器的计量性能，以确定其是否合格所进行的工作。检定方法主要是利用标准物质评价仪器的性能，检定内容主要是检验仪器的准确度、重复性和线性度。检定的依据是国家或行业发布的检定规程，其内容包括规程的适用范围、仪器的计量性能、检定项目、条件和方法、检定结果和周期等。

校准（calibration）是指在规定的条件下，检验仪器的指示值和被测量值之间的关系的一组操作。可以利用校准的结果评价仪器的"示值误差"和给仪器标尺赋值。可以单点校准，也可选两个点（在待测范围的上端与下端）校准，还可进行多点校准。用校准

曲线或校正因子表示校准结果。校准通常以标准物质作为已知量值的"待测物"，利用标准物质的准确定值来进行。我们通常所说的"标定"、"校正"和"校准"是同一含义。

1-18 什么是标准物质？

答：国际标准化组织标准物质委员会（ISO/REMCO）1992 年颁布的国际标准化指南 30（Guide 30）第二版对标准物质的定义如下：

标准物质（Reference Material，RM）是"具有一种或多种足够均匀和很好确定了的特性值，用以校准设备、评价测量方法或给材料赋值的材料或物质"。

有证标准物质（Certified Rreference Material，CRM）是"附有证书的标准物质，其一种或多种特性值用建立了溯源性的程序确定，使之可溯源到复现准确的、用于表示该特性值的计量单位，而且每个标准值都附有给定置信水平的不确定度。"

"RM"和"CRM"两者的区别在于"RM"没有经过"定值"，没有定值数据发布。

我国的标准物质由国家质量监督检验检疫总局确认和颁布，均为"有证标准物质"，基本上分为两级，即一级标准物质和二级标准物质，其编号分别为 GBW×××××和 GBW（E）××××××。"GBW"是"国家标准物质"的汉语拼音缩写，其后的"×"代表数字（一级标准物质有 5 位数字，二级有 6 位数字），分别表示标准物质的分类号和排序号。

1-19 什么是有效数字？有效数字保留的位数是根据什么决定的？

答：所谓有效数字，就是实际能测得的数字。

有效数字保留的位数，是根据分析方法与仪器的准确度决定的，一般使测得的数值中只有最后一位是可疑的。例如某台仪器测量值读为 0.5000，这不仅表明测量值为 0.5000，还表示测量的误差在 ±0.0001以内。如将测量值记录成 0.50，则表示其测量误差为±0.01。因此记录数据的位数不能任意增加或减少。

无论仪器如何精密，其最后一位数总是估计出来的。因此所谓有效数字就是保留末一位不准确数字，其余数字均为准确数字。同时从上面的例子也可以看出，有效数字和仪器的准确程度有关，即有效数字不仅表明数量的大小，而且也反映仪器的准确度。测量结果所记录的数字，应与所用仪器的准确度相适应。

1-20 "0"在有效数字中有两种意义，一种是作为数字定位，另一种是有效数字。在以下数据中，"0"所起的作用是什么？它们各有几位有效数字？

①10.1430；②2.1045；③0.2104；④0.0120；⑤4500

答：① 在 10.1430 中两个"0"都是有效数字，所以它有 6 位有效数字。

② 在 2.1045 中，"0"也是有效数字，所以它有 5 位有效数字。

③ 在 0.2104 中，小数点前面的"0"是定位用的，不是有效数字，而在数字中间的"0"是有效数字，所以它有 4 位有效数字。

④ 在 0.0120 中，"1"前面的 2 个"0"都是定位用的，而在末尾的"0"是有效数字，所以它有 3 位有效数字。

由以上分析可知，数字之间的"0"和末尾的"0"都是有效数字，而数字前面所有的"0"只起定位作用。但以"0"结尾的正整数，有效数字的位数不确定。

⑤ 4500 是以"0"结尾的正整数，不好确定是几位有效数字，可能为 2 位或 3 位，也可能是 4 位。遇到这种情况，应根据实际有效数字位数书写成：

4.5×10^3 ——2 位有效数字

4.50×10^3 ——3 位有效数字

4.500×10^3 ——4 位有效数字

因此很大或很小的数，常用 10 的乘方表示。当有效数字确定后，在书写时，一般只保留 1 位可疑数字，多余的数字按数字修约规则处理。

1-21 什么是数字修约规则？

答：为了适应生产和科技工作的需要，我国已经正式颁布了 GB 8170—87《数值修约规则》，通常称为"四舍六入五成双"法则。

四舍六入五考虑，即当尾数≤4 时舍去，尾数≥6时进位。当尾数恰为 5 时，则应视保留的末位数是奇数还是偶数，5 前为偶数应将 5 舍去，5 前为奇数则进位。

这一法则的具体运用如下。

（1）若被舍弃的第一位数字大于 5，则其前一位数字加 1。如 28.2645 只取 3 位有效数字时，其被舍弃的第一位数字为 6，大于 5，则有效数字应为 28.3。

（2）若被舍弃的第一位数字等于 5，而其后数字全部为零，则视被保留的末位数字为奇数或偶数（零视为偶数），而定进或舍，末位是奇数时进 1、末位为偶数不加 1。如 28.350，28.250，28.050 只取 3 位有效数字时，分别应为 28.4，28.2 及 28.0。

（3）若被舍弃的第一位数字为 5，而其后面的数字并非全部为零，则进 1。如 28.2501，只取 3 位有效数字时，则进 1，成为 28.3。

（4）若被舍弃的数字包括几位数字时，不得对该数字进行连续修约，而应根据以上各条作一次处理。如 2.154546，只取 3 位有效数字时，应为 2.15，而不得按下法连续修约为 2.16。

2.154546→2.15455→2.1546→2.155→2.16

1-22 判断（对打√，不对打×）

（1）测量值小数点后的位数愈多，测量愈精确。

（2）选定的单位相同时，测量值小数点后位数愈多，测量愈精确。

（3）计算结果中保留的小数点后位数愈多，精确度愈高。

（4）测量数据中出现的一切非零数字都是有效数字。

（5）在非零数字中间的零是有效数字。

（6）在非零数字右边的零是有效数字。

（7）在整数部分不为零的小数点右边的零是有效数字。

答：（1）×；（2）√；（3）×；（4）√；（5）√；（6）√；（7）√。

在表示测量结果时，必须采用正确的有效数字，不能多取，也不能少取。少取会损害测量的精度，多取则又夸大了测量精度。所以①、③是错误的。

零也是一个数字，但在整数部分为零的左边的零不是有效数字，而上述⑤、⑥、⑦的零都不在左边。

1-23 试指出下列量值的有效数字位数。

①4.8mA；②4.80mA；③2705kΩ；④ $2.705 \times 10^3 \Omega$；⑤ 1.36×10^{-3} V；⑥ 1.0mg/L；⑦ 0.2W；⑧2500mmH$_2$O；⑨1.0332W；⑩10.000mH$_2$O。

答：⑦一位；①、⑥两位；②、⑤三位；③、④、⑧四位；⑨、⑩五位。

"0" 这个数字，可以是有效数字，也可以不是有效数字。例如在 0.2W 中的 0 不是有效数字，因为它和 0.2W 的精度无关；但在 10.000mH$_2$O 中，后面的四个 0 均为有效数字，因为它们和 10.000 的精确度有关。假如这两个数均是采用"四舍五入"法截取所得的近似数，对 0.2W 来说，其误差的绝对值为 0.05W，若去掉前面的 0，写成 2×10^{-1}W，其误差的绝对值为 0.5×10^{-1} W，即仍为 0.05W，与精确度无关。而对于 10.000mH$_2$O 来说，其误差的绝对值为 0.0005mH$_2$O，若去掉近似数后面的四个 0，写成 1.0×10mH$_2$O，其误差的绝对值 0.5×10mH$_2$O，成了 5mH$_2$O，不再是 0.0005mH$_2$O，即与精确度有关。因此对待近似数时，不可像对待准确数那样随便去掉小数点部分右边的 0，或在小数点右边加上 0。

1.2 在线分析常用浓度单位

1-24 在线分析中气体浓度的表示方法有哪些？

答：气体含量的表示方法有摩尔分数、体积分数、质量浓度、质量分数、物质的量浓度等。

在线分析中气体浓度的表示方法主要有以下四种。

（1）气体的摩尔分数 x_B 组分 B 的物质的量与混合气体中各组分物质的量的总和之比。

$$x_B = \frac{n_B}{\sum_{i=1}^{n} n_i}$$

式中 n_B——混合气体中组分 B 的物质的量，mol；

n_i——混合气体中各组分物质的量，mol。

常用的单位是％、10^{-6}、10^{-9}，即我们以前常用的％ mol（摩尔百分比）、ppm mol、ppb mol。

（2）气体的体积分数 φ_B 组分 B 的体积 V_B 与混合气体中各组分体积 V_i 的总和之比。

$$\varphi_B = \frac{V_B}{\sum_{i=1}^{n} V_i}$$

常用的单位是％、10^{-6}、10^{-9}，即我们以前常用的％ vol（体积百分比）、ppm vol、ppb vol。

对于理想气体来说，摩尔分数＝体积分数，$x_B = \varphi_B$。

（3）气体的质量浓度 ρ_B 组分气体 B 的质量 m 与混合气体的体积 V 之比。

$$\rho_B = \frac{m}{V}$$

常用的单位是 kg/m^3、g/m^3、mg/m^3。

（4）气体的质量分数 w_B 组分气体 B 的质量 m_B 与气体中各组分的质量 m_i 总和之比。

$$w_B = \frac{m_B}{\sum_{i=1}^{n} m_i}$$

常用的单位是％、10^{-6}、10^{-9}。质量分数就是以前使用的％ wt（质量分数）、ppm wt、ppb wt。

气体分析中，一般不单独使用质量分数表示方法，仅用于气体和液体混合物浓度之间的相互换算。

1-25 气体的摩尔分数 x_B 和气体的体积分数 φ_B 之间有何关系？

答：对于理想气体来说，摩尔分数＝体积分数，$x_B = \varphi_B$。

应当指出，理想气体状态方程仅适用于常温常压下的一般干气体。对于一些较易液化的气体，如 CO_2、SO_2、NH_3、C_3、C_4 等在一般温度和压力下，与理想气体状态方程的偏差就较明显。另外一些气体在高压、低温及接近液态时，应用理想气体状态方程也会带来较大偏差。因此，对于这些气体在应用理想气体状态方程时，应增加一个气体压缩系数 Z 来加以修正。

在线气体成分分析仪设计时，一般是把各种气体作为理想气体处理，按理想气体定律进行计算，测量值可以认为是体积分数，也可以认为是摩尔分数，因为对理想气体而言，两者是完全相等的。当然对于真实气体而言，两者并不完全相等，由于两者的差别很小，所以往往忽略不计。

因此，在一般的气体成分分析中，可以认为摩尔分数＝体积分数，但应注意两者之间的实质差别。在与计量有关的气体成分分析中，例如天然气能量计量中，则应对这两种浓度严格加以区分，并用气体压缩系数 Z 对分析结果进行修正。（详见本书"天然气色谱仪"部分）

1-26 在线气体成分含量分析中，常用到以下几种浓度单位：

绝对含量——mg/m^3

体积百万分含量——ppm vol

质量百万分含量——ppm wt

这几种浓度单位之间如何进行换算？

答：mg/m^3、ppm vol 与 ppm wt 之间的换算关系见表 1-1 和表 1-2。

表 1-1　气体浓度单位换算表（1）（20℃、101.325kPa 下，空气中）

浓度单位	换算后单位	需乘的换算系数	说明
mg/m^3	$\mu g/L$	1	M——气体组分的摩尔质量，g
	ppm vol	$24.04/M$	24.04——20℃、101.325kPa 下，1mol 气体分子的体积，L：
			$24.04 = 22.4 \times [(273.15+20) \div 273.15]$
	ppm wt	0.8301	$0.8301 = 24.04 \div 28.96$
			28.96——干空气的摩尔质量，g
ppm vol	mg/m^3	$M/24.04$	
	$\mu g/L$	$M/24.04$	
	ppm wt	$M/28.96$	
ppm wt	mg/m^3	1.2047	$1.2047 = 1 \div 0.8301$
	$\mu g/L$	1.2047	
	ppm vol	$28.96/M$	
lb/ft^3	mg/m^3	16.0169×10^6	1lb＝453.6g＝453600mg
	$\mu g/L$	16.0169×10^6	$1ft^3 = 28.32L = 0.02832m^3$
			$1lb/ft^3 = 453600 \div 0.02832 = 16.0169 \times 10^6 mg/m^3$
	ppm vol	$385.0463 \times 10^6/M$	$385.0463 \times 10^6/M = 16.0169 \times 10^6 \times 24.04/M$
	ppm wt	13.2956×10^6	$13.2956 \times 10^6 = 16.0169 \times 10^6 \times 0.8301$

注：如 ppm wt（20℃，空气中）为 ppm wt（20℃，混合气体中）时，用 M_{mix} 代替 28.96 即可，M_{mix} 为混合气体的平均摩尔质量，g。

表 1-2　气体浓度单位换算表（2）（20℃、101.325kPa 下，混合气体中）

浓度单位	换算后单位	需乘的换算系数	说明
mg/m^3	$\mu g/m^3$	1000	M——气体组分的摩尔质量，g
	$\mu g/L$	1	24.04——20℃、101.325kPa 下，1mol 气体分子的体积，L：
	ppm vol	$24.04/M$	$24.04 = 22.4 \times [(273.15+20) \div 273.15]$
	ppm wt	$24.04/M_{mix}$	M_{mix}——混合气体的平均摩尔质量，g
ppm vol	mg/m^3	$M/24.04$	
	ppm wt	M/M_{mix}	
ppm wt	mg/m^3	$M_{mix}/24.04$	
	ppm vol	M_{mix}/M	
lb/ft^3	mg/m^3	16.0169×10^6	1lb＝453.6g＝453600mg
			$1ft^3 = 28.32L = 0.02832m^3$
			$1lb/ft^3 = 453600 \div 0.02832 = 16.0169 \times 10^6 mg/m^3$
	ppm vol	$385.0463 \times 10^6/M$	$385.0463 \times 10^6/M = 16.0169 \times 10^6 \times 24.04/M$
	ppm wt	$385.0463 \times 10^6/M_{mix}$	

注：表中 ppm wt 的条件为 20℃、101.325kPa 下，混合气体中。如果 ppm wt 的条件改为 20℃、101.325kPa 下，空气中时，用 28.96 代替 M_{mix} 进行计算即可，28.96——干空气的摩尔质量，g。

1-27 采用在线气相色谱仪对裂解气的组成进行实时分析，分析组分为 H_2、CH_4、CO、C_2H_4、C_2H_6、C_3H_6 和 C_3H_8，共 6 种。乙烯裂解炉急冷器出口物料组成如下所示，试将物料的质量分数换算成摩尔分数，并确定上述 6 种被测组分的测量范围（量程）。

乙烯裂解炉急冷器出口物料组成（裂解原料为 HVGO 重质加氢尾油）如下。

组分名称	质量分数/%
H_2	0.05
CH_4	0.85
CO	0.01
C_2H_2	0.03
C_2H_4	2.55
C_2H_6	0.29
C_3H_4	0.05
C_3H_6	1.43
C_3H_8	0.04
C_4H_6	0.6
C_4H_8 和 C_4H_{10}	0.39
（C_5～C_9 等）	……
Quench Oil	85.7
H_2O	6.13
合计	100%

答：乙烯裂解炉急冷器出口物料经裂解气取样装置 Py-Gas 过滤、冷却后，急冷油、水、C_5 以上重组分基本除去，取样装置出口气体中仅含 C_4 以下轻组分（根据设计要求，裂解气取样装置应将 C_4 也除去，出口气体中仅含 C_3 以下轻组分，但实际使用中往往难以做到，所以本计算将 C_4 也考虑进去）。

取样装置出口气体即气相色谱仪的分析对象。因此，计算中应将急冷器出口物料中 C_4 以下轻组分含量的总和作为 100% 处理。计算步骤如下。

（1）按下式计算 C_4 以下轻组分的摩尔数

$$n_i = \frac{m_i}{M_i}$$

式中 n_i——混合气体中 i 组分的物质的量，即其摩尔数，mol；

m_i——i 组分的质量，g（将 i 组分的质量分数理解为每 100g 物料中含有 i 组分的克数）；

M_i——i 组分的摩尔质量，g。

（2）按下式计算 C_4 以下轻组分的摩尔分数

$$i\ 组分的摩尔分数 = \frac{n_i}{\sum_{i=1}^{n} n_i}$$

计算结果和测量范围（量程）见表 1-3。

表 1-3　乙烯裂解气色谱分析计算结果和测量范围

组　分	质量分数	摩尔质量	摩尔数	摩尔分数	测量范围
H_2	0.05	2	0.025	10.31%	0～20%
CH_4	0.85	16	0.053	21.85%	0～30%
CO	0.01	28	0.00036	0.15%	
C_2H_2	0.03	26	0.00115	0.47%	
C_2H_4	2.55	28	0.091	37.52%	0～50%
C_2H_6	0.29	30	0.0097	4.00%	0～10%
C_3H_4	0.05	40	0.00125	0.52%	
C_3H_6	1.43	42	0.034	14.02%	0～20%
C_3H_8	0.04	44	0.009	3.71%	0～5%
C_4H_6	0.6	54	0.0111	4.58%	
C_4H_8 和 C_4H_{10}	0.39	56	0.00696	2.87%	
合计	6.29		0.24252	100.00%	

1-28 在线分析中液体浓度的表示方法有哪些？

答：液体含量的表示方法有物质的量浓度、质量浓度、质量分数、体积分数、比例浓度等。

在线分析中液体浓度的表示方法主要有以下三种。

（1）液体的物质的量浓度 c_B　是指 1L 溶液中所含溶质 B 的量数（摩尔数）。

常用的单位是 mol/L 和 mmol/L。以前使用的当量浓度已经废除，不应再使用。

（2）液体的质量浓度 ρ_B　是指 1L 溶液中所含溶质 B 的质量数。

常用的单位是 g/L、mg/L 和 $\mu g/L$，不得再使用 ppm、ppb 等表示方法。

（3）液体的质量分数 w_B　溶质 B 的质量 m_B 与溶液 A 的质量 m_A 之比。

$$w_B = \frac{m_B}{m_A}$$

常用的单位是%、10^{-6}、10^{-9}。质量分数就是以前使用的%W（质量百分浓度）、ppm W、ppb W，现在已经废止，应按法定计量单位的规定，使用质量分数的概念和单位。

说明：在国际标准和国家标准中，溶剂用 A 代表，溶质用 B 代表，所以 m_A 和 m_B 的下脚分别注以 A 和 B。

1-29 什么是物质的量？什么是物质的量浓度？

答：历史上，溶液的浓度习惯使用"当量浓度（N）"或"摩尔浓度（M）"表示。国际计量大会（CGPM）建立的 SI 单位制废除了当量、当量定律等量和单位后，我国国务院颁发了《中华人民共和国法定计量单位》，规定"物质的量"和"物质的量浓度"是法定计量单位，非法定计量单位不再允许使用。

物质的量是量的名称，它的符号是 n_B。它是以阿伏加德罗常数为计数单位，用来表示物质 B 指定的基本单元是多少的一个物理量。它的单位是摩尔（mol）。1mol 的物质的量所含的该物质的基本单元数与 0.012kg 碳-12 的原子数目（$6.022×10^{23}$）相等。1mol H_2SO_4 的物质的量含有 $6.022×10^{23}$ 个 H_2SO_4，1mol $\frac{1}{2}H_2SO_4$ 的物质的量含有 $6.022×10^{23}$ 个 $\frac{1}{2}H_2SO_4$，等等。所以在使用"物质的量"时必须指明基本单元。

物质的量浓度，其符号为 c_B，定义为物质的量 n_B 除以溶液的体积 V，即

$$c_B=\frac{n_B}{V}$$

它的单位是 mol/L。在使用物质的量浓度时也必须指明基本单元。例如 $c(H_2SO_4)=0.1000$mol/L；$c(\frac{1}{2}H_2SO_4)=0.2000$mol/L，等等。

1-30 什么是物质的摩尔质量？

答：根据国家标准规定，质量 m 除以物质的量 n_B，称为摩尔质量 M_B，即

$$M_B=\frac{m}{n_B}$$

其单位为"g/mol"。使用摩尔质量时也必须指明基本单元。以物质的原子为基本单元时，其摩尔质量的数值等于相对原子质量；以物质的分子为基本单元时，其摩尔质量的数值等于相对分子质量，依此类推。例如：

$$M(H)=1.008\text{g/mol}$$

$$M(HCl)=36.46\text{g/mol}$$

$$M(\frac{1}{2}H_2SO_4)=49.04\text{g/mol}$$

因此相同质量的物质，取不同基本单元时，其物质的量是不等的。例如 98.08g 硫酸的物质的量：

$$n(H_2SO_4)=\frac{98.08}{98.08}=1.000(\text{mol})$$

$$n(\frac{1}{2}H_2SO_4)=\frac{98.08}{49.04}=2.000(\text{mol})$$

1-31 什么是化学分析中的"基本单元"？

答：在法定计量单位中，用到物质的量浓度或摩尔质量时，必须指明基本单元，否则所说的摩尔就没有明确的意义了。

基本单元可以是粒子，也可以是这些粒子的组合，还可以是想像的或根据需要假设的粒子，或将其任意组合与分割。有了明确的基本单元的概念，才会有正确的摩尔概念。因为基本单元是组成摩尔的基本单位。

例如，用 H_2 作基本单元时，1mol H_2 的质量为 2.016g；用 $\frac{1}{2}H_2$ 作基本单元时，1mol 的 $\frac{1}{2}H_2$ 的质量为 1.008g；而用 H 作基本单元时，1mol H 的质量为 1.008g。

再如，用 MnO_4^- 作基本单元时，1mol MnO_4^- 的质量是 118.93g。如果将 MnO_4^- 分割成 5 份，以 $\frac{1}{5}MnO_4^-$ 作基本单元时，那么 1mol $\frac{1}{5}MnO_4^-$ 的摩尔质量就是 23.79g。

所以基本单元是可根据需要和想像来任意组合或分割的，它可更灵活、更广泛地适应化学分析的需要。

1.3 防爆和仪表的防爆等级

1-32 填空

（1）产生爆炸必须同时存在 3 个条件：a.（　）；b.（　）c.（　）。

（2）防止产生爆炸的基本措施是：使产生爆炸的 3 个条件（　）。

（3）引燃温度是指按照标准试验方法，引燃爆炸性混合物的（　）温度。

（4）LEL 是（　）的英文缩写；UEL 是（　）的英文缩写。

（5）可燃性气体、蒸气与空气的混合物浓度高于其（　）时，或低于其（　）时，都不会发生爆炸。

答：（1）存在可燃性气体、蒸气，与空气混合且其浓度在爆炸极限以内，有足以点燃爆炸性混合物的火花、电弧或高温；（2）同时出现的可能性减到最小程度；（3）最低；（4）爆炸下限，爆炸上限；（5）爆炸上限，爆炸下限。

1-33 我国对爆炸性危险场所是如何划分的？

答：我国对爆炸性危险场所的划分采用与 IEC 等效的方法。国家标准 GB 50058—92 中规定，爆炸性气体危险场所按其危险程度大小，划分为 0 区、1 区、2 区三个级别，爆炸性粉尘危险场所划分为 10 区、11 区两个级别，详见表1-4。

表 1-4　中国对危险场所划分

爆炸性物质	区域划分	区　域　定　义
气体	0 区	连续出现或长期出现爆炸性气体混合物的环境
	1 区	在正常运行时可能出现爆炸性气体混合物的环境
	2 区	在正常运行时不可能出现爆炸性气体混合物的环境，或即使出现也仅是短时存在的爆炸性气体混合物的环境
粉尘	10 区	连续出现或长期出现爆炸性粉尘的环境
	11 区	有时会将积留下的粉尘扬起而偶然出现爆炸性粉尘混合物的环境

1-34 国际上对爆炸性危险场所是如何划分的？

答：国际上各主要工业国家对爆炸性危险场所的划分，基本上可分为两种意见。

一种以 IEC（国际电工委员会）为代表，包括德国、英国、意大利、日本、澳大利亚等国，对气体划分为 0 区、1 区、2 区，对粉尘划分为 10 区、11 区。其定义与 IEC 基本相同（可参见我国对各区域的定义，我国等效采用 IEC 标准）。

另一种为美国、加拿大等北美国家的划分，以 NEC（美国国家电气规程）的定义为代表，对气体划分为 1 区、2 区（没有 0 区），对粉尘也划分为 1 区、2 区。

两者之间的对应关系大致如下：

气体　IEC 0 区、1 区——NEC　1 区

　　　IEC 2 区——NEC　2 区

粉尘　IEC 10 区——NEC　1 区

　　　IEC 11 区——NEC　2 区

IEC "区" 的英文为 Zone；NEC "区" 的英文为 Division。

1-35 我国的防爆电气设备，其防爆结构型式有几种？列出其名称和标志。

答：根据国家标准 GB 3836—2000，我国的防爆电气设备其防爆结构型式有以下几种：

结构型式	标志	结构型式	标志
隔爆型	d	充油型	o
增安型	e	充砂型	q
本质安全型	ia，ib	无火花型	n
正压型	p	浇封型	m
特殊型	s		

1-36 什么是隔爆型仪表？它有什么特点？

答：隔爆又称耐压防爆，它把能点燃爆炸性混合物的仪表部件封闭在一个外壳内，该外壳特别牢固，能承受内部爆炸性混合物的爆炸压力，并阻止向壳外的爆炸性混合物传爆。这就是说，隔爆型仪表的壳体内部是可能发生爆炸的，但不会传到壳体外面来，因此这种仪表的各部件的接合面，如仪表盖的螺纹圈数，螺纹精度，零点、量程调整螺钉和表壳之间，变送器的检测部件和转换部件之间的间隙，以及导线口等，都有严格的防爆要求。

隔爆型仪表除了较笨重外，其他比较简单，不需要如安全栅之类的关联设备。但是在打开表盖前，必须先把电源关掉，否则万一产生火花，便会暴露在大气之中，从而出现危险。

1-37 什么是本质安全型仪表？它有什么特点？

答：本质安全型仪表又叫安全火花型仪表。它的特点是仪表在正常状态下和故障状态下，电路、系统产生的火花和达到的温度都不会引燃爆炸性混合物。

它的防爆主要由以下措施来实现：

（1）采用新型集成电路元件等组成仪表电路，在较低的工作电压和较小的工作电流下工作；

（2）用安全栅把危险场所和非危险场所的电路分隔开，限制由非危险场所传递到危险场所去的能量；

（3）仪表的连接导线不得形成过大的分布电感和分布电容，以减少电路中的储能。

本质安全型仪表的防爆性能，不是采用通风、充气、充油、隔爆等外部措施实现的，而是由电路本身实现的，因而是本质安全的。它能适用于一切危险场所和一切爆炸性气体、蒸气混合物，并可以在通电的情况下进行维修和调整。但是，它不能单独使用，必须和本安关联设备（安全栅）、外部配线一起组成本安电路，才能发挥防爆功能。

1-38 本安型仪表有 ia、ib 两种，请说明它们之间的区别。

答：（1）ia 等级　在正常工作状态下，以及电路中存在一个故障或两个故障时，均不能点燃爆炸性气体混合物。在 ia 型电路中，工作电流被限制在 100mA 以下。

（2）ib 等级　在正常工作状态下，以及电路中存在一个故障时，不能点燃爆炸性气体混合物。在 ib 电路中，工作电流被限制在 150mA 以下。

ia 型仪表适用于 0 区和 1 区，ib 型仪表仅适用于 1 区。或者说，从本质安全角度讲，ib 型仪表适用于煤矿井下，ia 型仪表适用于工厂。

1-39 什么是正压型（p 型）仪表？

答：向仪表外壳内充入正压的洁净空气、惰性气体，或连续通入洁净空气、不燃性气体，保持外壳内部保护气体的压力高于周围危险性环境的压力，阻止外部爆炸性气体混合物进入壳内，而使电气部件的危险源与之隔离的仪表设备。

1-40 什么是正压吹扫？什么是 X 型、Y 型、Z 型吹扫系统？

答：所谓正压吹扫是指向电气设备外壳内连续通入洁净的压缩空气或惰性气体，并保持壳体内的气体压力高于 $0.1inH_2O$（$0.1inH_2O = 2.5mmH_2O \approx 25Pa$）。正压吹扫不仅用于正压型防爆电气设备中，也用于现场分析小屋等处于危险性环境中的设施里。

X 型、Y 型、Z 型吹扫系统是美国等国家电气设备中配备的几种吹扫系统。

X 型吹扫系统配有自动定时器和压力开关，当吹扫时间达到 4 次换气量时，自动接通被保护设备的电源。此后，吹扫气体流量可以减少，但壳内气体压力必须维持 $0.1inH_2O$ 以上，压力开关随时监视气体压力，当压力低于 $0.1inH_2O$ 时，压力开关动作，切断设备电源并发出报警信号。

Y型、Z型吹扫系统配有手动或自动定时器和压力指示仪，但无压力开关，失压报警为可选项。当吹扫时间达到4次换气量时，手动或自动接通设备电源。此后，不再需要吹扫气体，当壳内气体压力降到微压时，手动或自动重复以上过程。

X型吹扫系统适用于 Class 1，Diveision 1 区场所。Y型、Z型吹扫系统适用于 Class 1，Diveision 2 区场所，Y型、Z型的区别仅在于系统的配置和功能上。

1-41 什么是增安型（e型）仪表？

答：正常运行条件下不会产生点燃爆炸性混合物的火花或危险温度，并在结构上采取措施（如密封等），提高其安全程度，以避免在正常和规定的过载条件下出现点燃现象的仪表设备。

1-42 什么是特殊型（s型）仪表？

答：是除 d、e、i、p、o、q、n、m 之外的特殊型式，或者是上述几种型式的组合，采用这种结构型式的防爆仪表称为特殊型仪表。

1-43 防爆电气设备分为几大类？

答：分为两大类：Ⅰ类为煤矿井下用电气设备；Ⅱ类为工厂用电气设备。

1-44 Ⅱ类防爆电气设备划分为几级？标志是什么？

答：按照国家标准 GB 3836—2000，Ⅱ类防爆电气设备划分为三级，标志分别为 A、B、C。分级标准见表1-5。

表 1-5 Ⅱ类防爆电气设备分级标准

级别	MESG/mm（适用于隔爆型）	MICR（适用于本安型）
ⅡA	＞0.9	＞0.8
ⅡB	0.5～0.9	0.45～0.8
ⅡC	＜0.5	＜0.45

注：MESG——可燃性气体混合物最大试验安全间隙，mm。

MICR——可燃性气体混合物最小点燃电流与甲烷最小点燃电流的比值。

ⅡA、ⅡB、ⅡC 也是可燃性气体混合物的传爆等级。

1-45 什么是闪点？什么是燃点？

答：易燃、可燃液体表面挥发的蒸气与空气形成的混合气体，当接触火焰时会产生瞬间燃烧，这种现象称为闪燃，引起闪燃的最低温度称为闪点。

若上述混合气体能被接近的火焰点着，并在移去火焰之后仍能继续燃烧（燃烧时间不少于5s）的最低温度称为该液体的燃点或着火点。易燃、可燃液体的燃点，约高于其闪点1～5℃。

闪点和燃点随大气压力的升高而升高，因此在不同大气压力条件下测得的闪点和燃点，皆应换算成在

101.325kPa 大气压力条件下的温度，才可作为正确的测量结果。

1-46 什么是自燃点和引燃温度？

答：自燃点系指可燃物质（包括气体、液体和固体）在没有火焰、电火花等火源直接作用下，在空气或氧气中被加热而引起燃烧的最低温度。

自燃点和引燃温度属于同一概念，防爆标准中的引燃温度组别就是按其自燃点划分的。

一般，液体相对密度越小，其闪点和燃点越低，而自燃点越高；液体相对密度越大，其闪点和燃点越高，而自燃点越低。换句话说，液体的闪点和燃点随其相对密度增大而逐渐升高，自燃点逐渐降低。

1-47 解释下列名词：最大试验安全间隙 MESG；最小点燃电流 MIC；最小点燃电流比 MICR。

答：最大试验安全间隙（MESG） 指在规定的试验条件下，一个壳体内充有一定浓度的被试验气体与空气的混合物，点燃后，通过 25mm 长的接合面均不能引燃壳外爆炸性气体混合物的外壳接合面之间的最大间隙。

最小点燃电流（MIC） 在规定的试验装置上，用直流 24V、95mH 电感的火花进行 3000 次点燃试验时，能够点燃可燃性气体混合物的最小电流。此电流降低 5% 即不能点燃。

最小点燃电流比（MICR） 各种可燃性气体（或蒸气）与空气的混合物的最小点燃电流对甲烷与空气混合物的最小点燃电流的比值。

1-48 Ⅱ类防爆电气设备划分为几个温度组别？标志是什么？

答：按国家标准 GB 3836—2000，Ⅱ类防爆电气设备根据其最高表面温度划分为 6 组，标志为 T1～T6。分组标准如下：

温度组别	允许最高表面温度/℃	温度组别	允许最高表面温度/℃
T1	450	T4	135
T2	300	T5	100
T3	200	T6	85

T1～T6 对应于爆炸性气体混合物的引燃温度分组。

1-49 如何选用防爆型仪表？

答：一般说来，可根据以下两点来选用。

（1）根据仪表安装、使用场所的危险区域来选择仪表的防爆型式：

0 区——只能选 ia 型、s 型（指专为 0 区设计的 s 型）；

1 区——可选除 n 型以外的其他型式；

2 区——所有防爆型式均可选。

表 1-6　部分气体的引燃温度、传爆级别

级别＼组别	T1（$T>450℃$）	T2（$450℃\geq T>300℃$）	T3（$300℃\geq T>200℃$）	T4（$200℃\geq T>135℃$）	T5（$135℃\geq T>100℃$）	T6（$100℃\geq T>85℃$）
ⅡA	甲烷,乙烷,丙烷,苯乙烯,苯,甲苯,二甲苯,三甲苯,萘,一氧化碳,苯酚,甲酚,丙酮,醋酸甲酯,醋酸,氯乙烷,氯苯,氨,乙腈,苯胺	丁烷,环戊烷,丙烯,乙苯,异丙苯,甲醇,乙醇,丙醇,丁醇,甲酸甲酯,甲酸乙酯,醋酸乙酯,甲基丙烯酸甲酯,醋酸乙烯酯,二氯乙烷,氯乙烯,甲胺,二甲胺	戊烷,己烷,庚烷,辛烷,壬烷,癸烷,环己烷,松节油,石脑油,石油,汽油,燃料油,煤油,柴油,戊醇,己醇,环己醇	乙醛,三甲胺		亚硝酸乙酯
ⅡB	丙炔,环丙烷,丙烯腈,氰化氢,民用煤气	乙烯,丁二烯,环氧乙烷,环氧丙烷,丙烯酸甲酯,丙烯酸乙酯,呋喃	二甲醚,丁烯醛,丙烯醛,四氢呋喃,硫化氢	乙基甲基醚,二乙醚,二丁醚,四氟乙烯		
ⅡC	氢,水煤气	乙炔			二硫化碳	硝酸乙酯

说明：1. 可燃性气体、蒸气的传爆级别也是电气设备的防爆级别，两者是一致的，均分为ⅡA、ⅡB、ⅡC三级。

2. 可燃性气体、蒸气的引燃温度组别与电气设备最高表面温度组别一一对应，如 T4 组气体，引燃温度为 $200℃\geq T>135℃$，应选用表面温度组别为 T4 的仪表，其最高允许表面温度$\leq135℃$。

（2）根据可能出现的可燃性气体、蒸气的传爆级别和引燃温度组别，选择仪表的防爆等级和最高允许表面温度组别。可参见表 1-6，该表是根据 GB 3836—2000归纳整理的。

1-50　我国的防爆标志由哪几部分构成？分别说明其含义？

答：防爆标志一般由以下 5 个部分构成：

① 防爆总标志 Ex，表示该设备为防爆电气设备；

② 防爆结构型式，表明该设备采用何种措施进行防爆，如 d 为隔爆型，p 为正压型，i 为本安型等；

③ 防爆设备类别，分为两大类，Ⅰ 为煤矿井下用电气设备，Ⅱ 为工厂用电气设备；

④ 防爆级别，分为 A、B、C 三级，说明其防爆能力的强弱；

⑤ 温度组别，分为 T1～T6 六组，说明该设备的最高表面温度允许值。

1-51　一台仪表的防爆标志为 Ex dⅡBT4，请说明其含义。

答：Ex——防爆总标志；d——结构型式，隔爆型；Ⅱ——类别，工厂用；B——防爆级别，B 级；T4——温度组别，T4 组，最高表面温度$\leq135℃$。

1-52　一个电源接线箱（外壳为聚酯材料）的防爆标志为 Ex edⅡCT4，请说明其含义。

答：Ex——防爆总标志；ed——结构型式，e 为增安型，d 为隔爆型；Ⅱ——类别，工厂用；C——防爆级别，C 级；T4——温度组别，T4 组，最高表面温度$\leq135℃$。

1-53　一台进口气相色谱仪的防爆标志为 EEx dpsⅡB＋H_2 T4，请说明其含义。

答：EEx——欧洲共同体防爆总标志；dps——该仪表采用隔爆、正压、特殊三种防爆措施；Ⅱ——工厂用电气设备；B——防爆级别为 B 级；＋H_2——也适用于 H_2 场所（B 级防爆不适用于 H_2，该仪表由于采取多种防爆措施，也可用于 H_2 场所）；T4——表面最高温升$\leq135℃$。

1-54　一台日本产仪表的防爆标志为 JIS ia3nG4，请说明其含义。

答：JIS——日本工业标准代号；ia——本质安全防爆，ia 级；3n——防爆等级为 3n，防所有 3 级爆炸性气体，相当于我国的ⅡC；G4——温度组别，相当于我国的 T4。

说明：JIS ia3nG4 为日本原采用的防爆标志，现在日本已采用 IEC 标准，上述防爆标志现已标示为 JISEx iaⅡCT4。

1-55　美国的防爆标志由哪几部分组成？分别说明其含义。

答：美国的防爆标志遵循 NEC（美国国家电气规程）的规定，一般包括下述几个部分。

（1）危险场所级别

Class 1　1级，为可燃性气体、蒸气场所；

Class 2　2级，为可燃性粉尘场所；

Class 3　3级，为易燃性纤维场所。

（2）危险场所区别

Division 1　1区（相当于 IEC 和我国的 0 区、1 区）；

Division 2　2区（相当于 IEC 和我国的 2 区）。

（3）可燃性物质组别

Group A　A组，乙炔；

Group B　B组，氢气、丁二烯、氧化乙烯等；

Group C　C组，乙烯、一氧化碳、环氧丙烷等；

Group D　D组，甲烷、辛烷、天然气、汽油、苯等；

Group E　E组，金属粉尘；

Group F　F组，煤炭粉尘；

Group G　G组，谷物粉尘。

（4）温度组别

分组标志	仪表最高表面温度/℃	分组标志	仪表最高表面温度/℃
T1	450	T3A	180
T2	300	T3B	165
T2A	280	T3C	160
T2B	260	T4	135
T2C	230	T4A	120
T2D	215	T5	100
T3	200	T6	85

1-56　一台进口仪表的防爆标志为 Class 1，Division 1，Group B、C、D，T4A，请说明其含义。

答：Class 1　1级，可燃性气体或蒸气场所；

Division 1　1区，存在或可能形成爆炸或燃烧的场所；

Group B、C、D　适用于 B、C、D 组危险气体存在的场所；

T4A　最高表面温度≤120℃。

上述防爆标志对应于我国的 ExⅡA、ⅡB、ⅡCT4，可用于 0 区、1 区危险场所。但应注意，该表不能用于乙炔场所。

1-57　一台进口仪表的防爆标志如下，请说明其含义。

UL/FM/CSA　Class 1，Group B、C、D，T5

Class 2，Group E、F，T5

CENELEC　EEx edⅡCT5

答：UL——美国保险商试验室；FM——美国工厂联合研究会；CSA——加拿大标准协会；CENELEC——欧洲电工技术委员会。

说明该仪表的防爆性能已经 UL、FM、CSA、CENELEC 测试认可。

Class 1，Group B、C、D，T5——适用于 NEC 规定的 B、C、D 组可燃气体，表面温度≤100℃。

Class 2，Group E、F，T5——适用于 NEC 规定的 E、F 组粉尘，表面温度≤100℃。

EEx edⅡCT5——符合 EN 标准（EN 为欧共体标准代号，其防爆标准与 IEC 等效）、工厂用防爆仪表，增安、隔爆型，防爆等级 C 级，最高表面温度≤100℃。

1-58　什么是本安关联设备？它是否具有防爆功能？

答：本安关联设备是指与本安设备有电气连接，并可能影响本安设备本安性能的有关设备，如各种安全栅及其他具有限流、限压功能的保护装置等。

本安关联设备内部不具有本安电路，一般安装在没有爆炸性气体混合物的非危险场所。如果装在危险场所，则必须符合防爆要求，兼具有与其场所相应的防爆结构，如采用隔爆外壳等。

1-59　安全栅有齐纳式、晶体管式、变压器隔离式、光电隔离式等多种，请简述其结构原理和特点。

答：齐纳式安全栅　由限制输出电流的限流电阻、限制输出电压的齐纳二极管和保护元件组成，保护元件又分为电阻保护式和熔断器保护式两种。齐纳安全栅结构简单，工作可靠，在仪表本安电路中使用十分广泛。

晶体管式安全栅　是以三极管为主的晶体管电路组成的限压、限流保护装置。其特点是当输入高电压时可切断电源电压，并具有动态限流功能，可提高负载能力。

变压器隔离式安全栅　基本原理是变压器隔离，本安和非本安电路之间没有直接联系，而是通过变压器耦合。但是通向本安回路端还需加齐纳式或晶体管式安全栅的限压、限流电路，以保证本安端的安全性。另外，变压器前后还需有直流、交流转换电路。因而，其线路复杂，成本高，但通用性强、可靠性高是其优点。

光电隔离式安全栅　采用光电耦合元件进行隔离，它将直流信号转换成频率信号，经光电耦合器检出频率信号再转换成直流信号。其结构较复杂，但隔离电压高（可达 5kV 以上），线性好，精度高，抗干扰性能好，具有广阔应用前景。

1-60　图 1-1 是齐纳安全栅的基本电路，请说明它的工作原理。

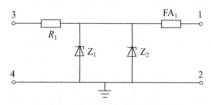

图 1-1　齐纳安全栅基本电路

答：齐纳安全栅是安全栅中的主流产品，由快速熔断器 FA_1、限压元件齐纳二极管 Z_1、Z_2 和限流电阻 R_1 三部分组成。

非本安端子 1、2 接供电电源，本安端子 3、4 接现场变送器。在正常操作条件下，端子 1、2 之间所加的电压低于最高电压 V_{max}，此时 Z_1 和 Z_2 处于不导通状态，即开路状态，安全栅等效于一个串联在信号回路内的电阻，对现场变送器不产生影响。

当非本安端发生故障，例如在端子 1、2 之间因某种原因混入了高电压，使二极管 Z_1、Z_2 反向击穿，于是电流被分流到齐纳二极管 Z_1 和 Z_2 支路上，把混入的高电压限制在齐纳电压上。这样，在安全端 3、4 上就不会出现高电压。当齐纳二极管导通以后，其电流便急剧上升（雪崩现象），把串联在电路上的熔断丝瞬时熔断，于是切断了至现场的高压，防止了高电压引爆现场爆炸性物质。

当现场危险区发生故障，例如负载短路，由于安全栅中限流电阻 R_1 的作用，短路电流只能升到某个安全电流值，故现场也是安全的。

齐纳安全栅的作用，实际上是不让高电压、或大电流传到现场仪表，使现场仪表的能量始终在安全范围之内，从而实现了系统的本质安全防爆。

1-61 变送器输出信号的传输距离有无限定？

答：现在生产的电容式变送器，供电都是 24V DC，按仪表最大输出 22.5mA，最小工作电压 10.5V DC 算，其负载电阻为 600Ω。对于隔爆变送器来说，只要导线电阻和变送器带的设备电阻之和不超过 600Ω，导线的传输距离没有限定。但是对本安型变送器来说，导线的长度是有规定的。因为本安是一个系统，不单是一台本安仪表，还包括关联设备和外部配线在内。关联设备一般都是安全栅，它对导线的长度是有要求的，每种安全栅上都注有最大允许电感和最大允许电容。如果导线的分布电容和电感加上变送器未经保护的电容和电感超过了规定范围，仪表系统便不是本安的了。

1-62 有一本安变送器和安全栅组成的本安防爆系统。已知安全栅的最大允许电容 C_a 为 $0.13\mu F$，最大允许电感 L_a 为 $4.2mH$，变送器电路板上的电容和电感已经过保护，求该变送器的最大传送距离。设变送器信号电缆的截面积为 $1.5mm^2$，分布电容 C_c 为 $200pF/m$，电感 L 和电阻 R 之比 $L/R=250\mu H/\Omega$。

解：安全栅和变送器连接时，变送器和连接导线都是安全栅的负载。连接导线的最大允许电容 C_c 和电感 L_c 应等于或小于安全栅的最大允许负载电感 L_a 和电容 C_a 减去仪表输入端未经保护的电容 C_i 和电感 L_i，即应满足下列条件：

$$C_c \leqslant C_a - C_i \tag{1-1}$$
$$L_c \leqslant L_a - L_i \tag{1-2}$$

上述两式即为求变送器最大传输距离的计算公式。

（1）先按式（1-1）求变送器信号线长度

已知：$C_a = 0.13\mu F$，$C_c = 200pF/m$，$C_i = 0$（因为变送器的电容和电感已经过保护）。

由于 $200pF/m \leqslant 0.13\mu F - 0$，得信号电缆的长度 d 为

$$d \leqslant 0.13\mu F \div 200pF/m = 0.13 \times 10^6 pF \div 200pF/m$$
$$= 650m$$

（2）再按式（1-2）求变送器信号线长度

已知：$L_a = 4.2mH$，$L_c/R = 250\mu H/\Omega$，$L_i = 0$。

由于 $250\mu H \times R \leqslant 4.2mH - 0$，得信号电缆的电阻 R 为

$$R \leqslant 4.2mH \div 250\mu H/\Omega = 4.2 \times 10^3 \mu H \div 250\mu H/\Omega$$
$$= 16.8\Omega$$

导线电阻公式为

$$R = \rho \frac{2d}{S}$$

式中　ρ——导线电阻率，查表得铜导线的 $\rho = 0.0175\Omega \cdot \dfrac{mm^2}{m}$；

　　　d——变送器的最大传送距离，mm；

　　　S——导线截面积。已知 $S = 1.5mm^2$。

于是　　　$16.8 = 0.0175 \times \dfrac{2d}{1.5}$

得　　　　$d = 720m$

从上面的计算中知道，按式（1-1）和式（1-2）算得的导线长度相差不多。为保险起见，取

$$d = 650m$$

即变送器最大的传送距离不应大于 650m。

1-63 本安防爆和隔爆防爆变送器的电缆引入装置有何不同？

答：电缆引入装置是指变送器的供电和输出导线如何进入变送器接线口的一种装置。本安防爆仪表的电缆引入装置和普通变送器一样，电缆通过防水接头和金属挠性管接入变送器，或者供电电缆直接进入变送器接线端。但是隔爆仪表不同，电缆引入装置必须是防爆的。因为隔爆变送器表壳密封，表壳内部的爆炸能量不能向外传爆，所以通常采用防爆接头，或者电缆密封接头。接头的技术性能须符合国家的有关标准，并经国家级仪器仪表防爆安全监督检验机构检验合格。

1-64 隔爆变送器的导线引入装置是如何密封的？简述它的结构型式。

答：隔爆变送器的导线引入装置又称防爆接头。一般有两种形式：一种是电缆布线引入装置，另一种是钢管布线引入装置。如图 1-2 所示，两种布线都是先将联通节 4 拧入变送器的导线口，然后通过压紧螺母 1 将金属垫圈 2 和橡胶密封圈 3 紧紧压住。这样，穿过垫圈和密封圈的电缆线就被挤紧和密封，阻止了仪表壳体内外的连通。不同的电缆密封接头适配不同的电缆直径，如果电缆太粗了，就会无法从垫圈和密

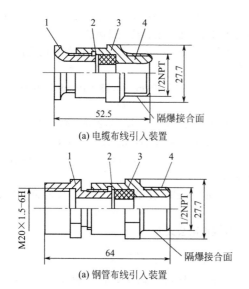

(a) 电缆布线引入装置

(a) 钢管布线引入装置

图 1-2　隔爆变送器的电缆引入装置
1—压紧螺母；2—金属垫圈；3—橡胶密封圈；
4—联通节

封圈中穿过去；太细了，就不可能挤紧和密封。

电缆引入装置是隔爆仪表的附件，它们和仪表一起要通过防爆鉴定和密封试验，并随同仪表一起供货。

1-65　在爆炸危险场所安装仪表时有哪些要求？

答：（1）爆炸危险场所使用的仪表、电气设备和安装材料，如接线盒、分线盒、端子箱等，必须具有经国家授权机构签发的防爆合格证，安装前应检查其规格、型号是否符合设计要求，其外部应无损伤、裂纹。

（2）在爆炸危险场所也可设置正压防爆的仪表箱，内装非防爆型仪表及其他电气设备，仪表箱的通风管必须保持畅通，在送电以前，应通入箱体积 5 倍以上的气体进行置换。

（3）爆炸危险场所 1 区内的仪表配线，必须保证在万一发生接地、短路、断线等事故时，也不致形成点火源。因而电缆、电线必须穿管敷设，采用耐压防爆的金属管，穿线保护管之间以及保护管与接线盒、分线箱、拉线盒之间，均应采用圆柱管螺纹连接，螺纹有效啮合部分应在 5～6 扣以上。需挠性连接时应采用防爆挠性连接管。

在 2 区内的仪表配线，一般也应穿管，但只是为了保护电缆、电线的绝缘层不受外伤。

（4）汇线槽、电缆沟、保护管穿过不同等级的爆炸危险场所分界线时，应采取密封措施，以防爆炸性气体从一个危险场所串入另一个危险场所。

（5）保护管与现场仪表、检测元件、电气设备、仪表箱、分线箱、接线盒、拉线盒等连接时，应在连接处 0.45m 以内安装隔爆密封管件，对 2″ 以上的保护管每隔 15m 应设置一个密封管件。

1-66　安装本质安全型仪表时，有哪些要求？

答：（1）不同系列的本质安全型仪表及安全栅等关联设备不应随便混用，必须经有关部门鉴定，确认其技术性能具有兼容性后方可互相替换。

（2）本安关联设备如安全栅、电流隔离器、缓冲放大器等，应安装在安全场所一侧，并可靠接地。

（3）为防止本安系统的配线与本安关联回路、一般回路的配线间发生混触、静电感应和电磁感应而引起危险，应采用穿管敷设。本安线路和非本安线路不应共用同一根电缆或保护管。两个以上不同系统的本安回路，也不应共用同一根电缆（芯线分别屏蔽者除外）或共用同一根保护管（用屏蔽导线者除外）。

（4）本安线路与非本安线路在同一汇线槽、电缆沟内敷设时，应用接地的金属板或绝缘板隔离，否则应分开排列，间距大于 50mm，并分别固定。

（5）仪表盘内本安和非本安线路的端子板应互相分开，间距大于 50mm，否则应用绝缘板隔离，两类线路应分开敷设，绑扎牢固。

（6）本安线路的长度应使其分布电容和分布电感不超过仪表制造厂规定的最大允许值。

（7）本安系统的配线一般应设置蓝色标志。

（8）本安线路一般不应接地，但当需要设置信号接地基准点时则接地，此接地点应是所有本安仪表系统接地导体的单一接地点，并与电源接地系统分开。

1-67　在爆炸危险场所进行仪表维修时，应注意哪些问题？

答：（1）应经常进行检查维护，查看仪表外观、环境（温度、湿度、粉尘、腐蚀）、温升、振动、安装是否牢固等情况。

（2）对隔爆型仪表，在通电时进行维修时，切不可打开接线盒和观察窗，需开盖维修必须先切断电源，绝不允许带电开盖维修。

（3）维修时不得产生冲击火花，所使用的测试仪表应为经过鉴定的隔爆型或本安型仪表，以避免测试仪表引起诱发性火花或把过高的电压引向不适当部位。

1-68　检修隔爆型仪表应注意哪些问题？

答：（1）拆卸时应注意保护隔爆螺纹及隔爆平面，不得损伤及划伤，特别是隔爆平面不允许有纵向划痕。

（2）在拆卸橡胶密封元件时，不得用尖锐器械硬撬、硬砸，不得在其密封面上有任何纵向划痕。

（3）装配时，应按装配顺序进行，各防松件、紧固件不得漏装。锈蚀及损坏的元件应及时更换。

（4）老化、损伤及不起密封作用的橡胶密封元件也要及时更换。

（5）仪表定期检修后，需经确认防爆性能已得到复原后，方可重新投入使用。

1-69 从国外进口的防爆仪表能否在我国作防爆仪表使用？

答：根据国际惯例，一个防爆检验机构认可的防爆产品只能使用在其所属的国家，对于在其他国家使用过程中出现的任何安全问题将不承担法律责任。所以严格说来，没有我国防爆检验机构认可的外国仪表，不能在我国作防爆产品使用。因为每种产品都要符合两个规程：一是制造厂的出厂规程，二是使用规程。前者是不变的，后者在不同国家、不同地区是不一样的，这个国家认为是合格的防爆产品，另一个国家就不一定认为符合他们的防爆标准。

1.4 仪表的防护等级

1-70 什么是仪表的防护等级？

答：由于仪表的安装使用场所不同，其环境条件也不一样。工业仪表为了能适应各种不同的使用场所，就必须具备一定的环境防护能力，这种防护能力是通过仪表的外壳设计来实现的，同一种仪表，封装在不同的外壳中，就具有了不同的防护能力。

目前，世界上关于工业仪表的防护标准主要有两个：一个是 IEC（国际电工委员会）的标准 IEC 529—1989，主要用于欧洲地区；另一个是 NEMA（美国电器制造商协会）的标准 NEMA ICSI-110—1973，主要用于美国及北美地区。在 IEC 标准中，仪表的防护等级是指不同级别的防尘、防水能力。在 NEMA 标准中，除了防尘、防水之外，还包括了防爆。我国国标 GB 4208—93 等同采用 IEC 标准。

在对现场仪表进行选型时，仪表的防护等级是一项重要内容，必须对其做出正确的选择，才能适应特定的现场环境条件。

1-71 什么是 IP 代码？它由哪几部分组成？

答：在 IEC 标准和国标 GB 4208 中，使用 IP 代码来表示外壳的防护等级。IP 代码由特征字母 IP（International Protection 国际防护）、第一位特征数字、第 2 位特征数字组成。第一位特征数字表示防尘，第二位特征数字表示防水。不要求规定特征数字时，该处由字母 X 代替，例如 IP34、IPX5、IP2X。

1-72 在 IP 代码中，第一、第二位特征数字有哪些？各代表什么意思？

答：在 IP 代码中，第一位特征数字表示外壳防止固体异物进入和防止接近危险部件的人手、工具的防护等级，共有 0～6 七个数字，它们对防止固体异物进入壳内的含义是：

0——无防护；

1——防直径≥50mm 的固体异物进入壳内；

2——防≥ϕ12.5mm 异物；

3——防≥ϕ2.5mm 异物；

4——防≥ϕ1.0mm 异物；

5——防尘；

6——尘密。

第二位特征数字表示外壳防止由于进水对设备造成有害影响的能力，共有 0～8 九个数字，它们的含义是：

0——无防护；

1——防垂直方向滴水；

2——防倾角 75°～90°方向滴水；

3——防淋水；

4——防溅水；

5——防喷水；

6——防猛烈喷水；

7——防短时间浸水；

8——防连续浸水。

1-73 请说明 IP34 的防护含义。

答：IP——外壳防护代码字母。

3——第一位特征数字。表示能防止直径不小于 ϕ2.5mm 的固体异物进入设备外壳和防止人手持直径不小于 2.5mm 工具接近电气设备危险部件。

4——第二位特征数字。表示能防止由于在外壳各个方向溅水对设备造成的有害影响。

1-74 什么是 NEMA 外壳防护等级？

答：NEMA 外壳防护等级，是美国电气制造商协会制定的电气设备外壳防护标准。NEMA 的外壳防护标准除了防尘、防水之外，还包括防爆。NEMA 外壳类型、定义及其与 IP 外壳防护等级的对照见表 1-7。

1-75 一台变送器的外壳结构为 IP67 和 NEMA 4X，请说明它的防护含义。

答：IP 代码是 IEC（国际电工委员会标准）外壳防护等级，我国颁布的外壳防护等级和它等效。67 是 IP 代码中的第一和第二位特征数字。其中：

"6"——表示尘密，即无灰尘进入壳内；

"7"——表示防短时间浸水影响，即浸入规定压力（低于水面 1000mm）的水中，经规定时间（30min）后外壳进水量不致达到有害程度。

NEMA 是美国电气制造商协会的外壳防护标准。

4X——表示外壳提供的防护可防水、防尘、耐腐蚀，可用于室内和室外。

表 1-7 NEMA 外壳类型、定义及其与 IP 外壳防护等级的对照

（资料来源：美国 Hoffman 电气设备外壳制造有限公司资料）

NEMA 外壳类型	NEMA 定义	IP 外壳防护等级
1	通用。能防粉尘、防晒、防直接溅射，但不能绝对防尘。主要能防止与带电部件接触。一般在室内和标准大气环境下使用	IP10
2	不透水。与类型 1 外壳相似，但需设置附加防漏罩。使用场所有时会出现严重的冷凝现象（如冷却场所或洗衣房）	IP11
3 和 3S	不受气候变化影响，可防止灾害天气如暴雨和冰雪的影响。一般用于露天场所，如码头、建筑工地、隧洞以及地铁等场所	IP54
3R	室外使用。一定程度上能防雨、防结冰。装有避雷针、排雨水管和结冰消除装置，并通过防锈测试	IP14
4 和 4X	防水及全天候使用。能耐 65GPM、喷嘴距离不小于 10ft、持续时间为 5min 的水的冲击。可在码头、乳品厂、啤酒厂等室外场合使用	IP56
5	防尘。能提供密封垫防护或类似的密封防护，起到隔尘作用。通常用于钢铁厂及水泥厂	IP52
6 和 6P	可浸入水中使用，但取决于时间和压力的特定条件。一般用于露天开采、矿山、探井等场所	IP67
7	危险场所使用。在 NEC 标准定义的 ClassⅠ，Group A、B、C 及 D 类爆炸性危险场所的室内使用	—
8	危险场所使用。在 NEC 标准定义的 ClassⅠ，Group A、B、C 及 D 类爆炸性危险场所的室内以及室外使用	—
9	危险场所使用。在 NEC 标准定义的 ClassⅡ，Group E、F 及 G 类爆炸性危险场所的室内或室外使用	—
10	符合美国矿山安全及人身健康管理局（MSHA）30CFR18 文件的要求（1978 年制订）	
11	通用。防止腐蚀性液体和气体的影响，能满足防漏和防腐蚀检测要求	—
12 和 12K	通用。室内使用。能防粉尘、防下落污物以及防非腐蚀性液滴。符合防漏、防尘和防锈检测要求	IP52
13	通用。主要提供防粉尘、防水溅、防油污以及防非腐蚀性冷却剂。符合防油污和防锈检测要求	IP54

注：1. NEMA 标准和 IEC 标准对电气设备外壳防护等级的分类方法和定义不同，两者之间不存在对等关系，表中所列的仅是一定程度上的对应关系。

2. NEMA 标准能满足或超过 IEC 标准。因此，表中对应关系可以正向替换，而不能反向替换，如 NEMA 13 型适用于 IP 54 型外壳的应用场合，而 IP 54 型不一定适用于 NEMA 13 型外壳的所有应用场合。

3. 1ft＝0.3048m。

第2篇 气体分析仪

2. 红外线气体分析仪

2-1 什么是电磁辐射？电磁辐射有何特性？

答：电磁辐射是以极快速度通过空间传播的光量子流，是一种能量的形式。电磁辐射具有波动性与微粒性，其波动性表现为辐射的传播以及反射、折射、散射、衍射、干涉等，可用传播速度、周期、波长、频率、振幅等参量来描述；其微粒性表现：当其与物质相互作用时引起辐射的吸收、发射等，可用能量来描述。电磁辐射的波动性与微粒性用普朗克方程式联系起来。

$$E = h\nu$$

式中　E——能量，J；

　　　ν——辐射频率，s^{-1}；

　　　h——普朗克常数，6.625×10^{-34} J·s。

2-2 什么是吸收光谱法？

答：电磁辐射与物质相互作用时产生辐射吸收，引起原子、分子内部量子化能级之间的跃迁，测量辐射波长或强度变化的一类光学分析方法，称为吸收光谱法。

吸收光谱法的另一个定义是：基于物质对光的选择性吸收而建立的分析方法称为吸收光谱法，也称为吸光光度法。包括紫外可见分光光度法、红外吸收光谱法等。

吸收光谱法所涉及的光谱名称、波长范围、量子跃迁类型和光学分析方法见表2-1。

2-3 试述吸收光谱法的作用机理。

答：由物理学中可知，分子由原子和外层电子组成。各外层电子的能量是不连续的分立数值，即电子是处在不同的能级中。分子中除了电子能级之外，还有组成分子的各个原子间的振动能级和分子自身的转动能级。

当从外界吸收电磁辐射能时，电子、原子、分子受到激发，会从较低能级跃迁到较高能级，跃迁前后的能量之差为：

$$E_2 - E_1 = h\nu$$

式中　E_2，E_1——分别表示较高能级和较低能级
　　　　　　　　（跃迁前后的能级）的能量；

　　　ν——辐射光的频率；

　　　h——普朗克常数，6.625×10^{-34} J·s。

当某一波长电磁辐射的能量 E 恰好等于某两个能级的能量之差 $E_2 - E_1$ 时，便会被某种粒子吸收并产生相应的能级跃迁，该电磁辐射的波长和频率称为某种粒子的特征吸收波长和特征吸收频率。

电子能级跃迁所吸收的辐射能为 $1 \sim 20 eV$，吸收光谱位于紫外和可见光波段（$200 \sim 780 nm$）；分子内原子间的振动能级跃迁所吸收的辐射能为 $0.05 \sim 1.0 eV$，吸收光谱位于近红外和中红外波段（$780 nm \sim 25 \mu m$）；整个分子转动能级跃迁所吸收的辐射能为 $0.001 \sim 0.05 eV$，吸收光谱位于远红外和微波波段（$25 \sim 10000 \mu m$）。

2-4 什么是红外线？

答：红外线是一种看不见的光，其波长范围为 $0.78 \sim 1000 \mu m$。因为它在可见光谱红光界限之外，所以得名红外线。红外线是电磁波谱中的一段，介于可见光区和微波区之间。

表 2-1　吸收光谱法一览表

光 谱 名 称	波 长 范 围	量子跃迁类型	光学分析方法
X 射线	$0.01 \sim 10 nm$	K 和 L 层电子	X 射线光谱法
远紫外线	$10 \sim 200 nm$	中层电子	真空紫外光度法
近紫外线	$200 \sim 400 nm$	价电子	紫外光度法
可见光	$400 \sim 780 nm$	价电子	比色及可见光度法
近红外线	$0.78 \sim 2.5 \mu m$	分子振动	近红外光谱法
中红外线	$2.5 \sim 25 \mu m$	分子振动	中红外光谱法
远红外线	$25 \sim 1000 \mu m$	分子转动和低位振动	远红外光谱法
微波	$0.1 \sim 100 cm$	分子转动	微波光谱法
无线电波	$1 \sim 1000 m$		核磁共振光谱法

2-5 红外辐射（即红外线）有何特点？

答：实验证明，所有的电磁辐射在被物体吸收后都能产生热，而红外波段的独有特点是：

（1）在整个电磁波谱中红外波段的热功率最大，因而红外辐射也叫"热辐射"；

（2）红外辐射被物体吸收后产生的热量很容易被检测出来；

（3）受热物体是红外辐射的良好发射源。

2-6 什么是波长、波数、频率和光子能量？

答：波长、波数、频率、光子能量是用来描述红外辐射的几个常用参量，其定义如下。

波长 在光的传播方向上，相邻两光波同相位点间的距离称为波长，用 λ 表示，单位为 μm。

波数 波数是描述红外辐射的一个参量，是指每厘米长度内所含红外波的数目，用 σ 表示，单位为 cm^{-1}。

频率 单位时间内光波振动的周数，用 ν 表示，单位为 s^{-1}。

光子能量 光波以辐射的形式发射、传播或接收的能量，用 E 表示，单位为 J。

2-7 波长、波数、频率、光子能量之间有何关系？

答：波长、波数、频率、光子能量之间的关系如下：

$$\sigma = \frac{1}{\lambda}$$

$$\nu = \frac{c}{\lambda}$$

$$E = h\nu$$

式中　λ——波长，cm；

σ——波数，cm^{-1}；

c——光速，$c = 3 \times 10^{10}$ cm/s；

h——普朗克常数，6.625×10^{-34} J·s；

E——光子能量，J；

ν——频率，s^{-1}。

如用电子伏特 eV 作为光子能量单位，则

$$1eV = 1.602 \times 10^{-19} J$$

$$1J = 6.242 \times 10^{18} eV$$

$$E = 6.625 \times 10^{-34} \times 6.242 \times 10^{18} eV \times \nu$$

$$= 4.135 \times 10^{-15} eV \times \nu$$

按以上关系式计算，红外波段的界限见表 2-2。

表 2-2　红外波段的界限

红外辐射参量	下　限	上　限
波长	$0.78\mu m$	1mm
对应波数	$12820cm^{-1}$	$10cm^{-1}$
对应频率	2.34×10^{14} Hz	3×10^{11} Hz
光子能量	9.69eV	1.24×10^{-3} eV

2-8 试述红外线气体分析仪的测量原理。

答：红外分析仪是利用红外线（一般在 $2 \sim 12\mu m$ 波长范围内）通过装在一定长度容器内的被测气体，然后测定通过气体后的红外线辐射强度 I。根据朗伯-比尔吸收定律

$$I = I_0 e^{-kcl} \tag{2-1}$$

式中　I_0——射入被测组分的光强度；

I——经被测组分吸收后的光强度；

k——被测组分对光能的吸收系数；

c——被测组分的摩尔分数；

l——光线通过被测组分的长度（气室长度）。

式（2-1）表明待测组分是按照指数规律对红外辐射能量进行吸收，该公式也叫指数吸收定律。e^{-kcl} 可根据指数的级数展开为

$$e^{-kcl} = 1 + (-kcl) + \frac{(-kcl)^2}{2!} + \frac{(-kcl)^3}{3!} + \cdots \tag{2-2}$$

当待测组分浓度很低时，$kcl \ll 1$，略去 $\frac{(-kcl)^2}{2!}$ 以后各项，式（2-2）可以简化为

$$e^{-kcl} = 1 + (-kcl) \tag{2-3}$$

此时，式（2-1）所表示的指数吸收定律就可以用线性吸收定律来代替。

$$I = I_0(1 - kcl) \tag{2-4}$$

式（2-4）表明，当 cl 很小时，辐射能量的衰减与待测组分的浓度 c 成线性关系。

为了保证读数呈线性关系，当待测组分浓度大时，分析仪的测量气室较短；当浓度低时，测量气室较长。

经吸收后所剩余的光能用检测器检测，目前常用的检测器有薄膜电容、半导体、微流量检测器三种。

2-9 什么是特征吸收波长？

答：在近红外和中红外波段，红外辐射能量较小，不能引起分子中电子能级的跃迁，而只能被样品分子吸收，引起分子振动能级的跃迁，所以红外吸收光谱也称为分子振动光谱。

当某一波长红外辐射的能量恰好等于某种分子振动能级的能量之差时，才会被该种分子吸收，并产生相应的振动能级跃迁，这一波长便称为该种分子的特征吸收波长。

几种气体分子的特征吸收波长见表 2-3。

2-10 红外线气体分析仪有何特点或优点？

答：红外线气体分析仪的主要特点或优点如下。

（1）能测量多种气体　除了单原子的惰性气体（He、Ne、Ar 等）和具有对称结构无极性的双原子分子气体（N_2、H_2、O_2 等）外，CO、CO_2、NO、NO_2、SO_2、NH_3 等无机物，CH_4、C_2H_4 等烷烃、烯烃和其他烃类及有机物，都可用红外分析仪进行测量。

表 2-3　几种气体分子的特征吸收波长

名　　称	分子式	吸收峰波长/μm
一氧化碳	CO	2.37,4.65
二氧化碳	CO_2	2.7,4.26,14.5
甲烷	CH_4	3.3,7.65
乙烯	C_2H_4	3.45,5.3,7,10.5
氨	NH_3	10.4
一氧化氮	NO	5.2
二氧化硫	SO_2	7.3
水蒸气	H_2O	2.0,2.8

（2）测量范围宽　可分析气体的上限达100%，下限达几个 ppm 的浓度。当采取一定措施后，还可进行痕量（ppb级）分析。

（3）灵敏度高　具有很高的检测灵敏度，气体浓度有微小变化都能分辨出来。

（4）精度高　一般都在±2%FS，不少产品达到或优于±1%FS。与其他分析手段相比，它的精度较高且稳定性好。

（5）反应快　响应时间 T_{90} 一般在 10s 以内。

（6）有良好的选择性　红外分析仪有很高的选择性系数，因此它特别适合于对多组分混合气体中某一待分析组分的测量，而且当混合气体中一种或几种组分的浓度发生变化时，并不影响对待分析组分的测量。也就是说，红外分析仪只对待分析组分的浓度变化有反应，而背景气体（除待分析组分外的其他组分都叫背景气体）中干扰组分的浓度不管怎样变化，对仪器的测量精度都没有影响。因此，用红外分析仪分析气体时，只要求背景气体干燥、清洁和无腐蚀性，而对背景气体的组成及各组分的变化要求不严，特别是采取滤光技术以后效果更好。这一点与其他分析仪器比较是一个突出的优点。

2-11　红外分析仪的发送器由哪些主要部件构成？

答：发送器是红外分析仪的"心脏"部分，它将被测组分浓度变化转化为某种电参数的变化，并通过相应的测量电路转换成电压或电流输出。发送器由光学系统和检测器两部分组成，主要构成部件有如下一些。

• 红外辐射光源，包括辐射源、反射镜和切光片；

• 气室和滤光元件，包括测量气室、参比气室、滤波气室和滤光片；

• 检测器，包括接收气室和检测器件。

2-12　红外辐射光源有哪些类型？

答：按光源的结构分类，可分为单光源和双光源两种。

按发光体分类，主要有以下几种。

（1）合金丝光源　大多采用镍铬丝，在胎具上绕制成螺旋形或锥形（见图2-1）。螺旋形绕法的优点是比较近似点光源，但正面发射能量小，锥形绕法正面发射能量大，但绕制工艺比较复杂，目前使用的以螺旋形绕法居多。镍铬丝的直径一般为 0.4~0.7mm，加热功率取 5~10W。

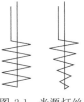

图 2-1　光源灯丝绕制形状

镍铬丝在730℃时，其辐射光谱的波长主要集中在 3~10μm 范围内，能满足绝大部分红外分析仪的要求。

（2）陶瓷光源　两片陶瓷片之间夹有印刷在上面的黄金加热丝，黄金丝通电加热，陶瓷片受热后发射出红外光。为使最大辐射能量集中在待测组分特征吸收波段范围内，在白色陶瓷片上涂上黑色涂料，不同涂料最大发射波长也不同。

这种光源的优点是寿命长，黄金物理性能特别稳定，不产生微量气体（镍铬丝能放出微量气体），且是密封式安全隔爆的。

（3）激光光源　激光光源的独特优点是：①发射单色光谱线窄，不需滤光片和滤波器室；②发射的能量大；③聚光性能好；④可得到连续可调波长的激光；⑤指向性好。

激光光源有多种，如气体激光器、激光二极管、半导体激光器、等离子激光器等。由于结构复杂、成本高、寿命比普通红外光源短等原因，长期未能进入实用阶段。近来已有采用激光光源的在线气体多组分分析仪问世，如西门子公司新近推向市场的 LDS 6 型激光二极管光谱分析仪。

2-13　切光片起什么作用？如何选择切光频率？

答：切光片的作用是把辐射光源的红外光变成断续的光，即对红外光进行调制。调制的目的是使检测器产生的信号成为交流信号，便于放大器放大，同时可以改善检测器的响应时间特性。

切光片的几何形状有多种，图 2-2 中是常见的三种。

切光频率（调制频率）的选择与检测器的结构和尺寸有关。从灵敏度角度看，调制频率增高，灵敏度降低，超过一定程度后，灵敏度下降很快。因为频率增高时，在一个周期内接收气室接收到的辐射能减少，信号降低，另外气体的热量及压力传递跟不上辐射能的变化。因此从灵敏度角度看，频率低一些是有利的。但频率太低时，放大器制作较难，并且增加仪器的滞后，整流后滤波也较困难。根据经验，在线红外线气体分析仪，切光频率大多取在 2~12.5Hz 范

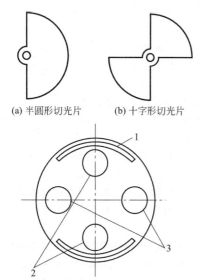

(a) 半圆形切光片　　(b) 十字形切光片

(c) 几何单光路（时间双光路）切光片

图 2-2　切光片的几何形状

1—同步孔；2—参比滤光片；3—测量滤光片

围内，属于超低频范围（采用半导体检测器的红外分析仪，切光频率可高达几百赫兹）。

2-14 选择：采用薄膜电容检测器的红外线气体分析器，其光学系统的灵敏度与切光片的调制频率之间的关系是（　　）。

A. 调制频率的改变不会影响其灵敏度；

B. 提高调制频率会提高其灵敏度；

C. 适当降低调制频率会提高其灵敏度。

答：C

切光片的调制频率过高，红外线的能量来不及被待测气体吸收，即在一个周期内电容器吸收室接收到的辐射能将减少，同时气体的热量及压力的传递也跟不上辐射能的变化。另外，如果达到工频（50Hz），还会受到外界电场的干扰。

2-15 红外分析仪中的气室有哪几种？采用何种结构和材料？

答：红外分析仪中的气室包括测量气室、参比气室和滤波气室，它们的结构基本相同，都是圆筒形，两端都用晶片密封。

测量气室连续地通过待测气体，参比气室完全密封并充有中性气体（多为 N_2 气，也可充 Ar 气），滤波气室完全密封并充有干扰组分气体。当采用滤波气室时，滤波气室装在测量气室一侧，此时参比气室也充入一定比例的干扰组分气体。

测量气室的长度一般小于 300mm。测量微量组分的气室较长，在 300～1000mm 之间。气室的内径一般取 20～30mm，太粗会使测量滞后增大，太细则削弱了光强，降低了仪表的灵敏度。

气室要求内壁光洁度高，不吸收红外线，不吸附气体，化学性能特别稳定。气室的材料采用黄铜镀金、玻璃镀金或铝合金（可在内壁套一层镀金的铜皮圆筒），内部表面都要求抛光。金的化学性质极为稳定，气室内壁永远也不氧化，所以能保持很高的反射系数。

2-16 气室常用的窗口材料有哪些？使用中应注意哪些问题？

答：光学系统各气室、检测器的接收气室都需要用窗口材料（晶片）密封。窗口材料应对所用红外波段有良好的透射性能，吸收和反射应很小，同时还应有一定的机械强度，不易破裂，不怕潮湿，表面光洁度能长期保持，对接触的介质有良好的化学稳定性，能经受温度变化的影响。

常用窗口材料及其透射限如下：

材料	透射限/μm
氟化锂 LiF_2	6.5
氟化钙（萤石）CaF_2	13
蓝宝石（青玉）	5.5
熔凝石英 SiO_2	4.5
氯化钠 NaCl	25

晶片和窗口的结合多采用胶合法，当用环氧树脂胶合时，要加合适的填料，国产的 6109 胶也可以做胶合剂。

参比气室和滤波气室是密封不可拆的。测量气室由于可能受到污染，有的产品采用橡胶密封结构，以便用户拆开气室清除污物，但橡胶材料化学稳定性较差，无法保证长期密封，应注意维护和定期更换，密封圈用黑色耐油橡胶圈较好。

晶片上沾染灰尘、污物、起毛等都会使仪表的灵敏度下降，测量误差和零点漂移增大，因此，必须保持晶片的清洁，可用擦镜纸或绸布擦拭，注意不能用手指接触晶片表面。

2-17 什么是滤光片？什么是干涉滤光片？

答：滤光片是一种光学滤波元件。它是基于各种不同的光学现象（吸收、干涉、选择性反射、偏振等）而工作的。采用滤光片可以改变测量气室的辐射通量和光谱成分，可消除或减少散射辐射和干扰组分吸收辐射能的影响，可以使具有特征吸收波长的红外辐射通过。

干涉滤光片是一种带通滤光片，根据光线通过薄膜时发生干涉现象而制成。最常见的干涉滤光片是法布里-珀罗型滤光片，是由一组厚度为 $1/2\lambda$ 整数倍的间隔层分开的两种反射膜组成的窄带滤光片。其制作方法是以石英或白宝石为基底，在基底上交替地用真空蒸镀的方法，镀上具有高、低折射系数的物质层。一般用锗（高折射系数）和一氧化硅（低折射系数）作镀层，也可用碲化铅和硫化锌作镀层，或用碲和岩盐作镀层。

干涉滤光片可以得到较窄的通带，其透过波长可以通过镀层材料的折射率、厚度及层次等加以调整。

在红外线分析仪中，气室的窗口晶片允许透过的波长是有一定范围的，因此也有一定的滤波效果，但远不如干涉滤光片，两者在光学系统中的作用也是不同的。

2-18 滤波气室和干涉滤光片比较，各有何特点？各适用于何种场合？

答：滤波气室与干涉滤光片性能比较如下。

（1）滤波气室　除干扰组分特征吸收中心波长能全吸收外，中心波长附近的波长能吸收一部分，其他波长全部通过，几乎不吸收。或者说它的通带较宽，因此检测器接收到光能较大，灵敏度高。其缺点是体积比干涉滤光片大，一般长 50mm，特别是在微量分析中因测量气室较长（300～1000mm），加上它就更长了，使仪器体积较大。在深度干扰时，即干扰组分浓度高或与待测组分特征吸收波长交叉较多时，可采用滤波气室。如果两者特征吸收波长相距不是很近时，其滤波效果就不理想。就是说，其选择性较差。当干扰组分多时也不宜采用滤波气室。

（2）干涉滤光片　干涉滤光片是窄带滤光片，通带很窄，其通带 $\Delta\lambda$ 与特征吸收波长 λ_0 之比 $\Delta\lambda/\lambda_0 \leqslant 0.07$，所以滤波效果很好。它可以只让被测组分特征吸收波带的光能通过，通带以外的光能几乎全滤除掉。只要涂层不被破坏，工作就是可靠的。采用干涉滤光片取代滤波气室可使仪器结构简化，长度缩短。一般在干扰组分多时采用干涉滤光片，微量分析也多采用它。其缺点是透过率只有 $70\% \sim 80\%$，由于通带窄，透过率不高，所以到达检测器的光能比采用滤波气室时小，灵敏度较低。

2-19 试述薄膜电容检测器的工作原理、结构和特点。

答：薄膜电容检测器又称薄膜微音器，由金属薄膜动极和定极组成电容器，当接收气室内的气体压力受红外辐射能的影响而变化时，推动电容动片相对于定片移动，把被测组分浓度变化转变成电容量变化。

薄膜电容检测器的结构如图 2-3 所示。薄膜材料为铝镁合金，其厚度为 $5\sim8\mu m$，近年来多采用的钛膜则更薄一些。定片与薄膜间的距离为 0.1～0.04mm，电容量为 40～100pF，两者之间的绝缘电阻>10^5 MΩ。

薄膜电容检测器是红外气体分析仪长期使用的传统检测器，目前使用仍然较多。它的特点是温度变化影响小、选择性好、灵敏度高。其缺点是薄膜易受机械振动的影响，调制频率不能提高，放大器制作比较困难，体积较大等。

2-20 什么是半导体检测器？它有何特点？

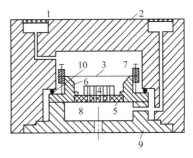

图 2-3　薄膜电容检测器结构简图
1—晶片和接收气室；2—壳体；3—薄膜；4—定片；
5—绝缘体；6—支持体；7、8—薄膜两侧的空间；
9—后盖；10—密封垫圈

答：半导体检测器是利用半导体光电效应的原理制成的，当红外光照射到半导体上时，它吸收光子能量使电子状态发生变化，产生自由电子或自由孔穴，引起电导率的改变，即电阻值发生变化，所以又称为光电导检测器或光敏电阻。

半导体检测器使用的材料有硫化铅（PbS）、硒化铅（PbSe）、锑化铟（InSb）、汞镉碲（HgCdTe）等。红外线气体分析仪大多采用锑化铟（InSb）材料的检测器，它在红外波长 $3\sim7\mu m$ 范围内具有高响应率（即检测器的电输出和灵敏面入射能量的比值），在此范围内 CO、CO_2、CH_4、C_2H_2、NO、SO_2、NH_3 等几种气体均有吸收带，其响应时间仅 5×10^{-6}s。

这种检测器结构简单、制造容易、体积小、寿命长、响应迅速。它可采用更高的调制频率（切光频率可高达几百赫兹），使放大器的制作更为容易。它与窄带干涉滤光片配合使用，可以制成通用性强快速响应的红外检测器，改变测量组分时，只需改换干涉滤光片的透过波长和仪表刻度即可。其缺点是锑化铟元件的特性（特别是灵敏度）受温度变化影响大。

2-21 什么是微流量检测器？

答：微流量检测器是一种测量微小气体流量的新型检测器件。其传感元件是两个微型热丝电阻，和另外两个辅助电阻组成惠斯通电桥。热丝电阻通电加热至一定温度，当有气体流过时，带走部分热量使热丝元件冷却，电阻变化，通过电桥转变成电压信号。

微流量传感器中的热丝元件有两种，一种是栅状镍丝电阻，简称镍格栅，它是把很细的镍丝编织成栅栏状制成的。这种镍格栅垂直装配于气路通道中，微气流从格栅中间穿过。另一种是铂丝电阻，在云母片上用超微技术光刻上很细的铂丝制成。这种铂丝电阻平行装配于气路通道中，微气流从其表面通过。

这种微流量检测器实际上是一种微型热式质量流量计，它的体积很小（光刻铂丝电阻的云母片只有 3mm×3mm 见方，毛细管气流通道内径仅 0.2～

0.5mm），灵敏度极高，精度≤±1%，价格也较便宜。采用微流量检测器替代薄膜电容检测器，可使红外分析仪光学系统的体积大为缩小，可靠性、耐振性等性能提高，因而在红外、氧分析仪等仪器中得到了较广应用。

2-22 试述微流量检测器工作原理。

答：图 2-4 是微流量检测器工作原理示意图。测量管（毛细管气流通道）3 内装有两个栅状镍丝电阻（镍格栅）2，和另外两个辅助电阻组成惠斯通电桥。镍丝电阻由恒流电源 5 供电加热至一定温度。

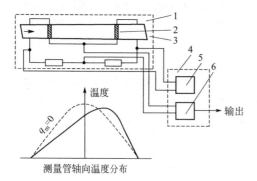

图 2-4 微流量检测器工作原理示意图
1—微流量传感器；2—栅状镍丝电阻（镍格栅）；
3—测量管（毛细管气流通道）；
4—转换器；5—恒流电源；6—放大器

当流量为零时，测量管内的温度分布如图 2-4 下部虚线所示，相对于测量管中心的上下游是对称的，电桥处于平衡状态。当有气体流过时，气流将上游的部分热量带给下游，导致温度分布变化如实线所示，由电桥测出两个镍丝电阻阻值的变化，求得其温度差 ΔT，便可按下式计算出质量流量 q_m：

$$q_m = K \frac{A}{c_p} \Delta T$$

式中　c_p——被测气体的定压比热容；

　　　A——镍丝电阻与气流之间的热传导系数；

　　　K——仪表常数。

当使用某一特定范围的气体时，A、c_p 均可视为常量，则质量流量 q_m 仅与镍丝电阻之间的温度差 ΔT 成正比，如图 2-5 中 Oa 段所示。Oa 段为仪表正常测量范围，测量管出口处气流不带走热量，或者说带走热量极微；超过 a 点流量增大到有部分热量被带走而呈现非线性，流量超过 b 点则大量热量被带走。

当气流反方向流过测量管时，图 2-4 中温度分布变化实线向左偏移，两个镍丝电阻的温度差为 $-\Delta T$，质量流量计算式为

$$q_m = -K \frac{A}{c_p} \Delta T$$

上式表示流体流动方向相反。

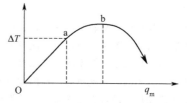

图 2-5 质量流量与镍丝电阻温度差的关系

2-23 红外分析仪有哪些结构类型？各有何优缺点？

答：目前使用的红外分析仪结构型式很多，分类方法也较多，但主要有下面几种。

（1）从是否把红外光束变成单色光来划分，可分为分光型（色散型）和不分光型（非色散型）两种。

① 分光型　采用一套分光系统，使通过分析气室的辐射光谱与待测组分的特征吸收光谱相吻合。其优点是选择性好，灵敏度较高；缺点是分光后光束能量很小，分光系统任一元件的微小位移，都会影响分光的波长。因此，一直用于条件很好的实验室，长期未能用于在线分析。近年来，随着采用窄带干涉滤光片取代棱镜和光栅系统，分光型红外分析仪开始在生产流程上得到应用。

② 不分光型　光源发出的连续光谱全部都投射到待测样品上，待测组分吸收其特征波长的各个波带（有一定波长宽度的辐射），就其吸收波长来说具有积分性质。例如，CO_2 在波长为 2.6～2.9μm 及 4.1～4.5μm 处都具有吸收峰。由此可见不分光型仪器的灵敏度比分光型高得多，并且具有较高的信号/噪声比和良好的稳定性。其主要缺点是待测样品各组分间有重叠的吸收峰时，会给测量带来干扰。但是可以在结构上增加干扰滤波气室等办法，去掉干扰的影响。

目前在线分析大多采用不分光型红外分析仪。

（2）从光学系统来划分，可以分为双光路和单光路两种。

① 双光路　从两个相同的光源或者精确分配的一个光源，发出两路彼此平行的红外光束，分别通过几何光路相同的分析气室、参比气室后进入检测器。

② 单光路　从光源发出的单束红外光，只通过一个几何光路。但是对于检测器而言，还是接受两个不同波长的红外光束，只是在不同时间内到达检测器而已。它是利用调制盘的旋转（在调制盘上装有能通过不同波长的干涉滤光片），将光源发出的光调制成不同波长的红外光束，轮流通过分析气室送往检测器，实现时间上的双光路。

（3）从采用的检测器类型来划分，目前主要有薄膜电容检测器、半导体检测器、微流量检测器三种。

2-24 图 2-6 是老式双光路红外分析仪的原理示

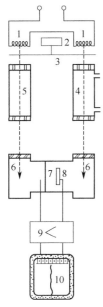

图 2-6 老式双光路
红外分析仪原理
示意图

1—灯丝；2—同步电机；3—切光片；4—测量气室；5—参比气室；6—检测器的接收气室；7—薄膜电容动片；8—定片；9—放大器；10—记录仪

意图，该仪器采用薄膜电容检测器，其接收气室属于并联型结构，有左、右两个气室。请说明其工作原理。

答：该仪器包括光源、切光片、测量气室、参比气室、检测器、放大器和记录仪几个部分。

由辐射光源的灯丝 1 发射出具有一定波长范围的红外线，两部分红外辐射分别由两个抛物面反射镜聚成两束平行光，在同步电机带动的切光片 3 的周期性切割作用下，变成了两束脉冲式红外线，脉冲频率一般在 3～25Hz。在仪表的设计中，使这两束红外线的波长范围基本相同，可发射的能量基本相等。两束红外线的一路通过参比气室 5 后进入检测器的接收气室 6，另一束红外线通过测量气室 4 后，也进入检测器的接收气室 6。参比气室中充入不吸收红外线的氮气（N_2）并加以密封，它的作用是保证两束红外线的光学长度相等，即光路的几何长度和通过的窗口数目都相等，以避免因光路差异造成系统误差。因此通过参比气室的红外线的光强和波长范围基本不变。另外一路红外线通过测量气室时，由于待测气体中的待测组分吸收相应特征吸收波长的红外线，其光强减弱，因此进入检测器接收气室 6 的光强是不相等的。

检测器由电容微音器的动片薄膜隔开成为左、右两个接收气室，接收气室里封有不吸收红外线的气体（N_2 或 Ar）和待测组分气体的混合物，所以进入检测器的红外线就被选择性地吸收，即对应于待测组分的特征吸收波长的红外线被完全吸收。由于通过参比气室的红外线未被待测组分吸收过，因此进入检测器左侧气室后能被待测组分吸收的红外线能量就大，而进入检测器右侧气室的红外线由于有一部分在测量气室中已被吸收，所以其能量较小。在检测器内待测组分吸收红外线能量后，气体分子的热运动加强，产生热膨胀，压力变大。但因进入检测器的红外线能量不相等，因此两侧温度变化也不同，压力变化也不同，左侧室内压力大于右侧室内压力，此压力差推动薄膜 7 产生位移（在图 2-6 中薄膜是鼓向定片 8，从而改

变了薄膜动片 7 与定片 8 之间的距离，由薄膜动片与定片组成的电容器（红外线分析仪中叫薄膜电容器，也叫电容微音器），其极板间距离发生变化，电容器的电容量也改变了。

把此电容量的变化转变成电压信号输出，经放大后得到毫伏信号，此毫伏信号可用表头指示（也可输出毫安信号），同时送到二次仪表显示和记录。此毫伏数代表待测组分含量大小。显然待测组分含量愈高，从检测器测得的两束红外光线的能量差也愈大，故薄膜电容器的电容变化量也愈大，输出信号也愈大。

2-25 老式双光路红外分析仪如何克服背景气体对待测气体的干扰？

答：上题介绍的老式双光路红外线分析仪，不能克服背景气体对待测气体的干扰。例如合成氨生产中要测量 CO 的含量，但被测混合气体中除含 CO、N_2、H_2 外，还含有 CO_2，而 CO_2 与 CO 的特征吸收峰波长分别为 $4.26\mu m$ 和 $4.65\mu m$，其特征吸收波长范围有重叠的部分，CO_2 的存在对 CO 的测量有明显的干扰，这可用图 2-7（a）表示。

CO 特征吸收波长范围为 a、c 之间的红外线，CO_2 的特征吸收波长范围为 d、b 之间的红外线，而在 a、b 之间的红外线 CO 和 CO_2 都能吸收。假如原来测量 CO 组分含量时，背景气体中没有 CO_2，在检测器中可吸收的红外线为 a、c 之间的红外线，现因背景气体中有 CO_2，a、b 之间有一部分能量被 CO_2 吸收，这就造成了射到检测器的红外线能量比以前小了，使输出也变小了（设此时 CO 含量不变），从而造成测量误差。另外，更主要的是 CO_2 含量是变化的，CO_2 在 a、b 之间吸收红外线的能量也是变化的，也会产生测量误差，而且误差大小不是固定的。CO_2 对 CO 来说是干扰气体（或叫干扰组分），而背景气中的 H_2、N_2 在 CO 的特征吸收波长范围附近没有吸收峰，当然也不会有吸收峰重叠问题，所以 H_2、N_2 不是 CO 的干扰组分（H_2、N_2 不吸收红外线）。

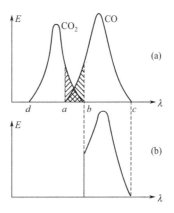

图 2-7 干扰组分吸收峰的重叠及滤除

为了消除上述干扰现象，当有干扰组分存在时，要设置滤波气室，在滤波气室中充干扰组分气体，这样当红外线通过滤波气室时，干扰组分把其特征吸收波长范围内的红外线全部吸收，如图2-8所示。

滤波气室中充以CO_2+N_2，CO_2把d、b之间波长的红外线全部吸收完，为CO剩下的只有b、c段的红外线可以吸收，见图2-7（b）。同时在参比气室中也充以干扰组分和N_2（待测组分是CO时，则充CO_2和N_2各50%），这时参比气室也叫参比滤波气室。

这样，两路红外线分别通过滤波气室和参比气室后，把干扰组分能吸收的红外线全部吸收完，最后进入检测器两侧的红外线能量的差值，是通过参比滤波气室没有被待测组分所吸收的b、c之间的红外线能量，与测量气室中被待测组分从b、c之间红外线能量中吸收部分能量后剩余部分的能量之差，这个差值大小与待测组分的浓度成正比。至于两路红外光射入检测器后的工作过程和上题介绍的无干扰存在时的情况完全一样。

由于干涉滤光片的出现，其通带很窄，因此有些红外线分析仪不用滤波气室，而用干涉滤光片代替，将其作为测量气室与参比气室的窗口材料。以分析CO为例，其通带比图2-7中的b、c段还要窄，这样两路红外光中能通过干涉滤光片的只有CO特征吸收

峰波长$4.65\mu m$附近很窄的通带。其通带$\Delta\lambda$与特征吸收波长λ_0之比$\Delta\lambda/\lambda_0$已达到0.07，所以干扰组分不能吸收这部分能量，故不存在干扰问题。

2-26 图2-9是新型双光路红外分析仪的原理示意图，该仪器采用薄膜电容检测器，其接收气室属于串联型结构，有前、后两个气室。请说明其工作原理。

答：新型双光路红外分析仪的工作原理与老式双光路分析仪基本相同，不同之处是，检测器的两个接收气室6和7按光路一前一后串联布置。按光路顺序先进入的室叫前接收气室（简称前室），后进入的室叫后接收气室（简称后室）。前室与后室之间用一片晶片（如氟化钙）把两个接收气室隔开。

在检测器的内腔中位于两个接收室的一侧装有薄膜电容检测器，并由通道分别把前室和后室与薄膜电容器的内腔连通。通过参比气室和测量气室的两光路都交替地射入前室和后室。在较短的前室6充有被测气体，这里的辐射吸收主要是发生在红外线光谱"谱带"的中心处，在较长的后室7也充有被测气体，由于后室采用光锥结构，它吸收"谱带"两侧的边缘辐射。

检测器吸收特性曲线如图2-10所示。

当测量气室通入不含待测组分的混合气（零点气）时，它不吸收待测组分的特征波长，红外辐射被前、后接收气室待测组分吸收后，室内气体被加热，压力上升，检测器内电容器薄膜两边压力相等，接收气室的几何尺寸和接收气室充入气体的浓度都是按上述原则设计的，即测量气室通零点气时，检测器内气体被加热，前后两室压力相等。

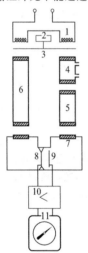

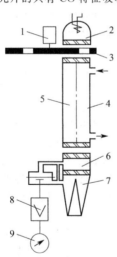

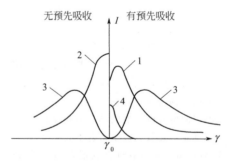

图2-10 串联型接收气室吸收特性曲线
1—在分析气室的预先吸收；2—前室吸收辐射曲线；3—后室吸收辐射曲线；4—分析气室待测组分预先吸收后，前室吸收辐射曲线

图2-8 设有滤波气室的双光路红外线气体分析仪工作原理图
1—灯丝；2—同步电机；3—切光片；4—测量气室；5—滤波气室；6—参比滤波气室；7—检测气室；8—动片；9—定片；10—放大器；11—记录仪

图2-9 新型双光路红外分析仪的原理示意图
1—同步电机；2—红外辐射源；3—切光片；4—测量气室；5—参比气室；6、7—前、后接收气室；8—电气部件；9—指示仪表

当测量气室通入含有待测组分的混合气体时，因为待测组分在测量气室已预先吸收了一部分红外辐射，使射入检测器的辐射强度变小。此辐射强度的变化主要发生在谱带的中心处，主要影响前室的吸收能量，使前室的吸收能量变小。被待测组分吸收后的红外辐射把前、后室的气体加热，使其压力上升，但能量平衡已被破坏，所以前后室的压力就不相等，产生

了压力差，此压力差使电容器膜片位置发生变化，从而改变了电容器的电容量，因为辐射光源已被调制，因此电容的变化量通过电气部件转换为交流的电信号，经放大后由指示表或记录仪指示出待测组分的浓度。

2-27 串联型接收气室和并联型接收气室相比有何优点？

答：串联型接收气室和并联型接收气室相比有两大优点：零点稳定；抗干扰组分影响的能力强。

（1）零点稳定 光学系统在零点（通零点气）工作时，串联型接收气室薄膜动片两边（与前、后气室相通）的气体同时吸收红外线，其温度上升压力增大，由于方向相反，相互抵消，特殊情况下正好完全补偿。由于这种串联型接收气室在零点工作时膜片上受到的压力没有变化，因此其状态十分稳定，不易受外界干扰的影响。而并联型接收气室在零点工作时，或者因左、右气室内部工作压力的此起彼伏变化，或者因气体吸收状态的变化（例如光强变化等），两者都会影响零点不稳。所以说串联型接收气室的零点稳定是其突出优点之一。

（2）抗干扰组分影响的能力强 这是串联型接收气室的另一个突出优点，是由它的结构特点，即两个接收气室串联连接决定的。如图 2-11 所示，（a）是检测器前室的红外辐射吸收特性曲线；（b）是检测器后

室的红外辐射吸收特性曲线；（c）是两者合成后的红外辐射吸收特性曲线。所谓干扰组分对分析仪的影响，是指干扰组分在前室产生的信号和在后室产生的信号合成后差值的大小。实际上是干扰组分在后室产生的负信号对干扰组分在前室产生的正信号的补偿作用。但是这种有价值的补偿在并联型接收气室中是不存在的，因为干扰组分和待测组分在左、右气室中都产生同样的正信号，相互间是叠加关系，并无补偿作用。

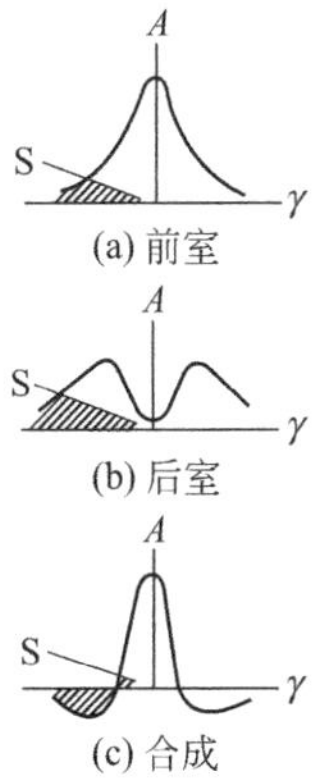

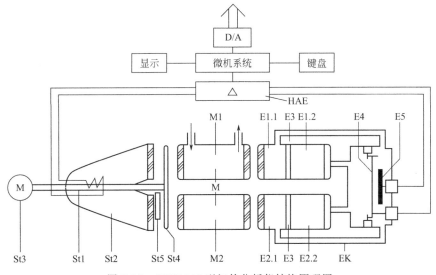

图 2-11 串联型接收气室抗干扰组分影响吸收特性曲线
S—干扰组分

因为串联型接收气室有此突出优点，所以在一般情况下，这种光学系统不加干涉滤光片、不设滤波气室，分析仪也能获得满意的选择性。

目前生产的红外线气体分析仪（包括薄膜电容式和微流量式检测器）中普遍采用这种串联结构的接收气室。

2-28 图 2-12 是重庆川仪九厂生产的 GXH-105 型红外分析仪结构原理图，请说明其结构型式和工作原理。

图 2-12 GXH-105 型红外分析仪结构原理图

E—检测器	HAE—供电电源和信号处理电子线路
E1.1—检测器测量接收气室的前室	M—测量池
E1.2—检测器测量接收室气的后室	M1—测量池的分析气室
E2.1—检测器参比接收气室的前室	M2—测量池的参比气室
E2.2—检测器参比接收气室的后室	St1—红外辐射源
E3—半透半反窗（光学镜片）	St2—光源部件
E4—薄膜电容器的金属薄膜（动片）	St3—切光马达
E5—薄膜电容器的定片	St4—切光片
EK—毛细管通道	St5—遮光板

答：GXII-105型红外分析仪属于不分光型（非色散型）双光路红外分析仪，采用薄膜电容检测器，它的检测器中有两组接收气室：测量接收气室和参比接收气室，均采用前、后气室串联布置，薄膜电容器位于接收气室后方。仪器的信息处理和恒温控制等由微机系统完成。

其工作原理与图2-9所示的双光路红外分析仪基本相同。

2-29 图2-13是单光路红外分析仪的原理示意图，该仪器采用半导体检测器，请说明其工作原理。

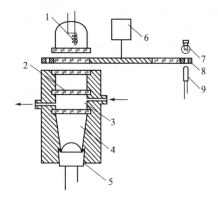

图2-13 单光路红外分析仪的
原理示意图

1—光源；2—滤波气室；3—测量气室；4—接收气室；5—锑化铟元件；6—同步电机；7—同步灯；8—切光片；9—光敏三极管

答：这种仪器又称为空间单光路、时间双光路红外分析仪，由于高灵敏度的半导体探测器和干涉滤光片技术的发展，才使时间双光路红外线分析仪的出现成为可能。

光源1是用镍铬丝绕成螺旋状，置于球面反射镜的焦点上，当灯丝通以直流电流后，发射红外线，经反射成平行光线射向光路系统（测量气室）。在光源和测量气室之间装有切光片8，红外线被由同步电机带动的切光片调制。

在切光片上装有两组干涉滤光片，其中一组两片是测量波长（被测气体特征吸收波长）滤光片，例如要测量CO含量，其中心波长为$4.65\mu m$；另一组两片是参比波长（被测气中各气体都不吸收的波长）滤光片，其中心波长为$3.9\mu m$。

测量合成氨混合气中的CO含量时，当红外光束通过切光片上的测量滤光片后，通过测量气室的光束中心波长为$4.65\mu m$，这是只能被CO所吸收的波长。而红外光束通过切光片上的参比滤光片后，通过测量气室的光束中心波长为$3.9\mu m$，这个波长CO、CO_2、CH_4等气体都不吸收，故射到锑化铟检测器上的光强度没有减弱。这两种波长的红外光束交替地通过测

量气室到达锑化铟检测器时，便被转换成与红外光强度相应的交替变化的电信号输出。

当气室中不存在被测气体时（即被测气体的浓度为零），锑化铟检测器收到的红外光没有被吸收掉，此时测量和参比信号相等，两者之差为零。当气室中有被测气体时，测量光束的部分能量被吸收，锑化铟检测器的输出信号也相应减小，而参比光束则不被吸收，这时测量光束和参比光束相对应的输出信号之间的差值就与被测气体的浓度有一一对应的关系。

为了防止强干扰组分的严重影响，进一步提高选择性，在光路系统中还设置了滤波气室2。

这种结构的仪表，由于采用一个光源、一个气室，参比、测量气室共用一个光学通路，使其具有很多的优点：

（1）没有空间双光路参比与测量光路因污染等原因形成的误差（几何误差）；

（2）因采用时间双光路系统，使相同因素造成光路中测量与参比的影响达到平衡，相互抵消；

（3）结构简单，加工方便，制造容易，成本低，体积小，重量轻；

（4）由于采用了半导体检测器，代替了电容微音器，使可靠性、耐振性都提高了；

（5）维护检修方便。

2-30 图2-14是采用半导体检测器的双组分红外分析仪原理框图，试简述其工作原理。

答：该仪器依据"负滤波"原理工作，光学系统采用时间双光路的结构型式。负滤波的分析气室S和参比气室R安装在一个旋转的负滤波轮2上，当负滤波轮在马达带动下旋转时，S和R将依次轮流进入光路系统，红外光源1发出的红外光被负滤波轮所调制。

当分析气室S进入光路时，由于S中充的是氮气，对红外光不吸收的，所以光源发出的红外光全部通过，传送到后面的光路系统中，形成仪器的分析光路。当参比气室R进入光路时，由于R中充的是高浓度的待测组分，所以光源发出的红外光中，能被待测组分吸收的某种波长的红外光几乎被全部吸收，其余部分被传送到后面的光路系统中，这就形成了仪器的参比光路。随着负滤波轮的不断旋转，仪器的光路系统在时间上被分割成分析与参比交替的两个光路。

由于光源发出的红外光中能被待测组分吸收的红外光仅仅是一小部分，为了提高仪器的灵敏度和选择性，选用了窄带通干涉滤光片，安装在光路系统中。滤光片通带的中心波长选择在待测组分的特征吸收峰上，只有特征吸收峰附近的一小部分的红外光能通过滤光片进入气室。

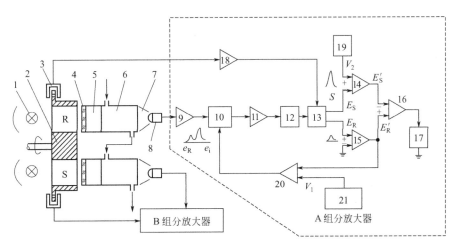

图 2-14　GQH-T-200 型双组分红外分析仪原理框图

1—光源；2—负滤波轮；3—同步信号器；4—滤光片；5—抗干扰气室；6—测量气室；7—接收气室；8—检测器；
9—前置放大级；10—可变增益级；11—主放大器；12—钳位；13—同步分离；14、15—低通放大器；16—直流放
大器；17—显示单元；18—同步放大整形；19—调零电压；20—PID调节器；21—给定电位

光路系统的气室由抗干扰气室 5、测量气室 6、接收气室 7 组成。抗干扰气室 5 中充高浓度的干扰组分，以消除待测气体中干扰组分的影响；测量气室 6 是用来通入被测气进行分析的；接收气室 7 是一个光锥缩孔，利用反射的原理将光路中的红外光全部会聚到锑化钢元件上。

经过气室后的红外光，最后照射到红外检测器锑化钢元件上，元件吸收红外光能量后，将红外光强度转换成与它对应的电信号，送到后面的放大整形电路进行处理并输出。

负滤波轮由飞轮、负滤波气室、同步孔、旋转轴等组成，见图 2-15。负滤波气室共有 4 个，两个是参比气室，充入按一定比例混合的 A 组分和 B 组分。另外两个是分析气室，充入氮气。两种负滤波气室间

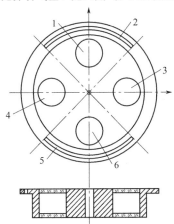

图 2-15　负滤波轮结构示意图
1、6—分析气室；2、5—同步孔；
3、4—参比气室

隔设置固定在飞轮上，当负滤波轮在电机的驱动下旋转时，分析与参比气室轮流进入光路系统，实现在时间上分割的分析、参比两光路。为获得与主信号同步的分离信号，在飞轮的外缘设有两条 90°弧形同步孔，用来切割同步信号发生器的光路，获得与主信号同步的开关信号。

同步信号发生器是由同步光源（红外发光二极管）、同步孔、光敏三极管组成的光电式信号发生器。红外发光二极管与光敏三极管分别安装在负滤波轮外缘的两侧，当负滤波轮旋转时，同步孔切割光路，使光敏三极管得到一个开关信号。负滤波轮旋转一周，光敏管获得二次开关信号。这样，同步信号器输出的将是与主信号同步的开关信号，供放大器使用。

2-31 图 2-16 为采用微流量检测器的红外分析仪（西门子公司 ULTRAMAT 23 型）光学系统示意图。试述其工作原理。

答： 红外光源 7 被加热到 600℃ 时发射出红外线，由切光片 5 调制成频率为 $8\frac{1}{3}$ Hz 的间断光束，经测量气室 4 后进入检测器的接收气室。

接收气室由填充了待测组分的多层串联气室组成，第一层吸收红外辐射波带中间位置的能量，第二层吸收边界能量，两者之间通过微流量传感器 3 连接在一起。当切光片处于"接通"位置时，第一层接收气室 11 填充的待测组分吸收红外辐射能量后，受热膨胀，压力增大，气流经毛细管通道流向第二层接收气室 2；当切光片处于"遮断"位置时，第一层气室填充气体冷却收缩，压力减小，第二层气室的气流经毛细管通道反向流回第一层气室。切光片交替通断，气流往返流经微流量传感器，便在检测器电桥两端产

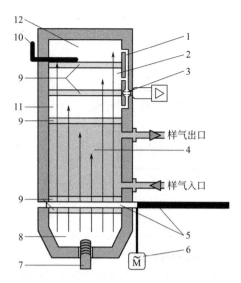

图 2-16 采用微流量检测器的红外分析仪
光学系统示意图

1—毛细管气流通道；2—第二层接收气室；3—微流量
传感器；4—测量气室；5—切光片；6—切光片马达；
7—红外光源；8—反射镜；9—光学窗口；10—可调滑
片；11—第一层接收气室；12—第三层接收气室

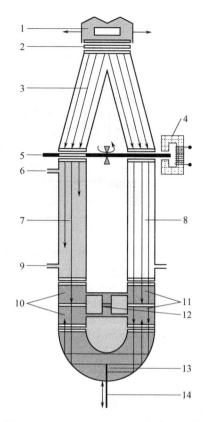

图 2-17 ULTRAMAT 6 型红外分析仪
光学系统示意图

1—可调红外光源；2—光学过滤器；3—光束分离器（兼
滤波气室）4—旋转电流驱动器；5—切光片；6—样气入
口；7—测量气室；8—参比气室；9—样气出口；10—测
量接收气室；11—参比接收气室；12—微流量传感器；
13—光耦合器；14—光耦合器旋杆

生了交流波动信号，信号幅度大小与流经传感器的气
体流量成正比，而与待测组分的浓度成反比。

接收气室采用串联型结构是为了消除干扰组分对
测量结果的影响。在接收气室中，除填充待测组分
外，还根据被测气体组成填充一定比例的干扰组分。
干扰组分在第一、二两层气室中对红外辐射的吸收，
产生的压力作用方向相反，相互抵消。在 ULTRA-
MAT 23 中，还设有第三层接收气室 12，其功能是
延长二层气室的光程长度，吸收红外辐射边缘能量，
并可通过滑片调整三层气室的透光孔径大小，改变其
红外吸收，最大限度地减少某个干扰组分的影响，作
用相当于一个可调光锥。

2-32 图 2-17 为西门子公司 ULTRAMAT 6 型
红外分析仪的光学系统示意图。试述其工作原理。

答：ULTRAMAT 6 红外分析仪采用不分光红外
吸收原理，由交替双光路系统和微流量检测器测量气
体组成，并使用双层接收气室和光耦合器件。测量原
理基于分子特定的红外光波段。对于不同气体，虽然
其吸收波长各不相同，但也可能有部分重叠，这会导
致产生交叉干扰。ULTRAMAT 6 采用以下措施来最
大限度的降低这种交叉干扰：

- 滤波气室；
- 带有光耦合器的双层接收气室；
- 必要时可使用滤光片。

图 2-17 为工作原理示意图。可调红外光源 1 被

加热到约 700℃，光源发出的光经过光束分离器 3 被
分成两路相等的光束（测量光束和参比光束），红外
光源可左右移动以平衡光路系统，分光器同时也起到
滤波气室的作用。

参比光束通过充满 N_2 的参比气室 8，然后未经
衰减地到达右侧接收气室 11。测量光束通过流动着
样气的测量气室 7，并根据样气浓度的不同而产生或
多或少的衰减后到达左侧接收气室 10。接收气室内
充填有特定浓度的待测气体组分。

接收气室被设计成双层结构。光谱吸收波段中间
位置的光优先被上层气室吸收，边缘波段的光几乎同
样程度地被上层气室和下层气室吸收。上层气室和下
层气室通过微流量传感器 12 连接在一起。这种耦合
意味着吸收光谱的带宽很窄。光耦合器 13 延长了下
层接收气室的光程长度。改变光耦合器旋杆 14 的位
置可以改变下层检测气室的红外吸收，因此，最大限
度减少某个干扰组分的影响是可能的。

切光片 5 在分光器和气室之间旋转，交替地、周期性地切断两束光线。如果在测量气室有红外光被吸收，那么就将有一个脉冲气流被微流量传感器 12 转换成一个电信号。微流量传感器中有两个被加热到大约 120℃ 的镍格栅，这两个镍格栅电阻和两个辅助电阻形成惠斯通电桥。脉冲气流反复流经微流量传感器，导致镍格栅电阻阻值发生变化，使电桥产生补偿，该补偿数值取决于被测组分浓度的大小。

2-33 图 2-18 为西门子公司 ULTRAMAT 23 型多组分红外分析仪内部气路图（因为是一组气路图的摘取，所以编号不连续）。试说明其分析流程。

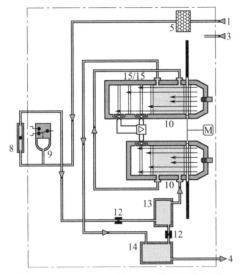

图 2-18 ULTRAMAT 23 型多组分红外
分析仪内部气路图

1—样气/标准气入口；3—吹扫入口（用于机箱和切光片吹扫）；4—气体出口；5—膜式过滤器；8—浮子流量计；9—压力开关；10—测量气室；12—限流器；13、14—凝液罐；15—微流量检测器和接收气室

答：被测样气由入口 1 进入，首先经膜式过滤器 5 除尘除水。流路中的压力开关 9 用以监视样气压力，

当压力过低时发出报警信号；浮子流量计 8 显示样气流量，供维护人员观察；限流器 12 起限流限压作用；凝液罐 13 分离可能冷凝下来的液滴，以保护分析器免遭损害。

样气经上述处理后，送入分析器进行分析。该仪表中有两个红外分析模块，下部为单组分红外分析模块，上部为双组分红外分析模块。均采用不分光红外吸收原理，单光路系统，微流量检测器的接收气室串联布置。

上部的双组分红外分析模块中有两套微流量检测器，两组接收气室串联连接在一起，分别接收不同辐射波段的红外光束，分析不同的组分。

分析后的样气经凝液罐 14，携带冷凝液一起排出分析仪。

2-34 试述傅里叶变换红外分析仪（FTIR）的工作原理。

答：以色散元件棱镜、光栅作为分光系统的第一代、第二代红外分析仪已不能满足现代科技发展的需要，20 世纪 70 年代研制出了第三代红外分析仪——傅里叶变换红外分析仪（FTIR）。FTIR 不使用色散元件，由光学探测器和计算机两部分组成。光学探测器部分为迈克尔逊干涉仪，它将光源系统送来的干涉信号变为电信号，以干涉图形式送往计算机，由计算机进行快速傅里叶变换数学处理计算，将干涉图转换成红外光谱图。

傅里叶变换红外分析仪由光源（硅碳棒、高压汞灯）、迈克尔逊干涉仪、样品室、检测器（热电量热计、汞镉碲光检测器）、计算机系统和记录显示装置组成。

傅里叶变换红外分析仪的工作原理如图 2-19、和图 2-20 所示。

由红外光源 S 发出的红外光经准直为平行光束进入干涉仪。干涉仪由定镜 M_1、动镜 M_2 和与 M_1、M_2 分别成 45°角的光束分离器 BS 组成。定镜 M_1 固定不动，动镜 M_2 可沿入射光方向作平行移动。光束

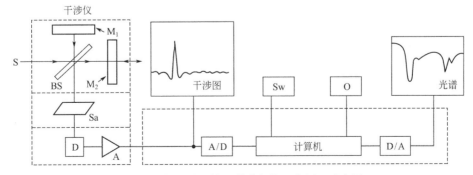

图 2-19 傅里叶变换红外分析仪工作原理示意图

S—光源；M_1—定镜；M_2—动镜；BS—分束器；D—探测器；Sa—样品室；A—放大器；A/D—模数转换器；
D/A—数模转换器；Sw—键盘；O—外部设备

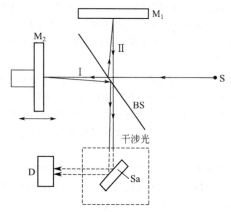

图 2-20 迈克尔逊干涉仪光学示意图

分离器 BS 可让入射的红外光一半透过，另一半被反射。

光源 S 发出的红外光进入干涉仪后，通过 BS 的光束 I 入射到动镜 M_2 表面，另一半被 BS 反射到定镜 M_1 构成光束 II；光束 I、II 又被动镜 M_2 和定镜 M_1 反射回到 BS，并通过样品室 Sa 再被反射到检测器 D。当两束光 I、II 到达 D 时，其光程差将随动镜 M_2 的往复运动周期性地变化，从而产生干涉现象。

当进入干涉仪的是波长为 λ 的单色光时，开始因 M_1 和 M_2 与 BS 的距离相等（此时 M_2 可看作在零位），两束光 I 和 II 到达检测器 D 的相位相同，就会发生相长干涉，产生的干涉光强度最大；当动镜 M_2 移动到入射光的 1/4λ 距离时，则光束 I 的光程变化为 1/2λ，在检测器 D 上与光束 II 的相位差为 180°角，光束 I 和 II 会产生相消干涉，使干涉光的强度最小。由此可知，当动镜 M_2 移动距离为 1/4λ 的偶数倍时，产生相长干涉；若动镜 M_2 移动距离为 1/4λ 的奇数倍时，产生相消干涉。因此，当动镜 M_2 匀速移动时，即匀速连续改变光束 I 和 II 的光程差，就得到如图 2-21 所示的单色光的干涉图，呈现余弦形式的谐振曲线。

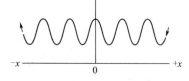

图 2-21 单色光的干涉图

当进入干涉仪的入射光为连续波长的复色光时，得到的是所有各种单色光干涉图的加和（图 2-22），表现为中心有极大值并向两边对称衰减的曲线。

当复色干涉光通过试样时，由于样品对不同波长光的选择性吸收，使含有光谱信息的干涉信号到达检测器 D，检测器 D 将干涉信号转变成电信号，并经放大器 A 放大。此时的干涉信号是一个时间函数，由

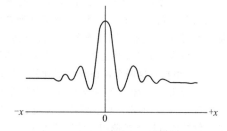

图 2-22 复色光的干涉图

干涉信号可绘出干涉图，其纵坐标为干涉光强度，横坐标是动镜 M_2 的移动时间或移动距离。

上述干涉电信号经模数转换器 A/D 送到计算机，由计算机进行傅里叶变换的快速计算后，可获得随波数（$\bar{\nu}$）变化的光谱图。然后再通过数模转换器（D/A）输入到绘图仪，绘出人们熟悉的透光率（T）随波数（$\bar{\nu}$）变化的标准红外吸收光谱图。

2-35 傅里叶变换红外分析仪（FTIR）有哪些优点？

答： 傅里叶变换红外分析仪的优点：

① 响应速度快，可在 1s 内完成红外光谱范围的扫描；

② 传输通路多，可对全部频率范围同时进行测量；

③ 能量输出大，干涉光全部进入检测器，检测灵敏度高；

④ 波数测量精确度高，可准确至 $0.01cm^{-1}$；

⑤ 峰形分辨能力高，可达 $0.1cm^{-1}$；

⑥ 光学部件结构简单，测量过程仅有一个动镜移动。

如前所述，以色散元件棱镜、光栅作为分光系统的红外分析仪，虽然选择性好、灵敏度较高，但由于分光后光束能量很小，分光系统任一元件的微小位移，都会影响分光的波长，因此一直只用于条件很好的实验室，长期未能用于在线分析。随着傅里叶变换红外分析仪的出现，为在线分析创造了条件。目前，国外已有在线傅里叶变换红外分析仪产品，并用于某些工艺装置和 CEMS 系统。

2-36 背景气中的干扰组分会造成测量误差，如何消除或降低干扰组分的影响？

答： 在红外分析仪中，所谓干扰组分是指与待测组分特征吸收波段有交叉或重叠的其他组分。图 2-23 画出了一些气体组分的特征吸收波谱，从图中可以看出，许多组分的特征吸收波段是相互交叉或重叠的。

为了消除这种干扰，准确检测待测组分浓度，仪器必须设置滤波气室或干涉滤光片，使这些干扰组分的特征吸收波长在进入测量气室或检测器之前就被吸收掉，而只让待测组分的特征吸收波长通过，从而使

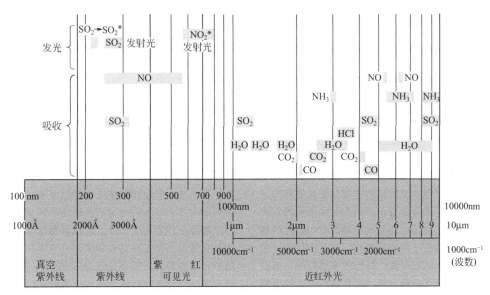

图 2-23　一些气体组分的特征吸收波谱图

1Å＝0.1nm

待测组分浓度和其吸收强度成比例，滤光片由于透过的光接近于单色光，滤波效果更好。

水分广泛存在于工艺气体中。生产状态的变化、预处理运行的变化，环境温度、压力的变化，都会使进入分析器中气样的水含量发生变化。从图 2-23 中可以看出，水分在 $1\sim9\mu m$ 波长范围内有连续的特征吸收波长，而且其吸收波谱和许多组分特征吸收波谱往往是完全重叠的，即使使用滤波气室和滤光片，也不能把这种干扰消除。

减少或降低水分对待测组分的干扰，唯一有效办法是在预处理系统中除水脱湿，降低气样的露点。常用冷却器降温除水或干燥剂吸收除水。

冷却器降温除水是一种较好的方法，可采用带温控系统的冷却器，将气样温度降至 5℃，以便保持气样中水含量恒定在 0.85% 左右，使它对待测组分产生的干扰恒定，造成的附加误差是恒定值，可加以扣除。

各类干燥剂往往同时吸附其他组分，吸附受环境温度压力变化的影响，弄得不好反而会增大附加误差，这种方法仅适用于要求不高的常量分析。在微量分析或重要的分析场合，均应采用冷却器降温除水。

2-37　样品预处理过程可能造成哪些测量误差？如何避免或降低？

答：样品预处理系统承担着除尘、除水和温度、压力、流量调节等任务，处理后使样品能满足仪器长期稳定运行要求。除应保证送入分析仪的样品温度、压力、流量恒定和稳定外，特别应注意的是样品除水后造成的组分浓度变化问题。

高含水的气样，温度降至室温过饱和的水析出后，各组分的浓度均会发生变化。若气样中有一些易

溶于水的组分，这些组分将部分甚至全部被水溶解，会使各组分的浓度变化更大。

工艺要求检测的浓度指标一般是不含水分的"干气"中的含量，而经预处理后的气样中水分不可能完全除掉，仍将占有一定的比例。随着预处理运行状况的变化，环境温度、压力的变化，气样中的水含量亦随之变化。一些极性较强的组分如 CO_2、SO_2、NO 等，随着水温、气样压力及水汽接触时间长短的不同而有不同的溶解度。

显然，经预处理系统处理后的气样成分及其浓度变化是十分复杂的，经检测反映在仪器示值上的变化除由气样中组分的性质决定外，还和预处理运行状况有关，由此造成的示值偏离对微量组分检测尤为严重。但这种偏离并不都是附加误差，其中一部分往往反映了浓度变化的真实情况，对此应通过样品组成分析及预处理运行条件测试等，从系统误差角度加以消除。而对预处理运行状态变化引起的附加误差则需创造条件，使之降至最低。

2-38　样气中的水分有何危害性，怎样处理？

答：当样气含水且湿度较大时，主要危害有以下几点。

① 样气中存在水分会吸收红外线，从而给测量造成干扰。

② 当水分冷凝在晶片上时，会产生较大的测量误差。

③ 水分存在会增强样气中腐蚀性气体的腐蚀作用。

为了降低样气含水的危害，在样气进入仪器之前，应先通过冷却器降温除水（最好降至 5℃ 以下），降低其露点，然后伴热保温，使其温度升高至 40℃

左右，送入分析器进行分析，由于红外分析器恒温在40～50℃下工作，远高于样气的露点温度，样气中的水分就不会冷凝析出了。

也可以采用干燥剂（如硅胶、氯化钙或分子筛等）吸湿除水，但应慎用，因为干燥剂也会吸收或吸附其他组分，在日常维护中，要经常检查干燥剂是否被水饱和，如失去脱水能力要及时更换。

2-39 电源频率变化会造成什么影响？如何避免？

答：不同型号的红外线气体分析仪切光频率是不一样的，它们都由同步电机经减速齿轮后带动切光片转动。一旦电源频率发生变化，同步电机带动的切光片转动频率亦发生变化，切光频率降低时，红外辐射光传至检测器后有利于热能的吸收，有利于仪器灵敏度的提高，但响应时间减慢。切光频率增高时，响应时间增快，但仪器灵敏度下降。仪器运行时，供电频率一旦超过仪器规定的范围，灵敏度将发生较大变化，使输出示值偏离正常示值。

检测信号经阻抗变换后需进行选频放大。不同仪器的切光调制频率不同，选频特性曲线亦不同。一旦电源频率变化，信号的调制频率偏离选频特性曲线，也会使输出示值严重偏离。如某厂电源频率从50Hz降至48.5Hz后，红外线气体分析器的附加误差达±3%～5%。

因此，红外分析仪的供电电源应频率稳定，波动不能超过±0.5Hz，波形不能有畸变。

2-40 环境温度和大气压力的变化可能造成什么影响？如何加以克服？

答：红外线气体分析仪检测过程需在恒定的温度下进行，环境温度发生变化将直接影响红外光源的恒定，影响红外辐射的强度，影响测量气室连续流动的气样密度，还将直接影响检测器的正常工作。如果温度大大超过正常状态后，检测器的输出阻抗下降，导致仪器不能正常工作，甚至损坏检测器。

分析仪内部一般设有温控装置及超温保护电路，即使如此，有的仪表示值特别是微量分析仪，亦可观察出环境温度变化对检测的影响，特别是在夏季环境温度较高时影响尤为明显。在这种情况下，需改变环境温度，设置空调是一种解决办法。日常运行时，若无必要不要轻易打开分析器箱门，一旦恒温区域被破坏，需较长时间才能恢复。

大气压力即使在同一个地区、同一天内也是有变化的，若天气骤变时，则变化的幅度较大。大气压的这种变化，对气样放空流速有直接影响。经测量气室后直接放空的气样，随着大气压变化而使气室中气样密度发生变化产生附加误差。如某红外线气体分析仪，当大气压力变化1013Pa时，示值变化达1%。

对一些微量分析或要求特别高的仪表，可加大气压力补偿装置，以便消除这种影响。

2-41 样品流速变化会造成什么不良影响？如何避免或消除？

答：样品流速和压力紧密关联，预处理系统运行中由于堵塞、带液、或压力调节系统工作不正常时，会造成气样流速不稳定，使气室中的气体密度发生变化。一些精度较差的仪器，当流速变化20%时，仪表示值变化超过5%，对精度较高的仪器，影响则更大。

为了减少流速波动造成的测量误差，取样点应选择在压力波动较小的地方，预处理系统要能在较大的压力波动条件下正常工作，并能长期稳定运行。气样的放空管道不能安装在有背压、风口或易受扰动的环境中，放空管道最低点应设置排水阀。若条件允许，气室出口可设置背压调节阀或性能稳定的气阻阀，提高气室背压，减少流速变动对测量的影响，这样还可提高仪器的灵敏度。

日常维护中应定期检查气室放空流速，一旦发现异常，应找出原因加以排除。

2-42 红外线气体分析仪调校的主要内容和要求是什么？

答：调校的主要内容和要求如下。

（1）相位平衡调整　调整切光片轴心位置，使其处在两束红外光的对称点上。要求切光片同时遮挡或同时露出两个光源，即所谓同步，使两个光路作用在检测器气室两侧窗口上的光面积相等。

（2）光路平衡调整　调整参比光路上的偏心遮光片（也称挡光板、光闸），改变参比光路的光通量，使测量、参比两光路的光能量相等。

（上述两步在仪表通零点气、预热后进行）

（3）零点和量程校准　分别通零点气和量程气，反复校准仪表零点和量程。

有些红外分析仪内部带有校准气室，填充一定浓度的被测气体，产生相当于满量程标准气的气体吸收信号，可以不需要标准气就实现仪器的校准。校准时，传动电机将相应的校准气室送入光路，此时仪器的测量池必须通高纯氮气。为了检查校准气室是否漏气，每半年或一年仍然要用标准气进行一次对照测试，所以用户仍应配备瓶装标准气。

2-43 什么叫红外线气体分析仪的回程现象？说明产生回程的原因和处理方法。

答：红外线气体分析仪由零点工作状态切换到通样气（或标准气）时，仪表指示先向负值移动，然后再回来经过零点并往正值移动，这种现象称为回程。零点至负值最大一点之间的偏差就称为它的回程量。

产生回程的原因是：仪表的光路平衡未调整好，

测量光路比参比光路的光强一些。因此，通被测样气后，测量光路因样气对红外线的吸收而使光强有一个减小的过程，此过程中，先经过两光路光强相等的平衡点，继而朝着小于参比光路光强的方向逐渐变化。

处理方法是调整光路平衡，最好使工作光路的光强小于参比光路光强一个数值，该数值反映到指示表上为满量程的 10% 左右，然后用反电流调整零点，以确保仪器的零漂在一定范围内时仍无回程。

2-44 一台红外分析器预热后通入氮气时，它的输出很大，这是由于何种原因引起？如何调整？

答：这是由于切光片相位不平衡及光路不平衡引起，因此只要调整相位调节旋钮使输出达到最小，再调整光路平衡旋钮使输出达最小即可。然后通入零点气及量程气，反复调整零点及量程，即可使仪器达到使用要求。

2-45 零点气中若有水分，红外线气体分析器标定后，引起的误差是正还是负？为什么？

答：在近红外区域，水有连续的特征吸收波谱，若标定用的零点气中含有水分时，将造成仪器零位的负偏，标定后仪器示值必然比实际值偏低，引起负误差。

2-46 试述红外线气体分析仪常见故障、产生原因及处理方法。

答：见表 2-4 。红外线气体分析仪种类很多，故障原因及处理方法不尽相同，表 2-4 仅供参考。

2-47 如何清洗红外线气体分析器气室？

答：红外线气体分析器气室若被弄脏或表面被污染，仪器的灵敏度和准确性将下降，基线会发生漂移。若气室和晶片是用垫圈压盖密封的，只需将压盖拧开，晶片卸下后进行清洗。若是用环氧树脂或其他粘接剂密封的，可用专用的小刀，特别小心地除去树脂或粘接剂，防止晶片划伤报废。

短气室用塑料杆包上法兰绒轻轻擦拭气室内壁，长气室或上述方法无效时，用无水乙醇清洗，若污染物系有机聚合物或胶体，可选用丙酮或其他有机溶剂清洗内壁，最后用无水乙醇脱水，用高纯氮气吹干或在 50℃ 左右下慢慢烘干复原。胶密封的，可用普通 703 黏合剂密封，然后压入晶片，自然固化 4~6h。

气室内壁有很高的光洁度，并镀有金，清洗内室时，严禁用机械方法清洗，不允许硬物和它接触，防止划伤。

2-48 若已确认薄膜电容器存在故障，试分析判断电容器故障原因及部位，并回答应作何种检修。

答：（1）查阅仪表运行档案，若电容器使用时间已长，仪表灵敏度缓慢下降，逐渐地不能满足检测要求，这是电容器使用寿命到了的缘故，重新充气即可。

表 2-4　红外线气体分析仪常见故障及处理方法

现　象	原　因	处理方法
仪表指示回零	切光马达启动力矩不足	检查切光马达和切光片
	切光马达坏	更换切光马达
	电源未接通	检查通电
	检测器电容短路	检查确认，送制造厂修理
仪表指示满度	连接电缆断路	检查电缆并修理
	双光源中的一组光源断路	检查并修理光源
	参比电压单端与地短路	检查并消除
仪表灵敏度下降	元件老化	更换
	电压下降	检查电源稳压
	前置级受潮或管脚不清洁	用酒精清洗并吹干
	检测器漏气	送制造厂修理
	光源老化	更换发热丝
	光路透镜污染	拆下擦净或抛光
仪表零点连续正漂	测量气室被污染或腐蚀	清洗或送制造厂修理
	晶片上有尘埃	用擦镜纸擦净
	滤波气室漏气	检查密封并重新充气
	测量气室漏气	检查密封
仪表指示出现摆动干扰	马达和切光片啮合不好	重新啮合减速齿轮
	切光片松动	检查紧固
	电气系统滤波电容坏	更换滤波电容
	稳压源不稳定	检查稳压源并修理
	电气系统接触不良	检查接插件

（2）电容器使用时间不长，仪表灵敏度迅速下降，不能满足检测要求，这种电容器应该先进行充气加压查漏处理，消除泄漏后再充气。

（3）电容器无灵敏度，或者静态电容量为零，而且绝缘电阻很小。这种电容器，可能是内部的电容薄膜已破损，或者薄膜和定极处于短路状态。因此，检修时必须拆开电容器，更换薄膜等部件，然后再充气。

（4）电容器灵敏度尚可，但仪表指示存在无规律跳动或摆动现象，当分析箱内部温度较高时，跳动更甚。这种情况一般是由于电容器内部薄膜太松或者绝缘不良，致使工作时薄膜和定极处于半短路状态。检修内容是把电容器拆开，先对薄膜进行绷紧处理，然后再按要求装配，最后充气。

2-49 判断

（1）如果红外线气体分析仪的检测气室窗口被沾

污，将会引起仪表（　　）。

A. 示值零点升高；B. 示值零点降低；C. 灵敏度升高

（2）采用电容式检测器的红外线气体分析仪，如果检测室漏气将会引起仪表（　　）。

A. 示值零点升高；B. 示值零点降低；C. 灵敏度升高；D. 灵敏度降低

（3）下列气体中不能用红外线分析仪分析的是（　　）。

A. C_2H_4；B. C_2H_2；C. CH_4；D. NH_3；E. Cl_2

（4）测量 CO_2 和 CH_4 的红外线气体分析仪，若测量浓度的上限相同，则其测量气室的长度（　　）。

A. 亦相同；B. 不相同，测量 CH_4 的气室要长些；C. 不相同，测量 CO_2 的气室要长些

（5）红外分析仪电容式检测器的输出信号大小是和检测电容的（　　）成正比。

A. 变化量；B. 大小；C. 耐压值

答：（1）A；（2）D；（3）E；（4）B；（5）A。

2-50 判断

（1）光谱法是基于物质与辐射能作用时，物质内部发生量子化能级跃迁而产生发射、吸收或散射辐射现象，通过测量辐射波长和强度的变化进行分析的方法。（　　）

（2）中红外光谱法又简称为红外光谱法，是利用分子在红外区的振动-转动吸收光谱来测定物质的成分和结构的光谱分析法。（　　）

（3）光源可分为连续光源和非连续光源。（　　）

（4）光波绕过障碍物而弯曲地向它后面传播的现象，称为波的干涉现象。（　　）

（5）红外吸收谱带的强度取决于分子振动时偶极矩的变化，而偶极矩与分子结构的对称性有关。振动的对称性越高，振动中分子偶极矩变化越小，谱带强度也就越强。（　　）

（6）Fourier 变换红外光谱仪没有色散元件，主要由光源（能斯特灯或硅碳棒）、Michelson 干涉仪、检测器、计算机和记录仪组成。（　　）

（7）零点气中若含有水分，红外线分析仪标定后引起的误差是正误差。（　　）

（8）所谓红外线，是一种比可见光波长长而比微波波长短的电磁波。其波长约在 $0.76 \sim 420\mu m$ 之间。普通的红外气体分析仪不能分析惰性气体和双原子气体。（　　）

（9）氨的红外线气体分析仪不能用无水氯化钙、分子筛或五氧化二磷作干燥剂的原因是：上述干燥剂对氨有吸附、脱附或化学作用，会造成仪器测量结果偏差。（　　）

（10）通常将红外区划分为近红外区（780～2500nm）、中红外区（2500～25000nm）、远红外区（25000～1000000nm），红外线气体分析仪中所指的红外区为中红外区。

答：（1）√；（2）√；（3）√；（4）×；（5）×；（6）√；（7）×；（8）√；（9）√；（10）√。

3. 氧 分 析 仪

3.1 顺 磁 式 氧 分 析 仪

3-1 什么是顺磁性物质？什么是逆磁性物质？

答：任何物质，在外界磁场的作用下，都会被磁化，呈现出一定的磁特性。研究表明，物质在外磁场中被磁化，其本身会产生一个附加磁场，附加磁场与外磁场方向相同时，该物质被外磁场吸引；方向相反时，则被外磁场排斥。为此，我们把会被外磁场吸引的物质称为顺磁性物质，而把会被外磁场排斥的物质称为逆磁性物质，或者说该物质具有逆磁性。

气体介质处于磁场中也会被磁化，而且根据气体的不同也分别表现出顺磁性或逆磁性。如 O_2、NO、NO_2 等是顺磁性气体；H_2、N_2、CO_2、CH_4 等是逆磁性气体。

3-2 什么是体积磁化率？什么是相对磁化率？

答：任何物质，在外界磁场作用下，都会被磁化，不同物质受磁化的程度不同，可以用磁化强度 M 来表示：

$$M = kH \tag{3-1}$$

式中 M——磁化强度；

H——外磁场强度；

k——物质的体积磁化率。

k 的物理意义是指在单位磁场作用下，单位体积的物质的磁化强度。磁化率为正（$k > 0$）称为顺磁性物质，它们在外磁场中被吸引；$k < 0$ 则称为逆磁性物质，它们在外磁场中被排斥；k 值愈大，则受吸引和排斥的力愈大。

常见气体的体积磁化率见表 3-1。从表中可见，氧气是顺磁性物质，其体积磁化率要比其他气体的体积磁化率大得多。

某种气体磁化率和氧气磁化率的比值，称为相对磁化率（也称比磁化率），常见气体的相对磁化率见表 3-2，其中氧气的相对磁化率为 100。

说明，由于采用的参比条件不同（如温度、压力），目前各种书籍和手册中给出的磁化率数据不完全相同。

3-3 如何求多组分混合气体的体积磁化率？

答：对于多组分混合气体来说，它的体积磁化率 k 可以粗略地看成是各组分体积磁化率的算术平均值，即

$$k = \sum_{i=1}^{n} k_i c_i \tag{3-2}$$

式中 k_i——混合气体中第 i 组分的体积磁化率；

c_i——混合气体中第 i 组分的体积分数。

表 3-1 常见气体的体积磁化率（0℃）

气体名称	化学符号	$k \times 10^{-6}$(C. G. S. M.)	气体名称	化学符号	$k \times 10^{-6}$(C. G. S. M.)
氧	O_2	+146	氦	He	-0.083
一氧化氮	NO	+53	氢	H_2	-0.164
空气	—	+30.8	氖	Ne	-0.32
二氧化氮	NO_2	+9	氮	N_2	-0.58
氧化亚氮	N_2O	+3	水蒸气	H_2O	-0.58
乙烯	C_2H_4	+3	氯	Cl_2	-0.6
乙炔	C_2H_6	+1	二氧化碳	CO_2	-0.84
甲烷	CH_4	-1	氨	NH_3	-0.84

表 3-2 常见气体的相对磁化率（0℃）

气体名称	相对磁化率	气体名称	相对磁化率	气体名称	相对磁化率
氧	+100	氢	-0.11	二氧化碳	-0.57
一氧化氮	+36.2	氮	-0.22	氨	-0.57
空气	+21.1	氦	-0.40	氩	-0.59
二氧化氮	+6.16	水蒸气	-0.40	甲烷	-0.68
氩	-0.06	氯	-0.41		

因为在含氧的混合气体中（含有大量 NO 和 NO_2 等氮氧化物的特殊情况除外），除氧以外其余各组分的体积磁化率都很小，数值上彼此相差不大，且顺磁性气体和逆磁性气体的体积磁化率有互相抵消趋势，这样式（3-2）可以写成

$$k = k_1 C_1 + \sum_{i=2}^{n} k_i C_i \approx k_1 C_1 \tag{3-3}$$

式中　k——混合气体的体积磁化率；

k_1——氧的体积磁化率；

C_1——混合气体中氧气的体积分数（以下称氧含量）；

k_2、k_3、…——混合气体除氧以外的其余气体的体积磁化率；

C_2、C_3、…——混合气体中除氧以外的其余气体的体积分数。

式（3-3）说明，混合气体的体积磁化率基本上取决于氧的体积磁化率及其体积分数。氧的体积磁化率在一定温度下是已知的固定值，所以只要能测得到混合气体的体积磁化率，就可得出混合气体中氧的体积分数了。

3-4　气体的磁化率与温度、压力之间有何关系？

答：由居里定律可知，顺磁性气体的磁化率 k 与温度之间的关系为

$$k = C \frac{\rho}{T} \tag{3-4}$$

式中　k——气体磁化率；

ρ——气体密度；

T——气体的热力学温度；

C——居里常数。

根据理想气体状态方程，有

$$pV = nRT \tag{3-5}$$

而气体密度

$$\rho = \frac{nM}{V} \tag{3-6}$$

将式（3-5）代入式（3-6）

$$\rho = \frac{PM}{RT} \tag{3-7}$$

将式（3-7）代入式（3-4）

$$k = \frac{CpM}{RT^2} \tag{3-8}$$

式中　p——气体压力；

V——气体体积；

n——气体的摩尔数；

M——气体的摩尔质量；

R——气体常数。

式（3-8）中，C、M、R 均为常数，于是可以得出以下结论，顺磁性气体的磁化率与压力成正比，而与热力学温度的平方成反比。在气体压力增高时，其

体积磁化率成正比相应增大；而气体温度升高时，其体积磁化率急剧下降。

3.1.1　热磁对流式氧分析仪

3-5　什么是热磁对流？它是怎样形成的？

答：如图 3-1（a）所示，一个 T 形薄壁石英管，在其水平方向（X 方向）的管道外壁均匀地绕以加热丝；在水平通道的左端拐角处放置一对小磁极，以形成一恒定的外磁场。在这种设置下，磁场强度曲线和温度场曲线如图 3-1（b）所示。

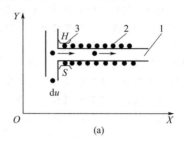

(a)

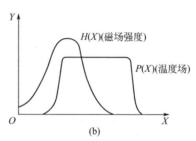

(b)

图 3-1　热磁对流示意图

1—T 形薄壁石英管；2—加热丝；3—磁极

可以看到，磁场强度沿 X 方向按一定的磁场强度梯度衰减，$H(X)$ 是变化的。对于水平通道而言，处于一个不均匀磁场之中，通道左端磁场强度最强，越往右磁场强度越弱，而温度场基本上是均匀的。它们之间的相对位置关系应该是：在磁场强度最大值区域开始建立均匀的温度场，这一点正如图 3-1（b）所示。

当有顺磁性气体在垂直管道内沿 Y 方向自下而上运动到水平管道入口处时，由于受到磁场的吸引力而进入水平管道。在其处于磁场强度最大区域的同时，也就置身于加热丝的加热区，在加热区，顺磁性气体与加热丝进行热交换而使自身温度升高，其体积磁化率随之急剧下降，受磁场的吸引力也就随之减弱。其后的处于冷态的顺磁性气体，在磁场的作用下被吸引到水平通道磁场强度最大区域，就会对先前已经受热的顺磁性气体产生向右方向的推力，使其向右运动而脱离磁场强度最大区域。后进入磁场的顺磁性气体同样被热丝加热，体积磁化率下降，又被后面冷态的顺磁性气体向右推出磁场。如此过程连续不断地进行下去，在水平管道就会有气体自左而右地流动

这种气体的流动就称为热磁对流，或称为磁风。

3-6 试述热磁式氧分析仪的工作原理。

答：热磁式氧分析仪的工作原理如图 3-2 所示。热磁式氧分析仪的发送器是一个中间有通道的环形气室，外面均匀地绕有电阻丝。电阻丝通过电流后，既起到加热作用，同时又起到测量温度变化的感温作用。电阻丝从中间一分为二，作为两个相邻的桥臂电阻 r_1、r_2 与固定电阻 R_1、R_2 组成测量电桥。在中间通道的左端设置一对小磁极，以形成恒定的不均匀磁场。

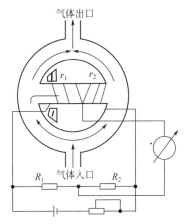

图 3-2 热磁式氧分析仪的工作原理

待测气体从底部入口进入环形气室后，沿两侧流向上端出口。如果被测混合气体中没有顺磁性气体存在，这时中间通道内没有气体流过，电阻丝 r_1、r_2 没有热量损失，电阻丝由于流过恒定电流而保持一定的阻值。当被测气体中含有氧气时，左侧支流中的氧受到磁场吸引而进入中间通道，从而形成热磁对流，然后由通道右侧排出，随右侧支流流向上端出口。环形气室左侧支流中的氧因远离磁场强度最大区域，受不到磁场的吸引，加之磁风的方向是自左向右的，所以不可能由右端口进入中间通道。

由于热磁对流的结果，左半边电阻丝 r_1 的热量有一部分被气流带走而产生热量损失。流经右半边电阻丝 r_2 的气体已经是受热气体，所以 r_2 没有或略有热量损失。这样就造成电阻丝 r_1 和 r_2 因温度不同而阻值产生差异，从而导致测量电桥失去平衡，有输出信号产生。被测气体中氧含量越高，磁风的流速就越大，r_1 和 r_2 的阻值相差就越大，测量电桥的输出信号就越大。由此可以看出，测量电桥输出信号的大小就反映了被测气体中氧含量的多少。

3-7 试述热磁式氧分析仪发送器（检测器）的结构和组成。

答：图 3-3 所示是一典型的环形水平通道发送器结构。用不锈钢制成环形气路通道，环形通道中间有

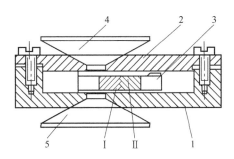

图 3-3 环形水平通道发送器结构
1—底座；2—上盖；3—玻璃管；
4、5—极靴；Ⅰ、Ⅱ—桥臂

一水平圆孔（中间通道），圆孔内安装一薄壁玻璃管（中间通道管）。在玻璃管上均匀地缠绕电阻丝，此电阻丝从中间一分为二，分别作为测量电桥的两个相邻的桥臂——桥臂Ⅰ和桥臂Ⅱ（图 3-2 中的 r_1 和 r_2）。桥臂Ⅰ的左端置于两个极靴 4 和 5 之间的缝隙中。环形底座 1 和上盖 2 之间接合处垫上薄膜密封垫，并用螺丝紧固密封。

（1）中间通道管 中间通道管一般采用石英玻璃管，为了利于磁风与电阻丝之间的热交换以提高检测灵敏度，管壁做得极薄，0.1～0.15mm。通道管的截面形状多为圆形，外径约 6mm。也有采用截面形状为扁圆形的中间通道，如图 3-4 所示。这种形状的中间通道，在磁场利用率、磁风和电阻丝之间的换热效率等方面，都较截面形状为圆形的中间通道要好。

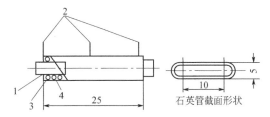

图 3-4 中间通道管扁圆形截面图
1—石英玻璃管；2—铂丝引线；3—铂丝（$\phi 0.04mm$）；
4—有机高温胶

（2）电阻丝 用以加热和感温的电阻丝多采用铂丝。为了利于热交换，常把铂丝压成扁带状，以增大铂丝与石英玻璃管的接触面。同时，在铂丝表面涂敷一层极薄的有机高温胶，使铂丝和石英玻璃管紧密地粘在一起。

（3）极靴 在内对流式热磁氧分析仪中，一般将极靴做成锥形，使磁极间隙逐渐变宽，以保证在较大范围内都分布有较均匀的梯度。图 3-5 示出了常见的磁极靴形状及其强度分布曲线。从图中可以看到，在中间通道的整个工作范围内，磁场强度逐渐降低，有较大的磁场强度梯度。

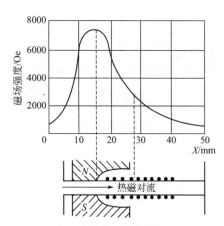

图 3-5 磁极靴形状及其强度分布曲线

磁极材料几乎都采用铁-钴-镍系列永磁性材料，其磁场强度一般为 $5000\sim9000Oe$（$1Oe=79.6A/m$）。

3-8 图 3-6 所示是热磁式分析仪中的环形垂直通道发送器，试述其工作原理和适用场合。

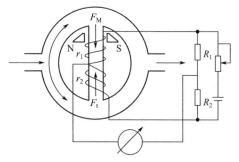

图 3-6 环形垂直通道发送器

答：环形垂直通道发送器在结构上与环形水平发送器完全一样，区别只在于中间通道的空间角度为 $+90°$，也就是把环室依顺时针方向旋转 $90°$。这样做的目的是为了提高仪表的测量上限。中间通道成为垂直状态后，在通道中除有自上而下的热磁对流作用力 F_M 外，还有热气体上升而产生的由下而上的自然对流作用力 F_t，两个作用力的方向刚好相反。

在被测气体中没有氧气存在时，也不存在热磁对流，通道中只有自下而上地自然对流，此上升气流先流经桥臂电阻和 r_2，使 r_2 产生热量损失，而 r_1 没有热量损失。为了使仪表刻度始点为零，此时应将电桥调到平衡，测量电桥输出信号为零。随着被测气体中氧含量的增加，中间通道有自上而下的热磁对流产生，此热磁对流会削弱自然对流。随着热磁对流的逐渐加强，自然对流的作用会越来越小，电阻丝 r_2 的热量损失也越来越小，其阻值逐渐加大，测量电桥失去平衡而有信号输出，氧含量越高，输出信号越大，当氧含量达到某一值时，$F_M=F_t$，热磁对流完全抵消自然对流，此时，中间通道内没有气体流动，发送

器的输出特性曲线出现拐点，曲线斜率最大，发送器的灵敏度达到最大值。当氧含量继续增加，$F_M>F_t$，热磁对流大于自然对流，这时，中间通道内的气流方向改为自上而下，之后的情况与水平通道相似。

由此可见，在环形垂直通道发送器的中间通道中，由于自然对流的存在，削弱了热磁对流，以致在氧含量很高的情况下，中间通道内的磁风流速依然不是很大，从而扩展了仪表测量上限值。实验证实，这种环形垂直通道发送器，当氧含量达到 100％ 时，仍能保持较高的灵敏度。

3-9 环行水平通道和垂直通道发送器有什么区别？各运用于何种测量范围？

答：两者结构完全一样，只是中间通道管的放置位置不同，前者水平放置，与水平线的夹角 $\theta=0°$；后者垂直放置，$\theta=90°$。两者的主要区别在于测量范围不同。

（1）对于环行水平通道发送器而言，其测量上限不能超过 40％ O_2。这是因为，当氧含量增大时磁风增大，水平通道中的气体流速增大，气体来不及与 r_1 进行充分的热交换就已到达 r_2，造成 r_2 的热量损失，随着氧含量的增加，r_1、r_2 的热量损失逐渐接近，两者间电阻的差值越来越小，当氧含量达到 50％ 时，发生器的灵敏度已接近零。

（2）对于环行垂直通道发生器来说，其测量上限可达到 100％ O_2。但是在对低氧含量的测量时，其测量灵敏度很低，甚至不能测量。

3-10 试述外对流式发送器的工作原理。

答：外对流式发送器的工作原理示意图如图 3-7 所示。

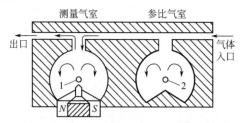

图 3-7 外对流式发送器工作原理示意图

发送器由测量气室和参比气室两部分组成，两个气室在结构上完全一样。其中，测量气室的底部装一对磁极，以形成非均匀磁场，在参比气室中不设磁场。两个气室的下部都装有既用来加热又用来测量的热敏元件，两热敏元件的结构参数完全相同。

图中实线箭头为自然对流方向，虚线箭头为热磁对流方向。被测气体由入口进入主气道，依靠分子扩散作用进入两个气室。如果被测气体没有氧的存在，那么两个气室的状况是相同的，扩散进来的气体与热敏元件直接接触进行热交换，气体温度得以升高，温

度升高导致气体相对密度下降而向上运动，主气道中较冷的气体向下运动进入气室填充，冷气体在热敏元件上获得能量，温度升高，又向上运动回到主气道，如此循环不断，形成自然对流。由于两个气室的结构参数完全相同，两气室中形成的自然对流的强度也相同，两个热敏元件单位时间的热量损失也相同，其阻值也就相等。

当被测气体有氧存在时，主气道中氧分子在流经测量气室上端时，受到磁场吸引进入测量气室并向磁极方向运动。在磁极上方安装有加热元件（热敏元件），因此，在氧分子向磁极靠近的同时，必然要吸收加热元件的热量而使温度升高，导致其体积磁化率下降，受磁场的吸引力减弱，较冷的氧分子不断地被磁场吸引进测量气室，在向磁极方向运动的同时，把先前温度已升高的氧分子挤出测量气室。于是，在测量气室中形成热磁对流。这样，在测量气室中便存在有自然对流和热磁对流两种对流形式，测量气室中的热敏元件的热量损失，是由这两种形式对流共同造成的。而参比气室由于不存在磁场，所以只有自然对流，其热敏元件的热量损失，也只是由自然对流造成的，与被测气体的氧含量无关。显然，由于测量气室和参比气室中的热敏元件散热状况的不同，两个热敏元件的温度出现差别，其阻值也就不再相等，两者阻值相差多少取决于被测气体中氧含量的多少。若把两个热敏元件置于测量电桥中作为相邻的两个桥臂，如图3-8所示，那么，桥路的输出信号就代表了被测气体中氧含量。

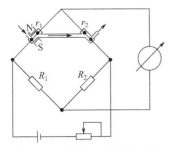

图 3-8　双臂单电桥测量原理

3-11　为了更好地补偿由于环境温度变化、电源压力波动、发送器倾斜等因素给测量带来的影响，外对流式发送器一般都采用双电桥结构，其气路连接如图3-9所示，交流双电桥原理如图3-10所示。试述其测量过程和工作原理。

答：外对流式发送器由测量电桥和参比电桥构成。四个气室分为两组，分别置于两个电桥中，每组两个气室中各有一个气室底部装有磁极，气室中的热敏元件作为线路中测量电桥和参比电桥的桥臂。在气路上，安排测量侧的气室通过被测气体，而参比侧气

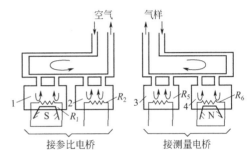

图 3-9　外对流式发送器气路连接图

1，2—参比电桥分析室；3，4—测量电桥分析室

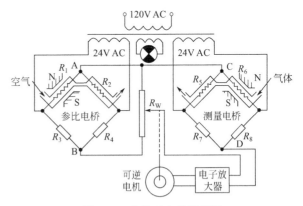

图 3-10　交流双电桥原理图

室则通过氧含量为定值的参比气，如空气。

在测量线路中，R_1、R_2、R_3、R_4 组成参比电桥，R_5、R_6、R_7、R_8 组成测量电桥，其中 R_1、R_2 和 R_5、R_6 是铂丝热敏元件，R_3、R_4 和 R_7、R_8 是锰铜固定电阻。热敏元件 R_1、R_6 所处的气室设有非均匀磁场，而 R_2、R_5 所处的气室不设置磁场。两个电桥由同一电源变压器的两个参数相同的次级绕组供电，显然，这是一个交流双电桥测量线路。

在发送器工作时，由于参比电桥两个气室通过的是含氧量为定植的参比气，因此，电桥的顶点 A、B 的输出信号也是一个恒定的电压值（指交流电压的幅值），这个恒定的电压作为标准信号加在滑线电阻 R_W 的两端。测量电桥中的两个气室通过的是被测气体，电桥的顶点 C、D 输出信号的大小，因被测气体中氧含量的不同而异。

从图3-10可见，测量电桥的输出信号与滑动电阻 R_W 上取出的信号进行比较，其差值送放大器的输入端，经放大器放大后，推动可逆电机转动并带动滑动触点在滑线电阻 R_W 上移动，当滑动触点在滑线电阻 R_W 上取得的电压降与测量电桥的输出信号大小相等时，测量回路达到平衡。此时，放大器输入端的信号为零，可逆电机停止转动，滑动触点也停止转动，滑动触点在滑线电阻 R_W 上的位置，就反映了被测气

体中氧的含量。如果在滑线电阻 R_W 上安装一个标尺并按参比气的氧含量刻以浓度刻度，再使滑动触点附带一个指针，这样便可直接读出被测气体的氧含量值了。

显而易见，这种双电桥结构的发送器测量上限将受到参比气体中氧含量的限制。例如选用空气为参比气，仪表的测量上就不能超过 $21\%O_2$。当然，通过对电路的设计和元件参数的选择，亦可扩大仪表的测量上限。

3-12 在热磁式氧分析仪中，发送器（检测器）的结构型式有内对流式和外对流式两种，它们有什么主要区别？各有何优缺点？

答：两者的测量原理相同，区别在于以下两点。

（1）热敏元件与被测气体之间的热交换形式不同 内对流式发送器，热敏元件与被测气体之间是隔绝的，通过薄壁石英玻璃管进行热交换；而外对流式发送器其热敏元件与被测气体之间是直接接触换热。

（2）热磁对流发生的位置不同 内对流式发生器，热磁对流在热敏元件（中间通道管）内部进行；而外对流式发生器，热磁对流在热敏元件外部进行。所以也分别成为内、外对流式发送器。

内对流式发送器结构简单，便于制造和调整。其热敏元件不与样气直接接触，因此不会与样气发生任何化学反应，也不会受到样气的沾污和侵蚀，但热量传递受到一定影响，增加了测量滞后时间，灵敏度也相对较低。

外对流式发送器则与此相反，由于被测气体与热敏元件直接接触换热，所以测量滞后小、灵敏度高、输出线性好。另外，由于采用双桥结构，能有效地补偿环境温度、电源电压、样气压力、发送器倾斜等因素给测量带来的影响，但其结构比较复杂，不便于制造和调整。

值得一提的是，样气背景气成分中如果有热导率较大的氢气存在，尤其是当其含量不稳定时，将会对测量精度带来较大的影响，这一点对于内、外对流式发送器都同样需要注意。

3-13 热磁式氧分析仪运行中出现下列故障，试分析原因并提出处理方法。

· 仪表示值无规则漂移；

· 仪表示值不稳或反复摆动；

· 仪表示值反应缓慢、迟钝。

答：（1）故障现象：仪表示值无规则漂移

原因①：样气压力、流量不稳所致。热磁式氧分析仪的工作原理是基于不同的气体有不同的体积磁化率，而磁化率的大小与气体的压力成正比，可见仪表对样气压力的变化很敏感，流量的波动也体现样气压力在发生变化，故样气流量波动也会引起仪表示值发生变化。

处理方法：在样气回路设置稳压、稳流阀，确保进入分析仪的样气压力、流量保持恒定。

原因②：测量回路零位或量程电位器接触不良，造成输出信号漂移。

处理方法：检修或更换电位器。

（2）故障现象：仪表示值不稳或反复摆动

原因①：直流稳压电源性能不好，致使测量电桥工作电流不稳。

处理方法：检修稳压电源，提高稳压精度。

原因②：检测器恒温性能不好，温度波动幅度太大，由于热丝的散热条件不稳定，导致仪表输出不稳定。

处理方法：检修恒温控制系统，提高恒温精度。

原因③：样气回路稳压、稳流阀件性能不好，或管路有液堵现象，造成样气流量发生脉动。

处理方法：清洗、检修恒温或更新阀件。在使用中，为保证阀件发挥正常工作性能，阀的进出口要有足够的压力降。针对管路的液堵现象，可采用仪表空气吹扫办法来消除。

（3）故障现象：仪表示值反应缓慢、迟钝

原因：样气流量太小，检测器气室内气体的转换速度太慢。

处理方法：按仪表说明书或运转资料给出的数据设定样气流量。如果流量不能调大，则需查明原因再处理。对于正压测量系统，检查样气管路及取样探头有无堵塞。水封稳压器的液位是否过低；对于负压测量系统，检查水力抽吸器的供水压力是否太低，水力喷射装置是否堵塞。

3-14 热磁式氧分析仪校准时出现下列现象，试分析原因并提出解决办法。

· 仪表校准后仍有偏差；

· 仪表校准时不能用调零电位器将示值调到零位。

答：（1）故障现象：仪表校准后仍有偏差

原因①：仪表校准时未待示值稳定就进行零位和量程调整，实质上仪表并未真正校准。

处理方法：仪表校准时，通入标准气后，一定待示值充分稳定才可进行零位和量程的调整。

原因②：标准气变质和标准气中非氧组分与被测气体的背景气成分不一致。

处理方法：按被测气体背景气成分含量重新配制标准气。对于使用高纯 N_2 做零气的场合，如果被测气体中主要的背景气成分的体积磁化率与 N_2 相差较大，应采用零位迁移方法校准仪表零位。

（2）故障现象：仪表校准时不能用调零电位器将示值调到零位

原因①：调零电位器锈蚀或接触不良。

处理方法：检修或更换调零电位器。

原因②：发送器内有水雾或液滴。

处理方法：使仪表停电，用清洁、干燥的仪表空气（50kPa）在发送器进口、出口反复吹扫。

原因③：发送器被油性或黏性物质污染。

处理方法：使仪表停电，待发送器温度降至常温后，用适宜的洗涤液（如皂液）清洗，再用蒸馏水冲洗，最后用清洁、干燥的仪表空气吹扫，直至吹干。

3-15 试述热磁式氧分析仪的检修内容和方法。

答：检修内容和方法如下。

（1）检测器有污染迹象，可用无水酒精清洗，然后用清洁、干燥的仪表空气吹干。检查、校准检测器的水平度，一般热磁式氧分析仪的检测器都安装有水准仪，检查水准仪的气泡是否处在标记的中间，如有偏移，则调节水平螺丝，使水准仪的气泡正好处在标记中间。

（2）电路系统的检修。检查电路元件有无过热损坏或接触不良等异常现象，检查电路接插口有无沾污、氧化锈蚀等情况，用软毛刷或洗耳球清除电路板及插接件上的灰尘。处理后，要确认各电路板、接插件准确就位，接触良好。

（3）一次仪表机械零位的检查、调整。在分析仪不供电状态下，检查一次仪表指针是否指示刻度零点。如果指针偏离零点，则用螺丝刀调节仪表面板上机械零位调整螺丝，使指针指示机械零点。

3-16 某厂用热磁式氧分析器检测烟道气中的氧，发现示值比直插式氧化锆示值高，哪种表检测示值可靠？说明原因。

答：高温烟气中约有18%左右的水分，CO_2约8%，烟气经冷却后，冷凝析出的水被分离，冷凝的水还将溶解烟气中部分CO_2。这时烟气中氧虽然还是那么多，但其体积百分含量的比例增大。如高温烟气中氧含量为2.5%，冷却后CO_2的损失为17%，这时冷却后烟气中氧的体积百分浓度增长到3.01%。直插式氧化锆分析器是在高温状态下检测烟气中氧分压，水分仍为气态因此说两种氧分析器检测相同的烟气中氧，因条件不同，氧化锆示值低于热磁氧分析器示值是正确的。

3-17 内对流式热磁氧分析仪的发送器安装上有什么要求？安装不合适对指示有什么影响？

答：安装时主要是发送器必须处于水平位置，所以在发送器设置了一个水平仪，以校准工作室的水平。安装不水平会引起较大的测量误差，并影响仪器的测量精度。其原因是，工作室稍有倾斜后，改变了分析室中热磁对流和自然对流的相互关系，热磁对流矢量和热自然对流矢量形成的夹角不同，发送器将有不同的输出特性。

3-18 热磁式磁氧表进水后，应怎样处理？

答：发现磁氧表进水应立即关闭气样进口阀，停电源，用压缩风将极靴内存水吹扫干净，再送电干燥。清除水分后，才能投运。进水太多会将热敏元件烧坏，应更换。

3-19 一台分析加热炉烟道气的热磁式氧分析仪，工作于负压状态，用标准样将仪表的零点、范围全部标定准确后，再引入烟气，仪表出现下列两种现象，试分析其原因：（1）仪表指示比化验结果高甚至超程；（2）仪表指示比化验结果低，且烟气含氧量越高，仪表指示差得越多。

答：第一种现象是气路漏气所致。标定时仪表工作于正压状态，外界空气漏不进去，而当分析烟道气时，气路处于负压状态，稍有泄漏，外界空气漏入气路，使进表样气含氧量增高，因而仪表指示偏高甚至超程。

第二种现象是工作压力不同所致，在正压条件下标定的仪表，改为负压工作条件，同样的标气流量，负压时氧分子减少，检测器内磁风减弱，因而仪表指示偏低。

3.1.2 磁力机械式氧分析仪

3-20 试述磁力机械式氧分析仪的结构和工作原理。

答：如图3-11所示，在一个密闭的气室中，装有两对不均匀磁场的磁极，它们的磁场强度梯度正好相反。两个空心球（俗称哑铃）置于两对磁极的间隙中，金属带固定在壳体上，这样，哑铃只能以金属带为轴转动而不能上下移动。在哑铃与金属带交点处装一平面反射镜。

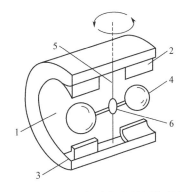

图3-11 磁力机械式氧分析仪检测部件结构图

1—密闭气室；2，3—磁极；4—空心球体；5—弹性金属带；6—反射镜

被测样气由入口进入气室后，它就充满了气室。两个空心球被样气所包围，被测样气的氧含量不同，其体积磁化率k值也不同，球体所受到的作用力F_M

就不同。如果哑铃的两个空心球体积相同，体积磁化率值相等，两个球体受到的力大小相等、方向相反。对于中心支撑点金属带而言，它受到的是一个力偶M_M的作用，这个力偶促使哑铃以金属带为轴心偏转，该力偶矩为

$$M_M = F_M \times 2R_P$$

式中　R_P——球体中心至金属带的垂直距离（哑铃的力臂）。

在哑铃做角位移的同时，金属带会产生一个抵抗哑铃偏转的复位力矩以平衡M_M，被测样气中的氧含量不同，旋转力矩和复位力矩的平衡位置不同，也就是哑铃的偏转角度Ψ不同，这样，哑铃偏转角度Ψ的大小，就反映了被测气体中氧含量的多少。

对哑铃偏转角度Ψ的测量，大多是采用光电系统来完成的，如图 3-12 所示，由光源发出的光投射在平面反射镜上，反射镜再把光束反射到两个光电元件（如硅光电池）上。在被测样气不含氧时，空心球处于磁场的中间位置，此时，平面反射镜将光源发出的光束均衡地反射在两个光电元件上，两个光电元件接受的光能相等，一般两个光电元件采用差动方式连接，因此，光电组件输出为零，仪表最终输出也为零。当被测样气中有氧存在时，氧分子受磁场吸引，沿磁场强度梯度方向形成氧分压差，其大小随氧含量不同而异，该压力差驱动空心球移出磁场中心位置，于是哑铃偏转一个角度，反射镜随之偏转，反射出的光束也随之偏移，这时，两个光电元件接受到的光能量出现差值，光电组件有毫伏电压信号输出。被测气体中氧含量越高，光电组件输出信号越大。该信号经反馈放大镜放大作为仪表的输出。

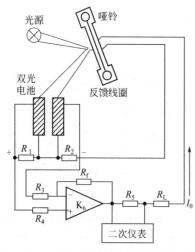

图 3-12　磁力机械式氧分析仪原理示意图

为了改善分析仪的输出特性，有的仪表在空心球的外围环绕一匝金属丝，如图 3-13 所示。该金属丝在电路上的接受输出电流的反馈，对哑铃产生一个附

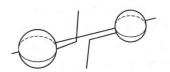

图 3-13　空心球体的一匝金属丝

加复位力矩，从而使哑铃的偏转角度Ψ大大减小。

3-21　磁力机械式氧分析仪有何特点？

答：主要特点如下。

（1）在 $0\sim100\%\,O_2$ 范围内线性刻度，可制成多量程的氧分析仪。

（2）灵敏度高，可实现对微量氧的测量。

（3）测量室内没有热源存在，因此不受氢等热导率高的背景气组分的影响。但像氧化氮等一些有较强顺磁性的气体会对测量带来严重干扰，实际应用中应将这些干扰组分除掉。

（4）样气压力、环境温度的变化以及检测器的振动都会给测量带来影响，因此分析仪应有稳压、恒温及防振措施。

3-22　试述磁力机械式氧分析仪常见故障的原因及处理方法（以贵厂使用的具体型号为例回答）。

答：以四川仪表九厂 CJ 系列磁力机械式氧分析仪为例，常见故障及处理方法如下。

（1）故障现象：反馈增益太低。

原因①：光带形状不规则。

处理方法：调整光路，使光带形状如图 3-14 所示。

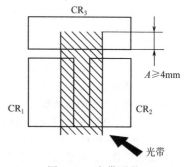

图 3-14　光带形状

原因②：光源灯亮度不够。

处理方法：提高光源灯电压至 4V。

原因③：检测器被严重污染，反光镜腐蚀严重。

处理方法：清洗或更换。

（2）故障现象：指示值随流量变化，附加误差增大。

原因①：反馈增益太低。

处理方法：参照故障现象（1）的原因和处理方法。

原因②：未选择好最佳流量。

处理方法：选择最佳流量。对于磁力机械式氧分析仪而言，由于电流的深度负反馈作用，使得检测器敏感元件对样气流量在一定范围内波动不太敏感。如和空气密度相近的样气流量，在 80～120mL/min 范围内变化时，输出无太大变化，若超出此范围，检测器对样气流量变化十分敏感。最佳流量的选择方法是：在样气含氧量不变的情况下，逐渐增大样气流量，此时可以看到，仪表示值也随之增大。当样气流量增大到某一值后，仪表示值不再随样气流量增大而变化，这一流量范围便为最佳流量。当样气流量超过最佳流量范围后，仪表示值会随样气流量的增大而急剧下降并变得很不稳定。

原因③： 检测器哑铃的动态平衡被破坏。

处理方法： 更换检测器。

（3）**故障现象：** 指示摆动不停或无规则漂移，很难正常投运。

原因①： 纹波电压大于 100mV，仪表存在自激振荡。

处理方法： 调整防振网络，消除自激振荡。

原因②： 存在电气干扰。

处理方法： 检查有无电气线路穿过敏感部件并排除之。

（4）**故障现象：** 记录曲线呈锯齿状。

原因①： 恒温温度过低。

处理方法： 按规定重新设定恒温温度。

原因②： 温控电路失灵。

处理方法： 检修温控电路，提高温控精度。

3-23 试述磁力机械式氧分析仪的检修内容和方法（以贵厂使用的具体型号为例回答）。

答： 以四川仪表九厂 CJ 系列磁力机械式氧分析仪为例，检修内容和方法如下。

（1）更换光源灯。如果需要更换光源灯，必须仔细调整光路，使照射到光电池上的光带规则、明亮、清晰，如图 3-14 所示。操作时应注意避免环境光线的影响，光路失调会使反馈增益降低。

（2）更换检测器（测量池）。如果需要更换检测器，将检测器以字码向上的正确方向推入磁路系统至定位止挡螺钉，正确焊接引线，使之构成负反馈。

（3）检查仪表的气密性。10kPa 试验压力下，10min 内压力降应≤0.3kPa。

（4）检查仪表的绝缘电阻。仪表电源相、中线连线对地的绝缘电阻应不小于 20MΩ。

（5）测量交流纹波电压。放大器输出端（记录仪＋端）对地交流纹波电压不得大于 100mV AC，否则调节防振网络使之正常。

（6）测试计算反馈增益：仪表量程置最低挡，通零气，调节零点使示值 $A_1\%O_2 = 0.1\%O_2$，切换量程至高挡，关断反馈开关，示值上升至 $A_2\%O_2$，

$$K = \frac{A_2}{A_1} = \frac{A_2}{0.1} = 10A_2 \ (倍)。$$

CJ-01 型的 $K \geqslant 100$，CJ-03 型的 $K \geqslant 80$。仪表长期使用，K 值下降属正常现象，并不影响仪表灵敏度或检测准确度，但 K 值降低至 20～30 倍时，应更换检测器。

3-24 磁力机械式氧分析仪零点调节的实质是什么？在哪些情况下需要进行调零操作？

答： 一般分析器都是以电的方式调节零点，而磁力机械式氧分析仪却是以机械方式调节零点，称为机械调零。其实质是保证气样不含氧时，硅光电池对左右两块的光照面积相等，仪器输出零信号。为此，测量池可以转动到一合适的位置固定之，使反射光束以恰当的角度照在光电池对上。这可称为粗调零。另外通过机械调节螺钉改变光电池对的位置，仔细调整，这可称为零点细调。

装拆测量池和更换专用光源灯泡，是仪器的两种主要维护操作。这都将使仪器脱离原有的零点位置，因此必须进行调零操作（刻度调节也要复查）。仪器长期运行之后，会有某种程度的漂移，这种漂移主要是零点漂移，纠正它时，调零操作也是必不可少的。

另外，仪器在具体应用过程中，可能会有一系列的附加误差出现，例如水中溶解氧的释放、复杂的非测量组分的大幅度变化、大气压力的变化、气样湿度的变化、环境温度的变化，在一定程度上，都可把这些影响看作系统误差，通过合理的简单的调零操作，可尽量降低其影响，提高分析的准确度。

3.1.3 磁压力式氧分析仪

3-25 什么是磁压力式氧分析仪，其测量原理是什么？

答： 根据被测气体在磁场作用下压力的变化量来测量氧含量的仪器叫做磁压力式氧分析仪。其测量原理简述如下。

被测气体进入磁场后，在磁场作用下气体的压力将发生变化，致使气体在磁场内和无磁场空间存在着压力差：

$$\Delta p = \frac{1}{2} \mu_0 H^2 k \qquad (3-9)$$

式中　Δp——压差；

　　　　μ_0——真空磁导率；

　　　　H——磁场强度；

　　　　k——体积磁化率。

由式（3-9）可以看出压差 Δp 与磁场强度 H 的平方及被测气体的体积磁化率 k 均成正比。在同一磁场中，同时引入两种磁化率不同的气体，那么两种气体同样存在压力差，这个压力差同两种气体磁化率的

差值也同样存在正比关系：

$$\Delta p = \frac{1}{2}\mu_0 H^2 (k_m - k_c) \quad (3\text{-}10)$$

式中　k_m——被测气体的磁化率；

　　　k_c——参比气体的磁化率。

由式（3-3）可以得到：

$$k_m \approx k_1 c_1 \quad (3\text{-}11)$$

式中　k_1——被测混合气体中氧的体积磁化率；

　　　c_1——被测混合气体中氧的体积分数。

将式（3-11）代入式（3-10）得到：

$$\Delta p = \frac{1}{2}\mu_0 H^2 (k_1 c_1 - k_c) \quad (3\text{-}12)$$

由式（3-12）可以看出，当分析仪结构和参比气体确定后，参数 μ_0、H、k_1、k_c 均为已知数值，被测气体氧的百分浓度 c_1 与压差 Δp 有线性关系。这就是磁压力式分析仪的测量原理。

在磁压力式氧分析仪中，测量室中被测气体的压力变化量被传递到磁场外部的检测器中转换为电信号。目前使用的检测器主要有薄膜电容检测器和微流量检测器两种。为了便于信号的检测和调制放大，采用一定频率的通断电流，对磁铁线圈反复激励，使之产生交替变化的磁场，则检测器测得的信号就变成交流波动信号了。

3-26　试述薄膜电容检测器和微电流检测器的工作原理。

答：工作原理分述如下。

（1）薄膜电容检测器　其工作原理与红外分析仪中的电容微音器相似，将样品气和参比气分别引到薄膜电容器动片两侧，当样品气压力变化时，推动动片产生位移，位移量和电容变化量成比例。电容器中的

动片一般采用钛膜制成。

（2）微电流检测器　其检测元件是两个微型热敏电阻，和另外两个辅助电阻组成惠斯通电桥。当有气体流过时，带走部分热量使热敏元件冷却，电阻变化，通过电桥转变成电压信号。

微流量传感器中的热敏元件有两种。一种是薄膜电阻，在硅片或石英片上用超微技术光刻上很细的铂丝制成。这种薄膜电阻平行装配在气路通道中，微气流从其表面通过。另一种是栅状镍丝电阻，简称镍格栅，它是把很细的镍丝编织成栅栏垂直装配于气路通道中，微气流从格栅中间穿过。

微流量检测器体积很小，灵敏度极高，价格也较便宜，因而在分析仪器（如红外、氧分析仪等）中得到越来越广泛的应用。

3-27　四川仪表九厂引进德国哈特曼·布朗（H&B）公司的制造技术，生产 CY-101（Magnos 4G）型磁压力式氧分析仪，图 3-15 是其工作原理图，试述其工作原理和测量过程。

答：参比气和测量气经仪器入口 G10E 和 G20E 进入气体分配器 GV，由气体分配器内的过滤片 F10 和 F20 进行保护性过滤，极少一部分参比气和测量气分别经由毛细管 K10 和 K20 进入测量池 MK，大部分气体则从仪器出口 G10A 排出机外，这样可使进入测量池的参比气和测量气的压力、流量保持稳定和平衡。

参比气 VG 和测量气 MG 相对进入测量池的磁隙中，在膜片泵 MP 的抽吸作用下，VG＋MG 混合气体经测量池底部的中间出口进入缓冲器 DS 中，然后从仪器出口 G10A 排出。

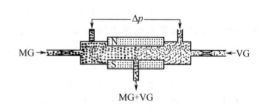

(a) 流程原理工作图

(b) 测量气室工作原理

G10E—参比气入口；G20E—测量气入口；GV—气体分配器；F10、F20—过滤片；K10、K20—毛细管；MK—测量池；EM—电磁铁线圈；E—接收器；E4—钛膜电极；E5—固定电极；HAE—供电电源和电子电路；GQ—直流电源；R—高阻；G1—机箱内显示表头；DS—缓冲器；MP—膜片泵；G10A—混合气出口

Δp—压差；MG—测量气体；VG—参比气体；MG＋VG—混合气体

图 3-15　CY-101 型磁压力式氧分析仪工作原理图

磁隙位于电磁铁线圈 EM 的中间，当 EM 通入 12.5Hz 的交流电流时，便在磁隙周围产生相同频率的磁场，两种气体通过磁场时，由于氧的顺磁性而使气体中的氧分压发生变化，而且压力的变化与气体中的氧浓度成严格的线性关系。当测量气和参比气的氧浓度相同时，这两种气体间无压差存在，这就是仪器的零点（参考点）。当两者氧浓度不同时，两种气体间会产生一压差 Δp，此压差传递到接收器 E 中的钛膜电极 E4 的两侧，使薄膜电容器的钛膜电极（可动电极）产生偏移，薄膜电容器的电容量发生变化，将压差信号转换成与之成比例的电信号，经电子电路 HAE 放大，处理后由输出端子输出，并在仪器的显示表头 G1 上同时指示出来（接收器的工作原理与红外气体分析器相似）。

3-28 图 3-16 是西门子公司近期推出的 OXY-MAT6 型磁压力式氧分析仪测量原理图，试述其工作原理。

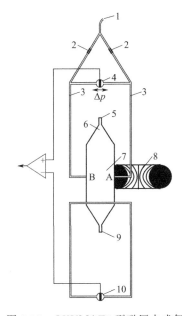

图 3-16　OXYMAT6 型磁压力式氧
分析仪测量原理图

1—参比气入口；2—限流气阻；3—参比气通道；4—微流量传感器；5—样气入口；6—测量室；7—顺磁效应区；8—电磁铁；9—样气和参比气出口；10—补偿用的振动传感器（无气流）

答：如图所示，样气经入口 5 进入测量室 6。参比气经入口 1 和两个参比气通道 3（分成 3 左和 3 右）进入测量室。

微流量传感器 4 中有两个被加热到 120℃ 的镍格栅电阻和两个辅助电阻组成惠斯通电桥，变化的气流导致镍格栅的阻值发生变化，使电桥产生偏移。

参比气可以在镍格栅中穿行，所以左右两个参比气通道是连通的。测量开始前，两路参比气压力相等，$\Delta p = 0$，所以测量桥路无信号输出。

当电磁铁 8 通电励磁时，在其周围形成一个磁场，样气中的氧分子被吸引，朝磁场强度较大的右侧运动，并推动参比气逆时针流动，穿过 4 并产生输出信号。

当电磁铁 8 断电去磁时，磁场消失，由于参比气的设定压力比样气高，3 右通道中的气体反向流回测量室，此时参比气顺时针流动，反向穿过 4 并产生输出信号。

采用一定频率的通断电流，对电磁铁反复励磁和去磁，便可以在测量桥路中得到交流波动信号。信号强度与样气中氧含量成正比。

也可以这样理解以上测量过程：受交替变化的磁场影响，A、B 两点样气的压力差也交替变化，微流量传感器两边的压差 Δp 随之变化，参比气反复流过传感器，便在测量桥路中产生交流波动信号，信号强度与样气压力变化量成正比。

微流量传感器位于参比气路中，不直接接触样气，所以样气的热导率、比热容和样气的内部摩擦对测量结果都不产生任何影响。同时，也避免了样气的腐蚀，使传感器的抗腐蚀性能大大提高。

由于测量地点可能存在振动，并由此造成测量误差（噪声），所以额外增加了一个振动传感器 10，该传感器没有气体流通，其信号可用来对测量结果进行补偿。

3-29 磁压力式分析仪采用什么气体作参比气？

答：根据测量范围不同，分别采用 N_2、O_2 和空气作参比气。

（1）当测量范围为 0～$X\%$ O_2（测量下限为 0% O_2）时，用 N_2 作参比气。

（2）当测量范围为 X～100% O_2（测量上限为 100% O_2）时，用 O_2 作参比气。

（3）当测量范围在 20.8% O_2 附近时（如20%～30% O_2），用空气作参比气。

3-30 表 3-3 是背景气体对磁氧分析仪零点的影响。该表数据是在 60℃、100kPa 条件下，以 N_2 作为参比气测得的。

现有一台磁氧分析仪，测量乙烯中的氧含量，测量范围是 0～10% O_2。仪表校准时，零点气采用高纯 N_2，量程气为 10% O_2＋90% N_2，问此时如何对仪表进行零点校准及迁移？

答：可按以下步骤校准。

（1）用零点气和量程气分别进行零点和量程的校准。

（2）查表 3-3，求得乙烯的零点偏差为 −0.22% O_2。

表 3-3 背景气体对磁氧分析仪零点的影响

背景气体 （浓度为 100%V/V）	零点偏差 （氧气浓度 %V/V）	背景气体 （浓度为 100%V/V）	零点偏差 （氧气浓度 %V/V）
有机气体		惰性气体	
醋酸 CH_3COOH	−0.64	氩 Ar	−0.25
乙炔 C_2H_2	−0.29	氦 He	+0.33
1,2-丁二烯 C_4H_6	−0.65	氪 Kr	−0.55
1,3-丁二烯 C_4H_6	−0.49	氖 Ne	+0.17
异丁烷 C_4H_{10}	−1.30	氙 Xe	−1.05
正丁烷 C_4H_{10}	−1.26	无机气体	
正丁烯 C_4H_8	−0.96	氨 NH_3	−0.20
异丁烯 C_4H_8	−1.06	二氧化碳 CO_2	−0.30
环己烷 C_6H_{12}	−1.84	一氧化碳 CO	+0.07
二氯二氟甲烷 CCl_2F_2	−1.32	氯气 Cl_2	−0.94
乙烷 C_2H_6	−0.49	氧化亚氮 N_2O	−0.23
乙烯 C_2H_4	−0.22	氢气 H_2	+0.26
正庚烷 C_7H_{16}	−2.4	溴化氢 HBr	−0.76
正己烷 C_6H_{14}	−2.02	氯化氢 HCl	−0.35
甲烷 CH_4	−0.18	氟化氢 HF	−0.10
甲醇 CH_3OH	−0.31	碘化氢 HI	−1.19
正辛烷 C_8H_{18}	−2.78	硫化氢 H_2S	−0.44
正戊烷 C_5H_{12}	−1.68	氧气 O_2	+100
异戊烷 C_5H_{12}	−1.49	氮气 N_2	0.00
丙烷 C_3H_8	−0.87	二氧化氮 NO_2	+20.00
丙烯 C_3H_6	−0.64	一氧化氮 NO	+42.94
三氯氟甲烷 CCl_3F	−1.63	二氧化硫 SO_2	−0.20
乙烯基氯 C_2H_3Cl	−0.77	六氟化硫 SF_6	−1.05
乙烯基氟 C_2H_3F	−0.55	水 H_2O	−0.03
1,2-二氯乙烯 $C_2H_2Cl_2$	−1.22		

注：1. 此表是在参比气温度为 60℃、压力为 1000hPa 绝压，并以 N_2 作为参比气情况下，各顺磁性或逆磁性气体测得的零点误差（根据 IEC1207/3）。

2. 其他温度下的零点偏差的变换。

在其他温度下，表中的零点偏差需要乘一个温度修正系数（k）：

- 逆磁性气体：$k = 333K/[t(℃)+273K]$（所有逆磁性气体零点偏差为负值）
- 顺磁性气体：$k = \{333K/[t(℃)+273K]\}^2$

（3）如果仪表示值为氧的百分含量，即 $\%O_2$，按下式计算零点迁移量。

$$零点迁移量 = \frac{0-(-0.22)}{100-(-0.22)} \times 100\%O_2 = 0.2195\%O_2$$

将零点迁移到 $0.2195\% \ O_2$ 处。

（4）如果仪表示值为 100% 的测量范围（即 100% 相当于 10% O_2），则按下式计算零点迁移量。

$$零点迁移量 = \frac{0-(-0.22)}{10-(-0.22)} \times 10\%O_2 = 2.5\%O_2$$

将零点迁移到 $2.5\%O_2$ 处。

注意：当氧分析仪测量室温度（样气温度）不是 60℃ 时，应按表下方的计算温度修正系数对表中的零点误差加以修正。

3-31 试述磁压力式氧分析仪常见故障及处理方法（以您熟悉的型号回答）。

答：现以四川仪表九厂 CY-101（Magnos 4G）为例，常见故障原因及处理方法见表 3-4。

3-32 图 3-17 是北分 Oxyser-6N 型磁压力式氧分析仪的原理图，试述其工作原理和测量过程。

答：北分 Oxyser-6N 型磁压力式氧分析仪是引进德国 Maihak 公司技术的产品，这种形式的氧分析仪称为"磁压-温度效应式"氧分析仪更为确切。该分析仪的检测器分为测量室和参比室两部分，它们之间用毛细管连接，测量室有两个测量电阻 R_3 和 R_4，参比室有两个参比电阻 R_1 和 R_2，四个桥臂电阻组成测量电桥。参比气 F_C 进入测量室后分成两路气流 F_A 和 F_B，两气流在出口处汇合。在分支气流 F_B 出口管路外有一永久性磁铁形成的磁场，当被测气 F_M 和参比气 F_C 的氧浓度相同时，两路参比气流量是相等的。如果两路气流不等，可以调螺钉来使 F_A 和 F_B 两路气流相等。

表 3-4 CY-101（Magnos 4G）**常见故障、原因及处理方法**

故障现象	可能原因	处理方法
通被测样气示值为零	(1)保险管熔断,电源没接通或信号输出开路 (2)抽气泵膜片损伤,不抽气或抽气量小 (3)气路不通,过滤片或毛细管堵塞 (4)接收器故障,如薄膜电容器短路等	检查更换有关部件,按使用说明书正确设置或调整
指示值不稳定	(1)外部环境振动过大 (2)被测样气流量变化过大 (3)电子时间常数设置不当 (4)温度补偿调整不正确	
仪表灵敏度低	(1)泵抽气量小 (2)接收器灵敏度低 (3)气路系统有局部堵塞现象 (4)误操作线性化电位器	

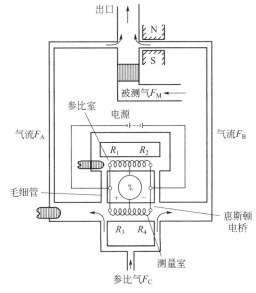

图 3-17 北分 Oxyser-6N 型磁压力式氧分析仪原理图

当被测气的氧含量比参比气的氧含量高时,在磁场作用下,在 F_B 的出口处形成阻力,以阻挡该通道的参比气的流动。由于参比气流量始终保持一定,必然要有一部分气流向出口不受磁场阻碍的通道 F_A 流去,此时出口处与测量电阻 R_3 和 R_4 处的气流必然有一个增大的压力差,此种现象称为磁压力效应。由于压力差增大,必然使测量元件 R_3 和 R_4 的散热效果增大,此时惠斯顿电桥的输出值与被测气和参比气之间的氧浓度差成正比。参比电阻 R_1 和 R_2 的作用是对热对流的影响进行温度补偿。

3-33 北分 Oxyser-6N 型磁压力式氧分析仪有哪些特点和优点?

答:主要特点和优点如下:

(1)该分析仪检测器的测量桥路不处于磁场中,因而被测气体的背景气对氧测量的影响较小;

(2)测量元件采用微流元件,非常灵敏,因而需要的参比气流量很小,低于 0.6L/h,一般容量为 40L、充装压力 10MPa 的高压气瓶,可以使用 10 个月;

(3)分析仪的灵敏度高,最小量程可到 $0\sim1\%$ O_2,特别适宜差值测量,例如测量 $21\%\sim16\%O_2$ 和 $100\%\sim97\%O_2$ 等;

(4)分析仪稳定性好,倾斜对分析仪影响不大;

(5)分析仪对流量、压力变化比较敏感,使用时必须满足分析仪的使用条件;

(6)由于被测气体不流过敏感元件,被测气体中所含腐蚀性组分和脏污颗粒不会影响热敏电阻的工作。

3-34 如何对 Oxyser-6N 型磁压力式氧分析仪进行校准?

答:对于一个完整的校准,每个量程需要两种校准气。一般情况下其中的一种校准气和参比气完全相同。校准气的选择原则是零点气选用量程范围的初始值,量程气选用 $80\%\sim100\%$ 量程值。可参考表 3-5。

表 3-5 Oxyser-6N 型氧分析仪标准校准气选择表

量　　程	参比气	零点校准气	量程校准气
$0\sim2\%$ O_2	CO_2	N_2 或 CO_2	$1.6\%\sim2\%$ O_2
$0\sim10\%$ O_2	N_2	N_2	$8\%\sim10\%$ O_2
$0\sim21\%$ O_2	N_2	N_2	$17\%\sim21\%$ O_2
$21\%\sim15\%$ O_2	空气	空气	$15\%\sim16\%$ O_2
$100\%\sim90\%$ O_2	O_2	O_2	$90\%\sim92\%$ O_2

(1)零点校准　分析仪在校准以前必须先进行预热准备,否则会引起校准误差。对指针显示仪表,首先检查表头的机械零点。双量程的分析仪量程转换开关置于Ⅰ,让零点气从气样入口通入,待示值稳定后,用“调零”电位器调整,直到显示准确名义值。然后再将量程转换开关置于Ⅱ,重复上述步骤。如果两量程的初始值不同,应用不同的零点气调零。

(2)量程校准　双量程分析仪先将量程转换开关置于Ⅰ,让量程气从气样入口通入,待示值稳定后,用“量程”电位器调整,直到显示准确名义值。同样再将量程转换开关置于Ⅱ重复上述步骤。完成全部调校工作后,恢复进样并置于所需要的量程挡。

3.2　氧化锆氧分析仪

3-35 在炉窑烟道上安装氧化锆氧分析仪的作用是什么?

答:氧化锆氧分析仪是控制炉窑经济燃烧不可缺少的重要在线分析仪,它有三个作用:节能、减少环境污染和延长炉龄。

锅炉的热效率与四项热损失有关：（1）排烟损失，即热烟气带走的热量 q_1；（2）气体不完成燃烧损失，即烟气中的 CO 和 C 等物质带走的热量 q_2；（3）炭未完成燃烧损失，即炉灰中 C 带走的热量 q_3；（4）散热损失 q_4。考虑上述热损失后，锅炉的热效率 η 为：

$$\eta = 1 - (q_1 + q_2 + q_3 + q_4)$$

在上式中，q_1 和 q_2 是烟气带走的热量，总称烟气热损失。当鼓风量过大时，烟气中过剩空气量偏大，烟气含氧量偏高，虽可使燃料充分燃烧，但过剩空气带走的热量多，即 q_1 值变大，导致热效率降低。同时过量的氧与燃料中的 S 及烟气中的 N_2 在高温下生成 SO_2、SO_3 和 NO_x 一类的有害物质污染环境。当鼓风量偏低时，烟气氧量低，虽然过剩空气少使排烟损失减少，但因燃料不能充分燃烧，即 q_2 值增大，也导致热效率降低。同时烟囱冒黑烟，对环境也将造成较大的污染。可见，要使锅炉热效率高而污染小，必须控制空气过剩系数，这需要利用氧化锆氧分析仪将烟气氧含量控制在合理的范围内。另一方面，锅炉处于经济燃烧状态，烟气中的 SO_2、SO_3 量低，减少了锅炉尾部腐蚀，从而延长了炉龄。

3-36 试述氧化锆的导电机理。

答： 电解质溶液靠离子导电，具有离子导电性质的固体物质称为固体电解质。固体电解质是离子晶体结构，靠空穴使离子运动而导电，与 P 型半导体靠空穴导电的机理相似。

纯氧化锆（ZrO_2）不导电，掺杂一定比例的低价金属物作为稳定剂，如氧化钙（CaO）、氧化镁（MgO）、氧化钇（Y_2O_3），就具有高温导电性，成为氧化锆固体电解质。

为什么加入稳定剂后，氧化锆就会具有很高的离子导电性呢？这是因为掺有少量 CaO 的 ZrO_2 混合物，在结晶过程中，钙离子进入立方晶体中，置换了锆离子。由于锆离子是 +4 价，而钙离子是 +2 价，一个钙离子进入晶体中只带了一个氧离子，而被置换出来的锆离子带出了两个氧离子，结果，在晶体中便留下了一个氧离子空穴。如图 3-18 所示。例如 $(ZrO_2)_{0.85}(CaO)_{0.15}$ 这样的氧化锆（小字注脚表示它们的摩尔分数，ZrO_2 的摩尔分数是 85%、CaO 的摩尔分数是 15%），则具有了 7.5% 摩尔数的氧离子空穴，是一种良好的氧离子固体电解质。

3-37 试述氧化锆氧分析仪的测量原理。

答： 在一片高致密的氧化锆固体电解质的两侧，用烧结的方法制成几微米到几十微米厚的多孔铂层作为电极，再在电极上焊上铂丝作为引线，就构成了氧浓差电池，如图 3-19 所示。如果电池左侧通入参比气体（空气），其氧分压为 p_0；电池右侧通入被测气体，其氧分压为 p_1（未知）。

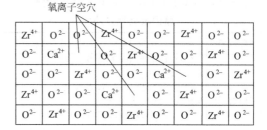

图 3-18 氧离子空穴形成示意图

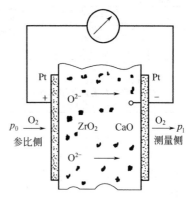

图 3-19 氧浓差电池原理图

设 $p_0 > p_1$，在高温下（650～850℃），氧就会从分压大的 p_0 侧向分压小的 p_1 侧扩散，这种扩散不是氧分子透过氧化锆从 p_0 侧到 p_1 侧，而是氧分子离解成氧离子后通过氧化锆的过程。在 750℃ 左右的高温中，在铂电极的催化作用下，在电池的 p_0 侧发生还原反应，一个氧分子从铂电极取得 4 个电子，变成两个氧离子（O^{2-}）进入电解质，即

$$O_2(p_0) + 4e \longrightarrow 2O^{2-}$$

p_0 侧的铂电极由于大量给出电子而带正电，成为氧浓差电池的正极或阳极。

这些氧离子进入电解质后，通过晶体中的空穴向前运动到达侧的铂电极，在电池的 p_1 侧发生氧化反应，氧离子在铂电极上释放电子并结合成氧分子析出，即

$$2O^{2-} \longrightarrow O_2(p_1) + 4e$$

p_1 侧的铂电极由于大量得到电子而带负电，成为氧浓差电池的负极或阴极。

这样在两个电极上由于正负电荷的堆积而形成一个电势，称之为氧浓差电动势。当用导线将两个电极连成电路时，负极上的电子就会通过外电路流到正极，再供给氧分子形成氧离子，电路中就有电流通过。

氧浓差电动势的大小，与氧化锆固体电解质两侧气体中的氧浓度有关。通过理论分析和试验证实，它们的关系可用能斯特方程式表示。

$$E = 1000 \times \frac{RT}{nF} \ln \frac{p_0}{p_1} \qquad (3-13)$$

式中　E——氧浓差电动势，mV；

R——气体常数，$8.314J/(mol \cdot K)$；

T——氧化锆探头的工作温度，K $(273+t℃)$；

n——参加反应的电子数（对氧而言，$n=4$）；

F——法拉第常数，$96500C$；

p_0——参比气体的氧分压；

p_1——被测气体的氧分压。

如被测气体的总压力与参比气体的总压力相同，则上式可改写为

$$E=1000\frac{RT}{4F}\ln\frac{c_0}{c_1} \qquad (3-14)$$

式中　c_0——参比气体中氧的体积分数；

c_1——被测气体中氧的体积分数。

从上式可以看出，当参比气体中的氧含量 c_0 一定时，氧浓度差电动势仅是被测气体中氧含量 c_1 和温度 T 的函数。把上式的自然对数换为常用对数，得

$$E=2302.5\frac{RT}{4F}\lg\frac{c_0}{c_1}=0.0496T\lg\frac{c_0}{c_1} \qquad (3-15)$$

若氧浓差电池的工作温度为 750℃，c_0 为 20.6%，则电池的氧浓差电动势 E 为

$$E=50.74\lg\frac{20.6}{c_1} \qquad (3-16)$$

式（3-16）说明，浓差电动势与被测气体中氧含量有对数关系，当氧浓差电池的工作温度 T 和参比气体中氧含量 c_0 一定时，被测气体中的氧含量越小，氧浓差电动势越大。这对于测量氧含量低的烟气是有利的，但是在自动控制系统中，需要有线性化装置来修正对数输出特性。

3-38　用氧化锆分析器测定烟气中的氧含量，若在 750℃ 条件下，烟气中氧含量分别为 1%、5% 和 10% 时，试用能斯特方程分别求出所产生的理论电势值。

解：750℃ 条件下氧化锆测氧电池的能斯特方程是：

$$E=50.74\lg\frac{c_0}{c_1}$$

以 $c_0=20.6\%$、分别以 $c_1=1\%$、5%、10% 代入上式后得：

$$E_{1\%}=50.74\lg\frac{20.6}{1}=66.7（mV）$$

$$E_{5\%}=50.74\lg\frac{20.6}{5}=31.2（mV）$$

$$E_{10\%}=50.74\lg\frac{20.6}{10}=15.9（mV）$$

答：在 750℃ 条件下，1%、5%、10% 的烟气中应分别产生 66.7mV、31.2mV、15.9mV 的理论电势。

3-39　利用能斯特方程测氧时，氧化锆测氧电池应符合哪些条件？在实际的氧化锆探头和烟气中有哪些主要影响因素会给测量带来误差？

答：利用能斯特方程测氧时，氧化锆测氧电池应符合以下六个条件：

（1）内外电极的温度相同、气压相同；

（2）电池中除氧浓差电势外，应无任何附加电势存在；

（3）参比气体和待测气体应为理想气体；

（4）电池应是可逆的；

（5）以空气做参比气时，应保证参比电极附近空气更新好；

（6）氧化锆电解质应无电子导电。

在实际的氧化锆探头中存在以下五下主要影响因素：

（1）由于恒温炉总是由外电极热到内电极，因此内、外电极间存在温差；

（2）由于热电偶不可能位于电极上，又加之热电偶本身的误差，因此池温测量存在误差；

（3）由于内外电极的不对称性等原因，电池将有一个附加电势；

（4）在参比电极处参比空气因更新不好将给测量带来误差；

（5）氧化锆电解质中存在电子电导也将给测量带来误差。

在烟气中存在以下四个主要影响因素：

（1）烟气气压与空气气压不相同；

（2）烟气中存在 SO_2 和 SO_3 对电池会产生腐蚀作用；

（3）烟气中可燃性气体如 CO 等的量太大时会影响测量；

（4）烟气灰尘沉积在电极上导致电极上气体更新不好。

3-40　从探头结构型式来划分，目前烟气氧化锆氧分析仪主要有几种？每种主要适应于哪些炉型？

答：目前国内外烟气氧化锆氧分析仪可划分为五种。

（1）中低温直插式氧化锆氧分析仪，其探头直接插入炉窑烟气中，适应烟气温度为 0～650℃（最佳烟气温度 350～550℃），探头中自带加热炉。主要用于火电厂锅炉、6～20t/h 工业炉等，是我国用量最大的一种。

（2）高温直插式氧化锆氧分析器，其探头直接插入烟气中，探头本身不带加热炉，靠高温烟气加热探头，仅适应于 700～900℃ 的烟气测量，主要用于电厂、石化高温烟气分析。

（3）导流直插式氧化锆氧分析仪，这类探头利用一根长导流管将烟气导流到炉壁近处，再利用一支短探头进行测量，主要用于低尘烟气测量，例如石化部门的加热炉。

（4）墙挂式氧化锆氧分析仪，它将烟气抽出到炉

壁近处,并将氧化锆传感器安装在炉壁上就近分析,它较抽出式具有响应快的优点。主要用于钢铁厂均热炉及其他高温烟气分析（900～1400℃）。

（5）抽出式氧化锆氧分析仪。为了除去SO_2、SO_3和烟尘对测量的影响,将烟气抽至工作点,除去SO_2、SO_3和烟尘后再进行分析,其缺点是响应慢。主要适用于多硫多尘恶劣条件的烟气,如制造硫酸的沸腾炉。国内使用较少。

直插式及导流式探头外形图见图3-20。

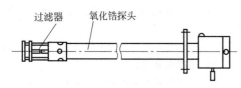

(a) 直插式探头

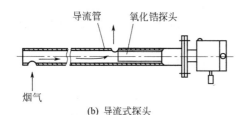

(b) 导流式探头

图3-20 直插式探头和导流式探头外形图

3-41 试述直插式氧化锆探头的结构。

答：直插式氧化锆探头的结构见图3-21。

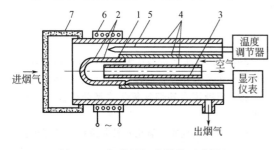

图3-21 氧化锆探头结构示意图
1—氧化锆管；2—内外铂电极；3—铂电极引线；4—接管；5—热电偶；6—加热炉丝；7—陶瓷过滤器

（1）锆管 图中锆管为试管形,管外侧通被测烟气,管内侧通参比气（空气）。锆管很小,管径一般为10mm,壁厚约1mm,长度约160mm。材料有以下几种：$(ZrO_2)_{0.85}(CaO)_{0.15}$,$(ZrO_2)_{0.90}(MgO)_{0.10}$,$(ZrO_2)_{0.90}(Y_2O_3)_{0.10}$。

（2）接管 用于延长锆管的长度,接管材料多为三氧化二铝（Al_2O_3）或刚玉,接管用无机黏结剂与锆管连接。

（3）内外铂电极 为多孔形铂（Pt）,用涂敷和

烧结方法制成,长约20～30mm,厚度几到几十微米。

（4）铂电极引线 一般多采用涂层引线,即在涂敷铂电极时将电极延伸一点,然后用$\phi 0.3～0.4mm$的铂电极与涂层连接起来。

（5）加热炉丝和热电偶 用于对探头加热和进行温控。

（6）陶瓷过滤器 用于过滤烟尘,也可采用碳化硅过滤器。

3-42 如何选择探头安装地点?

答：选择探头安装点考虑以下三点。

（1）探头型号和烟气温度相适应 从烟气温度来选用氧化锆探头：①温度在0～650℃范围内,一般选用自热式直插探头；②烟气温度在650～900℃范围内,一般选用外热式直插探头或炉壁抽出式探头；③烟温在800～1400℃范围内,一般不采用外热式直插探头,将烟温冷却到一定程度后再测量是有利的。

还应考虑燃料种类来选用氧化锆探头,一般来说,多数燃煤炉烟气多硫多尘,要选用具有不易产生灰堵的过滤器结构的探头。一般能用于燃煤炉的探头也能用于燃油炉,反之则不然。

（2）烟气流通条件好 烟气流通好坏直接关系到仪器响应的快慢。对于π型蒸汽炉而言,一般应将安装点选在中外侧。但对于一些进口蒸汽炉来说,在满足烟气流通良好的前提下,注意不要将安装点选在烟速过大的烟道缩口处,因为烟速过大易造成探头灰堵或探头达不到设定温度而影响测量。

（3）便于安装和维修 由于炉上环境温度较高、尘土大,加上探头长1m多,如果安装点不当,就有将探头弄坏的可能,并给使用、维护带来不便。

3-43 氧化锆氧分析器应如何进行日常维护?

答：（1）仪器上炉前必须经过检验,确认仪器是否正常,未经检验的仪器不准上炉。

（2）定期对仪器进行校准,一般来说,接入自控系统的仪器做到1～2个月校准一次,未接入自控系统的仪器每3个月校准一次。

（3）经常巡视仪器是否正常,仪器一旦出现故障,及时查找原因,如属探头正常老化或损坏,或一时查不出故障原因,应及时更换探头。

（4）根据需要,定期清洗探头有关部件。

（5）停炉时,应等炉停后再关仪器。停炉时间在1个月内,若不影响炉的检修,就不要关仪器。开炉前,先开仪器。

（6）做好每台仪器的运行档案,内容包括进厂日期、装上时间、维修情况和运行情况等。

3-44 为什么必须用标准气定期校准氧化锆氧分析仪?

答：氧化锆氧分析仪是基于能斯特方程进行工作的，只有在理想状态下才能保证测量准确。实际使用过程中存在许多干扰因素，如电池的老化、积灰、SO_2 和 SO_3 对电池的腐蚀等。虽然安装探头时已经进行校准，但在运行过程中仪器性能会逐渐变化，给测量带来误差。为了使测量准确，必须定期用标气进行校准。一般情况下，接入自控系统的仪器要求 1～2 个月校准一次，未接入自控系统的仪器要求每 3 个月校准一次。

常量分析时，零点气采用氧含量 1%左右的标准气，量程气可采用干燥新鲜的空气（可用无油仪表空气取代）或采用氧含量接近仪器量程上限的标准气。

微量分析时，零点气采用氧含量为测量范围 10%～20%的标准气，量程气为接近测量范围上限的标准气。

3-45 为什么新装氧化锆探头要至少运行一天以上才能校准？

答：由于新装探头中存在一些吸附水分或可燃性物质，装上炉后，在高温下这些吸附水分蒸发，可燃性物质燃烧，消耗了参比侧电池中的参比空气，导致参比空气的氧含量低于正常值 20.8%，会出现探头信号偏低，甚至出现大负信号，造成氧量偏高，甚至大于 20.8%的现象，这时的氧量是不准确的。直到水分或可燃物质被新鲜空气置换干净后才能使测量准确。这一过程对于短探头约需要 2～12h，而长探头则需 1～2 天，因此一般新装探头至少运行一天后才能进行校准。

3-46 为什么一般的氧化锆氧分析仪不能用于可燃性气体较大的烟气氧含量分析？

答：氧化锆氧分析仪需要在 650℃以上的高温下才能进行工作。当待测气体中可燃性组分，如碳氢化合物、H_2、CO、NH_3 和氧共存时，在高温条件下，在铂电极的催化下易发生燃烧反应而耗氧，测得的氧量是不准确的。要使测量准确，应做相应修正。

3-47 为什么加热炉短期检修最好不要停氧化锆氧分析仪呢？

答：其原因有两个。①由于探头中的氧化锆管是一根陶瓷管，虽然有一定的抗热震性，但在停开过程中，有急冷、急热而断裂的可能，因此最好少做停开操作。②涂制在氧化锆管上的铂电极与氧化锆管间的热膨胀系数不一致，探头使用一段时间后，容易在开停过程中产生脱落现象，结果导致探头内阻变大，甚至损坏探头。

3-48 氧化锆氧分析仪运行中出现下列故障，试分析原因并提出处理方法。（1）仪表示值偏低；（2）仪表示值偏高；（3）仪表无指示；（4）仪表无论置于任何一挡，示值均指示满量程。

答：（1）仪表示值偏低的原因及处理方法。

原因①：样气中可能存在可燃气体。氧化锆固体电解质工作在 600～850℃的高温下，如果样气中存在碳氢化合物、H_2、CO、NH_3 等可燃组分，将发生燃烧反应而耗氧，导致仪器示值偏低。

处理方法：抽样检查样气，如果样气中确有可燃气体存在，应调整工况除去可燃气体，或者在样气系统中加装净化器除去可燃气体组分。

原因②：探头过滤器堵塞，气阻增大，影响被测气体中氧分子的扩散速度。

处理方法：反向吹扫、清洗过滤器，如果不能疏通，则更换过滤器。

原因③：炉温过高。

处理方法：检查校正炉温。

原因④：量程电势偏高。

处理方法：利用给定电势差校正量程电势。

（2）仪表示值偏高的原因及处理方法。

原因①：锆管破裂漏气。

处理方法：更换锆管。

原因②：锆管产生小裂纹，导致电极部分短路渗透。

处理方法：检查更换。

原因③：锆管老化。

处理方法：测量锆管内阻，方法是在仪表规定的工作温度下，用数字万用表检测两电极引线间的阻值，一支新的锆管内阻应小于 50Ω，如果锆管内阻不大于 100Ω，可适当提高炉温继续使用。若仪表误差过大，超出允许误差范围，应更换锆管。

原因④：炉温过低，造成锆管内阻过高。

处理方法：检查校正炉温。

（3）仪表无示值的原因及处理方法。

原因①：电炉未加热。

处理方法：检查温度控制电路的加热器、热电偶等，找出电炉不加热的原因，处理之。

原因②：信号输出回路开路。

处理方法：检查输出回路接线，确保接触良好。

原因③：锆管多孔铂电极断路。

处理方法：用数字万用表检查锆管内阻，在仪表规定的工作温度下，如果锆管两电极引线间的阻值大于 100Ω，则应更换锆管。

（4）仪表在任何一挡均指示满量程的原因及处理方法。

原因①：电极信号接反。

处理方法：正确连接电极。

原因②：锆管电极脱落，或经长期使用后铂电极蒸发。

处理方法：检查锆管两极间电阻，如果超过

100Ω，则应更换锆管。

3-49 氧化锆氧分析仪运行中出现下列故障，试分析原因并提出处理方法。(1) 表头指针抖动；(2) 输出信号波动大。

答：(1) 表头指针抖动的原因及处理方法。

原因①：放大器放大倍数过高。

处理方法：检修放大器，调整放大倍数。

原因②：接线接触不良。

处理方法：检查并紧固接线端子。

原因③：插接件接触不良。

处理方法：清洗插接件。

(2) 输出信号波动大的原因及处理方法。

原因①：取样点位置不合适。

处理方法：和工艺配合检查、更改取样点位置。

原因②：燃烧系统不稳定，超负荷运行或有明火冲击锆管，气样流量变化大。

处理方法：和工艺配合检查，调整工艺参数，检查更换气路阀件。

原因③：样气带水并在锆管中汽化。

处理方法：检查样气有无冷凝水或水雾，锆管出口稍向下倾斜或改进样气预处理系统。

3-50 填空

(1) 量程电势偏高，则测量结果（　　）。

(2) 探头池温偏高，将引起测量结果（　　）。

(3) 电极上有积灰，将引起测量结果（　　）。

(4) 探头上出现灰堵时，将引起测量结果（　　）。

(5) 探头内积有油垢等可燃性物质时，将引起测量结果（　　）。

(6) 烟气中含有较多的 SO_2、SO_3 时，将引起测量结果向（　　）漂移。

(7) 参比半电池中，空气氧含量因流通不好等原因偏低，将引起测量结果（　　）。

(8) 探头内阻高达 1kΩ 时，将引起测量结果（　　）。

(9) 探头池温因故低于 650℃ 时，将引起测量结果（　　）或（　　）。

(10) 探头安装时有漏气现象，将引起测量结果（　　）。

答：(1) 偏低；(2) 偏低；(3) 偏高；(4) 响应迟缓；(5) 偏低；(6) 偏高；(7) 偏高；(8) 乱跳，严重偏离正常值；(9) 乱跳，严重偏离正常值；(10) 偏高甚至于接近空气含氧量值。

3-51 填空

(1) 氧化锆分析仪在运行中量值始终指示偏高，其原因可能有（　　），（　　），（　　），（　　），（　　），（　　）等。

(2) 氧化锆分析仪在运行中氧量始终指示偏低，其原因可能是（　　），（　　），（　　），（　　），（　　）等。

(3) 氧化锆分析仪氧量瞬间跳动很大，其原因可能是（　　），（　　），（　　），（　　）等。

答：(1) 安装法兰密封不严造成漏气；标气入口堵塞不严或未堵塞造成漏气；锆管破裂漏气；量程电势偏低；探头长期未进行校准；锅炉或加热炉漏风太大。

(2) 探头池温过高；探头长期未进行校准；量程电势偏高；炉内燃烧不完全而存在可燃性气体；过滤器堵塞造成气阻增大。

(3) 探头老化内阻大；取样点不合适；锅炉燃烧不稳定甚至明火冲击探头；气样带水滴并在氧化锆管中汽化。

3-52 如何对氧化锆分析仪进行检修（以贵厂使用的具体型号为例，详述检修过程与注意事项）？

答：以横河公司 ZO21 型氧化锆氧分析仪为例，检修步骤和注意事项如下。

(1) 检测器的拆卸

① 切断检测器电源，拆开检测器接线。

② 以额定流速的参比空气和量程气持续吹扫检测器探头，使其缓慢降温。

③ 待探头降至常温后，关断参比气和量程气，拆开检测器的参比气、标准气及空气喷射器气源的管路接口，卸掉检测器的安装法兰，将检测器、空气喷射器及插入设备中的取样管一并取出。

(2) 检测器的解体与检修

① 拧下检测器顶端的四颗安装螺栓，取下过滤器组件及 U 形标准气导管，轻轻旋出锆管，取样金属 O 形圈及环状接触器。

② 用毛刷或清洁、干燥的压缩空气清除锆管内外的积尘，如锆管表面黏附有油污，可用有机溶剂浸泡、清洗，然后烘干。从外观检查锆管有无破损和裂纹，检查电极有无断裂，如有这些现象，则需更换新锆管。

③ 用清洁、干燥的压缩空气吹扫检测器上的标准气体孔道和 U 形导管，如果孔道内有异物堵塞现象，可用一细钢丝插入其中进行疏通，但钢丝插入深度不可超过 400mm。

④ 清洗过滤器组件，检查过滤网有无破损，如有必要，更换过滤网。

⑤ 用万用表检测电炉加热丝有无短路或断路现象，其冷阻应与仪表资料给出的数据一致。

⑥ 检查、标定热电偶。

⑦ 检查环状接触器有无变形、锈蚀和破损状况。如变形则进行修复，破损则需更换。

(3) 检测器的重装与测试

① 将环形接触器准确地安放在检测器的沟槽内，注意接触器要安放平整，保持规则的圆环形。

② 将锆管旋进检测器，把 O 形圈装在锆管与检测器之间的沟槽中。

③ 将 U 形标准气导管装入过滤器组件，与过滤网一起装在检测器上，注意标准气导管要对准锆管的中心。

④ 对准各组件的安装孔，均匀地拧紧四颗紧固螺栓。

⑤ 检查锆管有无泄漏现象，方法是将检测器出气口堵住，从进气口加入 0.1MPa 的空气封闭，5min 无泄漏，如有泄漏气现象则需更换锆管。

（4）取样管的检修　从外观上检查取样管有无破损或氧化现象，如果管材已氧化或破损，则需要更换新的取样管，检查取样管内有无结炭堵塞情况，如有堵塞，可采用机械方法疏通，清除管内异物。

（5）空气喷射器的检修　将喷射器解体，清除内部沉积物，对有机沉积物可用有机溶剂浸洗，重装后测试抽气性能。

（6）转换放大器的检修　检查电路元件有无过热、损坏或接触不良等异常现象，检查电路接插口有无沾污、氧化腐蚀情况，清除电路板及接插件上的积尘，确认各电路板、插接件准确到位，接触良好。更换损坏的显示灯、显示器。

（7）仪表的投运

① 对检修后待投运的仪表进行接线、配管的全面检查，对高温型检测器检查保温隔热是否完好。

② 给仪表送电，确认检测器升温过程正常。

③ 将参比空气调至规定的流量值，将空气喷射器的供气调至规定压力值。

④ 将量程选择至合适的挡位。

⑤ 将状态选择开关调至测量挡。

⑥ 当检测器的温度达到恒温温度时，仪表自动投入测量状态。

3-53　为什么要使用抽吸式氧化锆氧分析仪？试画出抽吸式氧化锆氧分析仪检测部分及预处理系统示意图，并加以简要说明。

答：如果烟道温度太高，热冲击大，烟气中存在较多的还原性气体，烟尘含量太高等，直插式氧化锆不能使用，但可以将烟气抽吸出再用氧化锆氧分析器实现对氧的检测。

英国仕富梅公司（Servomex）抽吸式氧化锆分析器检测器部分及预处理系统如图 3-22 所示。它的取样探头直接插入烟道或炉子中。在抽吸的作用下经气样探头头部的过滤器 1 滤掉烟尘后，经阻火器 9、针阀 3 调节流量，再经转子流量计 4，进入恒温下的氧化锆检测器右室。检测后再经阻火器 9、吸气

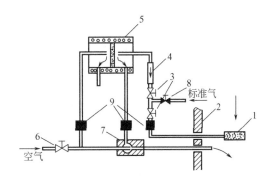

图 3-22　抽吸式氧化锆氧分析器工作示意图
1—过滤器；2—炉壁；3、6—针阀；4—转子流量计；
5—检测器；7—空气吸气器；8—标准气入口；9—阻火器

器 7 和空气混合后入炉壁 2 返回炉中。阻火器一般由多孔陶瓷或不锈钢粉末冶金构成，防止气样中可能存在的可燃性气体在检测室中发生燃烧，或者燃烧的烟烧串入检测室。空气经针阀 6 以一定的流速分两路进入系统，一路经阻火器 9 进入锆管作比较后放空，另一路进入空气吸气器 7。这是一种以空气作动力的负压抽吸器，空气以很高速度进入吸气器的喷嘴时流速加快，当它进入混合室时造成比烟道更低的负压达到取样目的，两气混合后，高速通过越来越小的截面，使压力增大变成正压后返回炉体中。仪器标定时，量程气和零点气分别从管 8 经阀 3 进入检测室。

3-54　什么是烟道气中氧＋可燃气体分析仪？为什么要分析烟道气中的可燃气体含量？

答：在一部分锅炉、加热炉、反应器、转化器中，采用天然气、燃料油作燃料。在其烟道气中，含有少量的可燃气体，如 H_2、CO 等。当燃烧不正常时，甚至含有部分碳氢化合物成分。氧化锆探头的工作温度约在 750℃ 左右，在探头附近，烟气中的氧会和这些还原性气体成分发生反应，使测得的氧含量偏低。当这些可燃性气体成分含量较高时，与氧化锆探头接触甚至可能发生起火、爆炸等危险。因而，氧化锆氧分析仪不适用于上述场合。

以前，这些场合烟气中氧含量的测量往往采用其他类型（顺磁式、电化学式）的氧分析仪，这些仪器的传感器不能直接插入烟道中进行测量，对被测气样的要求也比氧化锆式仪器严格得多，烟道气取出后，须经降温、除湿、除尘等处理才能进行测量，由于样品处理系统较为复杂，维护量大，故障概率较高。另外，在降温除水过程中，一些易溶于水的气体如 CO_2、SO_2 等会产生损失，使烟气的组成发生变化，从而给测量带来误差。

为此，有些氧化锆分析仪厂家研制开发了烟气中氧和可燃气体分析仪，氧的测量仍然采用氧化锆探

头，在氧化锆探头之前加一可燃气体检测探头，其作用有以下几点：

（1）用可燃气体检测结果对氧化锆探头的输出值进行修正和补偿，从而使氧含量的测量结果更为准确；

（2）在可燃气体检测探头上，可燃性气体与氧发生催化反应而消耗掉，从而消除了其对氧化锆探头的干扰和威胁；

（3）根据可燃气体检测结果判断燃烧工况是否正常，以便及时进行调节和控制。

由于可燃气体检测器探头不能在温度高、气流冲击大的烟道中进行工作，所以这种烟气中氧和可燃气体分析仪不能直接插入烟道中，而是安装在烟囱外部。

3-55 试述烟道气中氧＋可燃气体分析仪的结构原理和主要技术指标。

答：图 3-23 是 Ametek 公司 WDG-IVC 型烟道气中氧＋可燃气体分析仪的结构原理图，它可同时测得烟气中氧和可燃气体（H_2＋CO）两种成分的含量。

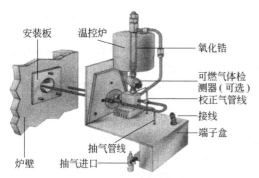

图 3-23　WDG-IVC 型烟道气中氧＋可燃气体分析仪结构原理图

采样探头插入烟道中，其端部装有不锈钢或陶瓷过滤器。烟气由空气吸气器从烟道中抽出，其中大部分烟气直接返回烟道，恒定流量的一小部分烟气（样气）先后流经可燃气体探头、氧化锆探头后返回烟道。样气流经的所有部件都被点加热器加热，使样气保持在露点温度以上。

由于样气进出口端的绝对压力相同，按理样气应该无法流过测量探头并返回烟道，但样气在垂直的氧化锆检测室中被加热至 700℃，而样气被抽出后的温度一般在 250℃ 左右，这一温度差造成的密度差使得样气发生自然对流，推动样气流经测量探头并返回烟道。

图 3-24 是 Ametek 公司 WDG-IVCM 型烟道气中氧＋可燃气体＋甲烷分析仪的结构原理图，它适用于天然气作燃料的锅炉和加热炉，可同时测得烟气中氧、可燃气体（H_2＋CO）和甲烷三种成分的

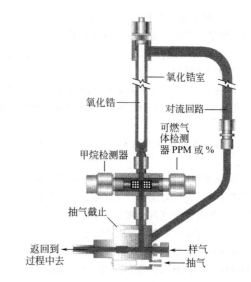

图 3-24　Ametek WDG-IVCM 型烟道气中氧＋可燃气体＋甲烷分析仪结构原理图

含量。

Ametek WDG-IVC 和 WDG-IVCM 的主要技术性能指标如下。

测量范围：　氧　　　0.1%～10% 到 0.1%～100%

　　　　　　可燃气　0～2000ppm 到 0～10000ppm

　　　　　　甲烷　　0～1% 到 0～5%

测量精度：　氧　　　仪表读数的 ±0.75% 或测量范围的 ±0.05%（取较大值）

　　　　　　可燃气　±2% FS

　　　　　　甲烷　　±5% FS

响应时间 T_{63}：　氧　　　<3s

　　　　　　可燃气　<7s

　　　　　　甲烷　　<12s

Ametek 公司的这种外置锆头对流循环式氧化锆氧分析仪也常用于高温、高粉尘烟气测量场合，如水泥及陶瓷窑炉、炼铁高炉、焙烧及烧结炉等。上述场合的常用型号为 WDG-HPⅡ（仅测氧）、WDG-HPⅡC（测氧和可燃气）。装入炉壁内的采样部件如配用耐用合金钢 RA330 探头/过滤器组件可测样气温度至 1025℃；配用陶瓷探头/过滤器组件可测样气温度至 1530℃。对于腐蚀性气体，有配套的哈氏合金采样部件及测量管道。

3.3　微量氧分析仪

3-56 哪些仪器可以测量气体中的微量氧？它们各有何特点，适用于何种场合？

答：氧化锆式氧分析仪、燃料电池式氧分析仪、电化学式氧分析仪均可测量气体中的微量氧，这几种氧分析仪的测量范围见表 3-6。

表 3-6　几种氧分析器的一般测量范围

仪器种类	氧化锆式	燃料电池式	电化学式
测量范围	10ppm～100%	1ppm～25%	1ppb～25%

氧化锆传感器的工作温度约在 750℃ 左右，在测定微量氧时，会和气体中含有的微量的还原性成分发生反应，使测量受到干扰，因而测量的准确度不够高。当氧的含量低于 10ppm 时，数据偏差过大，不宜使用。当然，氧化锆式氧分析仪更不能用来测量还原性气体、可燃性气体中的微量氧。

燃料电池式氧分析仪价格较为便宜，使用方便，维护简单，因而使用较广。但是，如果气体中含有微量酸性气体成分，如 CO_2、H_2S、Cl_2、SO_2、NO_x、HCl、HCN 等时，则燃料电池传感器易中毒失效。

电化学式氧分析仪对酸性气体成分有一定抗干扰能力，如需测定 10ppm 以下乃至 ppb 数量级的 O_2 时，电化学式氧分析仪更有其独到优势，而其他仪器则不能满足要求。国家标准 GB 6285 规定气体中微量氧的测定采用电化学法。虽然价格较高，但电化学式氧分析仪是工业在线微量氧分析的首选产品。

3-57　什么是燃料电池式氧分析仪？试述其工作原理。

答：燃料电池的工作原理和化学原电池完全相同，其显著特征是氧在燃料电池中的反应类似于氧的燃烧，反应产物是二氧化碳和水，为了与其他电化学式氧分析仪相区别，所以称之为燃料电池式氧分析仪。

图 3-25 是一种电化学燃料电池的结构原理图。

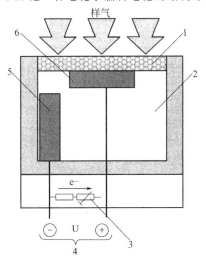

图 3-25　一种电化学燃料电池的结构原理图
1—FEP 制成的氧扩散膜；2—电解液（乙酸）；3—用于温度补偿的热敏电阻和负载电阻；4—外电路信号输出；5—石墨阳极；6—金阴极

其阴极是金（Au）电极，阳极是石墨（C）电极，电解液为乙酸（醋酸 CH_3COOH）溶液。燃料电池可以表示为：

$$阴极\ Au\ |\ CH_3COOH\ |\ C\ 阳极$$

注意：金电极对燃料电池是阴极，发生还原反应，放出电子 e；但对于外电路来说是正极，获得电子 e。同样，石墨电极对燃料电池是阳极，发生氧化反应，得到电子 e；但对于外电路来说是负极，供给电子 e。

样气中的氧分子通过 FEP（聚全氟乙丙烯）氧扩散膜进入燃料电池，在电极上发生如下电化学反应。

金电极　　　$O_2 + 2H_2O + 4e \longrightarrow 4OH^-$
石墨电极　　$C + 4OH^- \longrightarrow CO_2 + 2H_2O + 4e$
总反应　　　$O_2 + C =\!=\!= CO_2$

反应产生的电流与氧含量成正比。

3-58　电化学式微量氧分析仪有哪些结构类型？

答：电化学式微量氧分析仪的传感器有原电池型和电解池型两种。原电池型电化学反应可以自发进行，不需要外部供电，其电解质溶液和阳极是消耗型的，需定期更换。随着电解质溶液的不断消耗，仪器的灵敏度会逐渐降低，因此需要经常校准。电解池型电化学反应不能自发进行，需外接电源供给电能，其电解质溶液和阳极是非消耗型的，不需要定期更换，也不需要频繁校准。原电池型价格比较便宜，使用场合较为广泛。电解池型的综合性能比原电池型优越，但价格较贵，重要测量场合应选用电解池型。

从结构型式上分，微量氧分析仪的传感器有裸露式和隔膜式两种，目前使用的大多是隔膜式。裸露式原电池的电极表面积较大，可以贮存足够的电解液，使用周期较长。但气样直接掠过裸露的电极表面，电极易被污染，对原电池的性能和寿命均有影响。隔膜式原电池具有结构紧凑，体积小，量程范围较宽，响应速度快，对介质流量变化不敏感等特点。它的不足之处是，电解池的贮液量不多，电解液使用周期较短。

微量氧传感器的测量原理与溶解氧分析仪中的隔膜电极传感器基本相同。

3-59　原电池型传感器的性能受哪些因素影响较大？如何加以避免或克服？

答：以银-铅原电池为例进行讨论，电极反应式为：

阴极　　$O_2 + 2H_2O + 4e \longrightarrow 4OH^-$
阳极　　$Pb + 4OH^- \longrightarrow PbO_2 + 2H_2O + 4e$

碱性原电池的理论，目前还在研究和发展中。碱性溶液中氧在银电极还原为 $[OH^-]$ 的过程，可用下式概括地表达：

$$I = K \times \frac{[O_2]}{[OH^-]} e^{-\frac{3}{2} \times \frac{\varphi F}{RT}} \qquad (3\text{-}17)$$

式中　I——通过原电池电极的电流;

　　　　K——常数;

　　$[O_2]$——溶液中氧的浓度;

　$[OH^-]$——电解液中 OH^- 的浓度;

　　　　e——自然对数的底;

　　　　φ——银电极的极化反应电位;

　　　　F——法拉第常数;

　　　　R——气体常数;

　　　　T——热力学温度。

式（3-17）并不包括碱性原电池的全部反应，但在解释原电池的特性时，可作定性指导，下面从式（3-17）出发，对碱性原电池的主要特性进行讨论。

（1）线性特性　从图 3-26 中可以看出，当氧浓度升高时，即出现非线性关系。

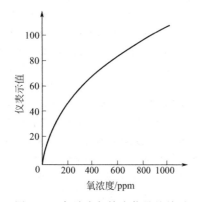

图 3-26　氧浓度与输出信号的关系

（2）温度特性　原电池的放电电流与热力学温度呈指数关系，当温度升高时，它的放电电流将显著增加。由此可见，只有在温度恒定的条件下，才能保证其测量精度。

（3）KOH 溶液对原电池性能的影响　从式（3-17）可以看出，$[OH^-]$ 与原电池的放电电流 I 为负指数关系，溶液中 OH^- 浓度的变化会对 I 造成较大影响，从而对原电池的灵敏度造成影响。

溶液中 OH^- 浓度亦即 KOH 溶液的活度。在实际应用中，KOH 溶液的活度不能完全保持不变，例如当气体的温度发生变化时，KOH 溶液的活度也将相应地发生变化，就会使原电池的灵敏度受到影响。研究表明，当 KOH 溶液的浓度在 6mol/L 左右时，电导率有一极大值，亦即该点的 $[OH^-]$ 有极大值。如使 KOH 溶液的质量分数保持在 24.8%～30.2%时（即溶液电导率极大值附近），则由溶液活度变化而引起的电导率变化最小，对原电池灵敏度影响也最小，这样就可以改善原电池的稳定性。

原电池中 KOH 溶液的配制就是依据上述原理进行的。

（4）气样流量的影响　气样流量的变化对原电池的放电电流一般无显著影响，这是因为当气样中氧的浓度 $[O_2]$ 未发生变化时，氧的分压也未发生变化，因此，电极的化学反应也不会发生变化。

3-60　图 3-27 是 Panametrics 公司 Delta F 型微量氧仪传感器的结构示意图，这种传感器有何特点？

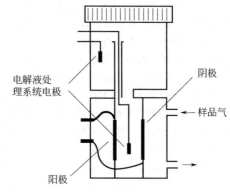

图 3-27　Delta F 型微量氧仪传感器结构示意图

答：Delta F 型微量氧仪传感器的电势（电位差）由外电路提供，属于电解池型传感器，与原电池型微量氧传感器相比有以下优点。

（1）其电解液和电极都是非消耗型的　样品中的氧通过隔膜进入阴极，在阴极，O_2 被还原成 OH^- 离子，阴极反应为

$$O_2 + 2H_2O + 4e \longrightarrow 4OH^-$$

借助于 KOH 溶液，OH^- 迁移到阳极，在阳极发生如下氧化反应

$$4OH^- \longrightarrow O_2 + 2H_2O + 4e$$

生成的 O_2 排入大气。

由电极反应式可见，Delta F 的电解液和电极都未产生消耗，因此，使用中不需要定期更换电解液和电极，也不需要频繁的校准。只要适时补充蒸馏水和电解液即可，从而克服了消耗型原电池灵敏度逐渐降低，需频繁校准的弱点。

（2）可有效克服酸性气体造成的干扰　当样品气中存在微量的酸性气体（如 CO_2、H_2S、Cl_2、SO_2、NO_x 等）时，会对电解液起中和作用和毒害作用，造成电解池性能的衰变，分析仪会出现响应时间变慢、灵敏度降低等现象。Delta F 传感器中有一对 Stab-El 电极，其作用是抵消酸性气体对电解液的中和作用和毒害作用，在酸性气体造成麻烦之前，将其从测量敏感区驱除，以保证分析仪的读数连续准确可靠。

3-61　试述电化学式微量氧分仪的主要技术指标和对样品的要求。

答：电化学式微量氧分仪的型号较多，各厂家产

品的技术指标也不尽一致。以 Panametrics 公司 Delta F 型微量氧分析仪为例，其主要技术性能指标如下。

测量范围：ppbV 级　0～500ppbV 到 0～
　　　　　　　　　50ppmV O_2
　　　　　　ppmV 级　0～1ppmV 到 0～
　　　　　　　　　10000ppmV O_2
　　　　　　％V 级　0～5％到 0～25％ O_2

测量精度：±1％FS（＞0～2.5ppmV O_2 量程）
　　　　　±5％FS（＜0～2.5ppmV O_2 量程）

对进入传感器的样品要求如下。

压力：＜5psig（0.035MPaG）

温度：0～49℃

流量：0.5～1.5L/min

含水量：不限制，但要避免出现冷凝现象。

含尘量：＜2.0mg/ft³（70mg/m³）

含油量：＜0.5mg/ft³（18mg/m³）

3-62 微量氧分仪安装配管时应注意哪些问题？

答：（1）首先应确保气路系统严格密封，配管系统中某个环节哪怕出现微小泄漏，大气环境中的氧也会扩散进来，从而使仪表示值偏高，甚至对测量结果造成很大影响。虽然样品气体的压力高于环境大气压力，但样气中的氧是微量级的，而大气中含有约21％的氧，样气中微量氧的分压远低于大气中氧的分压，当出现泄漏时，大气中的氧便会从泄漏部位迅速扩散进来。

取样管线尽可能短，接头尽可能少，接头及阀门应保证闭闭不漏气。待样品管线连接完毕之后，必须做气密性检查。样品系统的气密性要求是：在0.25MPa 测试压力下，持续 30min，压力降不大于 0.01MPa。

（2）为了避免样品系统对微量氧的吸附和解吸效应，样品系统的配管应采用不锈钢管，管线外径以 $\phi 6$（1/4″）为宜，管子的内壁应光滑洁净，对于痕量级（＜1ppmV）氧的分析，必须选用内壁抛光的不锈钢管。所选接头、阀门死体积应尽可能小。

（3）为防止样气中的水分在管壁上冷凝凝结，造成对微量氧的溶解吸收，应根据环境条件对取样管线采取绝热保温或伴热保温措施。

（4）微量氧的传感器应安装在样品取出点近旁的保温箱内，不宜安装在距取样点较远的分析小屋内，以免管线加长可能带来的泄漏和吸附隐患。

3-63 图 3-28 是微量氧分析仪测量系统流路图，请对其加以说明。

答：图中的微量氧传感器探头和样品处理系统装在不锈钢箱体内，用带温控的防爆电加热器加热。箱子安装在取样点近旁，样品取出后由电伴热保温管线送至箱内，经减压稳流后送给探头检测。两个转子流量计分别用来调节和指示旁通流量和检测流量，检测流量计带有电接点输出，当样品流量过低时发出报警信号。

图中安全阀的作用是防止样气压力过高对微量氧传感器造成损害，因为微量氧传感器的耐压能力有限，有的产品最高耐压能力仅为 0.035MPa。

3-64 微量氧分析仪使用中应注意哪些问题？

答：一般应注意以下问题。

（1）应特别注意管路系统的气密性，严防大气中的氧渗透或扩散进来，对测量结果造成影响。

（2）被测气体中不能含有硫化物、磷化物、酸性气体组分，如上述物质存在，会影响被测电流而产生干扰。

（3）被测气体中不能含有油类组分和固体颗粒物，以免引起隔膜阻塞和污染。

（4）原电池型传感器的电解质溶液和阳极都是消耗型的，其灵敏度会随着两者的不断消耗逐渐降低，引起仪表读数发生变化，所以对传感器要经常进行校准。

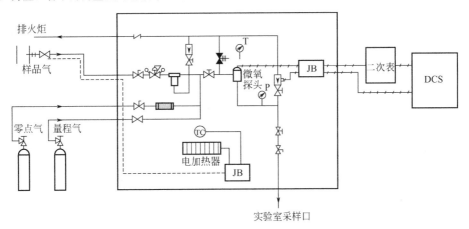

图 3-28　微量氧分析仪测量系统流路图

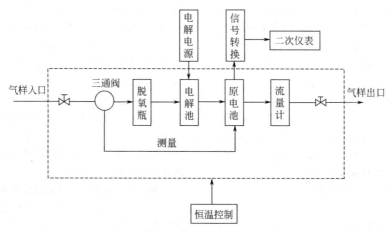

图 3-29　气体中微量氧分析仪系统框图

3-65 微量氧分析仪的校准方法有哪些？

答：微量氧分析仪的校准方法有以下两种。

（1）用瓶装标准气校准　分别用零点气和量程气校准仪器的零点和量程。零点气采用优等品的高纯氮，其氧含量小于 0.5ppmV。微量氧量程气不易用钢瓶保存，容易发生吸附效应使其含量变化，使用时应加以注意。

（2）用电解配氧法校准　有些仪器附带有电解氧配气装置，可方便地对仪器进行校准，此法简单、可靠并具有较高的准确度。

3-66 图 3-29 是一种微量氧分析仪系统框图，该仪器带有电解氧配气装置，请简述其测量和校准流程。

答：当仪器进行测量时，纯净的气样经过进口针形阀、三通阀直接进入原电池，被测气样中的氧在原电池中进行化学反应，于是原电池的放电回路中就产生一与氧含量相应的放电电流，此电流信号经转换装置转换成毫伏信号，由二次仪表进行指示或记录。这就是仪器的测量流程。

当仪器进行校准时，纯净的气样经三通阀导入脱氧瓶，得到氧浓度极低而稳定的所谓"零点气"。脱氧后的"零点气"以一定的流速通过电解池时，与电解产生的定量氧配成已知氧浓度的标准气，用以校准仪器的指示值。这就是仪器的校准流程。

原电池的灵敏度受温度的影响很大，因此应置于恒温环境中工作。采用较高的工作温度，可以提高灵敏度，但温度太高会使原电池失水加剧，从而缩短使用寿命。一般是将温度控制在 45℃左右，即可满足上述要求。

3-67 如何用电解配氧法配制微量氧标准气体？如何计算电解加氧量？

答：配制和计算方法如下。

（1）在被测气样中电解加氧时，须先将被测气体

通过脱氧触媒，把其中的含氧量脱除到最低限度，以得到"零点气"，所谓"零点气"只是其中的本底氧很低而已，故在"零点气"中电解配氧制备标准气，实质上仍然是"叠加法"（当在高纯氮气中电解加氧配制标准气时，可以免去这一步）。

当气样的温度、压力不变时，根据电解氧与被测气样的配比关系可知、电解氧浓度与电解电流成正比，与气样的流量成反比。

为了求出电解加氧后气体中氧的浓度，首先应当求出电解时每分钟所产生的氧的体积 $V_{电解氧}$，当气体流量确定后，就可以算出气样中的氧浓度（ppmV）。

（2）根据法拉第电解定律，电解某物质的质量与电解电量之间有以下关系

$$m = \frac{M}{nF} \times It = \varepsilon It \qquad (3\text{-}18)$$

式中　　m——被电解物质的质量，g；

　　　　M——被电解物质的摩尔质量，g；

　　　　n——电解反应中电子转移（变化）数；

　　　　F——法拉第常数，96500C；

　　　　I——电解电流，A；

　　　　t——电解时间，s；

　　　　ε——物质的电化当量，即 1C 电量电解物质的质量，g/C。

对水进行电解的化学反应式为：$2H_2O \rightarrow 2H_2 + O_2$。在标准状态下（$T_0 = 273.15K$，$p_0 = 760mmHg$），电解 1mol 的氧需电量 $4 \times 96500C$（$O_2 = 2O^{2-}$，$n = 4$）。1mol 氧的体积是 22.4L＝22400mL。当温度为 T，压力为 p 时，根据法拉第电解定律和理想气体状态方程，每分钟内电解产生的氧的体积 $V_{电解氧}$ 为

$$V_{电解氧} = \frac{22400}{4 \times 96500} \times I \times 60 \times \frac{TP_0}{T_0P} \ (\text{mL})$$

$$= 3.4819I \times \frac{TP_0}{T_0P} \ (\text{mL/min})$$

如仪器校准时，$t=45℃$，$T=(273.15+45)$ K $=318.15$K，$p=760$mmHg，则

$$V_{电解氧}=3.4819I\times\frac{318.15}{273.15}=4.0555I\ （mL/min）$$

（3）当被测气体的流量控制在 $q_V=12$L/h$=200$mL/min 时，被测气体通过电解池后，其氧浓度将增加 $c_{电解氧}$

$$c_{电解氧}=\frac{V_{电解氧}}{q_V}=\frac{4.0555I}{200}=0.0203I=2.03I\%$$

式中，I 的单位为 A，当 I 的单位采用 μA 时，$c_{电解氧}$ 的单位为 ppmV，此时

$$c_{电解氧}=0.0203I\ （ppmV）$$
$$I=49.26c_{电解氧}\ （\mu A）$$

上式表明，在被测气体流量为 200mL/min，大气压力为 760mmHg，温度为 45℃ 时，电解电流与氧浓度的对应关系。

（4）对上述计算式进行电流效率修正　实验证明，在电解过程中若无副反应发生时，只要严格控制电解电流的大小，就可以准确计算出电解时所产生的氧的含量，温度、压力、电液浓度及种类对此均无影响。但实际上由于副反应的存在，电解产生的氧量往往低于理论值。电解所产生的氧量与理论计算值之比称为电流效率，电极的材料和结构、电解液的纯度等都会影响电流效率。只要选择适当的电极材料和纯净的电解液，就可以使副反应减少到最低限度，在精度要求较高的仪器中，可加一电流效率经验值，以补偿由于产生副反应所引起的误差。

电流效率经验值为 0.975，其倒数为 1.026 则

$$c_{电解氧}=0.0203I\times0.975=0.0198I\ （ppmV）$$
$$I=49.26c_{电解氧}\times1.026=50.54c_{电解氧}（\mu A）$$

即在 $1\mu A$ 电流强度下可电解产生 0.0198ppmV 浓度的标准气样；电解产生 1ppmV 浓度的标准气样，需要将电解电流强度控制在 $50.54\mu A$。

只要控制不同的电解电流 I，就能制备出不同浓度的标准气样。

$$c_{标准}=c_{本底氧}+c_{电解氧}$$

当被测气体中本底氧的浓度可以忽略不计时，则 $c_{电解氧}$ 可视为电解加氧后气体中氧的浓度值。

$$c_{标准}=c_{电解氧}$$

3-68　如何用电解配氧法对气体中微量氧分析仪进行校正？

答：用电解配氧法对气体中微量氧分析仪进行校正的操作步骤如下：

（1）将本底氧低而稳定的被测介质的流量控制在规定值上，记下此时本底氧指示值 x_0；

（2）电解某一氧浓度值 c_1（约在仪器量程的 80% 处），记下相应的指示值 x_1；

（3）计算仪器的灵敏度 S

$$S=\frac{x_1-x_0}{c_1}$$

（4）调整量程电位器，使仪器指示值为 $c_1=\dfrac{x_1}{S}$；

（5）检查仪器的本底氧指示值是否为 $c_0=\dfrac{x_0}{S}$，如果相符，校正完毕。如不相符，则重复上述步骤重新校正。

4. 热导式气体分析仪

4-1 热量的传递方式有哪几种？

答：热量传递的基本方式有三种，即热对流、热辐射和热传导。

（1）**热对流** 对流传热发生在流体（液体、气体）中，它是依靠流体分子的位置移动，将热量从高温处传到温度较低的部位。

（2）**热辐射** 辐射传热不需要任何介质，热量以电磁波的方式向外发射，在遇到外部物体时被部分或全部吸收并转换为热能，使物体温度升高。

（3）**热传导** 同一物体各部分之间，或相互接触的两物体之间，如果存在温差，则热量就会从高温部位传递到低温部位，最终使温度趋向平衡，这种热量交换现象叫做热传导。热传导是依靠分子振动传递能量的，分子在传导过程中相对位置并不改变。

4-2 什么是物质的热导率？

答：热导率表示物质的导热能力。物质传导热量的关系可用傅里叶定律来描述。如图 4-1 所示，在某物质内部存在温差，设温度沿 ox 方向逐渐降低。在 ox 方向取两点 a、b，其间距为 Δx。T_a、T_b 分别为 a、b 两点的热力学温度，把沿 ox 方向的温度的变化率叫做 a 点沿 ox 方向的温度梯度，在 a、b 之间与 ox 垂直方向取一个小面积 Δs，通过实验可知，在 Δt 时间内，从高温处 a 点通过小面积 Δs 的传热量，与时间 Δt 和温度梯度 $\Delta T/\Delta x$ 成正比，同时还与物质的性质有关。用方程式表示为

$$\Delta Q = -\lambda \frac{\Delta T}{\Delta x} \Delta s \Delta t \qquad (4\text{-}1)$$

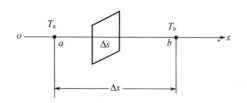

图 4-1 温度场内介质的热传导

式（4-1）表示传热量与有关参数的关系，这个关系称为傅里叶定律。式中的负号表示热量向着温度降低的方向传递，比例系数 λ 叫做传热介质的热导率（也称导热系数）。

热导率是物质的重要物理性质之一，它表征物质传导热量的能力。不同的物质其热导率也不同，

而且随其组分、压强、密度、温度和湿度的变化而变化。

4-3 在一些书籍和手册中，热导率 λ 的单位，有的采用 cal/(cm·s·℃)，有的采用 W/(m·K)，其换算系数也多不一致。试对这两种单位加以说明并推导其换算关系。

答：由式（4-1）得

$$\lambda = \frac{\Delta Q}{\dfrac{\Delta T}{\Delta x} \times \Delta s \times \Delta t} \qquad (4\text{-}2)$$

如果式（4-2）中 ΔQ、$\dfrac{\Delta T}{\Delta x}$、$\Delta s$、$\Delta t$ 的单位分别采用 cal、℃/cm、cm²、s，则 λ 的单位为 cal/(cm·s·℃)。

如果式（4-2）中 ΔQ、$\dfrac{\Delta T}{\Delta x}$、$\Delta s$、$\Delta t$ 的单位分别采用国际单位制，即 W（瓦）、K/m、m²、s，则 λ 的单位为 W/(m·K)。

∵ 1cal＝4.18J＝4.18W·s （1J＝1W·s）

∴ 1cal/(cm·s·℃)＝4.18×10^2 W/(m·K)

（1℃＝1K，推导计算从略）

4-4 什么是相对热导率？

答：气体热导率的绝对值很小，而且基本在同一数量级内，彼此相差并不十分悬殊，因此工程上通常采用"相对热导率"这一概念。所谓相对热导率，是指各种气体的热导率与相同条件下空气热导率的比值。如果用 λ_0、λ_{A0} 分别表示在 0℃ 时某气体和空气的热导率，则 λ_0/λ_{A0} 就表示该气体在 0℃ 时的相对热导率，$\lambda_{100}/\lambda_{A100}$ 则表示该气体在 100℃ 时的相对热导率。

4-5 气体的热导率和温度、压力之间有何关系？

答：气体的热导率随温度的变化而变化，其关系式为：

$$\lambda_t = \lambda_0(1 + \beta t) \qquad (4\text{-}3)$$

式中 λ_t——t 时气体的热导率；

λ_0——0℃ 时气体的热导率；

β——热导率的温度系数；

t——气体的温度，℃。

气体的热导率也随压力的变化而变化，因为气体在不同压力下密度也不同，必然导致热导率不同，不过在常压或压力变化不大时，热导率的变化并不明显。各种气体热导率见表 4-1。

表 4-1　各种气体在 0℃ 时的热导率 λ_0、相对热导率及热导率温度系数 β

气体名称	热导率 λ_0 /[cal/(cm·s·℃)]$\times 10^{-5}$ (0℃)	相对热导率 λ_0/λ_{A0} (0℃)	相对热导率 $\lambda_{100}/\lambda_{A100}$ (100℃)	热导率温度系数 β (0~100℃) /℃$^{-1}$
空气	5.83	1.00	1.00	0.0028
氢 H_2	41.60	7.15	7.10	0.0027
氦 He	34.80	5.91	5.53	0.0018
氘 D_2	34.00	5.85		
氮 N_2	5.81	0.996	0.996	0.0028
氧 O_2	5.89	1.013	1.014	0.0028
氖 Ne	11.10	1.9	1.84	0.0024
氩 Ar	3.98	0.684	0.696	0.0030
氪 Kr	2.12	0.363		
氙 Xe	1.24	0.213		
氯 Cl_2	1.88	0.328	0.370	
氯化氢 HCl			0.635	
水 H_2O			0.775	
氨 NH_3	5.20	0.89	1.04	0.0048
一氧化碳 CO	5.63	0.96	0.962	0.0028
二氧化碳 CO_2	3.5	0.605	0.7	0.0048
二氧化硫 SO_2	2.40	0.35		
硫化氢 H_2S	3.14	0.538		
二硫化碳 CS_2	3.7	0.285		
甲烷 CH_4	7.21	1.25	1.45	0.0048
乙烷 C_2H_6	4.36	0.75	0.97	0.0065
乙烯 C_2H_4	4.19	0.72	0.98	0.0074
乙炔 C_2H_2	4.53	0.777	0.9	0.0048
丙烷 C_3H_8	3.58	0.615	0.832	0.0073
丁烷 C_4H_{10}	3.22	0.552	0.744	0.0072
戊烷 C_5H_{12}	3.12	0.535	0.702	
己烷 C_6H_{14}	2.96	0.508	0.662	
苯 C_6H_6		0.37	0.583	
氯仿 $CHCl_3$	1.58	0.269	0.328	
汽油		0.37		0.0098

注：1. 表中 λ_0、λ_{100} 分别表示某种气体在 0℃ 和 100℃ 时的热导率；表中 λ_{A0}、λ_{A100} 分别表示空气在 0℃ 和 100℃ 时的热导率。

2. 热导率法定计量单位为 W/(m·K)。

$$1cal/(cm·s·℃) = 4.18 \times 10^2 W/(m·K)$$

4-6　什么是背景气？什么是干扰组分？

答：混合气体中待测组分以外的所有组分统称为背景气。背景气中对分析有影响的组分叫做干扰组分。

4-7　待测混合气体必须满足哪些条件，才能用热导式分析仪进行分析？

答：设各组分的体积分数分别为 C_1、C_2、C_3、…、C_n，热导率分别为 λ_1、λ_2、λ_3、…、λ_n，待测组分的含量和热导率为 C_1、λ_1。则必须满足以下两个条件，才能用热导式分析仪进行测量。

（1）背景气各组分的热导率必须近似相等或十分接近。即

$$\lambda_2 \approx \lambda_3 \approx \lambda_4 \approx \cdots \approx \lambda_n$$

（2）待测组分的热导率与背景气组分的热导率有明显差异，而且差异越大越好，即

$$\lambda_1 \gg \lambda_2 \text{ 或 } \lambda_1 \ll \lambda_2$$

满足上述两个条件时：

$$\lambda = \sum_{i=1}^{n}(\lambda_i C_i) = \lambda_1 C_1 + \lambda_2 C_2 + \cdots + \lambda_n C_n$$
$$\approx \lambda_1 C_1 + \lambda_2(1 - C_1) \tag{4-4}$$

可得

$$C_1 = \frac{\lambda - \lambda_2}{\lambda_1 - \lambda_2} \tag{4-5}$$

式中　λ——混合气体的热导率；

λ_i——混合气体中第 i 种组分的热导率；

C_i——混合气体中第 i 种组分的体积分数。

式（4-5）说明，测得混合气体的热导率 λ，就可以求得待测组分的含量 C_1。

4-8　已知合成氨生产中，进合成塔原料气的组成及大致浓度范围如下表所示。

组分	浓度范围/%	组分	浓度范围/%
H_2	70~74	CH_4	0.8
N_2	23~24	Ar	0.2
O_2	<0.5	CO、CO_2	微量

欲分析该混合气体中 H_2 的浓度，试判断可否使用热导式气体分析仪。

答：查表得知上述各气体的相对热导率如下表所示。

气体名称	相对热导率	气体名称	相对热导率
H_2	7.15	O_2	1.013
N_2	0.996	CH_4	1.25
Ar	0.696		

可以看出，H_2 的热导率远远大于背景气中各组分的热导率。

背景气中 O_2 和 N_2 的热导率比较接近，Ar 和 CH_4 的热导率虽然与 N_2、O_2 的热导率不十分相近，但其含量甚微，可以不考虑它们对测量结果的影响。因此，使用热导式气体分析仪来分析进合成塔原料气中 H_2 的浓度能得到满意的结果。

4-9　试判断由以下组分组成的混合气体能否使用热导式气体分析仪来分析 CO_2 的含量。混合气体组成如下表所示。

组分	浓度/%	组分	浓度/%
N_2	78	Ar	0.25
CO_2	18	O_2	1.7
CO	0.45	SO_2	2.0

答：按题目要求，可把气体组分划分为两组，以待测组分 CO_2 为一组，其余的背景组分为另一组。查表得各组分的相对热导率为：

待测组分	CO_2	0.603	CO	0.96
背景组分	N_2	0.996	Ar	0.696
	O_2	1.013	SO_2	0.35

很明显，在背景组分中除 SO_2 和 Ar 以外，其余三种组分的热导率都比较相近，且与待测组分 CO_2 的热导率有明显差异，符合上述两个条件。SO_2 和 Ar 的热导率与 CO_2 的热导率相近，其中 Ar 的含量很少，可以不予考虑。但 SO_2 的存在对 CO_2 分析的准确性将会有明显的影响，这种情况称 SO_2 为干扰组分。很明显，由于干扰组分的存在，不宜采用热导式气体分析仪。但根据本题的条件，SO_2 的含量不是很高，如果把它除去，对其他组分的百分含量影响不大。所以，若能在进分析仪表前对混合气体做必要的处理，设法除去 SO_2 这个干扰组分，则仍可使用热导式气体分析仪来分析 CO_2 含量。

4-10 已知 N_2、O_2、CO、H_2 在 0℃时热导率分别为 5.81、5.89、5.63、41.6 $[\times 10^{-5}\,cal/(cm \cdot s \cdot ℃)]$。现测知由这四种气体组成的混合气的热导率为 23.69（单位同前），问其中 H_2 的体积分数为多少？

解： 近似公式 $C_1 = \dfrac{\lambda - \lambda_2}{\lambda_1 - \lambda_2}$

式中 C_1——被测组分（H_2）的体积分数；
λ——各组分热导率的算术平均值；
λ_1——被测组分的热导率，$\lambda_1 = \lambda_{H_2}$；
λ_2——热导率相近似组分的热导率。

$$\lambda_2 = \frac{5.81 + 5.89 + 5.63}{3} = 5.78$$

$$C_{H_2} = C_1 = \frac{23.69 - 5.78}{41.6 - 5.78} = 50\%$$

答： H_2 的含量为 50%（体积分数）。

4-11 如果背景气中含有干扰组分，如何加以处理？

答： 热导式气体分析仪是一种选择性较差的分析仪，不能不考虑背景气组分对分析结果的影响。当背景气中含有干扰组分时，可采用以下两种方法来削弱其影响。

（1）预除法　用一定的装置或化学试剂将干扰组分滤除掉，这只适用于干扰组分很少的情况。

（2）补偿法　配制标准气时，将干扰组分模拟配入零点气和量程气中，这种方法适用干扰组分含量较高又比较稳定的场合。

4-12 试述热导式气体分析仪的测量原理。

答： 热导式气体分析仪是通过测量混合气体热导率的变化量来实现被测组分浓度测量的。由于气体的

热导率很小，它的变化量则更小，所以很难用直接的方法准确地测量出来。工业上多采用间接的方法，即通过热导检测器（又称热导池），把混合气体热导率的变化转化为热敏元件电阻的变化，电阻值的变化是比较容易精确测量出来的。这样，通过对热敏元件电阻的测量便可得知混合气体热导率的变化量，进而分析出被测组分的浓度。

图 4-2 为热导池工作原理示意图，把一根电阻率较大的而且温度系数也较大的电阻丝，张紧悬吊在一个导热性能良好的圆筒形金属壳体的中心，在壳体的两端有气体的进出口，圆筒内充满待测气体，电阻丝上通以恒定的电流加热。

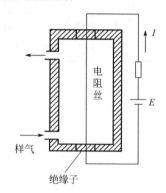

图 4-2　热导池工作原理示意图

由于电阻丝通过的电流是恒定的，电阻上单位时间内所产生的热量也是定值。当待测样品气体以缓慢的速度通过池室时，电阻丝上的热量将会由气体以热传导的方式传给池壁。当气体的传热速率与电流在电阻丝上的发热率相等时（这种状态称为热平衡），电阻丝的温度就会稳定在某一个数值上，这个平衡温度决定了电阻丝的阻值。如果混合气体中待测组分的浓度发生变化，混合气体的热导率也随之变化，气体的导热速率和电阻丝的平衡温度也将随之变化，最终导致电阻丝的阻值产生相应变化，从而实现了气体热导率与电阻丝阻值之间变化量的转换。电阻丝用铂丝做成，通称为热丝。热丝的阻值与混合气体热导率之间的关系由下式给出（推导从略）。

$$R_n = R_0(1 + \alpha t_c) + K \times \frac{I^2}{\lambda} \times R_0^2 \alpha \qquad (4-6)$$

式中 R_n、R_0——热丝在 t_n（热平衡时热丝温度）和 0℃ 时的电阻值；
α——热丝（铂丝）的电阻温度系数；
t_c——热导池气室壁温度；
I——流过热丝的电流；
λ——混合气体的热导率；
K——仪表常数，它是与热导池结构有关的一个常数。

式（4-6）表明，当 K、t_c、I 恒定时，R_n 与 λ 为单值函数关系。

4-13 什么是测量臂？什么是参比臂？参比臂的作用是什么？

答：测量臂是样品气流通的热导池，参比臂是封装参比气（或通参比气）的热导池，两者结构尺寸完全相同，参比臂置于测量臂相邻的桥臂上。

参比臂的作用如下。

（1）测量臂通过对流和辐射作用散失的热量与参比臂相差无几，两者相互抵消，则热丝阻值变化主要取决于热传导，即气体导热能力的变化。

（2）当环境温度变化引起热导池臂温度变化时，参比臂与测量臂同向变化，相互抵消，有利于削弱环境温度变化对测量结果的影响。

（3）改变参比气浓度，电桥检测的下限浓度也随之改变，便于改变仪器的测量范围。

4-14 图 4-3 为双臂串并联型不平衡电桥的结构图，目前几乎所有的热导式分析仪均采用这种电桥作为测量线路。请推导测量臂电阻变化量 ΔR_m 与电桥输出变化量 ΔU_o 之间的关系式。

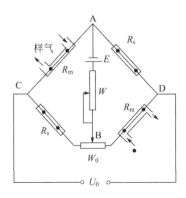

图 4-3　双臂串并联型不平衡电桥

答：双臂串并联型不平衡电桥是两个测量臂和参比臂相互间隔设置，形成双臂串联结构，样气依次流经两个串联热导池。这种电桥比单臂在测量灵敏度上有明显的提高。

初始状态下电桥的输出为：

$$U_o = \frac{R_m}{R_m+R_s}U_{AB} - \frac{R_s}{R_m+R_s}U_{AB} = \frac{R_m-R_s}{R_m+R_s}U_{AB}$$

当测量臂电阻变化为 ΔR_m 时，电桥输出电压的变化 ΔU_o 为

$$\Delta U_o = \frac{(R_m+\Delta R_m)-R_s}{(R_m+\Delta R_m)+R_s}U_{AB} - \frac{R_m-R_s}{R_m+R_s}U_{AB}$$
$$= \left(\frac{R_m+\Delta R_m-R_s}{R_m+\Delta R_m+R_s} - \frac{R_m-R_s}{R_m+R_s}\right)U_{AB}$$

因为 $R_m \gg \Delta R_m$，故分母中 ΔR_m 项可以忽略，此时

$$\Delta U_o = \frac{R_m+\Delta R_m-R_s-R_m+R_s}{R_m+R_s}U_{AB} = \frac{\Delta R_m}{R_m+R_s}U_{AB}$$

设电桥为等臂电桥，即

$$R_m = R_s = R$$

则

$$\Delta U_o = \frac{\Delta R_m}{2R}U_{AB}$$

上式是 ΔR_m 与 ΔU_o 之间的关系式，也是这种电桥的测量灵敏度表达式，与同一结构的单臂电桥相比，其测量灵敏度提高了一倍。

4-15 图 4-4 为 RD 型热导式气体分析仪电路原理图，请说明下列元件（电阻、电位器）的作用：①W_2；②W_3；③W_4；④R_{11}；⑤R_{17}、R_{18}；⑥R_{12}、R_{13}；⑦R_{14}、R_{15}。

答：①量程电位器；②调零电位器；③桥路总电流调节电位器；④校对桥路电流用标准电阻；⑤分析电桥与电源控制器之间接线预留电阻；⑥调零电路限流电阻；⑦量程调节电路限流电阻。

4-16 热导池有哪几种结构型式？对流扩散式热导池有何特点？

答：热导池的结构型式有直通式、对流式、扩散式、对流扩散式四种。

对流扩散式热导池的结构如图 4-5 所示。当样气从主管道中流过时，一部分气体以扩散方式进入热导池中，被电阻丝加热，形成上升的气流。由于节流孔的限制，仅有一部分气流经过节流孔进入支气管中，被冷却后向下方移动，最后排入主管道中。气体流过

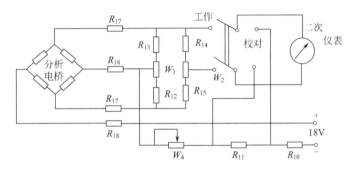

图 4-4　RD 型热导式气体分析仪电路原理图

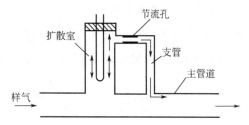

图 4-5 对流扩散式热导池

热导池的动力既有对流作用，也有扩散作用，故称为对流扩散式。这种结构既不会产生气体倒流现象，也避免了气体在扩散室内的囤积，从而保证样气有一定的流速。这种热导池对样气的压力、流量变化不敏感，而且滞后时间比扩散式热导池要短。由于具有上述优点，对流扩散式热导池得到广泛应用。

4-17 常用的热敏元件有哪些？各有何特点？

答： 热敏元件多用铂丝。铂丝抗腐蚀能力强，电阻温度系数较大，而且稳定性高，所以铂丝可以裸露，与样气直接接触，提高了分析的响应速度。但铂丝在还原性气体中容易被侵蚀而变质，引起阻值的变化，在某些情况下还会起催化剂的作用，为此通常用玻璃膜覆盖在铂丝表面。覆盖玻璃膜的热敏元件如图 4-6 所示。它具有抗腐蚀性和便于清洗的优点，但由于玻璃膜的存在，使气体与铂丝之间达到热平衡的时间延迟了，所以其动态特性稍差。

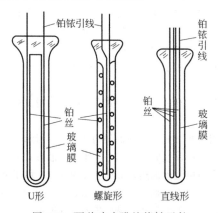

图 4-6 覆盖玻璃膜的热敏元件

在工业色谱仪的热导检测器中，有些热敏元件用钨丝制作，用在 H_2 载气场合较适宜，裸露钨丝与样气直接接触，响应速度快，而且抗还原性气体侵蚀，对样气没有催化作用。但钨丝稳定性差，在温度较高时易氧化，使用时应当注意。

用半导体热敏电阻代替铂丝、钨丝是一个发展方向，其动态特性好，灵敏度高，目前一些分析仪的热导检测器中已采用热敏电阻作为热敏元件。

4-18 图 4-7 所示的热导池是一种什么型式的热导池？它有何特点？

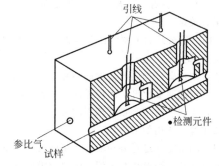

图 4-7 热导池结构示意图

答： 它是一种典型的组合式热导池，有两个测量热导池和两个参比热导池，其引线分别接入测量电桥的四个臂中。每个热导池均采用对流扩散式结构，热丝采用弓形支撑方法裸露安装。

四个热导池用一块导热性能良好的金属材料制成一个整体，这样一来，测量池和参比池的池壁温度就会处在同一温度下，而且当环境温度变化时，对四个池壁的影响也是等同的，从而使测量误差减少。在测量精度高要求的场合，可采用恒温控制装置，使整个热导池的池体温度保持恒定。

制造热导池的材料多采用铜。为防止气体的腐蚀作用，可在热导池的内壁和气路内镀一层金或镍，也可以用不锈钢来制作。

4-19 热导式气体分析仪调校时应注意哪几点？

答：（1）分析器必须预热至热稳定。

（2）桥压或桥流要达到规定值。如果采用磁饱和稳压器，要检查工作时的交流电源频率和波形是否符合要求。

（3）标准气中的背景气体热导率要与实际被分析气体的背景气热导率相一致，否则要修正。

（4）标准气流速要等于工作时被分析气体的流速。

（5）要准确校准时，需多校几点。

4-20 对热导式气体分析仪的零点气和量程气有何要求？

答：（1）零点气 待测组分浓度等于或略高于量程下限值，而且其背景气组分应与工艺气中背景气组分性质相同或接近。

（2）量程气 待测组分浓度等于满量程的 90%或接近工艺控制指标浓度，而且其背景气组分应与工艺样气中背景气组分性质相同或接近。

4-21 增大热导式分析器热丝电流有何优缺点？

答： 增大热丝电流可以提高热导式分析器的灵敏度。但是电流加大后，热丝温度亦升高，从而增加了辐射热损失，降低了精度。同时电流加大将减少热丝寿命、增大噪声、降低可靠性。所以热丝电流选多大，是需要综合考虑的。

4-22 填空：有一热导检测器，用万用表量得热丝桥路对角两顶点间的电阻与单根热丝相同，则这一检测器处于（　　）状态；若对角两顶点间的电阻 2 倍于单根热丝电阻，则桥臂（　　），若相邻两顶点的电阻有 3 个与单根热丝相同，另外一个电阻为单根热丝的 3 倍，则电桥（　　）3 倍电阻值的两端。设四个桥臂的电阻 $R_1 = R_2 = R_3 = R_4 = 16\Omega$，则相邻两顶点间的电阻为（　　）$\Omega$。

答：完好；烧断；断在；12。

4-23 试分析热导分析仪出现"仪表示值超出零位和满度，而调节零位调节和量程调节电位器无反应"的故障原因并提出处理方法。

答：原因：桥臂损坏，造成测量电桥严重失衡。

处理方法：首先检查桥路供电电压是否为额定值。若电压正常，则测量桥臂热丝引出线间的阻值是否相等，有无断路、短路现象。如果有断路现象，还要进一步检查是热丝断路还是热丝引线断路。若是热丝断路，则更换热丝。更换热丝最好是全部更换，或严格挑选替换的热丝元件以保证桥路的对称性。更换热丝后，必须进行仪表校准。校准过程中，如果零位调节电位器调节余量不够，则应重新配置桥路调零回路的电阻，以使桥路调到平衡时，零位调节电位器的滑动触点处于中间区域。

4-24 试分析热导分析仪出现"仪表在进行零位校准时，零位调节电位器调到端点依然不能将输出值调到零"的故障原因并提出处理方法。

答：原因①：零位调节电位器故障。电位器引出端脱焊；滑动触点与电阻脱开；电阻断路，使电位器丧失调节功能。

处理方法：检查电路板上电位器的接点有无脱焊、虚焊现象，若有，则重新焊牢；用万用表检查电位器三点间有无断路，若有，则修复或更换电位器。

原因②：热导池内部污染使热丝灵敏度下降，由于每个热丝的污染程度不均衡，引起测量电桥大幅度零漂，超出零位调节电位器的调整范围。

处理方法：清洗热导池内孔及热丝。

原因③：桥臂热丝之间阻值相差太大，造成测量电桥不平衡，信号输出过大，超出零位调节电位器的调整范围。

处理方法：检查、选配桥臂热丝。

4-25 试述热导池的检修方法和注意事项。

答：热导池是热导式气体分析仪的心脏部件，作为桥臂的热丝，尤其是裸丝，更是精细脆弱极易受损，而且热丝的安装十分讲究，其垂直度、偏心度稍有偏差，便会给测量精度带来直接影响，因此，如无必要，最好不要轻易拆卸。

热导池检修方法如下。

（1）拧开测量臂和参比臂引线的固定螺丝，拆开引线，卸下固定热丝的压帽，轻轻提出热丝。值得注意的是，对于封闭的参比气室的热导池，参比臂绝不可拆卸，否则会导致参比气室中封入的气体泄漏，仪表将无法使用。

（2）用清洁、干燥的仪表空气吹扫热导池内孔。如果污染严重，可用有机溶剂和无水酒精溶解清洗，再用仪表空气吹干。

（3）用数字万用表测量热丝的阻值，其常温下的阻值应与相关资料给出的数据相符，而且四个桥臂的阻值要匹配，否则应更换热丝。更换热丝要保证四个桥臂的对称性。

（4）对覆盖玻璃膜的热丝，可采用以上方法清洁，同时要检查热丝的玻璃膜有无龟裂，引线有无异常。更换老化的或有伤痕的桥臂密封 O 形圈。

（5）把清洁好的热导池安装复原，安装时要确保热丝对中、垂直。

（6）安装好的热导池要做严格的气密性检查，检查方法是，给热导池封入 10kPa 压力，15min 压力降应不大于 0.4kPa。

4-26 试分析热导分析仪出现"经校准的仪表在短时间内发生示值漂移、测量不准确"的故障原因并提出处理方法。

答：原因①：零位调节或量程调节电位器接触不良。在电位器长期使用的工作段发生磨损及表面氧化，造成滑动触点与电阻之间有接触电阻。由于接触电阻本身的不稳定性，使仪表零位或量程发生漂移。

处理方法：一种方法是把电位器拆开清洗；另一种方法是把电位器两端焊点对调，只要电位器的磨损段不处于中间区域，经过这样对调后，电位器的工作段就避开了受磨损和氧化的区域。如果这两种方法的效果都不理想，就更换新的电位器。

原因②：分析电桥的工作电压漂移。从分析原理可知，桥路的输出除了取决于电桥的不平衡程度，也与电桥的工作电压有关，电桥的供电电压发生漂移，势必导致桥路输出随之漂移。

处理方法：检修给电桥供电的直流稳压电源。如果是晶体管直流稳压电源，则重点检查作为基准元件的稳压管，检查其稳压性能是否变坏。另外，检查晶体管有无烧坏，滤波电容有无虚焊、漏电等。如果是集成电路稳压器，则需要更换新部件。

4-27 试分析热导分析仪出现"显示仪表示值不稳，记录曲线呈正弦波或锯齿波变化"的故障原因并提出处理方法。

答：原因：检测器温控系统感温元件故障。如电接点水银温度计与插入孔间隙过大，感温滞后，灵敏度降低，导致热导池体恒温精度下降，池体温度波动过大。而池体温度直接关系到热丝的平衡温度及其阻值。尽管桥臂热丝经过精心选配，但不可能做到完全对称，所以，来自温度变化的影响也就不能完全抵消，从而使桥路的输出随池体温度周期性变化而同步变化。

处理方法：在感温元件与池体插孔的缝隙中填满并塞紧铝箔，以提高测温元件的感温灵敏度。

4-28 试分析热导分析仪出现"仪表虽经校准，但在运行中示值与实际工况偏差很大"的故障原因并提出处理方法。

答：**原因①**：仪表的校准过于草率，通入标准气后，未等示值稳定就调整电位器。也可能是校准的重复次数不够，造成仪表虽经调校而实际上并未校准。

处理方法：按仪表操作说明书要求仔细校准仪表。

原因②：标准气不标准，或在校准时标准气内窜入工艺气。

处理方法：如果确认标准气有问题，则重新配制标准气；如果是校准回路窜气，则检修与标准气管路相关联的阀件。

4-29 试分析热导分析仪出现"检测器不能升温"的故障原因并提出处理方法。

答：**原因**：加热丝断路或温度控制电路及其元件故障。

处理方法：首先用万用表检查交直流电压是否正常，若正常可继续检查加热丝是否断路。如果加热丝没问题，那么可以基本肯定是温控电路或温控元件（如可控硅、干簧继电器等）的故障。进一步检查温控电路有无断路，温控元件有无损坏，是电路的问题则检修电路，是元件故障则更换元件。

4-30 试分析热导分析仪出现"热导池池体温度高于规定值而且加温不止"的故障原因并提出处理方法。

答：**原因①**：测温元件故障，如接点温度计的水银柱断开，热电阻或热电偶开路或短路。这样，温控回路得到一个持续的"温度低"的错误信号，致使回路加热不止。

处理方法：检查更换故障元件。

原因②：温控元件故障，如干簧继电器接点粘合释放不开、可控硅元件击穿短路，使得回路加热不止。

处理方法：检查更换故障元件。

4-31 列举几个热导式气体分析仪的应用场合。

答：典型应用场合有：

（1）氨厂合成气中 H_2 含量测量；

（2）加氢装置中 H_2 纯度测量；

（3）炉窑燃烧烟道气中 CO_2 含量测量；

（4）硫酸生产流程中 SO_2 含量测量；

（5）空气分离装置中 Ar 含量测量；

（6）电解水制氢、氧过程中纯 H_2 中 O_2 和纯 O_2 中 H_2 的测量；

（7）氯气生产流程中 Cl_2 中 H_2 的测量；

（8）碳氢化合物气体中 H_2 含量测量。

5. 气相色谱仪

5.1 基本知识

5-1 什么是气相色谱分析法？

答：多组分的混合气体通过色谱柱时，被色谱柱内的填充剂所吸收或吸附，由于气体分子种类不同，被填充剂吸收或吸附的程度也不同，因而通过柱子的速度产生差异，在柱出口处就发生了混合气体被分离成各个组分的现象。这种采用色谱柱和检测器对混合气体先分离、后检测的定性、定量分析方法叫做气相色谱分析法。

在色谱分析法中，填充剂叫做固定相，它可以是固体或液体。通过固定相而流动的流体，叫做流动相，它可以是气体或液体。按照流动相的状态，可以把色谱分析法分为气相色谱法和液相色谱法两大类。按照固定相的状态，又可以把气相色谱法分为气固色谱法和气液色谱法两类。

5-2 工业气相色谱仪的主要性能指标有哪些？

答：工业气相色谱仪的主要性能指标有如下一些。

(1) 测量对象　气相色谱仪的测量对象是气体和可汽化的液体，一般以沸点来说明可测物质的限度，可测物质的沸点越高说明可分析的物质越广。目前能达到的指标见表 5-1。

表 5-1　工业气相色谱仪的测量对象

炉体类型	最高炉温	可测物质最高沸点
热丝加热铸铝炉	130℃	150℃
空气浴加热炉	225℃	270℃
程序升温的炉	320℃	450℃

高沸点物质的分析以往在实验室色谱仪上完成，现在这些物质的分析也可在过程色谱仪上完成，但分析周期较长。通常的在线分析还是局限于低沸点物质。

(2) 测量范围　这是一个很重要的性能指标，能充分体现仪表的性能，测量范围主要体现在分析下限，即 ppm 及 ppb 级的含量可否分析。目前能达到的指标为：

TCD 检测器分析下限一般为 10ppm；

FID 一般为 1ppm；

FPD 一般为 0.05ppm（50ppb）。

(3) 重复性　重复性也是过程色谱仪的一项重要指标。对于色谱仪而言，提重复性，而无精度指标，

这主要有两个原因。

其一，在线色谱仪普遍采用外标法，其精度依赖于标准气的精度，色谱仪仅仅是复现标准气的精度；

其二，重复性更能反映仪器本身的性能，它体现了色谱仪的稳定性。

目前，色谱仪的重复性误差一般为：

100％～500ppm	±1％FS
500ppm～50ppm	±2％FS
50ppm～5ppm	±3％FS
<5ppm	±4％FS

(4) 分析流路数　分析流路数是指色谱仪具备分析多少个采样点（流路）样品的能力。目前，色谱仪分析流路最多为 31 个（包括标定流路），实际使用一般为 1～3 个流路，少数情况为 4 个流路。但要说明以下几点。

① 对同一台色谱仪，各流路样品组成应大致相同，因为它们采用同一套柱子进行分析。

② 分析某一流路的间隔时间是对所有流路分析一遍所经历的时间，所以多流路分析是以加长分析周期时间为代价的。当然也可根据需要对某个流路分析的频率高些，对其他流路频率低些。总之，多流路的分析会使分析频率降低，以致不能保证 DCS 对分析时间的要求。

③ 一般推荐一台色谱仪分析一个流路。当然对双通道的色谱仪（有两套柱系统和检测器）来说，其本身具有两台色谱仪的功效，可按两台色谱仪考虑。

(5) 分析组分数　是指单一采样点（流路）中最多可分析的组分数，或者说软件可处理的色谱峰数，这也不是一个很重要的指标。通常的分析不会需要太多的组分，而只对工艺生产有指导意义的组分进行分析，分析组分太多会使柱系统复杂化，分析周期加长。目前，色谱仪测量组分数最多为：恒温炉 50～60 个，程序升温炉 255 个，实际使用一般不超过 6 个组分。

(6) 分析周期　分析周期是指分析一个流路所需要的时间，从控制的角度讲，分析周期越短越好。色谱仪的分析周期一般为：

填充柱　无机物 4～6min，有机物 8～12min

毛细管柱　1min 左右

5-3 工业气相色谱仪和实验室气相色谱仪有何不同？

答：工业气相色谱仪又叫流程气相色谱仪（Process

表 5-2　工业气相色谱仪的主要生产厂家和产品型号

生产厂家	产品型号	上市时间	说　　明
日本横河公司 YOKOGAWA	GC1000	1994 年	GC1000 MarkⅡ的突出特点是采用了高灵敏度的热导检测器 HTCD,其检测下限为 1×10^{-6}
	GC1000 MarkⅡ	2001 年	
德国西门子公司 SIE-MENS Applied Automation	Optichrom Advance	1984 年	美国应用自动化公司 Applied Automation Inc. 已于 2000 年被西门子公司收购,成为西门子的子公司
	Advance Maxum	1998 年	
ABB 公司 ABB Process Analytics	Vista 3100	20 世纪 80 年代	目前主推 VistaⅡ2000
	VistaⅡ2000	1996 年	
美国罗斯蒙特公司 ROSEMOUNT	Model 6750	20 世纪 90 年代	6750 是原美国贝克曼公司产品,该公司现已并入罗斯蒙特
	GCX 变送器	2000 年	GCX 是变送器式色谱仪,可直接安装在工艺管道上
美国流体数据公司 FLU-ID DATA	EXCEL V	20 世纪 90 年代	突出特点是一台色谱仪可带 1～3 个恒温炉,每个恒温炉可安装 1～2 套检测器和色谱柱
天华化工机械及自动研究设计院(原化工部自动化研究所)	HZ3810	1992 年	HZ3880 为一体化柜式结构,有两个恒温炉,可带两套检测器和柱系统,带液晶显示屏和操作面板
	HZ3880	2000 年	

Gas Chromatography，PGC），是一种重要的在线分析仪表，作为工艺操作开环指导或直接参与闭环控制，已得到日益广泛的应用。

对于实验室气相色谱仪来说，可以配备多种检测器和附件，可以安装各种类型、规格的色谱柱，可以分析多种样品，但其动作要由人工逐一操作进行。

而工业气相色谱仪的机能是单一的，检测器、色谱柱、样品和系统动作是固定的，要求能够自动连续可靠地重复运行。工业色谱仪安装在取样点附近，在结构上要适合现场的要求，在爆炸危险场所要装防爆型的色谱仪。此外，工业色谱仪要有一套取样和样品预处理系统，为其连续提供适合要求的工艺流程样品。工业色谱仪的所有部件均在控制单元的统一指挥下，自动完成取样分析和测量信号的处理，最后将样品组分浓度标准信号输出到控制室的 DCS 系统或记录仪。

5-4　我国目前使用的工业气相色谱仪，其生产厂家和产品型号主要有哪些？

答：工业气相色谱仪的主要生产厂家和产品型号见表 5-2。

5-5　在线气相色谱仪由哪些部分组成？各部分的作用是什么？

答：气相色谱仪一般由以下几个部分组成（见图 5-1）。

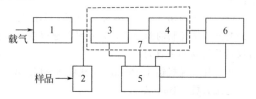

图 5-1　气相色谱仪基本组成框图

1—气路控制指示部件；2—进样装置；3—色谱柱系统；4—检测器；5—电气部件；6—数据处理部件；7—恒温箱

（1）气路控制指示部件　其作用是对进入仪器的载气及辅助气体进行稳压、稳流控制和指示流量。常用的部件是针形阀、稳压阀、稳流阀、转子流量计等。

（2）进样装置　待测样品经这一部分由载气带入色谱柱。气体样品可直接由定量进样阀（六通转阀、滑块阀等）导入。液体样品常采用汽化进样阀进样，微升级的液样在此迅速汽化成气体，由载气带入色谱柱。

（3）色谱柱　呈螺旋形或 U 形，内装固定相。常用的色谱柱有填充柱、微填充柱、毛细管柱三种，其作用是使待测样品混合物在此分离。

（4）检测器　作用是把由色谱柱流出组分的浓度信号，通过某种原理使其转换成电信号。常用的检测器有热导式检测器（TCD）、氢火焰离子化检测器（FID）、火焰光度检测器（FPD）等。

（5）电气部件　对于所有的色谱仪来说都需要恒温控制器和信号衰减电路。另外根据检测器的不同，还必须具备其他电气部件，如 TCD 需要稳压电源和测量电桥，FID 需要微电流放大器等。

（6）数据处理部件　现在的工业色谱仪均采用微处理器对组分信号进行处理并转换成标准信号输出。

（7）恒温箱，也称恒温炉　为保证仪器有效工作，色谱柱、检测器等需要温度恒定，因此把这些对温度敏感的部件装入有保温结构的恒温箱中，由温度控制器进行恒温控制。

5-6　画出工业气相色谱仪系统框图并简单说明其工作过程。

答：工业气相色谱仪系统框图见图 5-2。

其工作过程是：工艺气体经取样和预处理装置变成洁净、干燥的样品连续流过定量管，取样时定量管中的样品在载气的携带下进入色谱柱系统。样品中的

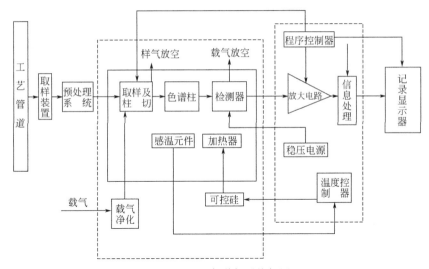

图 5-2 工业色谱仪系统框图

各组分在色谱柱中进行分离，然后依次进入检测器。检测器将组分的浓度信号转换成电信号。微弱的电信号经放大电路后进入数据处理部件，最后送主机的液晶显示器显示，并以模拟或数字信号形式输出。程序控制器按预先安排的动作程序控制系统中各部件自动、协调、周期地工作。温度控制器对恒温箱温度进行控制。

图中的两个虚线框分别表示工业色谱仪主机中的分析器部分和控制器部分。

5-7 什么叫色谱图、色谱流出曲线、基线？

答：色谱分析仪进样后色谱柱流出物通过检测器时产生的响应信号对时间或载气流出体积的关系曲线图称为色谱图。

色谱图中检测器随时间输出的响应信号曲线为色谱流出曲线。

当没有样品组分进入检测器时，色谱流出曲线只是一条反应仪器噪声随时间变化的曲线（仅有载气通过检测器时系统产生的响应信号曲线），称为基线。

5-8 什么叫色谱的分配过程及分配系数？

答：样品组分在固定相和流动相间发生的溶解与解析或吸附与脱附的过程叫做分配过程。当物质在两相间分配达到平衡时，分布在单位体积（以 1mL 表示）固定相中的该物质的量和分布在单位体积流动相（以 1mL 表示）中该物质的量之比叫做分配系数。

5-9 说出图 5-3 中色谱流出曲线上各序号代表的概念名称，并说明其意义。

答：1——死时间（t_M）　不被固定相吸附或溶解的惰性组分（空气等），从进样开始到流出曲线浓度极大值之间的时间，它正比于色谱柱系统中空隙体积的大小。

2——保留时间（t_R）　指被分析样品从进样开始到该组分流出曲线浓度极大值之间的时间。

3——校正保留时间（t_R'）　扣除死时间后的保留

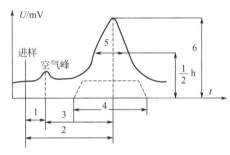

图 5-3　典型的色谱流出曲线

时间。

4——峰宽（Y）　从流出曲线的拐点作切线与基线相交的两点间的距离。

5——半峰宽（$Y_{1/2}$）　峰高一半处的色谱峰的宽度。

6——峰高（h）　样品组分流出最大浓度时，检测器的输出信号。

5-10 过程气相色谱仪恒温炉的加热方式有哪几种？空气浴加热方式有什么优点？

答：过程气相色谱仪恒温炉的加热方式有两种：一种是热丝加热，另一种是热风加热（空气浴加热）。目前气相色谱仪多用空气浴加热方式，这种加热方式的优点较多。

（1）热惯性小，升温迅速，温控精度高。温控精度是恒温炉的一项重要指标，因为峰高、保留时间等都与柱温有关，峰高、保留时间随柱温变化的系数分别为 3%～4%/℃、2.5%/℃，故柱温的变化会影响到色谱的定性与定量。热丝加热炉的温控精度一般为 ±0.1℃，而空气浴加热炉为 ±0.03℃，可使色谱柱及检测器的稳定性提高，静态基线更加稳定，为提高分析精度创造了条件。

（2）温度梯度小，可提供较大的炉体容积，便于安装较复杂的分析气路，且方便维修。热丝加热炉的容积为8.5～12L，空气浴加热炉一般为40L。

（3）可实现程序升温，分析复杂的高碳有机物，扩展了过程色谱仪的应用范围。

（4）温升范围大，恒温炉温度通常可达220℃，程序升温炉则可达320℃，可分析的对象较广。

（5）由于热空气的循环吹扫，将可能泄漏的危险性气体稀释并从热的部位驱开，避免了因可燃气体泄漏而引起的危险，在提高炉温的同时并不影响防爆要求。

（6）对环境温度的变化不敏感。

5-11 工业色谱分析仪恒温炉的空气浴传统加热方式与空气浴循环加热方式有何异同？

答：图5-4是两种加热方式的示意图。

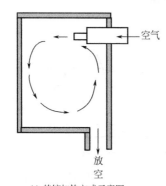

(a) 传统加热方式示意图

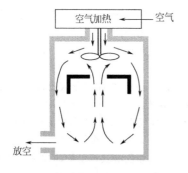

(b) 空气浴加热循环加热方式示意图

图5-4　恒温炉加热方式示意图

从图5-4（b）中可以看出空气浴循环加热方式使用搅拌风扇大大地加强了炉腔内的空气循环，有效地减小了炉腔内温度分布的不均匀性，减小了热空气的消耗量和加热管的功率。耗气量方面，传统加热方式为200L/min，循环加热方式为50L/min；温度不均匀性，传统加热方式为3.2℃（100℃时），循环加热方式为0.8℃（100℃时）。

5-12 色谱分析为什么要使用程序升温？

答：过程气相色谱仪大多采用恒温分析，但在分析沸程较宽的样品，特别是一些高沸点样品时，需采用程序升温型色谱仪。气相色谱仪在恒温状态下，只适用于沸点不高、沸程较窄的样品分析。一旦样品沸程较宽时，低沸点组分在较低温度下出峰较快，峰形较好，但高沸点组分出峰慢，甚至出平顶峰，有时无法定量。同时，重组分在低温下不能从色谱柱中流出，使基线劣化，形成一些无法解释的"假峰"现象。如选用高柱温时，高沸点组分能获得较好的峰形，流出较快，但此时低沸点样品出峰太快，甚至无法分离。

采用程序升温可以使色谱柱温按预定的程序逐渐升温，让样品中每个组分都能在最佳温度下流出色谱柱。低沸点组分在较低温度下保持较好峰形流出，随着温度升高，高沸点组分也以较好峰形流出。采用程序升温可使宽沸程样品中所有组分都获得良好的峰形，并缩短分析周期。

5-13 程序升温气相色谱仪在结构上有哪些特点和要求？

答：（1）进样、柱箱、检测器的加热控制需分开进行。程序升温要求柱加热炉能快速加热、快速冷却，但分析过程中进样器和检测器的温度不能变，以防止基线漂移和检测器响应变化。

（2）升温速率可调、线性、多段。程序升温的重现性是色谱定性和定量分析的基础。

（3）柱加热炉的热容量要小，以便迅速加热和冷却色谱柱。尽量采用薄壁短柱，以便提高换热速率。炉内采用高速风扇强制循环恒温和升温，降温则采用涡旋制冷管。分析周期结束后，炉温尽快冷至初始给定温度，以便下次分析。

（4）为克服高温下因固定液流失产生的基线漂移和噪声，往往采用双柱补偿。

（5）必须设置性能良好的稳流阀。在程序升温过程中，温度的变化引起色谱柱阻力发生变化，导致流速变化，造成基线不稳，使检测器响应发生变化。在双流路系统中应使用性能对称的稳流阀，使升温过程中流速同步变化，基线不发生漂移。

5-14 填空

（1）色谱峰宽W约为半峰宽$W_{1/2}$的（　　）倍。

（2）当混合物中相邻两组分在色谱柱中的分辨率R为（　　）时，则两组分可达99.7%的分离。

（3）气相色谱系统对汽化室总的要求是（　　）较大、（　　）较小和无催化效应即不使样品分解。

（4）气相色谱可分析的对象是（　　）或在一定温度下可挥发为气体的（　　）多组分混合样品，但待分析的样品在色谱柱中必须是（　　）。

（5）过程气相色谱仪通常由（　　）和（　　）

组成，但作为一个完整的过程气相色谱仪系统，还必须有（　　），才可保证过程气相色谱仪正常工作。

（6）色谱法是利用色谱分离技术和检测技术对混合物进行（　　）和（　　），从而实现多组分复杂混合物的（　　）和（　　）分析的。

（7）色谱分离过程是利用混合物内各组分在不同的两相中（　　）、（　　），或其他亲和作用性能的差异来实现的。

答：（1）1.7；（2）1.5；（3）热容量，死体积；（4）气体，液态，气态；（5）分析单元，程序控制及数据处理（电子）单元，样品预处理单元；（6）分离，检测，定性，定量；（7）溶解和解析，吸附和脱附。

5-15　选择

（1）以下（　　）是在线色谱分析仪每天维护的内容。

A. 检查压力设置；B. 更换主板电池；C. 校正色谱；D. 分析仪程序储存

（2）沿色谱峰两侧拐点处所作（　　）与基线相交于两点，此两点间的距离称为峰宽。

A. 垂线；B. 曲线；C. 切线；D. 基线

（3）两组分在色谱分离中完全开，其分离度应为（　　）。

A. $R=1$；B. $R>1.5$；C. $R=0$；D. $R<1$

（4）被分析样品从进样开始到柱后出现浓度极大点的时间称为（　　）。

A. 死时间；B. 保留时间；C. 调整保留时间

（5）一般色谱模拟蒸馏中使用柱子的极性为（　　）。

A. 强极性；B. 中强极性；C. 弱极性；D. 非极性

（6）汽化室的温度一般比柱温高（　　）℃即可。

A. 100；B. 50～100；C. 80

（7）色谱系统进样量太大，色谱柱超负荷或柱温太低，进样技术不佳，是产生色谱（　　）的主要原因。

A. 拖尾峰；B. 前伸峰；C. 圆头峰；D. 平头峰

答：（1）A；（2）C；（3）B；（4）B；（5）D；（6）B；（7）B。

5.2　色　谱　柱

5.2.1　色谱分离理论

5-16　什么是塔板理论？根据塔板理论，色谱柱的分离效率如何表示？

答：塔板理论把色谱柱假设成一个分馏塔，把连续色谱分离过程设想为许多独立的小段（塔板），在这些小段中被分析的样品在流动相和固定相之间进行

分配并能达到平衡，平衡后的两相又能完全分开。样品经过这样多次的分配后，分配系数小的组分先流出色谱柱，分配系数大的后流出色谱柱，分配系数最大的最后流出色谱柱。

色谱柱的分离效率可用理论塔板数 N 或理论塔板等效高度 H 表示。

N 表示了样品在柱中分配平衡的次数，可根据色谱图计算。

$$N = 5.54 \left(\frac{T_r}{W_{1/2}} \right)^2$$

式中，T_r 是保留时间；$W_{1/2}$ 是半峰宽。N 越大，柱子分离效率越高。

$$H = \frac{L}{N}$$

该式表示产生一个理论塔板所需的色谱柱长度，式中 L 是色谱柱长度。一般填充柱 $N = 500 \sim 2000$，$H = 0.2 \sim 2.0 \, \text{mm}$。

5-17　判断

（1）理论塔板数是一个人为的概念，不同的计算方法数值相差很大。（　　）

（2）理论塔板数越大，理论塔板高度越小，柱子的分离效率就越高。（　　）

（3）柱效率就是单位柱长拥有的理论塔板数。（　　）

（4）在色谱操作条件中，色谱柱相同，对分离度好坏影响最大的因素是柱温。（　　）

（5）选择色谱分析条件的目的在于获得较好的分辨率和较快的分析速度。（　　）

答：（1）√；（2）√；（3）√；（4）√；（5）√。

5-18　塔板理论和速率理论怎样描述色谱分离过程？

答：塔板理论引进蒸馏过程中理论塔板的概念来描述色谱分离过程。它把色谱柱比做一个蒸馏塔，在每个塔板高度间隔内被测组分在流动相和固定相之间达到分配平衡，最后根据分配系数的不同实现彼此分离。分配系数小的组分最先从塔顶（即柱后）流出，这就是分离过程。这个塔板的高度间隔，就称为理论塔板高度。定性地看，理论塔板数越多或理论塔板高度越小，就表示柱的分离效率越好。实际上，理论塔板高度是指溶质（分离的组分）在流动相和固定相之间达成分配平衡所需的柱长。

虽然塔板理论能够描述色谱分离过程中流出峰的形状、理论塔板的概念以及塔板数的计算方法等，但是它没有全面考虑各种传质过程，致使它只能定性地给出塔板高度的概念而不能找出影响塔板高度（即柱效率）的因素。

速率理论的出现弥补了这个缺陷。它认为色谱柱

的效率或色谱峰的宽度，与被分离物质的分子扩散和在流动相与固定相中的传质过程有关，并提出了影响柱效率或理论塔板高度的三种因素：涡流扩散、分子扩散和流动相与固定相之间的传质阻力。根据速率理论，改善柱效率的措施包括：①使用适当粒度和颗粒均匀的担体，并尽量填充均匀，以缩短气体的路径，从而减少涡流扩散；②增加载气的线性流速，并使用高分子量的载气，以减少分子扩散；③选择分配系数高的固定相、使用低黏度的薄而均匀的固定液膜、降低载气流速以减少传质阻力。

5-19 根据范·第姆特（Van Deemter）方程式，影响柱效率的因素有哪些？如何改善柱效率？

答：影响柱效率的因素，可用范·第姆特方程式表示。

$$H = A + \frac{B}{u} + C$$

式中 A 是涡流扩散项系数，B 是分子扩散项系数，C 是质量传递阻力项系数，u 是流动相的平均流速。

涡流扩散项表示气体在柱中流动时碰到固体颗粒会受阻，不能保持层流，而形成涡流。$A = 2\lambda d_p$，λ 为填充系数，表示填充颗粒不均匀的影响，其值在 0.5～2.0 之间。d_p 是担体颗粒的平均直径。

分子扩散项 $\frac{B}{u} = 2r \times \frac{D_g}{u}$ 表示因组分在柱中空间分布上的不均匀而产生的扩散作用。r 是气相通路弯曲系数；D_g 是组分在气相中的扩散系数，与温度压力等条件有关；u 为载气流速与操作压力有关。

质量传递阻力项 $C = \frac{8K d_L^2}{\pi^2 (1+K) D} \times u$，式中 d_L 为固定液膜厚度、D 为样品分子在液相中的扩散系数、K 为柱容量系数。此项说明样品在进入色谱柱到流出色谱柱的质量传递过程中，气液柱的平衡受柱子内质量传递阻力的影响，不可能瞬间完成，需要一定时间。

从范·第姆特方程看出，当流速 u 较小时，柱效决定于分子扩散项，当流速较大时柱效决定于质量传递阻力项。最佳流速 $u = \sqrt{\frac{B}{C}}$，实际使用时载气流速稍大于最佳流速。

综上所述，改善柱效须做到以下几点：

（1）选择颗粒较小的均匀填料，并且填充均匀；

（2）在固定液保持适当黏度的前提下，选用较低的柱温操作；

（3）选择最小液担比，降低担体表面液层的厚度；

（4）选择合适的载气：流速较小时，宜用分子质量较大的载气；流速较大时宜用分子质量较小的载气；

（5）选择合适的载气流速。

5-20 什么是分离因子？

答：分离因子表示两组分在给定色谱柱上的选择性。

$$分离因子 = \frac{T_2 - T_a}{T_1 - T_a}$$

式中 T_2、T_1 是两组分的保留时间，T_a 是死时间。

5-21 什么是分辨率（分离度）？工业色谱仪要求的分辨率通常为多少？

答：分辨率（分离度）等于相邻两峰保留时间之差除以两峰宽的平均值。

$$R = \frac{2(T_2 - T_1)}{W_1 + W_2}$$

当 $R = 1.5$ 时，分离效率可达 99.7%，认为两峰可完全分离。工业色谱仪要求具有足够大的分辨率，以便峰间有足够的开关时间，并保持分析系统有较好的稳定性，因此 R 最好为 5～10。

5-22 影响色谱柱分离效率的操作条件有哪些？

答：（1）色谱柱工作温度 较低的温度对低沸点组分分离有利，对高沸点组分由于挥发度小，会使峰拖尾很长。较高的温度对高沸点组分分离有利，而低沸点组分则流出快，分离不好。工作温度的选定原则上取各组分沸点的平均值或中间值，也可采用程序升温的办法。

（2）载气压力 色谱柱中流动相的移动来自载气的压力，柱子的出、入口存在压力差，色谱柱内各点的流速不可能均匀。若柱管压力降大的话，就不可能得到适应柱管各点的最佳载气流速。使用粗颗粒的担体或短柱管都有助于减小柱管压差。

（3）载气流速 提高载气流速，可以减少分子扩散作用，提高柱效；但也将加剧气液传递过程的不平衡，引起峰变宽，使柱效降低。故应寻求最佳流速以保证柱效最好。

（4）载气性质 载气应不与样品固定液反应，且不被固定液吸收和溶解；样品的扩散系数与载气分子量的平方成反比，流速低时样品分子扩散增加，应选用分子量较大的 N_2、Ar 等作载气。

（5）进样量与进样时间 进样时间越短，柱效越高；在保证柱的分离效率前提下，进样量适当大些，以保证有足够的输出值。

（6）载气中的水、氧及微量有机物 载气中的水含量高使吸附柱分子筛很快失效，使气液柱保留时间变化；载气中的氧使活性炭降解，使聚乙二醇慢性氧化，使柱性能变坏；载气中的有机物使分析无法进行。这些杂质都应当予以除去。

5-23 试分析影响固定相效率的因素。

答：气相色谱法中固定相的选择与被分析物质和固定相之间的相互作用有关。这些作用包括氢键力、静电力、诱导力、色散力，它们决定着组分在固定相中的溶解或吸附程度，从而也决定了它们的分离程度，其综合效应可以用分配系数（即组分在固定相中的浓度与其在流动相中的浓度的比值）来表示。很显然，被分离组分中与固定相之间相互作用力强的组分，在固定相中的分配系数就大，因而在柱内的保留时间长；反之分配系数小，保留时间短，很快就流出色谱柱。

温度也是影响固定相效率的一个因素。分配系数是随着温度的升高而减少的，也就是说随着温度的升高，组分在气相中的浓度将增加，因而保留时间减少。因为是固定相完成分离作用，而气相没有分离作用，所以这样就导致分离作用下降。为了得到较好的分离作用，就应该使用较低的温度。温度越低意味着组分与固定相之间的相互作用越强，分离越好，但分析时间也越长。

5-24 色谱柱的操作温度对分离有什么影响？

答：在色谱分析过程中，色谱柱温度对分离的影响是复杂的。一方面，柱温是热力学因素，它的变化最主要的影响是引起组分保留值的变化，即保留时间随着温度升高而下降。另一方面，柱温的变化又会影响分子的扩散和传质，而且这种影响较难预测。

通常选择柱温偏重于热力学效应。低温有利于分离，但分析时间要延长。所以，总的原则是柱温不能太高，以免降低分离度；但又不能太低，以免使分析时间过长。另外，还要考虑固定液的使用温度、固定液的配比和被分析物质的沸点等因素。

5-25 影响色谱柱分离度（固定相已定）的主要因素有哪些？

答：（1）混合组分的分离决定于好几个因素，最主要的是色谱柱长度和填料的性质。色谱柱越长，组分之间分离效果越好，但色谱柱越长，压降也越大，而输入的压力是有限的。

（2）色谱柱填料颗粒大小也是主要影响因素。粒子越细，表面积增加，分离效果越好，但粒子太细色谱柱的压降要增加。

（3）色谱柱的温度对分离效果有很大影响，因为气体在液体中的溶解度或在固体表面的吸附程度都随温度的增加而降低。在使用气液色谱柱分析时，当超过一定温度，静态的固定液会从色谱柱中挥发掉，所以要保持适当的低温以防止固定液挥发流失是很重要的。

（4）所用载气的性质和流速。

5-26 怎样选择色谱柱的操作条件？

答：选择色谱柱的操作条件主要考虑以下因素。

（1）担体粒度。使用粒度较细、颗粒均匀的担体。

（2）载气流速。在最佳或稍高一点的流速下操作。

（3）载气。除考虑检测器型式这个因素以外，要求最高效率时选择重的载气，要求快速分析时优先采用轻的载气。

（4）固定液的种类。使用易溶解各组分的低粘度和低蒸汽压的固定液。

（5）固定液的用量。减少固定液用量可以实现快速分析，并可适当提高操作温度。

（6）载气压力。尽量降低色谱柱入口压力对出口压力的比值。

（7）柱温。降低柱温同时减少固定液用量通常能够改善分辨率。

（8）柱径。缩小柱内径可改进柱效率。

5.2.2 色谱柱、载气

5-27 解释以下名词：色谱柱，填充柱，微填充柱，流动相，载气，固定相。

答：色谱柱，chromatographic column，内有固定相用以分离混合组分的柱管。

填充柱，packed column，填充了固定相的色谱柱，内径一般为 $2\sim4mm$，以 2mm 居多。

微填充柱，micro-packed column，填充了微粒固定相的色谱柱，内径一般为 $0.5\sim1mm$。

流动相，mobile phase，在色谱柱中用以携带试样和洗脱组分的气体。

载气，carrier gas，用作流动相的气体。

固定相，stationary phase 色谱柱内不移动的、起分离作用的物质。

5-28 对工业色谱柱系统的要求有哪些？

答：（1）能对样品中所有组分进行分离，每个周期内各组分都能从柱中流出。（2）要求其适应的范围较宽，在生产不正常时也能提供可靠数据。（3）柱子稳定性、抗毒性好，寿命至少半年以上。（4）柱系统尽可能简单，便于调整维护。

5-29 评价色谱柱性能有哪些主要指标？

答：主要指标有选择性、柱效率和分辨率三项。

柱子的选择性常用两峰间距离来衡量，并用分离因子表示两组分在给定柱子上的选择性，分离因子等于两组分校正保留时间的比值，反应了组分和固定相的吸附力或溶解能力。

柱效率用单位柱长的理论塔板数来衡量，反应了一个组分与固定相之间的作用力，也反应了此组分在色谱柱的扩散速度。

分辨率定义为相邻两峰间保留时间之差除以两组

分峰宽的平均值。分辨率反映了柱子的选择性，也反映了柱效率。当分辨率大于1.5时，相邻两峰可完全分离。

5-30 如何选择色谱柱的长度、形状与材料？

答：（1）柱长的选择要考虑恒温炉的空间和容积，也要考虑对组分分离和分析时间的影响。柱长对分离度的影响是$2\sqrt{L}$的关系，对分析时间的影响是3/2次方的关系。

（2）柱形状为螺旋状，有利于柱温控制及节省空间。其曲率半径不能太小，一般为0.2～0.25m，否则会降低柱效。

（3）材料对所分离的样品组分不能具有活性和吸附能力，同时要耐腐蚀。工业色谱柱大都选用不锈钢材料。

5-31 色谱柱固定相的填装方法有哪几种？

答： 固定相填装进柱子的方法有泵抽装法、手工装填法和振荡法三种。

泵抽装法 在柱后接一台真空泵抽气，在柱的另一端将固定相加入，使之装填紧密。对较长的柱子这种方法较方便。

手工装填 装填时边装边敲，使固定相填充紧密。较短的柱子最好用此法，方便简单。

振荡法 用一振荡器发生振荡来装填固定相。这种方法用于制造厂批量填装，提高效率。

5-32 在老化色谱柱的过程中，应注意哪些问题？

答： 色谱柱的老化应在色谱柱填料制备好，装填入柱管中，并对气阻调试测定后进行。由于固定相本身结构尚不稳定，或气液柱的溶剂尚未挥发完，需要对色谱柱进行老化。柱子老化最好将其放入马弗炉或色谱老化箱中，若仪器温度调节能达到要求，也可在仪器上进行老化处理。老化中要注意下列几个问题。

（1）柱入口接上高纯载气，一般选用N_2，柱出口直接放空。若载气为H_2，应将H_2排至外面。不允许在老化过程中将柱出口与检测器连接，避免检测器污染。

（2）开始老化前，流速调至10～20mL/min，除去柱内空气，因空气会引起一些柱填料氧化。

（3）以每分钟2～4℃速度升温，温度控制设定在高于操作温度25℃为宜，但不允许超过固定液最高使用温度。一般持续老化12～48h，再慢慢冷却。

（4）柱子老化时间取决于固定相的类型和柱填料性质。如柱子为气液柱，要根据固定液性质及用量来定，如为沸点低和涂渍量少的固定液，老化最好不要超过12h。

（5）老化完毕，在通载气条件下，慢慢降温至室温供使用。

（6）经老化后的柱子，连续使用寿命应不低于一年。

（7）柱子在老化过程中严禁摔打、强震动，防止气阻发生变化而不能使用。

5-33 填空

（1）气相色谱柱分为两大类，一类为（　　），另一类为（　　）。

（2）色谱柱老化的目的是彻底除去固定相中的（　　）和（　　），促进固定液牢固地、均匀地分布在担体表面上。

（3）在选择色谱固定相时，应根据（　　）和（　　）的相互作用力的原则考虑。

（4）过程气相色谱仪常用的色谱柱为（　　），除此之外还有（　　）和（　　）。

（5）影响色谱柱保留时间的主要因素有（　　）。

（6）保留时间与载气流速呈（　　）关系，即载气流速大，保留时间（　　）。柱温越高，保留时间越（　　），在多数情况下，柱温增加30℃，保留时间减少为原来的一半。

（7）填充色谱柱分为两类：（　　）。分配柱又分为极性分配柱和非极性分配柱。非极性分配柱利用各组分的（　　）不同而进行分离，极性分配柱利用各组分的（　　）不同进行分离。吸附柱也叫气固柱利用各组分（　　）的不同来分离永久性气体和小分子碳氢化合物。

（8）气（　　）柱在高温条件操作易造成固定液流失，气（　　）柱在较高的柱温时不易流失。

（9）一些活性气体如H_2O、H_2S、SO_2、CO_2、Cl_2、NO_2、HCl等在分子筛柱上会发生（　　）吸附。

（10）（　　）和固定相效率是互相影响和互相制约的，分离度实际上就是这两部分影响的综合表现。

（11）分析饱和烃要用（　　），分析非饱和烃要用（　　）。分子筛是极性吸附剂，用来分析（　　）和轻烃。

（12）色谱柱性能的技术指标包括（　　）、选择性、分辨率也叫（　　）、柱变量等。

答：（1）填充柱，毛细管柱；（2）残余溶剂，挥发性杂质；（3）相似相溶，分子间；（4）填充柱，微填充柱，毛细管柱；（5）柱温、载气流速、柱效；（6）反比，短，短；（7）分配柱和吸附柱，沸点，极性，分子体积；（8）液，固；（9）不可逆；（10）柱效率；（11）非极性柱，极性柱，永久性气体；（12）柱效率，分离度。

5-34 填空

色谱柱劣化，会使保留时间（　　），分离效果变坏。但是，因载气流量增大或恒温温度（　　），也会出现同样的现象。所以应先检查分析条件是否发生了变化，这一点很重要。

色谱柱劣化了，要查找原因，分析是急剧劣化还是慢慢劣化的。慢性劣化一般与柱子的（　　）有关。分配型色谱柱的使用寿命是根据涂层液体的（　　）而定。因液体的蒸气压不为零，因此会被载气逐渐带出。一般使用寿命大于一年，实际上可使用两年左右，吸附柱的寿命从理论上讲是半永久性的，但它一般比分配型柱子的寿命要短一些，因为在使用吸附型柱子时，一般要在其前面使用（　　）柱子作反吹柱，这样分配型柱子的液相就有可能进入吸附型柱子。或者说，反吹也不能完全在理想状态下进行，另外绝对纯洁的载气是没有的，因此它通常比分配型色谱柱的寿命短，因其寿命而劣化的现象不可能（　　）进行。

经验证明，在急剧劣化的色谱柱中，大部分是（　　）色谱柱，其原因一般是（　　）的污染。

答：变短；升高；使用寿命；蒸气压；分配型；急剧地；吸附型；载气。

5-35　气相色谱仪常用的载气有哪几种？选用载气时应考虑哪些因素？

答：在气相色谱分析中用作流动相的气体称为载气。气相色谱仪常用的载气有氢气、氦气、氮气和氩气等。

选用载气时应考虑以下几点。

（1）载气只起到携带样品的作用，不能与样品组分、固定相起化学反应，同时也不能被固定相溶解或吸附。

（2）样品分子在载气中的扩散系数与载气分子量的平方根成反比。在分子量较轻的载气中样品分子容易扩散，使柱效降低，载气流速较低时，分子的扩散影响较显著，这时应采用分子量较大的气体作载气，如 N_2、Ar 等。当流速较快时，分子扩散不起主要作用，为提高分析速度，多采用分子量小的 H_2、He 作载气。

（3）常用的氢焰、热导型色谱仪，大多使用 N_2、H_2、Ar 等作载气，也有使用氦作载气的。

（4）常量分析时，载气纯度一般应≥99.9％；微量分析时，载气纯度要求≥99.99％。

5-36　填空

（1）工业气相色谱仪所使用的载气都是高纯度的，一般在（　　）以上。可经验证明，由于载气的污染造成色谱柱劣化的情况屡有发生。因为气体制造厂所称气体纯度，通常不是对各钢瓶内气体进行分别分析的结果，而是（　　）分析的结果，故不能完全相信它。即使填充气体是高纯度的，但是由于钢瓶处

理不彻底等原因，钢瓶中的（　　）往往较多。由于色谱柱中填充物和载气中的杂质（例如 O_2）反应，而使色谱柱劣化是常有的现象（当基线非常不稳定的时候，有必要怀疑这点）。杂质中最有害的是（　　），会造成色谱柱（大部分是吸附型色谱柱）的急剧劣化，以致一周内就变得不能使用。为了防止这一点，就必须在分析器入口处装上脱水器（脱水器中填充分子筛或硅胶、活性炭等），并且根据脱水器中的（　　）容量多少，进行定期活化（一般装入 2～5L 干燥剂的脱水器，可每半年至一年活化一次），以保证长年有效使用。

（2）气相色谱载气净化，主要是为了除去（　　）、（　　）、（　　）和其他杂质。

（3）常用的色谱载气净化剂有（　　）、（　　）和（　　）等。

答：（1）99.99％，抽样，杂质，水分，填充物；（2）水，烃类，氧；（3）硅胶，分子筛，活性炭。

5.2.3　气固色谱柱

5-37　简述气固色谱柱的分离原理。

答：气固色谱柱又叫吸附柱，是靠吸附力的差异对组分进行分离的。当混合组分的样品由载气带入气固色谱柱后，由于吸附剂对不同的组分有不同的吸附能力，随着载气的流动，不同组分的移动速度也不同。吸附能力强的组分停留在色谱柱中的时间较长，吸附能力差的组分停留在色谱柱中的时间较短，无吸附能力的组分首先流出色谱柱，吸附能力最强的组分最后流出色谱柱，从而达到分离的目的。

5-38　气固色谱柱有哪些特点？

答：（1）固定相表面积比气液柱大、热稳定性较好，不存在固定液流失问题，特别适合于高灵敏度的痕量分析。

（2）价格低，许多吸附剂失效后可再生使用，柱寿命比气液柱长。

（3）特别适合于气体、气态烃、低沸点烃的分离。

（4）产品重现性较差，但气相色谱专用的产品各批产品的性能差别不大。

（5）高温下非线性较严重，在较高温度下使用会出现催化活性，若将吸附剂表面加以处理，能得到部分克服。

5-39　什么是气固柱？气固柱的填充吸附剂有哪些？

答：气固柱是用固体吸附剂作固定相的色谱柱，它是利用吸附剂对样品中各组分吸附能力的差异工作的。

常用的吸附剂有活性炭、硅胶、分子筛、活性氧

表 5-3　几种常见吸附剂

吸附剂	比表面 /(m²/g)	最高使用 温度/℃	活 化 方 法	应 用 范 围
活性炭	300～500	<300	用苯浸泡,350℃以下用水蒸气洗至 无浑浊,180℃烘干	永久性气体及轻烃
硅胶	500～700	<150	用1:1盐酸浸泡2h,水洗至无氯离 子,180℃烘干,200～300℃活化	永久性气体及轻烃
氧化铝	100～300	<200	200～300℃下活化	烃及异构体
分子筛	500～1000	400	350～400℃下活化3～4h	永久性气体及惰性气体
高分子多孔 小球	80～800 多种产品	<300,不同 产品不同	高于使用温度20℃,低于190℃,通 载气活化1小时以上,直到基线平稳	C₁₀以下的各种有机物及无机 气体

化铝、石墨化炭黑、膨润土、高分子小球等。

5-40　高分子多孔小球有什么特点?

答:高分子多孔小球是用苯乙烯和二乙烯基苯的共聚物或其他共聚物做成的多孔球形颗粒,是一种性能优良的吸附剂,既能够直接作为气相色谱固定相,又可以作为担体。它有下列特点。

(1)具备特殊的均匀的表面孔径结构,有很大的表面积和一定的机械强度;

(2)无论分析极性或非极性物质,峰的拖尾现象都很少,有利于分析强极性物质;

(3)与羟基化合物的亲和力极小,特别适于分析样品中的水分;

(4)具有耐腐蚀和耐辐射的特性;

(5)直接作固定相时没有固定液的流失问题;

(6)耐高温性好,使用温度范围可达250～290℃。

5-41　列举几种常用的吸附剂并介绍其性能。

答:常用的吸附剂有活性炭、硅胶、活性氧化铝、分子筛、高分子多孔小球等,它们的性能见表5-3。

5-42　怎样活化再生气固色谱柱?活化再生过程中要注意哪些问题?

答:一些固定相是吸附的色谱柱,如分子筛柱等,使用一段时间后往往失效,需要进行活化再生处理。

活化再生柱填料方法很多,一般都采用加热法。以分子筛柱为例,有的将它从柱管中抖出,放在马福炉或色谱老化箱中再生;有的将整个柱子放在炉中加热,并抽真空;有的在加热过程中通惰性气体,以便在高温下将脱附的极性分子如 H_2O、CO_2 等及时带出柱子。无论采用哪种方法,在活化再生过程中要注意以下几点。

(1)若采用真空抽吸,柱子一头要封死,另一头要通过细金属网连接真空泵,慢慢升温加热。再生完毕停止加热,让柱子慢慢冷却;整个过程均要抽吸,然后迅速将接头封死待用。

(2)若采用通惰性气体的办法,流速控制在10～30mL/min。

(3)柱子活化再生时间取决于吸附剂性质和加热温度。如分子筛柱,在300℃下活化再生2～3h,温度控制不宜超过550℃。

(4)由于吸附剂大多是比表面很高的易脆的填料,机械强度差,在再生过程中,要防止气流冲击和热冲击,严禁摔打和强震动,防止填料破碎,防止柱子气阻发生变化。

5-43　如何延长分子筛柱的使用寿命?

答:(1)延长分子筛柱使用寿命需有正确的活化方法,常用的方法有:在高温下灼烧、真空活化和通惰性气体活化,后者效果最好。将失效或新装填的柱子放在老化箱或马福炉中,在300℃下通入不含极性组分的惰性气体,以便将在高温下从分子筛中脱附出来的极性组分及时带走。活化时间不得少于2h。

(2)分子筛柱在使用中需有严格的载气干燥系统,一般要求载气干燥后露点低于−60℃,即其水分含量低于10ppm。

(3)仪器停运后,需用极低流速保持分子筛柱微正压,或堵死柱出口,防止大气中 CO_2 和 H_2O 扩散进入柱中。

(4)在待分析样品注入口设干燥器,防止样品中水分带入柱子。

一根直径 $\phi2mm$、长 4m 的 5A 分子筛柱,严格按上述要求使用,寿命可达 4 年以上。

5-44　填空

(1)在室温条件下,在色谱柱充分活化后,氢气、氮气、一氧化碳、甲烷、氧气在分子筛柱上(以氮气为载气)的分离顺序为( )、( )、( )、( )和( )。

(2)气固色谱柱通常用于( )和低沸点化合物的分离,不适合用于高沸点化合物的分离。

答:(1)氢,氧,氮,甲烷,一氧化碳;(2)永久性气体。

5-45 选择

（1）分子筛柱主要用于分析（ ）。

A. 永久性气体和惰性气体；B. 有机气体；C. 无机物

（2）气固色谱利用吸附剂对不同组分的（ ）性能的差异而进行分离。

A. 溶解；B. 溶比；C. 吸附；D. 裂变

（3）在用分子筛柱的气相色谱分析中，当样品中含水量约 4% 时，（ ）流出。

A.CO 和甲烷一起；B.CO 在甲烷前面；C.CO 在甲烷之后

（4）在下列物质中，可以用作吸附剂的是（ ）。

A. 活性炭；B. 分子筛；C. 活性氧化钙；D. 硅胶

答：（1）A；（2）C；（3）A；（4）A、B、D。

5.2.4 气液色谱柱

5-46 什么是气液柱，其固定相是什么？常用的气液柱有哪几种？

答：以固定液做固定相的色谱柱叫气液柱。其固定相是把具有高沸点的有机化合物（固定液）涂敷在多孔的固体颗粒（担体）表面上构成的。

常用的气液柱有聚乙二醇柱、癸二腈柱、二丁酯柱等。

5-47 什么是载体？色谱分析中载体有何要求？

答：载体（Support）是负载固定液的惰性固体，也叫担体。在分配型色谱柱中，为了使固定液与流动相之间有尽可能大的接触界面，通常将固定液均匀地涂渍在具有多孔结构的惰性支承体的表面上，形成一层很薄的高沸点有机化合物液膜，该惰性支承体称为载体。

对载体的要求是：

（1）有很大的比表面积，一般在 $1\sim20m^2/g$。

（2）具有微孔结构，孔径要求比较均匀，并且在 $10\mu m$ 以下。

（3）颗粒均匀、规则，最好球状，易于装填。

（4）对分析组分基本没有化学作用和吸附性。

（5）机械强度要好，长期使用中不易破碎。

（6）热稳定性好，能牢固地与固定液结合。

5-48 色谱分析中常用的载体有哪几类，它们各自有什么特点？

答：常用的载体有两大类：一大类是硅藻土类，由海藻的单细胞骨架构成；另一大类是非硅藻土类如玻璃小球、氟载体等。

（1）硅藻土类载体 硅藻土载体又可分为红色担体和白色担体。红色担体的特点是表面积大、颗粒机械强度较大，能承受较多的固定液，柱效较高。缺点

是表面存在活性吸附中心，只能用于烃类与非极性化合物分析，对极性化合物会产生拖尾，也不适合于高温分析。

白色担体是在硅藻土中加入助熔剂烧结而成，特点是孔径较大、表面积变小、颗粒疏松、机械强度较差、易破碎。但其表面活性中心减少，适合于高温分析，经处理后可分析强极性组分。

（2）非硅藻土类载体 非硅藻土载体的玻璃小球，表面积小，涂布固定液一般仅 0.5%，表面有吸附性，柱效不高；其突出优点是机械强度好，可耐酸碱。氟载体优点是非极性、耐腐蚀；缺点是强度低、表面积小、浸润性差（惰性大）、柱效低。

5-49 为什么要对载体表面进行惰性化处理？如何处理？

答：因为硅藻土加工过程中加入了黏合剂和助熔剂，故载体含有高达 10% 的铁、铝等杂质，在表面形成 —SiOH、═Fe—O—、═Al—O— 等基团，使载体具有吸附作用和催化作用，若不进行表面处理降低活性，将造成分析组分的峰形拖尾和畸变。

惰性化处理的方法有：（1）在装填前用高极性物饱和载体的活性中心；（2）载体装填后向柱中注入极性化合物；（3）酸洗、碱洗；（4）硅烷化处理；（5）釉化处理。经处理后，载体表面活性中心得以惰性化、饱和、遮盖、变性，从而保证色谱柱性能不受影响。

5-50 色谱柱选用载体的原则是什么？

答：载体选择适当能提高柱效，并有利于混合物分离，选用载体的大致原则是：

（1）固定液用量＞5%（质量分数）时，建议你选用硅藻土白色载体或红色载体；若固定液用量＜5%（质量分数）时，建议你选用表面处理过的载体。

（2）腐蚀性样品可选氟载体；而高沸点组分可选用玻璃微球载体。

（3）载体粒度一般选用 $60\sim80$ 目或 $80\sim100$ 目；高效柱可选用 $100\sim120$ 目。

5-51 什么是固定液，如何按极性对固定液进行分类？

答：具有分离混合气体组分能力的高沸点有机化合物溶液称为固定液。

按照我国的规定，根据固定液分子作用力的大小，即其极性将固定液分为六类：$-1\sim+5$，数字越大，极性越强。

分子间作用力包括氢键力、静电力、诱导力、色散力等。$-1\sim+1$ 色散力起主要作用，属非极性。$+2\sim+3$ 诱导力起主要作用，属中等极性和低极性。$+4\sim+5$ 氢键力起主要作用，属强极性和极性。

5-52 工业色谱柱对固定液有哪些要求？

答：（1）固定液蒸汽分压要在 10kPa 以下，不会轻易流失，保证柱寿命能达到 1 年或半年以上；

（2）在使用柱温下，固定液不能与样品中任何组分发生化学反应和不可逆反应；

（3）固定液对样品中各组分要有显著不同的溶解能力，表现出分辨率高和柱效率高；

（4）热稳定性好。在较高温度下，当载体出现催化作用时，固定液性能仍然十分稳定。

5-53 工业色谱柱对固定液的选择原则有哪些？

答：选择固定液应根据不同的分析对象和分析要求进行。样品组分与固定相之间的相互作用力，是样品各组分得以分离的根本要素，固定液的选择主要取决于这一点。一般可以按照"相似相溶"的规律来选择，即按待分离组分的极性或化学结构与固定液相似的原则来选择，其一般规律如下。

（1）非极性样品选非极性固定液，分子间作用力是色散力，组分按沸点从低到高流出。

（2）极性样品选极性固定液，分子间的作用力是静电力，组分按极性从小到大流出。

（3）极性与非极性混合样品，优先选用极性固定液，非极性组分先流出，极性组分后流出；如果选用非极性固定液，则按沸点从低到高的顺序流出。

（4）氢键型样品选氢键型固定液或极性固定液，组分按氢键力从小到大或极性从小到大流出。

（5）复杂样品选混合固定液或组成多柱系统，将各组分分别分离开来。

5-54 固定液通常分成哪几类？

答：工业色谱仪使用的固定液有好几百种，通常可以按其极性分成以下四类：

（1）非极性固定液，不含极性基团或不含可极性化的基团，如角鲨烷；

（2）弱极性固定液，含有较大烷基及少量极性或可极性化的基团，如邻苯二甲酸二壬酯；

（3）极性固定液，含有小烷基或可极性化的基团，如氧二丙腈；

（4）氢键型固定液，极性固定液之一，含有与电负性原子（O_2、N_2）相结合的氢原子，如聚乙二醇等。

5-55 什么是液担比？怎样选择合适的液担比？

答：固定液的质量与担体质量的比值称为液担比，它决定了固定液膜的厚度。确定液担比的原则是：

（1）首先保证固定液用量足以覆盖担体的整个表面积；

（2）液担比尽可能小，以提高柱效。通常液担比（15～25）：100 比较合适，采用高灵敏度检测器时可降到 5：100 以下。

5-56 简单写出气液柱的制备程序。

答：（1）根据被分析组分的性质选择担体或固定液；（2）根据固定液的性质选择溶剂；（3）按一定的液担比把固定液涂敷在担体表面；（4）把涂好的担体装填到柱中；（5）对柱子进行老化处理；（6）柱管试漏和清洗；（7）进行一定时间的考核。

5-57 对固定液溶剂的选择有何要求？

答：（1）溶剂不会与固定液起化学反应；（2）溶剂与固定液之间能形成互溶体，不应出现分层；（3）从分子结构上讲，溶剂与固定液有某种近似性，如化学键、官能团等；（4）溶剂的沸点要适当有一定的挥发性。

5-58 填空

（1）固定液的涂敷通常采用（　　）和（　　）两种方法。

（2）气相色谱中的气液色谱是利用混合物中各组分在（　　）和（　　）中具有不同的分配系数，而达到分离目的的。

（3）为消除色谱柱担体表面因有吸附中心和催化中心点而造成的色谱峰拖尾和假峰，常用（　　）、（　　）和硅烷化等方法对色谱担体进行预处理。

（4）在气液色谱法中，混合物各组分通过液体固定相时，由于它们的（　　）不同造成在色谱柱内（　　）上存在差别，从而彼此得到分离。

答：（1）静态法，回流法；（2）载气，固定液；（3）酸洗，碱洗；（4）溶解度，滞留时间。

5-59 如何用静态涂敷法涂敷固定液？

答：（1）根据液担比称取一定量的固定液溶解到溶剂当中，等固定液完全溶解。（2）把称量好的定量的经处理的担体倒入溶剂中。（3）轻轻摇动容器，让溶剂均匀挥发，保证固定液均匀、薄薄地覆盖在担体表面。（4）等溶剂挥发完就行了。

5-60 如何用回流涂敷法涂敷固定液？

答：回流法是对高温性能较好的固定液的适应方法，如脂酸盐类和氟橡胶等。做法是：（1）先把一定量的固定液和溶剂放进烧瓶中，接上冷凝器，加热回流半小时；（2）待固定液完全溶解后将担体倒入烧瓶中继续加热约 2h；（3）切断电源，取下冷凝器，将担体和溶剂倒入烧杯；（4）在通风处让溶剂挥发干净。

5.2.5 毛细管色谱柱

5-61 试分析毛细管色谱柱的优缺点。

答：毛细管色谱柱可以是分配柱，也可以是吸附柱，其分离机理与填充柱相同。

其优点是：能在较低的柱温下分离沸点较高的样品；分离速度快、柱效高、进样量少、具有较好的分离度；载气消耗量小；在高温下使用稳定；吸附及催化性小。

其缺点是：柱材料要求高，价格高；耐用性与持久性差；不易维护；不能用来分离轻组分；样品进样量不能太多，要求系统的死体积尽量小。

5-62 解释以下名词：毛细管气相色谱法，毛细管柱，空心柱，涂壁空心柱（WCOT），多孔层空心柱（PLOT），涂载体空心柱（SCOT），填充毛细管柱。

答：毛细管气相色谱法，capillary gas chromatography，使用具有高分离效能的毛细管柱的气相色谱法。

毛细管柱，capillary column，内径一般为 0.1～0.5mm 的色谱柱。

空心柱，open tubular column，内壁上有固定相的开口毛细管柱。

涂壁空心柱（WCOT），wall-coated open tubular column，内壁上直接涂渍固定液的空心柱。

多孔层空心柱（PLOT），porus-layer open tubular column，内壁上有多层孔的固定相的空心柱。

涂载体空心柱（SCOT），support-coated open tubular column，内壁上沉积载体后涂渍固定液的空心柱。

填充毛细管柱，packed capillary column，将载体或吸附剂疏松地装入玻璃管中，然后拉制成内径为 0.25～0.5mm 的色谱柱。

5-63 填空

（1）毛细管色谱柱可分为（　　）和（　　）两大类，柱内径一般小于（　　）。

（2）常规开管型毛细管色谱柱按内壁处理方法不同可分为（　　）等，其柱内径为（　　）。

（3）WCOT 是（　　）的简称，PLOT 柱是

（　　）的简称，SCOT 柱是（　　）的简称。

（4）大内径毛细管柱内径为（　　）和（　　），用它可替代填充柱，无须分流进样。

（5）毛细管色谱柱可以是（　　）也可以是（　　），其分离机理与填充柱相同。

答：（1）开管型，填充型，1mm；（2）WCOT 柱、PLOT 柱、SCOT 柱，0.1～0.3mm；（3）壁涂毛细管柱，多孔层毛细管柱，载体涂层毛细管柱；（4）320μm，530μm；（5）分配柱，吸附柱。

5.3 柱系统和柱切技术

5-64 在线色谱仪的分析气路通常由哪几部分组成？并简单分析图 5-5 中的气路。

答：仪表的分析气路随分析对象的不同而不同，因此每台仪表的分析气路均不同。色谱仪的分析气路一般由以下几部分组成。

（1）载气的供应和调整气路。

（2）取样阀及相关的大气平衡阀、样品分流气路等。

（3）色谱柱及相关的柱切换阀气路，柱切换包括柱切、反吹及前吹等。

（4）色谱检测器及相关的气路（如燃烧气、助燃气等）。

图 5-5 是横河 GC1000 色谱仪分析气路图。这里是两套完全独立的柱系统分别分析 1# 样品和 2# 样品，共用一个检测器。每套柱系统有一个取样阀、一个柱切阀、三条填充柱、三条毛细管柱、一个流量调节针阀，每套柱系统都有前吹与反吹功能。

5-65 为什么过程气相色谱仪的柱系统大都采用多柱系统？

答：过程气相色谱仪的柱系统大都采用多柱系

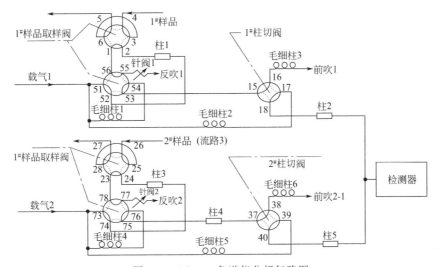

图 5-5　GC1000 色谱仪分析气路图

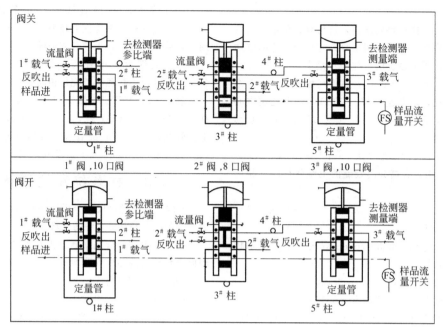

图 5-6　ABB 在线色谱柱系统图

统,用切换阀按设定程序切换,主要原因如下:

(1) 为了防止色谱柱劣化除去有害组分,保护分离柱和检测器;

(2) 除去保留时间长的无用组分,缩短分析时间;

(3) 用长度和填充物不同的柱,缩短分析时间;

(4) 除去影响小峰的无用大峰,改善分离;

(5) 提高分离性能;

(6) 将一个复杂的应用分解为若干简单的应用,提高了可靠性和易维护性。

5-66 图 5-6 是 ABB 公司一在线色谱仪柱系统连接图。试写出对此仪表进行载气流量调整的步骤(检测器测量端与参比端流量为 30mL/min,1#、2# 反吹流量为 45mL/min,3# 反吹流量为 30mL/min)。

答:(1) 在控制器上使 1# 阀开。调节色谱仪上的 1# 载气压力调节器,使检测器参比端出口流量为 30mL/min。

(2) 在控制器上使 1# 阀关。调节图 5-6 中 1# 载气流量阀,使检测器参比端出口流量为 30mL/min;调节 1# 阀反吹流量阀,使 1# 阀反吹出口流量为 45mL/min。

(3) 在控制器上使 2# 阀开、3# 阀关。调节色谱仪上的 2# 载气压力调节器,使检测器测量端出口流量为 30mL/min。

(4) 在控制器上使 2#、3# 阀都关。调节图 5-6 中 2# 载气流量阀,使检测器测量端出口流量为 30mL/min;调节 2# 阀反吹流量阀,使 2# 阀反吹出

口流量为 45mL/min。

(5) 在控制器上使 3# 阀开。调节色谱仪上的 3# 载气压力调节器,使检测器测量端出口流量为 30mL/min。

(6) 在控制器上使 3# 阀关。调节 3# 阀反吹流量阀,使 3# 阀反吹出口流量为 30mL/min。

5-67　什么是柱切技术?它有什么作用?

答:在工业色谱仪中,用对组分有特定分离功能的单柱(反吹柱、预分柱、主分柱)和阀件组成一个系统,称为色谱柱系统。由程序控制器根据预先设定的程序来控制色谱柱系统的分离过程,实现对工艺样品的全分析或某些要求组分的分析,称为柱切技术。

柱切技术的主要作用有以下几个方面。

(1) 缩短分析时间　在样品气体各组分中,有些是不需要分析的无用组分,如轻烃混合气内的重组分,完全分离要耗费很长时间。为此,当需要分析的组分从预切柱出来以后就让重组分离开系统,只让需要分析的组分进入主分柱中分离,然后在检测器内测定,这样就缩短了分析时间。

(2) 保护主分柱　某些样品组分对主分柱存在危害,如水或一些有机组分,由于它们的吸附特性强,会逐渐积累而使柱子活性降低甚至失效。为了防止这种现象发生,可以用气液柱作预切柱,将有害组分在主分柱前面排除出系统。

(3) 改善分离效果　在测定高纯物质(如精丙烯)所含的杂质时,由于大组分与微量杂质组分的含量相差悬殊,并在色谱图上出现重叠,分离比较困

难。这时，将大组分的大部分在进入主分柱之前将其吹除，使剩下的大组分和杂质组分的含量之间的差别缩小，再用主分柱来实现分离。

（4）改变组分流径　某些样品内有机组分和无机组分都有，它们的选择性比较强，要用不同长度和填充物的柱子，又不能互相串用，以免影响分离效果和柱子寿命。如在高炉气中，H_2、N_2、CH_4 和 CO 可以用分子筛分离，CO_2 必须用硅胶来分离。这样，就要在设计柱流程时采取措施，改变各组分的流径，使它们分开流动。

5-68　试画出工业色谱仪色谱柱系统反吹连接方法图。

答：反吹连接法见图5-7。图中 V_2 阀虚线连通时为反吹状态，目的是将被测组分以后流出的所有有害组分、重组分、不需要的组分用载气吹出。

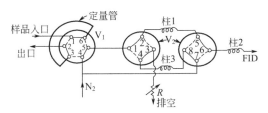

图 5-7　反吹连接法

柱1—预分柱；柱2—主分柱；柱3—平衡柱；
R—气阻；V_1—六通进样阀；V_2—双四通反吹阀

5-69　试画出工业色谱仪色谱柱系统前吹连接方法图。

答：前吹连接法见图5-8。

5-70　试画出工业色谱仪色谱分析系统的柱切换连接法。

答：见图5-9。

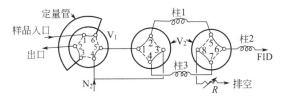

(a) 前吹连接法一（V_2阀走虚线时前吹重组分）

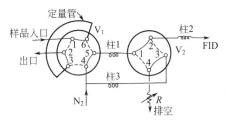

(b) 前吹连接法二（V_2阀走虚线时前吹轻组分）

图 5-8　前吹连接法

V_1—六通进样阀；V_2—双（单）四通反吹阀；
柱1—预分柱；柱2—主分柱；柱3—平衡柱；R—气阻

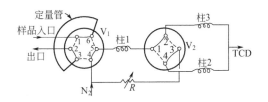

(a) 柱切换连接法一

（柱切前后的样品分别进入主分柱2和柱3，
可改善部分组分的分离效果）

V_1—六通进样阀；V_2—单四通切换阀；柱1—预分柱
柱2、柱3—主分柱；R—气阻

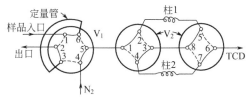

(b) 柱切换连接法二

（通过柱切，可改变样品中组分的出峰顺序，优化谱图）

V_1—六通进样阀；V_2—双四通切换阀；
柱1—主分柱；柱2—延迟柱

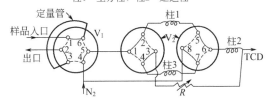

(c) 柱切换连接法三

（通过柱切可把重组分组合反吹进检
测器，可改善分析时间）

柱1、柱3—延迟柱；柱2—主分柱；R—气阻

图 5-9　柱切换连接法

5-71　试画出工业色谱仪色谱分析系统的柱切-反吹连接法。

答：见图5-10。

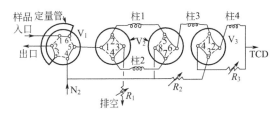

图 5-10　柱切-反吹连接法

（阀 V_2 动作可实现反吹，阀 V_3 动作可加快柱
3中样品重组分的分离时间）

5-72　为什么说反吹时间和柱切时间选择不当会影响仪器的再现性？

答：在柱系统中，作为反吹用的色谱柱为分配型色谱柱，一般吸附型色谱柱装在后面，用反吹柱把不需要的重组分反吹掉。如果反吹时间错后，则不应进入后面色谱柱的组分会进入吸附型色谱柱，不能脱附，被累积而分离能力很快变坏，污染色谱柱，影响再现性。如果反吹时间提前或柱切时间选择不当（提前或错后），都会把有用的组分或多或少吹走或切去，因每次的扰动可能不一样，会影响仪器的再现性。

5-73 工业色谱仪中常用的进样阀和柱间切换阀的型式有哪几种，各有何优缺点？

答：常用的进样阀和柱切阀有以下几种。

（1）直线滑块阀 如图 5-11a，通过滑块的左右运动达到进样的目的。直线滑块阀结构简单、定位准确、维护方便，可用于液体样品分析，并能适应较高的工作温度条件。

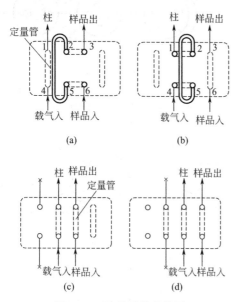

图 5-11a 直线滑块结构图

（2）平面转阀 有六通阀、八通阀、十通阀、十二通阀、十六通阀等。驱动方式有电驱动和气驱动两种，电驱动动作较慢，气驱动动作较快。平面转阀结构较复杂，维护不太方便。可用于液体样品分析，也能适应高温的工作环境。六通平面转阀见图 5-11b。

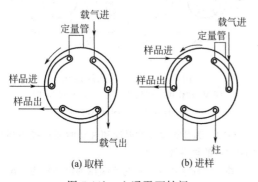

图 5-11b 六通平面转阀

（3）膜片式进样阀 由阀座、阀盖和膜片组成，通常用于气体进样。原理图见图 5-11c。膜片阀切换速度快，正常使用寿命长，可适用于快速色谱分析。但维修较困难，不能用于液体进样和高温工作环境。

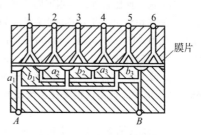

图 5-11c 膜片式进样阀

（4）柱塞式进样阀 如 AA 色谱仪使用的 Model 11 型阀等。

5-74 图 5-12 是 AA 色谱仪使用的 Model 11 型进样阀的结构和工作状态图，试对其工作过程加以说明。

答：Model 11 型阀是空气驱动的两阀位的六端口阀，六个端口排列成一个圆周。在每两个端口之间有一个用来打开和关闭这两个端口的柱塞。用一个聚四氟乙烯垫片密封防止过程流体接触到阀的其他部分。

如图 5-12 所示。阀下部两个活塞的不同位置决定了阀有两种工作状态。下面的活塞叫弹簧驱动活塞，上面的活塞叫空气驱动活塞，驱动空气从两个活塞中间进入。两个活塞都有三个凸缘和三个凹缘用来控制柱塞的位置，它们互相错开，使每一个柱塞都刚好压住一个活塞的一个凸缘与另一活塞的一个凹缘。

第一种状态下没有驱动空气，属非激励态。这时弹簧驱动活塞的凸缘让间隔的三个柱塞上升，凹缘让另外三个柱塞下降。端口 1 和 6、5 和 4、3 和 2 之间的通道关闭；端口 1 和 2、3 和 4、5 和 6 之间的端口打开。而空气驱动活塞则在上部弹片作用下位置下降，不接触柱塞。此时外部流路、内部流路及柱塞位置见图 5-12 状态 A。

第二种状态下有空气驱动，属激励态。此时驱动空气让空气驱动活塞上升，弹簧驱动活塞下降。空气驱动活塞的凸缘让间隔的三个柱塞上升，凹缘让另外三个柱塞下降。端口之间的开关状态刚好与第一种方式相反，此时的外部流路、内部流路与柱塞位置见图 5-12 状态 C。

当阀从第一种工作方式切换到第二种方式或从第二种方式切换到第一种方式时，随着驱动空气的逐步加入或撤出，在一个活塞上升而另一活塞下降的过程中，某一个时刻会出现两个活塞的凸缘在同一水平面上的情况。这种状态如图 5-12 状态 B 所示。这时六个通路全部关断，确保切换时流路之间不会发生串气现象。

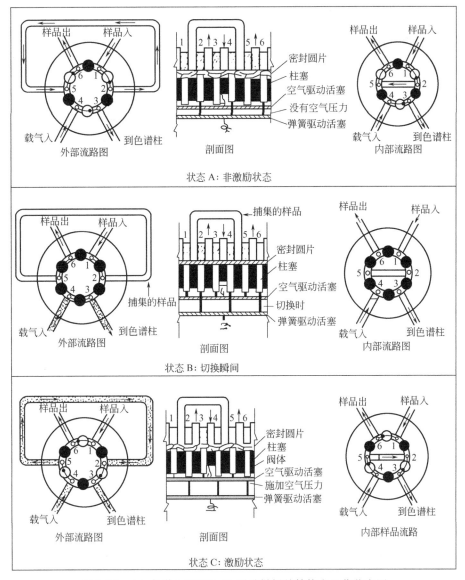

图 5-12　AA 色谱 MODEL 11 型进样阀的结构和工作状态图

5-75　画图说明 HZ3880 气体进样阀和液体进样阀有何不同。

答：气体进样阀是一种平面转阀，外接定量管，进样量可为 0.1～5mL 定体积进样，是六通阀，转动角度 60°。如图 5-13 所示，气体进样阀的阀位有定量管冲洗和进样两个状态。

液体进样阀无外部定量管，由阀瓣本身的样品流通槽定体积进样，进样量按实际的测量定制为 1～5μL。液体进样阀为四通阀结构，切换转角为 90°。液体进样阀的阀位同样有定量管冲洗和液体进样两个位置，如图 5-14 所示。

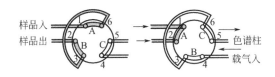

图 5-13　HZ3880 色谱仪气体进样阀

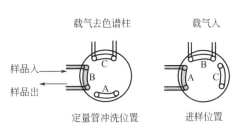

图 5-14　HZ3880 色谱仪液体进样阀

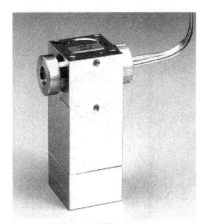

(a) 外形图

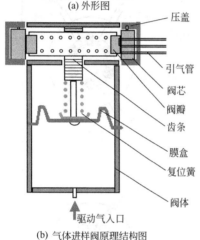

压盖
引气管
阀芯
阀瓣
齿条
膜盒
复位簧
阀体

↑ 驱动气入口

(b) 气体进样阀原理结构图

图 5-15　GC1000 色谱仪气体进样阀

5-76 照图 5-15 说明 GC1000 工业色谱仪气体进样阀的特点及工作过程。

答：GC1000 气体进样阀选用六通气动旋转阀，外形如图 5-15（a）所示，它的工作气压力为 0.3MPa。进样阀中的阀座为不锈钢制作的，它经压帽固定在阀外壳上，阀座上焊接有六根气体连接管，管子外径为 1/16″（约 ϕ1.6mm）。阀瓣为改性四氟乙烯塑料制作的，有非常优良的耐磨性能，阀瓣上加工有供气体导通的微小沟槽。使用中阀瓣会根据阀的工作状态的变化产生 60° 的角位移，这对应着进样阀的进样和分析两种工作状态。气体进样阀原理结构如图 5-15（b）所示。

进样阀在未接入驱动空气时，在复位弹簧的作用下齿条位于原始位置，阀瓣相对阀座在原始态，这时进样阀工作于分析状态。接入驱动空气后，膜盒受力推动齿条上移，齿条推动齿轮轴带动阀瓣转动 60°，则阀瓣和阀座的相对位置为进样状态。

5-77 根据图 5-16 解释 Vista 系列色谱仪气体进样阀的结构及其动作过程。

答：Vista 系列气相色谱仪所使用的气体进样阀

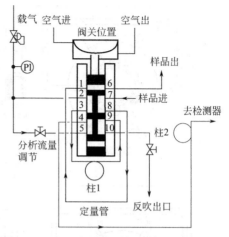

图 5-16　Vista 气相色谱仪气体进样阀示意图

是 M2CPL2 型连续运转阀，如图 5-16 所示。它由前后两个气室、一个固定块和一个滑动块组成，称为滑动阀或滑阀。其基座由不锈钢制成，前后两个气室之间有一个橡皮帽子，用于隔开两个气室，固定块与气室连成一体，滑动块通过一个活塞推杆与皮帽相连。当 0.3MPa 的压缩空气驱动着皮帽子前后移动时，滑动块也随之移动。固定块上有 10 个小孔排成两列，每列 5 个小孔。每个小孔都连接了 ϕ1.6 左右的不锈钢管子用于通气。滑块上面有一块阀瓣是用极性聚四氟材料制成的，有非常优良的耐磨性能。阀瓣上加工了 6 个供气体通过的小凹槽，这样当阀动作的时候，阀瓣上的小凹槽与固定块上的十个小孔的连通状态就发生了变化。其进样和分析的动作过程可简述如下。

进样阀的复位状态（或称为分析状态）：这时进样阀处于"OFF"关断状态，驱动空气从前腔进入，后腔通过电磁阀的放空口放空，这样活塞推杆在前腔空气的推动下，向下移动一个槽位，1—6 相通、2—3、4—5、7—8、9—10 都连通，样品气的流通路径是 7→8→定量管→1→6，是冲洗定量管的状态。而已进的样品气在载气的推动下，进入主分柱进行分离，然后经检测器排出。

进样阀的开状态（或称为进样状态）：这时进样电磁阀带电动作，后腔与驱动空气源相连，而前腔与大气相连放空。活塞推杆在后腔空气的推动下，向上移过一个槽位，造成 1—2、3—4、5—10、6—7、8—9 分别相通。样品气的流动路径为：样品入→7→6→样品出直接放空。进入阀的载气又被分成两路：第一路进 2→1→样品定量管→8→9→色谱柱 1（预分柱）→3→4→柱 2（主分柱）→检测器出口。这一路载气的作用是将样品从定量管中送入色谱柱进行预分离、主分离。第 2 路载气进 5→10→反吹出口，是反吹通路。

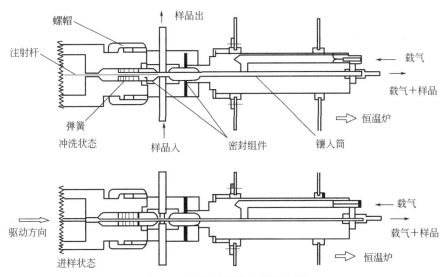

图 5-17 液体进样阀内部结构图

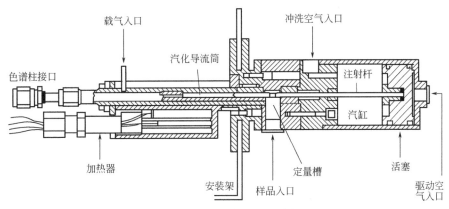

图 5-18 791 型液体进样阀结构图

进样过程结束后，进样阀复位，重新回到主分析周期。尚未进入主分离柱的那部分样品就在第一路载气的推动下被反吹掉。其流程是→2→3→柱 1（预分柱）→9→10→反吹出口。

5-78 根据图 5-17 说明 GC1000 液体进样阀内部结构及其工作原理。

答： 如图 5-17 所示。液体进样阀在结构上有样品通道、载气通道、密封组件、注射杆和驱动汽缸几部分。

如图 5-17 的冲洗状态，液体样品由入口引入后经样品导管和注射针上的微截面环形槽流通，维持一定的流量值。注射杆是一根开有微小截面沟槽的金属杆，在弹簧力的作用下处于初始状态，它的沟槽使液体样品维持流通。当驱动汽缸接收到进样指令时，气缸驱动注射杆向右推进，注射杆的微截面沟槽将 μL 数量级的液体样品带入样品导流套筒中，并在套筒中汽化，如图 5-17 的进样状态。载气导入后经嵌入的

样品导流套筒流出，流通中将汽化好的样品带出，进入色谱柱。进样动作结束后，驱动汽缸复位，带动注射针向左移动复位，完成了一次进样动作。

5-79 据图 5-18 解释 ABB 公司 VISTA 系列色谱仪微量液体进样阀（MLSV）的结构及工作过程。

答： Vista 系列色谱仪使用的微量液体进样阀，英文名是 Micro Liquid Sampling Value，简称为 MLSV。其作用是采集那些本身是液体状态的样品。阀本身具有样品汽化的功能，所以进入色谱柱的样品是气体样品。

791 型液体进样阀的驱动空气由前后两个气室组成，而其他的液体进样阀（如 GC1000 中所用的）只有一路驱动空气，其复位靠的是复位弹簧。791 型液体进样阀结构上分为样品流路、载气流路、接口组件、注射杆和驱动汽缸等几部分。

液体样品由入口引入后经样品导管和注射杆上的微小环形槽流通，维持一定的流量值。进样时汽缸驱

动注射杆向右推进，注射杆微小截面沟槽将 μL 数量级的液体样品带入样品汽化导流筒中，液体样品受热完全汽化成气体，载气导入后将汽化的微量样品带入色谱柱。进样后注射杆在空气驱动下复位，让样品冲洗定量槽，准备下次进样。

5-80 过程气相色谱仪分析液体样品时，采用液体汽化进样阀汽化样品和柱上汽化样品有何不同？

答：分析液体样品时，采用液体汽化进样阀汽化样品或柱上汽化样品是过程气相色谱仪经常采用的两种方法。

采用专用的液体汽化进样阀时，汽化进样阀装在恒温箱外，与柱箱之间有隔热措施，可工作在较高温度。进样时样品不受柱箱温度的影响，这确保了进样的可靠性，分析结果重复性好。进样后样品在较高温度下瞬间汽化，使汽化完全、快速，柱效高。在分析沸点较高的液体样品时必须采用这种方式。

采用柱上汽化方式时，进样阀装在恒温箱内，阀本身便构成一个汽化温度等于柱温的汽化室。如果恒温箱温度高于样品中轻组分的沸点，在样品流路中就有可能产生气泡，这将影响进样的重复性。且这种方式的汽化温度不会太高，故柱效较低，只适合分析一些沸点较低的液体样品。

5.4 检 测 器

5-81 色谱分析仪检测器的主要性能指标有哪些？

答：检测器的主要性能指标有灵敏度、检测限、响应时间、线性范围等。

（1）灵敏度 S　检测器的灵敏度是指一定量的组分通过检测器时所产生的电信号〔电压（mV）、电流（mA）〕的大小。通常把这种电信号称为响应值（或应答值），以 S 表示。灵敏度可由色谱图的峰高或峰面积来计算。对浓度型检测器：液体样品常采用单位体积（mL）载气中含有单位质量（mg）的样品所产生的信号（mV）来表示，单位为 mV·mL·mg^{-1}；气体样品采用单位体积（mL）载气中含有单位体积（mL）样品所产生的信号（mV）来表示，单位为 mV·mL·mL^{-1}。对质量型检测器：灵敏度采用每秒有 1g 物质通过检测器时所产生的电信号（mV）来表示，单位为 mV·s·g^{-1}。

（2）检测限 M　检测限又称敏感度，是指检测器产生恰好能够检测的电信号时，在单位体积载气或单位时间内进入检测器的组分的数量。检测限数值上定义为当检测器产生的电信号是噪声 2 倍时，单位时间（或单位体积载气）内进入检测器的组分的数量。用 M 表示，单位为 mg·mL^{-1}。

（3）响应时间　是指从进样开始，至到达记录仪

最终指示的 90% 处所需要的时间。检测器的体积愈小，特别是死体积愈小，其响应时间愈短。氢火焰离子化检测器的死体积接近于零，故其响应时间能满足快速分析要求。

（4）线性范围　线性范围指响应信号与待测组分浓度或质量成直线关系的范围。通常以检测器呈线性响应时最大进样量与最小进样量之比来表示线性范围。该比值愈大，线性范围越宽，在定量分析中可测定的浓度或质量范围就愈大。热导检测器线性范围为 10^5，氢焰检测器为 10^7。

总之，对检测器的要求是灵敏度高、稳定性好、响应速度快、死体积小、线性范围宽、应用范围广以及结构简单、经济耐用、使用方便。

5-82 过程气相色谱仪使用的检测器有哪几种类型？这些检测器的适用范围和特点是什么？

答：过程色谱仪检测器一般有以下几种类型：TCD（热导检测器）约占 70%～80%，FID（氢火焰离子化检测器）约占 25%，FPD（火焰光度检测器）约占 1%，其他如 ECD（电子捕获检测器）、PID（光离子化检测器）、HeD（氦检测器）应用较少，总计不足 1%。

（1）热导检测器（TCD）　测量范围较广，几乎可以测量所有非腐蚀性成分，从无机物到碳氢化合物。它利用被测气体与载气间及被测气体各组分间热导率的差别，使测量电桥产生不平衡电压，从而测出组分浓度。TCD 无论过去还是现在都是色谱仪的主要检测器，它简单、可靠、比较便宜，并且具有普遍的响应。但随着微填充柱及毛细管柱的应用，对 TCD 也提出了更高的要求。国内外微型 TCD 的研制都取得了进展，检测器的池体积从原来的几百微升降至几十微升，极大地减小了死体积，提高了热导检测器的灵敏度，并减小了色谱峰的拖尾，改善了色谱峰的峰形，使其可与毛细管柱直接连用。部分生产厂家的 TCD 最低检测限可到 10ppm。

（2）氢火焰离子化检测器（FID）　适用于对碳氢化合物进行高灵敏度（微量）分析。其工作原理是碳氢化合物在高温氢气火焰中燃烧时，发生化学电离，反应产生的正离子在电场作用下被收集到负极上，形成微弱的电离电流，此电离电流与被测组分的浓度成正比。通常 FID 检测器的检测限可到 1ppm。

FID 和甲烷化转化器（Methanizer）联用也可测量低含量的 CO 及 CO_2 等无机物。其原理是被测样品在甲烷化转化器中催化燃烧，将 CO、CO_2 转化为 CH_4 和 H_2O，送 FID，通过测 CH_4，间接计算出 CO、CO_2 含量。

（3）火焰光度检测器（FPD）　对含有硫和磷的化合物灵敏度高，选择性好，比 FID 高 3～4 个数量

级。其原理是在 H_2 火焰中燃烧时，含硫物发出特征光谱，波长为 394nm，含磷物为 526nm，经干涉滤光片滤波，用光电倍增管测定此光强，可得知硫和磷的含量。

（4）电子捕获检测器（ECD） 载气（N_2）分子在 ^3H 或 ^{63}Ni 等辐射源所产生的 β 粒子的作用下离子化，在电场中形成稳定的基流，当含电负性基团的组分（如 CCl_4）通过时，俘获电子使基流减小而产生电信号。广泛用于含氯、氟、硝基化合物等的检测中。

（5）光离子化检测器（PID） 利用高能量的紫外线照射被测物，使电离电位低于紫外线能量的组分离子化，在外电场作用下形成离子流，检测离子流可得知该组分的含量。对许多有机物，PID 灵敏度比 FID 还高 $10\sim50$ 倍。PID 多用于芳香族化合物的分析，如多环芳烃，对 H_2S、PH_3、NH_3、N_2H_4 等也有很高的灵敏度。

（6）氦检测器（HeD） 用于永久性气体的高灵敏度微量检测。

5.4.1 热导检测器（TCD）

5-83 试述热导检测器（TCD）的工作原理和特点。

答：热导检测器的结构及测量电路如图 5-19a、b 所示。

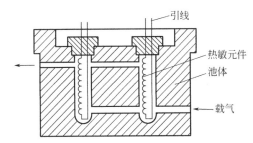

图 5-19a 热导检测器结构示意图

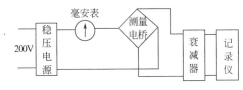

图 5-19b TCD 测量电路方框图

图 5-19a 所示检测器是在一块不锈钢基体上加工出四个装热敏元件的孔，侧面另有孔与气路相通，是流通式四臂热导池。热敏元件为细铼钨合金丝绕成细螺旋形焊在弓形架上，安装在池孔中央。

其工作原理：工作时热敏元件上通有稳定的电流，载气在元件周围稳定流过，元件产生的热量大部分通过载气热传导传给了池体，很少一部分通过对

流、辐射、支架热传导损失了。在周围条件稳定时，能建立起热平衡，平衡时热敏元件本身的温度稳定，其电阻值也稳定。当含有样气组分的载气流过元件周围时，由于其导热率与纯载气有差异，破坏了原来的平衡，热敏元件温度和阻值发生相应变化，测出这一阻值变化也就测出被测组分在载气中的浓度。

TCD 检测器一般采用并联双气路，四个热敏元件两两分别装在测量气路和参考气路中，测量气路通载气和样品组分，参考气路通纯载气。每一气路中的两个元件分别为电路中电桥的两个对边，组分通过测量气路时，同时影响电桥两臂，故灵敏度可增加一倍。两气路是并联的，任一路作测量分析时，另一路就作参考。

5-84 热导检测器有哪些特点？适合分析哪些物质？

答：热导池检测器的特点：结构简单、性能稳定、灵敏度适宜、线性范围宽，经过检测器的被测组分不发生变化，而且价格低并易维修。热导检测器几乎对所有物质都给出响应信号，尤其适合无机物和有机物的气体分析。由于热导检测器不破坏试样组分，可用于样品收集或与其他仪器联用。

5-85 气相色谱仪热导检测器热导池的结构型式有哪几种，各有什么优缺点？

答：如图 5-20，热导池的结构有分流式、对流式、扩散式、分流扩散式等多种型式，它们的优缺点如下。

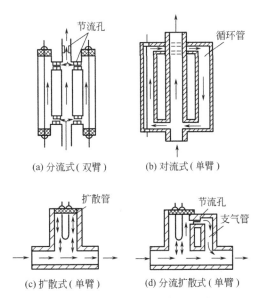

(a) 分流式（双臂）　　(b) 对流式（单臂）

(c) 扩散式（单臂）　　(d) 分流扩散式（单臂）

图 5-20 TCD 检测器的结构型式

分流式 测量室与主气路并列，把主气路的气体分流一部分到测量室。这种结构反应速度快、滞后小，但当流量变化时对测量有一定影响。

对流式　测量室与主气路进口并联接通，一小部分待测气体进入测量室（循环管）。气体在循环管内受热后造成热对流，推动气体按箭头方向从循环管下部回到主气路。优点是气体流量变化对测量影响不大，但它反应速度慢。

扩散式　在主气路上部设置测量室，待测气体经扩散作用进入测量室。这种结构适合容易扩散的质量较小的气体。优点是滞后小，受气体流量变化影响小，但对扩散系数较小的气体滞后较大。

分流扩散式　在扩散式的基础上加支管形成分流，支管的存在避免了测量室的气体发生倒流。这种结构反应速度快、滞后时间小、受气体流量波动影响小。目前应用最多。

5-86　热导检测器常用的热敏元件有哪些？各有什么优缺点？

答：常用的热敏元件有热丝型和热敏电阻型两种。

热丝型元件有铂丝、钨丝或铼钨丝等，形状有直线形或螺旋形两种。铂丝有较好的稳定性、零点漂移小，但灵敏度比钨丝低，且有催化作用。钨丝与铂丝相比，价格便宜，无催化作用，但高温时易氧化，使电桥电流受到一定限制，影响灵敏度的提高。铼钨丝（含铼 3%）的机械强度和抗氧化性比钨丝好，在相同电桥电流下有较高灵敏度，用铼钨丝能提高基线稳定性。

热敏电阻型检测器阻值大，室温下可达 $10 \sim 100k\Omega$，温度系数比钨丝大 $10 \sim 15$ 倍，可制成死体积小，响应速度快的检测器，但不宜在高温下使用（不超过 $100℃$），温度升高，灵敏度迅速下降。热敏电阻对还原性条件十分敏感，使用时须注意。

在过程气相色谱检测器通常的应用温度下，热丝型检测器比热敏电阻检测器灵敏度高。

5-87　试分析图 5-21 中 TCD 检测器双臂测量电桥的工作原理。

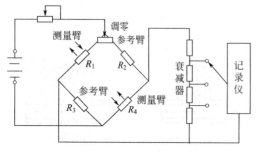

图 5-21　TCD 检测器双臂测量电桥原理图

答：如图 5-21 所示。当没有样品组分进入检测器时，参考臂和测量臂发热程度是相同的，四个臂阻值相同，电桥输出为零。当有样品组分进入检测器

时，由于样品组分的热导率与载气不同，测量臂热敏元件的散热量发生变化，从而使热敏元件电阻值变化，电桥失去平衡，桥路有电压输出。输出信号与被测组分的浓度成正比。

电桥处于平衡状态时，$R_1 R_4 = R_2 R_3$。

电桥不平衡时，不平衡电流为 $i = \dfrac{\Delta R}{2(R_g + R_1)} \times I$，其中：$\Delta R$ 为测量臂电阻的增量，R_g 为指示仪表内阻，I 为电桥供给电流，R_1 为测量臂电阻。

该测量电路还包括了电源、调零电路、衰减电路和记录仪，构成了一个完整的测量线路。

5-88　怎样选择热导检测器的操作条件？

答：热导检测器操作条件的选择，包括桥流选择、载气与载气流速选择、池体温度的选择等。

热导池的灵敏度与桥流的三次方成正比。桥流增大一点，灵敏度变化十分显著。但桥流增加，仪表噪声会增加，可能导致基线不稳；也会因温度太高造成热丝氧化或烧断。所以通常以 H_2 作载气时桥流最大 $300mA$，用氮作载气时桥流最大 $150mA$。

载气的热导率与组分的热导率差别越大，桥路输出就越大，测量灵敏度高。分子量小的载气可获得较宽的线性。对热导检测器来说，载气流速在一定范围内变化，性能不受影响。

热导池温度升高，检测器灵敏度下降。这是因为：（1）池体温度升高，热传导变得困难，使灵敏度下降；（2）池体温度升高，热导丝阻值变大，桥流必须变低，灵敏度下降。另外，池体温度升高，会引起噪声使基线不稳定。所以池体温度选择低一些好。但热导检测器温度应略高于柱温，防止样品冷凝。

5-89　热导检测器测量线路中使用的桥路平衡调节（池平衡）有什么作用？

答：在热导池测量线路中使用池平衡，其目的是为了增加热导检测器的稳定性。为了克服温度、流量、桥流的影响，要求热导检测器的对称性好，因此，在设计热导池时尽可能从工艺上线路上保证其良好的对称性，使得能在改变电流、温度、流量的情况下，电桥的输出信号基本不变或变化很小。

常用的热导池桥路平衡电路如图 5-22 所示。

其中 R_1、R_2、W_1 组成桥路平衡调节；W_2、W_3、R_3、R_4 组成零点调节。在 A 点 $R_A = \dfrac{R_1 W_{1A}}{R_1 + W_{1A}}$；在 B 点 $R_B = \dfrac{R_2 W_{1B}}{R_2 + W_{1B}}$。$R_A$ 或 R_B 分别与两侧桥臂串联起来，相当于直接改变两个桥臂的阻值，使桥路两侧的电流分配不同，从而改变了桥路的平衡状态，可使整个热导桥路的对称性得到补偿，热导池的特性重合性好。即使人为地在某一范围内改变桥流、温度或流量时，桥路的输出改变量较小，从而

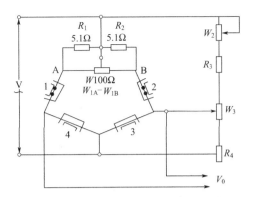

图 5-22　常用的桥路平衡电路原理图

大大增强了热导检测器的稳定性。

5-90　怎样才能保证热导检测器（TCD）的基线稳定？

答：桥路电流在热丝上产生热量，载气流过桥路时通过热传导以及辐射、对流、末端效应等带走热量，达到动态平衡后，桥路基线要稳定，其条件是：

（1）载气要有足够的纯度，一般要达到 99.99%，否则要对载气进行净化处理；

（2）载气流速要稳定，工业色谱一般都用两级调节器调节载气流速，变化率控制在 $0.5\%\sim1.0\%$，通过微流量电子流量计（或皂膜流量计）连续测定来确认；

（3）检测器温控精度要求在 $0.1\sim0.01℃$ 以内，用二级水银温度计可测定，否则要进一步检查原因；

（4）桥路供电电源稳定性要高，波动系数要小于 0.02%，交流纹波要小。

5-91　从使用维护方面看，有哪些因素会使气相色谱仪热导检测器（TCD）的性能恶化？

答：（1）热导检测器敏感元件的热丝被污染。有机分解物污染会造成漂移，机械杂质污染会造成基线的突变。

（2）热丝发生氧化。在高温下使用，要特别留意热丝不能与氧接触。热丝的氧化会造成桥路零点的变化，甚至不能调到零点。

（3）热丝过电流。热丝过电流会破坏桥路的平衡，应根据温度和载气种类来选择恰当的工作电流。除非因灵敏度的特殊要求，桥流不宜过高。

（4）热丝的过热。常因 TCD 的恒温控制失灵造成。一般应在较低的设定温度下接通温控电源开关，再将温度调至希望的设定值。

（5）超过规定限度的强烈机械振动。

（6）违反了合理的操作程序。正确的操作程序应该是：开机时应先通载气 $5\sim10min$，通载气时要防止大流量冲击。后升温，待温度基本稳定后，再加上桥流。停机时，应先断桥流，然后降低 TCD 的恒温温度，等温度充分降低后，再切断载气。在加桥流时，一般应在小桥流条件下接通电源开关，然后再调到所希望的合适桥流。

（7）如果载气因某种原因中断，就必须立即断开桥路电流。

5-92　为什么使用热导检测器的色谱仪开机时先通载气，后开桥流？停机时先断桥流，后停载气？

答：构成热导检测器电桥的四个桥臂通常都用钨丝、铼钨丝、热敏电阻等热敏元件。当通上电流后，热丝发热，阻值上升。测量臂与参比臂通入载气时，桥臂上部分热量被载气带走，桥臂阻值相等，电桥平衡，输出电压为零。如通电后没有通载气，桥臂元件表面因受热而氧化，灵敏度下降，吊丝发热拉长，使用时出现较大噪声，严重时，热丝甚至被烧断而无法工作。为了保护桥臂，避免发生上述情况，一般都规定开机时先通载气，再开电源。

停机时为使热丝先冷却下来，一般都规定先断电，等热丝冷却后再停载气。

5-93　填空

（1）一般认为 TCD 为（　　）型检测器，而 FID 为（　　）型检测器。

（2）对于 TCD 检测器，用氢气或氦气作载气，比用氮气时的灵敏度要（　　）。

（3）色谱仪的热导检测器清洗通常用浸泡方法，先用（　　）溶剂、后用（　　）溶剂，然后吹干。

（4）带恒流型热导检测器的色谱仪开机时先通载气，后开桥流；停机时先（　　），后（　　）。

（5）热导检测器是一种浓度型检测器，其（　　）与流速成反比。在最佳载气流速范围（　　）与流速无关。

（6）影响热丝型常规 TCD 检测器灵敏度的因素有（　　）、（　　）、（　　）及（　　）、元件及池腔的几何形状、池体温度等。

（7）TCD 检测器的线性范围大约为（　　）。影响 TCD 检测器线性的因素有（　　）、池体温度、热丝温度、池腔结构。通常采用轻载气、（　　）池温、（　　）热丝温度及避免采用直通式结构池腔可获得较宽的线性范围。

（8）通常 TCD 均是用惠斯顿电桥来测量气体热导系数的变化。电桥供电方式通常有（　　）和（　　）两种。前者在工作过程中桥路的供电电流保持恒定，而后者在工作过程中通过电路自动调节供电电流来保持热导丝温度的恒定。

答：（1）浓度，质量；（2）高；（3）高沸点，低沸点；（4）断桥流，停载气；（5）峰面积，峰高；（6）桥电流，载气，热丝阻值，热敏元件温度系数；（7）$10^4\sim10^5$，载气种类，低，低；（8）恒流型，恒温型。

5-94 选择

（1）色谱分析中提高 TCD 检测器的灵敏度首先应考虑（　　）。

A. 适当增加电流；B. 加大载气流量；C. 提高汽化温度；D. 提高 TCD 温度

（2）气相色谱分析中，当工作电流固定时，在操作条件许可的范围内，（　　）池体温度可提高 TCD 检测器的灵敏度。

A. 提高；B. 降低

答：（1）A；（2）B。

5.4.2 氢火焰离子化检测器（FID）

5-95 试述氢火焰离子化检测器的工作原理及特点。

答：工作原理如图 5-23 所示。

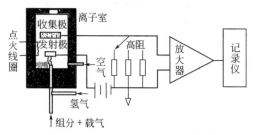

图 5-23　FID 检测器工作原理图

载气与在色谱柱尾部补充加入的氢气一起通过喷嘴，用点火丝点燃，形成氢火焰，助燃空气由旁边加入。在极化极与收集极之间加有直流电压（称为极化电压）形成电场。被色谱柱分离的待测组分从柱尾流出即在氢火焰中被燃烧电离。与待测组分含量有关的正负离子在电场作用下定向运动形成微弱的离子流，它经过一个高电阻形成电压信号，经微电流放大器放大后，送到色谱仪的信号处理部件转换成标准浓度信号输出。

FID 检测器的特点是结构简单、灵敏度高、响应快、线性范围宽、对操作参数要求不甚严格，操作比较简单，稳定可靠，对含碳有机化合物特别敏感，而对无机物则没有反应。因此它成为含碳有机化合物微量分析常用的检测器之一。

5-96 根据图 5-24 说明横河公司 GC1000 工业色谱仪 FID 检测器结构及特点。

答：（1）在样品的入口管处设计有可控温度的电加热器，其目的在于防止样品及燃烧后产生的水分碰到温度相对较低的检测器壁时发生液体凝结，影响气体的流通。

（2）燃烧后的气体出口在检测器的上部，目的在于防止冷凝水影响气体的顺利排出。

（3）收集极由稳定性能好且耐高温的金属制造。

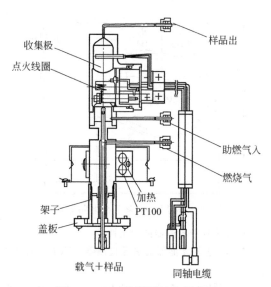

图 5-24　FID 检测器结构示意图

为了使收集极对外壳（接在收集极极化电源的正极端）有较高的绝缘度，收集极经高绝缘性能的陶瓷做的固定套管中引出。

（4）FID 检测器是具有极高内阻（$10^9 \sim 10^{14}\,\Omega$）的信号源，极小的漏电都会破坏它的性能。因此在使用及检修时，必须保持陶瓷套管、高绝缘性能的引线、接线端子、检测放大器输入端的绝缘度。收集极的引出线是经特制的高绝缘性能的接头引出的，引出线采用有屏蔽的四氟乙烯同轴电缆引出，以避免杂散电磁干扰。

5-97 试述碳氢化合物（以苯为例）在氢火焰离子化检测器上的离子化（化学电离）过程。

答：苯在氢火焰中发生的化学反应方程式如下：

$$C_6H_6 \xrightarrow{\text{火焰燃烧裂解}} 6CH$$

$$6CH + 3O_2 \longrightarrow 6CHO^+ + 6e^-$$

$$6CHO^+ + 6H_2O \longrightarrow 6CO + 6H_3^+O$$

苯分子首先被火焰燃烧裂解生成 CH 基，CH 基与从火焰外层扩散进来的空气中的 O_2 进行化学反应，生成 CHO^+ 及 e^- 吸收热量。CHO^+ 再与火焰中大量水蒸气碰撞生成 H_3^+O 离子。正离子（CHO^+ 或 H_3^+O）和负电子（e^-）在外电场作用和载气带动下，向两极定向移动，形成微弱离子流。此离子流与含碳量成正比。

5-98 简述氢火焰离子化检测器的结构及工作过程。

答：氢火焰离子化检测器外壳一般由不锈钢制作，内部装有喷嘴、极化极、收集极和点火电极。在极化极与收集极之间加有 $100 \sim 300V$ 直流电压（称为极化电压）形成电场。氢气与带有被测样气的载气混合后一起由喷嘴流出，从检测器旁边通入助燃空气，用点火极点燃氢气与空气混合气体，形成稳定的氢火焰。待测组分从柱尾流出即在氢火焰中被燃烧电离。与待测组分含量有关的正负离子在电场作用下定向运动形成微弱的离子流。由于离子电流很微弱，收集极必须用高绝缘材料绝缘，以防漏电。

5-99 氢火焰离子化检测器的放大电路有何特点？

答：氢火焰离子化检测器的输出是一个 $10^{-14} \sim 10^{-8}A$ 的高内阻微电流信号，必须采用微电流放大器即氢焰转换放大器，微电流信号在其中经过一个高电阻形成电压并进行阻抗转换。经处理后的信号送到放大和数据处理采集电路进行相应的处理，并计算出对应组分含量值。其微电流信号的传送需采用高屏蔽同轴电缆。

5-100 AA 公司的 Advance 型色谱仪的氢焰检测器有何特点？

答：在 Advance 型色谱仪中，氢焰检测器是倒置的。因为氢焰在燃烧过程中，产生的水蒸气存在于检测器中，时间一长势必形成水滴积存起来，到一定程度就会使火焰熄灭，甚至锈蚀点火电极，影响色谱仪的正常运行，氢焰检测器倒置以后，水蒸气形成的水滴可以依靠本身的重力落下，随时通过底部的管道排放，避免了上述积水现象的发生。

5-101 试分析氢火焰离子化检测器需要的三种辅助气体的作用及它们流速之间的关系。

答：氢火焰离子化检测器通常需要载气（稀释气）、燃烧气 H_2 和助燃空气三种辅助气体。

载气（通常为 N_2）将被测组分带入 FID，同时又是氢火焰的稀释剂；燃烧氢气是保持氢火焰正常燃烧的燃料气，还为氢解反应及转化还原反应提供氢原子；空气是氢火焰的助燃气，它为火焰中的化学反应和电离反应提供必需的氧，同时也起着把 CO_2、H_2O 等燃烧反应产物带出检测器的作用。

实验表明，氮稀释氢焰的灵敏度高于纯氢焰，通常氢氮比为 1 左右时，灵敏度最佳。氢氮比提高时灵敏度下降但线性得到改善，线性范围变宽。通常空气流速约为氢气流速的 10 倍，流速过小供氧不足响应值低；流速过大易使火焰不稳噪声增大，甚至造成熄火。

5-102 影响 FID 检测器灵敏度的因素有哪些？

答：（1）基流　在氢火焰燃烧过程中，当没有样品组分进入检测器而只有载气通过时，检测器产生的微弱电流（一般约为 $10^{-12} \sim 10^{-11}A$）称为基流。基流的存在会影响检测器灵敏度和测量结果。产生基流的可能原因是：燃气、助燃气和载气不纯，柱内固定液流失，进样器硅橡胶垫的挥发等。克服基流的方法，有保证所用的气体（载气、燃气和助燃气）的纯

度；色谱柱应经严格老化；进样气化室温度应适当。另外，为了抵消基流，仪器设有基流补偿装置，可以调节基始电流补偿钮来加以补偿抵消。

（2）载气种类及气体流速　实验证明，使用氢焰检测器时，以氮气作载气要比用其他气体如 H_2、He、Ar 作载气时的灵敏度高，因此最好选择氮气作载气。载气流速选择主要考虑柱分离效能，对一定的色谱柱和试样，要找到一个最佳的载气流速，使色谱柱的分离效果最好。氢气作为氢焰检测器的燃气，其流速的大小会影响到检测器的灵敏度和稳定性。若氢气流速过低，不仅火焰温度低，组分分子离子化数目少，检测器灵敏度低，而且还容易熄火；氢气流速过高，火焰不稳定，基线不稳。因此，当氮气作载气时，N_2、H_2 流速的比值有一个最佳值，在这最佳值下检测器灵敏度高、稳定性好。最佳比值只能由实验确定。一般 H_2/N_2 的最佳值在 1∶1～1∶1.5 之间。

空气是氢焰检测器的助燃气，并为离子化过程提供氧，在较低空气流速时，离子化信号随空气流速的增加而增大，达到一定值后，空气流速对离子化信号几乎没有影响，一般氢气和空气流速的比例是1∶10。

（3）极化电压　极化电压的大小会直接影响检测器的灵敏度。当极化电压较低时，离子化信号随采用的极化电压的增加迅速增大。当电压超过一定值时，增加电压对离子化电流增加没有大的影响。正常操作时，所用极化电压一般为 150～300V。

（4）电极形状和距离　有机物在氢火焰中的离子化效率很低，因此要求收集极要有足够大的表面积，这样可以收集更多的正离子，提高收集效率。收集极的形状多样，有网状、片状、圆筒状等，其中圆筒状电极的采集效率最高。两极之间距离为 5～7mm 时，往往可以获得较高灵敏度。另外喷嘴内径小，气体流速大有利于组分的电离，此时检测器灵敏度较高。一般使用的内径为 0.2～0.6mm。

5-103 如何提高氢火焰离子化检测器的准确性？

答：在检测器的离子室结构已定型的情况下，应减小复合效应，选择最佳的氮/氢比（氮作载气时）、氢/空气比，确保检测器的准确性。

减小复合效应的措施如下。

（1）尽量缩短离子行程，使收集极能尽快捕获带电微粒。

（2）使喷嘴自身成为一个极化电极，而不另外配置极化电极。若仪器为陶瓷或石英喷嘴，再附设极化电压环的话，则复合反应概率可能增大，使响应值不重复，导致仪器准确度下降。

（3）N_2、H_2、空气的流速要调节适当。一般认为，氮气∶氢气为1∶1时，直线离子的效率最高，但考虑到基流随氢气的增加而上升，响应值在最高点难

以重合，所以氮/氢比理论值略高一些，如 $1:0.85\sim$ $1:0.9$。氢/空气一般为 $1:8\sim1:10$。不同仪器结构上有差异，比值也不尽相同，最好能在满足仪器运行条件下，通过实验寻找和确定。

5-104 如何获得采用 FID 检测器的色谱仪最佳 N_2/H_2 曲线？

答：检测器点燃后，首先固定载气流速及助燃空气流速，使氢气由小到大变化，每变一次氢气流速，进样分析一次，获得峰高值。改变几次氢气流速，就可得一条峰高-H_2 曲线。改变载气流速，重复上述操作，可得到几组峰高-H_2 曲线。

选取上述各条曲线的最高值所对应的 H_2、N_2 值，就得一条 N_2-N_2/H_2 曲线，这就是不同载气流速下的最佳 N_2/H_2 比曲线。曲线上每一组 H_2、N_2 的数值都可使这种结构的检测器发挥最佳性能。

但要注意的是上述测定必须在助燃空气流速与检测器温度、柱温不变的条件下进行。

5-105 分析气体中微量 CO、CO_2 为什么要采用转化法？

答：若气体中 CO、CO_2 含量低，则热导检测器难以检测出来，而在氢焰离子化检测器上 CO、CO_2 不产生响应，因此，要将 CO、CO_2 转化为甲烷，再用氢焰离子化检测器来检测。

5-106 试分析甲烷化转化器的作用与工作原理。

答：甲烷化转化器是色谱分析仪为了满足对 CO、CO_2 气体微量分析的需要而开发的一种转化装置，一般与 FID 检测器联用，用来测量用其他检测方法无法测量的几个 ppm 的 CO 与 CO_2。其工作原理是通过加氢催化燃烧，将 CO、CO_2 等无机气体转化成 CH_4 和 H_2O，通过 FID 检测器检测 CH_4，间接计算出 CO、CO_2 含量。

5-107 用 FID 检测器作微量检测时，为何对仪表空气需加空气净化装置？

答：空气是 FID 检测器氢火焰的助燃气。它为火焰的离子化反应提供必要的氧，同时也起着把燃烧产物 CO_2、H_2O 等吹扫出检测器的作用。通常空气流速约为氢气流速和氮气流速的 10 倍。在作痕量分析时，对三种气体的纯度都要求很高，一般应达 99.999% 以上，以减少 FID 的背景噪声。而空气在其中占的比例最大，所以往往需加空气净化装置，以使仪表空气达到要求的纯度（如总烃应小于 $0.1\mu L/L$），来保证痕量检测的灵敏度。

5-108 哪些方法可以净化载气、燃烧氢气和助燃空气中的有机化合物杂质？

答：常用的净化方法如下。

（1）活性炭吸附法 活性炭在常温下对碳链较高的烃和油雾具有一定吸附能力，但这种方法吸附场有限。

（2）冷冻吸附法 用分子筛或活性炭，在干冰或液氮冷阱中对烃类进行吸附。用一段时间后升至常温，杂质脱附后再继续冷冻吸附，循环使用。

（3）氧化银氧化法 在 200℃ 条件下氧化银作为一种强氧化剂和微量的碳氢化合物反应，生成 CO_2 和 H_2O。CO_2 和 H_2O 再通过烧碱石棉吸收除掉。经实际测定，10g 氧化银可连续净化 50 瓶 $6m^3$ 含 1ppm 烃的载气或净化 7 瓶含 5ppm 烃的空气。

5-109 采用 FID 检测器的色谱仪开停机时应注意什么问题？

答：采用 FID 的色谱仪开机时，应在恒温炉温度达到设定温度并稳定后再点火。否则可能因温度太低，氢火焰燃烧产生的水蒸气在检测器内或出口冷凝聚集，使检测器灵敏度下降，噪声增加，甚至造成部件损坏或出口堵塞等问题。特别注意有自动点火功能的色谱仪开机时，应先不送燃气 H_2，或将点火功能置于手动关状态。

采用 FID 检测器的色谱仪在停机时，应先停燃烧 H_2，然后再停恒温炉，以便火焰先熄灭，确保水蒸气在停机前排完。如果停机时先停温控，则检测器火焰仍点燃，水蒸气有可能冷却积聚，造成检测器污染、噪声增大，严重时会产生极化极、收集极与地之间绝缘不良而无法工作。为了避免发生上述情况，一般都规定停机时先停 H_2，使火焰熄灭，等水蒸气排完后，再停温控。

5-110 填空

（1）在色谱仪 FID 检测器中，喷嘴堵塞会造成（　　）。

（2）气相色谱仪的 FID 检测器主要由（　　）、发射极和（　　）构成。

（3）色谱 FID 检测器通常用一不锈钢外壳，将（　　）、（　　）、极化极和点火线圈密封在内，留一出口排出燃烧产物。

（4）色谱仪 FID 检测器是利用（　　）作电离源，使有机物电离，响应所产生的（　　）的检测器。

（5）色谱仪 FID 检测器的内阻（　　），离子浓度信号十分（　　）。

（6）在色谱仪 FID 检测器中，毛细管柱应插入至距离喷嘴平面下 $1\sim3mm$。若太低，会造成峰形（　　），峰面积明显减小；若太深，会造成（　　），同时灵敏度下降。

（7）对于 FID 检测器，用氢气或氦气作载气一般比用氮气时的灵敏度要（　　）。

（8）氢火焰离子化检测器喷嘴的材料可用（　　）、（　　）、陶瓷管、不锈钢管等，喷嘴内径一般在（　　），以（　　）为佳；喷嘴细则灵敏度（　　），但线性范围小。

（9）氢火焰离子化检测器收集极结构形状有（　）、（　）、螺旋丝状、盘状，极化电压约在（　）之间。

（10）氢火焰离子化检测器在没有样品时产生的基流约有（　）。

（11）采用 FID 检测器的色谱仪分析样品时，谱图的峰高与载气流速（　）。其理由是载气流速越快，单位时间内由载气带入检测器的样品物质量越多，所以峰越高。

（12）采用 FID 检测器的色谱仪的峰面积与载气流速（　）。其理由是氢焰检测器是质量型检测器，是测量单位时间内进入检测器的物质量。当进样量一定时，峰面积为常数，与载气流速无关。

（13）类似 FID 这样的电离检测器的总效率（即性能）取决于（　）。

（14）FID 检测器的点火通常有点火线圈点火和（　）两种方式。采用线圈点火时，其点火电压约为 1～2V AC，采用后者的点火电压达上千伏。

答：（1）点不着火；（2）喷嘴、收集极；（3）喷嘴、收集极；（4）氢火焰、微电流；（5）非常高、微弱；（6）拖尾，很大噪声；（7）低；（8）白金管，石英玻璃管，0.25～1.6mm，0.5mm，高；（9）平板形，圆筒形，150～300V；（10）10^{-12}A；（11）成正比；（12）无关；（13）电离效率和离子的收集效率；（14）脉冲点火。

5-111　填空

（1）色谱法分析微量 CO、CO_2，是以（　）为催化剂，使其转化成甲烷，用高灵敏度的氢焰离子化（FID）检测器检测。

（2）在微量 CO、CO_2 分析中，转化炉的温度一般为（　）。

（3）镍催化剂必须（　），防止与（　）接触，降低催化剂活性。

（4）新装的 Ni 触媒管要先活化，一般选择活化温度为（　），H_2 流量为（　），活化 6h。

答：（1）镍；（2）350～380℃；（3）密封保存，空气；（4）380～400℃，20～30mL/min。

5-112　判断

（1）使用氢焰离子化检测器的色谱仪，载气、助燃气和燃气中的含碳有机物都要除去。（　）

（2）气相色谱仪氢火焰离子化检测器（FID）的工作原理是根据化学电离理论，利用氢火焰作电离源，使无机物电离，产生微电流而响应。（　）

（3）色谱仪 FID 检测器只能检测烃类物质。（　）

（4）镍催化剂在甲烷化过程中使甲烷转化成 CO、CO_2，然后进入 FID 进行测定。（　）

（5）气相色谱法测定微量 CO、CO_2，每次停机时，需待甲烷化炉温度降至室温后再关气，避免氧气进入影响镍催化剂的活性。（　）

（6）若转化炉中的镍催化剂失效，进有含甲烷组分的样品，仪器检测不到甲烷峰。（　）

答：（1）√；（2）×；（3）√；（4）×；（5）√；（6）×。

5.4.3　火焰光度检测器（FPD）

5-113　试述火焰光度检测器（FPD）的工作原理和结构特点。

答：火焰光度检测器的工作原理：含有磷、硫的化合物在富氢-空气火焰中燃烧形成激发态分子，当它们回到基态时能分别发射出 526 和 394nm 的特征光谱，此光强度与样品中硫、磷化合物的浓度成正比。这种特征光谱经滤光片滤波后由光电倍增管接收，再经微电流放大器放大，信号处理后得到样品中硫、磷化合物的含量。

火焰光度检测器的结构见图 5-25。从图上可看出，它由氢火焰发光和光电检测两部分组成。氢火焰发光部分由燃烧器、发光室及点火器组成，燃烧器由气体流路与火焰喷嘴组成；如加上收集极则类似 FID。光电检测部分包括石英窗、滤光片和光电倍增管。FPD 检测器是检测含硫或含磷化合物特别是痕量硫化物的专用检测器。其灵敏度高，选择性好。

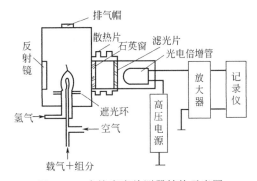

图 5-25　火焰光度检测器结构示意图

如果 FPD 需同时检测磷、硫两种元素时，检测器的结构应是双通道的。

5-114　为什么采用掺入本底硫的方法可改善火焰光度检测器测量硫化物的灵敏度和线性？

答：火焰光度检测器对硫化物的响应为非线性，常规 FPD 的响应值与硫化物含量成指数关系。在硫化物浓度低时，单位硫化物含量的响应值低；在硫化物浓度高时，单位硫化物含量的响应值高。为改善硫化物含量分析的灵敏度，常采用掺入本底硫的方法（也叫化学线性化），使检测硫化物的灵敏度增加。其原理是连续向 FPD 中加入恒量的硫化物，提高本底硫浓度。这样如果被测硫化物浓度很低，则其峰高响应值会有很大增加；被测硫化物浓度增大，峰高响应值增加倍数变小；被测硫化物为高浓度时，峰高响应值不受本底硫的影响，从而使 FPD 检测器对被测硫化物浓度接近线性响应。此方法通常可使硫检测器灵敏度提高 4、5 倍。另外，加入本底硫也可增加 FPD 检测器抗烃及 CO_2 干扰的能力。

5-115 试述 ABB 公司生产的 Vista Ⅱ 2000 工业色谱仪使用 FPD 检测器测量微量硫时掺入本底硫（硫添加）的方法。

答：掺入本底硫通常是将 CS_2、SO_2、SF_6、甲基硫醇等挥发性硫化物掺入空气或氢气流路中，将其一起带入 FPD 以提高检测灵敏度、改善线性。掺入方法通常有两种：（1）渗透管法；（2）预混法。Vista Ⅱ 2000 工业色谱仪的 FPD 检测器采用的是渗透管法：用一路恒流量的气体经过恒温的甲基硫醇渗透管模块，带入恒量（50ppb/90ppb）的甲基硫醇，并将其送入 FPD 检测器。

5-116 如何调节可使火焰光度检测器灵敏度最佳？

答：可采用逐渐逼近法调节燃烧气（氢）和空气的比例，直至 FPD 对硫和磷的灵敏度达到最佳值。调节时使氢气流速保持不变，改变空气流速；或使空气流速不变，改变氢气流速，用同一硫化物或磷化物标样，进行对比。使用这种方法必须注意空气流速变大，而氢气流速太小时，会使火焰温度升高，灵敏度下降。

5-117 使用火焰光度检测器的色谱分析系统各部分对温度的要求是不一样的，在应用中如何满足这些要求？

答：（1）色谱柱温度设置不宜太高，否则固定液流失加快，基流或噪声增大。

（2）色谱柱出口至燃烧喷嘴之间温度要高于柱温，防止水蒸气在这里冷凝，返回到色谱柱中或进入燃烧器中。又要避免柱出口高沸点物质凝结在燃烧器底座或喷嘴上，引起堵塞或产生假峰。

（3）燃烧器温度需保持在 150℃ 上下，防止水汽冷凝，使水汽随载气顺利排出系统。

（4）光电倍增管使用时环境温度不得超过 50℃，且越低越好，以利减小暗流，同时降低热噪声，因此要求带有散热片，采用强制风冷或水冷措施。

5-118 填空

（1）火焰光度检测器是根据硫、磷等化合物在（   ）火焰中燃烧时，发射出波长分别为 394nm 和 526nm 特征光的原理而制成的。

（2）火焰光度检测器属专用型微分检测器，它对含（   ）、（   ）的化合物有很高的灵敏度。

（3）火焰光度检测器的 O_2/H_2 比系指 FPD 火焰中从空气来的 O_2 与 H_2 的流速比，它决定了火焰的温度与性质，实际上，O_2/H_2 比是影响（   ）最关键的参数。对常规 FPD 检测器，其最佳 O_2/H_2 比大约为（   ），但往往随检测器结构而异，差异较大。

答：（1）富氢；（2）硫，磷；（3）灵敏度，$0.2\sim0.4$。

5-119 怎样选择火焰光度检测器的操作条件？

答：（1）各种气体流速 火焰光度检测器使用的是富氢火焰，因此当载气（N_2）使用的是最佳流速时，氢气的流量要比较大。氢气流量大、火焰温度高，反之则低。空气（或纯氧）的流量的变化对信号响应影响大，应通过实验选择一个最佳流量。

（2）检测器使用温度 检测器使用温度应大于 100℃，防止氢气燃烧生成的水蒸气冷凝在检测器中而增大噪声。

（3）暗电流 光电倍增管暗电流对检测器灵敏度影响很大，因而要求所用的光电倍增管暗电流要小。

5.4.4 电子捕获检测器（ECD）

5-120 电子捕获检测器（ECD）的工作原理和结构特点是什么？使用中首要须注意什么问题？

答：ECD 具有对电负性组分进行选择性响应的特性，在检测器中装有一个圆筒状的 ^3H 或 ^{63}Ni β 放射源，在阴极、阳极间用聚四氟乙烯或陶瓷作绝缘体。β 射线将载气 N_2 或 Ar 电离产生游离基和低能电子，在脉冲电场或直流电场作用下，形成基流。一旦载气将色谱柱分离出的电负性组分带入检测器后，游离基和低能电子和组分分子发生碰撞。由于组分分子对电子的亲和力而使它捕获电子，生成带负电的离子。负离子在电场中的运动速度远比电子慢得多，在运动轨迹上负离子也容易与游离基产生复合作用，从而使检测器中的电子总数降低。于是在色谱图上出现负峰。电负性组分捕获电子的能力越强，浓度越高，负峰也越大，从而可作为对电负性组分定性和定量分析的依据。

使用时首要须注意将放空的载气排放至室外安全处，严防放射源污染。

电子捕获检测器（ECD）结构如图 5-26 所示。

5-121 怎样使脉冲型电子捕获检测器（ECD）基流保持稳定？

答：ECD 基流范围在 $10^{-8}\sim10^{-9}$ A。要达到这一技术指标，必须注意以下几个方面。

（1）载气必须有足够的纯度，一般要求达到 4 个 9 至 5 个 9，载气中不能含有电负性的化合物，氧含量要小于 1ppm，水的露点低于 $-60℃$，否则要将载气净化。这些杂质会使基流显著下降并污染放射源。

（2）控制脉冲周期，因为它对基流影响甚大。

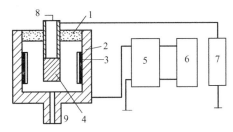

图 5-26　ECD结构示意图
1—陶瓷绝缘体；2—池体（阴极）；3—放射源；
4—阳极；5—微电流放大器；6—记录仪；
7—直流或脉冲电源；8—载气入口；
9—载气出口

（3）在脉冲周期固定的情况下，基流大小随载气流速的降低而减小，流速过低则变化率大，流速增加基流增大，变化率减小，若再增加，最后趋于饱和，要求流速要十分稳定，流量控制在50mL/min以上使用。

5-122 填空

（1）电子捕获检测器操作最佳化应考虑的因素有（　）、（　）、（　）等。

（2）电子捕获检测器有一定选择性，只对电负性物质（　）、（　）、（　）、（　）有信号，因此在农药领域中应用广泛。对（　）、（　）等不灵敏。

（3）电子捕获检测器的温度不能升到（　）℃以上，否则Ni^{63}大量逸出会造成危险。

（4）电子捕获检测器对（　）的灵敏度很高（1ppm），因此必须避免色谱系统中任何可能存在的

空气泄漏现象。

答：（1）检测器温度，施加的电压，载气流速；
（2）卤素，硫，磷，氮，脂肪族化合物，乙醇；
（3）350；（4）O_2。

5-123 电子捕获检测器对载气质量要求很高，为什么有时却要在载气中加入CH_4和CO_2？

答：ECD所用的载气是高纯Ar或N_2。但有时为了进一步提高检测器灵敏度，往往在色谱柱的出口、检测器的入口间加入约5％的CO_2（载气为N_2），或加入10％左右的CH_4（载气为Ar）。加入的浓度要求并不严，加入后这些分子和检测器中的电子发生碰撞时，能使电子能量从电子刚产生时较为激发的状态降至热运动分布状态，可有效降低电子的能量，以利于提高电负性组分分子捕获电子的效率，使检测器灵敏度提高。

5-124 电子捕获检测器所用的载气中有微量O_2和H_2O时，如何净化？

答：ECD所用的载气（Ar和N_2）来自大气深冷分离的居多，载气中往往含有微量O_2和H_2O。O_2净化可采用国产高效脱氧剂吸收。表5-4列出了部分国产高效脱氧剂及其吸收氧的性能。

近年采用海绵状金属钛金属吸收剂，将它放在高温下的石英管中，在700～1050℃时，能有效吸收O_2、H_2O。

载气除水方法很多，通常用干燥剂吸收。表5-5列出了常用干燥剂及其对H_2O的吸收能力。

表 5-4　部分高效脱氧剂及其吸收氧的性能

脱氧剂名称	活性铜	活性镍	银X分子筛	氧化锰
组成	活性铜负载在氧化铝上	活性镍负载在氧化铝上	银离子交换在13X分子筛上	活性氧化锰水泥
外观	黑色	黑色	灰色	灰褐色,还原后呈绿色
脱氧空速①/h^{-1}	<10000	<10000	<10000	<10000
脱氧容量/(mL/g)	15～35	2～10	3～12	5～16
脱氧深度/ppm	<0.1	<0.1	<0.1	<0.1
脱氧温度/℃	250～350	常温～250	常温～120	常温～150
还原条件	氢气空速100～500,250℃,4h	氢气空速100～500,250℃,4h	氢气空速100～500,110℃,4h	氢气空速100～500,350℃,4～8h

① 空速指单位时间内通过单位体积脱氧剂的气体体积。

表 5-5　常用干燥剂及其吸水能力

干燥剂名称	氯化钙	硅胶	高氯酸镁	五氧化二磷	分子筛
吸收后残留水分/(mg/L)	0.14～0.25 0.36(熔融过)	$6×10^{-3}$	$5×10^{-4}$	$2×10^{-5}$	<10ppm

5-125 为什么电子捕获检测器温控精度要求高？如何检查？

答：ECD检测器要在高精度的温控状态下工作，并根据分析对象来选择恒温温度，以便提高或降低干扰组分的灵敏度，有助于未知组分的定量。在定量分析过程中，电负性的组分分子对电子捕获的能力和温度密切相关。当检测器的温度变化为200℃时，其灵敏度的提高或降低可达5000倍。由于气体密度随温度变化而变化，若温控精度不高，也直接影响检测器的基流稳定性。因此ECD温控精度需达到±0.01℃，才能满足使用的要求。

ECD的恒温温控精度能否达到此要求，可直接用Ⅱ级标准水银温度计测量。亦可用铂电阻测得相应阻值后通过电桥测定。

5-126 如何防止电子捕获检测器发生污染？

答：电子捕获检测器的污染主要来自氧和电负性化合物。一旦检测器发生污染，直流型和脉冲型的ECD基流会显著降低。为防止污染，使用中要注意下列几点。

（1）使用的载气必须是高纯氮，其氧含量应小于1ppm，水的露点低于-60℃。在仪器投运前要用高纯氮吹扫管路至少24h，再将载气接入检测器中，始终保持检测器中的正压，即使中途停机也不能中断载气。更换色谱柱或硅橡胶垫片时要尽量快，严防空气从外接管路或其他地方进入柱系统和检测器中。

（2）检测器的温度设定要高于柱温，防止样品或色谱柱固定液流失后，冷凝在检测器中。

（3）制作气液色谱柱时，尽量不用丙酮、乙醇或含氯溶剂等强电负性的溶剂。非用不可时，柱子必须充分老化。使用中柱温在满足分析要求前提下尽量低些，使固定液流失少些。

（4）分析电负性样品时，其量不允许超过10^{-9}g，否则易使检测器超负荷。连续分析的样品，必须经过严格的预处理，尽量减少污染。

（5）采用高温专用硅橡胶做垫子。

5-127 怎样清洗电子捕获检测器的放射源？

答：拆开检测器，用镊子取下放射源箔片，用2∶1∶4的硫酸、硝酸、水溶液清洗检测器的金属及聚四氟乙烯部分。当清洗干净后，改用蒸馏水冲洗，再用丙酮冲洗，并放在100℃烘箱中烘干。

对^{3}H源箔片，先用己烷或戊烷淋洗（绝不能用水洗），清洗废液要用大量水稀释后弃去或收集在适当地方。

对^{63}Ni源箔片的清洗更应小心，不能与皮肤接触，用长镊子操作，先用乙酸乙酯加碳酸钠或用苯淋洗，再放沸水中浸泡5min，取出烘干后装入检测器中，废液用大量水稀释后弃去或收集在适当地方。

5-128 怎样选择ECD检测器的操作条件？

答：电子捕获检测器是具有高灵敏度的选择性检测器，其对操作条件的要求比较苛刻。

（1）载气纯度及流速　电子捕获检测器要求使用高纯度载气（纯度达99.99％）。若载气中含微量O_2和H_2O等电负性物质，对检测器的灵敏度影响很大，因此一般都采用5A分子筛除去H_2O，活性炭除去O_2。电子捕获检测器在载气流速较大时（一般约50～100mL/min）有较高的基流，而要使柱分离效率高，则流速要低。因此，为了保证高的基流，常需要在色谱柱后通入"补加气"。

（2）进样量　电子捕获检测器是依据基流减小获得检测信号，为了获得高分离度，进样量必须适当，通常希望产生的峰高不超过基流的30％，因此当样品浓度大时，应适当稀释后再进样。

（3）极化电压及电极间距离　当脉冲直流供电时，电子捕获检测器中正、负电极间距离以4～10mm为宜。对于直流供电，其极化电压为5～60V。当脉冲直流供电时，脉冲周期对基流大小和峰高响应影响很大，当脉冲周期增大时，基流减小，峰高响应增大。当脉冲周期减少时，基流增大，峰高响应减小，此时可扩大测量的线性范围。因此在测定中脉冲周期应仔细选择。

（4）检测器的使用温度　检测器的使用温度受所用的放射源的最高使用温度限制，对常用的镍源使用温度低于400℃，但要高于柱温。

5.4.5　光离子化检测器（PID）

5-129 光离子化检测器（PID）是怎样工作的？

答：PID检测器结构如图5-27所示，主要由紫外光源和电离室两部分组成，其他为辅助部件。

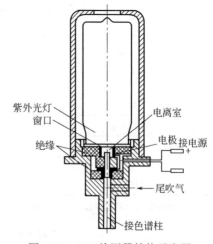

紫外光灯窗口
电离室
绝缘
电极接电源
尾吹气
接色谱柱

图5-27　PID检测器结构示意图

PID的工作原理：紫外灯（UV）光源将有机物打成可被检测器检测到的正负离子（离子化）。检测器测量离子化了的气体的电荷并将其转化为电流信号，电流被放大并显示出被测组分浓度值。在被检测后，离子重新复合成为原来的气体和蒸气。所以 PID 是一种非破坏性检测器，它不会"燃烧"或永久性改变待测气体，经过 PID 检测的气体仍可被收集做进一步的测定。

5-130 什么叫电离电位？何种气体可被紫外灯离子化？

答：所有的元素和化合物都可以被离子化，但所需能量有所不同，而这种可以替代元素中的一个电子，将化合物离子化的能量称之为"电离电位"（IP），以电子伏特（eV）为计量单位。从 UV 灯发出的紫外光具有以 eV 为单位的能量，如果待测气体的 IP 低于紫外灯的输出能量，这种气体就可以被紫外灯离子化。

5-131 什么是 PID 检测时的校正系数？PID 可检测的气体校正系数范围是多少？

答：校正系数（CF）也称之为响应系数，它们代表了用 PID 测量特定气体的灵敏度。这是使用 PID 时特别有用的一个参数。当以一种气体校正 PID 后，另一种气体的响应可通过 CF 转换得到，无须另外校正。这样可减少了准备很多种标气的麻烦。

CF 值越低，该种气体或蒸气的灵敏度就越高。苯的 CF 值是 0.53，它的检测灵敏度大概是 CF 为 9.9 的乙烯的 18 倍。通常情况下，PID 可以很好地测定 CF 值为 10 以下的各种物质。

5-132 PID 可以检测哪些物质？

答：可检测大量的含碳有机化合物及一些不含碳的无机气体，包括：

（1）有苯环的系列化合物，比如苯、甲苯、萘等；

（2）含有 C=O 键的化合物，比如丙酮等；

（3）含 N 的碳氢化合物，比如二甲基胺等；

（4）卤代烃类如硫代烃等；

（5）不饱和烃类如烯烃等；

（6）无机气体如氨、砷、硒、溴和碘类等。

5-133 PID 不能测量哪些物质？

答：不能测量放射性物质、空气（N_2、O_2、CO_2、H_2O）、一些常见毒气（CO、HCN、SO_2）、天然气（甲烷、乙烷、丙烷等）、酸性气体（HCl、HF、HNO_3）、氟里昂气体、臭氧、非挥发性气体等。

5-134 如何判断 PID 能否测量某种气体？

答：首先看气体的电离电位（IP）是否比 PID 灯的输出能量低。PID 的灯能量有 9.8eV、10.6eV、11.8eV 等几种。如果气体 IP 高过灯的输出能量，则 PID 无法检测到它。如果气体的 IP 低于 PID 灯输出能量，要看气体的 CF 值是否小于 10。如果气体 CF 值小于 10，则 PID 是一个最佳的测量手段。如果 CF 值大

于 10，则 PID 可能不能准确地测定该种气体，但仍然可以作为一个比较好的估计和检测的工具。

5.5 谱图分析、定性定量及标定

5-135 图 5-28 中第一个谱图是正常的谱图，试说出谱图 b～j 存在的问题。

答：b—基线漂移；c—基线突变；d—基线带毛刺；e—基线噪声过大；f—基线不规则；g—部分峰丢失；h—有多余峰；i—峰距减小；j—峰距变大。

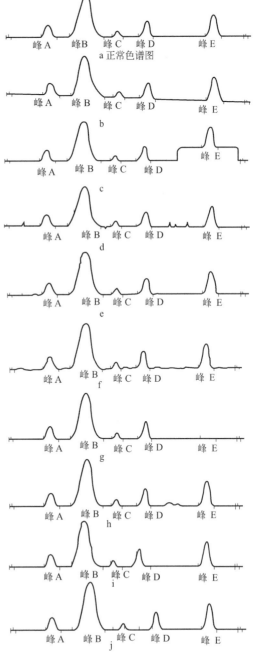

图 5-28　正常与不正常谱图对比图

5-136 HZ3880 工业色谱仪是怎样进行色谱峰的识别的?

答:HZ3880 色谱仪对色谱峰的识别分为三步:第一为色谱峰形的检出,即判断此峰是否为色谱峰;第二是对不正常的出峰进行删除,删去一些不需要的非峰信号,如干扰峰等;第三是选择所需要的色谱峰。

色谱峰的检出主要是靠斜率检测电平来识别,当检测到的数次斜率值高于斜率检测电平时即认为是出峰;当斜率为零时为峰顶点,而当检测到的数次斜率值小于斜率检测电平时认为峰结束。

对不正常的非峰信号进行删除,是通过最小峰面积和最小峰高来实现的;当检测到的峰面积或是峰高值小于所设定的最小峰面积和最小峰高时,则不认为是出峰,而作为噪声除去。

对所需要的色谱峰进行选择是通过峰窗来进行识别,当所测色谱峰的保留时间在所设定的峰窗范围内,则认为是所需要的色谱峰,不在峰窗范围内的峰则不是所要检测的色谱峰。

5-137 ABB 公司 Vista 系列工业色谱仪有哪两种色谱峰检测方法?

答:有两种不同的峰检测方法:强制开关门和斜率检测法。在一次分析中这两种测量方法都可以使用,但两者不能够同时用于一个峰的测量。如果方法表中同时使用了这两种测量方法,控制器会使用首先开启的那一种方法,而忽略第二种检测方法并且给出使用了两种峰检测方法的报警信息。

5-138 AA 色谱仪检测组分峰的方式有哪两种?

答:AA 色谱仪可以采用时间选通或斜率选通来检测组分峰。"t"值是门开(GTN)和门关(GTF)功能的第一个参数,如图 5-29 所示。

如果 $t=0$,则规定为时间选通,利用开关门时间来启动(正向选通)和停止(反向选通)。正向选通和反向选通的时间,最好能出现在峰前和峰后的基线上。如果 $t\neq0$,则规定为斜率选通。斜率,即检测器信号上升或下降的速率。当斜率通过 t 时,系统自动地设定正向或反向选通。这时,门开或门关时间不一定刚好是正向或反向选通的时间。时间范围 S 表示系统将持续多长时间测量斜率和观察反向选通。实际上,斜率是通过决定连续的数据采样中的波幅差来测量的,数据采样点是由检测器信号上规定的"数据点"进行平均而成的。在每个数据点,表格运转一次,就获得一个模-数转换结果。运转速率可以是每秒 10 次、20 次或每分钟 100 次,所以获得的数据十分准确。

在处理有较长拖尾的峰时,系统在同一峰上混合使用斜率选通和时间选通的方法。如图 5-30 所示,斜率选通在正向(门开)上,以便使大峰与需要的峰之间分离;时间选通用在反向(门关)上,以避免在长拖尾上积分。

5-139 如何根据色谱图确定各组分是什么物质?

答:根据色谱图确定各组分是什么物质称为定性分析。其依据是每个组分都有一个对应的峰(每个峰

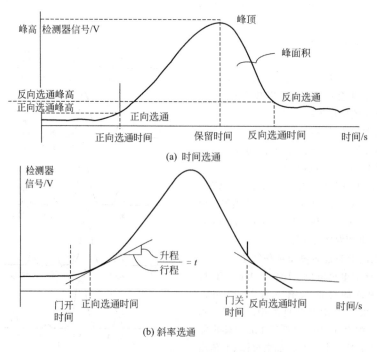

图 5-29 AA 色谱选通方法示意图

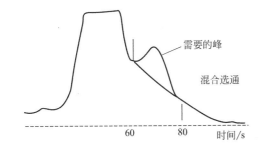

图 5-30 AA 色谱混合选通示意图

不一定只反映一个组分），而且峰顶到进样时刻的时间距离是一定的，即保留时间一定。

定性分析常用方法有以下几种。

（1）纯物质对照法 将已知纯物质和待测物分别进样，量取其保留值，然后对照比较进行定性。

（2）增高法 在仪器操作条件不稳定时，可将已知纯物质加入待测物中，然后注样。对照比较加纯物质前后两次进样的谱图，根据谱高或峰面积的增加情况进行定性。

（3）双柱法 有时不同物质在同一色谱柱上可能有相同的保留值，那么上述方法就无能为力了。这时可用双柱法定性，选两根极性相差比较大的柱子，然后用上述方法之一定性，如果在两根柱上均得到相同的结论就可以定性了。

（4）利用文献上保留值数据定性 当组分比较复杂且纯物质不全时，可利用文献中给出的保留值数据定性。

（5）其他方法 如利用保留值的经验规律作图定性，与质谱仪、红外分光光度计配合定性等。

5-140 如何根据色谱图求得各组分的含量？

答：根据色谱图求出各组分的含量称为定量分析，其依据是进样量在柱负荷允许的范围内，峰面积 A 或峰高 h 与各对应组分的含量 C 成正比。即

$$C_i = F_i A_i$$
或
$$C_i = F_i h_i$$

式中 C_i——i 组分的含量；

A_i——i 组分的峰面积；

h_i——i 组分的峰高；

F_i——i 组分的定量校正因子。

5-141 色谱分析定性的依据是什么？色谱分析定量的依据是什么？什么是校正因子？为什么定量计算时要用校正因子？

答：色谱分析定性依据是组分的保留时间。色谱分析定量的依据是 $Q = fA$，其中 f 为校正因子，A 为某组分的峰面积（或峰高）。校正因子就是单位峰面积（或峰高）所代表的物质的量。因相同量的不同物质给出峰的面积或峰高可能不同，故计算时要引入

校正因子。

5-142 色谱仪定量时为什么要进行基线校正？AA 色谱仪的基线校正有哪几种方式？

答：无论是以峰高还是峰面积来测量一个峰，都必须与检测器信号的零位电压（色谱图上的基线）进行比较。由于色谱仪在运行过程中会受到各种干扰，造成基线漂移，使其不能实现精确的测定。因此，为获得精确的分析数据，通常工业色谱仪都具有检测器对零功能，在组分出峰前自动地校正基线。

AAI 色谱仪为了补偿基线的漂移，可以选择色谱峰底的四条线中的任何一条（如图 5-31 所示）作为计算基线：①基线等于检测器零位；②基线等于正向选通时的信号值；③基线等于反向选通时的信号值；④基线为正向选通点和反向选通点之间的连线。这样，在选定的基线以下的所有面积将从计算中减去，任何高度将从峰高减去。

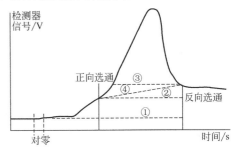

图 5-31 AA 色谱基线校正示意图

5-143 什么叫定量校正因子？如何求取？

答：实验证明，虽然在一定范围内，色谱进样量和各组分峰面积（或峰高）成线性关系，但是由于检测器对不同物质的响应值不同，使含量相同的不同组分其峰面积不同。如果单纯用峰面积来定量，则会产生很大误差。因此需用一个系数来校正各峰面积，这个系数叫做定量校正因子，也叫修正系数。

在定量分析中，一般使用相对校正因子，常用的有相对质量校正因子 F_w 和相对摩尔校正因子 F_M，其定义为：

$$F_w = \frac{A_s W_i}{A_i W_s}$$

式中 A_i、W_i——被测组分的峰面积和质量；

A_s、W_s——标准物的峰面积和质量。

$$F_M = F_w \times \frac{M_s}{M_i}$$

式中，M_i、M_s 为被测组分和标准物的摩尔质量。

定量校正因子可查表求取，也可自行测定。自行测定时，常用的标准物是苯（用于 TCD）和正庚烷（用于 FID）等。

5-144 如何测定色谱峰的面积？

答：对于分离较好的色谱峰，测量方法有以下

几种。

（1）数字积分法　采用数据处理装置，用积分法计算峰面积并用数字显示或打印出来。

（2）峰高乘半腰宽法　如图 5-32a 所示。用峰高乘半腰宽来测定峰面积 A。

$$A = 1.065 h W_{\frac{1}{2}}$$

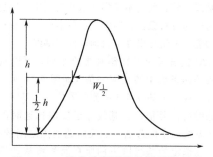

图 5-32a　峰高乘半腰宽法测量峰面积

（3）面积计测量法　此法比较麻烦，往往需重复测量几次才能得出准确结果。但测不对称峰和重叠峰很有用。

（4）剪纸法　把色谱峰剪下来进行称重，每个峰的重量代表峰面积。

对于部分重叠的色谱峰，若两峰交点的高度低于小峰的半峰高，仍可用峰高乘半腰宽法。若两峰重叠较严重，则可用以下两种方法（见图 5-32b）。

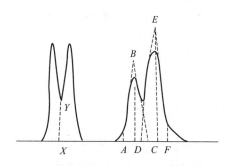

图 5-32b　重叠峰的测量

（1）在两峰交点 Y 向基线画一垂直线 YX，然后用面积计测定 YX 左边和右边两部分的面积。数字积分法亦采用此原理。

（2）在峰的转折点画切线与基线相交，构成三角形 ABC 和 DEF，然后测量这两个三角形的面积。

5-145　如何对工业色谱仪进行标定？

答：工业色谱仪常用的标定方法有外标法、归一化法、内标法，也可采用与实验室分析结果相对照的方法。

最常用的是外标法，将标准气样定期通入工业色谱仪，调整各组分的衰减电位器，使各组分的峰高（或峰面积）符合要求。这一过程在带微处理器的工业色谱仪里是自动完成的（调整各组分的修正系数）。

归一化法一般用于常量分析中，是一种简单的标定方法，手动进样一次，自动进样一次分别得到谱图。手动进样谱图用于归一化法计算各组分百分含量，自动进样谱图用于衰减调整。

内标法适用于纯度分析，但需对样品中各组分进行积分求得峰面积，根据已知含量的内标物的峰面积与样品组分峰面积来计算各组分含量，并相应进行衰减调整。这一方法适合于带微处理机的工业色谱仪，内标物的峰面积存储在微处理器中，标定时调出进行计算。

5-146　什么是外标法？

答：外标法是常用的定量计算方法之一。这种方法在工厂控制分析上较方便，工业气相色谱仪多使用此法。

将标准气样送入色谱仪，求出单位峰高（或峰面积）的组分含量（称为校正值），或作出峰高（或峰面积）和浓度关系的标准曲线（见图 5-33）。然后在同样的条件下，进同样量的待测样品，根据所得峰高（或峰面积），由上述校正值或标准曲线求出某组分浓度。

$$C_i = h_i K_i$$
$$C_i = A_i K_i$$

式中　C_i——样品中 i 组分的含量；

h_i、A_i——i 组分的峰高和峰面积；

K_i——i 组分单位峰高或峰面积的校正值。

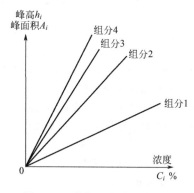

图 5-33　峰高（或峰面积）和
浓度关系的标准曲线

外标法操作简单，计算方便，只要操作条件（如载气流速、热导池电流等）稳定，进样量重复性好，准确性能满足要求。实际应用中，校正值和标准曲线应定期校正。

5-147　从棒状图中读得五组分的样气中三个组分的峰高分别为 30.0、56.7、68.2mm，并已知它们的校正系数分别为 0.67%/mm、0.15%/mm、1%/mm，求三个组分的百分含量。

解：$C_1 \% = (30 \times 0.67)\% = 20.1\%$

$$C_2\% = (56.7 \times 0.15)\% = 8.5\%$$
$$C_3\% = (68.2 \times 1)\% = 68.2\%$$

5-148 有一样品经色谱仪测得 CO_2 的峰高为 25mm。现有一标样 CO_2 含量为 $10 \times 10^{-6} mol/L$，同样条件下经色谱检测出峰高为 30mm，求样品中 CO_2 含量。

解：$V_{样品} = \dfrac{V_s H_{样品}}{H_s} = \dfrac{10 \times 10^{-6} \times 25}{30}$
$$= 8 \times 10^{-6} \ (mol/L)$$

答：样品中 CO_2 含量为 $8 \times 10^{-6} mol/L$。

5-149 什么是归一化法？

答：归一化法是常用的定量计算方法之一。使用这种方法时要求样品中所有组分必须全部流出，并且都有检测信号，可以用峰高 h，也可以用峰面积 A 来计算组分的百分含量 C。

解：

$$C_{甲醇}\% = \frac{2.1 \times 0.58}{2.1 \times 0.58 + 2.9 \times 0.55 + 0.41 \times 0.71 + 0.58 \times 0.76} \times 100\% = 34.4\%$$

$$C_{水}\% = \frac{2.9 \times 0.55}{2.1 \times 0.58 + 2.9 \times 0.55 + 0.41 \times 0.71 + 0.58 \times 0.76} \times 100\% = 45\%$$

$$C_{异}\% = \frac{0.41 \times 0.71}{2.1 \times 0.58 + 2.9 \times 0.55 + 0.41 \times 0.71 + 0.58 \times 0.76} \times 100\% = 8.2\%$$

$$C_{仲}\% = \frac{0.58 \times 0.76}{2.1 \times 0.58 + 2.9 \times 0.55 + 0.41 \times 0.71 + 0.58 \times 0.76} \times 100\% = 12.4\%$$

5-151 什么是内标法？

答：内标法也是一种常用的定量计算方法。当色谱柱不能使所有组分都出峰或检测器对某些组分无信号时，可采用内标法。

这个方法是把已知质量的内标物加入已知质量的分析样品中，根据内标物的峰面积和样品组分的峰面积来计算组分的百分含量。

$$\frac{C_i\%}{C_s\%} = \frac{F_i A_i}{F_s A_s}$$

则
$$C_i\% = \frac{F_i A_i}{F_s A_s} \times C_s\%$$

式中 C_i、F_i、A_i——组分 i 的含量、校正因子、峰面积；

C_s、F_s、A_s——内标物 s 的含量、校正因子、峰面积。

内标法也较准确，但选用内标物要受一些条件限制，内标物加入样品会引起样品浓度一定的变化，每次加入内标物都要准确称量，不适宜工厂快速控制分析用。

5-152 在产品苯二甲酸二异辛醇中含有多种醇、酯类的杂质，但含量均很小，经色谱（FID）检测得谱图见图 5-34。其中 7 为主峰，1～5 为杂质峰，峰 1 为庚醇-4，2 为异辛醇，5 为苯甲酸正辛酯，3、4 为未知峰，现加入烃类化合物作内标物，得峰 6。如在 5g 样品中含 0.01g 的内标物，得峰 1 面积 $0.46cm^2$，峰 6 面积为 $0.14cm^2$，并从手册得到在 FID 上的相对质量校

$$C_i\% = \frac{F_i h_i}{\sum(F_i h_i)} \times 100\%$$
$$C_i\% = \frac{F_i A_i}{\sum(F_i A_i)} \times 100\%$$

式中 i——i 组分的编号；

F_i——i 组分的定量校正因子。

归一化法定量比较准确和方便，进样量在一定范围内略有增减或操作条件稍有变动，对结果影响很小。

5-150 在甲醇的粗制品中发现除甲醇与水外，尚有异丙醇与仲丁醇存在，经色谱（TCD）分析后，从色谱图得到其峰面积值分别为：甲醇 $2.1cm^2$、水 $2.9 cm^2$、异丙醇 $0.41cm^2$、仲丁醇 $0.58cm^2$。并从手册查得，它们的相对质量校正因子分别为甲醇 0.58、水 0.55、异丙醇 0.71、仲丁醇 0.76。试用归一化法求各组分百分含量。

正因子，内标物为 1，庚醇-4 为 0.85，求庚醇的含量。

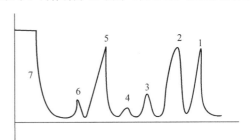

图 5-34　产品苯二甲酸二异辛醇谱图

解：$C_i\% = \dfrac{F_i A_{iw}}{F_s A_{sw}} \times \dfrac{W_s}{W} \times 100\%$
$$= \frac{0.85 \times 0.46}{1.00 \times 0.14} \times \frac{1}{500} \times 100\% = 0.56\%$$

答：庚醇的含量为 0.56%。

5.6　故障判断和处理

5-153 画出前伸峰、拖尾峰、平头峰和圆头峰的示意图。

答：如图 5-35 所示。

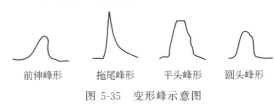

前伸峰形　　拖尾峰形　　平头峰形　　圆头峰形

图 5-35　变形峰示意图

5-154 以日本横河 GC1000 型工业色谱仪为例，试用逻辑框图分析、判别基线不正常的原因所在。

答：见图 5-36。

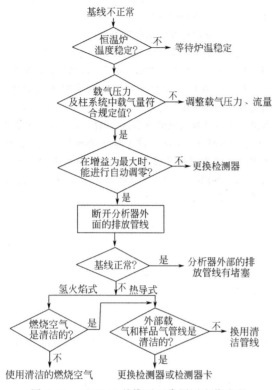

图 5-36　GC1000 基线不正常原因查找流程

5-155 气相色谱仪进样后不出峰或峰很小是什么原因？

答：主要有气路、检测器和温度几方面的原因。从气路上检查，首先查有无载气，是否漏气；从检测器方面，使用热导池检测器时应检查 TCD 是否关闭；如果使用氢焰检测器应检查火是否点着或者加没加极化电压；从温度方面检查，是否进样室和柱温太低，试样没汽化。

5-156 在线色谱仪运行中出峰保留时间异常，试用逻辑框图分析、判断故障原因。

答：见图 5-37。

5-157 工业色谱仪分析氨合成塔出口气中 NH_3、Ar、N_2、CH_4 时，发现 NH_3 峰值时高时低。试分析原因何在，如何消除这种现象？

答：此现象如果不是色谱柱引起的，则是氨液化引起的。

氨合成塔出口气中 NH_3 含量达百分之十几。NH_3 的露点比其他三种组分高，且合成气压力达 $20\sim30MPa$，在减压至常压过程中，气体膨胀很快，来不及和外界进行热交换，是一种节流膨胀过程。在膨胀过程中气体消耗内能，致使气温骤降至很低温

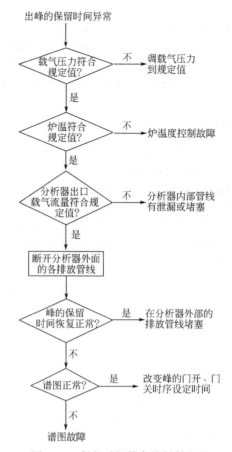

图 5-37　保留时间异常的判断流程

度，甚至低于氨的露点，从而造成氨的液化。一旦气样中带氨雾或氨的液滴，将使色谱分析的 NH_3 峰值时高时低。

为使氨在减压过程中不至于液化，需对减压阀和减压后的输气管线加热并保温，以便气样在减压膨胀过程中及时补充气体内能的损耗，避免氨的液化。

5-158 工业色谱仪在更换载气钢瓶后或在钢瓶内载气快用完时，各组分峰高示值变得忽高忽低、且无规律，试分析原因何在？

答：工业色谱更换载气前，峰高示值正常，说明仪器各部件工作正常。更换载气后，峰高变得不正常，唯一可能的原因在载气质量上。这时需将运行开关切至手动状态或"色谱图"挡，观测其基线变化，若连续谱图如图 5-38 所示，则确认是载气严重不纯，需重新换载气钢瓶。

如仪器灵敏度高或微量分析中，载气瓶中的压力

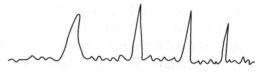

图 5-38　载气不纯引起谱图不正常

较低时，亦有此现象，原因是载气瓶中有少量杂质，低沸点的载气组分先流出，当瓶中载气压力越来越低时，高沸点的杂质随着流出，且浓度越来越高，并足以影响色谱基线的波动。因此，在有些要求较高的微量色谱分析中，载气瓶压力降至 3MPa 就不能使用了。

5-159　载气中的杂质会对色谱分析产生哪些影响？

答：正确选用合适的载气或适当对载气进行预处理，可延长工业色谱柱的寿命，否则会缩短柱寿命或损坏色谱柱。载气不纯对色谱分析的影响主要体现在以下几方面。

（1）若载气含水量高，将使吸附性柱子如分子筛柱迅速失效；如果柱子使用聚酯填料，遇水会水解呈现永久性破坏；对其他一些柱子会因水的作用造成分析不准。

（2）若载气中含氧，对一些填料如特别灵敏的高分子多孔聚合物会迅速降解；对聚酯和聚乙二醇柱子有慢性氧化作用，使柱性能变坏；若氧含量达到 100ppm 以上，则足以对许多柱子产生破坏性影响。

（3）载气中若含有有机化合物，不仅直接影响仪器的基线稳定，也将使定量分析特别是微量分析受到影响。若有机物含量高，会严重污染柱系统，损坏色谱柱。

（4）另外，载气中的杂质，一般均会使检测信号"噪声"增大、影响基线的稳定性，也影响检测器的灵敏度。

5-160　工业色谱柱系统在使用中不能达到预期寿命，其原因有哪些？

答：主要原因如下。

（1）样品预处理系统不完善或有缺陷，致使水分、粉尘、高沸点黏性物、有害杂质进入柱中。

（2）程序时间设置不当，不能正确完成反吹、前吹、中间切割等柱切功能，加速了某些柱的失效。

（3）反吹柱分离性能不良，造成某些对后面柱有害组分进入，致使后面的柱子中毒，缩短寿命。

（4）温度设置不当或柱温失控，超温造成固定液流失，使柱寿命缩短。

（5）柱气阻变化。在运输、活化、泄漏检查、调试时，应严防摔打、振动或高压气体冲击，使柱气阻变化。

（6）载气不纯，存在杂质。应正确选择吸附剂，对载气进行预处理。

（7）载气流速不稳，致使各组分分离保留时间发生变化，使一些有害组分进入。应检查载气系统稳压稳流阀件、预处理系统有无泄漏堵塞，放空管线是否畅通等。

5-161　经过充分老化后的柱子，为什么在程序升温时仍存在基线漂移？

答：程序升温时基线发生漂移主要是柱温变化引起的。柱温升高时，载气的黏度增大，色谱柱阻力随之增加，此时若进样口压力不变，则载气流速会因柱温升高而降低。为了使流速不变，必须使用稳流阀（其入出口压差必须要大于 0.05MPa），使流速不因柱温上升而改变。但柱温上升，入口压力可增大，导致阀入出口压差减少，使阀稳流性能变差。另一方面柱温升高，色谱柱固定液流失增大，即使采用低涂量的高温固定液，并经过充分老化，也不能完全消除流失，造成基线漂移。

单柱程序升温很难消除基线漂移，一般可采用双柱补偿，双氢焰互相接入放大器中也可有效进行补偿。

5-162　引起热导检测器基线漂移的主要原因是什么？

答：引起热导检测器基线漂移的主要原因有：（1）载气流速的变化；（2）池体温度（恒温炉温度）的变化；（3）电桥中外加电压的变化；（4）检测元件劣化。

5-163　叙述气相色谱仪热导检测器桥流调不上去的原因。

答：可能原因有：（1）热导池热丝桥路连线没接对；（2）热丝断或连线开路；（3）桥路稳压电源有故障；（4）桥路配置电路开路，如桥流电位器或池平衡电位器开路；（5）电流表损坏。

5-164　叙述气相色谱仪热导检测器不能调零的原因。

答：（1）热丝阻值不对称或引线接错；（2）热丝碰壁或污染严重；（3）调零电位器损坏；（4）记录仪（积分仪）故障；（5）测量气路与参比气路流量相差太大。

5-165　简述气相色谱仪氢火焰离子化检测器内积水的原因。

答：可能原因有：（1）检测器温度低于 150℃；（2）氢气与空气配比不对，空气流速应为氢气流速的约 10 倍；（3）关机时，顺序不对。应先关氢气、空气、恒温炉温控，用载气吹扫检测器半小时后，再关 FID 加热电源。

5-166　采用 FID 检测器的色谱仪记录基线上产生噪声的原因是什么？

答：（1）不点火时，记录基线上有噪声，主要是电气单元接地不良造成的。也可能是多个接地点，共模干扰构成回路。也可能是信号线与电源线并列走线，信号线外层屏蔽不接地，信号线上感应 50Hz 干扰信号。

（2）记录仪滑线电阻接触不良引起台阶型噪声。

（3）分析器排水缸积有冷凝水，使排出气体间断，造成基线有冲击性毛刺。

（4）载气与氢气中有杂质污染，出现似出峰状的噪声。

5-167 采用 FID 检测器的色谱仪记录基线不稳定的原因是什么?

答:一般在刚开机时此种现象较常见。

(1) 载气管线漏气(包括分析器至载气钢瓶之间的管线)导致基线单方向漂移。

(2) 稳流阀或稳压阀性能不稳,造成载气、氢气流量波动,致使基线漂移。

(3) 载气源到分析器管线被污染,或清洗管线后残存有碳氢化合物,逐渐流出造成峰状漂移。

(4) 火焰已熄灭,但色谱柱仍有流出物进入检测器,造成检测器长时间污染,基线不稳。

5-168 试分析采用 FID 检测器的色谱仪灵敏度逐渐降低的原因。

答:如果电气单元工作正常,则灵敏度降低的可能原因如下:

(1) 载气、氢气与空气流量的比例失调,即仪器

的操作条件不正常。没有运行在最佳操作条件,仪器灵敏度就显著下降。

(2) 取样阀漏气或分析流路漏气,使进入色谱柱的实际样品量降低,有时在进入检测器时管线泄漏,造成峰高或峰面积减小,反应灵敏度偏低。

(3) 色谱峰保留时间改变,使工业色谱仪开关门时部分组分的峰未被记录,造成谱峰面积减少或峰高降低。

5-169 如何防止氢火焰离子化检测器收集极积垢,积垢后用什么办法可以除掉?

答:硅酮型色谱柱使用过程中,固定液若流失在FID 里,燃烧后生成二氧化硅,这种白色沉淀物会沉积在离子室中。积垢一旦形成,色谱基线上将不断出现尖状脉冲,干扰正常分析。

要防止积垢,必须先对这类色谱柱充分老化。老化时,柱出口不能接检测器,放空时亦不能让空气反扩散进入柱中,因此要用载气进行保护。选用时,尽

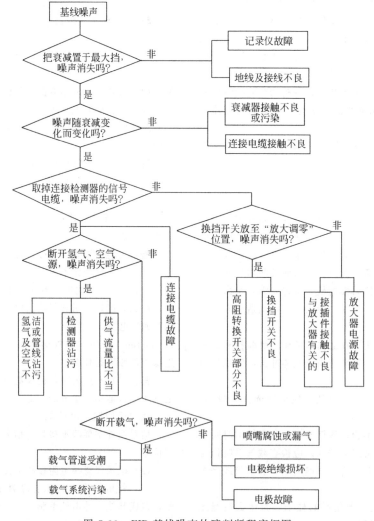

图 5-39 FID 基线噪声故障判断程序框图

量避免用硅酮柱。若要用时，固定液须用色谱纯的，如 SD-2100 或 OV-101。最好不用纯度低的，如 DC-200 或 SF-96。

若离子室中已沉积有 SiO_2，而积垢又不太硬，可注射若干毫升氟里昂，点火后，生成气态氟化氢，它再和 SiO_2 形成挥发性物质，由气流带出。

若上述方法不能除掉，则要把离子头内各部件拆卸下来，放在超声浴中清洗 2h，然后在蒸馏水和丙酮中反复漂洗。亦可用能够除掉 SiO_2 的表面活性剂进行清除。

5-170 采用 FID 检测器的色谱仪通入 N_2、H_2、空气，各单元工作正常，但按下点火开关时，记录仪指针不动，即点不着火或点着火后又自己熄灭了，这是什么原因？

答：点不着火的原因。

（1）极化电压 300V、点火电压 3V 未加到离子探头上，或点火开关接触不良。

（2）检测器点火线圈已断线。

（3）检测器至微电流放大器——信号处理装置——记录仪信号电缆线连接不好或断线，即使点着火，由于没有信号输出，误认为没有点着火，此为长期使用过程中常见现象。

点着火后又熄灭，可能是下列原因引起的。

（1）氢气量太少或空气量不足，不满足点火后继续燃烧条件，故点着火后又熄灭了。检测器排气口堵死，点火后也要自动熄灭。

（2）N_2/H_2 比、氢/空气比例严重失调，氢气量小，载气量太大或空气量太大，把点着的火吹灭。

5-171 色谱仪的 FID 检测器点不着火应采取哪些措施？

答：(1)检查点火线圈是否发红；(2)重新设定氢气和助气流量；(3)检测器温度不够，有冷凝水时等温度升高排尽水；(4)清理喷嘴。

5-172 一台工业色谱仪 FID 检测器对所有组分的响应均变小，试分析可能的原因。

答：可能的原因有：(1)取样阀泄漏；(2)载气、氢气与空气比例失调；(3)检测器极化电压降低。

5-173 用框图分析 FID 检测器基线噪声的原因。

答：见图 5-39。

5-174 AA 色谱仪出现 FID 检测器火焰灭报警时，如何检查处理？

答：见图 5-40。

5-175 ABB 公司生产的 VistaⅡ 2000 系列工业色谱仪出现"氢火焰灭"报警，如何检查处理？

答：见图 5-41。

5-176 火焰光度检测器基线波动较大，如何检查其原因？

答：应检查下列内容。

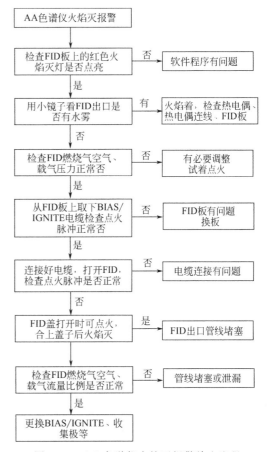

图 5-40　AA 色谱仪火焰灭报警检查流程

（1）检查载气、氢气和空气流速是否稳定，三者比率是否合乎规定数值。若流速不稳，应检查系统是否泄漏，阀件是否有故障。

（2）检查载气、氢气、空气气源是否被污染或有杂质存在。可通过更换气瓶、气源，检查预处理系统中的干燥剂或吸收剂来确认。

（3）色谱柱箱温度给定是否太高。若温度过高，气液柱固定液蒸气压超过 10kPa，其流失加快，气固柱中一些极性较强的分子开始脱附，这些都会造成基线不稳。

（4）燃烧室温度过高则火焰不稳定，过低则样品在检测室内冷凝，可用试探法确定检测室温度给定值。

（5）检查微电流放大器、光电倍增管是否接触良好，有无故障，高压电源是否稳定。

5-177 火焰光度检测器暗流偏大时如何处理？

答：暗流是指光电倍增管在无任何光信号的情况下，通过放大器输出的电流。正常的暗流值约为 10^{-9}A。若大于此值，则可认为本底偏高，这通常是由于外界光漏入光电倍增管，或其本身质量不好造成。

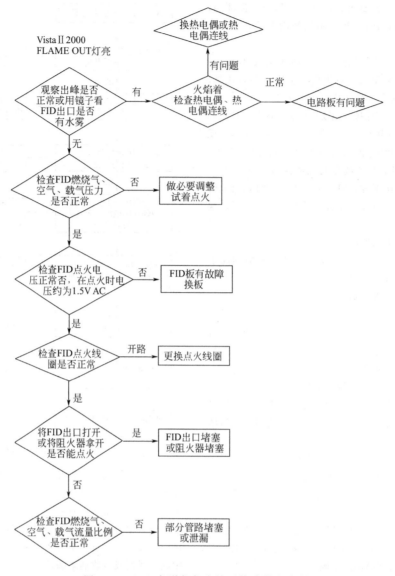

图 5-41　ABB 色谱仪氢火焰灭故障处理流程

防止外界光漏入常采用三种办法：

（1）将燃烧器和光电倍增管之间所有的连接件全用黑色胶带封上；

（2）用一个不透明的圆筒，将光电倍增管和冷却管的金属接头连在一起，防止散射光透入；

（3）用一个不透光的盒子，将燃烧器和光电倍增管全罩在里面，从根本上解决漏光问题。

若仪器使用一段时间后，暗流增大而仪器其他部分均正常，则往往是由光电倍增管性能变坏引起。

5-178　FPD 检测器使用一段时间后灵敏度下降，试分析其主要原因。

答：（1）漏光　光漏入光电管后将出现噪声大、灵敏度低，甚至基线偏至一侧无法调零的现象。可在检测器附近放一支白炽灯，反复开关，观察输出基线是否跟随变化，以确认检测器系统是否漏光。

（2）气体比例变化　由于 H_2 或空气漏或流速不稳，改变了 O_2/H_2 比，噪声增大且灵敏度降低。这是最常见的异常现象，可通过测定其流量进行判断。

（3）气流中夹带杂质　如固定液流失增加，或因气源纯度差而带入杂质等。

（4）滤光片使用寿命（一般为 5 年）已到　可用光谱仪测定它的透过波长，看是否仍在原来的位置。

（5）石英玻璃保护片透光性变差或出现凹痕　肉眼观察到后可用抛光膏等研磨，若不能恢复原状，另换新的。

（6）喷嘴脏或有沉积物。

（7）光电倍增管散热不佳或周围环境温度增高。

（8）电路部分的静电计、放大器或供给光电倍增管的高压电源不稳定。

（9）光电倍增管损坏　维修中不要轻易拆卸或更换光电倍增管，只有确认无误后才可进行。

5.7　天然气专用色谱仪和热值计算

5-179　天然气处理厂和管道输送中使用的在线分析仪表主要有哪几种？其作用是什么？

答：主要有以下三种。

（1）气相色谱仪　用于监视天然气的质量，测量其组成、密度和热值，测量组分为 $C_1 \sim C_6$、CO_2、N_2 等。一般来说，管输天然气的组成每日、周、月、季度都会发生变化，也会因气体处理装置或气藏的变化而变化。在线气相色谱仪大多和流量计（超声波流量计、孔板流量计等）配套，用于天然气的能量计量和贸易结算。

（2）H_2S 分析仪　用于监视天然气中的 H_2S 含量。H_2S 和 H_2O 结合会生成氢硫酸，腐蚀设备和管道，管输天然气要求 H_2S 含量：$<20mg/m^3$（标准）（13.2ppm vol）。

（3）微量水分析仪　用于监视天然气中的 H_2O 含量，防止水合物和结冰堵塞，也防止电化学腐蚀和氢硫酸腐蚀。管输天然气要求在输送压力下水露点比管道周围最低环境温度低 5℃。

在一定的温度压力下，天然气中的某些组分（甲烷、乙烷、丙烷、异丁烷、CO_2、H_2S 等）能与水形成白色结晶状物质，其外形像致密的雪或松散的冰，称为水合物。其形成与水结冰完全不同，即使温度高达 29℃，只要压力足够高，仍然会形成水合物。一旦形成水合物，很容易在阀门、弯头、三通及其他部件等处造成堵塞，影响管道输送。

5-180　试述天然气的组成、性质和管输要求。

答：预计到 2010 年，全球天然气消费量将达到 31000 亿标准立方米，约占全球一次能源消费量的 24%～25%，这预示着天然气将成为 21 世纪最主要的能源。因此，了解天然气的组成、性质、在线分析方法和要求，是在线分析行业面临的一项重要任务。

天然气主要来自气田气，也有一部分来自油田伴生气，其成分主要是甲烷，约占 85%～96% mol，还有少量乙烷、丙烷、丁烷等，除烃类气体外，还含少量 CO_2、H_2S、N_2、H_2O 及微量其他气体。天然气采出后，经气体处理厂脱硫、脱水、凝液回收，由管道外输，或液化外运。

天然气的主要性质如下。

爆炸限：4%～16%

自燃点：一般高于 400℃

密度（标准状态下）：$<1kg/m^3$

相对密度（与干空气密度之比）：气田气 0.58～

0.62，油田伴生气 0.7～0.85

水露点和烃露点：在一定压力下，水蒸气和烃类蒸气开始发生凝析时的温度。压力越高，天然气的水露点和烃露点越高。

天然气管道输送要求如下：输送压力下水露点比管道周围最低环境温度低 5℃；输送压力下烃露点不得高于管道周围最低环境温度；固体颗粒物含量 $<10mg/m^3$（标准）；H_2S 含量 $<20mg/m^3$（标准）（13.2ppmVol）。

5-181　解释下列名词：高压天然气，低压天然气，烃露点，水露点，凝析，反凝析。

答：高压天然气　气体压力在 0.2MPa 以上的天然气。

低压天然气　气体压力在 0～0.2MPa 之间的天然气。

烃露点　在给定压力下，烃类蒸气开始发生凝析时的温度。

水露点　在给定压力下，水蒸气开始发生凝析时的温度。

凝析、反凝析　凝析是指烃类气体混合物在一个特定的温度和压力下将生成液相的重烃，反凝析是指在相同的温度下，当压力高于或低于此特定压力时，液相的重烃会再度汽化，混合物返回至单相气体状态的现象。

5-182　什么是凝析和反凝析？天然气的凝析和反凝析现象有何特点？

答：天然气凝析行为相当复杂，图 5-42 给出了天然气压力温度相图的示例。曲线的形状取决于气体组成，在临界点和正常的操作条件之间，相边界是一个复杂的函数。当气体压力或温度进、出相边界时，就可能发生"凝析"和"反凝析"现象。

以图 5-42 为例，分析天然气在不同的温度和压力下的凝析和反凝析现象。设天然气管道内的气体压

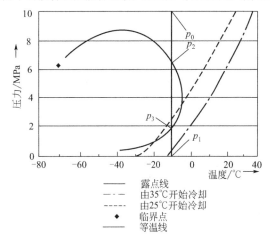

图 5-42　天然气压力温度相图的示例

力为 p_0，气体初始温度为 $-10℃$，如果天然气在等温的条件下减压膨胀，它就会沿着图中的竖线接近分析时的压力 p_1。气体在 p_0 处于稳定的单相状态，并且继续保持这种状态直至 p_2，p_2 处于两相区的边界上。在 p_2 和压力更低的 p_3 之间是气体与凝析液体共存的两相区。在这个区域内，气相和液相的相对数量以及它们的组成是连续变化的。在低于 p_3，一直到 p_1 的压力下，流体以气相再次出现。

如果从一个压力为 p_0 的天然气管道中取样并减压，当压力降至 p_2 以下时，取出的样品会出现两相。理论上分析，当压力降至 p_3 以下时，这两相又会重新合二为一，但实际上这个过程相当缓慢，此时取出的样品会出现两相共存状态，而两相共存的任何样品都不具有代表性，对其进行分析会造成较大测量误差。

此外，等温减压膨胀只是一种假设，事实上，根据焦耳-汤普森效应，在天然气减压膨胀过程中，气体温度会随着降低。降温幅度约为 $0.5℃/0.1MPa$，即压力每降低 $0.1MPa$，温度下降约 $0.5℃$。图 5-42 中的长划线表示某一气体的减压降温过程，该气体的初始温度为 $25℃$，初始压力为 $10MPa$，当压力降至 p_3 时，温度将降到 $-10℃$ 以下，此时该气体进入两相区，从而发生凝析。要想在到达 p_1（分析压力）的过程中不经过两相区，初始温度应达到 $35℃$，如图中的点划线所示。

5-183 设计天然气的取样和样品处理系统时，应注意哪些问题？

答：主要应注意以下几点。

（1）避免取出的样品出现气液共存现象　在取样（无论采用敞开式探头还是采用减压式探头）和样品传输、处理过程中，应采取伴热保温措施，使样品的温度在任何压力下都应高于其烃露点和水露点。伴热温度至少应高于样品源温度 $10℃$ 以上。

管输天然气的输送压力最高可达 $10MPa$，当将其减压至 $0.1MPa$ 以下时，气体的温度约降低 $50℃$ 左右。对这种高压天然气取样时，应参考天然气的温度压力相图，避免样品在减压降温过程中进入相边界之内，出现凝析现象。样品减压时应采取加热措施，然后伴热传输。

（2）吸附与解吸　某些气体组分被吸附到固体表面或从固体表面解吸的过程称为吸附效应，这种吸附力大多是纯物理性的，取决于与样品接触的各种材料的性质。样品系统的部件和管子应采用不锈钢材料，而不能采用碳钢或其他类似多孔性材料（容易吸附天然气中的重组分、H_2S、CO_2 等）。密封件宜采用聚四氟乙烯等，而不能用硅橡胶，硅橡胶对许多组分都具有很高的吸附型和渗透性。

当测定微量的 H_2S 和重烃时应特别注意这一点，因为这些组分具有强吸附效应，此时可采取以下措施。

● 对与样品接触的部件进行表面处理，如抛光、电镀某种惰性材料（如镍）来减少吸附效应。

● 样品处理部件表面涂层，聚四氟乙烯涂层对 H_2S 有效，环氧树脂或酚醛树脂涂层能减少或消除对含硫化合物或其他微量组分的吸附。

（3）泄漏和扩散　应对样品系统定期进行泄漏检查，微漏可能影响微量组分的测定分析，特别是分析微量 H_2O、O_2 时，即使样品在高压状态下，大气中的 H_2O、O_2 也会扩散到管子或样品容器中，因为组分的分压决定了扩散的方向。检漏可采用洗涤剂溶液，也可采用充压试漏。

（4）腐蚀防护　天然气中的腐蚀性组分主要是 H_2S、CO_2 等酸性气体，一般采用 316 不锈钢材料即可。

5-184 什么是天然气专用色谱仪？它有什么特点？

答：所谓天然气专用色谱仪是指一类以天然气组成分析为主要用途，适合天然气现场安装条件的小型在线色谱分析仪，与传统的在线色谱仪相比，它有以下主要特点。

（1）小型化设计技术，体积小、重量轻，其体积和重量为传统色谱仪的 1/3。

（2）可在线进行天然气全组分分析，计算输出天然气发热量和密度。

（3）仅有热导检测器，可进行常量分析，最低检测限可达几十 ppm，不能进行 ppm、ppb 级的微量分析。

（4）载气采用氦气 He，耗气量很低，仅 $10mL/min$。而传统色谱仪的耗气量一般大于 $50mL/min$。

（5）不需要仪表压缩空气，其进样、柱切阀的驱动采用电磁阀（或采用载气驱动）。这是它的一大优点，因为在天然气集输现场，难于提供仪表空气源。

（6）采用 24V 直流供电，因而也称为变送器式色谱仪，最大功耗 50W。而传统色谱仪需要 220V 交流供电，最大功耗 1200W。

（7）可直接安装在现场管道和设备近旁，采用保护箱或保温箱防护即可，不像传统色谱仪那样一定要安装在分析小屋内，因而安装费用低。

（8）价格较低，一般为传统色谱仪的 $1/2\sim3/5$。

5-185 试述天然气专用色谱仪的主要性能指标。

答：以加拿大 Galvanic PLGC Ⅱ 型在线色谱仪为例，主要性能指标如下。

测量范围：$0\sim1000ppm$ 到 $0\sim100\%$

测量组分数：最多 16 个

响应时间：16min 到 C_6^+（可选 4min 到 C_6^+）

测量流路数：最多 16 个

线性误差：$\pm 1\%$ FS

重复性误差：$\pm 0.1\%$

恒温炉温控精度：$\pm 0.1℃$

环境温度：$10\sim 40℃$

环境湿度：$0\sim 95\%$，无凝露

供电：24V DC（或220V AC），功耗：最大 50W

防爆等级：防爆型 Class 1，Division 1，GroupC，D T3

输出信号：4 个隔离 $4\sim 20$mA 输出

4 个继电器接点输出

RS232，RS485 Modbus

显示：240×64 背光 LCD

载气：氦气(He)，耗气量 10mL/min，4×10^5PaG

样气：清洁干燥，95mL/min，$0.7\sim 7\times 10^5$PaG

5-186 简述天然气专用色谱仪的色谱柱系统及分离流程。

答：以加拿大 Galvanic PLGCⅡ型在线色谱仪为例，其柱系统采用两根微填充柱，柱管采用 1/16″（外径 1.6mm）不锈钢管，柱填料为 Chromosorb PAW 红色硅藻土。柱切阀和进样阀为 Valco DV22 型十口微体积膜片阀，分离流程如下。

（1）样品经柱 1 到柱 2，柱 1 通过除 C_6^+ 外所有组分，截留 C_6^+ 并反吹出去，柱 2 分离其余组分，见图 5-43（a）。

（2）后一个戊烷 C_5 组分离开柱 1 进入柱 2 之后，十通柱切阀动作，载气反向逆流通入，C_6^+ 呈一小的尖峰首先进入 TCD，其余组分逆向经过柱 2，并再次通过柱 1 到达 TCD，见图 5-43（b）。

5-187 试述天然气色谱分析取样和样品处理系统的组成和功能。

答：天然气取样和样品处理系统的组成和功能如下。

（1）取样和样品的前级处理 采用敞开式取样探头取样，样品取出后经前级减压即可输送。样品传输管线需伴热保温。

国外还生产一种减压式探头，即 Genie Probe Regulator，它将探头和减压阀组合在一起，直接插入天然气管道取样，可在（140×10^5PaG）（2000psiG）压力下工作，其优点是可以防止天然气凝析液进入样品处理系统和分析仪。

（2）管输天然气比较干净，样品预处理系统也比较简单，一般包括过滤、减压、快速回路、安全泄压几个部分，见图 5-44。当样气中 H_2S 和 H_2O 含量较高（超出天然气管输要求）时，可在样品预处理系统增加脱硫和除湿环节。

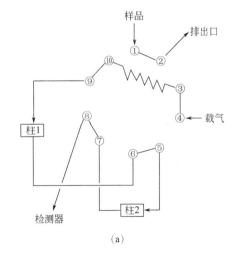

(a)

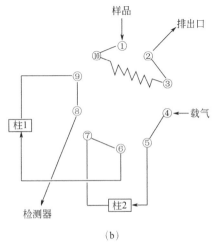

(b)

图 5-43 天然气分析色谱柱切换示意图

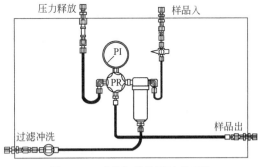

图 5-44 天然气样品预处理系统

脱硫器中装入浸渍硫酸铜（$CuSO_4$）的浮石管或无水硫酸铜脱硫剂（96%$CuSO_4$，2%MgO，2%石墨粉），可脱除 H_2S，此过程适用于 H_2S 含量＜300ppm 的气样，对 CO_2 影响极小。除湿可采用粒状五氧化二磷 P_2O_5 或高氯酸镁 $MgClO_4$，装入直径 $10\sim 15$mm 长 100mm 的玻璃管干燥器中，当干燥剂约有一半失效时，需更换。脱硫器和干燥器均应装在紧靠

分析仪样品入口的管路中，并且脱硫器应装在干燥器的上游。

5-188 天然气色谱分析中使用载气和标准气时应注意哪些问题？

答：载气应使用高纯度氦气，纯度等级应不低于99.995%，载气中的水分（由于气瓶处理等原因造成）干扰测定，可在分析仪载气入口加装载气干燥器，干燥器内填充 0.63～0.28mm（30～60 目）的分子筛。

天然气分析用的标准气中含有少量重组分，标准气瓶应在 15℃ 或高于烃露点的温度下保存。如果标准气在低温下放置，使用前，气瓶应加热几小时。如果对异戊烷和正戊烷的含量有怀疑，应用纯组分气检查。

5-189 什么是高位发热量？什么是低位发热量？什么是摩尔、质量、体积发热量？

答：高位发热量 superior calorific value 规定量的气体在空气中完全燃烧时所释放出的热量。在燃烧反应发生时，压力 p_1 保持恒定，所有燃烧产物的温度降至与规定的反应物温度 t_1 相同的温度，除燃烧中生成的水在温度 t_1 下全部冷凝为液态外，其余所有燃烧产物均为气态。

低位发热量 inferior calorific value 规定量的气体在空气中完全燃烧时所释放出的热量。在燃烧反应发生时，压力 p_1 保持恒定，所有燃烧产物的温度降至与规定的反应物温度 t_1 相同的温度，所有燃烧产物均为气态。

高位发热量用 H_s 表示，低位发热量用 H_i 表示，两者的区别在于，H_s 包括燃烧产物中的水蒸气完全冷凝为水时放出的汽化潜热，而 H_i 不包括这部分汽化潜热。

天然气能量计量中一般按高位发热量进行计算。

当上述规定量的气体分别由摩尔、质量和体积给出时，则发热量分别称为摩尔发热量（用 $\bar{H}$ 表示）、质量发热量（用 $\hat{H}$ 表示）、体积发热量（用 $\tilde{H}$ 表示）。

5-190 什么是燃烧参比条件？什么是计量参比条件？

答：燃烧参比条件 指规定的燃料燃烧时的温度 t_1 和压力 p_1。

计量参比条件 指规定的燃料燃烧时，计量的温度 t_2 和压力 p_2。

我国目前使用的计量和燃烧参比条件相同，即 $t_1 = t_2 = 20℃ = 293.15K$，$p_1 = p_2 = 101.325kPa$。

国际标准化组织 ISO 规定的计量和燃烧参比条件为：$t_1 = t_2 = 15℃ = 288.15K$，$p_1 = p_2 = 101.325kPa$。

世界各国使用的计量和燃烧参比条件不完全相同。

5-191 什么是理想气体？什么是真实气体？

答：符合理想气体状态方程（$PV = nRT$ 或 $P_1V_1/T_1 = P_2V_2/T_2$）的气体叫做理想气体，事实上，各种实际气体都或多或少地偏离理想气体状态方程，在常温常压下，这种偏离很小，温度压力变化越大，这种偏离就越大。即使在同一温度和压力下，各种气体与理想气体状态方程的偏离程度也是不一样的。为了与理想气体相区别，各种实际气体叫做真实气体。

5-192 什么是压缩因子？

答：压缩因子 compression factor 在规定的压力和温度条件下，一给定气体的实际体积与在相同条件下按理想气体定律计算出的该气体体积的比值。即：

压缩因子 Z = 实际体积/理想体积

实际体积 = 理想体积 × 压缩因子 Z

例如，按理想气体状态方程 $PV = nRT$，1mol 丙烷在 0℃，101.325kPa 下的体积为 22.414L，丙烷在 0℃，101.325kPa 下的压缩因子 $Z = 0.9789$，则丙烷的实际体积为 22.414L × 0.9789 = 21.9711L。

5-193 如何求取气体混合物的压缩因子？

答：气体混合物的压缩因子 Z_{mix} 按下式计算：

$$Z_{mix} = 1 - \left[\sum_{j=1}^{n} x_j \sqrt{b_j} \right]^2 \qquad (5-1)$$

式中　x_j——组分 j 的摩尔分数（摩尔百分比）；

$\sqrt{b_j}$——求和因子，$\sqrt{b_j} = \sqrt{1 - Z_j}$；

Z_j——组分 j 的压缩因子。

5-194 气相色谱仪测得的混合物中各组分的浓度，是体积分数还是摩尔分数？

答：是摩尔分数。

热导检测器的输出信号与通过热导池各组分的热导率及流量（即体积）有关，测量值应当是体积分数，确切地说，应当是真实气体的体积分数，但实际上并非如此。气相色谱仪的测量结果依赖于标定方法和定量计算方法，按真实气体体积浓度配制标准气和进行定量计算均存在许多困难，不确定度也较大，因而，气相色谱仪的标定和定量计算方法规定，标准气按摩尔分数配制，定量校正因子也是摩尔校正因子，因此，气相色谱仪测得的混合物中各组分的浓度，是摩尔分数。

简而言之，热导检测器的测量信号是真实气体的体积分数，经过定量校正因子校正后，其输出值已变成摩尔分数。

从热导检测器的设计计算可知，它把各种气体作为理想气体处理，按理想气体定律进行计算，测量值可以认为是体积分数，也可以认为是摩尔分数，因为对理想气体而言，两者是完全相等的。当然对于真实气体而言，两者并不完全相等，由于两者的差别很小，所以往往忽略不计。

5-195 用气相色谱仪测得气体混合物的摩尔分

数后，如何计算天然气的体积发热量？

答：可按以下步骤计算。

第一步 计算气体混合物在燃烧温度 t_1 下的摩尔发热量 $\bar{H}(t_1)$

$$\bar{H}(t_1) = \sum_{j=1}^{n} x_j \bar{H}_j(t_1) \qquad (5-2)$$

式中 x_j——组分 j 的摩尔分数；

$\bar{H}_j(t_1)$——混合物中组分 j 在温度 t_1 下的摩尔发热量。

第二步 计算气体混合物在燃烧温度 t_1，计量温度 t_2 和压力 p_2 下的体积发热量 $\tilde{H}[t_1, V(t_2, p_2)]$

$$\tilde{H}[t_1, V(t_2, p_2)] = \bar{H}(t_1) \times \frac{p_2}{RT_2 Z_{\text{mix}}(t_2, p_2)} \qquad (5-3)$$

（上式计算出的体积发热量是真实气体的实际体积发热量）

式中 R——摩尔气体常数，$R = 8.314\ 510\text{J/}$ $\text{mol} \cdot \text{K}$；

T_2——热力学温度，$T_2 = t_2 + 273.15\text{K}$；

$Z_{\text{mix}}(t_2, p_2)$——在计量参比条件 t_2 和 p_2 下气体混合物的压缩因子。

5-196 什么是密度？如何计算气体混合物的密度？

答：密度（density）在规定的压力和温度条件下，气体的质量除以它的体积。

气体混合物的密度按下式计算：

$$\rho_{\text{mix}}(t, p) = \sum_{j=1}^{n} x_j M_j \times \frac{p}{RT Z_{\text{mix}}(t, p)} \qquad (5-4)$$

（上式计算出的密度是真实气体的实际密度）

式中 $\rho_{\text{mix}}(t, p)$——在规定的压力 p 和温度 t 条件下，气体混合物的密度；

x_j——组分 j 的摩尔分数；

M_j——组分 j 的摩尔质量；

R——摩尔气体常数，$R = 8.314\ 510$ $\text{J/mol} \cdot \text{K}$；

T——热力学温度，$T = t + 273.15\ \text{K}$；

$Z_{\text{mix}}(t, p)$——在 t 和 p 下气体混合物的压缩因子。

表 5-6 天然气各组分的摩尔分数

组分	摩尔分数 x_j	组分	摩尔分数 x_j
甲烷	0.9247	正戊烷	0.0006
乙烷	0.0350	氮气	0.0175
丙烷	0.0098	二氧化碳	0.0068
丁烷	0.0022	总和	1.0000
2-甲基丙烷	0.0034		

5-197 用在线色谱仪测得天然气各组分的摩尔分数如表 5-6 所示，试计算其体积高位发热量和密度。参比条件为国际标准化组织 ISO 标准参比条件：$t_1 = t_2 = 15℃ = 288.15\text{K}$，$p_1 = p_2 = 101.325\text{kPa}$。

解：计算步骤如下。

（1）查表求取所需数据并进行简单计算，见表 5-7。

（天然气发热量和密度计算数据可查阅 GB/T 11062—1998《天然气发热量、密度、相对密度和沃泊指数的计算方法》）

（2）按式（5-2）计算摩尔高位发热量

$$\bar{H}_s(t_1) = \sum_{j=1}^{n} x_j (\bar{H}_s)_j(t_1) = 919.09\text{kJ/mol}$$

（3）按式（5-1）计算天然气气体混合物的压缩因子

$$Z_{\text{mix}}(t_2, p_2) = 1 - \left[\sum_{j=1}^{n} x_j \sqrt{b_j}\right]^2 = 1 - [0.04785]^2 = 0.99771$$

（4）按式（5-3）计算体积高位发热量

$$\tilde{H}_s[t_1, V(t_2, p_2)] = \bar{H}_s(t_1) \times \frac{p_2}{RT_2 Z_{\text{mix}}(t_2, p_2)}$$

表 5-7 天然气发热量和密度计算有关数据

组 分	摩尔质量 M_j /(kg/mol)	高位发热量 $(\bar{H}_s)_j$ (15℃) /(kJ/mol)	求和因子 $\sqrt{b_j}$ (15℃，101.325kPa)	摩尔分数 x_j	摩尔分数×摩尔质量 $x_j M_j$ /(kg/kmol)	摩尔分数×发热量 $x_j(\bar{H}_s)_j$ /(kJ/mol)	摩尔分数×求和因子 $x_j \sqrt{b_j}$
甲烷	16.043	891.56	0.0447	0.9247	14.8350	824.43	0.04133
乙烷	30.070	1562.14	0.0922	0.0350	1.0525	54.67	0.00323
丙烷	44.097	2221.10	0.1338	0.0098	0.4322	21.77	0.00131
丁烷	58.123	2879.76	0.1871	0.0022	0.1279	6.34	0.00041
2-甲基丙烷	58.123	2870.58	0.1789	0.0034	0.1976	9.76	0.00061
正戊烷	72.150	3538.60	0.2510	0.0006	0.0433	2.12	0.00015
氮气	28.0135	0	0.0173	0.0175	0.4902	0	0.00030
二氧化碳	44.010	0	0.0748	0.0068	0.2993	0	0.00051
总和				1.0000	17.478	919.09	0.04785

$$= 919.09 \times \frac{101.325}{8.314510 \times 288.15 \times 0.99771}$$

$$= 38.959 \text{MJ/m}^3$$

式中　p_2——绝对压力，$p_2 = 101.325\text{kPa}$；

　　　R——摩尔气体常数，$R = 8.314510\text{J/mol} \cdot \text{K}$；

　　　T_2——热力学温度，$T_2 = t_2 + 273.15\text{K} = 288.15\text{K}$。

（5）按式（5-4）计算天然气气体混合物的密度

$$\rho_{\text{mix}}(t_2, p_2) = \sum_{j=1}^{n} x_j M_j \times \frac{p_2}{RT_2 Z_{\text{mix}}(t_2, p_2)}$$

$$= 17.478 \times \frac{101.325}{8.314510 \times 288.15 \times 0.99771}$$

$$= 0.74088 \text{kg/m}^3$$

5-198　在天然气能量计量中，我国使用国际单位制，发热量单位为 kJ，体积发热量单位为 MJ/m³；西方国家多使用英制单位，发热量单位为 BTU，体积发热量单位为 BTU/cf 。试推导两者之间的换算关系。

答：1kJ（千焦）＝ 0.948BTU（英热单位 British Thermal Unit，也写为 Btu）

1 BTU＝1.055kJ

1m³（立方米）＝35.31073cf（立方英尺 cubic foot，也写为 ft³）

1cf＝0.02832m³

所以

1BTU/cf＝37.25kJ/m³＝0.03725MJ/m³

1MJ/m³＝26.84BTU/cf

备注：国际单位制已不再使用千卡（kcal）作为热量单位而改用千焦（kJ），其换算关系为：

1kcal＝4.184kJ

1kJ ＝ 0.239kcal

6. 微量水分仪

6-1 解释下列名词：水分、湿度、微量水分、露点、霜点、冰点。

答：**水分** 按照国家计量技术规范《常用湿度计量名词术语》（JJG1012—87），把液体或固体物质中水的含量定义为水分，对应于英文的 moisture。

湿度 按照 JJG1012-87，把气体中水蒸气的含量定义为湿度，对应于英文的 humidity。

微量水分 当气体中水蒸气的含量低于露点－20℃时（在标准大气压下为 1020ppmV），工业中习惯上称为微量水分（trace water），而不叫湿度（液体中的微量水含量习惯上也称为微量水分，但尚无明确定义）。

露点 dew point，水蒸气在一个平面上凝结成露的温度。

霜点 当水蒸气的温度低于 0℃时，水蒸气在一个平面上凝结成霜的温度。但一般习惯上对露点和霜点不加区分，统称为露点。

冰点 freezing point，英文中将霜点称为冰点。

（测量水分、湿度、微量水分的方法和仪器各有多种，本部分仅介绍常用的在线微量水分测量方法和仪器。）

6-2 湿度和微量水分的表示方法有哪几种？

答：湿度和微量水分的表示方法主要有如下一些。

（1）**绝对湿度** 在一定的温度及压力条件下，每单位体积混合气体中所含的水蒸气质量，单位以 g/m^3 或 mg/m^3 表示。

（2）**体积百分比** 水蒸气在混合气体中所占的体积百分比，单位以％V 表示。在微量情况下采用体积百万分比，单位以 ppmV 表示。

（3）**水蒸气分压** 是指在湿气体的压力一定时，湿气体中水蒸气的分压力，单位以毫米汞柱（mmHg）表示。

（4）**露点温度** 在一定温度下，气体中所能容存的水蒸气含量是有限的，超过此限度就会凝结成液体露滴，此时的水蒸气量称之为此温度下的饱和水蒸气量。温度越高，饱和水蒸气量越大。

在一个大气压下，水蒸气量达到饱和时的温度称为露点温度，简称露点，单位以℃或℉表示。露点温度和水蒸气含量是一一对应的。

（5）**相对湿度** 是指每立方米湿气体中所含水蒸气质量与在相同条件（同温度同压力）下可能含有的最大限度水蒸气质量之比。相对湿度有时也称为水蒸气的饱和度。单位以％表示。

以上表示方法用于气体，下述表示方法主要用于液体，有时也用于表示气体中的水分含量。

（6）**质量百分比** 水分在液体中所占的质量百分比，单位以％W 表示。在微量情况下采用质量百万分比，单位以 ppmW 表示。

6-3 在微量水分的分析中，常用的计量单位有哪些？它们之间如何进行换算？

答：在微量水分的分析中，常用的计量单位主要有以下几种：

绝对湿度 mg/m^3

体积百万分比 ppmV

露点温度 ℃

质量百万分比 ppmW

这些计量单位之间的换算，比较方便快捷的方法是查表，有时也需要通过计算进行换算。下面介绍几个常用的换算公式。

（1）mg/m^3 与 ppmV 之间的换算公式（20℃下）

$$mg/m^3 = \frac{18.015}{24.04} \times ppmV \approx 0.75 \times ppmV （20℃）$$

$$ppmV(20℃) = \frac{24.04}{18.015} \times mg/m^3 \approx 1.33 \times mg/m^3$$

式中 18.015——水的摩尔质量，g；

24.04——20℃、101.325kPa 下每摩尔气体的体积，L。

（2）ppmV 与 ppmW 之间的换算公式

$$ppmV = \frac{M_{mix}}{18.015} \times ppmW$$

$$ppmW = \frac{18.015}{M_{mix}} \times ppmV$$

式中 18.015——水的摩尔质量；

M_{mix}——混合气体的平均摩尔质量。

（3）mg/m^3 与 ppmW 之间的换算公式（20℃下，空气中）

$$mg/m^3 = \frac{28.96}{24.04} \times ppmW \approx 1.2047 \times ppmW（20℃）$$

$$ppmW(20℃) = \frac{24.04}{28.96} \times mg/m^3 \approx 0.8301 \times mg/m^3$$

式中 28.96——空气的摩尔质量，g；

24.04——20℃、101.325kPa 下每摩尔气体的体积，L。

6-4 测量工艺介质中的微量水分对生产过程有

何重要作用？

答：在化工、石化生产过程中，控制物料中的水分含量具有重要的作用。例如，在一些聚合反应过程中，若原料中含有一定的水分，就会大大降低聚合产品的性能。在乙烯裂解分离过程中，如果裂解气中含有微量水分，在深冷分离工序就会造成设备冻裂停产的重大事故。在很多场合，微量水分对催化剂具有毒性，若不除去就会使催化剂中毒失效，如聚乙烯、聚丙烯聚合反应中，要求进料含水量＜1ppm，否则催化剂活性降低，会造成产品变色。某些气体如氯化氢、氯气等，其中存在水分会产生很强的腐蚀作用。在天然气管道输送中，如果含有水分，天然气中的硫化氢会产生较强的腐蚀作用，对输气管道和设备造成严重损害。在石油炼制过程中，物料的水分含量也是个重要的因素，将会直接影响产品质量和设备的安全运转。因此微量水分的测量及控制对许多生产过程是必不可少的。

6-5 在线分析使用的微量水分仪有哪几种类型？

答：在线分析使用的微量水分仪主要有以下三种：

(1) 电解式微量水分仪；

(2) 电容式微量水分仪；

(3) 晶体振荡式微量水分仪。

电容式既可用于气体，也可用于液体，其他只能用于气体。

在线微量水分仪标定和校准时，还常用到以下两种高精度实验室微量水分仪：

(1) 光电式露点仪（冷却镜面凝析湿度计）；

(2) 卡尔·费休电量计。

6.1 电解式微量水分仪

6-6 试述电解式微量水分仪的测量原理和特点。

答：电解式微量水分仪又名库仑法电解湿度计，它用来测定气体中的微量水分含量，最低可测到 1ppmV 左右。其作用原理是基于法拉第电解定律。

仪器的主要部分是一个特殊的电解池，池壁上绕有两根并行的螺旋形铂丝，作为电解电极。铂丝间涂有水化的五氧化二磷薄膜。P_2O_5 具有很强的吸水性，当被测气体经过电解池时，其中的水分被完全吸收，产生磷酸溶液，并被两铂丝间通以的直流电压电解，生成的 H_2 和 O_2 随样气排出，同时使 P_2O_5 复原。反应过程如下：

吸湿：$P_2O_5 + H_2O \longrightarrow 2HPO_3$

电解：$4HPO_3 \longrightarrow 2H_2 + O_2 + 2P_2O_5$

在电解过程中，产生电解电流。根据法拉第电解定律和气体状态方程可导出，在一定温度、压力和流量条件下，产生的电解电流正比于气体中的水含量。

测出电解电流的大小，即可测得水分含量。

由计算得出，在一个大气压下，测量系统温度为 20℃时，被测气体以 100mL/min 的流量流经电解池，则当样气水含量为 1ppmV 时，电解电流为 13.4μA。

电解式微量水分仪的测量方法属于绝对测量法，电解电量与水分含量一一对应，微安级的电流很容易由电路精确测出，所以其测量精度高，绝对误差小。电解池的结构简单，使用寿命长，并可以反复再生使用。由于采用绝对测量法，测量探头一般不需要用其他方法进行校准，也不需要现场标定。

电解式微量水分仪测量对象较广泛，凡在电解条件下不与五氧化二磷起反应的气体均可测量。

6-7 填空：

(1) 电解式微量水分仪由（　　）和（　　）两部分构成，检测元件为（　　）。

(2) 电解池由（　　）构成，有（　　）和（　　）两种结构型式，电极表面的涂层为（　　），它的主要作用是吸收气体中水分并作为电解质。

(3) 影响电解式微量水分仪检测精度的基本因素有三个，分别是（　　）、（　　）和（　　）。

答：(1) 检测器，显示器，电解池；(2) 两根平行绕制的电极丝，内绕式，外绕式，P_2O_5；(3) 样品气流量，系统压力，电解池温度。

6-8 试述电解池的结构和类型。

答：电解池由芯管（棒）、电极和外套管三个主要部分组成，有两种结构型式。一种是内绕式，把两根铂丝电极绕制在直径约 0.5～2mm 的绝缘芯管内壁上，管子长度为几十厘米，两根铂丝电极间的距离一般为十分之几毫米，铂丝直径一般取 0.1～0.3mm。在管子内壁涂上一定浓度的 P_2O_5 水溶液。为使涂层黏附牢固，可加一定润湿剂。做成的管子切成一定长度，装入外套管中，并接上样品进、出口管接头和电极引线，即成为完整的电解池。见图 6-1（b）。

另一种是外绕式，在一根绝缘芯管上，加工两条

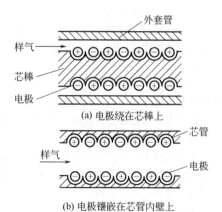

(a) 电极绕在芯棒上

(b) 电极镶嵌在芯管内壁上

图 6-1　电解池的结构示意图

有一定距离的螺旋槽，沿槽绕以铂丝电极，电极间涂以 P_2O_5 水溶液，芯棒外面套上外套管。外套管内径应尽量小，使其与芯棒间距小些，以避免产生水分吸收不完全现象。见图 6-1 (a)。

电解池的长度应满足对被测气体中的水分达到完全吸收。电解池一般采用不锈钢管内衬玻璃管或采用聚四氟乙烯管制作。

6-9 试述电解式微量水分仪的主要性能指标。

答：以原化工部自动化研究所（现为天华化工机械及自动化研究设计院）的 HZ3321A 型电解式微量水分仪为例，其主要性能指标如下。

测量范围：$0\sim1000ppmV$，可扩展至 $0\sim2000ppmV$

基本误差：仪表读数的 $\pm5\%$（$<100ppmV$ 时）
仪表读数的 $\pm2.5\%$（$>100ppmV$ 时）

响应时间：$T_{63}<60s$

样品条件：温度　常温
　　　　　压力 $0.1\sim0.3MPa$
　　　　　流量 $100mL/min$（$0\sim1000ppmV$ 量程）
　　　　　　　 $50mL/min$（$0\sim2000ppmV$ 量程）

6-10 哪些气体可用电解式微量水分仪进行分析？哪些气体不宜进行分析？

答：电解式微量水分仪的测量对象为：空气、氮、氢、氧、一氧化碳、二氧化碳、天然气、惰性气体、烷烃、芳烃等，混合气体及其他在电解条件下不与 P_2O_5 起反应的气体也可分析。

应当注意，测量氢气、含有大量氢气的气体，或者同时含有氢和氧的气体时，不能使用铂丝电解池，而应使用铑丝电解池，并对读数加以修正。

下述气体不宜用电解式微量水分仪进行分析。

（1）不饱和烃（芳烃除外）　会在电解池内发生聚合反应，缩短电解池使用寿命。

（2）胺和铵　会与 P_2O_5 涂层发生反应，不宜测量。

（3）乙醇　会被 P_2O_5 分解产生 H_2O 分子，引起仪表读数偏高。

（4）F_2、HF、Cl_2、HCl　会与接触材料发生反应，造成腐蚀（可选用耐相应介质腐蚀的专用型湿度仪）。

6-11 如何测量氯气中的水含量？

答：干燥氯气的腐蚀性并不强，一般不锈钢材料均可耐干氯腐蚀。但湿氯气的腐蚀性极强，只有少数材料可以耐湿氯腐蚀。这是因为，氯和水接触会发生如下反应：

$$Cl_2 + H_2O \longrightarrow HCl + HOCl$$

反应产物盐酸具有强酸性，次氯酸具有强氧化性。干、湿氯气的划分，随浓度、温度、压力等因素的不同而异，没有一个固定的界限。一般认为，含水

氯气的温度处于露点温度以上时，属于干氯；处于露点温度以下时，属于湿氯。当然，工业生产中氯气的含水量、温度、压力是随时变化的，一定条件下的干氯，当条件改变时也会变成湿氯。

测量氯气中的水含量，需要解决两个问题，一是测量仪表应耐湿氯腐蚀，二是样品系统应耐湿氯腐蚀，而办法只有一个，就是采用耐湿氯腐蚀的材料。

样品系统的管子、接头、阀门、样品处理部件等可采用蒙乃尔合金（一种镍铜合金），也可采用聚四氟乙烯管材和管件；玻璃转子流量计本身可耐湿氯腐蚀。上述材料的密封件宜选聚四氟乙烯、聚三氟氯乙烯、氟橡胶等材质。

电解式微量水分仪可用于氯气湿度测量，其检测器和电解池宜采用聚四氟乙烯制作，铂丝电极本身耐湿氯腐蚀，值得注意的是安装在现场的分析仪箱体应耐湿氯环境，可采用碳氟树脂等聚酯材料制作。

如果氯气湿度较高，也可考虑用干氮气按一定比例稀释后进行测量。

电容式微量水分仪不能用于氯气湿度测量，铝电极不耐湿氯腐蚀。

6-12 何谓"氢效应"？测量氢气中微量水分时，应采用何种电解池？

答：用电解法测定氢气中的微量水分时，氢气和电解出来的部分氧会在一定条件下重新化合成水，产生二次甚至多次电解，使电解电流增大，这种现象称为"氢效应"。

由于铂的催化作用，用铂丝作电极的电解池氢效应特别严重，所以，测量氢气中微量水分时，应采用铑丝作电极的电解池。

用铑丝电解池测量氢气中水分，含水量小于 $200ppmV$ 时，应从仪表读数中减去 $8ppmV$；含水量大于 $200ppmV$ 时，"氢效应"误差可忽略不计。

6-13 电解式微量水分仪的电解池为什么要恒温？放置电解池的隔爆腔在气路入口和出口为什么各装一金属过滤器？

答：因为温度变化会影响样气的密度、P_2O_5 的比电阻和电解池的导电系数，从而造成不可忽视的测量误差，所以电解池应当恒温。

金属过滤器的作用有两个：一是对样品气起净化作用，避免机械杂质、粉尘和油雾进入电解池；二是具有阻火隔爆作用，使在意外情况下可能产生的沿管道传递的火源在此被阻断。

6-14 如何根据当地的大气压力对测量结果进行修正？如何扩大仪表的量程？

答：电解式微量水分仪的测量结果，是根据法拉第电解定律和理想气体状态方程导出的，若大气压力为 $760mmHg$（$1mmHg\approx133Pa$）；流量为 $100mL/$

min，仪表读数为 C_0，则当大气压力为 P、样气流量为 Q 时，仪表读数 C 可按下式进行修正：

$$C=C_0\times\frac{760}{p}\times\frac{100}{Q}\text{（ppmV）}$$

如需扩大仪表量程，按照上式只需减小流量 Q 即可。设所在地区 $p=760\text{mmHg}$，流量减小为 50mL/min，则 $C=2C_0$，即将量程扩大两倍，当 $C_0=1000\text{ppmV}$ 时，$C=2000\text{ppmV}$。其他情况可依此类推，但工业在线测量情况下，流量不可太小，以免引起响应时间滞后和流量控制不稳定等现象。

如需进一步扩大测量范围，可在仪表前设干、湿气体配比混合装置，即将样品视为湿气，另配一路干气，两者按一定比例混合后，其水分含量按相应的比例降低。如干、湿气体配比为 2:1，则水含量降至原来的 1/3，所以，测量结果应为仪表读数乘以 3。

6-15 转子流量计出厂时，测气体的流量计刻度一般是用空气标定的，测液体的流量计刻度一般是用水标定的。如果实际测量介质不是空气或水，则应如何进行修正？

答：如果实际测量介质和标定介质不同，当密度相差不大时，则有

$$\frac{Q_{实}}{Q_{刻}}=\sqrt{\frac{(\rho_f-\rho_{介})\rho_0}{(\rho_f-\rho_0)\rho_{介}}}=K$$

$$Q_{实}=Q_{刻}K$$

式中　ρ_f——转子密度；

ρ_0——标定介质（空气或水）密度；

$\rho_{介}$——被测介质密度；

$Q_{实}$——实际流量；

$Q_{刻}$——刻度流量；

K——流量校正系数。

表 6-1 给出了部分气体的流量校正系数表，可供参考。

例如转子流量计的刻度是用氮气给出的（该流量计是氮气流量计），当用其测甲烷时，可按下式进行修正。

$$Q_{甲烷}=Q_{氮气}\times\frac{K_{甲烷}}{K_{氮气}}=Q_{氮气}\times\frac{1.4}{1.02}$$

6-16 微量水分仪安装配管时应注意哪些问题？

答：应注意以下问题。

（1）首先应确保气路系统严格密封，这是微量水分测量中至关重要的一个问题。配管系统中某个环节哪怕出现微小泄漏，大气环境中的水蒸气也会扩散进来，从而对测量结果造成很大影响。虽然样品气体的压力高于环境大气压力，但样气中微量水分的分压远低于大气中水蒸气的分压，当出现泄漏时，大气中的水分便会从泄漏部位迅速扩散进来，实验表明，其扩散速率与管路系统的泄漏速率成正比，所造成的污染

表 6-1　部分气体的流量校正系数表

序号	气 体 名 称	转子流量计刻度校正系数 K
1	空气	1.00
2	氮气	1.02
3	氧气	0.933
4	氢气	3.233
5	氨气	1.97
6	氩气	0.85
7	一氧化碳	1.01
8	甲烷	1.4
9	乙烯	1.03
10	乙烷	1.11
11	丙烯	0.83
12	丙烷	0.96
13	裂解氨气（75%氢和25%氮）	1.74
14	丁烷	0.853
15	丁二烯	0.883
16	异丁烷	0.886
17	异丁烯	0.72
18	氟里昂 22	0.58
19	氟里昂 12	0.38

与样品气体的体积流量成反比。

样品系统的配管应采用不锈钢管，管线外径以 $\phi6$（1/4″）为宜，管子的内壁应清洗干净并用干气吹扫干燥。取样管线尽可能短，接头尽可能少，接头及阀门应保证密闭不漏气。待样品管线连接完毕之后，必须做气密性检查。样品系统的气密性要求是：在 0.25MPa 测试压力下，持续 30min，压力降不大于 0.01MPa。

（2）为了避免样品系统对微量水分的吸附和解吸效应，配管内壁应光滑洁净，必要时可做抛光处理，所选接头、阀门死体积应尽可能小。

当气路发生堵塞或受到污染需要清洗时，清洗方法和清洗剂参照电解池清洗要求，但管子的内壁需要用线绳拉洗，管件用洗耳球冲洗，以防损伤其表面，最后应作烘干处理。

（3）为防止样气中的微量水分在管壁上冷凝凝结，应根据环境条件对取样管线采取绝热保温或伴热保温措施。

（4）微量水分仪的检测探头应安装在样品取出点近旁的保温箱内，不宜安装在距取样点较远的分析小屋内，以免管线加长可能带来的泄漏和吸附隐患。

6-17 电解式微量水分仪在使用前为什么要对电解池进行脱水处理？

答：为了使吸湿剂中存在的 HPO_3 完全回复到 P_2O_5。因为：

电解池的总电流 $I_T=I_{H_2O}+I_B+I_R$

式中　I_{H_2O}——电解 H_2O 时产生的电流；

　　　　I_B——干燥电解池有限绝缘电阻（主要由 P_2O_5 决定）所造成的电流；

　　　　I_R——由电解生成的 H_2 和 O_2 复合成水所产生的电流。

其中底电流为 I_B+I_R，I_B 是很小的，I_R 在脱水完后也可忽略。如不完全脱水，则吸湿剂 P_2O_5 中残存的 HPO_3 发生的电解作用将影响 I_{H_2O} 的大小，使电解池的总电流 I_T 产生严重偏差。

6-18　微量水分仪开机前，如何对电解池进行干燥处理？

答：可按以下步骤进行操作。

（1）先将所有阀门关闭，然后卸掉样气输入端密封压帽，通上干燥气体（一般用干氮），再打开样气进口阀和放空阀，调节干燥气体流量，使其以 $50mL/min$ 通过电解池放空，带走电解池和气路管道中的水分。

（2）1h 后，接通二次表电源，待恒温指示灯亮时开始读数，如显示值超过 2000ppm，超量程指示灯亮，应继续吹扫，直至显示值≤2000ppm。

（3）断开二次表电源和干燥气气路，通上样气，样气压力调整至 $0.1\sim0.3MPa$ 范围内，流量调整至 $100mL/min$，吹扫半小时。

（4）再次打开二次表电源开关，待恒温指示灯亮就可以读数，仪表投入正常运行。

6-19　微量水分仪停机时，应注意哪些问题？

答：（1）仪表停止使用时，先关闭电源，后切断气源。

（2）关闭检测器所有阀门，用密封压帽将所有外部端口封闭，以避免空气中水分及其他杂质渗入气路中。

（3）如是短时间停机，则可通入干燥气体，以 $20\sim50mL/min$ 的流量吹扫气路系统，以待下次开机。

6-20　电解池是仪表测量系统的心脏，使用中应注意哪些问题？

答：（1）不可将脏物和油污吹入电解池中。

（2）不可通入过湿气体进行测量。

（3）不可在无气体流动的情况下长期通电电解。

6-21　如果怀疑电解池有故障，如何进行检查？

答：可用以下两种方法进行检查。

（1）用万用表 $R\times1k\Omega$ 或 $R\times100\Omega$ 挡测量电解池两极间电阻，电解池越干燥，其阻值越大。如阻值像电容充电似的上升至 $2k\Omega$ 以上，则表示电解池良好；如很快停在某一较低值，则表示电解池有故障；如低于 100Ω，则表示电解池两极已短路。

（2）将被测气体流量从 $100mL/min$ 降为 $50mL/min$，所得到的水分含量应该是原来数值的一半（分别扣除相应流速下的本底后），最大相对偏差为 10%。假如读到的数值与一半明显偏离，说明被测气体带入了杂质，与 P_2O_5 发生反应或吸附在其表面，使池效率降低，这时得到的分析结果偏低。

6-22　如何对电解池进行清洗和重新涂敷？

答：可按以下方法和步骤进行操作。

（1）拧开检测器组件上的压盖，抽出电解池，拆除两级间绕制的玻璃丝，然后浸泡在水中，用毛刷清掉表面脏物。

（2）在丙酮（或酒精）中浸泡数小时，再冲洗干净，有条件者可放入超声波清洗器中清洗。

（3）在烘箱（温度控制在 80℃ 左右）中烘干或用红外灯烤干后绕上玻璃丝。

（4）配制浓度为 $15\%\sim20\%$ 的磷酸溶液，用小注射器或小毛笔涂敷电解池表面，一般反复涂三次，每次间隔中将涂液烘干。

（5）烘干后将电解池迅速装入检测器壳体中，拧上压盖，紧固密封好，重新进行干燥处理。

6-23　试述电解式微量水分仪使用过程中的常见故障和处理方法。

答：见表 6-2。

表 6-2　常见故障和处理方法

故障现象	故障原因	处理方法
表头无指示	电解池插头脱落 导线或接线断开 电解池电极断开 保险丝断开	焊好复原 修复 修复电极 更换保险丝
指示值很大（极间电压低于 2V）	两极间击穿短路 金属及其他异物使两极短路	修复或更换 检查两极电阻，修复
样气通入后指示不灵敏	P_2O_5 膜表面被油污覆盖 P_2O_5 膜脱落 流量计不准	重新清洗电解池，并涂磷酸后干燥 涂磷酸 用皂沫流量计校正流量
流量很小，仪表指示很大，关闭输入阀读数下降	流量计之前的接头、阀门或管道漏气，湿气渗入	检查处理漏气，拧紧卡套和螺纹
输入阀全开，流量调节至最大，但流量指示不上升或流量不稳定	流量计入口漏气 工艺样气压力不足，稳压阀不能正常工作 流量计转子污染	检查并排除漏气 检查并开大工艺管道的取样阀 用干净的绸子擦洗转子
不能升温或温升超过 40℃	可控硅损坏 温度控制线路故障 接点温度计损坏	更换可控硅 检查温度控制线路，修复 更换接点温度计（40℃）

6.2 电容式微量水分仪

6-24 试述电容式微量水分仪的测量原理和特点。

答：对于一定几何结构的电容器来说，其电容量与两极间介质的介电常数ε成正比。不同的物质，ε值都不相等，一般介质的ε值较小，例如一般干燥物质的ε在2.0～5.0之间。但水的ε值为81，所以它比一般介质的ε值大得多。当介质中含有水分时，就会使介质的ε值改变，从而引起电容器电容量的变化，这个变化与介质的含水量有线性关系，这就是电容式微量水分仪的基本测量原理。

电容式微量水分仪的优点是：体积小、测量范围大、响应迅速，样品温度和压力的变化对测量的准确度影响不大。它不但可以测量气体中的微量水分，也可以测量液体中的微量水分。

电容式微量水分仪的缺点是：当被测介质含水量很低时，其绝对误差较小，当含水量较高时，其绝对误差增大，随着介质含水量的逐渐增大，误差越来越大。另外，还存在耗气量大，探头需要经常校准的缺点。氧化铝探头的湿敏性能会随着时间的推移逐渐下降，这种现象称之为"老化"，目前解决"老化"问题的唯一办法是定期校准，一般是一年左右校准一次，有时需半年甚至3个月校准一次。

6-25 为什么电容式微量水分仪随着样品水分含量的逐渐增大，其绝对误差越来越大，测量精度逐渐降低？

答：电容式微量水分仪的测量方法属于相对测量法，电容湿敏元件电容量的变化与样品的介电常数有关，以平板电容为例，其电容量计算公式为：

$$C = \frac{\varepsilon S}{d}$$

式中　C——平板电容的电容量，F；

　　　ε——极板间介质的介电常数；

　　　S——极板面积，m^2；

　　　d——极板间的距离，m。

从上式可以看出，当电容器的几何尺寸S、d和极板之间的电压V一定时，电容量C仅和极板间介质的介电常数ε有关。当ε变化时，C随之变化。一般干燥介质的ε在2.0～5.0之间。但水的ε值为81，它比一般介质的ε值大得多。所以，样品的介电常数主要取决于样品中的水分含量，样品介电常数的变化也主要取决于样品中水分含量的变化。电容式微量水分仪就是依据这一原理工作的。

当样品中的水分含量从1ppm变化到2ppm时，从上式可以推导出，电容量的相对变化约为100%；当样品中的水分含量从100ppm变化到101ppm时，电容量的相对变化约为1%；当样品中的水分含量从1000ppm变化到1001ppm时，电容量的相对变化仅为1‰左右。可见，虽然水分含量只变化了1ppm，但在不同的测量点，引起的电容量的相对变化却大不相同。

从另一个角度看，引起电容量±100%的相对变化，在1ppm、100ppm、1000ppm测量点，分别需要有±1ppm、±100ppm、±1000ppm的变化。由此可见，在不同的测量点，其绝对误差是大不一样的，相对误差即测量精度也是不同的。随着样品水分含量的逐渐增大，其绝对误差越来越大，测量精度逐渐降低。

6-26 试述电容式微量水分仪传感器的结构和类型。

答：电容式微量水分仪的传感器（也称探头），是以铝和能渗透水的黄金膜为极板，两极板间填以氧化铝微孔介质，多孔性的氧化铝可以从含有水分的气体中吸收水气或者是从含有水分的液体中吸收水分，这样就使电容器两个极板之间介质的介电常数ε发生变化，因而电容量也就随之变化。

其制造工艺是在带状的薄铝片或圆柱形铝棒上，通过特殊工艺进行阳极氧化处理，形成一层微孔三氧化二铝氧化物，在氧化物层上面蒸镀一薄层金而成。

探头的结构型式一般有两种，图6-2是带状探头，图6-3是棒状探头。

6-27 电容式微量水分传感器的电容量变化是怎样进行测量的？

答：测量电容量变化的方法有伏安法、电桥法、谐振法和差频法等。图6-4是用差频法测量电容量变化的电路框图。可变标准电容可以有几个，以备选择量程时切换之用。当测量电容与标准电容的电容量相等时，两个振荡器的频率一致，混频后所得的差频为零，仪表指零。当测量电容中介质的水分含量变化时，其振荡器的振荡频率也发生变化，两个振荡器的频率不一致，混频后所得的差频不为零，仪表即有指示。振荡器的振荡频率根据电容量大小而定。为了补偿温度变化等因素对仪表示值的影响，标准电容器的结构与测量电容器完全相同，并予以密封。

6-28 试述电容式微量水分仪的主要性能指标。

答：以 Panametrics 公司的 M 系列电容式微量水分仪为例，其主要性能指标如下。

测量范围：气体 $-80 \sim +20$℃露点（0.5～23080ppmV）

　　　　　可扩展至$-110 \sim +60$℃露点

　　　　　液体 0.1～1000ppmW

测量精度：±3℃露点（$-80 \sim -66$℃露点范围）

　　　　　±2℃露点（$-65 \sim +20$℃露点范围）

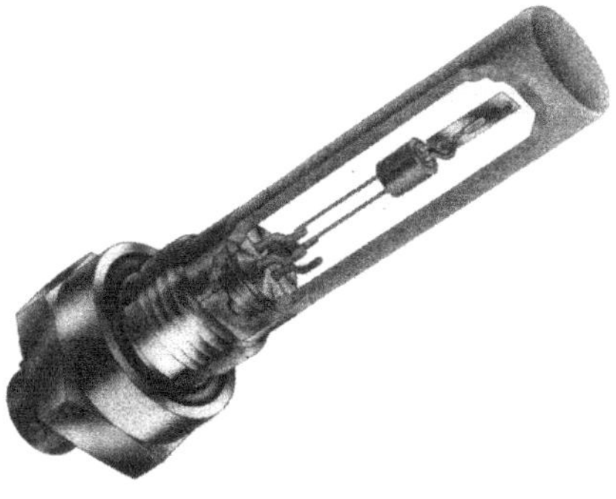

(a) 探头外形图

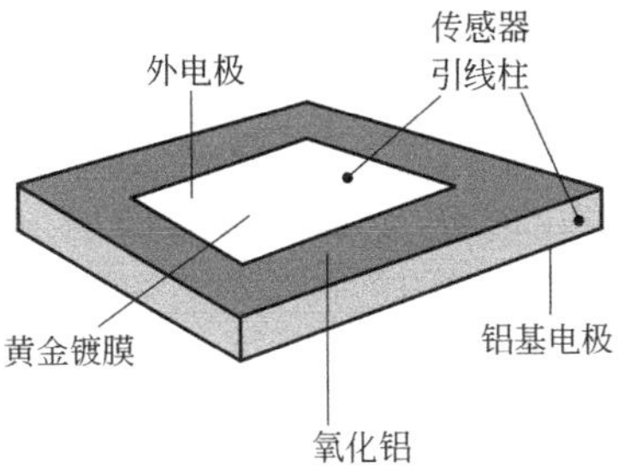

(b) 电极结构示意图

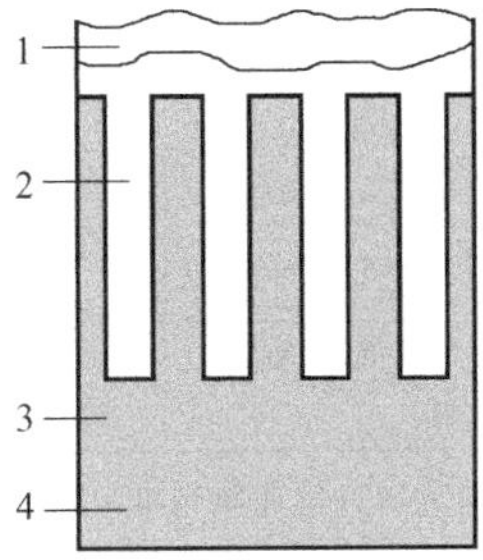

(c) 电极剖面示意图

图 6-2 带状电容传感器探头结构示意图

1—黄金渗透膜；2—毛细微孔；3—氧化铝层；4—铝基板

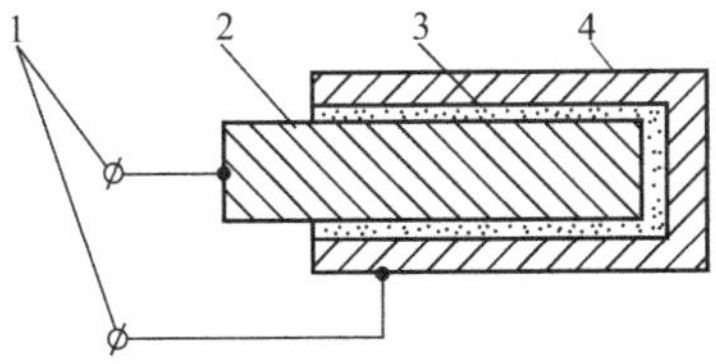

图 6-3 棒状电容传感器探头结构示意图

1—电极引线；2—铝棒；3—多孔氧化铝；4—黄金膜

响应时间：T_{63}约为 5s

样品条件：温度 −110～+70℃

压力 M1 探头≤0.5MPa

M2 探头≤35MPa

流量 气体 1000mL/min

液体 100mL/min

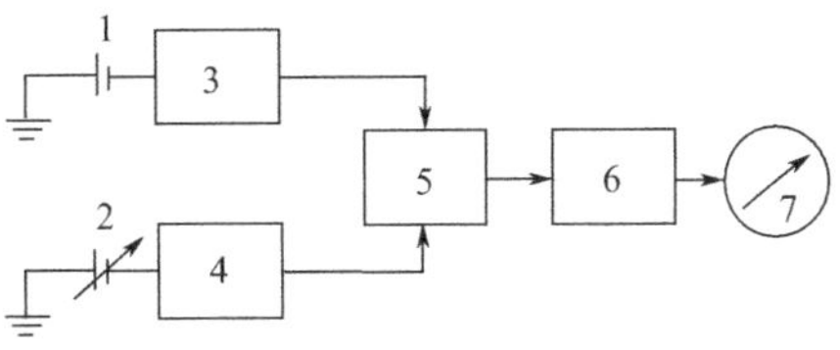

图 6-4 用差频法测量电容量变化的电路框图

1—测量电容；2—可变标准电容；3—振荡器Ⅰ；4—振荡器Ⅱ；5—混频限幅；6—频率计；7—指示表

显示：ppmV、ppmW、露点、相对湿度、水蒸气分压

6-29 在电容式微量水分仪选型时，应当注意什么问题？

答：除应注意其对被测介质的适用性、测量范围等性能指标外，特别值得注意的是其绝对误差和测量精度是否能满足使用要求。

电容式微量水分仪的测量精度是以±℃露点标注的，而不是以±ppmV（体积百万分含量绝对误差）、±%FS（满量程的相对误差）、±%R（仪表读数的相对误差）标注的。随着样品水分含量的逐渐增大，其绝对误差越来越大，测量精度逐渐降低。但仅从±℃露点并不能看出这一变化，此时需要查对湿度单位换算表，了解相对应的±ppmV（绝对误差）是多少，并计算其±%FS、±%R（相对误差），才能确定是否符合使用要求。下面举例加以说明。

电容式微量水分仪的标准测量范围为：−80～+20℃露点（0.5～23080ppmV H_2O）

测量精度一般为：−80～−66℃露点范围内为±3℃

−65～+20℃露点范围内为±2℃

例 1 测量范围 0～10ppmV，测量精度要求达到±0.5ppmV 或±5%FS，问电容式微量水分仪是否符合要求？

解：(1) 以 1ppmV H_2O 测量点为例进行分析，查表可知，1ppmV H_2O 相当于−76℃露点。此时电容式微量水分仪的测量精度为±3℃露点，则

−76℃+3℃=−73℃，相当于 1.50ppmV H_2O

−76℃−3℃=−79℃，相当于 0.62ppmV H_2O

通过计算可得，此时的绝对误差约为±0.5ppmV，满量程的相对误差约为±5%FS，而仪表读数的相对误差达±50%R。

(2) 以 10ppmV H_2O 测量点为例进行分析，查表可知，10.6ppmV H_2O 相当于−60℃露点。此时电容式微量水分仪的测量精度为±2℃露点，则

−60℃+2℃=−58℃，相当于 13.9ppmV H_2O

$-60℃-2℃=-62℃$，相当于 8.08ppmV H_2O

通过计算可得，此时的绝对误差约为±3ppmV，满量程的相对误差约为±30％FS，仪表读数的相对误差为±30％R。

（3）当测量点低于-80℃露点（0.5ppmV）时，虽然计算所得的±ppmV、±％FS误差会相应减小，但此时已超出标准测量范围，测量结果的不确定度增加，可信度降低。

从以上计算可以看出，电容式微量水分仪不能完全满足用户提出的测量精度要求，只有在 0.5～1ppmV H_2O 的有限范围内符合测量精度要求。

例2 测量范围 0～1200ppmV，样品正常含水量在 600ppmV 左右，测量精度要求达到±5％FS，问电容式微量水分仪是否符合要求？

解：（1）以 600ppmV H_2O 测量点为例进行分析，查表可知，566ppmV H_2O 相当于-26℃露点。此时电容式微量水分仪的测量精度为±2℃露点，则

$-26℃+2℃=-24℃$，相当于 692ppmV H_2O

$-26℃-2℃=-28℃$，相当于 462ppmV H_2O

通过计算可得，此时的绝对误差约为±115ppmV H_2O，满量程的相对误差约为±10％FS，仪表读数的相对误差为±20％R。

（2）以 1200ppmV H_2O 测量点为例进行分析，查表可知，1240ppmV H_2O 相当于-18℃露点。此时电容式微量水分仪的测量精度为±2℃露点，则

$-18℃+2℃=-16℃$，相当于 1490ppmV H_2O

$-18℃-2℃=-20℃$，相当于 1020ppmV H_2O

通过计算可得，此时的绝对误差约为±235ppmV，满量程的相对误差约为±20％FS，而仪表读数的相对误差达±20％R。

从以上计算可以看出，电容式微量水分仪不能完全满足用户提出的测量精度要求。

有些用户由于缺乏对微量水分仪的了解，习惯按照一般测量仪表的技术指标要求微量水分仪，这种要求不但难以达到，对于工艺控制来说往往也无此必要。

一般来说，电容式微量水分仪用在测量低含水量时较为有利，其灵敏度高，测量精度也较高；测量较高含水量时，要注意其测量误差是否符合使用要求。当然，对于-20℃（1000ppmV）以上的场合的湿度测量来说，±2℃的误差也是可以接受的。

6-30 电解式和电容式微量水分仪相比，各有何优缺点？

答：两者的比较见表6-3。

6-31 哪些介质可用电容式微量水分仪进行分析？哪些介质不能进行分析？

表6-3 电解式和电容式微量水分仪主要技术性能比较

比较项目	电解式微量水分仪	电容式微量水分仪
测量对象相态	只能测气态	气态、液态均可
不饱和烃（芳烃除外）	不能测量	可以测量
腐蚀性气体	采用耐腐蚀材质可以测量	不能测量，铝电极不耐腐蚀
标准测量范围	0～1000ppmV	-80℃～+20℃露点（0.5～23080ppmV）
测量精度	±5％R（0～100ppmV）±2.5％R（100～1000ppmV）绝对测量法，精度较高，±％R 为仪表读数的相对误差	±3℃露点（-80℃～-66℃）±2℃露点（-65℃～+20℃）相对测量法，低含水量时精度较高，高含水量时精度较低
测量下限	1ppmV	0.1ppmV
绝对误差下限	±1ppmV	±0.5ppmV
测量误差变化范围	±1～25ppmV（在0～100ppmV 范围内）	±0.5～200ppmV（在0～100ppmV 范围内）
测量灵敏度	1～0.1ppmV	0.1～0.01ppmV
响应时间 T_{63}	30～60s	5～10s
标定要求	一般无需标定	每年至少需标定一次
价格	较低	较高

注：电容式微量水分仪测量精度分析见上题。

答：电容式微量水分仪的测量对象和测量范围是十分广泛的，不仅可测气体中的水分含量，也可测液体中的水分含量；不仅可测微量水分，也可测常量水分（最高可测量到 60℃露点湿度，相当于 20％体积比或 12％质量比的含水量）。下面列举了一部分应用示例可供参考：

（1）天然气中含水量测量；

（2）乙烯裂解气中含水量测量；

（3）聚乙烯、聚丙烯生产中原料气的含水量测量；

（4）空气、二氧化碳、氮气、惰性气体中含水量测量；

（5）高纯气体中的痕量水分测量；

（6）四氢呋喃溶液蒸气的含水量测量；

（7）液态二氧化碳中含水量测量；

（8）液态苯中含水量测量；

（9）卤代烃冷却剂中含水量测量；

（10）变压器油中含水量测量；

（11）汽油、柴油、航空煤油等油品中含水量测量；

（12）环氧乙烷溶剂中含水量测量。

电容式微量水分仪不能测量腐蚀性介质的水分含量，因为铝电极不耐腐蚀。

6-32 图6-5是电容式气相微量水分仪测量系统流路图，请对其加以说明。

答：图中的微量水探头和样品处理系统装在不锈钢箱体内，用带温控的防爆电加热器加热。箱子安装在取样点近旁，样品取出后由电伴热保温管线送至箱内，经减压稳流后送给探头检测，两个转子流量计分别用来调节和指示旁通流量和检测流量，检测流量计

带有电接点输出，当样品流量过低时发出报警信号。

6-33 电容式微量水分仪的探头要求纯净的样品，实际工艺液样中含微粒杂质较多，取样管线较长，使用图6-6所示样品系统在短期内过滤器就被堵塞，换成大容量的过滤器会带来大的滞后，应如何改造该系统才能保证正常运行？

答：可按图6-7所示系统进行改造，改造的要点是：

（1）增设旁通管路，使大部分流量进入旁路。这样可大大减少过滤器的过滤量，保证及时检测，防止滞后。

（2）采用多级过滤器，按照微粒杂质的粒径大小

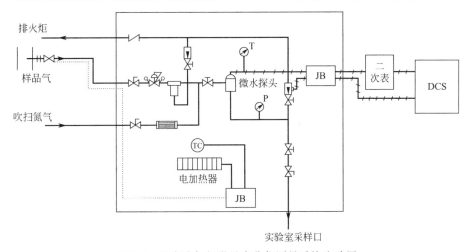

图 6-5　电容式气相微量水分仪测量系统流路图

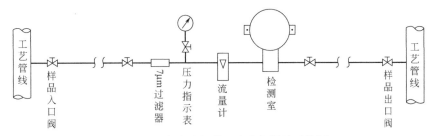

图 6-6　电容式液相微量水分仪样品系统图

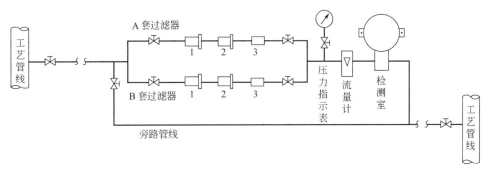

图 6-7　改造后的液相微量水分仪样品系统图

1—玻璃纤维过滤器；2—20μm烧结金属过滤器；3—7μm烧结金属过滤器

分级过滤。减轻后一级 $7\mu m$ 烧结金属过滤器的负担。

（3）设置 A、B 两套过滤器切换使用，保证在清洗过滤器时不停止对样品的检测。

6-34 电容式微量水分仪安装时对探头和显示器之间的连接电缆有何要求？安装时应注意哪些问题？

答：电容式微量水分仪既属于微量分析仪表，又属于本安防爆仪表，对现场探头和显示器之间连接电缆的长度、线芯截面、屏蔽、绝缘性能及护套颜色都有一定要求。许多因素（特别是电缆长度）会对电缆的分布电容产生影响，从而对测量结果造成影响。

一般情况下，应选用仪表厂家配套提供的电缆。如需自行采购，则应严格符合仪表安装使用说明书的要求。

在安装和使用过程中，应注意以下问题。

（1）电缆长度应严格符合仪表厂家的要求，不可根据现场需要将所带电缆加长或截短，加长或截短电缆等于增加或减少了电缆的分布电容。

（2）电缆的插接头应注意保护，不可损伤。自配电缆要特别注意电缆端部插接头的适配性、坚固性和密封性能。

（3）连接电缆要一根到底，不允许有中间接头，切不可将几根短电缆连接起来使用。

（4）在标定探头时应将所配电缆同探头连在一起标定。

6-35 试述电容式微量水分仪使用过程中的常见故障和处理方法。

答：见表 6-4。

6-36 如何对电容式微量水分仪探头进行清洗？

答：清洗方法和步骤如下。

（1）将探头取出并拧开保护套。

（2）把探头放入乙烷溶液中，轻轻转动 10min。如果知道探头上具体的污染介质，可寻找相应清洗液清洗。

（3）将探头从清洗液中取出放入蒸馏水中浸泡 10min。

（4）将探头从蒸馏水中取出放入低温干燥器内干燥 2h，干燥温度为 50℃左右。

（5）重复步骤（2）~（4）清洗保护套。

（6）将探头装上，并接上电缆，另取一基准探头，与清洗过的探头同时测量同一介质（例如测量空气），比较两者的读数误差。

（7）若两者误差较小（≤±2℃）则清洗过的探头可继续使用，否则，再按步骤（2）~（4）继续清洗。

若多次清洗仍达不到要求，可将探头返送生产厂家，重新标定或更换新探头。

表 6-4 常见故障和处理方法

故障现象	故障原因	处理方法
仪表指示超过刻度上限	（1）湿气浸入或样品水分过高 （2）探头或电路中其他元件短路 （3）探头沾污了导电固体或液体 （4）探头清洗后仪表仍指满刻度	（1）停止通电并通干燥样品 （2）更换探头或其他短路元件 （3）用试剂纯乙烷或甲苯清洗探头并干燥 （4）说明探头短路，送生产厂修理
仪表读数为"0"或偏"0"下	（1）插头或电缆接触不良，造成开路 （2）探头开路	（1）处理开路部件 （2）取下探头，当探头芯片与外部短路时，仪表示值超过满刻度，则证明探头已开路
仪表读数不准	（1）样品温度过高 （2）样品中颗粒物引起 （3）传感器使用时间过长，引起漂移 （4）样品系统平衡时间不足 （5）采样点上的露点与仪表测量的露点不同 （6）传感器污染 （7）传感器腐蚀	（1）增加采样管线长度或采用其他换热方法降温 （2）过滤除尘，重新标定传感器 （3）重新标定传感器 （4）改变流速，用足够时间平衡样品系统 （5）检查管路是否泄漏，检查管路内表面是否吸附水分 （6）清洗并干燥传感器 （7）清洗并干燥传感器，重新标定传感器，如果腐蚀严重，则需更换传感器
仪表响应极慢	（1）样品流速过慢 （2）探头污染	（1）加快样品流速 （2）清洗探头

6.3 晶体振荡式微量水分仪

6-37 试述晶体振荡式微量水分仪的测量原理。

答：晶体振荡式微量水分仪的敏感元件是水感性石英晶体，它是在石英晶体表面涂敷了一层对水敏感（容易吸湿也容易脱湿）的物质。当湿性样品气通过石英晶体时，石英表面的涂层吸收样品气中的水分，使晶体的质量增加，从而使石英晶体的振荡频率降低。然后通入干性样品气，干性样品气萃取石英涂层中的水分，使晶体的质量减少，从而使石英晶体的振动频率增高。在湿气、干气两种状态下振荡频率的差值，与被测气体中水分含量成比例。

石英晶体质量变化与频率变化之间有一定的关系，这一关系同样适用于由涂层或水分引起的质量变化，通过它可建立石英检测器信号与涂敷晶体性能的

定量关系:

$$\Delta F = K \Delta m$$

式中 ΔF——频率变化;

Δm——质量变化;

K——灵敏度系数。

石英检测器的灵敏度和选定的吸湿物质相关,石英检测器的校正方程可通过具体采用的吸湿物质的校正曲线获得。

图 6-8 是一种圆形石英晶体检测器的结构图。圆形石英晶体的直径为 10~16mm,厚度为 0.2~0.5mm。将金、镍、银或铅等金属镀在石英片表面上作为电极。如果分析对象是腐蚀性气体,则只能用惰性金属。标准的电极吸湿涂层面积直径在 3~8mm 之间,厚度为 300~1000nm。

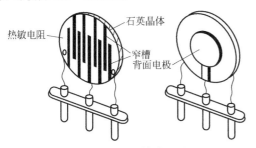

图 6-8 石英晶体检测器

石英晶体的吸湿涂层可以采用分子筛、氧化铝、硅胶、磺化聚苯乙烯和甲基纤维素等吸湿性聚合物,还可采用各种吸湿性盐类。在上述吸湿剂中,磺化聚苯乙烯和吸湿性盐都是制作湿度检测器的良好的湿敏物质(美国杜邦公司晶体振荡式微量水分仪就是采用磺化聚苯乙烯作为湿敏涂层的)。

6-38 晶体振荡式微量水分仪有何特点?

答:晶体振荡式微量水分仪具有如下特点。

1. 石英晶体传感器性能稳定可靠,灵敏度高,可达 0.1ppmV。测量范围 0.1~2500ppm(V),在此范围内可自定义量程。精度较高,在 0~20ppmV 范围为 ±1ppmV,>20ppmV 时为仪表读数的 ±10%。重复性误差为仪表读数的 5%。

2. 反应速度快,水分含量变化后,能在几秒钟内做出反应。

3. 抗干扰性能强,几乎可用于所有场合。当被测气体中含有氢和氧时,对其无干扰,从而克服了电解式的弱点。当样气中含有乙二醇、压缩机油、高沸点烃等污染物时,仪器采用检测器保护定时模式,即通样品气 30s,通干燥气 3min,可有效消除污染,避免"死机"现象。

4. 内带标准水分发生器,在现场迅速方便地对仪器加以校准,大大简化了微量水分仪的校验手续。而电解式、电容式的校验是相当麻烦费时的,用户自校一般难以做到。

6-39 试述晶体振荡式在线微量水仪的结构组成和工作过程。

答:石英晶体振荡式微量水分仪是美国杜邦(Dupont)公司开发的,由 Ametek 公司生产的有多种型号,现以 3050-OLV(On-Line Verification)型在线微量水分仪为例进行介绍。

1. 3050-OLV 的系统组成

3050-OLV 型分析仪由石英晶体振荡器、水分发生器、干燥器、压力传感器、质量流量计、电磁阀和电子部件组成。此外,还配备有样品处理用的液体捕集器、脏污捕集器、微米过滤器和背压调节器等。系统组成如图 6-9 所示。

用于防爆场所时,图 6-9 虚线框内的部件都装在一个隔爆箱体内,为了连接电路方便,附加了一个防

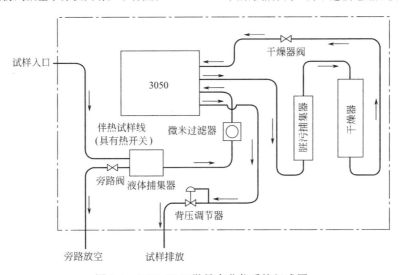

图 6-9 3050-OLV 微量水分仪系统组成图

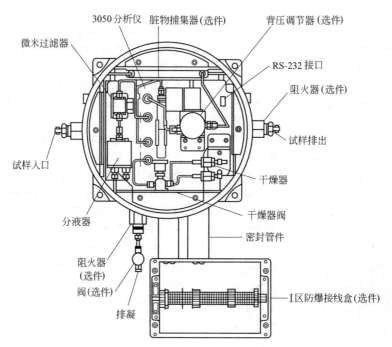

图 6-10　用于防爆场所的 3050-OLV 微量水分仪结构图

爆接线盒，其结构如图 6-10 所示。

2. 工作过程

3050-OLV 分析仪的核心部件是石英晶体传感器 QCM，其工作频率在 8.8～9.0MHz 范围内。3050-OLV 分析仪的工作流路如图 6-11 所示，它有三种工作模式。

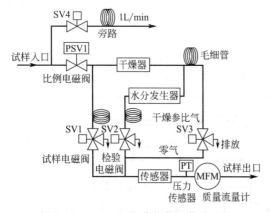

图 6-11　3050-OLV 分析仪工作流路图

（1）正常工作模式

如图 6-10 所示，样气经电磁阀 PSV1 先进入分子筛干燥器脱水，脱水后的样气称为干参比气，其水分含量<0.025ppmV。干参比气再经电磁阀 SV3 至传感器 QCM，然后通过质量流量计 MFM 排出；紧接着 SV3 阀关闭，样气电磁阀 SV1 打开，样气经传感器 QCM 和质量流量计 MFM 排出。在一个周期内交替测出样气和干参比气通过传感器谐振频率的差

值，即可求得样气的水分含量。水分含量与频率差值的标定数据存储在传感器电路模件的 EEPROM 中。

图 6-11 中的质量流量计用于监视流过 QCM 的流量，通过调整比例电磁阀 PSV1 使样气流量保持在 150mL/min。压力传感器 PT 用于监视排放压力，排放压力为 0～0.1MPa。为了减小测量滞后，分析仪内部有一路经电磁阀 SV4 的旁通回路，旁通流量维持在 1L/min 左右。

（2）校验模式

为了实现在线校验，3050-OLV 有一内置的标准水分发生器，干参比气的一部分流经水分发生器，在此加入一定含量的水分，形成校验用的标准气。当分析仪开始校验时，传感器 QCM 交替通入干参比气和从水分发生器来的标准气，即样气电磁阀 SV1 关闭，SV3 和校验电磁阀 SV2 交替开、关。水分含量值与储存的数值比较，如果数值在允许范围内，分析仪会自动调整校准；如果数值超出允许范围，会发出报警信号。

（3）节省传感器模式

3050-OLV 的分析周期有两种定时模式。

正常工作模式切换时间：样气 30s，干参比气 30s。

节省传感器模式切换时间：样气 30s，干参比气 2min，这样做的目的是延长传感器使用寿命。当然，这会使分析周期加长。

如果在正常工作模式下检测出传感器工作性能异常变差，分析仪将自动切换到节省传感器模式。一旦

分析仪自动切换到节省传感器模式，它将不能回到原有模式，这意味着再经过一段时间的运行，如传感器性能再变差就要更换了。

6-40 晶体振荡式微量水分仪是怎样进行校验的？

答：Ametek 公司的晶体振荡式微量水分仪内带有标准水分发生器，可在现场迅速方便地对仪器加以校验。该发生器置于恒温炉中，发生器内有蒸馏水和渗透管，见图 6-12。经过干燥的样气流经渗透管，带走经渗透管进入的定量水分，供仪表校准之用。校准气体的水分含量是炉温、气体流量、渗透管设计尺寸和渗透能力的函数，气体流量由一台控制器加以控制。

标准水分发生值：常规约 20ppmV，低值约 3ppmV。

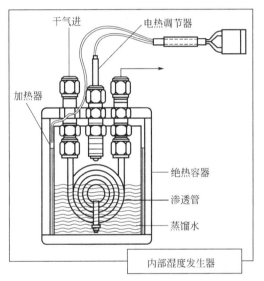

图 6-12　晶体振荡式微量水分仪
内置标准水分发生器

6-41 晶体振荡式微量水分仪安装和使用时应注意哪些问题？

答：(1) 分析仪系统的安装位置应尽可能靠近取样点，样品管线应选用内壁光滑的不锈钢管并采取伴热保温措施。如果管壁粗糙或环境温度变化较大，样气中的水分会吸附在管壁上或从管壁上解吸出来，这些都会造成动态测量误差。

(2) 分析仪应避免直接暴露在阳光和大气中。为避免电磁干扰使仪器性能变差或损坏内部电路，直流电源线和输入、输出信号线应采用金属网状屏蔽的电缆。

(3) 分析仪投用前，应先从旁路吹扫管线至少 3h，将管线中的水分吹净。如果管线中在常温下有水滴，则应在仪器通电之后，从旁路吹扫 2~3 天，使

管线与分析仪彻底干燥。

(4) 干燥器必须定期更换，正常使用时对于 50ppmV 样气，干燥器一年需更换一次。

(5) 标准水分发生器是由制造厂严格标定过的专用部件，工作到后期，标定时将会发出报警信号，此时应更换备件。

6.4　微量水分仪的标定和校准

6-42 在线微量水分仪多长时间应进行一次标定？标定方法有哪些？

答：电解式微量水分仪的工作原理属于绝对测量法，电解电流的大小直接反映出被电解水分的多少，仪表出厂检验合格后，用户可以直接使用，一般不需要现场重新标定。只有在下述情况下需重新标定：电解池受到污染，重新清洗涂敷五氧化二磷后；二次表出现故障修复后。

电容式微量水分仪的探头的输出特性易受被测介质影响而发生变化，每半年（对于液相）或一年（对于气相）至少应标定一次。

微量水分仪的标定要求较高，标准气的配制比较麻烦。一般是将探头送回制造厂家进行标定，如条件许可也可由用户自行标定。

根据用户单位的具体条件可采用以下两种标定方法。

(1) 用标准湿度发生器进行标定　微量水分标准气体不宜压缩装瓶，也不宜用钢瓶盛装和存放，因为很容易出现液化、吸附、冷凝等现象，所以不能从钢瓶气获得，只能现配现用。可采用一级或二级标准湿度发生器配制，标准湿度发生器有多种，如采用蒸气压法的硫酸鼓泡器，采用渗透法的渗透管湿度发生器等。

将配好的标准气按规定流量通入仪表，仪表的指示值同标气的水含量值之间的误差应符合仪表的精度要求。注意在用标气标定前，仪表的本底值必须降到规定数值以下。

(2) 用高精度湿度计进行标定　用精度较高的湿度计作标准与微量水分仪同时测量同一气体的含水量，两者之间进行比较。常用来作标准的仪表有光电式露点仪（冷却镜面凝析湿度计）、卡尔费休电量仪等。

6-43 如何对气相微量水分仪进行标定？

答：(1) 标定设备

① 配气装置。能配出 -80℃、+10℃ 露点的湿气发生装置；

② 测量湿度的标准仪器。能测量 -80℃、+10℃ 露点的精密露点仪，不确定度不超过 ±0.5℃ 范围；

③ 载气源。高纯氮气 1 瓶，充装瓶压应不低

于 5MPa；

④ 减压阀 2 只；

⑤ 干燥系统 1 套，经干燥后的氮气含水量应不大于 1ppmV；

⑥ 测温仪器 1 台，精度为 0.1℃；

⑦ 气压计 1 台；

⑧ 2.5 级的精密压力表 2 台；

⑨ φ4 的不锈钢管数根，管道内壁光滑清洁。

（2）标定条件

① 湿气压力波动不超过±200Pa；

② 气源连接应尽可能短，从配气装置出口到仪器入口连接长度应不大于 2m，整个系统应尽量减少阀门、接头，连接处应以卡套紧固。

（3）标定步骤

① 按图 6-13 装接气源系统；

② 调节湿气发生器，使湿气露点为－80℃，平衡 1h，记录仪器的读数；

③ 重复步骤②，每隔 10℃露点，记录一次读数，一直标定到＋10℃露点；

④ 通过仪表编程，将标定数据输入到仪表内，即完成标定。

（标定点数可根据用户具体要求确定，也可每隔 20℃露点作为一个标定点。）

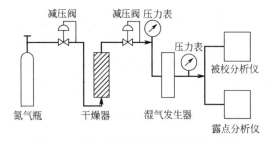

图 6-13　气相微量水分仪标定系统示意图

6-44　如何用硫酸鼓泡器配制微量水分仪校准用的湿气？

答：校准气体配制方法如下：

（1）低水分含量（＜10ppm）校准气体的配制
配制 90.05% 的硫酸水溶液（采用重量法），放入鼓泡发生器内，鼓泡发生器置于恒温水浴中，恒温温度设置在 30℃，通入干燥的氮气，保持系统压力为 0.03～0.04MPa。测量当时当地的大气压，根据分压定律得出所配气体的含水量为：

$$C = \frac{p_1}{p_0 + p_2} \times 10^6$$

式中　C——所配气体的含水量，ppmV；

p_1——硫酸水溶液的水蒸气分压（在标准大气压力和 30℃下），0.011232mmHg；

p_0——当地大气压力，mmHg；

p_2——配气系统压力，mmHg。

（2）高水分含量（＜500ppm）校准气体的配制
配制 75.08% 的硫酸水溶液，配气方法及条件同上。

6-45　试述光电式露点仪的测量原理及特点。

答：被测气体在恒定压力下，以一定流量流经光电露点仪测量室中的抛光金属镜面（一般采用金、铜、不锈钢和铑合金材料），使该镜面的温度连续不断地降低并精确测量，当气体中的水蒸气随镜面温度逐渐降低而达到饱和时，镜面上开始结露，此时所测得的镜面温度即为该气体的露点，并可转换为水分含量。图 6-14 为光电式露点仪的结构示意图。

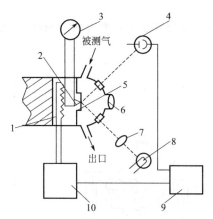

图 6-14　光电式露点仪结构示意图

1—半导体制冷制热器；2—热电堆；3—毫伏计；
4—光电管；5—镜面；6—透镜；7—聚光镜；
8—光源；9—放大器；10—功率控制器

水雾的检测是用光电管（或光电池）接收镜面的反射光，它是光源的光线经聚光镜后投射到镜面上被反射回来的。当镜面上出现雾气时，反射光强突然降低，光电流减小。光电流的变化经放大器放大后控制半导体制冷制热器的电流方向。当光电流减小时，半导体制热，镜面温度上升，雾气消失，于是光电流又增加；半导体制冷，使镜面温度下降，又使镜面出现雾气，如此往复，使镜面温度保持在露点温度附近，此温度由热电堆（或铂电阻感温元件）加以测量并供记录。

光电式露点仪又称冷却镜面凝析湿度计，是一种高精度的湿度计，具有灵敏度高，测量准确等优点。其测量灵敏度为 0.1～1ppmV，测量范围为－80～＋50℃，误差约±0.25℃，反应速度为 1～10s。但仪器的价格很贵，维护比较困难，通常用于实验室中，可作为标准仪器对在线微量水分仪进行标定。

6-46　试述光电式露点仪的操作方法和步骤。

答：（1）开机前的准备

① 气路系统所有接头处应无泄漏，否则会由于

空气中水分的渗入而使测量结果偏高。若发现系统漏气，则应分段检查解决。

② 样品管线原则上采用尽可能短的小口径管子，一般使用长度不超过 2m，内径不大于 4mm 的不锈钢管或壁厚不小于 1mm 的聚四氟乙烯管，使用前洗净，再吹干或烘干。不允许用橡皮管。

③ 采用死体积小的调节阀，如针形阀。

④ 流量计应送计量部门进行周期检定。针对不同气体样品，可用精密电子流量计或皂膜流量计标定样品气体的测试流量。

（2）一般操作步骤

① 用气体吹洗气路管道和测定室。对放置后刚启用的仪器，如待测气体中水分露点约为 −60℃ 时，应吹洗 2h 后才能进行测定。

② 调节样品气流量至规定范围内。

③ 开始制冷，当镜面温度离露点约 5℃ 时，降温速度应不超过 5℃/min，对不知道露点范围的样品气，可先进行一次粗测。

④ 停机后，样品气的进出口拧上密封螺母。

6-47 使用光电式露点仪进行测量时，应注意哪些问题？

答：应注意以下事项。

（1）干扰物质的影响　当固体颗粒或灰尘等进入仪器并附着在镜面上时，用光电法测得的露点值将发生偏离；除水蒸气外的其他蒸气也可能在镜面上冷凝，使所观察到的露点不同于相应的水蒸气含量的露点。

① 固体杂质及油污。如果固体杂质绝对不溶于水，它们就不会改变露点，但是会妨碍结露的观察，在自动式露点仪中，对固体杂质如果没有采用补偿装置，在低露点测量时，有时会因镜面上附着固体杂质使测得的露点值偏高，这时应该用脱脂棉蘸上无水乙醇或四氯化碳清洗镜面。为了防止固体杂质的干扰，仪器入口要设置过滤器，而过滤器对气体中水分应无吸附。如果被测气体中有油污，在气体进入测定室前应该除去。

② 以蒸气形式存在的杂质。烃能在镜面上冷凝，如果烃类露点低于水蒸气露点，不会影响测定。在相反的情况下，会先于水蒸气而结露，因此水蒸气冷凝前必须分离出烃的冷凝物。

③ 如被测气体中含有甲醇，它将与水一起在镜面上凝结，这时得到的是甲醇和水的共同露点。

（2）冷壁效应　除镜子外，仪器其余部分和管子的温度应高于气体中水分露点至少 2℃，否则，水蒸气将在最冷点凝结，改变了气体样品中水分含量。

（3）降温速度　如果气体样品中水分含量较低，冷却镜子时应尽可能慢。因为这时冰的结晶过程比较缓慢，若以不适当的速度降温，在冰层生长和达到稳定之前，还没有观察到结露，温度已大大超过了露点，这就是过冷现象。

6-48 如何对电容式液相微量水分仪进行标定？

答：（1）标定设备

① 定容器　1 台

② 卡尔·费休分析仪　1 台

（2）标定步骤

① 将标定溶液装入标定容器中。

② 平衡一段时间，使标定溶液温度达到室温。

③ 将电容探头插入标定溶液中，监测仪表读数。

④ 待读数稳定后，记录下读数。

⑤ 用针管取样，在卡尔·费休分析仪上分析样品水分含量。

⑥ 根据卡尔·费休分析仪的测定结果对仪表进行标定。

6-49 如何对电容式液相微量水分仪进行现场校准？

答：可按以下方法进行校准。

（1）取样注射器用干氮吹洗 10 次，然后在探头出口处取样，用卡尔·费休电量法进行测定。含有烯烃的样品不能用卡尔·费休法测定，可用色谱法进行测定。

（2）校准时最好将卡尔·费休电量法仪器搬到现场，避免因取样路程远，样品放置时间长而影响测量结果。

（3）如不可能将电量法仪器搬到现场，可用玻璃取样器进行取样（见图 6-15），玻璃取样器临用前用干氮吹洗 5~10min，关闭"A"、"B"螺旋夹。

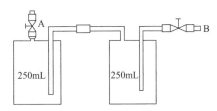

图 6-15　用干氮吹洗玻璃取样器

（4）液样取出后，应立即进行分析，先用干氮清洗注射器，然后打开螺旋夹"B"，通过"A"处硅橡胶管插至液面下抽取样品。

（5）用干氮清洗注射器应按以下步骤进行，见图 6-16。

① 将注射器通过橡皮管插入不锈钢管内。

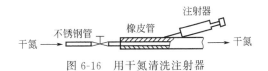

图 6-16　用干氮清洗注射器

② 用手捏住橡皮管口，注射器内就自然充满干氮。

③ 松开橡皮管口，取出注射器将其中的干氮压出。

④ 重复步骤①～③ 10～15 次，即可用来抽取样品，已清洗好的注射器，千万不要在空气中来回"吸"、"注"。

⑤ 如果没有干氮，则用液样洗 10～15min。

6-50 试述卡尔·费休法测水分含量的原理。

答：1935 年卡尔·费休提出用 I_2-SO_2 试剂测定水分的方法，至今仍广泛应用，此法现为我国国家标准方法，见 GB 6283—1986。卡尔·费休法可以测定大部分有机和无机固、液体化工产品中游离水或结晶水含量。终点可以用目视法（只限无色溶液）和电量法（即死停终点法）确定。电量法较准确，并可用于有色或浑浊液体中水分的测定。

I_2-SO_2 试剂法是根据 I_2 氧化 SO_2 时需要定量的水参加，以此来测定样品中的水分含量。但此反应为可逆反应，加入吡啶可使反应进行完全。

$$H_2O+I_2+SO_2+3C_5H_5N \longrightarrow$$
$$2C_5H_5N \cdot HI+C_5H_5N \cdot SO_3$$
（氢碘酸吡啶）（硫酸酐吡啶）

生成的 $C_5H_5N \cdot SO_3$ 不稳定，但它很容易与甲醇反应生成稳定的甲基硫酸氢吡啶，反应式如下：

$$C_5H_5N \cdot SO_3+CH_3OH \longrightarrow$$
$$C_5H_5NH \cdot OSO_2OCH_3$$

滴定的总反应式为：

$$I_2+SO_2+3C_5H_5N+CH_3OH+H_2O =\!=\!=$$
$$2C_5H_5N \cdot HI+C_5H_5NH \cdot OSO_2OCH_3$$

因此，卡尔·费休试剂包含 I_2、SO_2、吡啶和甲醇，简称费休试剂。费休试剂可用纯水进行标定或用带有稳定结晶水的化合物（如酒石酸钠二水合物 $Na_2C_4H_2O_6 \cdot 2H_2O$）为基准物标定其浓度。

用费休试剂滴定时，化学计量点前试液中存在水分，无可逆电对存在，因而电流为零，化学计量点后，试液中形成 I_2/I^- 可逆电对，电流突然增大，指示终点到达。

费休试剂的配制方法可参看国标 GB 6283—1986。

卡尔·费休滴定的一般装置如图 6-17；直接滴定终点电量测定装置见图 6-18。

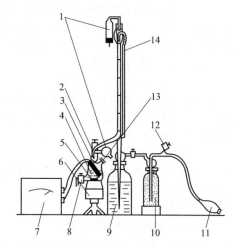

图 6-17 一般卡尔·费休滴定装置

1—填充干燥剂的保护管；2—球磨玻璃接头；3—铂电极；4—滴定容器；5—外套玻璃或聚四氟乙烯的软钢棒；6—电磁搅拌器；7—终点电量测定装置；8—排泄嘴；9—装卡尔·费休试剂的试剂瓶；10—填充干燥剂的干燥瓶；11—双连橡皮球；12—螺旋夹；13—塞青霉素瓶塞作进样口；14—25mL 自动滴定管（分度 0.05mL）

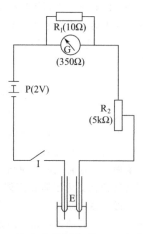

图 6-18 终点电量测定装置（直接滴定）

P—电池；I—开关；E—铂电极；
R_1, R_2—电阻；G—电流计

7. 硫 分 析 仪

7.1 醋酸铅纸带法硫化氢和总硫分析仪

7-1 什么是硫化氢分析仪？它有哪几种类型？

答：硫化氢分析仪是分析气体中硫化氢含量的仪器，根据测量原理的不同，硫化氢分析仪有以下几种类型。

• 醋酸铅纸带法硫化氢分析仪　精确可靠，价格适中，广泛用于 H_2S 含量分析，是国标 GB/T 18605—2001 规定的天然气中硫化氢含量测定方法。

• 紫外吸收法硫化氢分析仪　可同时测量 H_2S 和 SO_2 含量，多用于硫磺回收装置，测量 H_2S/SO_2 比值，用于控制酸性气和空气的进料配比。由于价格很贵，单独测 H_2S 含量时较少采用。

• 气相色谱法硫化氢分析仪　采用 TCD 检测器可测常量 H_2S，采用 FPD 检测器可测微量 H_2S，往往用于包括 H_2S 在内的原料气的全组分分析。由于价格很贵，单独测 H_2S 含量时很少采用。

• 电化学法硫化氢检测仪　精度不高，价格较低，一般用于毒性气体检测报警系统，不能作为在线分析仪器使用。

7-2 硫化氢分析仪主要用于哪些场所？其作用是什么？

答：硫化氢分析仪主要用于下述场所。

（1）用于天然气脱硫工段，测量脱硫前后天然气中 H_2S 含量，监视脱硫效果，指导工艺操作。

（2）用于天然气管道输送系统，监视管输天然气中的 H_2S 含量。H_2S 是酸性气体，遇水会生成氢硫酸，腐蚀管道和设备，因此要严格控制管输天然气中的 H_2S 含量，一般要求 H_2S 含量 $<20mg/m^3$（标准）（14ppmV）。

（3）用于以天然气为原料的化工装置（如化肥、甲醇装置等），监视进料气体中的 H_2S 含量，因为即使 H_2S 含量很低也会使催化剂中毒失效，破坏化学反应的正常进行，往往要求 H_2S 含量 $<0.1ppmV$。

（4）用于各种脱硫装置排放气体中 H_2S 含量监测，防止超标排放（H_2S 有剧毒，职业中毒限值为 10ppmV）。

7-3 什么是总硫分析仪？它有哪几种类型？

答：总硫分析仪是分析样品中无机硫和有机硫总含量的仪器，根据测量原理的不同，总硫分析仪有以下几种类型：

• 醋酸铅纸带法总硫分析仪；

• 化学发光法总硫分析仪；

• 微库仑滴定法总硫分析仪；

• 气相色谱法总硫分析仪。

前三种方法只能测得总硫含量，气相色谱法可测得各种硫化物的含量。

醋酸铅纸带法总硫分析仪价格较低，使用维护较简单，因而在线分析使用广泛，其他方法的总硫分析仪在线使用较少，多用于实验室分析中。

7-4 试述醋酸铅纸带法硫化氢分析仪的测量原理。

答：当恒定流量的气体样品从浸有醋酸铅的纸带上面流过时，样气中的硫化氢与醋酸铅发生化学反应生成硫化铅褐色斑点。

反应速率即纸带颜色变暗的速率与样气中 H_2S 浓度成正比，利用光点检测系统测得纸带颜色变暗的平均速率，即可得知样气中的 H_2S 的含量。这就是醋酸铅纸带法硫化氢分析仪的测量原理。

H_2S 分析仪每隔一段时间移动纸带，以便进行连续分析，新鲜纸带暴露在样气中的这段时间叫做测量分析周期时间（一般为 3min 左右）。

7-5 醋酸铅纸带法硫化氢分析仪由哪几部分组成？各部分的作用是什么？

答：以 Galvanic 公司 902 型醋酸铅纸带法硫化氢分析仪为例，其系统组成见图 7-1。

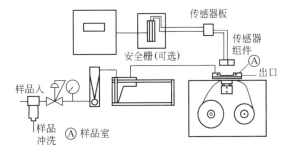

图 7-1　醋酸铅纸带法硫化氢分析仪系统组成图

该仪器由以下几个主要部分组成。

（1）样品处理系统　通常由过滤器、减压阀、流量计、增湿器组成。过滤器采用旁通过滤器，其作用是除尘并加快样气流动速度以减小分析滞后时间。减压阀出口压力一般设定在 $1.05 \times 10^5 PaG$（15psig）。样气流量通过带针阀的转子流量计来控制，也可通过临界孔板（critical orifice）来控制，样气流量通常为100mL/min。

增湿器的作用是使样气通过醋酸溶液加湿，以便与醋酸铅纸带反应。增湿器的结构一般是一个鼓泡器，将样气通入醋酸溶液中鼓泡而出，也有采用渗透管结构的，醋酸溶液渗透入管内对样气加湿。醋酸溶液是将50mL冰醋酸（CH_3COOH）加入蒸馏水中制成1L的溶液（5%冰醋酸溶液）。

（2）走纸系统　由纸带密封盒、醋酸铅纸带、导纸轮、卷纸马达和压纸器等组成。纸带事先用5%醋酸铅溶液浸泡，并在无H_2S条件下干燥。

（3）光电检测系统　由样气室和光电检测器组成。样气室的结构见图7-2。样气经过孔隙板上的孔隙与纸带接触。

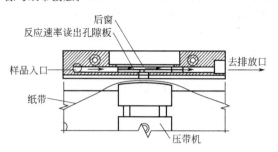

图7-2　样气室侧视图

光电检测器采用一个红色发光二极管作为光源来照射纸带，光探头是一个硅光敏二极管，可将纸带的明暗程度转化成电信号，此电信号经过传感器放大电路放大成0～25mV信号。

（4）数据处理系统　由微处理器、数字显示器、打印机等组成。

7-6 画出硫化氢分析仪的系统构成和配管图。

答：以Galvanic公司902型硫化氢分析仪为例，见图7-3。

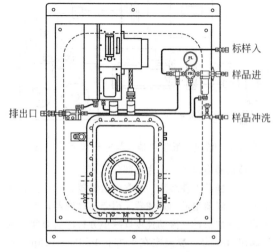

图7-3　硫化氢分析仪系统构成和配管图

7-7 孔隙板起什么作用？如何选择孔隙板的孔隙尺寸？

答：H_2S分析仪配有一组不同孔隙尺寸的孔隙板，可根据样气中H_2S浓度的不同加以更换。通常，H_2S含量越高，所需孔隙的尺寸越小，这样就可以限制在纸带上反应的H_2S气体数量，以调节纸带的变暗速率。

H_2S分析仪的测量范围通常在0～25ppm或0～50ppm（超过上述测量范围，样气必须经过稀释），即使在上述测量范围内，对于不同的量程也应采用不同孔隙尺寸的孔隙板，以0～25ppm测量范围为例，不同的量程对应的孔隙尺寸如下。

量　　程	孔隙尺寸
0～2ppm	全开
0～5ppm	1/8″
0～10ppm	3/32″
0～16ppm	1/16″
0～20ppm	1/16″
0～25ppm	1/32″
0～30ppm	1/32″

7-8 什么是带压排气管？它起什么作用？

答：H_2S分析仪分析后的气体经带压排气管排出，见图7-4。带压排气管（eductor）实际上是一个气流喷射器，管中气体通常采用减压阀处压力为1.05×10^5PaG（15psig）的样气驱动，也可采用其他干燥气体或压缩空气驱动。带压排气管的作用有以下两点。

（1）稳定样气室内的压力，消除任何影响纸带变色的不利因素。

H_2S分析仪通常安装在分析小屋内，当排气扇排气或正压通风系统启动时，室内静压会因空气流动而发生变化，从而造成样气室内压力的微小波动，纸带两侧差压的微小变化可能导致以下两种情况。

·样气在纸带和样气室间来回流动，从而超过正常情况在纸带上产生更多的斑点。

·在纸带和样气室间进入少量空气，从而超过正常情况在纸带上产生更少的斑点。

这种情况对测量结果的影响通常在读数的10%以内。但是，这种影响对测量很重要，如果采用带压排气管将使问题减轻。

（2）寒冷气候中，分析仪从排气处排出潮湿的样气，可能发生结冰现象。采用带压排气管来提高排放气体的速度和干燥效果，将防止在排气管道上出现结冰现象。

7-9 图7-5为H_2S分析仪在一个测量分析周期时间（Cycle time）内光电检测系统输出信号波形图，

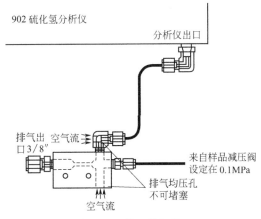

902 硫化氢分析仪

分析仪出口

排气出空气流口 3/8″

来自样品减压阀设定在 0.1MPa

排气均压孔不可堵塞

空气流

图 7-4　带压排气管

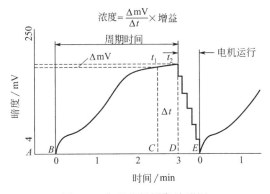

$$浓度 = \frac{\Delta mV}{\Delta t} \times 增益$$

周期时间

ΔmV

t_1 t_2

电机运行

暗度 / mV

Δt

时间 / min

图 7-5　典型分析周期波形图

试说明其分析过程。

答：A—B 段，电机运转并驱动纸带进纸 1/4″。

B—C 段，采样延迟时间（sample delay），一般为 140s。在这段时间，参加反应的纸带开始慢慢变黑，反应曲线呈现轻微的非线性关系。分析仪测得纸带变暗过程呈非线性关系，认为测量结果不够精确，因此无需更新显示结果和分析仪输出。但此时的测量结果却可以用于精确地预测样气浓度是否超过报警限。每隔 4s，分析仪计算出该时间段的平均变化率和对应的硫化氢含量。如果含量超过报警限，分析仪将产生报警。产生报警时，分析仪将只显示测量到的最高实时数据。分析仪将一直处于预报警分析状态，直到硫化氢含量低于报警限。

C—D 段，采样时间（sample interval），30s。纸带变黑速率在 t_1 到 t_2 时间段内呈现出线性关系。分析仪计算出线性开始时刻 t_1 处的纸带黑度读数，30s 后再计算出时刻 t_2 处的黑度读数。系统软件用此两点的数据计算出纸带变黑的速率并换算成硫化氢的浓度。

D—E 段，分析仪将纸带卷动进纸，新的一个测量分析周期重新开始。

7-10　当样气中的 H_2S 含量超过醋酸铅纸带法硫化氢分析仪的测量范围时，如何进行测量？

答：醋酸铅纸带法硫化氢分析仪的测量范围从 0～10ppb 到 0～50ppm，高于此范围的气体，可经稀释后测量，测量范围可达到 50ppm～100%。

在线分析时，可在分析仪之前增设样品稀释系统，常用的样品稀释系统有以下三种。

（1）渗透膜稀释系统　如图 7-6 所示，圆柱形的稀释器由渗透膜分隔为两部分，样气透过渗透膜扩散到稀释气体 N_2 中，稀释比由膜的表面积决定，通过设计，稀释比可达到 10：1～10000：1。

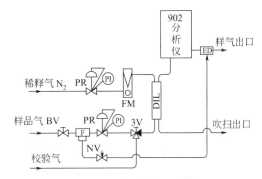

图 7-6　渗透膜稀释系统

F—过滤器；3V—3 通阀；FM—流量计；BV—截止阀；
NV—针阀；DIL—稀释池；PI—压力表；
ED—喷射器；PR—调压器

（2）进样阀稀释系统　如图 7-7 所示，采用色谱仪进样阀技术，在预定的时间间隔内，将少量样品注入载气中。稀释比可通过改变进样时间间隔和进样体积加以调整。

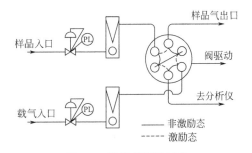

图 7-7　进样阀稀释系统

为保证样气与载气混合均匀，平滑过渡，进样时间间隔应为 30～60s，进样体积（定量管体积）可从 50μL 到 5mL。稀释比按下式计算：

$$稀释比 = \frac{进样体积 \times 每分钟进样次数}{稀释气体流量（一般为 150mL/min）}$$

（3）流量计稀释系统　如图 7-8 所示，有样气和载气两个流量计组配而成，稀释比＝载气流量/样气流量。当稀释比＞10：1 时不推荐使用。

7-11　试述硫化氢分析仪的安装要求和安装

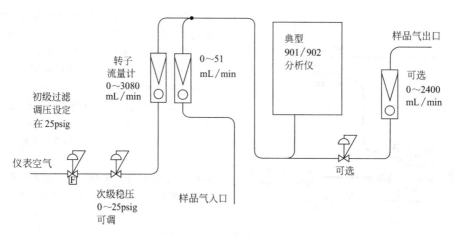

图 7-8　流量计稀释系统

步骤。

答：硫化氢分析仪的一般安装要求如下。

（1）分析仪应安装在没有振动、压力和温度波动小的地方。

（2）从分析仪伸出的排放管长度应尽量短，不应该有垂直拐弯。管道应连续地逐步下倾放置。

（3）将分析仪安装在机柜中时，分析仪左侧应留有大约380mm的空间，用于打开面板安装纸带防尘盖。同时应留有152mm的空间，用于排放管的连接。

（4）分析仪采用了防爆外壳设计和防爆安全隔离电路时，在没有切断电源以前，请勿打开机盖。

以 Galvanic 公司 902 型硫化氢分析仪为例，具体安装步骤如下。

第一步　将键盘连接至机箱右侧的接头上。

第二步　首先将感应纸带安装在纸盘中下面一个卷轴上。回拉纸带压紧块，将纸带穿过它，并牵引到上面一个卷轴上。应保证纸带在盒中的位置安装正确。如果纸带压紧块安放位置不正确，样气将从孔隙中轻微泄漏，从而导致读数错误。

第三步　先在增湿器里加入浓度为 5% 的醋酸溶液，然后将管道与增湿器连接妥当。

第四步　接通电源。系统完成初始化后，将根据标定参数开始进行分析。

第五步　将减压阀设置为 15psig。

第六步　分析仪带有一个流量控制器（带针阀的流量计或临界孔板），可将流量保持在流量表刻度的 2.0 左右。如果分析仪配有总硫分析，则没有流量控制器。这时，流量是通过位于样品系统的样气和氢气流量计进行控制的。

第七步　带压排放管通常由压力为 15psig 的减压阀的样气流来驱动。如果硫化氢的质量分数高于 50ppm，就应该采用压缩空气来驱动。

第八步　显示器将显示硫化氢读数。请检查纸带

上产生的斑块是否规整清晰，在边缘部分应没有浸渍毛边现象，见图 7-9。

图 7-9　纸带斑块样图
左图—纸带不正确安装时的斑块；
右图—纸带正确安装时的斑块

第九步　按下键盘上第二功能键（2nd function）和数字键 8，检查和记录下补偿电压。该电压表明样气室的清洁程度。当样气室变脏时，补偿电压就会降低。

7-12　试述硫化氢分析仪的标定步骤。

答：硫化氢分析仪的标定步骤如下。

（1）手工标定

第一步　将标准气管路连接至仪器上的标定端口。

第二步　转动三通阀，使标准气流动。

第三步　确保标准气的压力和流量设置正确。等待足够的时间，直到当前所测的硫化氢含量读数稳定下来（至少两个完整的分析周期）。

第四步　按如下公式计算出新的增益值：

新增益值＝（标准气浓度／读数）×旧增益值

第五步　输入新增益值。

第六步　退出增益值设置菜单，检查硫化氢浓度读数是否与标准气的标准浓度值一致。如果读数不正确，重新调整增益值并重新检查。标定完成后，将分析仪恢复到正常操作状态。

第七步　转动三通阀，重新接通样气流动管路。

（2）自动增益调整的手工标定

第一步　重复以上手工标定的第一至第二步。

第二步 输入标定气的浓度值。

第三步 激活标定程序。

第四步 重复以上手工标定的第六步和第七步。

（3）自动标定 在自动标定中，将使用电磁阀取代三通阀进行样气/标气的相互切换。

第一步 输入标定气的浓度值。

第二步 输入自动标定的时间间隔小时数，例如，每周标定一次输入168。

（4）标准气 采用以 N_2 为底气的含 H_2S 的标准气进行标定，H_2S 含量应为测量量程的 60%～80% 或接近报警限值。

7-13 硫化氢分析仪是否需要通入零点气调零？

答：不需要。光电检测电路的调零由仪器自动完成，不需要通入零点气调零。但在开机、标定和日常维护时，要检查分析仪的零点和基线，检查方法如下。

（1）确保分析仪样气室、孔隙板及后窗板清洁无尘，没有任何异物进入。

（2）切断样品气流动，确保没有硫化氢气体通过孔隙板进入纸盘，即没有硫化氢气体流动以及纸带上没有斑点产生。

（3）检查分析仪的显示值应接近于 0（如 0.1mg/L）。

（4）如果显示值不在零位，则应清理样气室并检查样气管路有无泄漏。

7-14 试述 H_2S 分析仪日常维护事项和内容。

答：日常维护事项和内容如下。

（1）检查样气压力和流量是否在设定值，检查过滤器滤芯，如果必要，清洗或更换滤芯；

（2）检查纸带是否快用完，如果必要，就更换纸带。纸带大约每月更换一次。这与硫化氢浓度和需要的响应时间有关。

（3）检查纸带传送机构是否工作正常。

（4）检查增湿器里醋酸溶液的液位，液位应该位于或接近红线位置。必要时加入浓度为 5% 的醋酸溶液。

（5）检查样气室是否有脏物覆盖和液体。如果必要，清洁样气室。

（6）检查纸带上的斑块。确保斑块位于纸带中央，而且边缘清晰。如果边缘模糊，需要调整压紧块，使纸带和样气室之间的密封良好，这样才会使斑块边缘轮廓清晰。

7-15 试述样气室和孔隙板的维护步骤。

答：样气室和孔隙板的维护步骤如下。

（1）关闭样气流动。

（2）用拇指回拉纸带压紧块，将纸带从样气室前方移开。通过孔隙板观察样气室内部，检查是否有绒

毛状纸屑或其他杂物。

（3）用蘸有异丙醇的棉签清除绒毛状纸屑和杂物。

（4）如果样气室杂物较多需要清洗，在机箱内将与样气室连接的管道和排放管断开，将与传感器连接的电缆拔下，拆下两颗样气室安装螺钉，松开两个传感器安装夹并拨向外侧，取下传感器。

（5）用铅笔尖推压孔隙板边缘，使孔隙板和后窗体弹出。

（6）用异丙醇清洗孔隙板和后窗体。

（7）清洗完成后，将孔隙板边缘涂上硅滑脂，放入样气室，压下重新安装。确保硅滑脂没有堵塞样气流动的孔隙。

（8）将密封圈和后窗体放入样气室。当传感器重新安装好后，后窗体会自然定位妥当。

（9）在机箱内重新安装样气室和传感器，重新连接电缆和管道。重新开通样气流动。

样气室装配图见图 7-10。

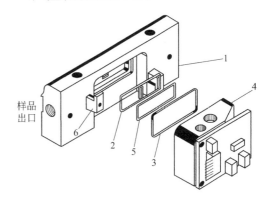

图 7-10 样气室装配图

1—样气室；2—孔隙板；3—后窗板；4—传感器；
5—后窗板橡胶密封圈；6—传感器固定夹

7-16 列举醋酸铅纸带法 H_2S 分析仪运行常见问题和故障，分析其原因并找出解决办法。

答：见表 7-1。

7-17 试述醋酸铅纸带法硫化氢分析仪的主要性能指标。

答：以 Galvanic 公司 902 型硫化氢分析仪为例，主要性能指标如下。

测量对象：天然气、液化石油气（LNG）、炼厂气、化工原料气、排放气体

测量范围：0～100ppb 到 0～50ppm H_2S

50ppm～100% H_2S（须加稀释系统）

线性误差：±2% FS

重复性误差：±2% FS

零点漂移：无

响应时间：3min 到 90%

纸带寿命：4～8 周/每卷

表 7-1　醋酸铅纸带法 H_2S 分析仪常见故障和处理方法

问题和故障	原　因	处理方法
（1）纸带斑块形状不成形，造成读数不稳定	纸带压紧块安装不正确	确保纸带压紧块压在纸带上
	纸带安装不正确	取下纸带，重新安装
（2）纸带斑块颜色深浅不均匀，如上部或下部颜色更深，造成读数不稳定	纸带压紧块安装不正确	松开纸带压紧块的锁紧螺钉，调整纸带压紧块，使纸带压紧块用力均匀、平稳地压在纸带上
（3）纸带斑块正常，读数仍然不稳定	传感器失效	更换传感器
	电缆与传感器的连接松动	压下电缆接头，使连接紧密可靠
	气流从排放流入分析仪	检查带压排放管是否工作正常
	湿度过高，造成排放管结冰	确保排放管向下倾斜安装
（4）纸带斑块重叠	受纸轮松动	拧紧受纸轮的制动螺丝
	斑块颜色过浅	增大孔隙板的孔隙尺寸
	步进电机工作不正常	更换电机
（5）纸带斑块间距不均匀（或斑块间的距离过大）	联轴器松动	拧紧联轴器的制动螺丝
（6）采用已知浓度的标准气进行标定时，纸带斑块颜色比正常情况变浅很多	孔隙板的孔隙堵塞或不畅通	检查并清洁孔隙板孔隙
（7）纸带斑块颜色过深	孔隙板孔隙尺寸过大	更换安装孔隙尺寸较小的孔隙板
（8）纸带斑块颜色过浅	孔隙板孔隙尺寸过小	更换安装孔隙尺寸较大的孔隙板
（9）总是存在无纸传感器产生的报警	无纸传感器失效	检查无纸传感器
	安全隔离器失效	更换安全隔离器
（10）4～20mA的电流输出与显示值不一致	量程设置不正确	确认正确的量程设置
（11）毫伏（mV）读数随时间向上漂移	孔隙板孔隙和样气室内有尘埃堆积	清洁孔隙板孔隙和样气室
（12）显示屏显示失真或无显示	存储器（RAM）的数据出错	将分析仪冷启动

输出信号：两个 4～20mA 隔离输出，6 个继电器输出，Modbus，RS-232

供电：24V DC 或 120/240V AC，50/60Hz

电耗：10V·A

环境温度：5～50℃

防爆等级：标准 Class 1，Division 2，GroupB，C，D

可选 Class 1，Division 1，GroupB，C，D

7-18　H_2S 浓度往往以 ppmV 或 mg/m^3 表示，试推导两者之间的换算关系。

答：$1ppmV（20℃）=（M_{H_2S}/24.04）mg/m^3 = 1.414mg/m^3$

$1mg/m^3 =（24.04/M_{H_2S}）ppmV（20℃）=0.707ppmV（20℃）$

式中　M_{H_2S}——硫化氢的摩尔质量，$1M_{H_2S}=34g$；

24.04——20℃下 1mol 气体的体积，L。

7-19　试述醋酸铅纸带法总硫分析仪的测量原理。

答：在醋酸铅纸带法 H_2S 分析仪上增加一个加氢反应炉，可测量总硫含量，其测量原理是：样品气和 H_2 气混合送入加氢反应炉的石英管中，加热至 900℃，在 900℃ 和 H_2 存在条件下，所有的硫化物将被转化成 H_2S，与此同时，所有比甲烷重的碳氢化合物将被分解成 CH_4，典型反应如下。

硫化学反应的例子：

羰基硫　　$COS+4H_2 \longrightarrow H_2S+CH_4+H_2O$

乙基硫化物　$(C_2H_5)_2S+4H_2 \longrightarrow H_2S+4CH_4$

甲基硫化物　$(CH_3)_2S+2H_2 \longrightarrow H_2S+2CH_4$

分解例子：

丁烷　$C_4H_{10}+3H_2 \longrightarrow 4CH_4$

反应后的气体从反应炉流入 H_2S 分析仪。分析仪通过测量醋酸铅纸带斑块的明暗程度来确定气体中的总硫含量。

7-20　试述总硫反应炉的维护项目和内容。

答：常规维护项目和内容如下。

（1）如果分析仪读数不稳定，应检查石英管里面是否保持清洁。如果氢气流量不够，将不能分解所有的碳氢化合物，从而在石英管将形成烟灰。烟灰过量淤积，将造成石英管产生裂纹，也将造成总硫读数错误。

（2）应定期进行泄漏测试，检查管接头的泄漏情况。可以想像，在压力开关状态保持不变的情况下，仍可能存在微小泄漏。

（3）如果安装了压力开关，应定期对压力开关进行检查。检查时，可通过松开一个管接头来测试。压力开关用于监视样气和氢气流量是否过低，当流量低于设定值时发出报警。

（4）如果打开反应炉更换石英管时，应该检查反应炉的电阻元件。电阻值大约为 42Ω。如果电阻偏高，反应炉性能将变差，因此需要尽快更换。

7-21 试述总硫反应炉泄漏测试步骤。

答：泄漏测试步骤：

第一步　在给总硫反应炉加电以前，需调节氢气流量。将流量计读数调至 1.0，并等待流量计读数稳定下来；

第二步　调节样气流量。将流量计读数调至 2.0，并等待流量计读数稳定下来；

第三步　将位于流量计出口和增湿器入口之间乙烯塑料管道夹住，阻断气体通过；

第四步　如果没有泄漏，氢气和样气流量将降至 0。等待 3 至 5min，流量表压力将稳定并下降；

第五步　如果流量表流量没有降至 0，请检查样气系统的泄漏情况。

7.2　紫外吸收法硫化氢、二氧化硫分析仪

7-22 根据 Lambert-Beer 定律，简述紫外线分析器的工作原理。

答：在 Lambert-Beer 定律公式 $I = I_0 e^{-KCL}$ 中，I_0 是入射光强度，I 是透射光的强度，K 为物质在特定波长下的吸收系数。当光源、波长和样品池厚度 L 确定后，它们就成了常数。这时透过样品的光强度 I 仅与样品中待测组分的浓度 C 有关。紫外线气体分析仪就是根据这一原理工作的。

7-23 紫外线气体分析仪有哪几种结构类型？它们各是如何工作的？

答：几种典型的紫外线气体分析仪的工作原理如下所述。

（1）分光束式分析仪　其工作原理见图 7-11。当被测气体通过测量室时，由光源发射的光照射在被测气体上，其中某一波长的光被气体吸收，光束被半透明半反射镜分成两路，每一路通过一个光栅滤光器到达检测器。检测器一般为光电管或光电二极管。在测量光路上的光栅滤光器只让被测气体吸收波长的光通过，其他波长的光一律被阻止；而在参比光路上的光栅滤光器只让未被气体吸收的某一波长的光通过，其他波长的光一律被滤掉。测量对数放大器的输出值与参比对数放大器的输出值之差与被测气体的浓度成正比。

（2）切光滤光式分析仪　其工作原理见图 7-12。由电机转动带动切光片交替切光，切光片上安装有两

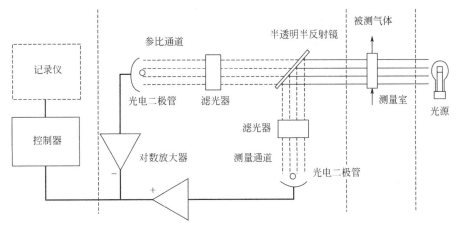

图 7-11　分光束式紫外线气体分析仪工作原理图

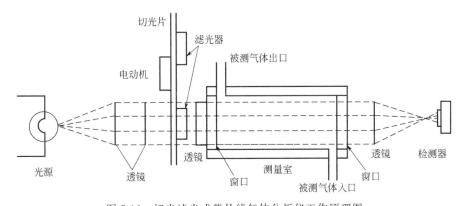

图 7-12　切光滤光式紫外线气体分析仪工作原理图

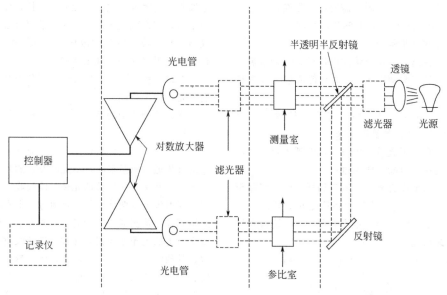

图 7-13　双光路滤光式紫外线气体分析仪工作原理图

个光栅滤光器，其中一个光栅滤光器只让被测气体组
分吸收波长的光通过，而另一个光栅滤光器只让未被
气体吸收的某一波长的光通过。前者作为测量光路，
后者作为参比光路。检测器接收交替变化的光波信号
并将其转变为交变的电信号，此交变电信号的振幅与
被测气体组分的浓度成正比。

（3）双光路滤光式分析仪　其工作原理见图 7-
13。光源发出的紫外光经透镜变成平行光，再通过光
栅滤光器滤波后，只让被测气体组分吸收波长的光和
参比波长的光通过，接着由半透明半反射镜将光束分
成两路。其中一路穿过测量室，另一路经反射镜反射
后穿过参比室。两路光分别通过测量气室和参比气
室，再经各自的光栅滤光器滤波后照射到光电管上，
并转换为电信号。测量电信号和参比电信号同时、分
别进入各自的对数放大器，两个放大器输出的电信号
差值与被测气体的浓度成正比。

（4）分光式（光纤式）分析仪　分光式（光纤
式）紫外线气体分析仪采用光电二极管矩阵式接收器
（PDA）作为测量元件，其工作原理见图 7-14。它有
两种工作方式：一种是采用光纤传输信号，测量室可
以远离光源和检测器；另一种是光源直接照射在测量
室上，不采用光纤。光源采用氙灯或者脉冲式氙灯，
放出的紫外-可见光区域很宽，用透镜或光纤射向测
量室。在测量室内被测气体吸收了一部分波长的光，
从测量室出来的光经聚焦后直接或者通过光纤照射在
全息光栅上，然后被反射到线性的光电二极管矩阵检
测器，检测器的输出信号与被测气体的浓度有一定的
关系。

7-24　紫外线气体分析仪在硫磺回收装置中的作

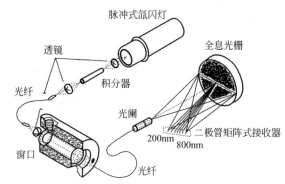

图 7-14　分光式（光纤式）紫外线气体
分析仪工作原理图

用是什么？

答：在克劳斯硫磺回收装置中，主要成分为硫化
氢的酸性原料气首先在燃烧炉内与空气混合一起燃
烧，部分硫化氢转化为二氧化硫。然后，硫化氢和二
氧化硫进入反应室，在催化剂作用下进行催化转化反
应，生成的单质硫经过冷凝和气液分离后固化为成
品，尾气去后续处理装置。

根据工艺的反应机理，反应后的尾气中硫化氢与
二氧化硫的比值达到 2∶1 时，装置的硫磺回收率最
高，废气的排放浓度最低，对环境污染最少。硫化氢
与二氧化硫的含量取决于燃烧反应，主要受助燃空气
的影响，所以要控制尾气中硫化氢与二氧化硫的比
值，就必须重点控制燃烧空气的流量。这样就形成了
一个酸性气/空气配比控制系统。在该系统中，由紫
外线分析仪执行硫化氢与二氧化硫浓度的测量，输出
信号通过 DCS 与其他工艺参数的组态，实现燃烧空
气流量的控制。因此，在硫磺回收装置中，为了提高

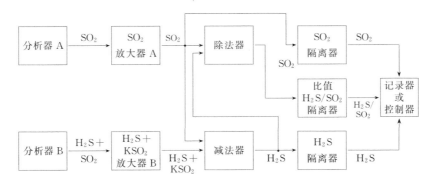

图 7-15　4620 型 H_2S/SO_2 比值分析器计算电路框图

经济效益和降低环境污染，紫外线分析仪具有重要的作用。

7-25 简述 Ametek 4620 型 H_2S/SO_2 比值分析器计算电路的工作原理。

答：如图 7-15 所示，在 4620 分析系统中，有两台 400 型紫外分析器。

分析器 A 使用 280nm 的测量波长和 365nm 的参比波长来测定 SO_2 的浓度；分析器 B 使用 228nm 的测量波长和 361nm 的参比波长来测量夹带一些 SO_2 干扰的 H_2S 浓度。它们输出的 0～10mV 直流信号，各自被 SO_2 和 H_2S+KSO_2 放大器放大。前者的输出信号被送到 SO_2 隔离器、除法器和减法器；后者的输出信号被送到减法器。在减法器内，SO_2 的信号乘上由比值电位器调节的常数（0.2～1.0），然后与 H_2S+KSO_2 的信号相减，得到真正的 H_2S 信号。这个信号加到 H_2S 隔离器与除法器，在那里计算出比值信号，输出到比值隔离器。信号可做记录或控制用。

7-26 4620 型 H_2S/SO_2 比值分析器对取样系统有什么要求？

答：尾气中的硫磺呈雾状存在，一旦进入分析器，将污染样品池，甚至堵塞测量管道。所以要采取对付硫蒸气的措施，包括把取样点设在工艺管道顶部；取样阀尽量靠近取样点；阀后要设置带夹套的除雾器，在夹套内通低压蒸汽（0.14MPa），将样品冷却到 129℃ 使样气中饱和硫蒸气液化返回工艺管道；样品气体经除雾器后，在带蒸汽夹套的样品管道中，被压力至少为 0.31MPa 的蒸汽重新加热，稳定在 143～160℃ 的范围内，再进入分析器。

7-27 4620 型 H_2S/SO_2 比值分析器在运行时有哪些干扰？

答：在尾气中，氮、氧、二氧化碳、一氧化碳、氩和水是不吸收紫外线的，只有羰基硫（COS）、二硫化碳（CS_2）和硫蒸气是影响测量的潜在干扰因素。CS_2 在 280nm 波长时，吸收系数是 SO_2 的 1/200，在 228nm 波长时，吸收系数是 H_2S 的 1/100，

因此，CS_2 的干扰可不考虑。

COS 在 280nm 时没有吸收，但在 228nm 波长处吸收系数为 H_2S 的一半。所以样品中的 COS 会给 H_2S 的测量结果带来正的偏差。如果工艺操作正常，样品中的 COS 含量不会超过 0.05%，对测量结果影响不大。

硫蒸气对 H_2S 的干扰是对 SO_2 干扰的 2 倍。当尾气中 H_2S/SO_2 比值等于 2:1 时，硫蒸气对比值的干扰可以忽略。但在实际的装置运行中，通常比值会偏离 2:1，硫蒸气的存在会对测量造成影响。在 Ametek 公司后来的 880NSL 尾气分析仪中，专门设置了测量硫蒸气的光路，彻底解决了硫蒸气的干扰问题。

7-28 4620 型 H_2S/SO_2 比值分析器运行中要特别注意哪些问题？

答：（1）因接触样品的管道和阀门都是采用夹套保温的，所以要保持蒸汽的畅通。要经常检查蒸汽压力与温度是否符合规定，保证样品气体的温度不低于 129℃，否则会引起硫蒸气冷凝而堵塞工艺管道，中断系统工作。

（2）进入喷射器的蒸汽要保持畅通，并具有足够压力，以便在样品池产生足够的真空度，保证样品正常循环。

（3）样品室的石英窗、光路上的滤光片、光电管等元件要保证吹扫空气质量，从而保持光学表面清洁，并驱除其他光路上的吸光物质。

7-29 Ametek 900 系列空气定值分析器的作用是什么？

答：在克劳斯工艺中，关键性的控制要求是维持进入流程的主要反应物的正确比值。这是通过前馈控制系统调整空气流量，从而为原料酸性气流路中的 H_2S 提供正确的需氧量来维持的。因为工艺操作中原料性质的波动，加上控制阀和进料流量测量的误差，以及反应炉中的副反应等降低了前馈控制的效果，所以还需一个反馈控制回路来修正前馈系统。900 系列空气定值分析器（ADA）就是为这个反馈控

制回路而设计的。

7-30 900 系列空气定值分析器是怎样工作的？

答：900 系列仪器中采用了双光束光学检测系统。两个光源灯各自发出光束，由滤光器叶轮以 400r/min 的频率交替通断。在每次光闪烁产生时，分光器使一半光射向参比检测器，另一半穿过气体样品射向测量检测器。当气体样品中没有吸收紫外线的组分时，因为测量侧光束在反光镜上和通过样品池窗时都存在能量损失，有较长的光程长度，所以测量检测器接收的光量较参比检测器接收到的光量小。两检测器光学性能相同，光量差值恒定。当气体样品中存在吸收紫外线的组分时，测量检测器检测到的光量进一步减少，减少的数量决定于样品中吸收组分的浓度。故根据两检测器接收的光量的差值，可计算待测组分的浓度。

7-31 900 系列空气定值分析器有哪些主要特点？

答：(1) 仪器具有 6 个离散波长，可实现多组分分析或单组分分析，并具有排除其他吸收组分干扰的能力；(2) 仪器可实现采样管线、硫冷凝器出口样品气体温度、恒温槽和样品排放管线温度等 4 个温度分别控制；(3) 以微处理器为基础，分析器操作、计算、数据处理方便，控制及诊断功能齐全。

7-32 试述 Ametek 880NSL 型 H_2S/SO_2 比值分析仪的工作原理。

答：Ametek 880NSL 型 H_2S/SO_2 比值分析仪中采用的光谱是一组多波长、无散射的紫外光光谱，它测量四路互不干涉的紫外光吸收率，其中三路分别测量硫化氢（H_2S）、二氧化硫（SO_2）和硫蒸气浓度，第四路波长作为参比基准，以补偿和修正由于石英窗不干净、光强变化和其他干扰对测量精度的影响。在该比值分析仪中，一束由氘灯发出的紫外光通过测量池后，再进入检测器。分析仪的检测控制系统将完成

一系列的检测和计算处理，其中包括：把测量吸收率转化为 H_2S 和 SO_2 的浓度，H_2S 和 SO_2 检测值在背景硫蒸气中的吸收率，样气温度和压力修正等。其工作原理见图 7-16。

7-33 Ametek 880-NSL 型 H_2S/SO_2 比值分析仪有哪些特点？

答：880-NSL 是 Ametek 公司为硫磺回收装置尾气分析设计的新型产品，用来连续在线监测 H_2S 与 SO_2 的含量，并可输出 4 路模拟信号，分别与 H_2S 浓度、SO_2 浓度、H_2S 与 SO_2 比值、及过量 H_2S 浓度成正比。

该仪器的主要特点如下。

(1) 具有四路单独的硅光电二极管检测系统，可同时测量 H_2S、SO_2、硫蒸气和参比气，在检测器中配有高精度的滤光器，可使四路独立测量。

(2) 光源采用超长寿命氘灯，使用寿命超过 5 年。

(3) 采用了小容量气室，响应速度快（$T_{90} < 10s$），有利于闭环控制，同时也减少硫和氨的污染。

(4) 仪器配有校准滤光镜，仪器校准不需要标气。

(5) 无可移动和传动部件，日常维护工作量小。

(6) 分析仪直接安装在工艺管道上，没有采样处理系统，但有热水回洗功能，因此分析仪不容易堵塞。由于没有样气传输管线，省去了取样管线堵塞带来的麻烦和维护工作量。

(7) 分析仪中装有除雾器，可以除掉样气中夹带的硫雾，同时降低硫蒸气的压力，气样的温度经热交换器降温后，可使气样中硫磺冷凝并呈液态析出，排回工艺管道中去。

(8) 气样回路和反吹介质：气样回路的气样是在热空气驱动吸气器作用下，将工艺管道中的气样抽到分析仪当中，经过测量室后，再返回工艺管道；反吹

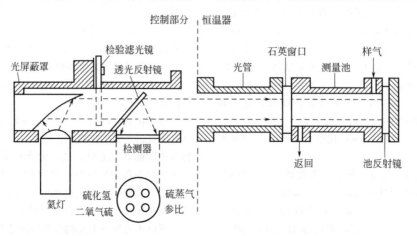

图 7-16　880NSL 型 H_2S/SO_2 比值分析仪的工作原理图

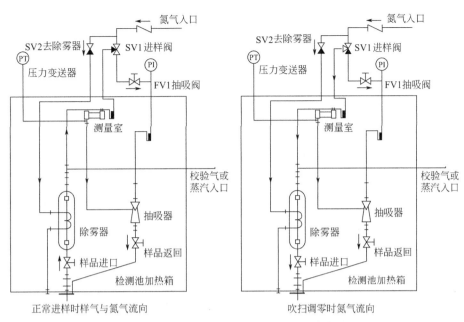

图 7-17　880-NSL 型 H_2S/SO_2 比值分析仪气路图

介质有空气和蒸汽两种。在一般情况下由空气反吹，反吹是自动进行。当气样中有氨气存在时，会和二氧化碳反应生成铵盐，铵盐会堵塞反吹回路，再用空气反吹不起作用，只能采用蒸汽反吹，蒸汽的水解作用可以清除铵盐。

7-34　图 7-17 是 880-NSL 型 H_2S/SO_2 比值分析仪气路图，请简要说明其工作过程。

答：如图 7-17 所示，仪器直接插在工艺管道上。正常采样测量时，样气在抽吸器的引力下，经进样阀、除雾器到测量池，后从抽吸器经样品返回阀返回工艺管道；当仪器在调零或进行自动吹扫校验时，三通电磁阀 SV1 切断到抽吸器的动力气源，吹扫气在进入测量室前分成两路：一路经除雾器、样品进口阀反吹进样管线；另一路吹扫测量室、抽吸器和样品返回阀，此时仪器样品通路没有进样。除雾器的原理利用冷的气体对除雾器局部降温使饱和硫蒸汽冷凝成液硫，并利用重力自动返回工艺管道，样品经升温后进入后续的测量池等部位时不会产生硫的冷凝，确保后面的样品管线通畅。

7-35　880-NSL 型 H_2S/SO_2 比值分析仪的光度信号是怎样处理的？

答：该仪器光电检测器模块中有四个硅光电二极管，每个二极管前都有特定波长的滤光片。在测量周期期间，各光电二极管检测的光能量转换成一个成比例的电流信号，随即被累积成各自的总电流。然后，每个电流再转换成电压，输入到对数放大器，并修正分析器通道的零位偏移。放大后的模拟信号（−5～5V DC），与在光电管测量波长的吸收率数值成比例。

最后，每个原始吸收率数据，都从检测器板送到控制器主板进行处理。四个信号中的三个是 232、280、254nm 的测量信号，分别对应 H_2S、SO_2、硫蒸气的特征吸收波长，另一个是 400nm 的参比信号。

7-36　880-NSL 型尾气分析仪如何启动？

答：启动步骤如下：（1）接通空气并调整其压力；（2）用空气吹扫电子箱；（3）接通电源；（4）开启样品入口阀与样品返回阀；（5）依次进行特殊吹扫、吹扫调零和样品吹扫；（6）调整抽吸器空气阀，保持适当压力差以提供足够样品流量，进入跟踪样品周期；（7）恒温约 1h 后，仪器正常工作，输出实时测量结果。

7-37　880-NSL 型尾气分析仪如何进行校准？

答：仪器的校准有两项内容：零位与量程。在校准零位时，以一种非吸收物质（通常为仪表空气）吹扫样品池，并测量每个通道的偏移值，然后储存在存储器内，直到下次校零前均用此数来校正每个光电管的零吸收率。量程校准时，样品池仍在校零状态，将校准滤光片插入光路，测量和显示吸收率的数值，并调整到标准值。

7-38　维修硫磺回收装置紫外比值分析仪时应注意哪些事项？

答：应注意以下事项。

（1）在装置正常操作时，样品系统中存在致命浓度的 H_2S 和其他混合气体，因此维修前必须用零位气体吹扫样品管后与工艺流程隔离。必要时使用呼吸器。

（2）因紫外线对眼睛有害，应避免直接注视穿过光源灯末端窗口发出的光线，必要时戴上防护眼镜。

（3）如果维修时要接触电子电路板，不要让其遭受静电放电。

（4）电子线路板或静电敏感部位，贮存和运输时应放在静电屏蔽的包装箱内。

（5）接触光源灯及透光窗时，不要触摸光学表面，以免手指上的油吸收紫外线。

7-39 填空

（1）制硫装置使用的进口 AMETEK 公司 880NSL 比值分析仪光学组件由光源模块、测量室模块和（　　）模块组成。

（2）制硫装置使用的进口 AMETEK 公司 880NSL 比值分析仪，光源模块由一个脉冲（　　）灯、一个紫外屏蔽过滤器和一个紫外准直透镜组成。

（3）制硫装置使用的进口 AMETEK 公司 880NSL 比值分析仪，光电检测器模块由带四个硅（　　）的印刷电路板组成，每个光电二极管前都有一个特定波长的（　　）。

（4）制硫装置使用的进口 AMETEK 公司 880NSL 比值分析仪，四个光电二极管分别检测波长为232nm、280nm、254nm 和 400nm 的紫外光强度信号。其中（　　）nm 是参比检测信号波长。

答：（1）光电检测器；（2）氙；（3）光电二极管，滤光镜；（4）400。

8. 可燃性、有毒性气体检测报警器

8-1 为什么要在生产现场设置可燃性、有毒性气体检测报警器？

答：工业生产过程中，可燃性、有毒性气体的泄漏是普遍存在的，产生泄漏的主要原因有：

（1）生产设备、容器、贮罐或连接管线的材质缺陷，如铸件内的蜂巢、焊接时造成的构筑蜂巢等；

（2）管子连接件（卡套、螺纹、法兰）松动或密封垫片，环圈不严密；

（3）工艺介质对容器、贮罐、管线、焊接处的长期侵蚀、腐蚀等；

（4）人为疏失。

泄漏的危险气体会很快被空气稀释，因此泄漏位置较难查寻，更难对它进行定量分析。泄漏本身是十分危险的，它可能导致错误操作，损坏设备，污染环境，甚至造成重大火灾、爆炸、中毒事故。所以应在生产现场设置可燃性、有毒性气体检测报警器，及时检测并发出报警信号，以便采取措施，防止上述事故的发生。

8-2 什么是可燃性气体？哪些可燃性气体需要进行检测和报警？

答：所谓可燃性气体是指可以产生燃烧的气体。但不是所有的可燃性气体都需要进行检测和报警，只有容易造成火灾和爆炸危险的易燃、易爆气体才需要进行检测和报警。

SH3063—1999《石油化工企业可燃气体和有毒气体检测报警设计规范》中规定，在石油化工现场，应设置可燃气性体检测报警器进行检测和报警的气体有如下一些。

（1）气体的爆炸下限浓度（LEL，V％）为10%以下或爆炸上限与爆炸下限之差大于20%的甲类气体；

（2）液化烃、甲B、乙A类可燃液体气化后形成的蒸气。

液化烃——属于甲A类液体，是指15℃时蒸气压力大于0.1MPa的烃类液体，如液化石油气、液化乙烯、液化丙烯、液化甲烷、液化环氧乙烷等。

甲B类液体——是指除甲A类液体以外，闪点小于28℃的易燃液体。

乙A类液体——指28℃≤闪点≤45℃的易燃液体。

气体、液体的火灾危险性分类，详见 GB 50160—92《石油化工企业设计防火规范》。

8-3 什么是有毒性气体？哪些有毒性气体需要进行检测和报警？

答：所谓有毒性气体是指对人体有毒害作用的气体。同样，也不是所有的有毒性气体都需要进行检测和报警，只有极度危害（Ⅰ级）和高度危害（Ⅱ级）气体才需要进行检测和报警。

SH 3063—1999《石油化工企业可燃气体和有毒气体检测报警设计规范》中规定，在石油化工现场，应设置有毒气体检测报警器进行检测和报警的气体有如下 7 种：硫化氢、氰化氢、氯气、一氧化碳、丙烯腈、环氧乙烷、氯乙烯。

（氨属于轻度危害气体，SH 3063—1999 中不规定检测，有些国家标准中规定氨也作为有毒气体进行检测。）

毒物危害程度分级详见 GB 5044—85《职业性接触毒物危害程度分级》。

8-4 可燃性、有毒性气体检测报警器由哪些部分组成？

答：可燃性、有毒性气体检测报警器一般由采样器、检测器、指示器、报警显示器和电源几个部分组成。

（1）采样器用于吸入式的检测器，一般有以下几种结构型式：①气体吸入口式，在吸入口内有防止水滴进入的结构，可以安装在室内外有水滴的地方；②带过滤器的气体吸入口式，内装玻璃棉或脱脂棉等过滤物，可以滤去杂质，用于多粉尘的场合；③管线过滤式，根据被采气体中的杂质含量和种类，采用玻璃棉、脱脂棉、滤纸等不同过滤物，用于管道内可燃性气体的检测；④降温除湿式，用水冷或空气冷却降温除水，用于高温气体或蒸汽中可燃性、有毒性气体的检测。

（2）检测器有扩散式、吸入式两种结构型式。扩散式是指被测气体自然扩散进入检测器内，这种结构使用最普遍，但其测量结果易受风速、风向和气体浓度、安装位置的影响，反应速度较慢，而且因环境条件的不同而不同。吸入式检测器带有一个吸气泵，连续地把气体吸入到检测元件内部，这种结构的检测器反应速度快，而且不受环境条件的影响。

检测器按工作原理可分为多种类型，一种检测器不可能对各种气体都适应，因此，应根据被测气体的特性选用相应的检测器类型。

（3）指示器用于浓度指示。

（4）报警显示器用于报警值设定和报警显示，并能输出开关信号给其他报警器件和执行机构。

（5）电源为可燃性气体检测报警器供电。

8-5 对可燃气体和有毒气体检测报警系统的供电有何要求？

答：一般报警用的系统，可使用普通仪表电源供电。下列情况的检测报警系统，应采用不间断电源（UPS）供电。

（1）与自动保护系统相连的可燃气体或有毒气体的检测；

（2）人员常去场所可能泄漏Ⅰ级（极度危害）和Ⅱ级（高度危害）有毒气体的检测。

8-6 可燃气体检测器有哪些类型？各有何特点？

答：可燃气体检测器主要有以下三种类型。

（1）催化燃烧型 定量精度高，重复性好，适用范围广，几乎可测所有可燃气体，但如气体中含有能使催化剂中毒的组分（如卤化物、硫、磷、砷等）时，会使检测器失效。

（2）半导体气敏型 半导体气敏元件对可燃性气体比较灵敏，一般不需维护，很少中毒现象，使用寿命长（可达 5～10 年）。其缺点是定量精确度较低（≥±5%），受湿度影响大。

（3）红外线吸收型 精确度高，寿命长，无中毒问题，维护量小，但只能检测碳氢化合物气体，且价格较贵。

8-7 有毒气体检测器有哪些类型？

答：有毒气体检测器主要有以下几种类型。

（1）定电位电解型 采用电解分析法工作。

（2）气敏电极型 采用电位分析法工作，也称隔膜电极型。

（3）半导体型 半导体气敏元件在吸附气体组分后可改变其载流子数目和阻抗，由此可检测气体组分含量。

（4）化学发光型 化学发光是指化合物吸收化学能后，被激发到激发态，在由激发态返回至基态时，以光量子的形式释放能量。测量发光强度对物质进行分析测定的方法称为化学发光法。

8-8 催化燃烧型可燃气体检测器的工作原理是什么？

答：催化燃烧型检测器是将铂金属细丝用三氧化

二铝载体包覆，表面涂上钯、铂一类的氧化触媒，然后绕制成线圈装在用铜或不锈钢制成的烧结金属圆筒探头内，作为平衡电桥的测量臂。探头内还有一个铂金属线圈，作为电桥的补偿臂，测量电路如图8-1所示。当电流流过铂丝时，将其加热到一定的温度，电桥处于平衡状态。当有可燃性气体与触媒接触时，则在表面发生无焰燃烧，燃烧热使铂丝温度升高，

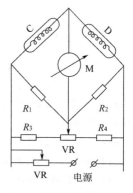

图 8-1 催化燃烧型检测器测量电路

D—检测元件；C—补偿元件；

VR—可调电阻；

R_1、R_2、R_3、R_4—固定电阻；

M—指示仪表

其电阻值也相应增大，电桥失去平衡，电桥输出与可燃气体浓度相应的不平衡电压，此电压经过放大后，驱动报警电路输出报警、指示信号，也可以通过仪表显示其测量结果。

8-9 催化燃烧型可燃气体检测器有何特点？

答：可燃气体检测器按工作原理分有多种型式，其中催化燃烧型应用最广，它具有如下优点。

（1）输出值在 0～100% LEL 范围内与可燃性气体浓度成正比（不管是什么气体）。

（2）不易受背景气体如水蒸气、CO_2 等干扰。

（3）可对温度、风速等的变化进行自动补偿。

（4）精度高，可达 ±3%，寿命长，可达 3 年（以上均指传感器）。

（5）热启动快。

其缺点如下。

（1）易中毒，长期在卤化物、含硫、磷、砷成分的气体中工作，会损坏传感器的热丝元件（目前已有防中毒传感器产品）。

（2）输出信号具有双值性，当可燃性气体浓度高于 100% LEL 时，指针又反漂过来，跌入 0～100% LEL 内，甚至跌到低于报警点，这是因为可燃性气体浓度高时，氧含量相应减少，造成燃烧不足所致，使用中务必注意这一点。

（3）只能在有氧环境中工作，不能检测惰性气体或其他无氧气体中的可燃气体浓度。标准气体只能用空气作为背景气。

8-10 试述红外线吸收型可燃气体检测器的工作原理。

答：图 8-2 是美国 Scott 公司 4688 型红外线吸收型可燃气体检测器的结构示意图。

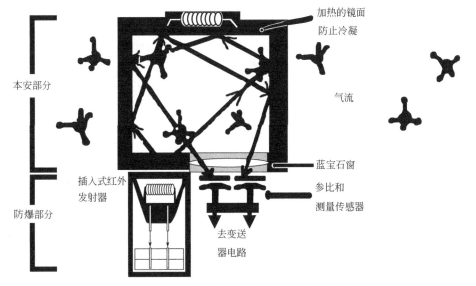

图 8-2　红外线吸收型可燃气体检测器的结构示意图

红外光源发射的红外线脉冲射到测量池内，落到两个热电传感器上。测量传感器接收被测碳氢化合物组分特征吸收波长的红外光，参比传感器接收特征吸收波长以外的红外光。两个传感器输出的差值，对应被测组分的含量，经放大后由电子部件输出。

8-11　红外线吸收型与催化燃烧型可燃气体检测器相比，各有何优缺点？

答：两者的优缺点比较见表 8-1。

表 8-1　红外线吸收型与催化燃烧型可燃气体检测器性能比较

比较项目	红外型	催化燃烧型
(1)精确度和重复性	较高,可达±2%	较高,可达±3%
(2)定期标定量程	不要	要
(3)传感器寿命	长	较短
(4)传感器污染、老化自动补偿和失效自检	有	无
(5)传感器中毒现象	无	被测气含卤化物、硫、磷、砷时易中毒
(6)测高浓度气体时的饱和现象	无	有
(7)对氧的需求	不需要	必须有足够的助燃氧气
(8)被测气含水蒸气和 CO_2	对测量结果有一定影响	无影响
(9)应用范围	只能测碳氢化合物	几乎可测所有可燃气体
(10)价格	贵	便宜
(11)日常维护	维护量小	维护量较大

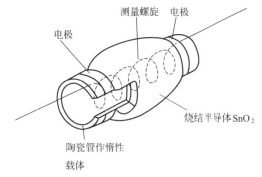

图 8-3　半导体气敏元件

8-12　半导体气敏型可燃气体、有毒气体检测器的工作原理是什么？

答：一些半导体元件在吸附气体组分后可改变其载流子数目和阻抗，由此可检测气体组分含量。例如多孔 n-型二氧化锡半导体烧结体（添加铂或钯作催化剂），其电阻/电导可随被测气体浓度的增加而减小/增大，这一特性可用于氢、一氧化碳、乙醇、甲烷等多种气体的检测。此外还可用氧化锌、γ-三氧化二铁等其他金属氧化物作检测元件。

半导体气敏元件和检测器测量电路如图 8-3、图 8-4 所示。在半导

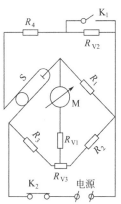

图 8-4　半导体型检测器测量电路

S—检测元件；

R_1、R_2、R_3、R_4—固定电阻；

R_{V1}、R_{V2}、R_{V3}—可调电阻；

M—指示仪表

143

体气敏元件二氧化锡（SnO₂）烧结体内，接入两根测量电极，安装在现场探头里，作为平衡电桥的测量臂。当有可燃气体或有毒气体通过这种气敏元件的表面时，被金属氧化物所吸附，其电阻值随被测气体浓度的变化而变化，从而使电桥失去平衡，输出和被测气体浓度成比例的不平衡电压。此电压经过放大后，驱动报警电路输出报警、指示信号，也可以通过仪表加以显示。

8-13 试述定电位电解法的测量原理。

答：根据法拉第电解定律，电解某物质的质量与电解电量之间有以下关系

$$m=\frac{M}{nF}\times Q=\frac{M}{nF}\times It \qquad (8\text{-}1)$$

式中　m——被电解物质的质量，g；

　　　M——被电解物质的摩尔质量，g；

　　　n——电解反应中电子转移（变化）数；

　　　F——法拉第常数，96500C；

　　　Q——电解电量，C；

　　　I——电解电流，A；

　　　t——电解时间，s。

在电解池内电解反应不会自发地进行，需要有外电路供给电能，不同的物质要求不同的电解池电压，电极上才能发生电解反应。在一定电位下通过电解反应求得被电解物质含量的方法就称为定电位电解法（也称恒电位电解法）。

实验室分析中，是测量通过电解池的电量，求得被电解物质的质量，由于电量使用库仑计测得，所以也称为库仑分析仪。而在线分析中，则是测量通过电解池的电流变化，求得被电解物质的含量变化（浓度变化）。此时，式（8-1）变为

$$\frac{dm}{dt}=\frac{M}{nF}\times\frac{dIt}{dt}=\frac{M}{nF}\times\frac{dI}{dt} \qquad (8\text{-}2)$$

即

$$m(t)=\frac{M}{nF}\times I(t) \qquad (8\text{-}3)$$

电位电解法可以测量多种气体的浓度，如 CO、H₂S、Cl₂、HCN、SO₂、NO、NO₂、HCl、NH₃ 等，但仅限于微量和半微量分析。对于不同种类的被测气体，要采用不同的电解液和电解电压。

8-14 图8-5是定电位电解式有毒气体检测器的结构原理示意图，试述其工作原理。

答：被测气体通过渗透膜扩散到测量电极表面，在测量电极上发生氧化（或还原）反应，同时在对电极上发生还原（或氧化）反应，氧化还原反应产生的电流与被测气体的浓度成正比。

如果被测气体是CO，则它透过渗透膜后，在测量电极上按式（8-4）被氧化，而在另一侧的对电极上，氧气按式（8-5）被还原，整个反应过程，实质

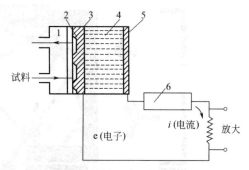

图 8-5　定电位电解式有毒性气体
检测器结构原理示意图

1—气室；2—渗透膜；3—测量电极；
4—电解液；5—对电极；6—稳压电源

上是一氧化碳被氧化成二氧化碳，见式（8-6）。电解液使用稀硫酸（H₂SO₄）溶液。

$$CO+H_2O\longrightarrow CO_2+2H^++2e^- \qquad (8\text{-}4)$$

$$\frac{1}{2}O_2+2H^++2e^-\longrightarrow H_2O \qquad (8\text{-}5)$$

$$CO+\frac{1}{2}O_2\longrightarrow CO_2 \qquad (8\text{-}6)$$

此时，在测量电极与对电极之间流过的电流经仪表电子线路进行放大，根据该电流值可以测得一氧化碳的浓度。

8-15 什么是电位分析法？

答：以测定电池两电极间电位差或电位差的变化为基础的分析方法称为电位分析法。测量电池由被测溶液、指示电极、参比电极组成。指示电极使用的多数是离子选择电极。

被测溶液中的某种离子在该种离子选择电极表面发生反应，在电极上产生电位（电势），这种电位的数值随离子的浓度变化而变化。

为了测定离子选择电极的电位，将一有固定电位的参比电极插于同一溶液中，参比电极中的电解质（盐溶液）通过微孔膜与被测溶液接触，外接测量电路后，形成闭合回路，由电池的电动势，可计算出离子选择电极的电位。

电极响应可用 Nernst 方程式表示

$$E=E_0+Slga \qquad (8\text{-}7)$$

式中　E——测定电位；

　　　E_0——标准电位，是测量系统中诸常数项之和；

　　　S——测量曲线的斜率；

　　　a——被测溶液离子活度。

当被测溶液为稀溶液时，离子活度近似等于离子浓度，式（8-7）可改写为

$$E=E_0+Slgc \qquad (8\text{-}8)$$

式中 c——被测溶液离子浓度。

8-16 什么是气敏电极?

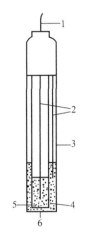

图 8-6 氨气敏电极
1—屏蔽导线;
2—Ag/AgCl 参比电极;
3—有机玻璃管;
4—pH 指示电极;
5—0.01mol/L NH$_4$Cl 溶液;
6—透气膜

答:气敏电极由憎水性气透膜(一种疏水性高分子薄膜,仅允许气体透过)、内电解液、指示电极(离子选择电极)和参比电极组成。可测量气体组分的浓度。

被测气体通过气透膜与内电解液作用,引起电解液中离子活度的变化,由对该离子敏感的指示电极测出,转而得出被测气体的浓度。

现以氨电极为例说明其工作原理。氨电极由 pH 电极、Ag/AgCl 电极、透气膜组成,在透气膜与电极间充以氯化铵溶液,见图 8-6。

氨透过薄膜后,使溶液中的下列平衡向右移动。

$$NH_3 + H_2O \Longrightarrow NH_4^+ + OH^- \quad (8\text{-}9)$$

$$[OH^-] = K \frac{[NH_3]}{[NH_4^+]} \cong K'[NH_3] \quad (8\text{-}10)$$

由于 $$[OH^-][H^+] = K_W \quad (8\text{-}11)$$

所以 $$[H^+] = K_W/[OH^-] \quad (8\text{-}12)$$

此时 pH 电极对 $[H^+]$ 的相应,即可指示氨的浓度。氨电极的电势与 $[NH_3]$ 有以下关系:

$$E = E_0 - Slg[OH^-] = E_0 - Slg[NH_3] \quad (8\text{-}13)$$

应用比较成熟的气敏电极除了氨电极外,还有 SO_2、NO/NO_2、HF、H_2S、HCN 等。

8-17 如何选用可燃气体检测器?

答:在 SH3063 中,对可燃气体检测器的选用,有如下规定。

(1)宜选用催化燃烧型检测器,也可选用其他类型的检测器。

(2)当使用场所空气中含有少量能使催化燃烧型检测元件中毒的硫、磷、砷、卤素化合物等介质时,应选用抗毒性催化燃烧型检测器或半导体型检测器 "少量"是指 10ppm 左右,该数值是根据使用经验得出的。

(3)氢气的检测宜选用电化学型或半导体型检测器。(催化燃烧型检测器对氢气有引爆性,因此不能用它对氢气进行检测。目前,已有氢气专用的催化燃烧型可燃气体检测器,也可以选用)

8-18 如何选用有毒气体检测器?

答:有毒气体检测器的选用,可根据被测气体具体特性和检测器适用范围确定,同时还应考虑被测有毒气体与安装环境中可能存在的其他气体的交叉干扰影响。下述选型原则参考 SH3063 提出。

(1)硫化氢、一氧化碳气体可选用定电位电解型或半导体型。

(2)氯气可选用气敏电极型、定电位电解型或半导体型。

(3)氰化氢气体可选用定电位电解型、气敏电极型。

(4)环氧乙烷、丙烯腈气体可选用半导体型。

(5)氯乙烯气体宜选用化学发光型或半导体型。

(6)氨气可选用气敏电极型、定电位电解型或半导体型。

8-19 可燃气体和有毒气体的检测报警,分为哪些级别?其报警值如何设定?

答:可燃气体和有毒气体的检测报警,分为两个级别,即一级报警和二级报警。

常规的检测报警,只采用一级报警;当工艺需要采取联锁保护措施时,应采用一级报警和二级报警,在二级报警的同时,输出接点信号供联锁保护系统使用。

根据 SH3063《石油化工企业可燃气体和有毒气体检测报警设计规范》和 SY6503《可燃气体检测报警器使用规范》,报警设定值按下述规定确定。

(1)可燃气体的一级报警(高限,AH)设定值 $\leqslant 25\%$LEL;

(2)可燃气体的二级报警(高高限,AHH)设定值 $\leqslant 50\%$LEL;

(3)有毒气体的报警设定值 $\leqslant 100\%$TLV(车间最高允许浓度),当试验用标准气调制困难时,报警设定值可 $\leqslant 200\%$TLV。

8-20 什么是爆炸界限?什么是爆炸下限?什么是爆炸上限?

答:一种可燃气体或蒸气与空气的混合物能着火或引燃爆炸的浓度范围称为爆炸界限 EL(Explosive Limits),其最低浓度称为爆炸下限 LEL(Lower Explosive Limit),最高浓度称为爆炸上限 HEL(HigherExplosive Limit)。浓度低于或高于这一范围都不会发生爆炸。

爆炸界限通常用体积分数(V%)表示。

8-21 如果空气中含有 A、B、C 三种可燃性气体,如何确定 A、B、C 混合气体的爆炸下限?

答:可按下述方法确定。

（1）选择 A、B、C 中 LEL（爆炸下限）值最低的作为混合气体的爆炸下限。如

$$LEL_C > LEL_A > LEL_B$$

则选 LEL_B 为 LEL 混。这是最简单、可靠的方法。

（2）如果混合气体中 A、B、C 的含量固定或变化不大，也可通过计算得出混合气体的爆炸下限。计算公式为：

$$LEL_混 = \frac{100}{\dfrac{P_A}{LEL_A} + \dfrac{P_B}{LEL_B} + \dfrac{P_C}{LEL_C}} \quad (8-14)$$

式中，P_A、P_B、P_C 分别为 A、B、C 在其混合气体中的体积分数，$P_A + P_B + Pc = 100\%$。

实际上 P_A、P_B、P_C 会经常变化，且难以测出，因此这种方法不太实用。

8-22　什么是 TLV？

答：TLV 是英文 Threshold Limit Value 的缩写，字面含义为"阈限值"。实际上是指工作地点空气中有害物质的职业接触限值，或者说是车间空气中有害物质的最高允许浓度。

美国和德国公布的职业接触限值称为 TLV，由于国际上多数国家根据美国或德国公布的 TLV 制定自己国家的限值，因而 TLV 成了职业接触限值的通称。我国标准中也往往采用这一称谓。

应当说明，TLV 是长期接触限值，即作业人员在有害气体环境中，以中等劳动强度每天连续工作 8h，一个月（按 20 个工作日计）之内对健康无害的允许限，而非短期接触限值。

8-23　TLV 的单位有的采用 ppmV，有的采用 mg/m³，两者之间如何进行换算？

答：两者之间的换算公式如下。

$$TLV_{ppmV} = \frac{24}{M} \times TLV_{mg/m^3} \quad (8-15)$$

$$TLV_{mg/m^3} = \frac{M}{24} \times TLV_{ppmV} \quad (8-16)$$

上述换算公式对 20℃有效，式中 M 为气体的分子量。

例如，根据 SH3063—1999 提供的数据，一氧化碳的 TLV＝30mg/m³，其分子量为 28，则其 TLV 用 ppmV 表示时为

$$TLV_{ppmV} = \frac{24}{M_{CO}} \times TLV_{mg/m^3} = \frac{24}{28} \times 30 = 25.7ppmV$$

8-24　在石油化工现场，可燃气体、有毒气体的释放源有哪些？

答：一般有如下一些：
（1）气体压缩机、液体泵的动密封处；
（2）不正常运行时可能泄漏出危险气体的设备、管法兰、阀门组；

（3）不正常运行时可能挥发出危险气体的液体采样口、排液口；
（4）液体储罐区、液化烃灌装站。
上述场所均应装设可燃或有毒气体检测器。

8-25　对于可燃气体和有毒气体同时存在的场所，应如何设置检测器？

答：（1）可燃气体与有毒气体同时存在的场所，一般应同时设置可燃气体和有毒气体检测器。

（2）组成比较稳定的混合气体泄漏后，如可燃气体可能达到 25%LEL，但有毒气体不能达到 100% TLV，只设可燃气体检测器；反之，只设有毒气体检测器。

（3）同一气体既属可燃气体又属有毒气体，只设有毒气体检测器。

8-26　可燃性、有毒性气体检测器的安装应注意些什么问题？

答：可燃性、有毒性气体检测器能否正确检测，与安装位置的选择有极密切关系，总的要求是应该保证被测气体能充分与检测器接触。

（1）注意气体的密度　比空气轻的气体总是向上扩散，检测器应安装在泄漏源的上方；否则应安装在泄漏源的下方，一般在接近地面处或低洼处。

（2）考虑风向　风向是影响可燃性气体扩散的重要因素。在室外的工艺区内，检测器应根据主导风向来考虑。如果可能的话，最好装于所需检测设备的周围，这样最可靠。

（3）注意环境温度、湿度的影响　环境温度对检测器本身没有影响，主要是考虑阳光直射房顶时，在房间顶部形成一个热空气障，阻碍比空气轻的可燃性气体向房顶扩散，使检测器无法检测，因此，检测器不能安装在紧靠房顶处，而应安装在距房顶 0.2m 距离处为宜。

湿度对检测器的准确性有一定影响，露天安装时应有防雨罩。

（4）如果检测器找不到理想的安装位置，可以利用捕集罩等将气体集中后引向检测器。

（5）检测器应安装在无冲击、无振动、无强电磁场干扰的场所，周围应留有不小于 0.3m 的净空。

8-27　在强制通风或空气自然对流的房间内，如何选择可燃性、有毒性气体检测器的安装位置？

答：在装有强制通风设施的房间内，空气流动较快。在有百叶窗和通风口的房间内，空气会形成自然对流，若室内设备是一个热源，这种对流会加快。若检测器安装在室内大气流动线及对流线附近，显然是不适宜的。因为大气在此区域快速稀释，并快速带走泄漏气体，使检测器无法准确测定。

在这种情况下，检测器安装位置应选择在空气扰

动小，扩散的泄漏气体容易沉积而又易于带走的区域。若泄漏气体相对密度小于1，检测器可安装在距屋顶和墙壁200mm的地方。若泄漏气体相对密度大于1，检测器可安装在距地面和墙角300mm的地方。

注意不要把检测器安装在房间的死角或空气不流动处，因为此时的检测结果没有代表性。

8-28 检测器的安装高度如何确定？

答：（1）检测比空气重的可燃气体时，检测器的安装高度应距地坪（或地板）0.3～0.6m。过低易因雨水淋溅对检测器造成损害，过高则超出比空气重的气体易于积聚的高度。

（2）检测比空气轻的可燃气体时，检测器的安装高度宜高出释放源0.5～2m。当释放源位于封闭或半封闭的厂房内时，应在释放源上方设置检测器，还应在厂房内最高点易于积聚可燃气体处设置检测器。

（3）对于氢气，应安装在释放源上方或左右1m范围内，太远则由于氢气迅速扩散上升，起不到检测效果。

（4）有毒气体检测器应装在释放源上下1m范围内（比空气轻装在上方，比空气重装在下方），也可装在释放源附近距地面1.5m高处（即人的呼吸高度处）。

8-29 填空

（1）可燃气体或有毒气体检测器宜布置在释放源的最小频率风向的（　）风侧。

（2）可燃气体检测器的有效覆盖平面半径，室外宜为（　）m，室内宜为（　）m。在有效覆盖面积内，可设一台检测器。

（3）有毒气体检测器与释放源的距离，室外不宜大于（　）m，室内不宜大于（　）m。

答案：（1）上；（2）15，7.5；（3）2，1。

8-30 如何确定某种气体比空气重还是比空气轻？

答：可以采用以下两种方法确定。

（1）用分子量计算相对密度

计算式如下：

$$相对密度 = M \div 28.96 \qquad (8\text{-}17)$$

式中 M——某种气体或蒸气的分子量；

28.96——干空气的分子量。

如果计算结果<1，那么该种气体或蒸气比空气轻；如果计算结果>1，那么该种气体或蒸气比空气重。

这种计算方法存在一定缺陷，其一是环境空气总是含有一定的水分（在常压和10～35℃范围内，环境空气中的含水量大约在0.5%～5%V之间），并非干空气，其密度比干空气要小一些；其二是各种气体的压缩系数是不一样的，在标准状态下1摩尔质量的

不同气体并不都等于22.4L。所以，这种计算方法属于近似计算，对于分子量和空气比较接近的气体或蒸气不宜采用。

（2）查气体密度表计算相对密度或直接查气体相对密度表　应当注意，这些表中空气的密度也是干空气的密度，未考虑空气湿度的影响，所以，有的标准中规定：气体相对密度大于0.97（标准状态下）的即认为比空气重；气体相对密度小于0.97（标准状态下）的即认为比空气轻。

（SH3063中把气体密度小于或大于0.97kg/m³作为划分比空气轻重的界限，显然属于笔误。）

8-31 在什么情况下需要采用吸入式可燃性、有毒性气体检测器？

答：根据SH3063—1999《石油化工企业可燃气体和有毒气体检测报警设计规范》的规定，下列场合宜采用单点或多点吸入式检测器：

（1）因少量泄漏有可能引起严重后果的场所；

（2）受安装条件和环境条件限制，难于使用扩散式检测器的场所；

（3）Ⅰ级（极度危害）有毒气体（氰化氢、氯乙烯）释放源，因为这些有剧毒的气体泄漏后，即使大气迅速将其稀释至ppm甚至ppb级，也足以使人中毒，甚至丧生；

（4）有毒气体释放源较集中的地点。

吸入式检测器较之自然扩散式检测器增加了机械吸入装置，有更强的定向、定点采样能力，但其覆盖面较小，除上述（1）～（4）所规定的情况外，大量使用的应是扩散式。

8-32 对含少量尘埃的干燥气体，吸入式检测器预处理系统如何设置？使用时需注意哪些问题？

答：设备、容器、管道泄漏的气体，被吸入检测器过程中，会在空气中扩散、稀释。由于空气中含有尘埃，因此预处理系统需设置气体吸入口、过滤器；抽吸装置（如喷射器、隔膜泵、电磁泵、真空泵等）。抽吸装置要有调节抽吸气体量的能力。经过检测器后，还需设置一转子流量计或盛水的烧杯作为被测气体的监视器。其预处理系统如图8-7所示。

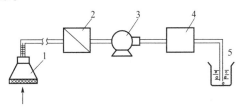

图 8-7　含少量灰尘的气体吸入装置示意图
1—气体吸入口；2—过滤器；3—抽吸泵；
4—检测器；5—气体监视器

如果抽吸气体呈酸性、碱性或有毒性，气体监视器应采用能吸收、中和这类气体的溶液。如检测 H_2S、SO_2 等酸性气体，可选用 NaOH 溶液吸收。若检测氨等碱性气体，可用稀硫酸进行中和。这样可防止污染环境。

过滤器滤孔孔径一般选择 $5\sim10\mu m$，其压降为 $20\sim40mmH_2O$（$1mmH_2O=9.8Pa$）。使用过程中要进行定期清洗。若吸入气体中有油雾时，滤孔容易堵塞，可用丙酮、四氯化碳等有机溶剂从反方向进行清洗。

抽吸装置若用隔膜泵、电磁泵、真空泵时，需用电源，安装在现场时要注意防爆要求。泵的抽吸量应十分稳定，否则检测信号输出不稳定。

8-33 采用喷射器抽吸装置的可燃性、有毒性气体检测器预处理系统如何设置？

答：其预处理系统如图 8-8 所示。

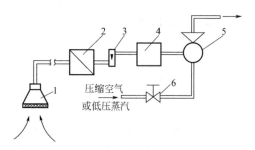

图 8-8 采用喷射器的吸入装置示意图

1—气体吸入口；2—过滤器；3—转子流量计；

4—检测器；5—喷射器；6—针阀和稳压阀

喷射器在分析仪表的预处理系统中使用十分普遍，它可用现场的水源、压缩空气、低压蒸汽等作为动力源，因而在防爆场所使用是本质安全的。喷射器结构简单，运行稳定，价格低廉，调节动力源的压力和流速，即可调节被测气体的抽吸量。

8-34 粉尘含量高、湿度大或空气中含水雾、油雾的抽吸式预处理系统如何设置？使用时需注意哪些问题？

答：地沟、下水道等封闭环境条件十分恶劣，且粉尘含量高，湿度大。有些场所空气或环境气氛中含水雾、油雾。此时，可使用如图 8-9 所示的抽吸式预处理系统。

在抽吸作用下，气体先经金属网过滤器粗滤，再经过玻璃纤维或合成纤维填充的过滤器，使吸入的粉尘进一步过滤。吸入的水雾、油雾甚至水滴经纤维的聚结作用变成大的液滴，重力使液滴跌落。残剩粉尘、水雾、油雾、悬浮物等在抽吸作用下进入过滤疏水器，它是一个下部全透明的玻璃罩，水、油雾滴和悬浮物可通过下面的抽吸泵旁路排放，调节旁路排放流速比

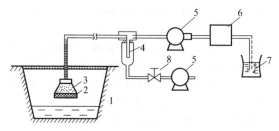

图 8-9 粉尘含量高或湿度大的气体吸入装置示意图

1—地沟；2—金属网过滤器；3—纤维过滤器；

4—过滤疏水器；5—抽吸泵；6—检测器；

7—气体监视器；8—排水阀

进样流路大，即可达到自清扫作用。若水雾含量少，旁路排放亦可间歇进行。经过过滤疏水器再次过滤的气体在抽吸作用下进入检测器，完成检测后排放。

此系统可在恶劣环境下长期稳定运行。

8-35 为什么要对热交换器中的水进行泄漏气体检测？

答：石油化工、化肥等生产装置中，有各种热交换器，由于腐蚀、焊接不良或其他原因，可燃性、有毒性气体会通过热交换器泄漏到水中，形成水气混合物。由于气体在水中溶解度小，若不能及时发现并采取措施，这些气体随水的流动可窜到锅炉、地沟或其他设备中，造成严重后果。由于大多数可燃性、有毒性气体和水混合后，水的电导率变化甚微，电导仪往往不能准确检测。而采用可燃性、有毒性气体检测报警器是一种十分有效的方法。

8-36 如何对水中的泄漏气体进行检测？

答：对水中的泄漏气体进行检测需使用一套较复杂的预处理系统，如图 8-10 所示。

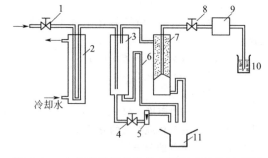

图 8-10 水中泄漏气体的分离预处理系统示意图

1、4、8—针阀；2—水冷器；3—水气分离器；

5—转子流量计；6—水封；7—气雾分离器；

9—检测器；10—气体监视器；11—排水地沟

预处理系统通过阀 1 将换热器中温度较高、含有泄漏气体的带压水引入水冷器进行冷却，然后进入水气分离器，通过阀 4 将大部分水排入地沟，少量水通过水封 6 排入地沟。在水气分离器中气体释放出来

后，再经过气雾分离器将气体中的水雾除掉，气雾分离器中的纤维对水雾起聚结作用，使之形成水滴，然后排入地沟。气体在气雾分离器中分离出水雾后垂直上升，重力作用使可能进入检测器的雾滴跌落排入地沟，防止其进入检测。气体再经阀8进入检测器完成对可燃性、有毒性气体的检测。

8-37 为什么要对惰性气体中的可燃性气体进行检测报警？

答：机械制造行业中的各种机械零部件，玻璃制造行业中的各种玻璃器皿，仪表制造行业中的各种检测部件、敏感元件等，都需要在可控的加热气氛中进行热处理。这种热处理直接关系到部件质量，甚至关系到整机的性能指标和寿命。

可控气氛热处理设备是一种和环境空气隔离的加热炉、退火炉，在可控高温状态下，炉内含一定量的可燃性气体，其余为惰性气体。可燃性气体含量过高，不仅影响拉制、退火或热处理质量，而且有炉爆危险。含量过低也会影响产品质量，影响加热过程的温度控制。

过去常用红外、色谱等在线分析仪表进行定性和定量检测，但因这些仪表价格昂贵，维护要求高，现在已越来越多地使用价格低廉的可燃性气体检测器来进行这种检测，其检测精度可达±1%，足以满足使用要求。

8-38 如何对惰性气体中的可燃性气体进行检测？

答：对惰性气体中的可燃性气体进行检测需有一套样品预处理系统，如图8-11所示。

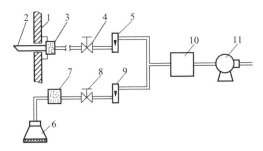

图 8-11　含可燃气的惰性气体吸入装置示意图
1—炉壁；2—气体吸入口；3、7—阻火器和过滤器；
4、8—针阀；5、9—转子流量计；6—空气吸入口；
10—检测器；11—抽吸泵

气体吸入口2直接伸入炉内，待测气体在抽吸作用下被吸出。在炉壁外通过一个阻火器，对火焰进行隔离。阻火器一般采用多孔陶瓷或粉末冶金，由于孔隙作用，能达到灭焰的目的，以保证系统安全运行。气体经阻火器后，在抽吸作用下经针阀4、转子流量计5进入检测器。

这类炉气由于没有氧存在，惰性气体中的可燃气不能在检测器中进行催化燃烧，因此需吸入一定量的空气。在系统中空气通过吸入口6，再经阻火器7、阀8、转子流量计9后与待测气体混合，再进入检测器进行检测。

要准确检测炉内可燃气体，两路流速必须按一定比例设定并且保持恒定。由于炉气往往含有粉尘，阻火器和过滤器必须定期进行清洗。

8-39 对含有可使检测元件中毒组分的可燃性、有毒性气体，能否进行检测报警？

答：有些气体组分可使热丝检测元件或半导体检测元件中毒，使检测器灵敏度下降，使用寿命缩短，如硫化物、卤化物、磷化物、砷化物、水雾、油雾等。若要对含有这些组分的可燃性、有毒性气体进行检测报警，必须使用预处理系统，先将它们用吸附、吸收、中和等办法除去，然后进行检测报警。

8-40 对含有可使检测元件中毒组分的可燃性、有毒性气体，如何进行检测报警？

答：要实现对含有可使检测元件中毒的可燃性、有毒性气体的检测报警，必须对样气进行预处理。图8-12示出一种检测这类气体的预处理系统。

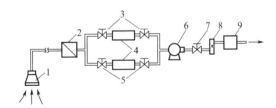

图 8-12　含有会使检测元件中毒组分的气体吸入装置
1—气体吸入口；2—过滤器；3、5—截止阀；
4—化学吸收罐；6—抽吸泵；7—针阀；
8—转子流量计；9—检测器

在预处理系统中设有化学吸收罐，罐内装填有关试剂，采用吸附、吸收、中和等方法预先将这些有害组分除掉，才能保证检测器的长期稳定运行。

根据能使检测器中毒的组分性质，在化学吸收罐中装填不同的化学试剂。如硫化物气体可使所有的催化燃烧型钯-铂系触媒中毒，也可使多种半导体检测元件中毒，罐中可装填脱硫剂，如高效脱硫活性炭、无水硫酸铜、锰脱硫剂；酸性气体如一些卤化氢、碳酸气等可用碱石棉吸收；油雾用活性炭吸收；水汽、水雾可用预处理方法捕集分离，要求高时，可进一步用氯化钙、硅胶、分子筛等干燥脱湿剂吸收。由于这些化学试剂吸附、吸收往往无专一性，检测微量组分时要慎用。化学吸收罐设置双路切换，定期更换使用，以便不中断检测报警。

除掉对检测元件有害的组分，预处理系统还可使用水洗法、萃取法、催化转化法等。但这些方法将使预处理系统变得更加复杂，除非不得已，一般都不采用。

8-41 使用催化燃烧型可燃性气体检测报警器时应注意哪些问题？

答：（1）选用检测器时，应注意危险场所的级别要与仪表的防爆标志相适应，不得在超过防爆标志所允许的环境中使用。

（2）仪器不能在含硫量高于 10ppm 的场所中使用，因为检测元件的催化剂会中毒失效。

（3）检测器不能检测高于最低爆炸下限的可燃性气体。

（4）检测器不能在欠氧的状态下工作。

（5）注意勿使检测器意外进水或受水蒸气喷射。如果意外进水，要重新更换检测元件。

（6）应保持检测器采样的清洁畅通，定期清洗现场检测器的烧结金属圆筒和更换过滤物（玻璃棉、脱脂棉、滤纸等）。

（7）在仪器通电的情况下，严禁在现场拆装检测器。拆装隔爆零部件时要小心，注意不要损伤隔爆面。

（8）报警器在调准检测器电流之后，就不能再调电流电位器了。

（9）检测器的电压、电流由报警器供给，此电压的高低由电缆的长度所定，电缆长，报警器调整电压要高。如把成套仪器拿回室内调试，需先把电流电位器调到最小值，然后重新调准检测器电流。

（10）标定可燃性气体检测器所用的量程气，最好按被测气体的组成配制标气。

8-42 催化燃烧型检测器的两个检测元件为什么一个用烧结金属罩子盖住，而另一个却用铝合金罩子盖住？两者能否互换？为什么？

答：催化燃烧型检测器是利用电桥进行检测的，桥臂的两组元件一组作为测量臂，另一组作为参比臂。测量臂必须与周围气体相接触，故用透气的烧结金属作为防护罩。而作为参比臂的元件来说，主要是用作温度补偿，它不能与周围气体相接触，故用不透气的合金铝作护罩。

两者不能互换。因为一旦互换，输出信号就反了。

测量臂长期与周围可燃性气体接触，触媒活性会变小，使检测灵敏度下降。有时为了检查其灵敏度，故意将罩子互换，但此时必须改变输出接线。

8-43 可燃性、有毒性气体检测报警器的日常维护如何进行？维护内容有哪些？

答：可燃性、有毒性气体检测报警器的日常维护按以下要求进行。

（1）每周按动报警器自检试验按钮一次，检查报警显示系统运行是否正常。

（2）每两周进行一次外观检查，检查项目包括：

a. 连接部位、可动部件、显示器件和控制按钮；

b. 故障灯；

c. 检测器防爆密封件和紧固件；

d. 检测器探头是否堵塞；

e. 检测器防水罩是否正常。

（3）每半年用标准气对检测报警器进行一次检定，观察报警情况和稳定值。

（4）传感器应根据使用寿命及时更换。

（5）每年对检测报警器进行一次标定，标定项目和步骤按 JJG693 的规定进行。

8-44 如何对可燃性气体检测器进行标定？

答：最好是用待测可燃性气体进行标定，由于标准气的配制比较麻烦，一般可用生产厂家提供的标准气进行标定。现以无锡梅思安公司的 510 系列可燃性气体检测器为例加以介绍。

该公司提供 0.6%（V/V）的丙烷（C_3H_8）标准气，可对 82 种可燃性气体进行标定，步骤如下。

（1）零位校正　将传感器的罩螺母、罩内圈取下，拧上标定接头，等待 2min，让热丝元件将传感器内可能存在的可燃气烧完，观察表头指示，若不指零，调节零位电位器，使指针指在 0%LEL 处。

（2）跨度调整　打开标准气钢瓶上的流量控制阀，使标准气经标定接头通入传感器，1min 后，表头指针应稳定地指示在与标准气相应的浓度值上（允许误差 ±5%LEL），否则应调节跨度电位器。

如被测气体为丙烷，指针应指在 29%LEL 处，因为

$$\frac{标准气中丙烷含量}{丙烷爆炸下限}=\frac{0.6\%}{2.1\%}=29\%LEL$$

如被测气体不是丙烷，也可用丙烷标准气标定，指针则根据该公司提供的数据表调整到相应位置，如

H_2	调到 18%LEL 处；
C_2H_4	调到 28%LEL 处；
丁二烯	调到 28%LEL 处；
苯	调到 41%LEL 处。

8-45 试述可燃性、有毒性气体检测报警器常见故障及处理方法。

答：常见故障及处理方法见表 8-2。

表 8-2 可燃性、有毒性气体检测报警器常见故障及处理方法

仪表无指示或指示偏低	未送电或保险丝断	检查供电电源及保险丝
	电路损坏或开路	检查电路
	检测元件因污染、中毒或使用过久失效	更换新的检测元件
	检测器损坏	数字繁用表检查确认后更换
	过滤器堵塞	检查过滤器,清洗,排堵
指示不稳定	检测器安装在风口或气流波动大的地方	更改检测器安装位置
	检测器安装位置风向不定	更改检测器安装位置
	检测器安装在振动过大的地方	更改检测器安装位置
	检测器元件局部污染	更换检测元件
	过滤器局部堵塞	检查和清洗过滤器芯
	电路接触不良,端子松动或放大器噪声大	检查电路接插件及端子
	供电不稳定,纹波大或接地不良	检查电源及纹波,检查接地线
	电缆绝缘下降或未屏蔽	兆欧表检查确认,改用屏蔽电缆
指示值跑至最大	现场大量泄漏	确认后配合工艺紧急处理现场
	检测元件或参比元件损坏	更换检测元件或参比元件
	未校准好仪表	重新校准仪表
	校准气不标准	用精度更高仪器检查和确认
	检测器中进入了脏物或液滴	检查检测器,清洗,烘干
仪表时而报警时而正常	现场检测点附近时而大量泄漏	配合工艺检查确认
	检测器安装在风口或气流不稳的地方	更改检测器安装位置
	检侧器安装位置风向不定	更改检测器安装位置
	检测环境存在使检测元件中毒的组分	用实验室仪器检查确认
	检测器进入脏物或液滴	检查检测器,清洗,烘干
	检测元件或参比元件接触不良	检查端子和接线
	放大器电路故障	检查电路故障,修复
	现场大量泄漏而过滤器局部堵塞	清洗过滤芯,配合工艺紧急处理现场

9. 标准气体和辅助气体

9-1 在线分析仪表常用的标准气体和辅助气体有哪些？

答：在线分析仪表用的标准气体视气体组分数分为二元、三元和多元标准气体，其中二元标准气体常称为量程气。此外，仪器零点校准用的单组分高纯气体也属于标准气体，常称为零点气。

在线分析仪表常用的辅助气体有如下一些。

参比气 多用高纯氮，有些氧分析仪也用某一浓度的氧作参比气。

载气 用于气相色谱仪，包括高纯氢、氮、氩、氦气。

燃烧气和助燃气 用于气相色谱仪的 FID、FPD 检测器，燃烧气为氢，助燃气为仪表空气。

吹扫气 正压防爆吹扫采用仪表空气，样品管路和部件吹扫多采用氮气。

伴热蒸汽 应采用低压蒸汽。

标准气、参比气、载气、燃烧气都可以通过购置气体钢瓶获得。一些气体，如氢气、氮气、氧气等也可以购置气体发生器来获得。相互比较，气体钢瓶具有种类齐全、压力稳定、纯度较高，使用方便等优点，因而使用比较普遍。

9-2 什么是标准气体？它有什么作用？

答：标准气体（standard gases）属于计量标准物质范畴，其组分浓度具有很好的均匀性、准确性和稳定性，广泛应用于石油、化工、煤炭、电力、冶金、医疗、环保及科学研究等领域，是保证分析结果和测试方法量值准确性与统一性的重要传递手段。

标准气体的配气准确度以配气不确定度和分析不确定度来表示，比较通用的有 SEMI 配气允差标准，但各配气单位均有企业标准。组分最低量值为 9^{-6} 级，组分数可多达 20 余种。配制方法可采用称量法、分压法等，然后用色谱分析法或其他分析方法校核，也可按标准传递程序进行传递。

在线分析仪表广泛采用瓶装标准气体进行校准和标定，因此，了解标准气体的有关知识，对于在线分析仪表的使用、维护人员是十分必要的。

9-3 标准气体分为哪两个级别？

答：国家标准物质管理办法 JJG 1006—94 中规定，标准物质分为两级，与其相对应，标准气体也分为两级，即国家一级标准气体和二级标准气体。

国家一级标准气体采用绝对测量法或用两种以上不同原理的准确可靠的方法定值。在只有一种定值方法的情况下，由多个实验室以同种准确可靠的方法定值，准确度具有国内最高水平，均匀性在准确度范围之内，稳定性在一年以上，或达到国际上同类标准气体的水平，包装形式符合标准物质技术规范的要求。

二级标准气体可以采用绝对法、两种以上的权威方法或直接与一级标准气体相比较的方法定值，准确度和均匀性未达到一级标准气体的水平，但能满足一般测量的需要，稳定性在半年以上，或能满足实际测量的需要，包装形式符合标准物质技术规范的要求。

一级和二级标准气体必须经国家质量监督检验检疫总局认可，颁发定级证书和制造计量器具许可证，并持有国家质量监督检验检疫总局的统一编号，一级标准气体的编号为 GBW XXXXXX（X 代表阿拉伯数字），二级标准气体的编号为 GBW（E）XXXXXX。

9-4 标准气体的制备方法有哪些？瓶装标准气采用什么方法制备？

答：标准气体的制备方法可分为静态法和动态法两类。静态法主要有质量比混合法——称量法、压力比混合法——分压法、容量比混合法——静态容量法。动态法主要有流量比混合法、渗透法、扩散法、定体积泵法、光化学反应法、电解法和蒸气压法。

瓶装标准气主要采用称量法和分压法配制。其他方法多用于实验室配制少量标准气。

9-5 什么是称量法？其工作原理是什么？

答：称量法是国际标准化组织推荐的标准气体制备方法。它只适用于组分之间、组分与气瓶内壁不发生反应的气体，以及在实验条件下完全处于气态的可凝结组分。

其工作原理是，在向气瓶内充入已知纯度的某种气体组分的前后，分别称量气瓶的质量，由两次称量所得的读数之差来确定充入组分的质量。依次向气瓶内充入各种组分的气体，从而配制成一种标准混合气体。

混合气体中每一组分的质量浓度被定义为该组分的质量与混合气体所有组分总质量之比。标准气体一般采用摩尔分数，即混合气中每一组分的摩尔分数等于该组分物质的量（摩尔数）与混合气体所有组分总的物质的量之比。称量法的计算公式如下。

$$x_i = \frac{\dfrac{m_i}{M_i}}{\sum\limits_{i=1}^{k}\dfrac{m_i}{M_i}} = \frac{n_i}{n} \tag{9-1}$$

式中　x_i——组分 i 的摩尔浓度（$i = 1, 2, \cdots, k$）；

m_i、M_i——组分 i 的质量和摩尔质量；

n_i——组分 i 的摩尔数；

n——混合气体的总摩尔数。

为了避免称量极少量的气体，对最终混合气体中每种组分规定一个最低浓度限，一般规定最低浓度限为 1%，当所需组分的浓度值低于最低浓度限时，采用多次稀释的方法制备。

9-6　称量法配气装置由哪些部分组成？配气时应注意些什么问题？

答：称量法配气装置由气体充填装置、气体称量装置、气瓶及气瓶预处理装置组成。

（1）气体充填装置　气体充填装置由真空机组、电离真空计、压力表、气路系统、气瓶连接件组成。标准气体的充填装置见图 9-1。

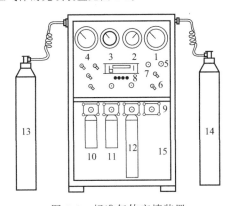

图 9-1　标准气体充填装置

1、4—高压表；2—低压表；3—真空表；5、6—阀门；

7—电离真空计；8—指示灯；9—卡具；

10、11—标准气瓶；12、13、14—原料气瓶；15—外壳

气路系统由高压、中压和低压真空系统三部分组成，使组分气体和稀释气体的充灌彼此独立，避免相互沾污。应采用性能良好的阀门、压力表、真空计，尽量简化气路，减少接口，以保证系统的气密性能，并采用特殊设计的气瓶连接件以减少磨损。

在往气瓶中充入每一个组分之前，配气系统各管路应抽成真空，或者用待充的组分气体反复进行增压—减压来置换清洗阀门和管路，直到符合要求为止。为了避免先称量的组分气体的损失，在往气瓶中充入第二个组分气体时，该组分气体的压力应远高

于气瓶中的压力。为了防止组分气体的反扩散，在充完每一个组分气体后，在热平衡的整个期间应关闭气瓶阀门，然后再进行称量。

（2）气体称量装置　组分气体的称量是制备标准气体的关键，由于气瓶本身质量较大，而充入的气体组分质量相对很小，因此对天平要求很高，需采用大载荷（20～100kg）、小感量（载荷 100kg、感量 10mg 或载荷 20kg、感量 1mg）的高精密天平。除了对天平有很高要求外，还要求保证一定的称量量（对于气体组分质量过于小的，采用多次稀释法配制）。

在称量操作中必须采取各种措施以保证称量达到高准确度。

① 采用形状相同，质量相近的参比气瓶进行称量，即在天平的一侧放置一个参比气瓶，另一侧放待测气瓶加砝码，使之平衡。参比瓶称量可以抵消气瓶浮力、气瓶表面水分吸附、静电等影响。

② 在待称气瓶一侧进行砝码加减操作，以消除天平的不等臂误差。

③ 在气瓶充分达到平衡后进行称量。

④ 轻拿轻放、保持气瓶清洁，避免沾污及磨损。

⑤ 称量操作进行三次，取平均值。

（3）气瓶及气瓶预处理装置　一般采用 8L、4L、2L 气瓶充装标准气体。

气瓶预处理装置用于气瓶的清洗、加热及抽空。加热的温度在一定范围内可以任意设置，钢瓶一般加热到 80℃，时间 2～4h，真空度为 10Pa。

9-7　什么是分压法？试述其工作原理和配气过程。

答：分压法适用于制备在常温下为气体的，含量在 1%～50% 的标准混合气体。

用分压法配制瓶装标准混合气体，主要依据理想气体的道尔顿定律，即在给定的容积下，混合气体的总压等于混合气体中各组分分压之和。理想气体的道尔顿分压定律为：

$$p = \sum_{i=1}^{k} p_i$$

$$p = \frac{nRT}{V} \qquad p_i = \frac{n_i RT}{V} \tag{9-2}$$

$$x_i = \frac{p_i}{p} = \frac{n_i}{n}$$

$$p_i = p x_i$$

式中　p、p_i——分别为混合气体的总压和混合气体中组分 i 的分压；

n、n_i——分别为混合气体的总摩尔数和组分 i 的摩尔数；

x_i——组分 i 的摩尔浓度。

分压法配气装置主要由汇流排、压力表、截止阀、真空泵、连接管路、接头等组成。见图 9-2。该装置结构简单，配气快速方便。汇流排并联支管的多少可按配入组分数的多少及一次配气瓶数的多少来确定，一般为 5～10 支。

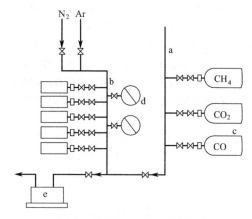

图 9-2　分压法配气装置示意图
a—原料气汇流排；b—标准混合气汇流排；
c—原料气钢瓶；d—压力表；e—真空泵

组分和稀释气依次充入密封的气瓶中，该气瓶应预先处理、清洗和抽空，必要时先在 80℃下烘 2h 以上。每次导入一种组分后，需静置 1～2min，待瓶壁温度与室温相近时，测量气瓶内压力，混合气的含量以压力比表示，即各组分的分压与总压之比。

但是，实际气体并非理想气体，只有少数气体在较低压力下可用理想气体定律来计算。对于大多数气体，用理想气体定律计算会造成较大的配制误差。因此，对于实际气体需用压缩系数来修正，但用压缩系数修正计算比较麻烦，现在多采用气相色谱法等来分析定值。

9-8　用分压法配气时应注意哪些问题？

答：用分压法配气时，为了提高配气的准确度必须注意以下几点。

（1）必须使用纯度已知的稀释气和组分纯气，特别要注意稀释气中所含的欲配组分的含量。

（2）采用高精度压力表。由于分压法配气的主要依据是观察压力表的数值来计算所配标准混合气体的含量，压力表精度会直接影响配气的准确度。

（3）选用密封性好的瓶阀。在配制瓶装标准气体时，必须对气瓶进行抽空处理，如果瓶阀的密封性能不好，抽空时会使空气漏入而影响真空度。

（4）在加入各组分气时，充压速度应当缓慢。在条件允许的前提下，待加入的组分冷却到室温时，再测量气瓶中的压力。

（5）在计算各组分分压时，是假设温度不变时的

压力，而实际充气过程中会造成一定的温度升高，正确测量瓶体温度是保证分压法配气准确度的重要条件之一。

（6）实际混合气体的压缩系数与理论计算的偏差。纯气体的压缩系数可以从手册中查到，因此纯气体的量可以按公式正确计算得到。但混合气体的压缩系数不完全遵从加和原理，因而会造成一定的配气误差。需要在实践中不断摸索，积累经验，才能提高配气的准确度。

（7）在配制混合气体时，不允许有某一气体组分在充入气瓶后变成液体。如果出现上述情况，在使用和分析时，不但会造成很大的偏差，而且是极不安全的。

（8）混合气体的分层问题。配制好的瓶装标准气体，不能马上进行分析，必须采用合适的混匀技术进行混匀处理，待完全混匀后，再进行分析。

9-9　什么是配气偏差？什么是不确定度？称量法和分压法的配气偏差和不确定度各是多少？

答：配气偏差——组分的用户要求值 A 与配制后该组分的实际给定值 B 之间有一差值 Δ，Δ 称为配气偏差，$\Delta/A\times100\%$ 称为相对配气偏差。

不确定度——是表征被计量的真值所处的量值范围的评定，它表示计量结果附近的一个范围，而被计量的真值以一定的概率落于其中。

表 9-1 列出了北京氦普北分气体工业有限公司标准气体的主要配气方法与技术指标，可供参考。

表 9-1　标准气体的主要配气方法与技术指标

配气方法	浓度范围	准许相对配气偏差	不确定度
称量法（质量比）	100ppm～1%	±5%	±1%
	1%～5%	±3%	±1%
	5%～50%	±1%	±0.2%
分压法（体积比）	100ppm～1%	±10%	±2%
	2%～5%	±1%	±2%
	6%～20%	±5%	±2%
	21%～50%	±5%～2%	±2%

注：表中技术指标指二组元混合气体，若组分数增加，配气偏差及不确定度亦相应增加，不确定度随气体的种类、浓度值的不同将有适当差异。

9-10　标准气体的混匀方法有哪些？

答：均匀性是考察标准气体性能的一个重要指标。不论采用哪种方法制备的标准气体，都需要进行混匀处理。标准气体的混匀方法有热处理法、钢瓶滚动法、特殊充填法、自然扩散法、其他混匀方法等，见表 9-2。

表 9-2　标准气体的混匀方法

方法名称	操 作 方 法
热处理法	一般将制备好的标准气体的容器置于40℃以下的温水浴中加热，使气体组分较快地混合均匀
钢瓶旋转滚动法	将钢瓶水平放在混匀装置的滚动轴上，使它绕轴心旋转。该法混匀所需时间短（5～10min 即可），操作简单
特殊充填法	在充填某些气体时，可将钢瓶倒立并保持45°的倾斜，从下端充气，促使气体绝热膨胀，产生放热效应，气体可以在充填的同时混合均匀
自然扩散法	将充入标准气体的钢瓶倒立放在合适的位置，静止不动，靠气体本身的自然扩散来达到混合均匀，但此法所需时间较长（特别是对于相对分子质量相差较大的组分，如 H_2/N_2）
其他混匀方法	采用静态混合容器或使用特殊构造的容器阀门（如离心铸造阀），可以在很短时间内使标准气体混合均匀

标准气体长期搁置未用或由于周围环境温度过低等因素影响，也可能产生分层现象。此时，可参照上述方法进行混匀处理。

9-11　引起气瓶内标准气体组分含量变化的原因有哪些？如何加以防止？

答：一般来说，引起气瓶内标准气体组分含量变化的原因主要有：（1）气体组分与气瓶内壁材质发生反应；（2）气体组分被气瓶内壁吸附；（3）气体组分与气瓶内残存的水汽发生反应或被水分溶解吸收；（4）气瓶内壁所吸附杂质组分的脱附等。

为了防止上述现象的发生，一般采取如下措施。

（1）在气瓶制造过程中，对气瓶进行严格的内壁处理　常用的处理方法有：①气瓶内壁抛光处理；②气瓶内壁电镀处理；③气瓶内壁磷化处理；④气瓶内壁化学涂层处理等。

（2）气瓶材质的选择　通过对不同材质（碳钢、铝合金和不锈钢）气瓶的考查实验，证明采用铝合金气瓶储装标准气体较好。

一般来说，铝合金气瓶可用来储装除腐蚀性气体以外的各种标准气体，它能保持标准气体微量组分含量长期稳定。普通的碳钢瓶经磷化处理后可以储装含量较高的 O_2、N_2、CH_4 等标准气体。H_2S 及其他硫化物标准气体则需要制备在内壁经过特殊处理的钢瓶中，才能保证其量值的稳定性。

（3）充气前对气瓶进行净化排空处理　充装标准气体和高纯气体的气瓶，充气前要逐个进行处理。一定要经过严格的抽空、加热处理，还需要用待装气体冲洗，保证充入气体不被污染。

9-12　哪些气体组分不能储装在铝合金钢瓶中？

答：不能储装在铝合金钢瓶中的气体组分见表9-3。

表 9-3　不能储装于铝合金钢瓶的气体组分

序号	气体名称	分子式	序号	气体名称	分子式
1	乙炔	C_2H_2	8	溴甲烷	CH_3Br
2	氯气	Cl_2	9	氯甲烷	CH_3Cl
3	氟	F_2	10	三氟化硼	BF_3
4	氯化氢	HCl	11	三氟化氯	ClF_3
5	氟化氢	HF	12	碳酰氯	$COCl_2$
6	溴化氢	HBr	13	亚硝酰氯	$NOCl$
7	氯化氰	$CNCl$	14	三氟溴乙烯	$CF_2=CFBr$

9-13　哪些气体组分不能配制在同一瓶标准气体中？

答：标准气体在制备之前，应考虑标准气体中各组分间是否会发生化学反应（即化学稳定性问题），必须搞清楚哪些气体组分不能化学匹配，否则，制备出的标准气体量值不准确，甚至可能会发生爆炸事故。表9-4 列出一些常见的不能化学匹配的组分气体。

表 9-4　一些常见的不能化学匹配的组分气体

序号	组　分	不能匹配的组分
1	氨(NH_3)	HF、HCl、HBr、HI、BCl_3、BF_3、F_2、Cl_2、Br_2、CO_2
2	氟(F_2)	Cl_2、Br_2、I_2、H_2、H_2O、HCl、HBr、HI、（无机物）
3	二氧化碳(CO_2)	NH_3、胺类
4	二氧化氮(NO_2)	F_2、CO_2、Br_2、H_2O、（有机物）
5	丙炔(C_3H_5)	HF、HCl、HBr、HI、HCN、F_2、Cl_2、Br_2、I_2、BF_3、BCl_3、胺类

9-14　配制的标准气体中哪些组分不宜在钢瓶中存放或不宜长期存放？

答：下述组分不宜在钢瓶中存放或不宜长期存放。

（1）一些腐蚀性和极性很强的组分，如 NH_3、SO_2、H_2S、H_2O、NO_2 等不宜在钢瓶中存放。

（2）一些酸性、碱性强的组分（如 HF、HCl、NH_3 等），或酸碱性组分共存（如 NH_3 和 CO_2 共存），易在钢瓶中造成腐蚀或进行中和反应。

（3）一些易分解或易聚合的组分不宜在钢瓶中存放。如有机物中含双键和三键的烯、炔烃，共存在钢瓶中，易聚合或生成另外的组分。

（4）沸点相差太大的组分，不宜共存在同一钢瓶中，否则放置时间长后易分层，使输出组分浓度发生变化。

（5）沸点太低的或临界压力低的组分，在钢瓶加压过程中要液化，不宜使用。

9-15　如何制备含有可冷凝组分的标准气体？

答：在制备含有可冷凝组分的标准气体时，必须采取措施，防止制备过程中发生冷凝。首先，要考虑安排好各组分气体的充填顺序，若标准气体中含有可冷凝组分，则需在按分压的顺序中，提前充入可冷凝组分。第二，要限制标准气体的充填压力，充填压力应控制在可冷凝组分的冷凝温度所对应的压力之下，充填的最终压力可按下式进行计算：

$$p_P \leqslant \frac{1}{\sum\limits_{j=1}^{n} x_j / p_j(T_L)} \tag{9-3}$$

式中　p_P——温度为 T_L 时的充填压力；

x_j——组分 j 的摩尔分数；

$p_j(T_L)$——在温度为 T_L 时，组分 j 的蒸气压；

T_L——使冷凝组分发生冷凝作用的最低温度；

n——组分的数量。

任何可凝结组分，当在最低使用温度下其分压超过它的饱和蒸气压的 70% 时，就不能使用。

9-16　什么是低压液化气体？含低压液化气体组分的标准气如何配制？

答：所谓低压液化气体，是指在低压（≤5MPa）下可以液化的气体，其严格定义为：临界温度＞70℃的气体为低压液化气体。如丙烷、丙烯、丁烷、丁烯、丁二烯、氨、氯、硫化氢等。

配制含低压液化气体组分的标准气时，应根据其含量来确定充装压力。如果只有微量低压液化气体组分，底气为氮气或氢气时，一般可按永久气体对待，充装压力在 5～10MPa 之间（根据具体组分的种类和含量确定）。如果低压液化气体组分的含量为常量时，则应通过计算来确定充装压力，计算公式见 9-15 题。

（1）丁辛醇装置色谱分析使用的某瓶标气，组成为：H_2 31%；C_3H_6 31%；C_3H_8 31%；CO_2 31%。

气瓶充装压力经计算确定为 1MPa。

（2）丁二烯抽提装置色谱分析使用的某瓶标气，组成为：1,3-丁二烯 30%；甲基乙炔 30%；H_2 40%。

气瓶充装压力经计算确定为 0.25MPa。

为了保证使用量，上述标气可用 40L 钢瓶盛装，并保温在 10℃ 以上使用。

9-17　丁二烯抽提装置色谱分析使用的标准气如何配制？使用中应注意些什么问题？

答：丁二烯抽提装置色谱分析标准气的配制，是一个比较棘手的问题。标准气中的组分主要是正异丁烷、正异丁烯、反顺丁烯、丁二烯、甲基乙炔、乙基乙炔、乙烯基乙炔等，其含量许多是常量级的，很容易液化，压力高了不行，温度低了也不行，放置久了或环境温度低时还容易出现分层现象。

在丁二烯抽提装置色谱分析标准气的配制和使用中，从用户的角度讲，应注意以下问题。

（1）与工艺人员协商，尽可能减少分析的组分数，只分析那些对工艺操作有重要影响的关键参数，这样既可以减轻在线色谱仪的负担，又可以降低标气的配制和保存难度。

（2）上述常量级的标气，当某一组分的含量超过 10% 时，充装压力都很低，多在 0.2～0.5MPa 之间，如果采用 8L 铝合金瓶，充气体积仅 16～40L，无法满足使用要求，宜使用 40L 钢瓶充装。

（3）这些标气的保存温度应高于 10℃，但不宜高于 40℃，可保存在分析小屋外的保温箱内。

（4）防止发生分层现象，如怀疑产生了分层现象，可采用滚动、倒置、加热等办法混匀，但不可在现场加热混匀，以防发生事故。

（5）注意标气的有效期限，若存放期过长，瓶内组分浓度应重新测定后才能使用。

9-18　芳烃装置色谱分析使用的标准液如何配制？如何进样？

答：芳烃装置色谱分析使用的标准液，组成多在 C_6～C_8 之间，存在多种同分异构体组分，这些组分又多需分析定量，让配气厂家配制这样的标液实际上是不可能的。常用的办法是从现场取样点采样，经实验室色谱仪分析后提供给在线色谱仪使用。

进样方法是在标液罐中插入两根细管，一根插入标液罐底部并与仪器进样管路相连，另一根插入罐内液面以上或与罐顶连通，标定时通入压缩空气将标液压入进样管路即可。

9-19　各级纯气的等级如何划分？

答：各级纯气的等级划分见表 9-5。

表 9-5　各级纯气的等级划分

等　级	纯度/%	杂质含量/ppm
6.5N	99.99995	0.5
6N	99.9999	1
5.5N	99.9995	5
5N	99.999	10
4.5N	99.995	50
4N	99.99	100
3.5N	99.95	500
3N	99.9	1000
2.5N	99.5	5000
2N	99	10000

表 9-5 中的 "N" 是英文 Nine 的缩写，表示其纯度百分比中有几个 "9"。高纯气体的纯度≥5N，超纯气体的纯度则≥6N。

9-20 高纯氮中含有哪些杂质，含量是多少？如果使用的氮气不纯，如何加以纯化？

答：氮气一般是由空气分离制得，从液态空气中制取的氮气，含氮量在 99% 以上，其中含有少量的水、氧和二氧化碳等杂质。国家标准 GB/T 8980《高纯氮》要求高纯氮的主要技术指标应达到表 9-6 的要求。

表 9-6　高纯氮的主要技术指标

项　　目		指　　标		
		优等品	一等品	合格品
氮气纯度/%	≥	99.9996	99.9993	99.999
氧含量/ppm	≤	1.0	2.0	3.0
氢含量/ppm	≤	0.5	1.0	1.0
CO,CO₂,CH₄ 总含量/ppm	≤	1.0	2.0	3.0
水分含量/ppm	≤	1.0	2.6	5.0

注：表中纯度和含量均以体积分数表示。

如果使用的氮气不纯，可参考表 9-7 加以纯化。

表 9-7　常用的氮气纯化方法、纯化效果和适用范围

纯化方法	纯化材料	纯化前的氮气纯度/%	纯化效果		适用范围
			脱除杂质	脱除深度	
脱氧剂法	Cu、Ag 脱氧剂	99.9～99.999	O₂	1～5ppm	高纯 N₂ 中不含余 H₂
	Ni、Mn 脱氧剂			≤0.1ppm	
吸附法	硅胶、分子筛、活性炭	99.2～99.999	H₂O、CO₂	H₂O：0.5ppm CO₂：0.5ppm	用于 N₂ 去除 H₂O、CO₂ 等杂质

9-21 高纯氢中含有哪些杂质，含量是多少？如果使用的氢气不纯，如何加以纯化？

答：氢气一般由电解水制取，其纯度为 99.5%～99.9%，主要杂质有水、氧、氮、二氧化碳等。国家标准 CB/T 7445《纯氢、高纯氢和超纯氢》要求纯氢、高纯氢和超纯氢的主要技术指标应达到表 9-8 的要求。

表 9-8　纯氢、高纯氢和超纯氢的技术指标

项　　目		指　　标		
		超纯氢	高纯氢	纯氢
氢纯度/%	≥	99.9999	99.999	99.99
氧（氩）含量/ppm	≤	0.2	1	5
氮含量/ppm	≤	0.4	5	60
一氧化碳含量/ppm	≤	0.1	1	5
二氧化碳含量/ppm	≤	0.1	1	5
甲烷含量/ppm	≤	0.2	1	10
水分含量/ppm	≤	1.0	3	30

注：表中纯度和含量均以体积分数表示。

目前，关于氢气的纯化，国内外有许多方法，但是所有的方法均是以脱除氢气中的水和氧为基本点。对于氢气中的氧，一般采用脱氧剂或催化剂，将氧与氢化合生成水，然后再利用干燥剂或冷阱把水除去，并选择高效纯化剂除去其他微量杂质。常用的脱水方法有三种。

（1）化学吸附法　采用氯化钙、浓硫酸等脱水剂，通过化学反应将氢中的水除去。

（2）物理吸附法　常用硅胶、分子筛和活性炭等吸附剂，通过物理作用将氢中的水除去。

（3）冷冻法　让氢气通过低温冷阱而使水汽凝结除去，常用的冷阱有分子筛冷阱、活性炭冷阱、液态空气冷阱和液氮冷阱等。

表 9-9 给出氢气的纯化方法、纯化效果和主要用途。

表 9-9　常用的氢气纯化方法、纯化效果和主要用途

纯化方法	纯化材料	纯化前的氢气纯度/%	纯化效果		主要用途
			脱除杂质	脱除深度	
吸附干燥法	硅胶、分子筛、活性氧化铝	>99% 的氢气	H₂O、CO₂	H₂O<5ppm（初级） H₂O<0.5ppm CO₂<0.5ppm	用于氢气的初级或终端纯化
低温吸附法	硅胶、活性炭、分子筛（液氮）	≥99.99% 的纯氢	各种杂质	N₂、O₂、总碳氢均<0.1ppm H₂O<0.5ppm	用于氢气的精纯化
催化反应法	Pd、Pt、Cu、Ni 等金属制成的催化剂	>99% 的氢气	O₂	O₂<0.1ppm	用于脱除氢气中的氧
钯合金扩散法	钯合金膜	>99.5% 的氢气（其中 O₂<0.1%）	各种杂质	H₂≥99.9999%	用于氢气的精制纯化

9-22 高纯氧中含有哪些杂质，含量是多少？如果使用的氧气不纯，如何加以纯化？

答：氧气多数是从液态空气中制取的，其中含有微量的水、氮、二氧化碳及一些惰性气体。国家标准 GB/T 14599《高纯氧》要求高纯氧的主要技术指标应达到表 9-10 的要求。

表 9-10　高纯氧的主要技术指标

项　目		指　标		
		优等品	一等品	合格品
氧纯度/%	≥	99.999	99.998	99.995
氢含量/ppm	≤	2	5	10
氮含量/ppm	≤	5	10	20
二氧化碳含量/ppm	≤	0.5	1	1
总烃含量(以甲烷计)/ppm	≤	0.5	1	2
露点/℃	≤	−72	−70	−69
水分含量/ppm	≤	2	(2.5)	3

注：表中纯度及含量均以体积分数表示。

氧气的纯化有催化反应法和吸附法。一般采用氯化钙、105 催化剂、分子筛液氮冷阱和玻璃滤球去除其杂质，将低纯度的氧净化为高纯度的氧。表 9-11 给出氧气的纯化方法、纯化效果和适用范围。

表 9-11　氧气的纯化方法、纯化效果和适用范围

纯化方法	纯化材料	纯化前的氧气纯度/%	纯化效果		适用范围
			脱除杂质	脱除深度	
催化反应法	Pt、Pd 催化剂	≥99.5	H$_2$、CH$_4$	H$_2$< 0.5ppm CH$_4$< 0.5ppm	仅用于去除氢、烃类杂质
吸附法	氯化钙、分子筛(液氮)	≥99.5	H$_2$O、CO$_2$	H$_2$O< 0.5ppm CO$_2$< 0.5ppm	空分氧、电解氧的纯化

9-23 高纯氩中含有哪些杂质，含量是多少？如果使用的氩气不纯，如何加以纯化？

答：氩气一般由液态空气分馏制取，氩含量在 9.7% 以上，所含的杂质主要有氧、氮、氢、二氧化碳、水和有机气体。国家标准 GB/T 10624《高纯氩》要求高纯氩的主要技术指标应达到表 9-12 的要求。

表 9-12　高纯氩的主要技术指标

项　目		指　标		
		优等品	一级品	合格品
氩纯度/%	≥	99.9996	99.9993	99.999
氮含量/ppm	≤	2	4	5
氧含量/ppm	≤	1	1	2
氢含量/ppm	≤	0.5	1	1
总碳含量(以甲烷计)/ppm	≤	0.5	1	2
水分含量/ppm	≤	1	2.6	4

注：1. 表中纯度和含量为体积分数。
　　2. 表中氩纯度未扣除水分含量。

如果使用的氩气不纯，可参考表 9-13 加以纯化。

表 9-13　氩气的纯化方法、纯化效果和适用范围

纯化方法	纯化材料	纯化前的氩气纯度/%	纯化效果		适用范围
			脱除杂质	脱除深度	
催化反应法	Pd、Ag 催化剂，Mn、Ni 脱氧剂	≥99.99	O$_2$、H$_2$、CO$_2$、烃类	0.1～ 1ppm	用于纯氩气的精制
吸附法	分子筛	≥99.99	H$_2$O、CO$_2$	H$_2$O< 0.5ppm CO$_2$< 0.5ppm	用于纯氩气的精制

9-24 高纯氦中含有哪些杂质，含量是多少？

答：氦气是以天然气为原料，采取分离提纯法制得。另一种是以空气为原料，对空气加压降温液化，经过分离、精馏和提纯制得。用液氦冷凝法可制取纯度为 99% 的粗氦，经过常压液氦为冷源的低温吸附器净化后，再经负压液氦为冷源的低温固化分离器进一步净化，从而可获得 99.999%～99.99999% 的高纯氦气。国家标准 GB/T 4844.3《高纯氦》要求高纯氦必须达到表 9-14 规定的技术指标。

表 9-14　高纯氦的主要技术指标

项　目		指　标		
		优等品	一等品	合格品
氦气纯度/%	≥	99.9996	99.9993	99.999
氖含量/ppm	≤	1	2	4
氢含量/ppm	≤	0.1	0.5	1
氧(氩)含量/ppm	≤	0.5	1	1
氮含量/ppm	≤	1	1	2
一氧化碳含量/ppm	≤	0.1	0.2	0.5
二氧化碳含量/ppm	≤	0.2	0.2	0.5
甲烷含量/ppm	≤	0.1	0.2	0.5

注：表中的纯度和含量均为体积分数。

9-25 什么是零点空气发生器？

答：零点空气发生器又称超净空气发生器、助燃空气净化器，多用于气相色谱仪 FID 检测器所需助燃空气的净化处理。

石油化工厂区的空气中往往含有少量的碳氢化合物成分，即使含量甚微，也会对 FID 的测量结果造成影响，特别是进行微量分析时，这种影响更不容忽视。零点空气发生器的工作原理是通过催化燃烧的办法，将仪表空气中的碳氢化合物转变为二氧化碳和水蒸气，从而将其除去。

目前在线色谱仪配备的零点空气发生器大多采用 Balston 公司的 75-82S 型，其净化效果可使空气中总碳氢化合物含量<0.1ppm，供气流量最大为 1L/min，可供 2～3 个 FID 检测器使用。被净化的空气

应采用仪表空气，碳氢化合物含量不应超过 100ppm，露点低于 5℃（含水量＜8600ppm）。

9-26　瓶装气体如何分类？

答： 按瓶装气体的物理性质可分为：

（1）临界温度＜－10℃的为永久气体，如氮、氢、氧、氩、空气、甲烷、绝大多数标准气体等；

（2）临界温度≥－10℃，且≤70℃的为高压液化气体，如二氧化碳、乙烷、乙烯等；

（3）临界温度＞70℃的为低压液化气体，如氨、氯、硫化氢、丙烷、丙烯、丁烷、丁烯、丁二烯等。

（见 GB 16163《瓶装压缩气体分类》）

按气体的化学性质可分为：①可燃气体（氢、乙炔、丙烷、石油气等）；②助燃气体（氧、氧化亚氮等）；③不燃气体（氮、二氧化碳等）；④惰性气体（氦、氖、氩等）；⑤剧毒气体（氟、氯等）。

9-27　解释下列有关术语：永久气体，充装温度，最高使用温度，充装压力，许用压力，剩余压力。

答： **永久气体**　临界温度低于－10℃的气体。

充装温度　气瓶充装气体结束时瓶内气体的实际温度。

最高使用温度　气瓶在正常储存、运输和使用过程中受环境条件的影响，瓶内气体可能达到的最高温度。

充装压力　气瓶充装气体结束时瓶内气体的压强。

许用压力　为保证气瓶安全，允许瓶内达到的最高压强。

剩余压力　气瓶充装前瓶内所剩余的气体压强。

9-28　试述气瓶（钢瓶）的一般结构。

答： 气瓶是高压容器，一般是用无缝钢管制成圆柱形容器，壁厚 5～8mm，底部为钢质方形（或圆形）平底的座，可以竖放。气瓶顶部有开关阀，外有钢瓶帽。瓶体上套有两个橡胶防震腰圈。图 9-3 是气体钢瓶剖视图（以 40L 钢瓶为例）。

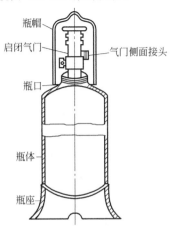

图 9-3　气体钢瓶剖视图

气瓶侧面接头供安装减压阀使用，不同的气体配不同的减压阀，为防止气瓶充气时装错发生爆炸，可燃气体钢瓶（如氢气、乙炔）的螺纹是反扣（左旋）的，非可燃气体则为正扣（右旋）的。

9-29　在线分析仪表常用的气瓶种类有哪些？

答： 在线分析仪表常用的气瓶见表 9-15。

表 9-15　在线分析仪表常用的气瓶种类

序号	内容积/L	外径/mm	高度/mm	质量/kg	材质
1	0.75	64	266	0.83	铝合金
2	2	108	350	1.87	铝合金
3	4	140	548	5.55	铝合金
4	8	140	880	8.75	铝合金
5	4	120	470	6.6	锰钢
6	40	230	1500	65	锰钢

在线分析仪表使用的高纯气体通常用 40L 钢瓶盛装，标准气体一般用 8L 铝合金瓶盛装。

9-30　气瓶的压力等级有哪些？

答： 气瓶的压力等级即气瓶的公称压力见表 9-16。从表中可以看出，公称压力≥10MPa 的属于高压气瓶，公称压力＜10MPa 的属于低压气瓶，在线分析仪表使用的气瓶，绝大多数属于高压气瓶。表中气瓶的水压试验压力，一般应为公称工作压力的 1.5 倍（气瓶的耐压检验采用水压试验）。

表 9-16　气瓶的压力等级

压力类别	高　　压	低　　压
公称工作压力/MPa	30,20,15,12.5	8,5,3,2,1
水压试验压力/MPa	45,30,22.5,18.8,12	7.5,4.5,3,1.5

气瓶的公称工作压力，对于盛装永久气体的气瓶，系指在基准温度（一般为 20℃）时，所盛装气体的限定充装压力；对于盛装液化气体的气瓶，系指温度为 60℃ 时瓶内气体压力的上限值。

9-31　气瓶的检验周期如何规定？

答： 各类气瓶的检验周期，不得超过下列规定。

（1）盛装腐蚀性气体的气瓶每两年检验一次。

（2）盛装一般性气体的气瓶，每三年检验一次。

（3）盛装惰性气体的气瓶，每五年检验一次。

气瓶在使用过程中，发现有严重腐蚀、损伤或对其安全可靠性有怀疑时，应提前进行检验。库存和停用时间超过一个检验周期的气瓶，启用前应进行检验。不得使用超期未检的气瓶。

9-32　气瓶有哪些标记和标识？

答： 气瓶属于压力容器，国家对气瓶特别是高压气瓶（公称压力≥10MPa 的属于高压气瓶）有严格的管理规定。一般说来，气瓶应有以下标记和标识：

（1）钢印标记　气瓶的钢印标记是识别气瓶的依据，打印在瓶肩或不可卸附件上。气瓶的钢印标记包括制造钢印标记和检验钢印标记。制造钢印标记标明气瓶制造者代号、气瓶编号、容积、设计压力、质量、制造年月等。检验钢印标记标明检验单位代号、检验日期、下次检验时间等。钢印的位置和内容应符合《气瓶的钢印标记和检验色标》的规定。

（2）外表漆色及字样　外表漆色表明内装气体种类，字样标注内装气体名称，高压气瓶还要加色环表明其最高使用压力。气瓶外表的颜色、字样和色环，应符合 GB 7144《气瓶颜色标志》的规定。

（3）气瓶警示标签　气瓶充装单位必须在气瓶上粘贴符合国家标准 GB 16804《气瓶警示标签》的警示标签和充装标签。警示标签表明内装气体的性质，如可燃性、有毒、剧毒等，充装标签标明该气瓶已经灌装。

（4）其他标记　气瓶充装单位或用户也可在气瓶上悬挂铭牌，注明组分名称、组分含量、配制日期、有效期等，以便使用和核对。

9-33　对气瓶的漆色及字样有何规定？

答：根据 GB 7144《气瓶颜色标志》的规定，各种气体钢瓶的瓶身必须漆上相应的标志色漆，并用规定颜色的色漆写上气瓶内容物的中文名称，画出横条色环。外表漆色表明内装气体种类，字样标注内装气体名称，色环表明其最高使用压力。表 9-17 列出了部分气瓶的漆色及标志。

表 9-17　部分气瓶的漆色及标志

气瓶名称	外表面颜色	字样	字样颜色
氧气瓶	天蓝	氧	黑
氢气瓶	深绿	氢	红
氮气瓶	黑	氮	黄
氩气瓶	灰	氩	绿
氦气瓶	灰	氦	绿
氖气瓶	灰	氖	绿
压缩空气瓶	黑	空气	白
硫化氢气瓶	白	硫化氢	红
氯气瓶	黄绿	氯	白
氨气瓶	黄	氨	黑
烷烃气瓶	褐	（气体名称）	白
烯烃气瓶	褐	（气体名称）	黄
二氧化硫气瓶	灰	二氧化硫	黑
二氧化碳气瓶	铝白	二氧化碳	黑
氧化氮气瓶	灰	氧化氮	黑
氟氯烷气瓶	铝白	氟氯烷	黑
其他可燃性气体气瓶	灰	（气体名称）	红
其他非可燃性气体气瓶	灰	（气体名称）	黑

9-34　对气瓶的存放及安全使用有哪些要求？

答：有以下一些要求。

（1）气瓶应存放在阴凉、干燥、远离热源的地点或气瓶间内。存放地点严禁明火，并保证良好的通风换气。使用中的气瓶要直立固定在专用支架上。

（2）氧气瓶、可燃气瓶与明火距离应不小于 10m，不能达到时，应有可靠的隔热防护措施，并且距离不得小于 5m。

（3）搬运气瓶要轻拿轻放，防止摔掷、敲击、滚滑或强烈震动。搬前要戴上安全帽，以防不慎摔断瓶嘴发生事故。

（4）气瓶应按规定定期作技术检验、耐压试验。

（5）高压气瓶的减压阀要专用，安装时螺扣要上紧（应旋进 7 圈螺纹，俗称吃七牙），不得漏气。

（6）开启高压气瓶时操作者应站在气瓶出口的侧面，动作要慢，以减少气流摩擦，防止产生静电。

（7）氧气瓶及其专用工具严禁与油类接触，氧气瓶附近也不得有油类存在，绝对不能穿沾有油脂的工作服、手套及油手操作，以防万一氧气冲出后发生燃烧甚至爆炸。

（8）瓶内气体不得全部用尽，一般应保持 0.2～1MPa 的余压，以备充气单位检验取样之用及防止其他气体倒灌。

9-35　为什么气瓶必须留有一定余压？

答：气瓶内气体不得全部用尽，必须留有一定压力的余气，称为剩余压力，简称余压，其原因有以下几点。

（1）气瓶留有余压，可以防止其他气体倒灌进去，发生事故。例如氢气瓶内如果进入空气，空气中含有氧气，氢氧共存极易发生危险。

如果气瓶不留余压，则空气或其他气体就会侵入瓶内，使气瓶受到污染，下次再充气使用时就会影响测量的准确性甚至使分析失败。

（2）气瓶充气前，配气单位对每一只气瓶都要做余气检查，不留余气的气瓶失去了验瓶条件。对于没有余气的气瓶，还要重新进行清洗抽空，万一疏忽，则会留下后患。

可见气瓶剩余残压对安全生产和准确测量都具有重要意义。

根据气体性质的不同，剩余压力也有所不同，如果已经用到规定的剩余压力，就不能再使用，并应立即将气瓶阀关紧，不让余气漏掉。气瓶剩余压力一般应为 0.2～1MPa 左右，至少不得低于 0.05MPa。

9-36　选择标准气体时应注意哪些问题？

答：作为用户应当树立标准气体就是计量器具的观念，明确选择标准气体的原则，以保证分析数据的可靠性。一般而言，在选择标准气体时应注意以下几点。

（1）编号　确认该标准气体是否具有定级证书和生产许可证，并持有国家质量监督检验检疫总局的统一编号，一级标准气体为 GBW XXXXXX，二级标准气体为 GBW（E）XXXXXX。必要时可向全国标准物质管理委员会办公室查询。

（2）组成　标准气体的组成应与被测样品相同或相近。由于被测对象的纷繁及标准气体品种所限，有时难于做到完全一致，在这种情况下应选择组成尽可能相近的标准气体，并通过可靠方法考核其定量的准确性。

（3）含量　含量最好与被测样品含量相近，以尽量减少由于线性度不良而引起的测量误差，特别对线性范围比较窄的测量方法，此点尤为重要。当含量不能做到充分接近时，可在被测样品波动范围内选择两瓶标准气体，分别进样后取其平均值作为校准依据。

（4）不确定度　标准气体一旦选择，其不确定度对被测组分而言就成为系统误差。因此，从不确定度合成的角度考虑，不确定度越小越好，如果其数值比预期分析结果小 3 倍，则可忽略不计。

9-37　对标准气体和辅助气体的输气管路有何要求？

答：标准气体和辅助气体的输气管路包括管子、接头、阀门、压力和流量调节装置等。在输气期间，被输送的气体不应有以下情况发生：

（1）被其他气体（如空气中的组分或大气污染物）污染或改变性质；

（2）改变组成（例如由于吸收、吸附或渗透而引起的组成变化）；

（3）发生化学变化（如分解、氧化-还原反应等）。

为了防止上述现象的发生，应注意以下几点。

（1）应采用不锈钢材料的管子和部件，不锈钢对所有气体均无渗透性，吸附效应弱，一般不与被输送的气体发生化学反应。

（2）送气前，对管路系统进行充分吹扫。

（3）输送高纯气体的管路系统要具有很好的气密性。

高纯气体中杂质组分的分压较小，而大气中的这些组分（O_2、N_2、CO_2、H_2O）的分压很大，哪怕管路系统某处出现微小的泄漏，大气中的这些组分也会扩散到系统内而污染高纯气体。实验表明，其扩散速率与管路系统的泄漏速率成正比，所造成的污染与高纯气体的体积流量成反比。

9-38　气瓶的减压阀如何选用？

答：可按以下原则选用。

（1）一般应选用双级压力减压阀；

（2）无腐蚀性的纯气及标准混合气体可采用黄铜或黄铜镀铬材质的减压阀；

（3）腐蚀性气体应选用不锈钢材质的减压阀，如 H_2S、SO_2、NO_x、NH_3 等；

（4）氧气和以氧为底气的标准气应采用氧气专用减压阀；

（5）可燃气体减压阀的螺纹应选反扣（左旋）的，非可燃气体减压阀的螺纹应选正扣（右旋）的；

（6）气瓶减压阀应当专用，不可随便替换。

（笔者在工作实践中发现，有些用户在订购气瓶减压阀时，往往提出一些过高要求，如全部采用进口不锈钢双级减压阀等。事实上，除腐蚀性气体外，其他气体采用铜质减压阀即可，铜质减压阀不但价格便宜，而且是最适宜和气瓶阀门接口连接的材质。目前，双级减压阀的价格大致如下：国产黄铜镀铬约 $500 \sim 600$ 元/个，国产不锈钢约 2000 元/个，进口不锈钢约 $6000 \sim 8000$ 元/个。）

9-39　为什么气瓶的减压阀应选用双级压力减压阀？

答：这是因为当气瓶内的压力逐步降低时，双级减压阀的输出特性比较稳定，输出压力基本不变。

单级和双级压力减压阀的原理结构和输出特性见图 9-4、图 9-5。

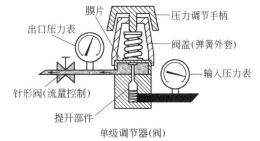

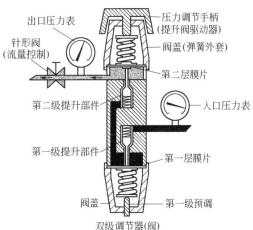

图 9-4　单级和双级压力减压阀的原理结构图

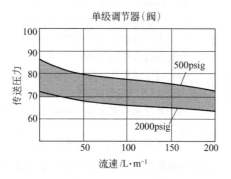
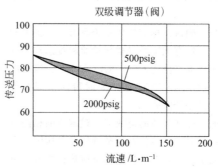

单级调节器（阀）　　　　双级调节器（阀）

图 9-5　单级和双级压力减压阀的输出特性图

在输出特性图中，横坐标代表减压阀的输出流量，单位为 L/min；纵坐标代表减压阀的输出压力，单位为 psig；标有 2000psig 的曲线是气瓶内压力 14MPa（140kg/cm²）时减压阀的输出曲线，标有 500psig 的曲线是气瓶内压力 3.5MPa（35kg/cm²）时减压阀的输出曲线。

从输出特性图可以看出，如气瓶内的压力保持不变，当输出流量变化时，单级减压阀的输出压力变化较小，而双级减压阀的输出压力变化较大。如输出流量保持不变，当气瓶内的压力变化时，双级减压阀的输出压力变化较小，而单级减压阀的输出压力变化较大。

在线分析仪表使用的标准气、参比气，在线色谱仪使用的载气和燃料气都要求压力和流量稳定，不允许有大的波动，而气瓶内的压力变化则是相当大的，所以，这些气瓶的减压阀应选用双级减压阀。

气源压力、输出压力、输出流量三者之间是相互关联、相互影响的，单级和双级压力减压阀各有其优缺点和适用范围，应根据具体情况合理选择。一般来说，双级减压阀适用于气源压力变化很大或减压幅度很大的场合，其他场合宜选用单级减压阀。

9-40　在使用标准气瓶对仪器进行校准时应注意哪些问题？

答：（1）要用不锈钢管和分析仪直接连接进行仪器校准。不宜用塑料管、橡胶管、乳胶管，更不宜用球胆取标准气样。防止标气组分和这些材质发生吸附、吸收或和大气产生扩散作用等而失真。

（2）用标气校准仪表时，要先对输气管路作严格的泄漏检查，然后送标气。开始要量大，对仪表进口管路和公共管路进行吹扫，时间 30s 左右，再将放空管路全部切断，让标气直接进入仪器进行校准。

（3）气瓶中组分的沸点、黏度相差较大时，气瓶要定期倒置，使用前要在地面上滚动，让瓶内组分混合均匀。

（4）钢瓶标气存放是有时间要求的，若存放期过

长，瓶内组分浓度应重新测定后才能使用。

（5）每次校准仪表时，要对标气使用时间，压力消耗作记载存档。

9-41　如何计算瓶装气体的使用时间？

答：瓶装气体的使用时间可按下式进行大致计算：

$$瓶装气体使用时间(min)=$$
$$\frac{气瓶容积(L)\times(充装压力-剩余压力)/大气压力}{气体流量(L/min)}$$

$$(9\text{-}4)$$

例 1　气相色谱仪载气使用时间计算

气相色谱仪使用的载气主要是 H_2 和 N_2，普遍采用 40L 钢瓶盛装。H_2 的充装压力一般 $\leqslant$ 12.5MPa，N_2 的充装压力一般 $\leqslant$ 14.5MPa，气瓶剩余压力一般为 0.5MPa，大气压力设为 0.1MPa。色谱仪要求的载气流量一般每个检测器为 $80\sim120$mL/min，如按 0.1L/min 计算。则：

$$每瓶氢气使用时间=\frac{40\times(12.5-0.5)/0.1}{0.1}$$
$$=48000min=800h\approx33d$$

$$每瓶氮气使用时间=\frac{40\times(14.5-0.5)/0.1}{0.1}$$
$$=56000min=933h\approx39d$$

考虑到使用时载气有一定压力，并非等于大气压力，以及使用中的损耗等因素，实际使用时间比上述计算时间要少一些。

如果发现气瓶压力异常下降，则应检查系统中是否有泄漏或仪器工作是否正常。

例 2　气相色谱仪标准气使用时间计算

气相色谱仪使用的标气一般采用 8L 铝合金瓶盛装。充装压力一般 $\leqslant$ 10MPa，气瓶剩余压力一般为 0.2MPa，大气压力设为 0.1MPa。色谱仪要求的标气流量一般每个检测器为 100mL/min（0.1L/min）。则：

$$每瓶标气使用时间=\frac{8\times(10.0-0.2)/0.1}{0.1}$$
$$=7840min$$

同样，考虑到使用时的标气压力及使用中的损耗

等因素，实际使用时间比上述计算时间要少一些。每瓶标气可进行标定的次数可按下式计算：

每瓶标气使用时间÷每次标定所需时间

（包括标定前的吹扫）＝可进行标定的次数 （9-5）

9-42 什么是双气瓶供气自动切换装置？它是怎样工作的？

答： 双气瓶供气自动切换装置如图9-6所示。它可以自动切换供气气瓶，防止供气中断，减轻维护人员的负担。

图中A、B都是40L氢气钢瓶，共同为色谱仪提供载气，A为正常供气瓶，B为切换时的备用瓶，供气压力规定≥0.5MPa。A_1、B_1为减压阀，A_2、B_2为止逆阀（单向阀），A_2设定在0.5MPa，B_2设定在0.51MPa。

开始供气时，两个气瓶和两套阀门均打开，由于A_2的设定压力＜B_2，此时A_2处于"开"状态，而B_2处于"关"状态。当A瓶的供气压力低于0.51MPa时，发生切换，B_2处于"开"状态，而A_2处于"关"状态，此时由B瓶临时供气。维护人员巡检时发现A瓶压力已降至0.5MPa，用一瓶新充装的

氢气钢瓶将其替换下来，则又开始了新一轮的供气切换过程。

为了延长供气时间，近来已出现了并联在一起的气瓶组，每组4～9个气体钢瓶，用钢管焊接连通起来，已在一些大型分析小屋使用，同时为多台色谱仪供气。

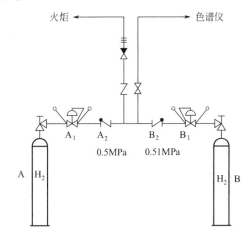

图9-6 双气瓶供气自动切换装置示意图

10　烟气排放连续监测系统（CEMS）

10-1　什么是 CEMS？

答：CEMS 是英文 Continuous Emission Monitoring System 的缩写，意即污染源排放连续监测系统。可对固定污染源（如锅炉、工业炉窑、焚烧炉等）排放烟气中的颗粒物、气态污染物的浓度（mg/m³）和排放率（kg/h、t/d、t/a）进行连续地、实时地跟踪测定。CEMS 是国际上的通称，我国称之为烟气排放连续监测系统。

简而言之，CEMS 是烟气排放在线监测和排污计量系统。

10-2　CEMS 由哪几部分组成？各部分的作用是什么？

答：CEMS 由烟尘监测子系统、气态污染物监测子系统、烟气参数监测子系统、系统控制及数据采集处理子系统四个部分组成。CEMS 系统组成见图 10-1。各部分的作用如下。

烟尘监测子系统——监测烟气中的烟尘浓度（颗粒物含量）。

气态污染物监测子系统——监测烟气中的 SO_2、NO_x 浓度。

烟气参数监测子系统——监测烟气流量、温度、压力、湿度、氧含量等。

系统控制及数据采集处理子系统——控制 CEMS 系统的自动操作、采集并处理数据，计算污染物排放量，显示和打印各种参数、图表并通过数据、图文传输系统传送至管理部门。

10-3　烟气排放出的颗粒物、SO_2、NO_x 有何危害？

答：烟气中的颗粒物大量排入大气，造成空气污浊，使人的可视范围变窄，不但影响景观效果，而且对人的心情影响较为严重，甚至使交通事故增加。颗粒物中的 PM 10（Particulate Matter 10），即粒径小于等于 $10\mu m$ 的颗粒物为可吸入颗粒物，吸入人体后会导致喘息性支气管炎、慢性气管炎、肺功能下降等

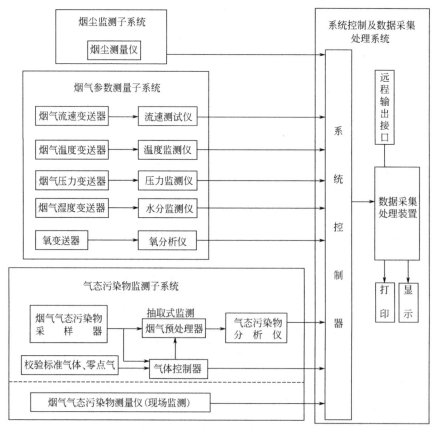

图 10-1　烟气排放连续监测系统示意图

疾病，严重危害人体健康。

烟气中的 SO_2、NO_x 大量排入大气，与大气中的 H_2O、O_2 发生反应，会生成硫酸、硝酸分子，是形成酸雨的主要原因。酸雨破坏了生态平衡系统，造成土壤酸化、营养成分流失，森林破坏，湖泊酸化、鱼类减少，重金属溶出，危害十分严重。

我国的大气污染形势依然严峻，酸雨覆盖区占国土面积的30%以上，70%以上的城市空气质量处于3级或超3级标准，全球10大污染最严重的城市中，我国就占6个。根据中国社会科学院的调查报告，1995年我国环境污染造成的经济损失达到1875亿元，占当年 GDP 的3.27%，其中大气污染造成的经济损失占总损失的16.1%，因总悬浮颗粒物影响导致的人体健康损失估算为171亿元，因酸雨造成的损失为130亿元。大气环境污染直接关系到生态环境的总体面貌和人民群众的身体健康，已到了非整治不可的地步。所以，必须严格控制排放烟气中的颗粒物和 SO_2、NO_x 含量，保护环境空气质量。

10-4 简述 CEMS 系统的发展过程。

答：美国于1970年底颁布了《清洁大气法》，开始从法规的高度对大气污染物进行控制，1971年出台了《新污染源性能标准》并提出了连续监测的要求，同年美国研制成功世界上第一台烟气排放连续监测仪。1974年3月，原联邦德国颁布了《联邦扩散防止法》，同年8月，又发布了《大气质量控制技术指南》，出台了连续监测的要求。此后，欧美各工业发达国家和日本相继制定法律法规，对烟气排放连续监测做出规定。从20世纪70年代到现在的30多年中，CEMS 系统从监测技术、仪器设备到管理办法迅速发展，法律法规不断健全。目前，烟气排放连续监测技术在工业发达国家的大型企业，例如火电厂、钢铁厂、水泥厂等得到了广泛应用，纳入固定污染源排放监测体系，检测结果作为环保执法的依据。

我国的烟气排放连续监测工作起步较晚，1996年颁布的 GB 13223—1996《火电厂大气污染物排放标准》中，首次提出新、扩、改建火电厂应装设 CEMS 系统的要求，2001年国家环保局颁布了 HJ/T 75—2001《火电厂烟气排放连续监测技术规范》和 HJ/T 76—2001《固定污染源排放烟气连续监测系统技术要求及检测方法》，我国的烟气排放连续监测工作已开始步入正轨，有了符合我国国情的技术标准。我国第一套 CEMS 系统是1986年广东沙角 B 发电厂从日本引进的，1997年之后，由于国家强制性标准 GB 13223—1996 的颁布实施，安装 CEMS 的电厂增长较快，2001年之后，烟气排放连续监测工作全面铺开，不但火电行业，其他行业的大型锅炉和工业炉窑，均开始安装 CEMS 系统，虽然目前技术、装备、管理和运行维护方面还存在许多问题，环保机构的监管能力和监管力度也比较薄弱，但我国的烟气排放连续监测规模巨大、前景广阔，这一点是毋庸置疑的。

10-5 与 CEMS 有关的环保标准有哪些？

答：目前已发布的 CEMS 标准有两个，均为国家环境保护行业标准：

HJ/T 75—2001《火电厂烟气排放连续监测技术规范》

HJ/T 76—2001《固定污染源排放烟气连续监测系统技术要求及检测方法》

CEMS 系统使用、维护、管理人员除应熟悉以上两个标准外，还应了解有关的大气污染物排放标准，如：

GB 13223—2003《火电厂大气污染物排放标准》

GB 13271—2001《锅炉大气污染物排放标准》

GB 4915—1996《水泥厂大气污染物排放标准》

GB 9078—1996《工业炉窑大气污染物排放标准》

为了配合环保行政主管部门做好 CEMS 系统的验收测试和年度检验，还应了解有关人工检测方法和程序方面的标准、资料，如：

GB/T 16157—1996《固定污染源排气中颗粒物测定与气态污染物采样方法》；

《空气与废气监测分析方法》（国家环保局编写，中国环境科学出版社，2003年第四版）。

10-6 哪些场所须装设 CEMS 系统？

答：根据 GB 13223—2003《火电厂大气污染物排放标准》，火力发电锅炉均须装设 CEMS 系统。根据 GB 132710—2001《锅炉大气污染物排放标准》，单台容量≥14MW（20t/h）的锅炉，必须装设 CEMS 系统。其他大型工业炉窑和焚烧炉也应装设 CEMS 系统。

由此可见，CEMS 的应用范围是十分广泛的，在线分析仪表使用维修人员，应尽快熟悉并掌握 CEMS 系统的有关知识和技能。

10-7 试述烟尘、SO_2、NO_x 最高允许排放浓度限值。

答：我国大气污染物排放标准，根据烟气排放装置的类型、装置规模、燃料类别、建设时段、所处地域等不同情况，分别规定了排放控制要求。CEMS 有关人员应了解排放标准，熟知本装置大气污染物最高允许排放浓度限值。

以火力发电锅炉为例，GB 13223—2003 规定，自2004年1月1日起，新建、扩建、改建燃煤发电锅炉，大气污染物最高允许排放浓度限值为：

烟尘	$50mg/m^3$
SO_2	$400mg/m^3$
NO_x	450、650、$1100mg/m^3$（根据 V_{daf}

含量分别确定)

(NO$_x$ 质量浓度折算成 NO$_2$ 计算)

2004 年 1 月 1 日以前建设的燃煤锅炉,分批分期达到或接近上述指标。

10-8 企业选购 CEMS 系统时,需要考虑哪些问题?

答:(1) 系统稳定可靠,能长期连续运行。作为排污计量设备,长期连续工作的性能一定要强。否则,经常停运或数据不能持续准确有效,将会出现按最高排放量处理或罚款。

(2) 使用的测量方法和测量结果的准确度符合国家有关标准和规定,便于环保部门验收。

(3) 系统具备在线自动或手动校准功能。

(4) 具有开放的平台,能够随环保法规的改变而不断完善,并具备局域网或广域联网接口。

10.1 烟尘监测子系统

10-9 烟尘颗粒物浓度测量方法有哪几种?

答:(1) 光学透射法 激光或红外光通过含有烟尘的烟气时,光强因烟尘的吸收和散射作用而减弱,通过测定光束穿过烟气前后的光强比值来定量烟尘浓度。光学透射法又称为浊度法。

透射法测尘仪有单光程和双光程两种结构型式,其中双光程测尘仪使用比较广泛。

(2) 光学散射法 激光或红外光平行光束射向烟气时,烟尘对光产生散射,经烟尘散射的光强在一定范围内与烟尘浓度成比例,通过测量散射光强来定量烟尘浓度。

根据接收器与光源所呈角度的大小,散射法测尘仪可分为前散射、后散射、90°散射三种结构型式。

前散射测尘仪:接收器与光源呈 ±60°

后散射测尘仪:接收器与光源呈 ±120°～±180°

90°散射测尘仪:接收器与光源呈 90°

目前,烟尘测量大多使用后散射测尘仪。

(3) β 射线法 利用烟尘对 β 射线的吸收与烟尘质量成正比的原理,用采样方法将烟尘富集到滤膜上,然后测量被吸收后的 β 射线剂量,可测得烟尘含量。

(4) 电子探针法 烟尘粒子随烟气运动与探针摩擦产生静电,电荷量的多少与烟尘颗粒数量成正比,以此原理来测量烟尘含量的多少。

我国环保法规推荐的烟尘浓度测量方法,有光学透射法和光学散射法两种。由于 β 射线法需要放射源,因此,我国标准不考虑这种方法。电子探针法受流速的影响较大,校准困难,也不推荐采用。

10-10 试述透射法测尘仪的优缺点和适用范围。

答:双光程透射法测尘仪的优缺点和适用范围如下。

优点:

(1) 测量范围宽,0～100g/m^3;

(2) 灵敏度和检测限受平均粒子尺寸和光路长度限制,分辨率一般不高于 0.4mg/m^3,最小测量范围 0～20mg/m^3;

(3) 测量精度较高(±2%);

(4) 非常适合于测量不透光度和消光度;

(5) 可测得烟道直径上的平均烟尘浓度。

缺点:

(1) 受颗粒物粒径大小、粒径分布、颜色等影响,需采用称量法进行浓度标定;

(2) 测量光路准直度要求极高(<1°),否则误差很大,安装复杂费时,受振动影响很大;

(3) 光学窗口污染后误差很大,需设吹扫并经常维护。

结论:测量范围宽,精度较高,适应面广(适合于燃煤锅炉等较高浓度烟尘测量),价格较低,推荐采用。

10-11 试述散射法测尘仪的优缺点和适用范围。

答:后散射式散射法测尘仪的优缺点和适用范围如下。

优点:

(1) 测量范围较窄,0～200mg/m^3,适合于低浓度烟尘测量;

(2) 灵敏度高,分辨率可达 0.02mg/m^3,最小测量范围 0～2mg/m^3;

(3) 测量精度高(±1%);

(4) 单侧安装,不需要反射装置,安装比较容易。

缺点:

(1) 受颗粒物粒径大小、粒径分布、颜色等影响,需采用称量法进行浓度标定;

(2) 只能测量烟道壁附近(外置式)或烟道内有限距离内(内置式)的烟尘浓度,不能反应烟道烟尘分布状况,须根据浓度分布曲线加以修正;

(3) 光学窗口污染后误差较大,须设反吹并经常维护。

结论:精确、灵敏,仅适合于低浓度烟尘测量,价格很贵(约为透射法的 2 倍以上)。

10-12 试述光学透射法测尘原理。

答:利用透射法测量烟尘颗粒物浓度的原理是基于朗伯-比耳定律。

红外 LED 或红外激光光源发射器和接收器分别置于烟道两侧,恒定光通的光通过粒子后产生衰减,通过对其衰减量的测定,测得单位体积内颗粒物的含量。

透光度（透射率、透过率）是发射光与接收光之间的比，朗伯-比耳定理表明光通过含颗粒物烟气的透过率由下式表示：

$$T = I/I_0 = e^{-KCL}$$

式中 T——光通过烟气的透过率（烟气的透光度）；

I_0——入射光强；

I——接收光强；

K——消光度系数（与颗粒物直径、波长、吸光度有关）；

C——颗粒物浓度；

L——光路长度。

对于稳定的介质和固定的波长，K 为常数；对于固定的烟道，L 为常数；因此，C 只与 I/I_0 有关。

10-13 什么是透光度、不透光度、消光度？

答：透光度（以 T 表示）是发射光和接收光之间的比，其表达式为

$$T = I/I_0$$

不透光度（以 O 表示）又称为浊度，表示被颗粒物遮挡后损失的光，其表达式为

$$O = 1 - T$$

T 和 O 相对于颗粒物浓度（仪器的电流输出）均为非线性参数，为了得到相对于颗粒物浓度的线性参数，在仪器设计和参数计算上引入了消光度的概念，消光度（以 E 表示）和透光度、不透光度之间的关系如下。

$$E = \lg(1/T) = -\lg(T) = KCL$$

K 称为消光度系数。

10-14 试述透射法单光程测尘仪的结构原理。

答：如图 10-2 所示，发射器和接收器分置于烟道两侧，发射器中的光源发出恒定的光通量，经透镜形成平行光，指向接收器。发射器中有专门的部件监测光源强度和温度的变化并加以补偿。接收器中透镜的焦点与发射器中透镜的焦点在同一直线上，并将平行光聚至光敏元件。接收器的输出信号经信号处理器

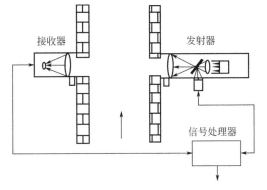

图 10-2 透射法单光程测尘仪结构原理图

运算处理后，传送至显示部件。

在运行中，为了防止颗粒物对发射器和接收器造成污染，在发射器和接收器靠近烟道端均设有气体反吹装置，运行时在镜头前形成气幕，保护镜头。

10-15 试述透射法双光程测尘仪的结构原理。

答：图 10-3 为德国 SICK 公司 FW56-I 型透射法双光程测尘仪的结构原理图。它由 FWM56 发射/接收单元、FWR56 反射单元、FWA56-I 计算单元、FWS56 反吹附件、MEPA56-I 测量软件组成。

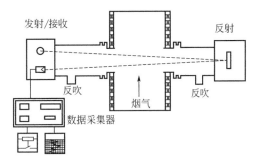

图 10-3 SICK FW56-I 测尘仪结构原理图

发射器发出的红外光，穿过烟道到达反射器，再从反射器返回到接收器，并通过连接电缆以电信号的形式传送到计算单元。红外光以脉冲形式发送和接收，以提高测量灵敏度并便于信号处理。为克服电源波动、温度变化、光电器件老化等带来的影响，测量系统一般采用测量光和参比光双光束单检测器方式，以抵消上述影响并便于零点调整。图 10-4 为德国 DURAG 公司 D-R216 型透射法双光程测尘仪的光路系统图。

10-16 试述 SICK FW56-I 型测尘仪的主要性能指标。

答：SICK FW56-I 型测尘仪的主要性能指标如下。

测量原理：双光程红外透射法

测量范围：透光度 $0 \sim 100\%$ 内可选

不透光度 $100 \sim 0\%$ 内可选

消光度 $0 \sim 0.3$ 到 $0 \sim 2.0$

含尘量 $0 \sim 20 mg/m^3$ 到 $0 \sim 100 g/m^3$

测量精度：$\pm 2\%$

烟道直径：$0.3 \sim 3.6 m$（可选大于 $3.6 m$）

烟气温度：$< 250℃$，不结露

吹扫空气：$> 140℃$，$60 m^3/h$

供电：$190 \sim 260 V AC$，$50 Hz$，功耗：$20 W$

输出信号：$4 \sim 20 mA$，继电器接点

防护等级：IP65

10-17 试述光学散射法测尘原理。

答：当颗粒物被光照射时，会出现不同的效应

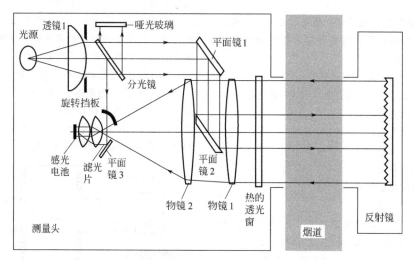

图 10-4 DURAG D-R216 型测尘仪光路系统图

（吸收、反射、折射、衍射等，见图 10-5），这些效应互相重叠，在不同的角度它们的量是不同的，散射光强是与辐射角相关的观察角的函数（见图 10-6）。从图 10-6 可以看到，颗粒物光散射强度的大小依次排列为前散射、后散射、90°散射。

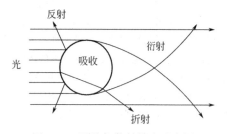

图 10-5 颗粒物散射效应示意图

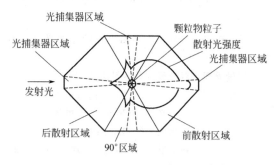

图 10-6 颗粒物光散射相对强度示意图

将一束光射入烟道，光束与颗粒物相互作用产生散射，散射光的强弱与总散射截面成正比，当颗粒物浓度增高时，总散射截面增大，散射光增强，通过测量散射光的强弱，即可得到烟尘颗粒物的浓度。其关系式为

$$c=\left[\frac{3g}{4V}\bigg/\int_D e_D f(D)\frac{1}{D^3}dD\right]E=kE$$

式中 c——测量敏感区颗粒物浓度；

V——测量敏感区的体积；

g——重力加速度；

D——颗粒物直径；

e_D——直径为 D 的单个颗粒，被单位光强的光束照射后，被设在后向的探测器接收到的光能；

$f(D)$——颗粒物粒径分布；

E——探测器接收到的总的后散射光能；

k——综合系数。

10-18 试述后散射测尘仪的结构原理。

答：内置式后散射测尘仪检测器的结构见图10-7，工作原理见图10-8。

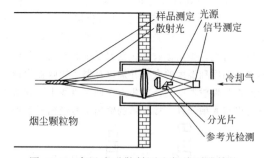

图 10-7 内置式后散射测尘仪检测器结构

内置式后散射测尘仪的光源采用高亮度红外发光二极管，光源发出的红外光经分光器分为两路，一路经透镜作为测量光去进行烟尘测定，另一路作为参考光送至参考光检测器。参考光检测器输出信号经放大、带通滤波、检波送至电流分配器，使其与信号放大器的输出形成比例，用以补偿光源光通量变化带来的测量偏差。测量光送至颗粒物检测位置，颗粒物产生的散射光被信号检测器收集，经放大、带通滤波、

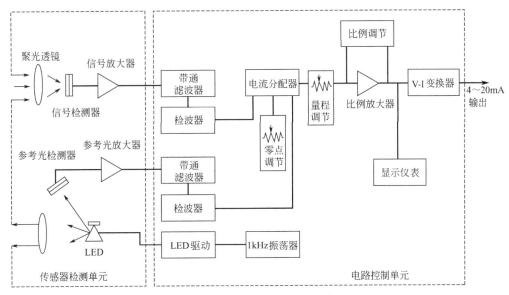

图 10-8　内置式后散射测尘仪工作原理

检波送至电流分配器,与参考光信号进行比例运算后的测量结果,送至 V-I 变换器输出与烟尘浓度对应的 4～20mA 电流信号,并直接在仪表上显示测量值。

10-19　光学测尘仪为什么需要进行浓度相关校准?怎样校准?

答:光学测尘仪需要进行浓度相关校准的原因有两条。

(1) 光学测尘仪测得的是透射光强或散射光强,而国家标准要求的烟尘浓度监测值是 mg/m³,光学测尘法受到颗粒物物理特性如粒径大小、粒径分布、粒子颜色、粒子透明度等的影响,测得的光强参数不能直接反映颗粒物浓度的大小,需要进行浓度相关校准,将其转换成烟尘浓度值 mg/m³。

图 10-9 给出了不同粒径的颗粒物浓度与消光度的经验近似值,从图中可以看出不同粒径对消光度的影响。

(2) 透射法测尘仪是进行线测量,散射法测尘仪则是进行点测量,测得的是一条线或某一点上的烟尘浓度,受烟道走向、煤种变化、锅炉运行工况变化、烟道气流分布不均匀等条件影响,不能保证测量结果与该烟道断面的烟尘平均浓度一致。因此,也必须利用标准方法进行相关校准,即利用人工测试的烟尘平均值来标定、校准光学测尘仪的测试数据。

校准方法是根据 GB/T 16157《固定污染源排气中颗粒物测定与气态污染物采样方法》规定的手工采样过滤称重法,对烟气中的烟尘浓度进行测定,测得的烟尘浓度平均值与光学测尘仪测定结果进行相关分析,建立光强-mg/m³ 相关曲线,对其进行标定和校准。

10-20　光学测尘仪的安装位置如何选择?
答:

(1) 不受环境光线影响。

(2) 监测位置处烟气中没有水滴或水雾。

(3) 监测位置处烟道不漏风。

(4) 安装位置处烟道振动幅度尽可能小。

(5) 安装位置易于接近,留有足够空间,便于日常维护。

10-21　烟尘监测孔位置如何选择?
答:

(1) 应优先选择在垂直管段。

(2) 监测孔位置应避开弯头和阀门、变径管等断面急剧变化的部位。

(3) 监测孔前的直管段长度应不小于 4 倍烟道直径,监测孔后的直管段长度应不小于 2 倍烟道直径。对于矩形管道,烟道直径按其当量直径计算,当量直径 $D=2AB/(A+B)$,式中 A、B 为矩形管道

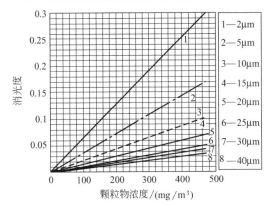

图 10-9　颗粒物浓度与消光度的关系

169

边长。

（4）当安装位置不能满足上述要求时，应尽可能选择气流稳定的断面，但监测孔前直管段长度必须大于监测孔后直管段长度。

（5）对于垂直烟道测量光束应通过烟道中心，对于水平烟道可考虑烟尘重力沉降因素。

（6）在监测孔下游0.5m左右应预留有手工采样孔，供校准使用。

10-22 在水平烟道上选择烟尘监测孔的位置时，如何考虑烟尘重力沉降因素的影响？

答：在水平烟道中，烟尘颗粒的运动轨迹同时受烟气流速及地球重力的影响。烟气流速越大时，烟尘颗粒的动量就越大，表现为在烟道拐弯处烟尘颗粒会冲向对着流速方向的烟道壁，当烟气由下向上时，使水平烟道中心轴线上半部的烟尘平均浓度大于下半部的烟尘平均浓度；反之则相反。而当烟气在水平烟道中流动时间较长时，其中的烟尘颗粒由于重力作用有着向下沉降的趋势，表现为烟道中心轴线下半部的烟尘平均浓度要大于上半部的烟尘平均浓度。根据一般实测经验，当检测孔位置离拐弯处距离大于4倍当量直径时，认为烟尘颗粒受重力的影响占优势；而当检测孔位置离拐弯处距离小于4倍当量直径时，认为烟尘颗粒的惯性作用影响较大；所以此时测量孔所在的直线不一定通过烟道中心。当然，具体情况应具体分析，应根据现场情况选择最有代表性的地方，一般情况下可通过烟道中心线。

10.2 气态污染物监测子系统

10-23 气态污染物的连续监测方法有哪几种？

答：气态污染物的连续监测方法可分为两大类：抽取式连续监测和现场连续监测。

（1）抽取式连续监测系统（Extractive CEMS）用抽气泵（隔膜泵或喷射泵）抽取烟气样品送入分析仪进行测量的方法，简称抽取采样法。根据采样方式的不同，又分为完全抽取法和稀释抽取法两种形式。

① 直接抽取法连续监测系统（Dry Extractive CEMS）——样品在到达分析仪之前，经过除尘、除水、冷却等处理，分析仪测得的是干基样品中的污染物浓度。

② 稀释抽取法连续监测系统（Dilution Extractive CEMS）——利用干燥、清洁的仪表空气对烟气进行精确的稀释取样，将稀释后的烟气引入分析仪进行分析，分析结果再折算至未稀释烟气中的浓度，分析仪测得的是湿基样品中的污染物浓度。

（2）直接测量法连续监测系统（In Situ CEMS）又称现场连续监测系统。In Situ 的含义是"原地、就地、在原处、在原位置"，即直接将分析仪安装在烟道上（或烟道旁路上），对烟气中的污染物进行实时测量，也称为横穿烟道的连续监测系统（Across-flue CEMS）。它不需要抽取烟气在烟道外进行分析，分析仪测得的是湿基样品中的污染物浓度。

由于目前分析仪的性能还不能完全满足直接测量法连续监测的要求，使用寿命较短，维修难度较大，其测量精度和长期可靠性还存在一些问题需要改进，所以，直接测量法连续监测系统使用的数量并不多。

10-24 气态污染物分析方法和分析仪器有哪些？

答：国家环保标准推荐的分析方法和仪器有如下一些。

抽取式连续监测：

二氧化硫（SO_2）——紫外荧光法、非分散红外吸收法（NDIR）；

氮氧化物（NO_x）——化学发光法、非分散红外吸收法（NDIR）。

目前，直接抽取法大多采用非分散红外分析仪，稀释抽取法则采用紫外荧光法 SO_2 分析仪和化学发光法 NO_x 分析仪。

直接测量法连续监测：

红外或紫外吸收法（非分散红外分析仪和紫外分光光度计）。

10-25 什么是直接抽取采样法？它有何特点？

答：直接抽取采样法又称完全抽取采样法、加热管线法，其分析流程、优点、缺点如下。

分析流程：烟气采样点安装带过滤器的取样探头对烟气进行粗过滤除尘，再由隔膜泵抽吸，经粗过滤除尘、加热保温管线传送，再经冷凝除湿、细过滤除尘、流量调节等预处理后送分析仪进行分析。

优点：

（1）干基测量，可直接测得干烟气中污染物含量；

（2）由于烟尘和水汽已从样气中除去，所以分析仪的测量精度高。

缺点：

（1）样品需伴热保温传送（温度保持在140～160℃之间）；

（2）样品需降温、除水等预处理；

（3）在高硫分场合有酸冷凝的可能，采样和预处理部件要防腐蚀；

（4）样品系统需要经常维护；

（5）采样流量较大（一般≥2L/min），过滤器易堵塞，需定期进行反吹扫。

10-26 什么是稀释抽取采样法？它有何特点？

答：稀释抽取采样法的分析流程、优点、缺点如下。

分析流程：烟气由喷射泵抽吸，用干净空气按一定稀释比稀释烟气，以降低气态污染物浓度，将稀释后烟气引入分析仪进行分析。该法由空气环境质量监测法拓展至污染源监测，分析仪量程小，所以需要稀释。

优点：

(1) 不需要伴热管线；

(2) 预处理系统简单，无除湿、除尘设备；

(3) 抽取烟气量很少（一般为 0.5L/min），探头过滤器负担小，不易堵塞；

(4) 样品系统维护量小；

(5) 避免溶于水的气体（SO_2、CO_2）引起的测量误差。

缺点：

(1) 湿基测量，测得湿烟气中污染物含量，需加湿度测量或假设烟气水分含量，将湿烟气中含量修正到干烟气中含量，从而给排放量的计算增加了一个潜在的误差源；

(2) 需加某种方法来修正压力和温度条件的变化；

(3) 稀释空气用量较大，为保证测量准确，稀释空气需进行净化处理，除去 SO_2、NO_x、CO_2、CO 和水蒸气（水蒸气露点低至 $-38℃$）；

(4) 稀释比须精确控制，稀释比误差不应大于 $\pm1\%$；

(5) 常需对取样管线进行防冻处理，并对采样探头加热。

10-27　什么是直接测量法？它有何特点？

答：直接测量法的分析流程、优点、缺点如下。

分析流程：将一束红外或紫外光直接照射到烟道中，利用气体的特征吸收光谱进行分析。

优点：

(1) 对烟气作直接测量，无需采样、传输和预处理设备；

(2) 基本上未改变烟气流动状态，而且样气的完整性很好；

(3) 实时分析，响应时间快。

缺点：

(1) 烟道内颗粒物、水滴和水雾对吸光效应产生干扰，影响分析精度；

(2) 易受光学污染，虽加吹扫，但光学污染的剩余累积效应难以消除；

(3) 分析仪表安装在烟囱上，易遭受雷击，安装位置气候条件、环境温度的变化和振动均会影响到测量精度和可靠性；

(4) 多数烟囱未安装电梯设备，安装位置不便于

维修；

(5) 某些分析仪光程长度设计较短，低浓度测量时会使测量精度和灵敏度降低。

10-28　试述各种气态污染物连续监测方法的使用情况。为什么在美国大多采用稀释抽取采样法？而在我国大多采用直接抽取采样法？

答：美国电力研究院 1997 年第四季度对美国 CEMS 的使用情况进行了调查，结果表明：

在 SO_2 连续监测中，稀释抽取法占 85.5%，直接抽取法占 9.5%，直接测量法占 5%；

在 NO_x 连续监测中，稀释抽取法占 78.3%，直接抽取法占 18.2%，直接测量法占 3.5%。

（欧洲也以稀释抽取法为主，日本则以直接抽取法为主。）

在我国，稀释抽取法、直接抽取法、直接测量法均有采用，但以直接抽取法为主，特别是近几年新上的 CEMS 系统，绝大多数都采用直接抽取法。这是因为我国的环保标准要求监测干烟气中的气态污染物浓度，即干基测量，采用直接抽取法比较方便。而稀释抽取法属于湿基测量，测量结果是湿烟气中气态污染物浓度，必须用烟气的水分含量将湿基的烟气成分修正到干基的烟气成分，不但比较麻烦，而且容易造成附加误差。

与此相反，美国的环保标准要求监测湿烟气中的气态污染物浓度，即湿基测量，稀释抽取法采用较多，而直接抽取法采用较少。

所以，在直接抽取法和稀释抽取法的优缺点比较中，干基测量对于中国是优点，而对于美国是缺点。反之，湿基测量对于美国是优点，而对于中国是缺点。

10-29　气态污染物连续监测中，监测孔的位置如何选择？

答：监测孔的位置可参照烟尘连续监测方法要求选择，注意避开烟气涡流区。与烟尘颗粒物相比，气态污染物混合比较均匀，当安装位置受到现场条件限制时，也可不受烟尘连续监测方法要求的限制，但应保证测量无漏风影响。

当用抽取采样法采样时，探头采样点离烟道内壁的距离必须不少于 1m 或者 1/3 的烟道当量直径。

10.2.1　直接抽取法连续监测系统

10-30　图 10-10 是直接抽取法采样和样品处理系统的典型流程图，采用德国 M&C 公司的设计方案和主要部件，试对系统功能加以简单说明。

答：该系统简要说明如下。

(1) 烟气由耐腐隔膜泵抽吸，在采样探头处粗过滤除尘，探头内有 $2\mu m$ 陶瓷过滤器（根据不同工况，有不同材质和孔径的过滤器），特殊要求还可以在探

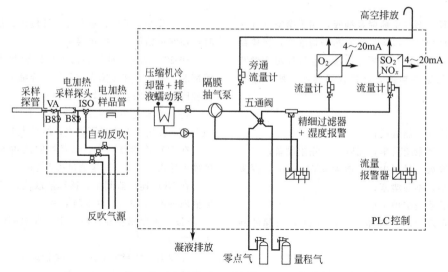

图 10-10　M&C 公司直接抽取法采样和样品处理系统典型流程图

管部位加前置过滤器。

（2）探头带电加热器并带温控（0～200℃可调），可使过滤器件和样品温度保持在 150℃以上，防止样气中水分冷凝堵塞过滤器件，并保证采集样品的代表性。

（3）为防止采样探头积尘堵塞，设有反吹清洁系统，由 PLC 控制定时吹扫（吹扫空气须加热后再吹入，以防止冷凝堵塞）。

（4）样品取出后，由电加热恒温管线（自调控式一体化管缆）伴热至 140℃左右，传送到样品预处理装置（位于预处理机柜中）。

（5）样品进入预处理装置后，由压缩机或半导体式冷却器将样品快冷至 5℃（精度±0.1℃），冷却后脱除的水分经排液蠕动泵排出，快冷可防止样品失真（SO_2、CO_2 易溶于水），冷却温度的精确控制便于计算 SO_2、CO_2 损失量，使分析结果更为准确。

（6）样品再经 0.1μm 精细过滤器进一步除去粉尘颗粒，然后经针阀流量计调节流量（和压力），使样气成为无尘、无水、流量和压力稳定的气体，最终送入分析仪进行分析。

（7）预处理中的旁通支路用于加快样气流动，减小分析滞后时间；五通球阀用于实现校准气体切换；精细过滤器湿度报警用于监视样气中是否夹带液滴，以免损害分析仪检测室；针阀流量计流量报警用以监视样气流量（压力）是否过低，以保证分析仪正常工作条件。以上两项报警同时监视样品系统工作正常与否（脱湿、除尘效果，是否堵塞）。

10-31　试述西克麦哈克（SICK/Maihak）公司 S700 系列气体分析仪的主要性能指标。

答：S700 系列气体分析仪是我国 CEMS 系统中

常用的一种多组分气体分析仪。它采用模块化设计，由微处理器系统和若干分析模块组成，可根据需要自由选配及组合。该分析仪带有校准气室，可自动标定而无需量程气。S700 主要分析模块性能指标见表 10-1。

表 10-1　S700 主要分析模块性能指标

模块名称	UNOR	MULTOR	OXOR-P	OXOR-E
测量原理	单组分不分光红外吸收	多组分不分光红外吸收（最多 3 组分）	顺磁性氧分析	电化学氧分析
最小测量范围/ppm	NH_3:300 CO:20 NO:75 SO_2:40 CH_4:100	CO:100 CH_4:470 NO:190 SO_2:85	O_2:0～1%	O_2:0～10/25%
零点漂移	≤1% FS/W	≤1% FS/W	≤1% FS/W	≤2% FS/W
灵敏度漂移	≤1% FS/W	≤1% FS/W	≤1% FS/W	≤1% FS/W
线性误差	≤1% FS	≤2% FS	≤1% FS	≤1.5% FS
噪声	≤0.5% FS	≤1% FS	≤0.5% FS	≤0.1% FS
响应时间	3s	25s	4s	20s

S700 系列有三种机箱型式：

S710 型——19″嵌入（架装）式机箱

S715 型——壁挂式机箱，IP65（NEMA 4X）

S720 型——Ex 防爆机箱，IP65（NEMA 7），EEx diaⅡCT6

CEMS 系统一般选用 S710 型架装式机箱＋

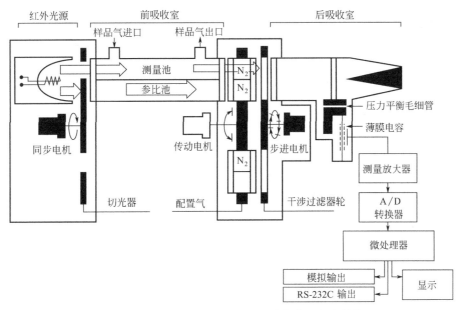

图 10-11　S710-MULTOR 型多组分红外线气体分析仪结构原理图

MULTOR 多组分红外模块＋OXOR-P 顺磁性氧模块（或 OXOR-E 电化学氧模块），可测量 3 个红外吸收组分（SO_2、NO、CO、CO_2 等）和 O_2。

10-32 图 10-11 是 S710-MULTOR 型多组分红外线气体分析仪结构原理图，试简述其工作原理。

答：S710-MULTOR 型多组分分析仪属于不分光型（非色散型）双光路红外分析仪。它的检测器中有两个接收气室：前接收气室和后接收气室，前、后气室串联布置，薄膜电容器位于接收气室下方。仪器的信息处理和恒温控制等由微机系统完成。

S710-MULTOR 的工作原理和采用薄膜电容检测器、串联型接收气室的双光路红外分析仪基本相同，不同之处如下。

（1）MULTOR 多组分红外模块最多可分析 3 种组分。当分析烟气中的 SO_2、NO、CO 含量时，检测器的接收气室中充有多种气体，包括 SO_2、NO、CO、H_2O 和 N_2。光路中有一个干涉滤波片轮，在步进电机的控制下，能顺序地进入光路，当某一滤光片（如 SO_2 滤光片）进入光路时，整个光学部件就如同一个 SO_2 分析模块。在工作过程中，滤光片轮将 SO_2、NO、CO、H_2O 四种滤光片交替送入光路，检测器相应输出 SO_2、NO、CO、H_2O 四个组分的浓度信号。S710 的数据处理程序，将这些信号转换成浓度信号输出，同时对它们之间的相互干扰进行修正。

MULTOR 检测器的前接收气室光程较短，只能吸收光谱的中心部分，后吸收气室采用光锥结构，使

前室未被吸收的光谱在后室全部被吸收掉。由于不同气体吸收光谱的重叠部分是在吸收谱带的边缘部分，通过选择合适的填充气体浓度，可以使重叠部分的光谱在前室的吸收等于后室的吸收，两者在薄膜电容器上的作用方向相反，相互抵消。

测量 H_2O 的目的是为了消除其对其他待测组分的影响，因为 H_2O 的红外吸收频带较宽，对其他待测组分如 SO_2 会产生交叉干扰，这种交叉干扰不仅发生在吸收谱带的边缘部分，而且往往发生在吸收频带的中间部分，难于用上述前后室相互抵消的办法将其除掉，只有通过数据处理程序对其进行修正。

（2）MULTOR 分析模块光路中插入了一个校准气室轮，校准气室中填充一定浓度的被测气体，产生相当于满量程标准气的气体吸收信号，可以不需要标准气就实现仪器的定时标定。标定时，传动电机将相应的校准气室送入光路，此时仪器的测量池必须通高纯氮气。为了检查校准气室是否漏气，每半年或一年仍然要用标准气进行一次对照测试。

10-33 西门子公司 ULTRAMAT 23 型多组分分析仪也是我国 CEMS 系统中常用的一种分析仪。图 10-12 为 ULTRAMAT 23 型多组分分析仪内部气路图。试说明其分析流程和工作原理。

答：被测样气由入口 1、2 进入，首先经膜式过滤器 5 除尘除水。流路中的压力开关 9 用以监视样气压力，当压力过低时发出报警信号；浮子流量计 8 显示样气流量，供维护人员观察；限流器 12 起限流限压作用；凝液罐 13 分离可能冷凝下来的液滴，以保护分析器免遭损害。

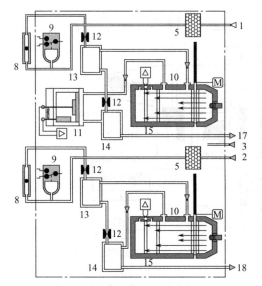

图 10-12　ULTRAMAT 23 型多组分分析仪内部气路图

1,2—样气/标准气入口；3—吹扫入口（用于机箱和切光片吹扫）；5—膜式过滤器；8—浮子流量计；9—压力开关；10—测量气室；11—氧测量池；12—限流器；13,14—凝液罐；15—微流量检测器和接收气室；17,18—气体出口

样气经上述处理后，送入分析器进行分析。该仪表中有两个红外分析模块和一个氧分析模块，可测量两个红外吸收组分和含氧量。

分析后的样气经凝液罐 14，携带冷凝液一起排出分析仪。

红外分析模块采用不分光红外吸收原理，单光路系统，微流量检测器的接收气室串联布置。其工作原理如下。

红外光源被加热到 600 ℃时发射出红外线，由切光片调制成频率为 8～1/3Hz 的间断光束，经测量气室后进入检测器的接收气室。接收气室由填充了待测组分的两层气室串联组成，第一层吸收红外辐射波带中间位置的能量，第二层吸收边界能量，两者之间通过微流量传感器连接在一起。当切光片处于"接通"位置时，一层接收气室填充的待测组分吸收红外辐射能量后，受热膨胀，压力增大，气流经毛细管通道流向二层接收气室；当切光片处于"遮断"位置时，一层气室填充气体冷却收缩，压力减小，二层气室的气流经毛细管通道反向流回一层气室。切光片交替通断，气流往返经过微流量传感器，便在检测器电桥两端产生了交流波动信号，信号幅度大小与流经传感器的气体流量成反比，即与待测组分的浓度成反比。

接收气室采用串联型结构是为了消除干扰组分对测量结果的影响。在接收气室中，除填充待测组分外，还根据被测气体组成填充一定比例的干扰组分。干扰组分在一、二两层气室中对红外辐射的吸收，产

生的压力作用方向相反，相互抵消。

微流量检测器是一种测量微小气体流量的检测器件。其传感元件是两个微型热丝电阻，和另外两个辅助电阻组成惠斯通电桥。热丝电阻通电加热至一定温度，当有气体流过时，带走部分热量使热丝元件冷却，电阻变化，通过电桥转变成电压信号。

氧分析模块的工作原理是电化学燃料电池。

10-34　图 10-13 为 H&B 公司 Uras14 型多组分分析仪内部气路图，请说明其结构型式和工作原理。

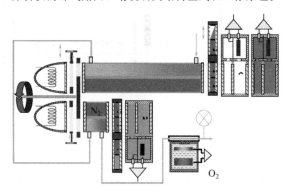

图 10-13　Uras14 型多组分分析仪内部气路图

答：Uras14 型多组分分析仪中有两个红外分析模块和一个氧分析模块，可测量三个红外吸收组分和氧的含量。

红外分析模块采用不分光红外吸收原理，双光路系统，薄膜电容检测器。检测器中的接收气室采用前、后气室串联布置，薄膜电容器位于接收气室的侧方。图的下部为单组分红外分析模块，上部为双组分红外分析模块。上部的双组分红外分析模块中有两套薄膜电容检测器，其两组接收气室串联连接在一起，分别接收不同辐射波段的红外光束，分析不同的组分。

在两个红外分析模块光路中各插入一个校准气室轮，校准气室中填充一定浓度的被测气体，产生相当于满量程标准气的气体吸收信号，可以不需要标准气就实现仪器的定时标定。标定时，传动电机将相应的校准气室送入光路，此时仪器的测量气室必须通高纯氮气。

氧分析模块的工作原理是电化学燃料电池。

10-35　如何测定烟气中的 NO_2 含量？

答：红外线气体分析仪只能测 NO 含量，而不能测 NO_2 含量。如果想用红外分析仪测定 NO_2 含量，则需增加一套转化装置，将 NO_2 转化成 NO，再用红外分析仪进行测量。

测量方法如下：烟气经两路（或两次）测量，一路测烟气中的 NO，另一路测经转化器转化后以 NO 计的 NO_2 和 NO 的总和，即 NO_x，则 $NO_2 = NO_x -$

NO，从而测得 NO、NO_2、NO_x 各自含量（NO_x 通常包括 NO 和 NO_2，即 $NO_x = NO + NO_2$）。

目前较多采用的转化反应为钼催化还原反应：

$$3NO_2 + Mo \xrightarrow{375 \pm 50\,^\circ C} 3NO + MoO_3$$

反应转化率 > 96%，钼催化剂经再生可反复使用，再生反应为：

$$3H_2 + MoO_3 \longrightarrow Mo + 3H_2O$$

当红外分析仪未配备转化器时，还可以根据经验方法推算出 NO_2 含量。NO_2 在中 NO_x 通常占 5% 左右，用红外分析仪测得 NO 含量，设 NO 在 NO_x 中占 95%，根据 $NO_2 = NO_x - NO$，可计算出 NO_2 的近似含量。

10.2.2　稀释抽取法连续监测系统

10-36　试述稀释采样原理。

答：稀释采样采用气流喷射泵（ejector pump）抽吸烟气，用干燥压缩空气作气流喷射源及稀释气，压缩空气主气流在喷射泵的一级喷嘴和二级喷嘴之间的空间内产生一个负压，此负压将烟道内的烟气经限流小孔抽入，并与主气流混合稀释后经管线输送至分析仪中。

经理论分析，当限流小孔满足临界条件，即限流小孔上游压力 $p_{上}$ 与下游压力 $p_{下}$ 满足下述关系时

$$p_{下} \leqslant 0.53 p_{上}$$

孔板达到临界状态，在临界状态下，流体通过孔板的流量被限制在声速，此时流过小孔的流量不再与小孔两侧的压差有关，体积流量保持为恒定值，其流量为

$$Q = CAp / \sqrt{T}$$

式中　Q——流过小孔的体积流量；

　　　C——比例常数；

　　　A——小孔的面积；

　　　p——烟气进入小孔处的压力；

　　　T——烟气的热力学温度。

限流小孔也称为声速孔、临界孔。稀释后气体的流量与流过小孔的烟气流量之比就是稀释采样的稀释比。显然，p 和 T 对 Q 有影响，高精度的稀释采样器必须修正烟气压力和温度变化对稀释比造成的影响。

10-37　什么是稀释比？如何选择稀释采样的稀释比？

答：稀释比是指稀释后气体的总流量与采样烟气流量之比，设稀释空气流量为 Q_1，采样烟气流量为 Q_2，则稀释比 r 为

$$r = (Q_1 + Q_2) / Q_2$$

通过调节稀释空气的压力（即调节其流量）可以调整稀释比 r，r 的范围可以从 12：1 到 350：1，通常多选择在 100：1 到 300：1 之间。

稀释比的选择应满足以下条件：（1）所用分析仪的量程；（2）保证在最低环境温度下气体管路不结露（根据最低环境温度和烟气湿度决定）。

10-38　图 10-14 是内置式稀释采样器（稀释采样探头）结构图。试述其中各部分的作用。

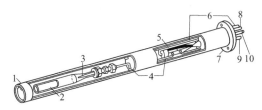

图 10-14　稀释采样探头结构图

1—粗网过滤器；2—石英毛细过滤器；3—限流小孔（Pyrex）；4—烟气样品管路；5—文丘里抽吸器；6—服务管路；7—法兰；8—稀释用压缩空气管路；9—真空管路；10—稀释后样品管路

答：稀释采样探头的所有部件装于耐热耐蚀的 Fe-Ni-Cr 合金钢（如 Inconel 600，Hastelloy C-276）筒中，通过安装法兰 7 固定于烟道中。筒的前端装有一粗网过滤器 1，可除去烟气中的大颗粒物。接着安装一带有前置细过滤器（石英毛细过滤器 2）的限流小孔 3，限流小孔 3 通过烟气样品管路 4 与文丘里抽吸器 5 相连。

稀释用压缩空气经管路 8 引入，稀释后的样气经管路 10 输送至分析仪。服务管路 6 的主要作用是将校准用标准气送至探头中，它还是反吹空气的引入管路，用以将过滤器 1 和 2 上的沉积物吹掉，另外，也可监视烟道中的压力。真空管路 9 的作用是用于监视采样探头中由气流喷射泵产生的局部真空度。

稀释探头采样系统需要一个探头控制器（图中未画出），其功能是：（1）向探头提供压缩空气，并监视其压力及喷射泵的真空度，以保持规定的稀释比；（2）向探头输送标准气，操纵分析仪进行零点及量程校准；（3）定时对探头进行反吹冲洗。

10-39　图 10-15 是外置式稀释采样器结构原理图，试述其采样过程。

答：烟气通过自循环泵吸入并返回烟道（自循环泵利用烟气和环境空气之间的压力差工作），烟气经惯性过滤器进入复合过滤器组件，过滤后的烟气通过声速限流孔进入喷射泵与稀释空气混合后，由样气导引管输入分析仪。仪器校准时，标准气由图中相应管路引入。临界状态监测管路与电子真空监测器相连，用以监视声速限流孔前的局部真空度。

10-40　稀释采样法测得的气态污染物浓度为什么要进行换算？怎样换算？

答：稀释采样法测得的气态污染物浓度是经稀释

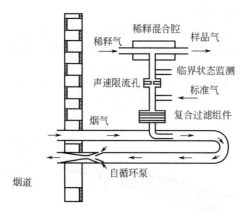

图 10-15 外置式稀释采样器结构原理图

后的湿烟气中的含量,而我国环保法规要求监测干烟气中的含量,所以,对其测量值要进行换算,换算方法如下。

(1) 稀释比换算 即将稀释后的含量换算为未经稀释时的含量,公式如下:

$$C_W = C'_W r$$

式中 C_W——湿烟气中污染物浓度值;

C'_W——湿烟气稀释后的污染物浓度值;

r——稀释比。

(2) 湿烟气浓度换算 即将湿烟气中污染物浓度值换算为干烟气中污染物浓度值,公式如下:

$$C_d = C_W / (1 - X_{SW})$$

式中 C_d——干烟气中污染物浓度值;

X_{SW}——烟气湿度(水分含量),%V。

10-41 试述紫外荧光法 SO_2 分析仪测量原理。

答:荧光属于分子的光致发光现象。处于基态的分子在吸收适当能量的光后,其价电子从成键分子轨道或非键轨道跃迁到反键分子轨道上去,成为激发态分子,激发态不稳定,会很快衰变到基态,激发态在返回到基态时伴随着光子的辐射,所产生的光称之为荧光。

紫外荧光法 SO_2 分析仪测量原理是用紫外光(190~230nm)激发 SO_2 分子,处于激发态的 SO_2 分子返回基态时发出荧光(240~420nm),所发出的荧光强度与 SO_2 浓度呈线性关系,从而测出 SO_2 浓度。反应式如下:

紫外激发反应 $\quad SO_2 + h\nu \xrightarrow{190\sim230nm} SO_2^*$

发射荧光反应 $\quad SO_2^* \xrightarrow{240\sim420nm} SO_2 + h\nu$

在一定的紫外激发光波长和一定的荧光发射光波长下,测得的荧光强度可表示为:

$$I_f = 2.303 \Phi_f I_0 \varepsilon c b$$

式中 I_f——荧光光强;

I_0——激发光光强;

Φ_f——荧光光量子产率;

ε——SO_2 摩尔吸光系数;

c——SO_2 摩尔分数;

b——吸收光路长度。

只要浓度不是太大($\varepsilon c b < 0.05$),则荧光强度与样品池中发光物质的浓度成正比,用光电倍增管测出荧光光强,即可得到待测样气中的 SO_2 浓度。

紫外荧光法 SO_2 分析仪测量原理示于图 10-16,紫外光源发射的紫外光经光源滤光片(又称激发光滤光片,光谱中心 220nm)进入反应室,SO_2 分子在此产生荧光反应,发出的荧光经第二滤光片(又称荧光滤光片,光谱中心 330nm)投射到光电倍增管上,光电倍增管把荧光强度信号转变为电信号,经放大处理后指示记录。

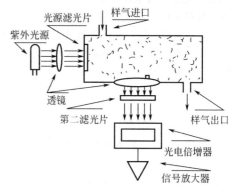

图 10-16 紫外荧光法 SO_2 分析仪测量原理图

10-42 图 10-17 是紫外荧光法 SO_2 分析仪的气路结构图,试说明其分析流程。

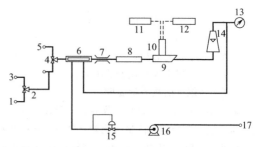

图 10-17 紫外荧光法 SO_2 分析仪气路结构图
1—零点气入口;2、4—三通电磁阀;3—量程气入口;5—样品气入口;6—渗透膜除湿器;7—毛细管;8—芳烃切割器;9—荧光反应室;10—光电倍增管;11—信号处理器;12—电源;13—真空压力表;14—流量计;15—真空调节阀;16—抽气泵;17—排气口

答:烟气样品经过滤除尘后通过采样电磁阀进入仪器,首先进入渗透膜除湿器的内管,将烟气中的水分除去,除湿后的样品再经芳烃切割器除去烃类,然后进入荧光反应室。反应后的干燥样气再通入渗透膜除湿器的外管,吸收水分后由泵排出仪器。当仪器进

行校准时，零点气及量程气经相应电磁阀切换进入仪器。

紫外荧光法 SO_2 分析仪的主要干扰物质是水分及芳烃类有机物，SO_2 遇水会产生荧光猝灭反应，造成负误差；某些芳烃类化合物在 190～230nm 紫外光的激发下也会发射荧光，造成正误差，所以必须除去。

10-43 试述紫外荧光法 SO_2 分析仪的主要性能指标。

答：紫外荧光法 SO_2 分析仪有多挡量程，如 0～0.1，0.2，0.5，1，2，5，10ppm 等。最低检出浓度 $1×10^{-9}$，响应时间 < 2min，精度优于 ±1%。

该分析仪已被国家环保局认可，是目前测定空气中 SO_2 较广泛使用的仪器。测烟道气中 SO_2 含量需采用稀释采样法，以适应该仪器量程。

10-44 试根据图 10-18 叙述化学发光法 NO_x 分析仪测量原理。

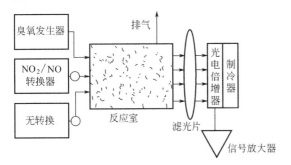

图 10-18　化学发光法 NO_x 分析仪测量原理图

答：化学发光是指化合物吸收化学能后，被激发到激发态，在由激发态返回至基态时，以光量子的形式释放能量。测量发光强度对物质进行分析测定的方法称为化学发光法。化学发光法测定浓度的过程分为两个步骤。

（1）测定 NO 浓度　NO 和 O_3 发生化学发光反应产生激发态 NO_2^*，NO_2^* 返回基态 NO_2 时发出一定能量的光，发光强度与 NO 浓度呈线性关系，从而测知 NO 含量。其反应式为

$$NO + O_3 \longrightarrow NO_2^* + O_2$$
$$NO_2^* \longrightarrow NO_2 + h\nu$$

该反应的发射光谱在 600～3200 nm 范围内，最强发光强度（光谱中心）在 1200nm（处于近红外光谱区）。

大气中 NO 反应产物的发光强度可用下式表示：

$$I = k × \frac{[NO][O_3]}{[M]}$$

式中　I——发光强度；

　　　$[NO]$——一氧化氮浓度；

　　　$[O_3]$——臭氧浓度；

$[M]$——参与反应的第三种物质浓度，通常是空气；

k——与化学发光反应温度有关的常数。

如果臭氧是过量的，M 是恒定的，则 I 与 $[NO]$ 成正比。

（2）测定 NO_x 和 NO_2 浓度　NO_x 通常包括 NO 和 NO_2，即 $NO_x = NO + NO_2$。测定 NO_2 时，首先将其定量转化成 NO，再利用 NO 与 O_3 的化学发光反应进行测定。目前较多采用的转化反应为钼催化还原反应：

$$3NO_2 + Mo \xrightarrow{375±50℃} 3NO + MoO_3$$

反应转化率 > 96%，钼催化剂经再生可反复使用，再生反应为：

$$3H_2 + MoO_3 \longrightarrow Mo + 3H_2O$$

烟气经两路测量。一路测烟气中的 NO，另一路测以 NO 计的 NO_2 和 NO 的总和，即 NO_x，则 $NO_2 = NO_x - NO$，从而测得 NO、NO_2、NO_x 各自含量。

10-45 图 10-19 是化学发光法 NO_x 分析仪结构原理图，试叙述其测量过程和各部分的作用。

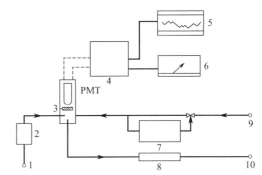

图 10-19　化学发光法 NO_x 分析仪结构原理图

1—干燥空气；2—O_3 发生器；3—反应室；4—电子线路；
5—记录仪；6—指示表；7—转换器；8—洗涤器；
9—样品气；10—废气

答：干燥空气进入 O_3 反应器，在此空气中的 O_2 在高压（7000V）电弧放电作用下形成 O_3，恒定流量的 O_3 再进入反应室。同时，将稳定流量的烟气样品导入反应室。为了使气体有效混合，反应室的进气管路设计成套管式，样气走内管，O_3 走外管，在反应室进口处，样气总是被过量的 O_3 所包围。在反应室中 O_3 与 NO 产生化学发光反应，所发出的光由光电倍增管（PMT）检出，经放大后指示记录 NO 浓度。

在样气流路上设有切换阀，可使样气经转换器再进入反应室，在钼转换中 NO_x（$NO + NO_2$）全部转换成 NO，因此，样气经过转换后实际测定的是 NO_x 浓度值，指示记录 NO_x 浓度。前后两次测定的结果经减法器运算，$NO_x - NO = NO_2$，指示记录 NO_2

浓度。

反应后的废气（含过量 O_3）经洗涤器除去 O_3 后由抽气泵排出。

为了降低光电倍增管的暗电流和噪声，提高信噪比，倍增管应在低温下工作，通常装有半导体制冷器。

10-46 试述化学发光法 NO_x 分析仪的主要性能指标。

答：化学发光法 NO_x 分析仪测量范围大多在 $0\sim$ 5000ppm 之间，分多挡量程。环境空气质量监测和稀释采样法烟气监测所用的化学发光法 NO_x 分析仪测量范围则在 $0\sim10$ppm 之间，也分为多挡量程，如 $0\sim0.1$，0.2，0.5，1，2，5，10ppm 等，最低检出浓度 1ppb，响应时间 <2min，精度优于 $\pm1\%$。

该分析仪已被国家环保局认可，是目前测定空气中 NO_x 较广泛使用的仪器。测烟道气中 NO_x 含量需采用稀释采样法，以适应该仪器量程。

10.2.3 直接测量法连续监测系统

10-47 试述采用直接测量法的紫外吸收法烟气监测仪的构成和工作原理。

答：紫外光谱扫描吸收法烟气监测仪安装在烟道上，探头插入烟道中。它由测试分析仪、现场工控机、净化空气吹扫系统等部分组成，见图 10-20。测试分析仪完成 SO_2、NO、烟尘浓度测量，经过 RS-232 口传至现场工控机，进行数据采集、处理、存储。净化空气吹扫系统向测试仪探头中不断吹扫，以保持测试仪探头中镜片的清洁。

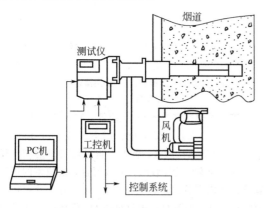

图 10-20　紫外吸收法烟气监测仪系统构成图

测试分析仪的光学系统主要由发射和接收两大部分组成，包括光源、透镜、角反射器、狭缝和多通道光谱仪等。光源发出的光经过透镜直接射入烟道中，通过烟气吸收后经角反射器返回，由狭缝进入光谱仪，由光栅分光，在光栅色散焦平面由光二极管阵列检测器 CCD 接收。光学系统见图 10-21。

考虑到烟气温度很高，而且有 SO_2 等腐蚀性很

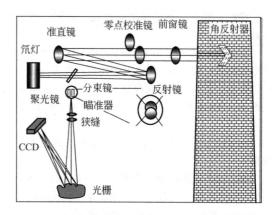

图 10-21　紫外吸收法烟气监测仪光学系统示意图

强的气体成分，所以插入式探头的气体通道包括测量槽及有关配件，均采用不锈钢、透紫外光的石英玻璃材料制作，气体通道上的光学元件和密封元件均耐高温。

光源发出的宽带紫外光束经石英聚光透镜后，由反射镜反射到准直透镜，通过前窗镜照射到探头后端的角反射镜上，探头前窗镜上装有透光波段 $200\sim$ 250nm 的紫外滤光片。角反射镜的反射光按原光路返回到光分束镜上，然后经过瞄准器照射到光谱仪的入射狭缝上，通过光栅色散形成光谱。高灵敏度光二极管阵列检测器 CCD 将光信号转变为电信号，CCD 检测器输出的信号经前置放大器放大后，送入高速信号采集 A/D 和 CPU 处理单元，采用适当的算法对其进行处理得到 SO_2、NO_x、烟尘浓度、烟气温度等信息。

SO_2、NO_x 的测量基于朗伯-比耳定律，选择波段在 $200\sim320$nm 的紫外光作光源，在此波段内水分子和其他气体分子几乎没有吸收。烟气中主要吸收气体分布见图 10-22，SO_2、NO_x 的浓度计算是通过图中吸收峰面积的积分来进行的。

烟尘只对整条谱线起着衰减作用，若烟尘浓度太大，以致发出的光回不来，或衰减至一个极低的水平，吸收谱线不能分辨，此时这种测量方法就不适用了。

对烟尘的测量，仍是依据朗伯-比耳定律进行的，即对采集到的整条光谱进行分析，计算透过率。

10-48 试述采用直接测量法的红外吸收法烟气监测仪的工作原理。

答：图 10-23 是一种横穿烟道的红外吸收法烟气监测仪（法国 Oldham 6000 系列）原理示意图。图 10-24 是其主机外形图。

该仪器利用被测气体对红外线某一特定波长的吸收量来测量该种气体的浓度。吸收量与被测气体浓度和光线经过的路程成正比，为了保证测量精度要求烟道直径必须大于 0.5m。

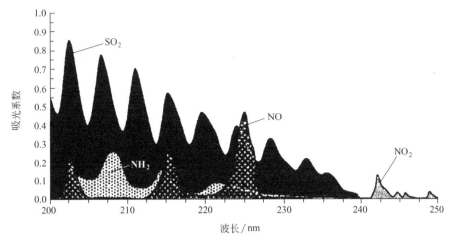

图 10-22　烟气中主要吸收气体分布

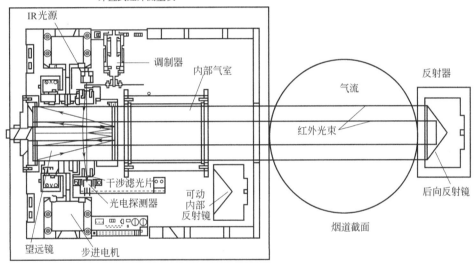

外置式红外测量仪

图 10-23　横穿烟道的红外吸收法烟气监测仪结构原理示意图

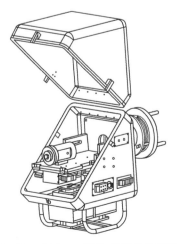

图 10-24　Oldham 6000 系列主机外形图

从红外光源发出的红外光束，经过切光频率900Hz调制，再利用望远镜头作准直处理后即成为工作光束；它穿过待测气流后，被后向反射镜反射回望远镜，再由望远镜将其聚焦到光电转换器上，窄带干涉滤光片置于光电转换器的前面作为气体传感器。光电转换器产生的电信号经过同步放大、解调及数字化处理后，再由计算机根据朗伯-比耳定律计算出相应的气体浓度和烟尘浓度。

该仪器最多可测量五种气体组分和烟气浓度，可测量的气体组分包括 SO_2、NO、NO_2、CO、CO_2、HCl、H_2O 等，测量 H_2O 的目的是补偿其对 SO_2 的干扰，并且使烟道内水分子含量的变化不对测量系统产生影响。仪器内光电转换器之前有一个气体传感器组件，即干涉滤光片轮，如图 10-25 所示。上面有 6 个气体传感器，每个传感器上各装有测量滤光片和参考滤光片，步进电机按系统设置的顺序和间隔转动，每个传感器对应一种被测气体组分。用户可任选1～5种气体组分和烟尘进行测量。

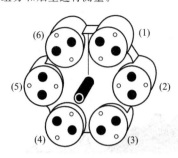

图 10-25　气体传感器组件

当测量某种气体组分时，步进电机将对应该组分吸收波段的两个窄带干涉滤光片依次置入光路，如图 10-26 所示。测量滤光片的作用是让待测组分吸收波段的能量完全通过，此时光电转换器测出的结果是该吸收波段的所有能量。而参考滤光片的作用是把该波段中待测组分特征吸收波长能量完全吸收，即不让这部分能量通过，其他波长的能量可以通过，因此光电转换器测出的结果是待测组分特征吸收波长以外的所有能量。此时，测量信号 Mes 对应于待测组分吸收波段内的透射光强，参考信号 Ref 对应于同一波段内不包括待测组分特征吸收波长的透射光强，此时，透射率 SR 计算方法如下：

$$SR=Mes/Ref$$

（应当说明，待测组分吸收波段内一般包含一至几个待测组分的特征吸收波长，它们之间并非连续分布。）

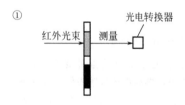

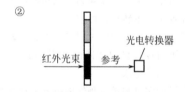

图 10-26　采用窄带干涉滤光片检测
吸收率的工作次序

由于测量结果是测量光束和参考光束信号强度的比值，而不是其绝对值，所以不管发光器件和接收器件是否有老化现象，测量结果都不会发生变化。

当待测组分和其他组分之间存在交叉干扰时，气体传感器采用如下组合形式：测量滤光片不动，参考滤光片改为测量滤光片＋修正气室（称为参考滤光器），修正气室内充入高浓度的待测组分气体。

6000 系列的零点校准是自动按用户设定的时间间隔进行的，主机内的可移动内部反射镜按设定的间隔自动移入光学系统内，使工作光束不能进入烟道而从主机内部的反射镜直接反射到光电检测器，此时分析仪的内部气室中充满纯净的氮气。

6000 系列的量程校准不定期手动进行，校准过程同零点校准，此时给内部气室输入所选成分的量程标准气。应该指出标准气体的浓度值和显示结果与烟道直径和内部气室长度之比有关。

烟道内颗粒物、水滴和水雾对吸光效应产生干扰，当烟道内的颗粒物浓度＞250mg/m³ 不宜采用该仪器进行测量。

10.3　烟气参数监测子系统

10-49　烟气参数检测子系统的监测项目有哪些？其作用是什么？

答：该系统监测项目有烟气流速、温度、压力（包括烟气静压和大气压力）、湿度、氧含量等。其作用是测量标准状态下的干烟气流量，以便计算排污总量。

根据烟气流速和烟道截面积可求得烟气实际流量，进行温度、压力、湿度修正后，可求得标准状态下（273K，101325Pa）干烟气流量，乘以烟尘、气态污染物浓度，可求出其排放率和累积排放量。再根据烟气氧含量求得实测空气过量系数，并折算成规定空气过量系数下的排放量。

10-50　国家环保标准规定的烟气流量测量方法有哪几种？测量范围和测量精度要求是多少？

答：有以下三种。

（1）压差法　用测速管流量计测量流量，它由皮托管（或均速管）测量元件和差压变送器组成。

（2）超声波法　用超声波流量计测量流量，根据超声波换能器安装方式有内置探头式和外置式两种结构型式。

（3）热传感法　用热平衡式质量流量计测量流量，简称热式质量流量计，根据探头上热传感元件的多少，有单点插入式和多点插入式两种。

烟气流量测量的本质上是对流速的测量，测量范围一般为 0～40m/s，测量精度要求为≤±3%，分辨率 0.1m/s，响应时间 1min。

在烟气流量连续监测方面，目前国际上一般采用压差法、超声波法、热传感法三种。这三种方法对测量烟道气均有较严格的要求，并须进行定期校核和维护。考虑到我国火电厂负荷波动大、烟气含尘量高、煤质波动大的现实情况，火电厂烟气流量连续监测应在成功试点和深入研究对比的基础上逐步推进。因此，HJ/T 75—2001《火电厂烟气排放连续监测技术规范》规定，火电厂烟气流量可以采用连续监测方法，也可以采用非连续监测方法。所谓非连续监测方法是指按 GB/T 16157—1996《固定污染源排气中颗粒物测定与气态污染物采样方法》规定的方法，手工测试烟气流量与电厂负荷变化相关曲线，并将其输入 CEMS 系统，由电厂负荷确定烟气流量，从而计算污染物排放总量。

10-51 试述压差式烟气流量计测量原理和优缺点。

答：测量原理：用皮托管、均速管测得烟气全压和静压，经差压计得到动压（动压＝全压－静压），动压的平方根和流量成正比。

优缺点：

（1）测量方法简单可靠；

（2）探头易于拔出和插入，维修方便；

（3）成本较低；

（4）皮托管只能测量某一点的流速，均速管可测几个点的平均流速；

（5）流量系数不易准，低微差压计稳定性较差，精度较低，因而测量精度不高（皮托管为±10%，均速管为±2.5%～±4%）；

（6）易受颗粒物堵塞，需频繁反吹清洁，维护量较大。

结论：价格便宜，精度不高，维护量较大，如资金有限可采用（推荐用均速管式）。

10-52 什么是流体的静压力、动压力和全压力？

答：当流体静止时，其中任意一点上的压力，不论在哪个方向上，其大小都是相同的，这个压力便是静压力。动压力是流体流动时所具有的动能，它的大小取决于流体的流速和密度。而非黏性流体的全压力，是其动压力和静压力之和。即

$$p_0 = p + \frac{1}{2}\rho v^2$$

式中 p_0——全压力，又称总压力；

  p——静压力；

  $\frac{1}{2}\rho v^2$——动压力（ρ 为流体密度，v 为流速）。

10-53 试述皮托管测量流量的原理。

答：标准型皮托管的结构如图 10-27 所示。它是一个弯成 90°的双层同心圆管，前端呈半圆形，正前方有一开孔，与内管相通，开孔正对着流体流向，用来测定全压。在距前端 6 倍直径处外管壁上开有一圈孔径为 1mm 的小孔，通至后端的侧出口，用于测定静压。然后将全压和静压力分别引入差压计中。

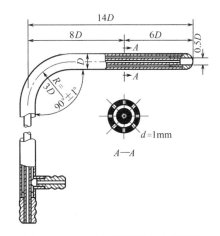

图 10-27 皮托管测量原理和结构图

根据公式

$$p_0 = p + \frac{1}{2}\rho v^2$$

所以差压

$$\Delta p = p_0 - p = \frac{1}{2}\rho v^2$$

$$v = \sqrt{\frac{2\Delta p}{\rho}}$$

知道了某一点的流速 v，就可以根据皮托管的测点位置和流体的流速分布规律，求出管道中的平均流速，再乘以管道截面积，便可以得出相应的流体流量。

10-54 试述 X 型皮托管流量计的结构原理和安装要求。

答：图 10-28 是测量烟道气时常用的 X 型皮托管，是由两根相同的金属管并联组成。测量端有方向相反的两个开口，测定时，面向气流的开口测得的压力为全压，背向气流的开口测得的压力为静压。

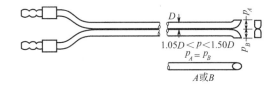

图 10-28 X 型皮托管结构图

X 型皮托管流量计主要由"X"型皮托管检测头、取压管保护套管、差压变送器、反吹控制阀等部件构成。测量时将皮托管流速计检测头插入管路中，并使全压和背压探头中心轴线处于过流断面中心且与流线方向一致，全压探头测孔正面应对来流，检测流体总压，并将其传递给差压变送器；同时背压探头测孔拾取节流静压并将其传递给变送器，变送器读取动、静压差值并将其转换成相应的流量比例电流（4～

20mA）传送给显示仪表或计算机进行数据处理。皮托管内外表面均做了特殊处理，可有效避免烟气腐蚀并减少粉尘黏附。电磁阀主要用于脏污气体（如锅炉排放的烟气）测量时系统反吹：当探头检测孔黏附、积淀灰尘污物时，电磁阀定时或按预定程序开启，将压缩空气同时接入两个取压管进行吹除作业；正常测量时电磁阀则处于关断状态。

皮托管安装质量对其测量有较大影响，由于皮托管流量计是依据充满圆管的稳定流动流体理论进行工作的，因此选择测量点时应远离风机、阀门、弯头等易造成流态波动的元件，且测量点上游应有 $3D\sim5D$ 的直管段，以保证测量点处过流断面速度分布规律符合要求。

皮托管采用插入式安装，因此全压及背压取压管轴线必须和管道几何对称中心轴线共面，使得全压测孔正面应对来流。皮托管流量计在管线上的安装姿态为：插入保护管轴线垂直相交管道几何对称中心轴线，安装姿态不正确将引起皮托管仪表系数不确定度大大增加，安装前应测量好安装点的相关尺寸以便调整，使得皮托管安装符合要求。

10-55 什么是均速管流量计？试述其工作原理和构成。

答：均速管又称为阿牛巴管，它是皮托管的发展和变形。均速管流量计可测得管道直径上的平均流速，其工作原理是在垂直于流向的圆形或菱形管外壁的迎流面上，按一定规律开若干个小孔（见图10-29），以测量流体的全压（动压＋静压）；在背流面上开一个小孔，以测量流体的静压（见图10-30）。全压和静压分别引到差压变送器的高低压室，差压变送器的输出就表示流体流量。

图10-29 中均速管上 4 个测压孔的位置，可以有好几种方法确定。常用的是等面积法，就是将整个圆分成四个单元面积：两个半圆和两个半环，它们的面积彼此相等。然后根据速度分布规律求出每个面积内的等效流速 v_1、v_2，进而求得等效流速点的位置 y_1、y_2。也有的均速管上开有 6 个或更多开孔。

均速管流量计的流量计算公式和孔板流量计一样，流量和差压的平方根成正比。

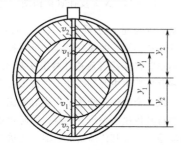

图 10-29 均速管流量计迎流面开孔图

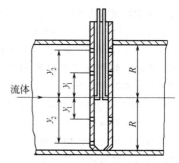

图 10-30 均速管流量计结构图

均速管由铜或不锈钢制成，通常有圆形管和菱形管两种。当流体流到均速管时，便在管的两边散开，并形成漩涡。圆形管的散开角（即分离点）变化较大，流量系数不稳，所以现在多采用菱形截面的均速管。

10-56 均速管和皮托管相比，有哪些异同？

答：均速管和皮托管一样，用流体的全压和静压的差值得到流体的动压，从而求得流体的流速和流量。但皮托管测的是一个点的流速，通常是测管道中心的流速，安装位置要求较严。而均速管是把管道截面分成几个区，测出每个区上的流速，最后加以平均而得流体的平均流速。由于全压孔是对称开的，这样可相互补偿，以克服流体分布中可能出现的不对称性，所以均速管流量计的流量系数比皮托管要稳定一些，精度相对要高一些。

皮托管和均速管流量计的优点是结构简单，价格低廉，压力损失小，安装维护方便，配上合适的阀门，可以在工艺系统运行过程中插入或拔出管道。特别是对大管道的流量测量中，这些优点更加突出，因为其他大管道流量计价格都很贵，且安装麻烦。

皮托管和均速管流量计的缺点是精度较低，流量系数不易求准，分散性很大，且要求流体清洁，否则容易把测压孔堵塞，测量烟气流量时须频繁反吹清扫。另外，皮托管和均速管流量计的差压很小，属低差压和微差压范围，而差压低微的变送器相对来说稳定性较差，精度也较低。

10-57 试述热平衡式质量流量计测量原理和优缺点。

答：测量原理：利用传热原理测量质量流量，它有两个铂电阻温度传感器 R_p、R_t，R_p 被加热用以测流速，R_t 测烟气温度作为参比温度。烟气流过 R_p 时带走的热量与流速和 R_p 阻值变化成比例，利用惠斯通电桥反馈电路控制 R_p 的加热功率，保持 R_p 与 R_t 之间温差恒定，则加热功率（电压或电流）与烟气的质量流量成函数关系。

优缺点：

（1）测量方法简单可靠，精度较高（$\pm1\%\sim\pm3\%$）；

（2）探头为自洁式（自动清灰），不需要反吹，但热电阻需要定期清洗；

（3）探头为插入式，易于拔出和插入，维修方便；

（4）单点式只能测点流速，多点式（又称热均速管）可测平均流速；

（5）价格适中；

（6）测量精度随热敏电阻使用时间和性能变化而变化。

结论：价格适中，精度较高，维护量小，推荐采用。

10-58 试述热平衡式质量流量计测量原理。

答：KURZ 公司热平衡式质量流量计测量原理如图 10-31 所示。

KURZ 热式流量计利用传热原理测量烟气流量。它由两个铂电阻温度传感器，一个是烟气流速传感器 R_p，一个是烟气温度传感器 R_t，分别连接在惠斯通电桥中。R_p 作为测量臂被加热至温度 T_1，R_t 作为参比臂测得烟气温度 T_2，室温下 $T_1 - T_2 = \Delta T = 55℃$。

当工作时，烟气流过 R_p，带走的热量与流速和 R_p 阻值变化成比例。为保持桥路平衡，通过反馈电路改变 R_p 的加热功率，则加热功率 p、温差 ΔT、烟气质量流量 q_m 之间有下述关系：

$$p = (B + C q_m^k) \Delta T$$

$$C q_m^k = \frac{p}{\Delta T} - B$$

$$q_m = \sqrt[k]{\frac{(p/\Delta T) - B}{C}}$$

式中　p——加热功率；

ΔT——R_p 与 R_t 之间的温差，通过调整 p 使其保持恒定；

B——与实际流动有关的常数；

C——与所测气体物性如热导率、比热容、黏度有关的常数；

k——常数（在 $1/2 \sim 1/3$ 之间）；

q_m——质量流量，$q_m = \rho q_v$，ρ 为密度，q_v 为体积流量。

10-59 试述热平衡式质量流量计的主要性能指标。

答：以 KURZ 公司 454FT 插入式单点热式质量流量计为例，其主要性能指标如下。

测量原理　热平衡法；

烟气流速　$0 \sim 90 m/s$；

烟气温度　$-40 \sim +200℃$；$-40 \sim +500℃$；

烟气压力　$< 2.0 MPa$；

流速测量精度　烟气温度 $-40 \sim +125℃$ 时为 $\pm 1\%$；

　　　　　　　烟气温度 $0 \sim 200℃$ 时为 $\pm 2\%$；

　　　　　　　烟气温度 $0 \sim 500℃$ 时为 $\pm 3\%$；

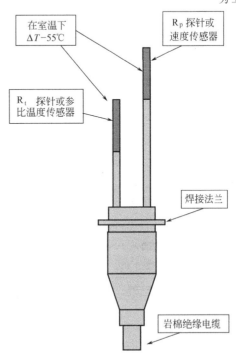

图 10-31　KURZ 热平衡式质量流量计测量原理

重复性误差　±0.25％FS；

响应时间　3s；

供电　24V DC 或 230V AC；功耗　15W；

输出信号　4～20mA，继电器接点；

吹扫空气　不需要。

10-60　什么是热式均速管流量计？

答：热式均速管流量计实际上就是多点式热质量流量计。图 10-32 所示是热式均速管流量计在圆形管道和矩形管道上的安装形式，各有单端插入式和双端插入式两种插入方式。每一根插入杆上可配置不同数目的热丝感测元件，热丝感测元件的位置坐标按速度面积法确定。所谓速度面积法是测量管道某横截面上多个局部流速，通过在该横截面上的速度面积的积分来推算流量的方法。

从图中可以看出，热式均速管流量计可以按照管道内流速分布图形配置感测元件的数目与位置，按速度面积法精确地测量复杂的速度分布畸变的流量，特别适合于大型烟道烟气流量的测量，加之其结构简单、安装和维修方便、压力损失小、校验费用低廉（只需校验测量头）、测量精度高（可达±1％R），因而在国外 CEMS 的烟气流量监测中得到了较为广泛的应用，是一种很有发展前途的烟气流量计。

10-61　试述超声波式烟气流量计测量原理和优缺点。

答：测量原理：超声波在烟气中的传播速度，顺流方向和逆流方向是不一样的，其传播的时间差与流速成正比。测得发射器和接受器在两个方向的传播时间差即可求得流速。

优缺点：

（1）测量方法简单可靠，精度较高（±0.2m/s）；

（2）内置探头式可自洁，无需吹扫，外置式则需吹扫；

（3）超声波换能器不耐高温，烟气温度一般不能超过 220℃；

（4）安装要求严格，工作量大；

（5）价格较贵。

结论：运行稳定，精度较高，维护量小，但价格较贵，如资金充裕可选用（建议用内置探头式）。

10-62　什么是超声换能器？它是怎样工作的？

答：超声波流量计的传感器称为超声换能器。它主要由传感元件、声楔等组成。换能器有两种，一种是发射换能器，另一种是接收换能器。发射换能器利用压电材料的逆压电效应，将电路产生的发射信号加到压电晶片上，使其产生振动，发出超声波，所以是电能和声能的转换器件。接收换能器利用的是压电效应，将接收到的声波，经压电晶片转换为电能，所以是声能和电能的转换器件。

发射换能器和接收换能器是可逆的，即同一换能器，既可以作发射用，也可以作接收用，由控制系统的开关脉冲来实现。

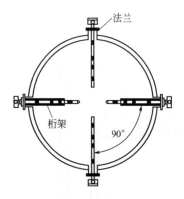

(a) 圆形管道热式均速管流量计
（单端插入式）

(b) 圆形管道热式均速管流量计
（双端插入式）

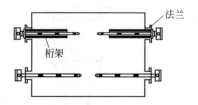

(c) 矩形管道热式均速管流量计
（单端插入式）

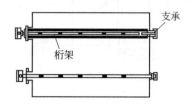

(d) 矩形管道热式均速管流量计
（双端插入式）

图 10-32　热式均速管流量计在圆形管道和矩形管道上的安装形式

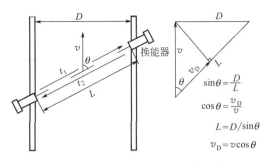

图 10-33 超声波传输时间差法测量原理

10-63 请导出时差法超声波流量计测量流体流速的公式。

答：如图 10-33 所示，超声波在顺流方向传播的时间 t_1 为

$$t_1 = \frac{L}{c + v_P} = \frac{D/\sin\theta}{c + v\cos\theta} \tag{10-1}$$

超声波在逆流方向传播的时间 t_2 为

$$t_2 = \frac{L}{c - v_P} = \frac{D/\sin\theta}{c - v\cos\theta} \tag{10-2}$$

式中　D——管道内径；

L——超声波声程，$L = D/\sin\theta$；

c——静止流体中的声速；

v——管道内流体流速；

v_P——流体流速 v 在声道方向上的速度分量，$v_P = v\cos\theta$；

θ——超声波传播方向和流体流动方向的夹角。

由式（10-1）、式（10-2）可得：

$$c = \frac{D/\sin\theta}{t_1} - v\cos\theta \tag{10-3}$$

$$c = \frac{D/\sin\theta}{t_2} + v\cos\theta \tag{10-4}$$

由式（10-3）和式（10-4）可得：

$$\frac{D/\sin\theta}{t_1} - v\cos\theta = \frac{D/\sin\theta}{t_2} + v\cos\theta \tag{10-5}$$

$$v = \frac{D(t_2 - t_1)}{2t_1 t_2 \sin\theta\cos\theta} = \frac{D(t_2 - t_1)}{t_1 t_2 \sin 2\theta} \tag{10-6}$$

由于 $\theta = 45°$，$2\theta = 90°$，所以 $\sin 2\theta = 1$，则式（10-6）可化为：

$$v = \frac{D(t_2 - t_1)}{t_1 t_2} \tag{10-7}$$

式（10-7）就是时差法超声波流量计测量流体流速的公式。

10-64 什么是超声波换能器的夹装式安装？什么是湿式安装？测量烟气流量时应采用哪种安装方式？

答：夹装式安装是指用夹装件把换能器固定在测量管道的外壁上，测量时声波透过管壁传到被测气体。

湿式安装是指换能器直接和介质接触，所以也称直射式安装。这种安装方式的换能器通常和一段短管制成一体，短管的两端有法兰，安装时通过法兰和测量管道连接。湿式安装也指在测量管道上开孔，将换能器直接穿插在孔内。对不好开孔的混凝土管道（如垂直烟筒），可将换能器固定在管道内壁上，其信号通过电缆引至管道外。

测量烟气流量时应采用湿式安装，而不能采用夹装式安装。因为固体管道和被测气体的密度相差太大，声波在管道壁中的传播速度远大于在气体中的传播速度，声波经过管壁折射后，已无法满足测量要求，所以，测量气体流量时不能采用夹装式超声波流量计。

10-65 超声波流量计的示值和被测介质的温度、压力有无关系？

答：声音在被测介质中的传播速度和被测介质的温度、压力有关。温度越高，压力越大，声音传播得越快，反之则越慢。其中声速受温度的影响较大，且声速的温度系数不是常数。

但是，在超声波流量计的结构和电路内，都有实时温度、压力自动补偿。当被测流体的温度、压力变化时，对流量计的指示影响很小，故可以看作对测量示值不起影响。

10-66 什么是探头式超声波流量计？它有何优点？

答：在烟气流量的检测中，目前国外应用较为普遍的超声波流量计有两种，一种是外装式，即经典的超声波流量计，需要在烟道上按 45°角开两个孔。另一种是内置探头式，只需在烟道上按 45°角开一个孔。其结构和安装见图 10-34、图 10-35。

探头式超声波流量计的两个超声换能器固定在一个支撑臂上，此支撑臂不阻挡检测气流，安装方式与外装式相同，与烟道气流成 45°角。与外装式相比，具有价格低，安装简单，清洁方便，不需要反吹装置等优点，在烟气流量测量中有较广阔的应用前景。

探头式超声波流量计仅能测得烟道内某一点的流速，须根据烟气流速分布通过计算求得烟道内的平均流速。

10-67 试述探头式超声波流量计的主要性能指标。

答：以 SICK 公司 FLOWSIC107 内置探头式超

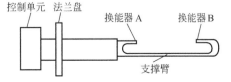

图 10-34　探头式超声波流量计结构图

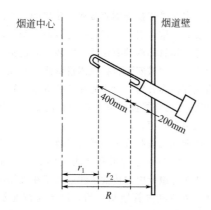

图 10-35 探头式超声波流量计安装示意图

R—烟道半径；r_1—烟道中心至第一个换能器的距离；

r_2—烟道中心至第二个换能器的距离

声波流量计为例，其主要性能指标如下。

测量原理 超声波时差法；

测量范围 $0 \sim 40 \text{m/s}$；

测量精度 $< \pm 0.2 \text{m/s}$；

烟气温度 $0 \sim 220 \text{℃}$；

烟气压力 $-0.9 \sim +2 \times 10^{-5} \text{Pa}$；

声程长度 0.3m；

探头安装角度 $45°$；

供电 $180 \sim 240 \text{V AC}$；

输出信号 $4 \sim 20 \text{mA}$，继电器接点，RS-232 或 RS-422；

吹扫空气 不需要。

10-68 烟气温度如何测量？

答：烟气温度可用铠装热电偶（或铠装热电阻）测量，测量范围 $0 \sim 300 \text{℃}$，示值偏差要求 $\leqslant \pm 3 \text{℃}$。测量位置应选择在烟气温度损失最小的地方，主要是指烟道上不漏风的地方，考虑到烟气与烟道壁之间存在热交换，因此测量点不能紧靠烟道壁，通常应距烟道壁 20cm 以上。

10-69 烟气静压和大气压力如何测量？

答：烟气静压和大气压力可用压力变送器测量。烟气静压测量范围为 $0 \sim 4 \text{kPa}$（G），测量精度要求 $\leqslant \pm 3 \%$；大气压力测量范围为 $0 \sim 120 \text{kPa}$（A），测量精度要求 $\leqslant \pm 2 \%$。

大气压力也可根据当地气象站给出的上月或上年平均值，并根据测点与气象站不同标高，按每 $\pm 10 \text{m}$，大气压干110Pa输入 CEMS 系统。

10-70 烟气湿度如何测量？

答：烟气湿度（水分含量）可采用以下方法测量。

（1）红外吸收法 通过测量对水较敏感波长的红外线吸收量，测定烟气中的水分含量。

（2）测氧计算法 用氧分析仪测定除湿前后烟气中含氧量，利用含氧量差值计算烟气中水分含量。

（3）湿敏电容法 电容器两极间的介质中含有水分时，改变介质的介电常数值，从而导致电容量的变化，该变化与介质的含水量有线性关系。

烟气湿度测量范围为 $0 \sim 20 \%$，测量精度要求 $\leqslant \pm 10 \%$。

上述烟气湿度在线测量方法实施中或多或少存在一定问题，目前多采用手工测定方法，即按 GB/T 16157《固定污染源排气中颗粒物测定与气态污染物采样方法》第 5.2 条，选用重量法、冷凝法、干湿球法中一种方法测定，取平均值输入 CEMS 系统中。

10-71 为什么要测量烟气氧含量？如何测量？

答：测量烟气氧含量主要是为了计算排放物的真实含量，防止过量空气对烟道气稀释造成烟尘和气态污染物浓度降低。此外，测量烟气氧含量还可以更好地控制燃烧过程，提高燃料的利用率，检查锅炉和管路的漏风率。

烟气氧含量可以用氧化锆氧分析仪直接测量，也可以采用多组分析仪和气态污染物一起测量。后者用在直接抽取采样法中，在红外分析仪中增加一个氧测量模块（电化学或磁力机械式氧检测器），即可同时测量烟气中的气态污染物和氧的含量。

烟气氧含量测量范围：$0 \sim 25 \%$，测量精度：$\leqslant \pm 1.5 \%$，响应时间：$\leqslant 30 \text{s}$。

10.4 烟气流量和排放量计算

10-72 试述烟气流量计算公式。

答：烟气流量计算可以分为两步进行。

（1）计算工况下的湿烟气流量

$$Q_S = 3600 A \overline{V}$$

式中 Q_S——工况下的湿烟气流量，m^3/h；

A——监测孔处烟道截面积，m^2；

$\overline{V}$——监测孔处烟道截面湿烟气平均流速，m/s。

（2）计算标准状态下干烟气流量

$$Q_{SN} = Q_S \times \frac{p_A + p_S}{101300} \times \frac{273}{273 + t_S}(1 - X_{SW})$$

式中 Q_{SN}——标准状态下干烟气流量，m^3/h；

p_A——大气压力，Pa；

p_S——烟气静压，Pa；

t_S——烟气温度，℃；

X_{SW}——烟气湿度（水分含量，$\%\text{V/V}$）。

10-73 解释下列名词：点流速、线流速、最大流速、平均流速。

答：点流速 烟气过流断面上某一点的流速。

最大流速 烟道过流断面中心的点流速。

线流速　沿烟道过流断面直径方向测得的平均流速。

平均流速　整个烟道过流断面积上的平均流速。应当注意，线流速不等于平均流速，不可把两者混为一谈或等同对待。

点流速、最大流速、线流速、平均流速之间的关系及其相互转换与流体性质，可参见《仪表工试题集·现场仪表分册》题 3-218、219、220、221。

10-74　皮托管、均速管、热质量和超声波流量计测得的烟气流速各是什么流速？

答：皮托管、单点热式质量流量计测得的烟气流速是点流速，当测量点位于烟道中心时，则是最大流速。

均速管、多点热式质量流量计测得的烟气流速是几个点流速的平均值，可以近似看作烟道直径上的线流速。

外置式超声波流量计测得的烟气流速是声道传输方向上的平均流速，当声道横跨烟道并通过烟道中心点时，可近似看作是线流速。内置探头式超声流量计测得的烟气流速是点流速。

10-75　如何求得烟气的平均流速？

答：烟气平均流速计算公式如下：

$$\overline{V} = \xi V$$

式中　$\overline{V}$——平均流速；

　　　ξ——过流断面流速分布系数；

　　　V——烟气流量计测得的点流速或线流速。

流速分布系数是点流速、线流速与平均流速之间的转换系数，与流体性质、流动状态（层流、紊流）、雷诺数、管道粗糙度等因素有关。一般由仪表使用说明书给出，也可根据有关图表、公式计算得出。

10-76　烟气污染物排放量如何计算？

答：按以下公式计算。

（1）小时排放量

$$G_h = \overline{c} Q_{SN} \times 10^{-6}$$

式中　G_h——小时排放量，kg/h；

　　　$\overline{c}$——烟尘或气态污染物小时平均浓度，mg/m^3；

　　　Q_{SN}——标准状态下干烟气小时平均流量，m^3/h。

（2）日排放量

$$G_d = \sum_{i=1}^{24} G_{hi} \times 10^{-3}$$

式中　G_d——日排放量，t/d；

　　　G_{hi}——该天中第 i 小时排放量。

（3）依此类推，可计算月排放量和年排放量（按日排放量累计计算）。

10-77　当气态污染物的浓度单位为 ppmV 时，如何将其换算为标准状态（0℃，101.325kPa）下的 mg/m^3？反之如何换算？

答：气态污染物的浓度单位换算如下：

SO_2：　　$1ppmV = \dfrac{64}{22.4} mg/m^3 = 2.86 mg/m^3$

　　　　　　$1mg/m^3 = 0.35 ppmV$

NO：　　$1ppmV = \dfrac{30}{22.4} mg/m^3 = 1.34 mg/m^3$

　　　　　　$1mg/m^3 = 0.75 ppmV$

NO_2：　　$1ppmV = \dfrac{46}{22.4} mg/m^3 = 2.05 mg/m^3$

　　　　　　$1mg/m^3 = 0.49 ppmV$

我国环保法规规定，NO_x 浓度以 NO_2 计，则：

NO_x：　　$1ppmV = 2.05 mg/m^3$

　　　　　　$1mg/m^3 = 0.49 ppmV$

10-78　什么是过量空气系数？

答：燃料燃烧时，实际空气供给量与理论空气需要量的比值称为过量空气系数，用希腊文字母 α 表示。过量空气系数计算公式如下：

$$\alpha = \frac{21}{21 - X_{O_2}}$$

式中　α——烟道实测的过量空气系数；

　　　X_{O_2}——烟气中氧的体积百分含量。

10-79　如何对烟气排放污染物浓度进行过量空气系数折算？

答：国家环保标准规定，实测的烟尘、气态污染物排放浓度，必须按 GB/T 16157 的规定进行过量空气系数折算，折算公式如下：

$$\overline{c} = \overline{c}'(\alpha/\alpha_S)$$

式中　$\overline{c}$——折算后的小时平均排放浓度，mg/m^3；

　　　$\overline{c}'$——实测的小时平均排放浓度，mg/m^3；

　　　α——实测的过量空气系数；

　　　α_S——规定的过量空气系数，对于燃煤锅炉 $\alpha_S = 1.4$，对于燃油燃气锅炉 $\alpha_S = 1.2$。

10-80　什么是数据有效率？

答：数据有效率是指 CEMS 的有效监测时间与电厂锅炉运行时间的百分比。我国标准规定数据有效率应≥80%。

10-81　什么是丢失数据？发生丢失数据时如何进行处理？

答：丢失数据是指由于 CEMS 故障等原因未能记录下应该连续监测的有效数据。发生丢失数据时的处理办法如下。

（1）HJ/T 75—2001《火电厂烟气排放连续监测技术规范》中按有效率处理的规定

当数据有效率≥80%时：

事故持续时间≤72h，取事故前 1h 和事故后 1h 监测值的平均值作为事故持续时间内的监测值；

事故持续时间＞72h，取事故前1h和事故后1h监测值的较大值作为事故持续时间内的监测值。

当数据有效率＜80％时：

事故持续时间＞0h，取事故前720h（对于SO_2）或2160h（对于NO_x）内单位小时监测值中的最大值作为事故持续时间内的监测值。

（2）HJ/T 76—2001《固定污染源排放烟气连续监测系统技术要求及检测方法》中规定

在CEMS系统达到规定的首次正常运行时间（720h）后缺失数据，按以下办法处理：

中断时间≤24h，取中断前1h和中断后1h监测值的平均值，作为中断持续时间内的监测值；

中断时间＞24h，取中断前720h内单位小时监测值中的最大值，作为中断持续时间内的监测值。

10.5 CEMS的系统认定

10-82 为什么必须建立CEMS的质量保证体系？CEMS的质量保证体系包括哪些内容？

答：CEMS系统的监测结果不同于一般意义上的测量数据，它是排放监督和排污收费的法定数据，为了保证CEMS系统监测结果的可靠性和准确性，保证CEMS系统监测数据的合法性和有效性，必须建立CEMS的质量保证体系。

CEMS的质量保证体系包括以下内容。

（1）技术认证 是指对CEMS供应商提供的某型号CEMS系统的基本技术参数进行认证，发给允许在特定范围内销售的许可证。

（2）系统认定 也称为验收测试，是指对某一工厂选购安装好的CEMS系统经过技术性能考核测试，符合国家有关标准，认可其监测结果的合法性。

（3）定期标定 也称为定期校验，是CEMS正常运转过程中的质量控制，包括系统各仪器设备自动定期标定和校验，管理员人工定期标定和校验。

10-83 CEMS系统认定如何进行？认定内容有哪些？

答：CEMS系统认定通常在CEMS安装调试完成以后投运之前进行，连续进行7天，认定内容如下。

（1）安装检验 检验监测孔和测量点的位置及系统安装是否符合标准要求。

（2）烟尘和气态污染物测量仪器校验 主要对零点漂移、量程漂移、相对准确度进行校验。

（3）烟气采样和预处理系统检验 包括采样管线泄漏检验、样品预处理部件处理效果检验等。

（4）系统控制器检验 包括工作时间、周期设置，自动、手动校准、反吹等控制功能检验。

（5）烟气温度、流量等测试设备的检验和校准

按设备的技术要求进行。

10-84 CEMS系统认定时，对烟尘和气态污染物测量仪器的具体指标要求是什么？

答：具体指标要求见表10-2、表10-3。

表10-2 烟尘和气态污染物测量仪器的认定要求
（HJ/T 75—2001《火电厂烟气排放连续监测技术规范》中的规定）

项　目	烟　尘	SO_2 和 NO_x
零点漂移（7天中的最大值）	±2％满量程	±2％满量程
量程漂移（7天中的最大值）	±5％满量程	±2.5％满量程
每天的相对准确度	相关系数≥0.90	相对准确度≤20％

表10-3 烟尘和气态污染物测量仪器的认定要求
（HJ/T 76—2001《固定污染源排放烟气连续监测系统技术要求及检测方法》中的规定）

项　目	烟　尘	SO_2 和 NO_x
零点漂移（7天中的最大值）	±2％满量程	±2.5％满量程
量程漂移（7天中的最大值）	±5％满量程	±2.5％满量程
每天的相对准确度	相关系数≥0.85	相对准确度≤15％

10-85 CEMS系统认定时，如何校验仪器的零点漂移和量程漂移？

答：（1）零点漂移 仪器通入零点气，待读数稳定后记录零点读数初始值Z_0，按调零键，仪器调零。24h后，再通入零点气，待读数稳定后记录零点读数Z_1，按调零键，仪器调零。重复第二天的操作，记录Z_i。连续操作7天，按下式计算零点漂移。

$$\Delta Z = Z_i - Z_0$$
$$Z_d = (\Delta Z_{max}/R) \times 100\%$$

式中 Z_0——零点读数初始值；

Z_i——第i次零点读数值；

Z_d——零点漂移；

ΔZ——零点漂移绝对误差；

ΔZ_{max}——零点漂移绝对误差最大值；

R——仪器满量程值。

（2）量程漂移 仪器通入50％～100％满量程标准气体，待读数稳定后记录标准气体初始测定值S_0，按校准键，校准仪器。24h后，再通入同一标准气体，待读数稳定后记录标准气体读数S_1，按校准键，校准仪器。重复第二天的操作，记录S_i。连续操作7天，按下式计算量程漂移。

$$\Delta S = S_i - S_0$$

$$S_d = (\Delta S_{max}/R) \times 100\%$$

式中　　S_0——量程值读数初始值；

$\quad\quad\quad S_i$——第 i 次量程值读数值；

$\quad\quad\quad S_d$——量程漂移；

$\quad\quad\quad \Delta S$——量程漂移绝对误差；

$\quad\quad\quad \Delta S_{max}$——量程漂移绝对误差最大值；

$\quad\quad\quad R$——仪器满量程值。

10-86　CEMS 系统认定时，如何校验仪器的相对准确度？

答：采用手工监测方法与 CEMS 监测结果进行对比，检验两者的一致性程度。手工监测和 CEMS 监测同步进行，连续进行 7 天，每天烟尘监测结果不少于 5 个数据对，气体监测结果不少于 9 个数据对。然后按照数理统计方法，计算每天手工监测和 CEMS 监测结果的相关系数（对于烟尘监测）和相对准确度

（对于气体监测）。

手工监测方法按以下标准进行：

GB/T 16157—1996《固定污染源排气中颗粒物测定与气态污染物采样方法》；

《空气与废气监测分析方法》（国家环保局编写，中国环境科学出版社，2003 年第四版）。

相关系数和相对准确度计算方法按以下标准进行：

HJ/T 76—2001《固定污染源排放烟气连续监测系统技术要求及检测方法》。

10-87　CEMS 定期标定如何进行？标定内容有哪些？

答：定期标定在 CEMS 系统认定后进行，一般每年进行一次，每次进行 24h，标定内容包括零点漂移、量程漂移、相对准确度等，方法同系统认定。

第3篇 液体分析仪

11. 工业 pH 计

11-1 什么是水的离子积？

答：纯水是一种弱电解质，它可以电离成氢离子与氢氧根，即

$$H_2O \Longleftrightarrow H^+ + OH^-$$

这是一个可逆反应，根据质量作用定律，水的电离常数 K 为：

$$K = \frac{[H^+][OH^-]}{[H_2O]} \tag{11-1}$$

式中 $[H^+]$、$[OH^-]$——氢离子、氢氧根的浓度，mol/L；

$[H_2O]$——未离解水的浓度，因水的电离度很小，$[H_2O] = 55.5 mol/L$。

K 在一定温度下是个常数，如 22℃时 $K = 1.8 \times 10^{-16}$，所以 $K[H_2O]$ 也是常数，称 $K[H_2O]$ 为水的离子积，以 K_{H_2O} 表示。在 22℃时

$$K_{H_2O} = 1.8 \times 10^{-16} \times 55.5 \approx 10^{-14} mol/L \tag{11-2}$$

式（11-2）的物理意义是：在一定的温度下，任何酸、碱、盐的水溶液在电离反应平衡时，溶液中的氢离子浓度与氢氧根浓度的乘积是一个常数。

水的离子积在 15～25℃ 范围内，因变化很小，通常认为是常数，即 $K_{H_2O} = 10^{-14} mol/L$。

11-2 pH 值是如何定义的？

答：对于纯水而言

$$K_{H_2O} = [H^+][OH^-] = 10^{-14} mol/L \tag{11-3}$$

由式（11-3）可得

$$[OH^-] = K_{H_2O} \times \frac{1}{[H^+]} = 10^{-14} \times \frac{1}{[H^+]} mol/L \tag{11-4}$$

式（11-4）表明，$[OH^-]$ 是 $[H^+]$ 的函数，而且与 $[H^+]$ 成反比，因此 $[OH^-]$ 常用 $[H^+]$ 来表示，$[H^+]$ 越大则 $[OH^-]$ 越小，反之亦然。所以，酸、碱、盐溶液都可以统一用氢离子浓度来表示溶液的酸碱度。

由于 $[H^+]$ 的绝对值很小，为了表示起来方便，常用 pH 值来表示氢离子的浓度。其表示式为：

$$p_cH = -lg[H^+] \tag{11-5}$$

式中 p_cH——用氢离子浓度表示的 pH 值；

H^+——氢离子的浓度；

$[H^+]$——氢离子摩尔浓度（量浓度），mol/L。

pH 值与 $[H^+]$ 的关系见图 11-1。

从图 11-1 可以看出，纯水为中性，纯水中氢离子和氢氧根的浓度都是 $10^{-7} mol/L$，即 $[H^+] = [OH^-] = \sqrt{K_{H_2O}} = 10^{-7} mol/L$。

为当在纯水中加入酸时，氢离子的浓度超过氢氧根的浓度，增加的程度取决于该酸的电离程度。相反，当溶液中加入碱时，氢氧根的浓度增加，增加的程度也取决于该碱的电离程度。

11-3 什么是离子的活度？离子的活度与离子的浓度之间有何关系？

答：在电解质溶液中，各离子都带有电荷。由于静电引力的作用，各离子周围都吸引着较多带有相反电荷的离子，相互牵制，使各离子不能自由地运动。这种存在于离子之间的力，影响了离子的活动性，降低了其导电性、化学反应能力等。溶液中存在的各种离子越多，其浓度越高，这种影响能力就越大，离子的有效活动能力就越小。

离子的活度是指离子在化学反应中起作用的有效浓度，它与离子总浓度的比率称为活度系数。

$$r = \frac{a}{c} \tag{11-6}$$

式中 r——活度系数；

a——离子的活度；

c——离子的浓度。

只有在极稀的强电解质溶液和不太浓的弱电解质溶液中，因离子间相距很远，可忽略其间的相互作用，视为理想溶液，这时 $r = 1$，即 $a = c$。

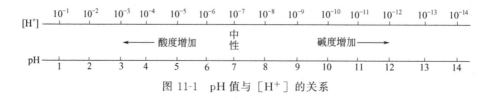

图 11-1 pH 值与 $[H^+]$ 的关系

氢离子的活度 a_{H^+} 可表示为：

$$a_{H^+} = r_{H^+}[H^+]$$

式中 r_{H^+} 为氢离子的活度系数。在稀溶液中 r_{H^+} 接近于1，在无限稀释的溶液中 $r_{H^+} = 1$，也即离子的活度等于离子浓度。

用活度来表示的 pH 值的公式为：

$$p_a H = -\lg[a_{H^+}] \tag{11-7}$$

式中　$p_a H$——用氢离子的活度来表示的 pH 值。

常用的溶液多数为稀酸溶液，活度与浓度已很接近，为了方便起见，习惯上仍用浓度来表示 pH 值，即

$$pH = p_c H = -\lg[H^+] \tag{11-8}$$

式中　$p_c H$——用氢离子浓度表示的 pH 值。

11-4　什么是电极电位？

答：将电极插入离子活度为 a 的溶液中，此时电极与溶液的接界面上将发生电子的转移，形成双电层，产生电极电位，其大小可用能斯特（Nernst）方程式表示：

$$\varphi = \varphi^0 \pm \frac{RT}{n_i F} \ln a_i \tag{11-9}$$

式中　φ——电极电位；

φ^0——标准电极电位；

R——气体常数，8.315，J/K；

T——热力学温度，K[K=273.15+t（℃）]；

n_i——i 离子的电荷数；

F——法拉第常数，96500C；

a_i——i 离子的活度；

$\pm$——对于阳离子取"+"号，对于阴离子取"—"号。

在25℃下，上式可表示为：

$$\varphi = \varphi^0 \pm \frac{0.059}{n_i} \lg a_i (25℃) \tag{11-10}$$

当离子浓度很小时，可用浓度代替活度。

11-5　什么是标准电极电位？

答：原电池的电动势，可以用高阻抗的电压测量仪器直接测量得到。从测得的电动势数据就可知道正负两电极之间的电位差。但是，到目前为止，还不能测得单个电极的电极电位绝对值，因此，人们只能想办法定出它们之间相对的电位值。

现在国际上公认采用标准氢电极作为参比电极，规定标准氢电极的电位为零。标准氢电极的结构如图11-2所示。因为氢是气体，不能直接作为电极，所以需要一个镀有铂黑（铂片上镀上一层疏松而多孔的金属铂，呈黑色，以提高对氢的吸收量）的铂电极，插入酸性溶液中吸收氢气，高纯度氢气不断冲打到铂片上，使氢气在溶液中达到饱和，这就是标准氢电极

的结构。

标准氢电极是指 101325Pa 的氢与 H^+ 的活度为1的酸性溶液所构成的电极体系，其电极反应为：

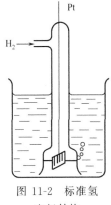

图 11-2　标准氢
电极结构

$$2H^+ + 2e \Longleftrightarrow H_2$$

当待测电极氧化态的活度和还原态的活度均为1时，以标准氢电极作参比，测得的电动势就是这支待测电极的标准电极电位，用符号 φ^0 表示。

但是，待测电极的电位有的比标准氢电极的电位正，有的比标准氢电极的电位负。也就是说，各种电极的标准电极电位有正负号问题。过去由于各自采用的规定方法不同，所以，正负号的采用比较混乱，不统一，现在国际上规定，电子从外电路由标准氢电极流向待测电极的，待测电极的电极电位定为正号。电子从外电路由待测电极流向标准氢电极的，待测电极的电极电位定为负号。

11-6　什么是原电池？试说明其反应机理。

答：原电池是由两根电极插入电解质溶液中组成的，是把化学能转变成电能的装置。

现以铜锌电池为例，说明原电池产生电能的机理。这种电池如图11-3所示，是由一个插入 $CuSO_4$ 溶液中的铜电极组成的"半电池"和另一个插入 $ZnSO_4$ 溶液中的锌电极组成的"半电池"所构成。两个半电

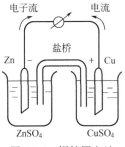

图 11-3　铜锌原电池

池以一个倒置的 U 形管连接起来，管中装满用饱和 KCl 溶液和琼脂做成的凝胶，称为"盐桥"。盐桥让饱和 KCl 溶液以极细微的流量流入两溶液中去，这条细流可以看作一条液体导线，它给两溶液的离子形成一条通路，而两溶液之间却不能流动。

这时，如果用导线将两极连接，并且中间串联一个电流计，那么，电流计指针将发生偏转，说明线路上有电流通过。同时可以观察到锌片开始溶解而铜片上有铜沉积上去。

根据金属置换次序可知，锌比铜活泼，锌容易失去2个电子氧化变成 Zn^{2+} 进入溶液，$Zn \Longleftrightarrow Zn^{2+} + 2e$，把电子留在锌极上，使锌极带负电荷，称为"负

极"。若用导线把锌极和铜极连接起来，此时，电子从锌极经过导线流向铜极，在铜极周围的 Cu^{2+} 从铜极上获得电子还原成金属铜，$Cu^{2+}+2e\longleftrightarrow Cu$，沉积在铜极上，铜极称为"正极"。为了保持两杯溶液的电中性，这时盐桥开始起导通电池内部电路的作用，Cl^{-} 从盐桥中扩散到左边溶液中去，与锌极溶解下来的 Zn^{2+} 的正电荷相平衡。K^{+} 从盐桥中扩散到右边溶液中去，与由于 Cu^{2+} 沉积为金属铜而留下的 SO_4^{2-} 的负电荷相平衡。这样就能使锌的溶解和铜的析出继续进行，电流得以继续流通。所以，流经整个体系的电流是由金属导体中的自由电子和溶液中离子的迁移，以及电极和溶液界面上伴随发生的氧化、还原反应而进行的，是自发进行的。

电池常用符号表示。上述铜锌电池可以表示如下：

$$(-)Zn\,|\,ZnSO_4(1mol/L)\,\|\,CuSO_4(1mol/L)\,|\,Cu(+)$$

习惯上规定把负极和有关的溶液体系（注明浓度）写在左边，正极和有关的溶液体系（注明浓度）写在右边。也就是规定左边的电极进行氧化反应，右边的电极进行还原反应。

单线"|"表示锌电极和硫酸锌溶液这两个相的界面，铜电极和硫酸铜溶液这两个相的界面，盐桥通常用双线"‖"表示，因为盐桥存在两个接界面，即硫酸锌溶液与盐桥之间界面和盐桥与硫酸铜溶液之间界面。

铜锌电池的电动势（电位差）可用下式表示：

$$\begin{aligned}E&=(\varphi_{Zn}^{0}+\frac{RT}{2F}\ln[Zn^{2+}])-(\varphi_{Cu}^{0}+\frac{RT}{2F}\ln[Cu^{2+}])\\&=(\varphi_{Zn}^{0}-\varphi_{Cu}^{0})+\frac{RT}{2F}(\ln[Zn^{2+}]-\ln[Cu^{2+}])\\&=E_0+\frac{RT}{2F}\ln\frac{[Zn^{2+}]}{[Cu^{2+}]}\end{aligned}\quad(11\text{-}11)$$

式中　E——铜锌电池的电动势（电位差）；

　　　E_0——铜锌电池的标准电动势（标准电位差）。

此处应当注意，我们用 E 和 E_0 分别表示原电池的电动势（电位差）和标准电动势（标准电位差），用 φ 和 φ^0 分别表示电极电位和标准电极电位，以免造成理解上的混乱。

电位分析法就是利用原电池的原理进行的。

11-7　工业 pH 计由哪些部分构成？各部分的作用是什么？

答：工业 pH 计是以电极电位法为原理的在线 pH 值测定仪，由检测器（也叫发送器）和转换器（也叫变送器）两个部分构成。

检测器由指示电极、参比电极组成。当被测溶液流经检测器时，电极和被测溶液就形成一个化学原电池，两电极间产生一个原电势，该电势的大小与被测溶液的 pH 值成对数关系，它将被测溶液的 pH 值转变为电信号。常用的指示电极有玻璃电极、锑电极等。常用的参比电极有甘汞电极、银-氯化银电极等。

转换器由电子部件组成，其作用是将电极检测到的电势信号放大，并转换为标准信号输出。

工业流程分析用的在线 pH 计，其检测器和转换器为两个独立部件，检测器装于现场，转换器装在就地仪表盘或控制室内。信号电势用特殊的高阻高频电缆传送。

也有检测器和转换器一体化结构的工业在线 pH 计。

11-8　什么是指示电极？什么是参比电极？

答：能指示被测离子活度变化的电极，称为指示电极。测定 pH 值常用的指示电极为 pH 玻璃电极。

电极电位恒定且不受待测离子影响的电极称为参比电极。常用的参比电极为甘汞电极和银-氯化银电极。

11-9　试述 pH 玻璃电极的结构和导电机理。

答：pH 玻璃电极的结构如图 11-4 所示，它的主要部分是一个玻璃泡，泡的下半部是由特殊成分的玻璃制成的薄膜，膜厚约 $50\mu m$。在玻璃泡中装有 pH 值一定的缓冲溶液（通常为 $0.1mol/L$ KCl 溶液），其中插入一支银-氯化银电极作为内参比电极。

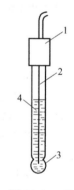

图 11-4　pH
玻璃电极
1—绝缘套；
2—Ag-AgCl 电极；
3—玻璃膜；
4—内部缓冲液

pH 玻璃电极中内参比电极的电位是恒定的，与被测溶液的 pH 值无关。玻璃电极用于测量溶液的 pH 值是基于产生于玻璃膜两边的电位差 $\Delta\varphi_M$，如图 11-5 所示。

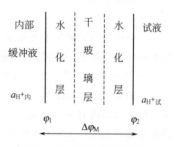

图 11-5　膜电位示意图

192

$$\Delta\varphi_M = \varphi_2 - \varphi_1 = 0.059\lg\frac{a_{H^+\text{试}}}{a_{H^+\text{内}}}(25℃) \quad (11\text{-}12)$$

由于内部缓冲溶液的 H^+ 活度是一定的，所以，$a_{H^+\text{内}}$ 为一常数，则：

$$\Delta\varphi_M = K + 0.059\lg a_{H^+\text{试}} = K - 0.059pH_{\text{试}}$$
$$(11\text{-}13)$$

K 为常数，它是由玻璃电极本身决定的，从式 (11-13) 可以看出玻璃电极的膜电位 $\Delta\varphi_M$ 在一定温度下与试液的 pH 值成直线关系。

实践证明，玻璃膜浸泡在水中才能显示 pH 电极的作用，未吸湿的玻璃膜不能响应 pH 值的变化，玻璃电极浸泡在溶液中，玻璃膜表面形成很薄的一层水化层，即硅胶层。由于硅酸盐结构对 2 价、3 价等高价离子的结合力较强，因此离子交换作用只发生在 1 价碱金属离子（主要是 Na^+）与 H^+ 之间。交换反应式如下：

$$-SiO^-\ M^+ + H^+ \longleftrightarrow -SiO^-\ H^+ + M^+$$

（M^+ 代表 1 价碱金属离子）

这一反应强烈地向右进行，水化层表面的点位几乎全被 H^+ 所占。水化层内部，H^+ 逐渐减少，而 M^+ 相应地增加，玻璃膜中部为干玻璃层，点位全被 M^+ 所占。当水化层与溶液接触时，水化层中 H^+ 与溶液中的 H^+ 发生交换而在内外水化层表面建立如下平衡：

$$H^+_{\text{玻璃}} \longleftrightarrow H^+_{\text{溶液}}$$

由于溶液中 H^+ 浓度不同，会有额外的 H^+ 由溶液进入水化层或由水化层转入溶液，因此改变了固-液两相界面的电荷的分布，从而产生了电位差。

按理说，当 $a_{H^+\text{试}} = a_{H^+\text{内}}$ 时，$\Delta\varphi_M$ 应为 0，但实际上并不等于 0，仍有一个小的电位差存在，这个电位差叫做不对称电位 $\Delta\varphi_{\text{不对称}}$。它是由膜内外两个表面的情况（如含钠量和张力等）不完全相同而产生的，$\Delta\varphi_{\text{不对称}}$ 的数值约为 $1\sim30mV$，对于不同的玻璃电极，这个数值不完全相同，但对同一支玻璃电极，一定条件下 $\Delta\varphi_{\text{不对称}}$ 是个常数。

用钠玻璃制成的 pH 玻璃电极，在 $pH=1\sim9$ 范围内，电极响应正常，在 $pH<1$ 的溶液中，pH 值读数偏高，但不严重，常在 0.1pH 单位以内，由此引入的误差叫做"酸差"。在 pH 值超过 10 或 Na^+ 浓度高的溶液中，pH 值读数偏低，由此引入的误差叫做"碱差"或"钠差"。造成酸差的原因尚不十分清楚。造成碱差的原因，是由于水溶液中 H^+ 浓度较小，在电极与溶液界面间进行离子交换的不但有 H^+ 而且有 Na^+，不管是 H^+ 还是 Na^+，交换产生的电位差全部反映在电极电位上，所以从电极电位反映出来的 H^+ 活度增加了，因而 pH 值比应有的值降低了。

若采用锂玻璃制成的 pH 玻璃电极，其使用范围为 $pH=1\sim13$，钠差大大降低。这种电极称为锂玻璃电极或高 pH 电极。

11-10　pH 玻璃电极有何优缺点？

答：pH 玻璃电极的优点如下。

（1）测量结果准确。目前，采用玻璃电极的工业 pH 计测量误差可达 $\pm0.02pH$。

（2）测定 pH 值时不受溶液中氧化剂或还原剂存在的影响。

（3）可用于有色的、浑浊的或胶态溶液的 pH 值测量。

pH 玻璃电极的缺点如下。

（1）容易破碎。

（2）玻璃电极的性质会起变化，须定期用已知 pH 值的缓冲溶液校准。

（3）玻璃电极在长期使用或储存中会老化，老化的电极就不能再使用。一般使用期为 1 年。

11-11　什么是锑电极？锑电极有何优缺点？

答：锑电极是工业 pH 计中使用的指示电极之一，它是在金属锑棒的表面覆盖一层金属氧化物 Sb_2O_3。当锑电极插入水溶液时，因 Sb_2O_3 为两性化合物，在水中 Sb_2O_3 形成 $Sb(OH)_3$。

电极的表达式为

$$Sb, Sb_2O_3 | [H^+]$$

反应式为

$$Sb + 3H_2O \Longleftrightarrow Sb(OH)_3 + 3H^+ + 3e$$

电极电位为

$$\varphi_{Sb} = \varphi_{Sb}^0 + \frac{RT}{F}\ln[H^+] \quad (11\text{-}14)$$

$$\varphi_{Sb} = \varphi_{Sb}^0 + 0.059\lg a_{H^+}（在 25℃ 下）\quad (11\text{-}15)$$

式（11-15）表明锑电极电位与溶液中氢离子浓度成对数关系。

锑电极的优点是结构简单，耐温性能好（可达 130℃），主要用于含氢氟酸溶液的 pH 值测定，在含有氰化物、硫化物、还原性糖、生物碱、含水酒精溶液中也可使用。其缺点是测量精度不高，当 pH 在 $2\sim7$ 之间时，测量误差为 $\pm0.1pH$；当 pH 在 $7\sim12$ 之间时，测量误差可达 $\pm0.4\sim0.5pH$。另外，在强氧化物质中三价锑很容易被氧化为五价锑，而使电极电位改变，因而稳定性较差。

11-12　为什么不能用氢电极作参比电极？

答：标准氢电极也是一种参比电极，一般仅用于测定其他电极的标准电极电位，而不能在工业及实验室的 pH 计中作为参比电极广泛应用。这是因为氢电极有一个缺点，即使用时要有一个稳定的氢气源，另外在含有氧化剂及强还原剂的溶液中电极很容易中毒，所以被测溶液的除氧要求很高，更要严禁空气进入，使用条件严格，使氢电极不能在工业及实验室中得到广泛地应用，而常将它作为标准电极使用。工业上常

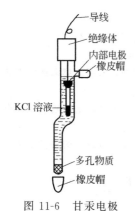

导线
绝缘体
内部电极
橡皮帽
KCl 溶液
多孔物质
橡皮帽

图 11-6 甘汞电极

采用使用方便的甘汞电极作为参比电极，也常用银-氯化银电极作为参比电极。

11-13 试述甘汞电极的结构并写出电极反应。

答：甘汞电极是由金属汞和 Hg_2Cl_2 及 KCl 溶液组成的电极。其结构如图 11-6 所示，内玻璃管中封接一根铂丝，铂丝插入纯汞中（厚度约 $0.5\sim1cm$），下置一层甘汞（Hg_2Cl_2）和汞的糊状物，外玻璃管中装入 KCl 溶液，即构成甘汞电极。电极下端与被测溶液接触部分是以石棉线或玻璃砂芯等多孔物质组成的通道。电极反应和电极电位为：

$$2Hg + 2Cl^- \longleftrightarrow Hg_2Cl_2 + 2e$$

$$\varphi_{甘汞} = \varphi^0 - 0.059\lg a_{Cl^-}\ (25℃) \quad (11\text{-}16)$$

φ^0 在一定温度下是一个定值，所以甘汞电极的电位主要决定于 Cl^- 的活度。当 Cl^- 活度一定时，$\varphi_{甘汞}$ 也就一定，与被测溶液的 pH 值无关。在 25℃时，不同浓度 KCl 溶液的甘汞电极的电位如下（以标准氢电极作参比）：

KCl 溶液浓度	0.1mol/L	1mol/L（NCE）	饱和（SCE）
$\varphi_{甘汞}$/V	+0.3365	+0.2828	+0.2438

其中最常用的是饱和甘汞电极（SCE）。甘汞电极在 70℃ 以上时电位值不稳定，在 100℃ 以上时电极只有 9h 的寿命，因此甘汞电极应在 70℃ 以下使用。超过 70℃ 时应改用银-氯化银电极。

11-14 试述银-氯化银电极的结构并写出电极反应式。

答：银-氯化银电极由银丝镀上一层氯化银，浸于一定浓度的氯化钾溶液中构成。电极反应和电极电位为：

$$Ag^- + Cl^- \longleftrightarrow AgCl + e$$

$$\varphi_{Ag\text{-}AgCl} = \varphi^0 - 0.059\lg a_{Cl^-}\ (25℃) \quad (11\text{-}17)$$

在 25℃ 时，不同浓度 KCl 溶液的银-氯化银电极的电位如下（以标准氢电极作参比）：

KCl 溶液浓度	0.1mol/L	1mol/L	饱和
$\varphi_{Ag\text{-}AgCl}$/V	+0.2880	+0.2223	+0.2000

银-氯化银电极的可逆性、稳定性和重现性好，响应速度快，适用的温度范围宽，如在 $25\sim225℃$ 范围内电位偏差 $<\pm0.5mV$，250℃ 时电位偏差 $\pm2mV$。银-氯化银电极对溴离子（Br^-）极敏感，Br^- 会引起如下反应：

$$AgCl + Br^- \longrightarrow AgBr + Cl^-$$

致使 Cl^- 活度增加，使电位偏负。S^{2-}、CN^-、I^- 等杂质也会引起电位变化，但不像 Br^- 那样明显。

银-氯化银电极广泛用做 pH 玻璃电极和其他离子选择性电极的内参比电极。由于甘汞电极使用温度有限（$0\sim70℃$），且含有水银，可能产生公害，因而在原电池中，用银-氯化银电极作为外参比电极的也越来越多。它作为外参比电极时也像甘汞电极一样，需带有自己的盐桥，如图 11-7 所示。

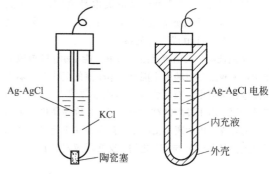

Ag-AgCl
KCl
陶瓷塞

Ag-AgCl 电极
内充液
外壳

图 11-7 Ag-AgCl 电极（作外参比电极用时）　　图 11-8 固体参比电极（拉扎兰电极）

11-15 什么是固体参比电极？它有何优点？

答：1972 年贝克曼公司制造了一种全固态 Ag-AgCl 参比电极，称为拉扎兰（Lazaran）电极，其结构如图 11-8 所示，它是一种全封闭式结构，其外壳由填充 KCl 的玻璃纤维或聚乙烯、聚四氟乙烯制成。其内参比液与外部溶液之间的导电作用不像一般参比电极那样，它是通过 H^+ 和 OH^- 离子在聚合物外壳壁中的扩散来实现的。固体参比电极机械强度高，有较高的耐压耐温性能，不需添加氯化钾，维护工作量少，可用于高温高压以及胶体、污水、泥浆等条件恶劣的溶液。

固体参比电极的发明是参比电极上的一大革新，经过多年来的不断改进和发展，仪表行业已制成各种不同型式的固体参比电极，但其结构和原理与拉扎兰电极基本相同。

11-16 什么是复合电极？

答：复合电极是将指示电极和参比电极组装在一个探头壳体中，这种复合电极结构紧凑、体积小、使用方便，特别适用于污水处理脏污介质中使用。

复合电极的指示电极使用玻璃电极，参比电极使用银-氯化银电极。传统的复合电极见图 11-9。

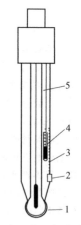

图 11-9 传统复合电极结构图

1—玻璃电极敏感膜（球泡）；
2—陶瓷接液隔膜；
3—凝胶电解液盐桥；
4—Ag-AgCl 电极；
5—液态或胶状电解质

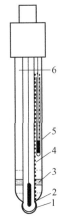

图 11-10　Orbisint
复合电极结构图

1—玻璃电极敏
感膜（球泡）；
2—环形接液间隙；
3—PTFE 环状隔膜；
4—凝胶电解液盐桥；
5—Ag-AgCl 电极；
6—Polytex 固体电解质

E＋H 公司 Orbisint 复合电极见图 11-10。Orbisint 复合电极有以下特点。

（1）采用聚四氟乙烯（PTFE）环状隔膜，憎水、抗污染、抗阻塞，克服了陶瓷隔膜易污易堵的弱点。

（2）采用夹有 KCl 的聚合塑料基体（Polytex），即固体电解质代替液体电解质，使参比电极的耐压能力大为提高。在不接压缩空气反压的情况下，可直接用于被测介质压力达 0.6MPa 的场合。

（3）凝胶电解液盐桥可有效防止参比电极中毒，如 S^{2-}、CN^- 离子等引起的中毒。

（4）长的参比电极扩散通路管（长 180mm，普通参比电极仅长 20mm）可保护银-氯化银电极系统，明显延长参比电极使用寿命。

11-17　试述 pH 计检测器（发送器）的构成和工作原理。

答：如图 11-11 所示，pH 计的检测器（工作电池）是由 pH 玻璃电极、饱和甘汞电极与待测溶液构成。

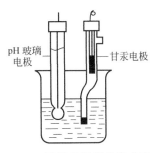

图 11-11　pH 计检测器的构成示意图

该电池可用下式表示：

pH 玻璃电极 | 试液 ‖ 饱和甘汞电极

25℃时，工作电池的电动势为：

$$E=\varphi_{SCE}-\varphi_{玻璃}=\varphi_{SCE}-(K-0.059pH)$$
$$(11-18)$$

式中，φ_{SCE} 是饱和甘汞电极（SCE）的电位；$\varphi_{玻璃}$ 是玻璃电极的电位。φ_{SCE}、K 在一定条件下是常数，所以上式可表示为：

$$E=K'+0.059pH \qquad (11-19)$$

式中，K' 值是很难通过计算得到的，只能采用已知 pH 值的缓冲溶液作标准在酸度计上进行校正。

同时考虑温度对测定 pH 值的影响，在酸度计上设有补偿温度的装置。因此，在测量试液 pH 值之前，要先用标准 pH 缓冲溶液进行定位，然后再测量试液的 pH 值，即通常采用的所谓"两次测量法"，两次测量法的依据是：设标准 pH 缓冲溶液的 pH 值为 pH_S，待测溶液的 pH 值为 pH_X，则标准 pH 缓冲溶液的电动势为：

$$E_S=K'+0.059pH_S(25℃) \qquad (11-20)$$

待测溶液的电动势为：

$$E_X=K'+0.059pH_X(25℃) \qquad (11-21)$$

两式相减：

$$pH_X=pH_S+\frac{E_X-E_S}{0.059} \qquad (11-22)$$

说明待测溶液的 pH_X 是以标准 pH 缓冲溶液的 pH_S 为标准。从式（11-2）看出，标准溶液与待测溶液差 1 个 pH 值单位时，电动势差 0.059V（25℃）。将电动势变化的伏特数直接以 pH 值间隔刻出，就可以进行直读。所用标准缓冲溶液的 pH_S 值和待测溶液的 pH_X 值相差不宜过大，最好在 3 个 pH 值单位以内。

11-18　在上题中，25℃时待测溶液的电动势表达式为：

$$E=K'+0.059pH \qquad (11-19)$$

在工业 pH 计中，待测溶液的电动势的一般表达式为：

$$E=E_0+SpH \qquad (11-23)$$

这两个表达式有何区别？

答：式（11-19）是采用饱和甘汞参比电极、在 25℃下的表达式，式（11-23）是采用不同参比电极、在各种温度下的通用表达式。

式中的 E_0 是标准电动势，是测量系统中诸常数项之和，当采用饱和甘汞参比电极时，式（11-23）中的 $E_0=K'$。

式中的 S 是 pH 测量曲线的斜率，当温度为 25℃时，式（11-23）中的 $S=0.059$。

11-19　简述工业 pH 计转换器（变送器）的电路构成和各部分的作用。

答：工业 pH 计转换器的电路主要由放大电路、调节电路和转换电路三部分构成。

（1）放大电路　由前置放大器和主放大器组成。前置放大器主要起阻抗变换作用，它可以把高内阻的电动势信号转换为低内阻的信号，再送入主放大器进行放大。

由于电极的内阻相当高，可达到 $10^9\Omega$，所以要求放大电路的输入阻抗至少要达到 $10^{11}\Omega$ 以上。放大电路采取两方面的措施：一是选用高输入阻抗的放大元件，例如场效应管、变容二极管或静电计管；二是电路设计有深度负反馈，既增加了整机的输入阻抗，又增加了整机的稳定性能，这是 pH 计放大电路的特点。

（2）调节电路 主要由以下几种电路组成。

① 定位调节电路。又称不对称调节电路，其作用是抵消玻璃膜两边的不对称电位 $\Delta\varphi_{不对称}$。也可以说，其作用是抵消待测离子活度为零时的电极系统的电位差 E_a，即抵消 E-pH 曲线在纵坐标上的截距。

② 零点调节电路。又称等电位调节电路。在等电位点，电极的标准电位 φ^0 不随温度而变，从而标准电位差 E_0 也不随温度而变。因此，为消除 E_0 温漂所产生的测量误差，应把直线方程

$$E = E_0 + S\lg a \qquad (11\text{-}24)$$

的坐标原点平移到等电位点 $E = E_0$ 处，即 pH = 0 处。可见等电位调节就是迁移仪表的电器零点，即零点调节。

③ 斜率补偿电路。即调节方程的斜率，使其等于 S。S 为转换系数，其物理意义是：单位变化所能产生的电位差值。调节斜率就是调节仪表的量程。斜率补偿电路即量程调节电路。

④ 温度补偿电路。温度变化时，S 随之变化，温度补偿电路的作用是实现电极斜率 S 的温度补偿。是用来补偿溶液温度对斜率所引起的偏差的装置。

（3）转换电路 在模拟式的 pH 计中，转换电路对主放大器的输出信号进行 V/I 变换和隔离输出，供显示仪表指示和记录。在数字式的 pH 计中，则由微处理器完成转换电路、显示仪表甚至一部分调节电路的各种功能。

11-20 什么是玻璃电极的不对称电位？它是由于什么原因造成的？

答：玻璃电极的结构如图 11-12 所示。它的端部是一个厚度约为 0.2mm 的特种玻璃膜球体，内部充以 pH 值恒定的标准缓冲溶液。这样，在玻璃膜的内侧表面和缓冲溶液之间便产生一个 E_3 的电势，在玻璃膜外侧表面与被测溶液之间产生一个 E_4 的电势。E_3 随缓冲溶液的 pH_0 值变化，E_4 随被测溶液 pH_X 值的变化而变化。理论上讲，当被测溶液的 pH_X 值等于缓冲溶液的 pH_0 值时，即 $pH_X = pH_0$ 时，E_3 应和 E_4 相等，即 $E_3 = E_4$。但是，实际上并不如此，在玻璃膜的两侧

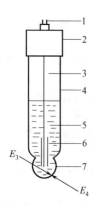

图 11-12 玻璃电极结构图
1—引线；2—电极帽，3—内电极引线；4—电极支持管；5—缓冲溶液；6—银-氯化银内电极；7—敏感玻璃泡

存在电位差 $\Delta E = E_3 - E_4$，这个电位差就称为玻璃电极的不对称电位 E_a。它的数值一般为几毫伏，大者可达 $20\sim30\text{mV}$。

玻璃电极的不对称电位 E_a，是由于玻璃材质成分的不同、玻璃膜厚度的不同或不均匀、加工工艺的不同、冷却速度的不同等原因造成的。因此，每个玻璃电极的不对称电势 E_a 的数值都是不相同的。另外，温度的变化和电极的老化程度不同，也会引起不对称电位的变化。

11-21 什么是 pH 计的等电位点？

答：从能斯特方程式可以看出，电极电位与温度有关。转换系数 S 与 T 成正比，所以当温度不同时，可以得到一簇 pH-E 的直线，直线的斜率就是 S，但该曲线簇的曲线有一个共同的交点，称该点为等电位点，如图 11-13 所示。显然在等电位点时的 pH 值具有恒定的电位，不受温度影响，并且对不同的溶液，等电位点具有相同的 pH 值，均为 2.5。

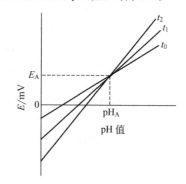

图 11-13 电动势随温度变化的曲线
$t_2 > t_1 > t_0$，(pH_A, E_A) 为等电位点

11-22 pH 计在 $0\sim2\text{pH}$、$2\sim10\text{pH}$、$10\sim14\text{pH}$ 三段范围内哪段测量误差较小？

答：$2\sim10\text{pH}$ 之间测量误差较小。在这段范围内，其输出值与 pH 值能保持良好的线性关系。当 pH < 1.5 时会产生酸误差，pH > 10 时会产生碱误差，输出值会产生显著的偏离。pH 计电动势与 pH 值的关系见图 11-14。

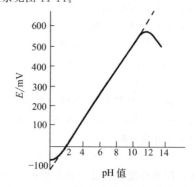

图 11-14 pH 计电动势与 pH 值的关系

11-23 填空

（1）pH 定义为氢离子浓度的（　　），即 pH＝（　　）。

（2）通常采用测量两个电极间（　　）的方法测量溶液的 pH 值。其中一个电极是（　　），其电位随氢离子浓度而变化。另一个电极是（　　），它具有固定的电位。

（3）玻璃电极的内阻非常高，通常为（　　）MΩ 到（　　）MΩ，因此需要高输入阻抗的转换器与之匹配，转换器的输入阻抗应≥（　　）Ω。

（4）pH 计不应从溶液中获取电流，也不应有电流通过电极，以防电极的极化，要求限制电流≤（　　）A。

（5）一体化结构的工业 pH 计是将（　　）和（　　）联为一体，它的优点是可以避免传输电缆引起的信号衰减、克服电缆噪声、外界电磁干扰、绝缘不良等问题，标准液标定也比较容易。

（6）自动清洗 pH 计电极的方法有（　　）、（　　）、（　　）、（　　）等。

答案：（1）负对数，$-\lg[H^+]$；（2）电位差，指示电极，参比电极；（3）100，1000，10^{12}；（4）10^{-12}；（5）pH 发送器，高阻抗转换器；（6）超声波清洗，机械刷洗，溶液喷射清洗，空气喷射清洗。

11-24 选择

（1）在稀酸溶液中，pH 值增加时，溶液的酸性（　　）。（增强，不变，减弱）

（2）参比电极的电极电位（　　）。（恒定不变，等于零，按一定规律变化）

（3）甘汞电极通常以（　　）作为盐桥。（汞，甘汞溶液，饱和氯化钾溶液）

（4）当被测溶液 pH 值的变化范围为 7～14 时，玻璃电极内缓冲液的 pH 值等于（　　）。（0，2，7，14）

答案：（1）减弱；（2）恒定不变；（3）饱和的氯化钾溶液；（4）7。

11-25 在 pH 计选型时要注意哪些问题？

答：（1）应弄清楚被测溶液中可能存在的污染物和有害物质，这样才可以设计出一个适当的样品处理系统以消除电极污染或电极表面结垢，才能决定要不要采用自动清洗方法以及采用什么样的自动清洗方法。

（2）应根据被测溶液的压力范围选取 pH 计或在样品处理系统中考虑减压措施。这一方面是考虑到电极的机械强度，另一方面是保证参比电极的盐桥溶液以一定的速度向外渗透，杜绝被测溶液倒流进参比电极造成电极污染。对压力补偿式 pH 计，仪表空气压力要始终比被测溶液最大压力高出 0.02MPa 以上。

（3）应根据被测溶液的温度范围选取 pH 计电极，若被测溶液的温度超过电极的耐温范围，就要在样品处理系统中采取降温或升温措施。各种电极能长期使用的最高温度如下：

　　玻璃电极　　　　＜105℃
　　锑电极　　　　　＜130℃
　　甘汞电极　　　　＜70℃
　　银-氯化银电极　＜225℃

在提高 pH 计电极的耐高温性能方面至今仍没有显著进展，固体参比电极的发明是参比电极上的一大革新。固体参比电极有较高的耐压耐温性能，不需添加氯化钾，维护工作量少，但是电极精度较低，有待进一步提高。

（4）应根据需要的 pH 值测量范围选取 pH 计。pH 计的测量范围一般有 2～10pH、2～12pH、7～0pH、7～14pH 等几种，用于不同测量范围的 pH 计，不仅接液部件的材质不尽相同，而且电极玻璃的成分也有区别。低 pH 值的玻璃电极在高 pH 值介质中会产生较大的碱误差，锂质玻璃电极适用于 pH 值高的场合。

（5）被测溶液的电导率影响测量的精确度，常见的工业 pH 计要求被测溶液的电导率不小于 $50\mu S/cm$。但是像高纯水、脱盐水等，电导率极低，甚至不到 $0.5\mu S/cm$，常用的玻璃电极就不适用于这类液体的 pH 值测量。此时可选用低阻值玻璃电极，其玻璃半透膜的电阻低，适合测量高纯水和非水溶液的 pH 值。

这类液体由于缓冲能力差，极易受空气中的可溶性气体如 CO_2 等的干扰，所以应采用流通式 pH 发送器，以保证在测量过程中与空气隔绝。

由于电导率极低，这类液体的电阻相当大，使 pH 测量电池的内阻变得更高，所以测量电极和参比电极间的距离应尽量小，而且距离必须固定不变。为防止污染被测样品，盐桥渗漏速率也要小一些。

除了上述各点外，还要根据使用目的确定所需测量精度和时间常数，根据安装场所的危险区域划分选择 pH 计的防爆型式和级别等。

11-26 工业 pH 计的转换器（变送器）有二线制和四线制之分，什么是二线制转换器？什么是四线制转换器？

答：二线制转换器只有两根外接导线，既传送转换器所需的工作电源电压，又传送转换器输出的信号电流。它相当于串联在电源中的一个可变电阻，当阻值发生变化时，电流将随之改变，只不过此可变电阻由信号电压控制而已。二线制转换器由 24V DC 电源供电，其防爆结构型式为本安型。

四线制转换器有四根外接导线：两根电源线和两根信号线。四线制转换器一般由220V AC电源供电，其防爆结构型式为隔爆型。

当由24V DC配电器统一供电时，使用二线制转换器，其他场合可使用四线制转换器。

11-27 工业pH计的安装地点如何选择？应注意哪些问题？

答：在选择工业pH计的安装地点时，应注意以下几点。

（1）工业pH计一般只能在环境温度$-10\sim$ $+50℃$范围内工作，而且希望温度变化要小，因此，在室外安装的仪表，要用罩子保护起来，以防阳光直接照射。仪表也不要安装在附近有热辐射源的地方，以防仪表内部温升。

（2）仪表不能安装在有腐蚀性气体（如Cl_2、SO_2、NH_3、H_2S等）的环境中，这些气体不仅腐蚀仪表，还会造成仪表绝缘下降。例如，氯碱厂中的pH计常因空气中含有Cl_2使仪表受到腐蚀和绝缘下降，影响仪表测量精度，增加了维护工作量。如果仪表不能离开这样的环境，就必须配置仪表空气吹扫管线，不断向仪表内吹入干净空气，阻止腐蚀性气体进入仪表内部。

（3）环境湿度不能超过仪表的允许范围。在有液滴滴落的地方，相对湿度基本上是100%，而且水滴常常会滴落在表上。在那里要使仪表正常运行，只采用防水滴的措施是不够的，最好同时采用吹气或在仪表内装入干燥剂的措施。

（4）电磁干扰会对pH计这样的高灵敏度仪表造成明显的影响，所以必须注意以下几点：

① 不要安装在变电站或电机附近或者地电流值大的地方；

② 不能与电机或者其他电气设备共用一条接地线；

③ 避免安装在任何电压泄漏大的地方。

（5）安装地点要无振动。这不仅是仪表本身不能在振动环境下工作，而且与玻璃电极相连的电缆，也不适宜在振动环境下工作。因为该电缆的绝缘材料一般是聚乙烯的，所以在电缆振动或拉伸、压缩移动时会产生静电而影响仪表的示值。当电缆足够长时，此静电可达几千毫伏。

（6）仪表的周围要有足够的空间，以便于检查和维修。

11-28 流通式发送器安装配管时应注意哪些问题？

答：应注意以下几个问题。

（1）被测溶液有两种进出方式，一种是进出口在同一水平线上，另一种是底进侧出。一般情况下都采用水平配管，即进出口在同一水平线上，底部入口只作排放用。待测溶液中含有沉淀物又需要较大流速时，才采用底进侧出方式。因此配管时，一定要先确定进出口位置。

（2）在大气压下工作的流通式发送器，配出口管时应注意管子不能太长，不能向上，不能加阀门。否则，在运行时，会造成流通室内压力大于大气压力。

（3）带压力补偿的流通式发送器配管时，在进出口两边都要加装阀门。在调校、检修时可以关掉这两个阀门，使发送器拆开时，不会有被测溶液流出。

（4）管道材料要根据待测溶液的化学性质、压力和温度选取。当待测溶液是高纯水或有机溶液时，它们在绝缘的管子（如聚乙烯管）中流动，将会因摩擦而产生一个正比于流速的电位。在使用中可采取减小流速的办法来减小这个电位，或在安装时避免用绝缘的管子作配管，消除或减少产生这个电位的条件。

11-29 工业pH计安装接线时应注意哪些问题？

答：仪表在接线时必须注意绝缘、抗干扰和防爆方面的要求。

（1）检测器和转换器之间的接线 高阻抗信号的传送和放大，对静电干扰和泄漏电流都是很敏感的，所以要用专用的高质量屏蔽电缆来连接检测器（电极组件）和转换器（前置放大器）。此电缆的电磁屏蔽和静电屏蔽性能优良，而且各个厂家都规定了这个距离的长度。例如，国产pHG-21B型工业酸度计的高阻转换器和发送器之间的传输电缆，采用的是高绝缘同轴低噪声屏蔽电缆，一般长度不超过40m，在此长度范围内，电缆内芯和外层金属之间的绝缘电阻应$\geqslant$ $10^{12}\ \Omega$，分布电容应$\leqslant 3000$pF。

信号电缆一定要单独穿管，而且管子要很好地接地。穿线管两头要密封，要无水、无油污、无灰尘，也不能用手直接去触摸接头和端子。如果需要包扎电缆接头时，应该用绝缘性能良好的优质聚乙烯或聚四氟乙烯带。接头和端子要放在有干燥剂的密封盒内。敷设电缆时不要拉得太紧，并要固定牢靠，否则会因电缆活动，内部线芯和外部绝缘层发生摩擦而产生静电。

对于检测器和转换器一体化结构的工业在线pH计，其内部是密封的，并装有干燥剂。它的输出信号是低阻抗的，因此电磁干扰和静电干扰的影响减少了。安装接线时，其电缆的进出口应该密封好，防止潮气进入表箱，其他密封件也要装好防止潮气和待测液体进入表箱。

（2）pH测量系统的接地

工作接地——应在信号源处接地，即在现场接地，而不是在控制室测接地（和电磁流量计相同，而不同于一般测量系统）。要严格保证一点接地，不允许出现第二个接地点。

安全接地——和一般测量系统相同。

（3）防爆型 pH 计的接线　工业 pH 计的防爆结构型式有隔爆型和本安型两种，安装接线时应分别符合隔爆型仪表和本安型仪表接线和线路敷设的有关规定。

11-30　在工业 pH 计安装时，有下列两种工作接地方法（见图 11-15），试问哪一种是对的？

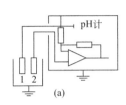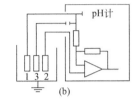

图 11-15　工业 pH 计的两种工作接地方法
1—玻璃电极；2—参比电极；3—溶液接地金属片

答：图（a）是错的，图（b）是正确的。

11-31　在工业 pH 计测量系统中，一般是在发送器一端接地，如果出现了第二个接地点，将会发生什么情况？

答：在工业 pH 计组成的测量系统中，甘汞电极一般已通过被测介质接地，如果系统中有第二个接地点，则二接地点之间就会构成回路，共模干扰使 pH 测量仪表指示值偏离正常值，甚至打向一端。

11-32　从 pH 计测量电极到 pH 计转换器之间，信号传输电缆和接线端子为什么都要对地保持高度绝缘，在实际应用中这一要求是如何满足的？

答：因为 pH 发送器的内阻在 $100 \sim 1000 M\Omega$，pH 转换器的输入阻抗在 $10^{12} \Omega$ 以上，如果信号传输电缆或接线端子绝缘电阻降低，即相当于降低了高阻转换器的输入阻抗，pH 发送器表征酸度的电势信号就不能全部由高阻转换器转换成相应的电流或毫伏信号，造成测量误差。在实际应用时信号电缆及接线端子均应用聚四氟乙烯或优质聚乙烯材料作绝缘体，并应保持绝缘体和接线端子的清洁干燥。

由于仪表的高阻特性，要求接线端子保持严格的清洁，一旦污染后绝缘性能可以下降几个数量级，降低了整机的灵敏度和精度。实际使用中出现灵敏度与精度下降的一个主要的原因是传输线两端的绝缘性能下降所致，所以保持接线端子的清洁是仪器能正常工作的一个不可忽略的因素。

11-33　在线 pH 测量经常会遇到电极污染和电极表面结垢的问题，造成电极污染和电极表面结垢的

原因有哪些？

答：造成电极污染和电极表面结垢的通常是被测溶液中的悬浮物、胶体、油污或其他沉淀物，如油、沥青、化学试剂、有机物、胶状物、悬浮颗粒、钙盐等。这些物质会在许多生产过程中存在和产生，例如：

（1）由于温度变化或其他原因，工艺介质成为饱和的或接近饱和的溶液，从而使溶解成分结晶析出；

（2）污水处理工艺中有许多金属的氢氧化物，这些氢氧化物常常是胶状的和黏性的；

（3）在加入石灰除掉碳、磷或氟时产生沉淀；

（4）在纸浆和纤维等生产中流体含有固体悬浮物；

（5）水中含有油或水和油形成混合乳浊液，如污水中的油膜。

电极受到污染和电极表面结垢后，会使 pH 计的灵敏度和测量精度降低，甚至失效。因此，在工业 pH 计的使用过程中，应根据实际情况对电极采取人工清洗或自动清洗措施。

11-34　试述 pH 计电极的人工清洗方法和注意事项。

答：（1）对于悬浮物、黏性物以及微生物引起的污染，用水弄湿的软性薄纸擦净玻璃电极球泡和盐桥，然后用蒸馏水清洗和浸泡。

（2）对于油污，可用中性洗涤剂或酒精弄湿的薄纸擦净玻璃电极球泡和盐桥，然后用蒸馏水清洗和浸泡。

（3）对于无机盐类沾污，可在 0.1mol/L 的盐酸溶液中浸泡几分钟，然后在蒸馏水中清洗。

（4）对于钙、镁化合物积垢，可用 EDTA（乙二胺四乙酸二钠盐）溶液溶解，然后在蒸馏水中清洗。

（5）清洗电极不可使用脱水性溶剂（如重铬酸钾洗液、无水乙醇、浓硫酸等），以防破坏玻璃电极的功能。

11-35　pH 计电极的自动清洗方法有哪些？各适用于什么场合？

答：在工业测量中，对电极频繁地人工清洗是不适宜的。对被测溶液进行预处理也是一个办法，但预处理系统通常耗资较大，故障率高，维护也相当麻烦。为了减少维护量，使在线 pH 测量正常进行，可以采用各种自动清洗方法。

pH 计电极的自动清洗方法主要有如下一些。

（1）超声波清洗　这是一种应用较广的方法，许多厂家生产附有超声波清洗装置的 pH 计。

这种方法是在电极附近装设一个清洗头，由清洗头发出超声波对电极进行自动清洗。它利用超声波的冲击能量来剥落敏感玻璃膜上的附着物，也有的超声波清洗器是利用溶液中的悬浮磨料来清洗电极的。这种清洗方法不是等电极结垢后再清洗，而是根本不使电极结垢。

超声波清洗的效果随被测溶液的特性不同而变化，此外清洗效果还与超声波振荡的频率有关。一般来说超声波清洗对于普通的污垢有效，但是对于某些热的黏稠的乳胶状溶液，清洗效果不理想。

（2）机械刷洗　用电机或气动装置带动刷子旋转或上下直线运动以去掉电极上的污染物，这也是常见的一种清洗方法。

机械刷洗多采用间断方式，靠定时器在任意设定的时间内自动地用刷子洗净电极。这种方法简单易行，对于某些污染不严重和附着不牢固的污染物，清洗效果较好，有油和黏性污垢时也有效，如用于食品厂、造纸厂的排水等。

机械刷洗对于玻璃电极来说，会缩短电极寿命，所以一般多用于结构坚固的电极，如锑电极等。要注意的是当清洗刷运动时仪表指针往往会摆动。

（3）溶液喷射清洗　溶液喷射清洗就是在电极的附近装一个清洗喷头，按照清洗要求，喷头定期喷水或其他溶液（如低浓度的盐酸、硝酸溶液），以冲刷或溶解电极上的污染物。

当电极的污染物是松、软、糊状的无机物结垢时，用溶液喷射方法效果较好。如用于糖厂蔗汁的pH值测量系统、某些工业污水处理的pH值测量系统等。

溶液喷射自动清洗系统组成比较复杂，价格很贵，防爆型系统的价格更贵。

（4）空气喷射清洗　在溶液喷射清洗系统里以压缩空气代替溶液从喷头喷出，这实际上是以被测液体作为洗涤液的溶液喷射清洗。如果被测液体中还含有固体颗粒，则这些颗粒也被空气夹带着以高速喷向电极，对电极起清洗作用。在空气清洗时pH测量系统仍能正常工作，酸度计的测量值仍然代表被测溶液的pH值。

上述各种清洗方法虽各有特点，但都有一定的局限性，没有一种自动清洗方法是万能的。针对具体的被测对象，可以把几种清洗方法结合在一起，如把溶液喷射清洗和超声波清洗方法结合在一起，或把溶液喷射清洗和机械刷洗方法结合起来。

11-36　试述超声波清洗器的工作原理和使用注意事项。

答：超声波清洗器的基本原理是通过置于溶液中的超声振动换能器把超声振动引入溶液，溶液的液体分子在强烈的超声波作用下时而受拉，时而受压，于是在溶液中形成许多微小的空腔，即产生了所谓的"空化泡"。由于空化泡的内外压力相差十分悬殊，使空化泡破裂，产生很大的冲击力，敏感玻璃膜表面上的附着物受到这个冲击力的作用而被剥落，达到清洗的目的。

超声波清洗器主要由超声波发生器和换能器两部分构成。

超声波发生器是产生超声波的能量来源，在电路上超声波发生器是一个正弦波振荡器。

超声波换能器是溶液中的振动源，它把来自超声波发生器的电能变成超声振动的机械能，作为溶液产生空化泡的推动力。换能器的关键元件是压电陶瓷片。在压电陶瓷片上粘合上一个不锈钢片，把它们按一定的方式装在支持件上就构成了换能器。压电陶瓷片在交变电压的作用下产生超声振动，通过不锈钢片把这种超声振动传送到溶液中去。

超声波的振动频率对清洗效果有很大的影响，一般在20kHz时易产生空化作用；但在表面光洁度要求高，清洗部件较小时可用较高的频率。通常，当超声波发生器的频率与换能器的固有频率一致时，空化作用最强，此时在透明的溶液中可看到很多白色聚流，用手试有针刺感。横河公司8591型超声波清洗器的频率是70kHz。另外，提高功率密度可提高清洗效果，但要注意功率密度大则会侵蚀被清洗物的表面或使表面破损，pH敏感玻璃膜由于壁薄、机械强度小，所以对这一点要充分注意。当以水为清洗液时，功率密度宜取小一些。

温度对空化作用也有影响。温度升高利于空化作用，但超过一定的温度后空化作用反而下降，因此溶液应保持一定的温度。水溶液一般为45℃左右，水则为60℃左右。当然，我们的根本目的在于准确地测量pH值，对温度的考虑应以减少温度对pH测量精度的影响为准。

安装换能器（亦称为振动器）时，应使清洗表面尽量靠近换能器的超声波辐射面，并对准超声源，同时还应考虑到剥落的附着物利于排出，利于容器内的溶液对流。

超声波换能器一般耐压0.5MPa，耐温80～105℃。它有纵射和横射两种安装方式，纵射式清洗头装在电极下方，横射式清洗头装在电极侧面。采用纵射型清洗方式维护比较方便，在电极侧向沉积可能性大的场合多选用横射型。

11-37　溶液喷射自动清洗装置有哪些部分组成？

答：溶液喷射自动清洗装置一般由清洗喷头、程序控制器、供液单元组成。

清洗喷头定期喷水或其他溶液（如低浓度的盐酸，硝酸溶液），以冲刷或溶解电极上的污染物。

因为溶液喷射清洗是间断进行的，这就需要一个程序控制器。程序控制器里一般设定三个时间：清洗时间 T_t、等待时间 T_w、检测时间 T_m。所谓等待时间是指清洗过程停止后被测溶液 pH 值稳定下来再开始检测所需的时间。

除了喷头和程序控制器以外，清洗系统还包括供液单元。供液单元一般由药液储桶、止逆阀、闸阀和电磁阀及流量计组成。

清洗溶液的压力一般为 0.05～0.5MPa，每次耗用清洗液约 100mL 左右。若用水清洗，每次耗用水量约 2～6L，水质可以是普通的自来水，每次洗涤时间约 1～3min，洗涤间隔时间一般在 0.1～12h 内可调。

某工业污水处理装置 pH 值测量的溶液喷射自动清洗系统见图 11-16。

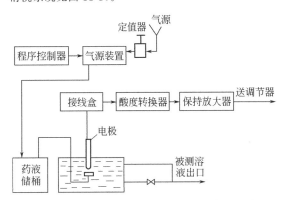

图 11-16 pH 值测量溶液喷射自动清洗系统

图中酸度发送器采用复合电极，清洗头为喷嘴式，装在复合电极下方，清洗液为 1mol/L 浓度的盐酸溶液。

11-38 什么是 pH 电极的"自清洗"？目前采用的"自清洗"方法有哪些？

答：所谓电极的"自清洗"是指利用被测溶液自身的力量对电极进行清洗的方法，类似于旁通过滤器中的自清扫作用。这种方法还在不断探索和发展中，而且其清洗效果是有限的。

在沉入式发送器中，横河公司开发了一种浮动式电极支架，图 11-17 是其结构示意图。在支架的前端装有一个浮球，电极镶嵌在浮球内，电极面与浮球外表面平齐，被测液体流动和起伏波动时，冲刷电极表面，实现对电极的清洗。液面升降时，浮球随之升降。

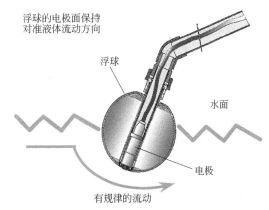

图 11-17 横河 pH 计浮动式电极支架结构示意图

在流通式发送器中，"自清洗"的方法有如下一些：把电极安装在高速流动的管道内，利用流体的流速对电极进行清洗；采用材料适当的小颗粒物质，在被测液流带动下，循环通过发送器，小颗粒物质与电极表面的结垢物摩擦而将其清除；在电极上套一个空心涡轮浮子，被测溶液流入时推动空心浮子内刮板转动将结垢刮除。

11-39 试述 pH 计的校准方法及步骤。

答：pH 计的校准周期一般为 3 个月，校准方法及步骤如下。

（1）校准前的准备

a. 准备两个烧杯、蒸馏水、低 pH 值和高 pH 值的标准缓冲溶液以及 0～100℃水银温度计；

b. 在一个烧杯中灌入足够的低 pH 值标准缓冲溶液，在另一个烧杯中灌入足够的高 pH 值标准缓冲溶液；

c. 从电极室中取出电极系统。

（2）零点校准

a. 将电极系统用蒸馏水洗净，用滤纸擦干后，浸入低 pH 值（pH7）标准缓冲溶液中；

b. 当电极系统与溶液温度平衡且变送器（或转换器）指示稳定时测量溶液温度，并根据"标准缓冲溶液 pH 值-温度对照表"查出该温度下溶液的 pH 值；

c. 调整仪表的调零（或不对称）电位器，使该仪表指示上述 pH 值。

（3）量程（或斜率）校准

a. 把电极系统从烧杯中取出，用蒸馏水洗净，用滤纸擦干后，浸入高 pH 值（pH4 或 pH9）的标准缓冲溶液中；

b. 当电极系统与溶液温度平衡且变送器（或转换器）指示稳定时测量溶液温度，并根据"对照表"查出该温度时溶液的 pH 值；

c. 调整仪表的量程（或斜率）电位器，使仪表指示上述 pH 值。

（4）重复校准　重复进行上述零点和量程校准步骤，直至仪表指示准确无误。

11-40　什么是缓冲溶液？它有什么作用？

答： 缓冲溶液是一种能对溶液的酸度起稳定（或缓冲）作用的溶液。在溶液中加入少量强酸或强碱，或溶液中的化学反应产生了少量酸或碱，或将溶液稍加稀释，缓冲溶液都能保持近于恒定的 pH 值。

任何一种弱酸，例如 NH_4^+ 和 HAc，都可以离解出质子，而其共轭碱（NH_3 和 Ac^-）则能接受质子。因此，在任何一种弱酸的水溶液中都有其共轭碱，在每一种弱碱的水溶液中也有其共轭酸，因为共轭酸碱对在溶液中处于离子平衡，当将少量强酸或强碱加入此溶液中时，酸与碱的浓度比变化很小，所以 pH 的改变也很小。例如 1L 纯水中滴入 0.1mL 1mol 的 HCl 后，pH 由 7 降到 4；如果将同量的 HCl 加入 1L 浓度各为 0.1mol 的 NaAc 和 HAc 的混合溶液中，溶液的 pH 值几乎没有变化。所以弱酸及其盐，或弱碱及其盐的溶液是缓冲溶液，具有缓冲作用的弱酸及其共轭碱，或弱碱及其共轭酸称为缓冲剂。

在分析化学中，缓冲溶液不但可以用来控制溶液的酸度，而且可以用来校准酸度计，此时缓冲溶液就是 pH 标准缓冲溶液。

11-41　pH 标准缓冲溶液有哪些？pH 计校准时常用的有哪几种？

表 11-1　标准缓冲溶液及其 pH 值（0～60℃）

溶液温度	0.05 mol/L 四草酸钾	饱和酒石酸氢钾（25℃）	0.05 mol/L 邻苯二甲酸氢钾	0.025mol/L 磷酸二氢钾 0.025mol/L 磷酸氢二钠	0.01 mol/L 四硼酸钠	饱和氢氧化钙（25℃）
0	1.67	—	4.00	6.98	9.46	13.42
5	1.67	—	4.00	6.95	9.39	13.21
10	1.67	—	4.00	6.92	9.33	13.01
15	1.67	—	4.00	6.90	9.28	12.82
20	1.68	—	4.00	6.88	9.23	12.64
25	1.68	3.56	4.00	6.86	9.18	12.46
30	1.68	3.55	4.01	6.85	9.14	12.29
35	1.69	3.55	4.02	6.84	9.11	12.13
40	1.69	3.55	4.03	6.84	9.07	11.98
45	1.70	3.55	4.04	6.84	9.04	11.83
50	1.71	3.56	4.06	6.83	9.03	11.70
55	1.71	3.56	4.07	6.88	8.99	11.55
60	1.72	3.57	4.09	6.84	8.97	11.46

答： pH 标准缓冲溶液是 pH 值测定的基准。按 GB 11076-89《pH 测量用缓冲溶液制备方法》配制出的标准缓冲溶液及其 pH 值见表 11-1。

pH 计校准时常用的标准缓冲溶液一般是邻苯二甲酸氢钾（pH≈4）、混合磷酸盐（KH_2PO_4 + Na_2HPO_4，pH≈7）和四硼酸钠（pH≈9）。

11-42　如何配制 pH 标准缓冲溶液？

答： 可按 GB 11076—89《pH 测量用缓冲溶液制备方法》配制，配制方法见表 11-2。

表 11-2　pH 标准缓冲溶液的配制方法（用蒸馏水配制）

试剂名称	分子式	浓度/(mol/L)	试剂的干燥与预处理	配制方法
四草酸钾	$KH_3(C_2O_4)_2 \cdot 2H_2O$	0.05	(57±2)℃下干燥至质量恒定	12.7096g $KH_3(C_2O_4)_2 \cdot 2H_2O$ 溶于水，定量稀释至 1L
酒石酸氢钾	$KC_4H_5O_6$	饱和	不必预先干燥	$KC_4H_5O_6$ 溶于(25±3)℃水中直至饱和
邻苯二甲酸氢钾	$KHC_8H_4O_4$	0.05	(110±5)℃干燥至质量恒定	10.2112g $KHC_8H_4O_4$ 溶于水，定量稀释至 1L
磷酸二氢钾和磷酸氢二钠	KH_2PO_4 + Na_2HPO_4	0.025	KH_2PO_4 在(110±5)℃下干燥至质量恒定 Na_2HPO_4 在(120±5)℃下干燥至质量恒定	3.4021g KH_2PO_4 和 3.5490g Na_2HPO_4 溶于水，定量稀释至 1L
四硼酸钠	$Na_2B_4O_7 \cdot 10H_2O$	0.01	$Na_2B_4O_7 \cdot 10H_2O$ 放在含有 NaCl 和蔗糖饱和液的干燥器中	3.8137g $Na_2B_4O_7 \cdot 10H_2O$ 溶于已除去 CO_2 的蒸馏水中，定量稀释至 1L，储存于聚乙烯瓶中
氢氧化钙	$Ca(OH)_2$	饱和	不必预先干燥	$Ca(OH)_2$ 溶于(25±3)℃水中直至饱和，储存于聚乙烯瓶中

市场上销售的"成套 pH 缓冲剂"就是这几种物质的小包装产品，配制时不需要再干燥和称量，直接将袋内试剂溶解后转入规定体积的容量瓶中，加水稀释至刻度，摇匀，即可使用。

11-43 pH 标准缓冲溶液如何加以保存？

答：缓冲溶液一般储存在聚乙烯塑料瓶中，碱性溶液（硼砂和氢氧化钙）只能装在聚乙烯塑料瓶中密封保存，其他溶液（pH7、pH4）也可用磨口瓶密封保存。

由于 pH 值很容易受空气中 CO_2 的影响，所以密封特别重要，除酒石酸缓冲溶液外，其他缓冲溶液均可以在低温下无限期保存。但 pH 值为 3～1，含有机酸或有机碱的缓冲溶液，在一般条件下，储存数周或数月后，容易出现霉菌丝体的絮状物，磷酸盐缓冲溶液也容易出现沉淀。有这种霉菌的缓冲溶液最好不要使用。

按规定标准缓冲溶液配制 2～3 个月后就应该报废而不再使用。据试验，在储存 28 个月以后的缓冲溶液，虽然有些沉淀或霉菌生长，可是其中苯二甲酸、磷酸盐和硼酸盐溶液的 pH 变化仍然小于 0.007 单位。在缓冲溶液中加入少量防腐剂，可以延长缓冲溶液的使用期。例如，可在酒石酸氢钾或苯二甲酸氢钾溶液中加入少量的百里酚晶体（每升 0.9g）作防腐剂。室温下，百里酚饱和溶液的浓度约为 1g/L。

11-44 为什么不能用 pH 值为 7 的纯水作标准溶液校准 pH 计？而采用缓冲溶液作标准溶液？

答：一方面由于纯水的溶解能力强，很容易被杂质污染，在调校仪表的过程中 pH 值不可能稳定在 7；另一方面，纯水导电能力极差，会使测量部分的阻抗增高，仪器的输入阻抗难以满足这个要求，因此不能用纯水作标准溶液。

而缓冲溶液具有调节控制溶液酸度的能力，在缓冲溶液中混进少量的酸、碱或被水稀释时溶液的 pH 值变化极小，在调校仪表的过程中 pH 值比较稳定；此外，它的导电能力强，使测量部分的阻抗低，因此，调校 pH 计时，采用它作为标准溶液。

11-45 如何对工业 pH 计的转换器进行校准？试举例说明。

答：工业 pH 计转换器的校准方法与一般变送器的校准方法基本相同。现以日本横河 8511 型工业 pH 计转换器的校准为例加以说明。

一台 8511 型工业 pH 计，测量范围为 0～14pH，模拟校验 0、3、7、9、14pH 各点，基准温度为 0℃，模拟校验框图见图 11-18。

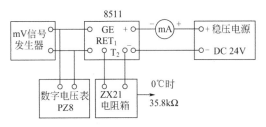

图 11-18　8511 型工业 pH 计转换器模拟校验框图

根据 pH 与温度的关系可知：0℃时为 54.19mV/pH。mV 信号发生器与各点对应的输入电压应为：

pH＝7 时，为中性溶液，输入电压为 0mV

pH＝0 时，输入电压为 $(0-7)\times54.19=-379.33$mV

pH＝3 时，输入电压为 $(3-7)\times54.19=-216.76$mV

pH＝9 时，输入电压为 $(9-7)\times54.19=108.38$mV

pH＝14 时，输入电压为 $(14-7)\times54.19=379.33$mV

8511 型 pH 计输出标准电流信号为 4～20mA DC，对测量范围为 0～14pH 来说，各点对应的输出电流应为：

0pH 时，$\dfrac{(20-4)\text{mA}}{(14-0)\text{pH}}\times0\text{pH}+4\text{mA}=4\text{mA}$

3pH 时，$\dfrac{20-4}{14-0}\times3+4\approx7.43\text{mA}$

7pH 时，$\dfrac{20-4}{14-0}\times7+4=12.00\text{mA}$

9pH 时，$\dfrac{20-4}{14-0}\times9+4\approx14.29\text{mA}$

14pH 时，$\dfrac{20-4}{14-0}\times14+4=20.00\text{mA}$

11-46 在对 pH 计进行维护时，应注意哪些问题？

答：（1）维护中要当心，玻璃电极切勿倒置，也不要用手直接触摸玻璃电极的敏感膜，以免污染电极。

（2）甘汞电极内甘汞到陶瓷芯之间不能有气泡，如有气泡必须拆下清洗。

（3）不要用手直接触摸需要高度绝缘的端子和接线头，勿使油腻沾污，勿使受潮。

（4）打开接线盒、电极引线室时，要防止潮气和水分进入盒内。

（5）不要用黑胶布、聚氯乙烯带等绝缘程度不高的材料包扎玻璃电极引线。

（6）对带有压力补偿器的 pH 计维护要注意，每次增添盐桥溶液或停表时都要先切断待测溶液，将压力降至常压后才能停气。

（7）防爆型 pH 计在维护时要遵守相应的防爆规程。

11-47 使用 pH 计玻璃电极时应注意哪些问题？

答：（1）玻璃电极在初次使用或每次用后应置于蒸馏水中浸泡，以减小电极的不对称电位。

（2）玻璃电极不能用于含氟离子的溶液。

（3）玻璃电极在一定温度范围内才能正常工作，超过规定的温度范围，只能短时间使用，否则误差增大。

（4）普通玻璃电极在测 pH>10 的溶液时将产生"碱误差"，即测得的 pH 值比实际值偏低。

（5）玻璃电极的球泡部位不能受沾污，如已沾污则应进行清洗，然后在蒸馏水中浸泡一昼夜后再用。

（6）电极插头及导线应保持干燥，防止受潮造成酸度计输入阻抗降低而加大 pH 示值误差。

（7）测定 pH 时，玻璃电极的球泡应全部浸泡在溶液中，并使其稍高于甘汞电极的陶瓷芯片端，以免搅拌时碰坏。

（8）玻璃电极的内电极与球泡之间不得有气泡，预防短路。

11-48 工业 pH 计的玻璃电极和电路均完好，投运后测量误差大，甚至无法正常运行，试分析其原因。

答：原因之一是测量电极至高阻转换器间的屏蔽电缆、接线盒或接线端子绝缘阻抗降低。因为玻璃电极内阻很高，如果电极和转换器之间的接线端子受潮，屏蔽电缆霉变，参比电极用的氯化钾溶液污染端子盒或渗透到电缆帘子线中，维护时手上带的油污或污水留在端子上，或端子盒未封密，尘垢积在其中等均可造成绝缘下降。原因之二是仪器安装环境附近有大的机电设备，过大的电流干扰仪器示值。

11-49 怎样测定玻璃电极的内阻？

答：方法一：将玻璃电极和甘汞电极浸入 pH 值与零电位 pH 值相差较大的标准缓冲溶液中，用酸度计"mV"挡测电池的电动势。然后在玻璃电极和甘汞电极接线端间接上一个 250MΩ 电阻，再测电动势，玻璃电极内阻 R_G 为：

$$R_G = \frac{E-U}{U} \times R_H \qquad (11-25)$$

式中　R_G——玻璃电极内阻；

　　　R_H——并联高电阻；

　　　E——未接 R_H 时电池的电动势，mV；

　　　U——接有 R_H 时电池的电动势，mV。

方法二：用 500V 摇表测 R_G。将玻璃电极浸入饱和氯化钾溶液（或 1%氯化钠溶液）中，将兆欧表

一根导线接到玻璃电极引出端，另一导线插入溶液中，测法同使用时一样。摇表需慢慢摇动，以免击穿电极。用此法测定后需将电极置于蒸馏水中浸泡 24h 才能进行其他检验或 pH 值测定。

注意：决不允许用万用表等有源仪器去测量玻璃电极的内阻！

11-50 在工业 pH 计中，如果用甘汞电极作参比电极，怎样保持盐桥的畅通？

答：（1）陶瓷头不应堵塞，对于沉入式发送器，渗滴量调节螺丝松紧应适度，不宜太紧；对于大球泡参比电极，仪表运行时应取下橡皮套，以免氯化钾溶液滴不出而引起污物堵塞陶瓷头上的微孔。

（2）氯化钾溶液管路中不应有气泡。

（3）饱和氯化钾溶液中，氯化钾晶体应适量，太多的晶体有时也会将通道堵死。

11-51 为什么被测溶液压力大于某值后，pH 计的参比电极要进行压力补偿？

答：因为盐桥溶液的渗漏速率对电极液接电位有很大的影响，渗漏速率过慢，会使液接电位不稳定且内阻过大。待测溶液压力升高时，渗漏速率下降，压力过高时还有可能使待测溶液进入参比电极内部，污染参比电极，使 pH 计无法工作，所以要进行压力补偿，使参比电极内部的压力比待测溶液的压力高 0.01MPa。

11-52 如何对参比电极进行检查？

答：方法一：当电极系统在待测溶液中时，用数字万用表在端子板上测量参比电极与溶液接地之间的电阻，该电阻不应超过 100kΩ。

方法二：把一个已知的完好的参比电极和一个有疑问的参比电极放入一只装有 pH 缓冲溶液的烧杯中，将这两个参比电极的端子接到一个高输入阻抗（大于 10MΩ），分辨率大于 1mV 的直流电压测量仪器上，此时电压读数小于 10mV 时可继续使用，超过此值则需更换。

11-53 试述工业 pH 计的常见故障及处理方法。

答：见表 11-3。

11-54 图 11-19 是乙烯裂解装置废热锅炉水质监测系统原理结构图。该系统采用一台 pH 计和一台电导仪测量锅炉中水的酸碱度和电导率。被测样水温度 320℃，压力 11.5MPa，经图中的样品预处理装置减温减压，以适合仪器的测量要求。试述减温减压的工作原理和主要性能指标。

答：被测高温高压样水先后经套管式水冷器降温和液体减压阀降压，然后经压力、流量调节后，送入 pH 计和电导仪检测器中进行测量。

表 11-3　工业 pH 计的常见故障及处理方法

现　象	原　因	处　理　方　法
有明显的测量误差	被测溶液压力、温度和流速不满足电极的工作条件,带压 KCl 贮瓶的压力不符合要求	检查被测溶液状态和带压 KCl 贮瓶的压力,如必要,则应调整使满足要求
	玻璃电极被污染	清洗玻璃电极
	玻璃电极的特性变坏	更换玻璃电极,然后用缓冲溶液进行校准
	电极室周围的绝缘不良	干燥电极室,如果 O 形环损坏,则更换之
	盐桥(液络)堵塞	清洗盐桥,如果仍不能进行正常测量,则更换之
	参比电极内的溶液浓度变化	对可充灌型敏感元件,更换内部溶液,对充灌型敏感元件则清洗敏感元件内部且充灌 KCl 溶液
	参比电极损坏	更换参比电极
	电缆接线端子绝缘变坏	清洗和干燥电缆接线端子,使其绝缘电阻大于 $10^{12}\,\Omega$
	电缆接线错误和接插件接触不良	对照接线图检查接线和接插件接触情况
	接地线不适当	检查更换接地线或接地点
指示波动	被测溶液压力和流速变化太快	检查被测溶液状态,如必要则进行调整
	玻璃电极被污染或盐桥被堵塞	清洗玻璃电极或清洗盐桥,如仍不能进行测量,则更换之
	测量线路绝缘不良	清洗和干燥电缆端子,使其绝缘电阻大于 $10^{12}\,\Omega$
响应缓慢	被测溶液的置换缓慢	检查被测溶液状况,如必要则进行改进
	玻璃电极没有充分浸泡	重新浸泡玻璃电极直至工作状态正常
	玻璃电极被污染或盐桥被堵塞	清洗玻璃电极或清洗盐桥,如仍不能进行测量,则更换之
指示值单向缓慢漂移	玻璃电极球泡有微孔或裂纹	更换玻璃电极
	参比电极 KCl 溶液向外渗透太快	更换参比电极
	参比电极内有气泡	检查并补充 KCl 溶液且排除气泡
	新电极浸泡时间不够	重新浸泡电极(24h 以上)

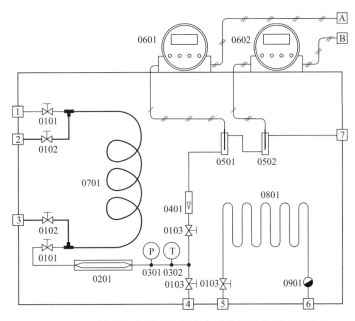

图 11-19　乙烯裂解装置废热锅炉水质监测系统原理结构图

1—样品水入口;2—冷却水出口;3—冷却水入口;4—旁通出口;5—伴热蒸汽入口;6—伴热蒸汽出口;7—样品水排放出口;A—pH 计转换器输出信号电缆;B—电导仪转换器输出信号电缆
0101—高温高压截止阀;0102—针型阀;0103—针阀;0201—液体减压阀;0301—压力表;0302—温度计;0401—浮子流量计;0501—电导仪检测器和流通池;0502—pH 计检测器和流通池;0601—电导仪转换器;0602—pH 计转换器;0701—套管式水冷器;0801—蒸汽伴热器;0901—疏水器

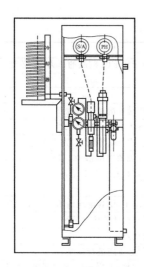

图 11-20 柜式高压锅炉
水质监测系统外形图
pH 计、电导仪、减压器、
温度计、压力表、
流量计均装于柜子中，
柜子侧面装套管
式冷却器，外形尺寸：
1600mm×450mm×
600mm（高×宽×深）

冷却水压力≥0.5MPa；
减温减压部件材质　316 耐热不锈钢；
减温减压部件压力等级　≥PN25MPa；
减温减压部件耐温性能　≥400℃；

图 11-20 是柜式高压锅炉水质监测系统的外形图。

该系统具有高效减温减压效果，材质耐高温、高

套管式水冷器内管中通被测样水，外管中通冷却水，内、外管液体逆向流动。也可采用盘管式水冷器，但其体积较大，换热效率也不如套管式高。

液体减压阀采用间隙减压原理工作，液体流经一条狭窄的缝隙后达到减压的目的。图中的压力表和温度计用于监测减温减压效果，以免温度、压力超出仪器测量要求。

减温减压器的主要技术指标为：

样水温度　可由 320℃ 降至 90℃ 以下；

样水压力　可由 11.5MPa 降 至 0.5MPa 以下；

样水流量≤2L/min；

压和化学腐蚀，体积较小，易于拆卸和清洗，经得起长期高温高压操作和反复拆卸的考验。

该系统由原化工部自动化研究所（现为天华化工机械及自动化研究设计院）开发研制并定型生产，已通过中国石化集团公司技术鉴定，并在多套乙烯裂解装置应用成功。

11-55　在硝酸磷肥、磷铵等生产装置中，中和槽的物料为高温（约 135℃）、高黏稠（1000～1500cP）状态，采用工业 pH 计测量其 pH 值时，如何进行取样？

答：可采用如图 11-21 所示的取样装置。

图中定时器定时发出信号，指挥电磁阀进行气路切换，通过气缸活塞的左右移动，将中和槽中物料由取样孔取出，取样次数 3～5 次/min，取样量 2mL/次。蒸汽冷凝液经流量控制器后冲洗取样孔，稀释取出的物料样品，稀释比为 13：1（体积），冷凝液流量控制精度为±1%。稀释液流入电极罐中，通过测稀释液的 pH 值，间接测得物料的 pH 值，测量精度可达±0.2pH。

11-56　什么是氧化还原电位计？

答：氧化还原电位（英文缩写 ORP）是物质氧化或还原状态的一种表示方法，用可接收或释放电子的金属电极即可测定该值。电极材料必须是不与被测物质发生反应的惰性金属，常用的金属电极材料是铂（Pt）或金（Au）。

测定氧化还原电位的仪器叫做氧化还原电位计（简称 ORP 计）。ORP 计和 pH 计的区别仅在于指示电极不同，pH 计采用玻璃指示电极，ORP 计采用金属指示电极，其他部分完全相同。图 11-22 是 E＋H 公司氧化还原复合电极结构图。

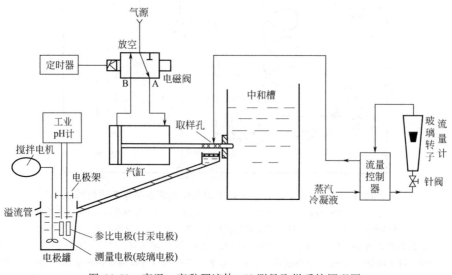

图 11-21　高温、高黏稠液体 pH 测量取样系统原理图

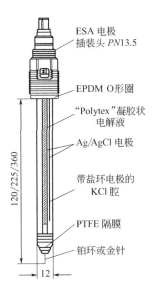

ESA 电极
插装头 *PN*13.5

EPDM O形圈

"Polytex"凝胶状
电解液

Ag/AgCl 电极

带盐环电极的
KCl 腔

PTFE 隔膜

铂环或金针

120/225/360

12

图 11-22 Orbisint 氧化还原复合电极结构图

氧化还原电位计的测量范围从 $-500\sim+500mV$ 到 $-1500\sim+1500mV$，测量精度可达 $\pm1mV$。

11-57 试述氧化还原电位计的测量原理。

答：反应物中的原子或离子发生了电子转移的反应称为氧化还原反应。反应中失去电子的一方被氧化，得到电子的一方被还原。

根据 Nernst 方程

$$E=E_0+\frac{RT}{nF}\ln\frac{[Ox]}{[Red]} \qquad (11\text{-}26)$$

式中 E——电极电位；

E_0——电极的标准电位；

R——通用气体常数，8.315，J/K；

T——热力学温度，K；

n——反应中的电子转移数；

F——法拉第常数，96500C；

$[Ox]$——氧化态的浓度，mol/L；

$[Red]$——还原态的浓度，mol/L。

在 25℃下，上式可表示为：

$$E=E_0+\frac{0.059}{n}\lg\frac{[Ox]}{[Red]}(25℃) \qquad (11\text{-}27)$$

氧化还原体系可借助不与被测物质发生反应的惰性金属构成一个电极，例如溶液中存在 Fe^{3+} 和 Fe^{2+} 时，可以插入铂电极，构成 Fe^{3+}/Fe^{2+} 电极，其电极电位为：

$$E_{Fe_{3+}/Fe_{2+}}=E_{Fe_{3+}/Fe_{2+}}+\frac{0.059}{n}\lg\frac{[Fe^{3+}]}{[Fe^{2+}]}(25℃)$$

$$(11\text{-}28)$$

再插入 Ag-AgCl 参比电极，即可通过其电位差测得 Fe^{3+}/Fe^{2+} 电极的电位，此电位就是 Fe^{3+}/Fe^{2+} 系统的氧化还原电位。根据测得的电极电位，可以判断氧化还原反应进行的方向、次序和反应进行的程度。

11-58 填空

（1）目前使用的部分防爆工业 pH 计的 pH 发送器与高阻转换器连为一体，以避免由于传输电缆引起的信号衰减，可克服（　）、外界环境的干扰和（　）等问题。

（2）pH 计参比电极的电极电位（　）。

（3）防爆工业 pH 计出现测量结果振荡不稳的原因可能是：①（　）不通；②漏电流等产生噪声；③转换器故障。

答：（1）电缆噪声，绝缘不良；（2）恒定不变；（3）盐桥。

11-59 选择

（1）下列的论述正确的是（　）。

A. pH 值表示酸的浓度；B. pH 值越大，酸性越强；C. pH 值表示稀溶液的酸碱性强弱程度；D. pOH 值是 pH 值的倒数

（2）在用 pH 计测定 pH 值时，事先用标准 pH 溶液对仪器进行校正，可消除（　）。

A. 碱性偏差；B. 酸性偏差；C. 不对称电位的影响

答：（1）C；（2）C。

11-60 判断：两份水样 pH 值测定结果分别为 4.0 和 7.0，这两份水样的 H^+ 活度相差 1000 倍。（　）

答：√。

11-61 已知某溶液 pH 值是 5，问其 H^+ 活度是多少？

解：$pH=5=-\lg[H^+]$

$[H^+]=1.0\times10^{-5}$（mol/L）

答：当 pH＝5 时，$[H^+]=1.0\times10^{-5}$ mol/L。

11-62 引起 pH 值测量误差的原因有哪些？

答：引起 pH 值测量误差的原因很多，主要有以下一些。

（1）温度对 pH 值测量的影响是多方面的，使用时应尽量使样品温度接近 25℃，以确保测量的准确性。首先，不同温度下 pH 电极对同样的氢离子活度响应是不同的，但这种误差在一定的温度范围内可通过温度补偿消除。其次，同一溶液在不同的温度下氢离子活度是不一样的，并且不同的溶液氢离子活度的温度系数是不一样的，故这个原因引起的误差通过普通的温度补偿是无法消除的。

（2）选择电极不当，超过了电极的使用范围。如普通电极在测量酸度、碱度太大的溶液 pH 值时，会产生"酸差"或"碱差"。

（3）电极本身制造工艺上的不对称、不一致、不均匀等原因会引起测量误差。

（4）校准不正确引起误差。如用 pH 值为 7 的纯水来校准 pH 计的零点就极易引起误差。用低阻的信号发生器校准 pH 变送器也可能引起测量不准。

（5）由于绝缘不好引起测量误差。pH 电极测量信号微弱，内阻很高，任何的绝缘不良都可能给结果带来误差。

（6）其他如被测溶液的压力不符合要求、电极污染、参比电极的填充液浓度变化、盐桥堵塞、接地不良等原因均可能给测量带来误差。

12. 离子选择性电极和工业钠度计

12.1 离子选择性电极

12-1 什么是离子选择性电极？

答：离子选择性电极是测定溶液中离子活度或浓度的一种电化学敏感元件。被测溶液中的某种离子在该种离子选择电极表面发生反应，在电极上产生电位（电势），这种电位的数值随离子的浓度变化而变化。

国际纯粹与应用化学学会（IUPAC）所推荐的定义为："离子选择性电极是电化学敏感体，它的电势与溶液中给定离子活度的对数成线性关系，这种装置不同于包含氧化还原反应的体系"。

从上述定义看出，离子选择性电极的电位不是由于氧化或还原反应所形成的，而是由一个电化学敏感膜形成的，所以离子选择性电极又称为膜电极。

12-2 水质在线分析和监测中使用的离子选择性电极有哪些？

答：（1）pH 玻璃电极　广泛使用。

（2）pNa 玻璃电极　工业钠度计中使用的就是这种电极，一般用于电厂及动力锅炉给水、蒸汽冷凝水中 Na^+ 的测定。

（3）氟离子选择电极　用于水中氟化物含量的测定。

（4）氯离子选择电极　用于水中氯化物含量的测定。

（5）氰离子选择电极　用于水中氰化物含量的测定。

（6）硝酸根电极　用于水中硝酸氮（硝酸盐）含量的测定。

（7）氨气敏电极　用于水中氨氮（NH_3 和 NH_4^+）含量的测定。

（8）其他离子选择电极。

12-3 离子选择性电极有哪些类型？

答：离子选择性电极分为原电极和敏化电极两大类。

（1）原电极　原电极是指敏感膜直接与被测溶液接触的离子选择性电极，它又分为玻璃膜电极、晶体膜电极和液膜电极三类。

由于无法测得单个电极的电位，因此原电极不能单独使用。测量时，原电极作为指示电极，与参比电极、被测溶液组成化学电池，通过测量两电极间的电位差，可计算出原电极的电位，从而求得被测溶液中的某种离子的浓度。

（2）敏化电极　敏化电极分为气敏电极和酶电极两类。

气敏电极是对某种气体敏感的电极，其结构是一个化学电池复合体，由憎水性透气膜（一种疏水性高分子薄膜，仅允许气体透过）、内电解液、指示电极（原电极）和参比电极组成。被测组分通过透气膜与内电解液作用，引起电解液中离子活度的变化，由对该离子敏感的指示电极测出。气敏电极可以作为传感器单独使用，既可测量气体中的组分，也可测量液体中的挥发性组分。

酶电极是在原电极或气敏电极外面覆盖一层含酶的膜层，膜内的酶能将被测溶液中的某种组分转变成能被电极检测的物质，供膜内的电极进行测量。

12-4 玻璃膜电极有哪些品种？

答：玻璃膜电极是以某种玻璃作为敏感膜的离子选择性电极，可分为以下两种。

（1）pH 玻璃电极　敏感膜采用碱金属硅酸盐玻璃制成，仅对 H^+ 敏感。

（2）一价阳离子玻璃电极　敏感膜是在碱金属硅酸盐玻璃中加入三氧化二铝制成，对部分一价阳离子如 Na^+、K^+、Li^+、Rb^+、Cs^+、NH_4^+、Ag^+ 等敏感。工业钠度计中使用的就是这种电极。

12-5 什么是晶体膜电极？它有哪些品种？

答：晶体膜电极的敏感膜是用一种或几种金属难溶盐晶体粉末，经高压（1×10^3 MPa 以上）压制成 $1 \sim 2$ mm 的薄片，再经表面抛光处理制成的。也有的是将上述材料与一种惰性基体（聚氯乙烯、硅橡胶、环氧树脂等）混合压制而成。它对构成膜电极的金属难溶盐离子有 Nernst 响应，如 F^-、Cl^-、Br^-、I^-、CN^-、S^{2-}、Cu^{2+}、Cd^{2+}、Pb^{2+} 等。

这种电极也可制成复合电极，即将晶体膜电极与参比电极组装成一个元件，使用比较方便。

常见晶体膜电极的品种和性能见表 12-1。

12-6 试述氟离子选择电极的结构和工作原理。

答：氟离子选择电极是一种典型的晶体膜电极，敏感膜用纯 LaF_3 单晶或掺杂少量的 EuF_2 和 CaF_2（增加导电性）压片制成。其结构如图 12-1 所示。

表 12-1　常见晶体膜电极的品种和性能

电极名称	膜材料	线性响应浓度范围/(mol/L)	适用 pH 范围	可测离子	主要干扰离子
F^-	LaF_3+Eu^{2+}	$5\times10^{-7}\sim0.1$	$5\sim6.5$	F^-	OH^-
Cl^-	$Ag_2S+AgCl$	$5\times10^{-5}\sim0.1$	$2\sim12$	Cl^-、Ag^+	Br^-、I^-、CN^-、S^{2-}
Br^-	$Ag_2S+AgBr$	$5\times10^{-6}\sim0.1$	$2\sim12$	Br^-、Ag^+	I^-、CN^-、S^{2-}
I^-	Ag_2S+AgI	$1\times10^{-7}\sim0.1$	$2\sim11$	I^-、Ag^+	CN^-、S^{2-}
S^{2-}	Ag_2S	$1\times10^{-7}\sim0.1$	$2\sim12$	S^{2-}、Ag^+	Hg^{2+}
CN^-	Ag_2S+AgI	$1\times10^{-6}\sim0.01$	>10	CN^-、Ag^+	I^-、S^{2-}
Cu^{2+}	Ag_2S+CuS	$5\times10^{-7}\sim0.1$	$2\sim10$	Cu^{2+}	Ag^+、Hg^{2+}、Fe^{3+}
Cd^{2+}	Ag_2S+CdS	$5\times10^{-7}\sim0.1$	$3\sim10$	Cd^{2+}	Ag^+、Hg^{2+}、Fe^{3+}、Cu^{2+}
Pb^{2+}	Ag_2S+PbS	$5\times10^{-7}\sim0.1$	$3\sim6$	Pb^{2+}	Ag^+、Hg^{2+}、Fe^{3+}、Cu^{2+}、Cd^{2+}

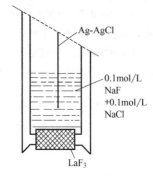

图 12-1　氟电极结构图

LaF_3 晶体膜封固在硬塑料管的一端，封固必须严密，密封的好坏直接影响电极的质量和寿命。常用粘接剂为环氧树脂或硅橡胶类粘接剂。电极内部溶液通常采用 $0.1mol/L$ NaF $+0.1mol/L$ NaCl 溶液，并以 Ag-AgCl 作内参比电极。测量时，以饱和甘汞电极为外参比电极，组成一个原电池，测定其电动势。氟离子电极的电位与溶液中 F^- 活度符合能斯特方程式，在 $0.1\sim5\times10^{-7}mol/L$ F^- 溶液中呈很好的线性关系。电极具有很高的选择性。唯一的干扰就是 OH^-，这是由于氢氧根离子半径与电荷和氟离子类似的缘故。这个干扰可以通过调节被测溶液的 pH 值来消除。

氟离子选择电极具有力学性能好、电位比较稳定、重复性好、选择性强等优点，它是晶体膜电极性能最好的一种电极，水质分析中已将其列为标准方法。

12-7　什么是液膜电极？试述其结构和工作原理。

答：液膜电极又称离子交换膜电极。其敏感膜是液体，是由电活性物质金属配位剂（即载体）溶在与水不相混溶的有机溶剂中，并渗透在惰性微孔膜（如陶瓷、PVC）支持体中制成的。此种液态膜与固态膜不同，交换离子可自由流动，能穿过薄膜进行离子交换，由于离子的交换，产生了电荷分布不均匀，形成双电层，产生了膜电位。

液膜电极有 NO_3^-、ClO_4^-、BF_4^-、Ca^{2+}、K^+ 离子电极等。

硝酸根电极是液膜电极的典型例子。硝酸根电极的构造如图 12-2 所示，电极分内外两层。内层套管中放置 $0.1mol/L$ $NaNO_3+0.1mol/L$ NaCl$+3\%$琼胶制成的凝胶，内参比电极为 Ag-AgCl 电极。外管中装的液体离子交换剂为季铵类硝酸盐溶解在邻硝基苯十二烷醚中的稀溶液。它填充在聚偏氟乙烯薄膜的微孔中，与膜外试液中的 NO_3^- 和内部凝胶中的 NO_3^- 进行离子交换，而产生膜电位。这种电极内阻小，响应快，在 $0.1\sim5\times10^{-5}mol/L$ NO_3^- 浓度范围内符合能斯特方程式，选择性也较好，在适当掩蔽剂存在下，可直接测量复杂样品中的 NO_3^- 的浓度。

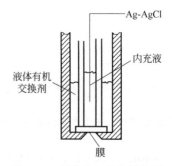

图 12-2　硝酸根电极的结构图

12-8　试述气敏电极的结构和工作原理。

答：以氨电极为例加以说明。氨气敏电极是以 pH 玻璃电极为指示电极，Ag-AgCl 电极为参比电极组成的复合电极，其结构如图 12-3 所示。pH 玻璃电极和 Ag-AgCl 参比电极一起插入电极管的内充液中（实际上就是一个测 pH 值的工作电池），内充液为 $0.1mol/L$ NH_4Cl 溶液，管底用一层极薄的透气聚四氟乙烯膜将内充液与被测气体隔开。这种膜只允许气体透过而不允许液体通过。

被测气体或液体中的 NH_3 通过透气膜扩散并溶

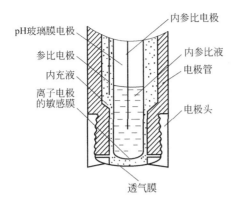

图 12-3　氨气敏电极结构示意图

于内充液中，发生以下反应：

$$NH_3 + H_2O \Longleftrightarrow NH_4^+ + OH^-$$

NH_3、NH_4^+ 和 OH^- 之间存在下列平衡关系

$$\frac{[NH_4^+][OH^-]}{[NH_3]} = K$$

由于内充液中存在足够量的 NH_4Cl，所以，$[NH_4^+]$ 可以认为是不变的，因此 $[OH^-] = K'[NH_3]$。由此可见，pH 玻璃电极指示内充液中 $[OH^-]$ 的变化，直接反映 $[NH_3]$ 的变化。其电位与 $[NH_3]$ 的关系符合能斯特方程式。

12-9　气敏电极有哪些品种？

答：应用比较成熟的气敏电极见表 12-2。

气敏电极既可测量气体中的组分，也可测量液体中的挥发性组分。在有毒气体检测和水质分析中均已得到应用。

12-10　什么是离子选择性电极的电极电位？什么是电极的响应斜率？

答：离子选择性电极的电位与溶液中离子活度的关系符合能斯特（Nernst）方程：

$$\varphi = K \pm \frac{2.303RT}{n_iF}\lg a_i = K \pm S\lg a_i \qquad (12-1)$$

式中　φ——离子选择性电极电位；

K——离子选择性电极常数；

a_i——i 离子的活度；

n_i——i 离子的电荷数；

$\pm$——对于阳离子取 "＋" 号，对于阴离子取 "－" 号。

当离子浓度很小时，可用浓度代替活度，式（12-1）可改写为

$$\varphi = K \pm S\lg C_i \qquad (12-2)$$

式中　C_i——被测溶液离子浓度。

离子选择性电极在线性响应范围内，被测离子活度每变化 10 倍所引起的电极电位的变化称为响应斜率，一般用 S 表示，从式（12-1）可见，$S = \frac{2.303RT}{nF}$，在一定的温度下，对于给定的离子，S 是个常数。

响应斜率的测量方法如下：配制不同浓度级差的标准溶液，如 10^{-1}、10^{-2}、10^{-3}、10^{-4}、10^{-5} mol/L，用离子选择性电极与参比电极组成测量电池，依次测出各标准溶液的电池电动势，两相邻电动势之差即为电极在该温度下的响应斜率。

12-11　什么是离子选择性电极的检测下限？怎样测量？

答：在低活度方向斜率值为理论斜率 70％ 时曲线上的点对应的活度值称为检测下限，如图 12-4 中 A 所示。确定检测下限的一种简便方法，即 φ-$\lg a$ 曲线中直线部分的延长线和曲线部分的水平切线的交点即为检测下限。

12-12　什么是离子选择性电极的选择性系数？

答：离子选择性电极是否有使用价值，很重要的一条就是选择性是否好，理想的电极只对特定的一种离子产生电位响应，其他共存离子不干扰，但实际上不容易做到。例如用玻璃电极测定溶液 pH 值时，在 pH＞10 以后，Na^+ 也有响应，即 Na^+ 有干扰。共存离子的干扰程度，即电极的选择性，可用选择性系数 K_{ij} 来表示，i 代表待测离子，j 代表共存干扰离子，

表 12-2　应用比较成熟的几种气敏电极

被测气体	指示电极	透　气　膜	内电解质溶液 /(mol/L)	检测下限	适宜 pH 值	干扰组分
CO_2	pH 玻璃电极	微孔聚四氟乙烯	10^{-2}NaHCO$_3$	$\sim10^{-5}$	≤4	
NH_3	pH 玻璃电极	微孔聚四氟乙烯	10^{-2}NH$_4$Cl	$\sim10^{-6}$	≥12	挥发性胺
SO_2	pH 玻璃电极	硅橡胶膜	10^{-3}NaHSO$_3$	$\sim10^{-6}$	≤0.7	Cl_2,NO_2,HCl,HF
NO/NO_2	pH 玻璃电极	微孔聚丙烯膜	0.02NaNO$_2$	$\sim10^{-6}$	≤0.7	SO_2,CO_2
HF	氟电极	微孔聚四氟乙烯	1.0H$^+$	$\sim10^{-3}$	≤2	
H_2S	Ag_2S 电极	微孔聚四氟乙烯	柠檬酸盐缓冲溶液	$\sim10^{-8}$	≤5	
HCN	Ag_2S 电极	微孔聚四氟乙烯	10^{-2}KAg(CN)$_2$	$\sim10^{-7}$	≤7	H_2S

注（表中数据取自《分析仪器手册》，化学工业出版社，1997。）

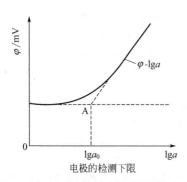

图 12-4　离子选择性电极的检测下限

则

$$K_{ij} = \frac{a_i}{(a_j)^{n_i/n_j}} \tag{12-3}$$

式中　n_i、n_j——i 离子和 j 离子的电荷数。

K_{ij} 是一个实验数据，它随着溶液中离子活度和测量方法不同而不同，通常仅用它估计测量误差和电极的适用范围。显然，K_{ij} 越小，对测定 i 离子的选择性越好。

当有干扰离子存在时，离子选择性电极的电位可表示为：

$$\varphi = K \pm \frac{2.303RT}{n_i F} \lg(a_i + K_{ij} a_j) \tag{12-4}$$

式中　a_i——待测离子的活度；

　　　a_j——干扰离子的活度；

　　　K_{ij}——电极的选择性系数，它表示 i 受干扰离子 j 的干扰程度。

还以测定 H^+ 时，Na^+ 为干扰离子为例，则

$$K_{ij} = K_{H^+,Na^+} = \frac{a_{H^+}}{a_{Na^+}}$$

例如：在 pH＝1～9 范围内，pH 玻璃电极对 Na^+ 的选择性系数为 $K_{H^+,Na^+} = 10^{-11}$，说明该电极对 H^+ 的响应比对 Na^+ 的响应灵敏 10^{11} 倍，此时 Na^+ 对测定 pH 值没有干扰。

12-13　什么是离子选择性电极的内阻？

答：离子选择性电极的内阻包括膜电阻、内充液电阻和内参比电极电阻，由于后两者的电阻值比膜电阻要小很多，因此可以忽略不计，而膜电阻主要决定于活性敏感膜的类型、厚度、组成及膜中各成分的比例。

12-14　怎样规定离子选择性电极的响应速度？

答：响应速度一般用响应时间来表示。离子选择性电极的响应时间是指从离子选择性电极与参比电极一起接触待测溶液时（或待测溶液的离子浓度改变时）算起，到电极电位变为稳定数值的瞬间所经历的时间。稳定数值是指它与应达到的数值之差不大于 1mV 时的数值。实际应用中，还有用 T_{50}、T_{95}、T_{99}（电位改变到应到达数值的 50%、95%、99% 所经历的时间）等方法表示响应时间的。

12-15　电极的响应速度与哪些因素有关？

答：电极响应的速度对于在线连续监测是十分重要的。电极响应速度一般较快，有的电极甚至低于 1min，一般也在数分钟以内。响应速度与测量溶液的浓度，试液中其他电解质的存在情况，测量的顺序（由浓到稀或者相反）以及前后两种溶液之间浓度差等都有关系。测定浓溶液后再测稀溶液，平衡时间较长，可能是膜表面吸附所致，用纯水清洗几次可逐渐恢复。

12-16　怎样衡量离子选择性电极的稳定性？

答：电极的稳定性是用电极电位的漂移来衡量的。所谓漂移是指在温度和溶液组分恒定，且参比电极电位稳定的条件下，电极电位随时间缓慢有序变化的程度。习惯上把电极放在 10^{-3} mol/L 的溶液中，在恒温条件下记录 24h 内电位漂移的大小。一般漂移应小于 2mV，特别优良的电极可达 1mV。

电极表面被沾污或物理性质发生变化，影响电极的稳定性。电极的良好清洗，浸泡处理，固体电极的表面抛光等都能改善这种情况。电极密封不良，粘接剂选择不当，或内部导线接触不良等也会导致电位不稳定。

12-17　怎样测试离子选择性电极的重现性？

答：电极的重现性是指电极从 10^{-3} mol/L 溶液转移到 10^{-2} mol/L 溶液，连续往返三次后的电位读数的平均偏差值。要求测试温度为 (25 ± 2)℃，两溶液温差不超过 0.5℃，规定电极浸入溶液 3min 时开始读数。

12-18　温度和 pH 值对离子选择性电极有何影响？

答：每类离子选择性电极均有一定的使用温度范围，温度的变化，不仅影响测定的电位值，而且超过某一温度范围后，电极往往会失去正常的响应性能。电极允许使用的温度范围与膜的类型有关，一般使用温度下限为 -5℃ 左右，上限为 80～100℃，有些液膜电极只能用到 50℃ 左右。

离子选择性电极的 pH 值范围与电极类型和所测溶液浓度有关。大多数电极在接近中性的介质中进行测量，而且有较宽的 pH 值范围。如氯电极适用的 pH 值范围为 2～11，硝酸根电极对于 0.1mol/L NO_3^- 适用 pH＝2.5～10.0，而对 10^{-3} mol/L NO_3^- 时适用 pH＝3.5～8.5。

12-19　指示电极与参比电极组成的测量电池电动势由哪几项组成？写出其数学表达式。

答：若以指示电极为正极，参比电极为负极，则电池的电动势为：

$$E = \varphi_{指示} - \varphi_{参比}$$
$$= (K + \frac{2.303RT}{n_i F} \lg a_i + \varphi_{内参}) - (\varphi_{外参} + \varphi_{液接})$$

$$\tag{12-5}$$

式中　　　$\varphi_{指示}$——指示电极电位；

$\varphi_{参比}$——参比电极电位;

$K+\dfrac{2.303RT}{n_iF}\lg a_i$——离子选择性电极电位;

$\varphi_{内参}$——指示电极中的内参比电极电位;

$\varphi_{外参}$——参比电极中的银-氯化银电极或甘汞电极的电位;

$\varphi_{液接}$——参比电极的内充液与待测液间的液接电位。

对于确定的测量电池,在一定温度下,K、$\varphi_{内参}$、$\varphi_{外参}$、$\varphi_{液接}$ 均可认为是常数。令 $E_0=K+\varphi_{内参}-\varphi_{外参}-\varphi_{液接}$,则

$$E=E_0+\dfrac{2.303RT}{n_iF}\lg a_i=E_0+S\lg a_i \quad (12\text{-}6)$$

式中的 E_0 与溶液温度有关,当温度恒定时,测量电池电动势 E 仅由被测离子活度 a_i 决定,通过测量 E 的大小,便可求出溶液的浓度。

12-20 定位调节的作用是什么?怎样进行定位调节?

答:测量电池的电动势可以表示为
$$E=E_0+S\lg a_i$$

在仪器使用中,从测量电池电动势 E 中将与被测离子浓度 $\lg a_i$ 无关的项 E_0 减去的操作过程称为定位。为此,在离子计的输入级或其他级加一定位电压 $E_{定}$,调节 $E_{定}$,使 $E_{定}=-E_0$,则送入测量系统的实际电压为
$$E'=E+E_{定}=E-E_0=S\lg a_i$$

式中 E' 只保留了与溶液浓度有关的项,消去了 E_0 的影响。

进行定位调节时,将指示电极和参比电极浸入预先配制好的标准缓冲溶液(定位液)中,调节定位旋钮,使仪器指示此标准溶液的 $\lg a_i$ 值即可。

12-21 为什么要进行温度补偿?举例说明怎样进行温度补偿?

答:离子计在设计时,总是以一定的毫伏值表示一定的 $\lg a_i$ 值,但是对于同一溶液,在不同的温度下,电极系统产生的毫伏值信号是不同的。因此,离子计把接收到的毫伏信号转换成 $\lg a_i$ 值时,必须以某一温度为基准。被测溶液的温度往往偏离基准值,为消除温度对转换斜率的影响,需采取补偿措施。一般不同的仪器有不同的补偿电路。

12-22 什么是测量电池的等电势点?为什么要进行等电势调节?

答:如图 12-5 所示,某些电极构成的测量电池,在不同温度下的 E-$\lg a_i$ 曲线簇交于一点($\lg a_0$,E_0),该点称为测量电池的等电势点,与之对应的 $\lg a_0$ 值称为等电势 $\lg a_0$ 值。

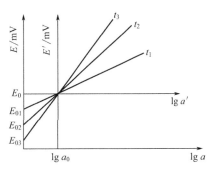

图 12-5　测量电池的等电势调节

假定仪器定位时的标准液温度为 t_1,定位电路提供一个定位电压“$-E_{01}$”,使输入放大器的净电压为 $E-E_{01}$。若测量时被测液温度为 t_2,此时应从 E 中减去 E_{02},即经 t_1 定位后多减了 $\Delta E=E_{01}-E_{02}$,ΔE 称为截距误差,它与被测离子的浓度无关,输入离子计后同样被转换成 $\lg a_0$ 值,引进测量误差。为此,离子计中需要设置等电势调节电路。

所谓等电势调节,是指利用不同温度下,同一种离子选择性电极,在等电势处具有相同的电势这一特点,让仪器的测量起点与等电势点相重合,从而消除截距误差 ΔE 的操作过程。实际操作中,进行等电势调节的方法是将仪器的输入端短接,调节电动势旋钮,使仪器指示为等电势 $\lg a_0$ 值,即把仪器的工作起点移到了电极系统的等电势点。

当定位液与被测液温度不同,且仪表的电器零点与等电势点不重合时,必须进行等电势调节。当然,测量电势必须有等电势点,才可能进行这种调节。

12-23 为什么要对有些仪器进行斜率校正?

答:一般玻璃电极的线性比较好,其电极响应斜率与理论值相接近,所以一些 pH 计、pNa 计没有斜率补偿功能。但是电极的实际响应斜率并不都符合理论响应斜率,许多电极在一定范围内线性较好,但其斜率偏离理论值较多;有些电极在使用后老化,斜率也会变化。电极的实际斜率往往是理论值的 80%～110%,通用离子计可与各种选择性电极配用,而仪器都是按理论斜率设计的,所以需设置斜率补偿电路,进行斜率校正。

12.2　工业钠度计

12-24 在 pNa 值测定中常遇到哪些问题?怎样解决?

答:(1) 离子干扰　钠离子选择性电极对离子的选择次序一般为 $Ag^+\gg H^+\gg Na^+>K^+\approx NH_4^+>Cs^+\approx Ca^{2+}>Mg^{2+}$,即电极对 Ag^+ 和 H^+ 的选择性比对 Na^+ 更灵敏。一般天然水和工业用水中 Ag^+ 很稀少,可以不考虑它的影响,所以 H^+ 是 pNa 电极

的主要干扰离子。通常采用加碱试剂调节溶液 pH 值的方法来抑制 H^+ 的干扰作用，当溶液 pH 值比 pNa 值大三个单位时，即可满足测量要求。此外，K^+ 对钠玻璃电极的影响也较大，其干扰主要来自参比电极内充液的渗漏，所以用静态法测定 pNa 时，不宜采用内充液浓度高的甘汞电极。更好的办法是采用动态法测量，使甘汞电极内充液渗漏的 K^+ 不经过指示电极就被连续流动的水样带走。当 Na^+ 含量很低时，还要考虑 NH_4^+ 的影响，常以挥发性胺代替 $NH_3 \cdot H_2O$ 作为碱试剂来避免其干扰。

（2）加碱的影响　pNa 测定中的加碱过程是一个至关重要的问题，特别是在线仪表连续测定时，碱试剂添加方法不当，造成加碱不均匀、不稳定，是产生误差甚至仪表不能正常工作的主要原因之一。因此在设计电极杯的配制工艺和采用的加碱方式时，一定要考虑水样和碱试剂能否充分混合。

（3）污染　周围环境中 Na^+ 的存在十分普遍，在测量低 Na^+ 溶液时，往往稍不注意就会引起污染。因此操作过程中，每一个可能引起误差的环节，都要仔细处理。此外，工业在线 pNa 计在监测蒸汽中的 Na^+ 含量时易受到 $Fe(OH)_3$ 的污染，蒸汽中携带的铁与添加的碱试剂作用，生成的 $Fe(OH)_3$ 沉淀物黏附在电极和电极表面，形成红褐色铁垢，使电极反应迟缓，无法正常工作。解决的办法是在加碱装置出口设置除铁过滤器。

（4）溶液温度　pNa 测定对温度要求比较严格，一般在 20～40℃ 范围内为宜。低于 20℃ 时，电极反应迟缓，给测量带来误差。定位液与被测液最好同温，温差超过 ±3℃ 时，误差较大。

12-25　用 pNa 电极测定 Na^+ 浓度时，为何要调节溶液的 pH 值达 10.0 以上？

答：在 pNa 电极的选择性顺序中，氢离子优先于钠离子，因此当溶液中 H^+ 大量存在时，必然会干扰 Na^+ 的测定，造成 Na^+ 的测定结果偏高。当 pH 值调到 10.0 以上时溶液中的 H^+ 浓度在 10^{-10} mol/L 以下，相对于钠离子浓度为 10^{-6} mol/L（$23\mu g/L$）的试液来说，其误差只有 1%，因此用 pNa 电极测定 Na^+ 浓度时，要调节溶液的 pH 值达 10.0 以上。

12-26　pNa 测定中对添加的碱试剂有何要求？常用的碱试剂有哪些？

答：（1）纯度高　防止碱试剂自身的含钠量给测量带来影响，特别是在测量 Na^+ 含量低的溶液时尤要注意。

（2）碱性强　只需加极少量的试剂，被测溶液的 pH 值就可满足测量要求，且能尽量保持原试样组分。

常用的碱试剂有二异丙胺（0.2mol/L）、饱和氢

氧化钡（使用前要再结晶，以减少 Na^+ 含量）、基准纯浓氨水、氨气、马弗林、二乙胺等。

12-27　使用工业钠度计时的注意事项有哪些？

答：（1）安装或拆卸电极传感器时，注意不要碰撞测量电极球泡，以免损坏，也不要接触油性物质。若电极球泡沾有污物，则应及时冲洗，电极在使用中也需定期清洗。

（2）新电极在使用前，可用酒精棉球进行轻轻的擦洗，再用蒸馏水冲洗干净，之后泡在蒸馏水中活化 24h 左右。

（3）应保持玻璃电极插口、电极插头和引线连接部分的清洁、干燥，勿沾油污，勿受潮，勿用手摸，保证输入端处于高阻状态，以免引起测量误差。

（4）切勿倒放玻璃电极。甘汞电极内甘汞到陶瓷芯之间不能有气泡，不然则会引起测量的不稳定。

（5）仪表的输入部分不能断路，在检修或拆卸变送器时必须关掉仪表的电源开关。

（6）仪表在使用中，应定期用标准溶液进行校准，以保证仪表的测量准确度。

12-28　试述 pNa 标准溶液的配制方法。

答：pNa 标准溶液的配制方法如下。

（1）对配制用水和试剂的要求

① 配制钠标准溶液必须用电导率小于 $2\times10^{-1}\mu S/cm$、钠离子含量小于 $2\mu g/L$ 的新鲜高纯水。

② 配制钠标准溶液必须用经 450℃ 灼烧过的含氯化钠 99.9% 以上的氯化钠试剂。使用前在 110℃ 下干燥恒重。

③ 制备高纯水用盛水器具必须采用聚乙烯或石英玻璃制品。

（2）标准溶液配制方法

① 1.0mol/kg 标准溶液。准确称取 57.198g 氯化钠并转移到 1L 容量瓶中，在 25℃ 下用高纯水溶解，并稀释至刻度。

② 0.1mol/kg 标准溶液。准确称取 5.815g 氯化钠，并转移到 1L 容量瓶中，在 25℃ 下用高纯水溶解，并稀释至刻度。

③ 0.01mol/kg 标准溶液。准确称取 0.5827g 氯化钠，并转移到 1L 容量瓶中，在 25℃ 下用高纯水溶解，并稀释至刻度。

④ 0.001mol/kg 标准溶液。吸取 100mL 0.01mol/kg 标准溶液，并转移到 1L 容量瓶中，用高纯水稀释至刻度。

⑤ 1×10^{-4}、1×10^{-5}、1×10^{-6} mol/kg 标准溶液。采用逐级稀释的方法制备，操作同 ① 条。

（3）标准溶液的保存

① 1.0、0.1、0.01、0.001mol/kg 标准溶液配制后，应马上转移到聚乙烯塑料瓶或石英玻璃瓶内，并

于室温下洁净处或冰箱中保存。保存期一般为1年以上。10^{-4}、10^{-5}、10^{-6} mol/kg 标准溶液应随用随配。

② 为消除氢离子对测量的干扰，标准溶液必须用二异丙胺或氢氧化钡调节其 pH，使 pH 值比标准 pNa 值大3以上。

标准溶液浓度与对应的 pNa 值见表12-3。

表12-3　钠离子浓度与对应的 pNa 值

pNa 值		0.157	1.106	2.044	3.015
Na$^+$浓度	/(mol/kg)	1.0	0.1	10^{-2}	10^{-3}
	/(g/L)	22.505	2.287	0.229	22.9×10^{-3}
pNa 值		4.005	5.000	6.000	—
Na$^+$浓度	/(mol/kg)	10^{-4}	10^{-5}	10^{-6}	—
	/(g/L)	22.9×10^{-4}	23.0×10^{-5}	23.0×10^{-6}	—

注：表中数据取自国家计量检定规程 JJG 822—1993《钠离子计》。

12-29　选择

在线钠离子分析仪的待测水样中加入二异丙胺的目的是提高水样的 pH 值，以减轻水样中（　　）对测量的干扰。

A. 电导率；B. 硅离子；C. 氧离子；D. 氢离子

答：D。

12-30　填空

静态法测定水中钠时，氢离子和钾离子对测定水样中钠离子浓度有干扰，前者可以通过加入碱化剂，使被测定溶液的 pH 值大于（　　）来消除，后者必须严格控制 Na$^+$ 与 K$^+$ 的浓度比至少为（　　）。

答：10，10∶1。

12-31　ORION 公司 1811 型钠离子分析仪每月维护内容有哪些？

答：（1）更换氨试剂和扩散管；（2）钠电极处理（腐蚀和冲洗）；（3）更换参比电极填充溶液；（4）用标准溶液校验仪器（两点校验）。

12-32　试分析 ORION 公司的 1811A 型在线钠离子分析仪校准时出现斜率太低的原因。

答：可能原因有：（1）校准方法不对；（2）测量电极污染或故障；（3）标液污染；（4）电子部分故障；（5）标样进样的注射器故障；（6）配制标样的纯水中钠离子浓度高，影响标样浓度。

12-33　钠离子测定中为什么要选用 0.1mol/L KCl 的甘汞电极，如果用 KCl 浓度较高的甘汞电极对测定结果有什么影响？

答：在 25℃时，不同浓度 KCl 溶液的甘汞电极，其电极电位（以标氢电极作标准）不同，且随温度变化而变化。静态测试要用 0.1mol/L KCl 甘汞电极，若用饱和 KCl 甘汞电极测微量钠会使读数不准，动态法要用饱和 KCl 甘汞电极。

13. 工业电导仪

13-1 什么是电导分析仪？电导分析仪有哪些类型？

答：通过测量溶液的导电能力间接得知溶液浓度的仪器称为电导分析仪。

当它用来分析酸、碱等溶液的浓度时，常称之为浓度计。当它用来测定锅炉给水、蒸汽冷凝液的含盐量时，又称为盐量计。

电导分析仪按其结构可分为电极式和电磁感应式两大类。

电极式电导仪的电极与溶液直接接触，因而容易发生腐蚀、污染、极化等问题，测量范围受到一定限制。它适用于低电导率（一般为 μS/cm 级，上限至 10mS/cm）、非腐蚀性、洁净介质的测量，常用于工业水处理装置的水质分析等场合。

电磁感应式电导仪又称为电磁浓度计，其感应线圈用耐腐蚀的材料与溶液隔开，为非接触式仪表，所以不会发生腐蚀、污染问题。由于没有电极，也不存在电极极化问题。但电磁感应对溶液的电导率有一定要求，不能太低。它适用于高电导率（一般为 mS/cm 级，下限至 100μS/cm）、腐蚀性、脏污介质的测量，常用于强酸强碱等浓度分析和污水、造纸、医药、食品等行业。

13-2 试述电解质溶液的导电机理。

答：金属导体靠自由电子在外电场作用下的定向运动而导电，电解质溶液则是靠溶液中带电离子在外电场作用下的定向迁移而导电。

电解质溶解在水中，在水分子的极性作用下，一部分分子离解成带正电荷的阳离子和带负电荷的阴离子，由于阴阳离子的个数相等，使整个溶液呈电中性。当把外接有电源的两根电极插入电解质溶液（如图 13-1 所示）时，离子由于受到电极的吸引，阴阳离子会沿着两个相反的方向移动，正离子移向负极，吸收由电池传到负极极板上的电子，而成为中性原子或原子团；负离子移向正极，把多余电子交给正极而成为中性原子或原子团。这样，由于离子的不断迁移，造成电子的不断运动，从而形成电流，表明电解质溶液具有导电性质。

一定性质的电解质溶液，其导电能力与溶液的浓度有关，并受温度的影响。前者是电导分析仪测量浓度的基础，后者则是有待消除的因素。

13-3 什么是电导和电导率？

答：电解质溶液与金属一样，是电的优良导体。

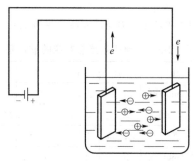

图 13-1 电解质溶液的导电原理

所以当电流通过电解质溶液时，也会受到阻尼作用，同样可用电阻来表示：

$$R = \rho \frac{L}{A} \tag{13-1}$$

在液体中常常使用电导和电导率的概念，电导是电阻的倒数，电导率是电阻率的倒数，即：

$$G = \frac{1}{R} = \frac{1}{\rho} \frac{A}{L} = \gamma \frac{A}{L} \tag{13-2}$$

式中　R——溶液电阻，Ω；

　　　ρ——电阻率，$\Omega \cdot cm$；

　　　L——导体长度，cm；

　　　A——导体横截面积，cm^2；

　　　G——电导，S（西门子，简称西），$S = 1/\Omega$；

　　　γ——电导率，S/cm，$/S/cm = 1/\Omega \cdot cm$。

这里所谓导体是由两电极间的液体所构成，其长度、横截面积均为两电极间的电解质溶液所具有的长度和横截面积。

由式（13-2）可知，当 $L = 1cm$，$A = 1cm^2$ 时，$G = \gamma$。电导率的物理意义是 $1cm^3$ 溶液所具有的电导，它表示在 $1cm^3$ 体积中，充以任意溶液时所具有的电导。

13-4 对于金属的导电性质，常用电阻 R 和电阻率 ρ 来表示，而对于溶液，则用其倒数电导 G 和电导率 γ 来表示。这是为什么？

答：在衡量溶液的导电性质时，往往不用电阻率 ρ，而用它的倒数 $1/\rho$ 表示，$1/\rho$ 称为电导率，用 γ 表示。而液体回路中的电阻 R 也往往用其倒数 $1/R$ 来表示，$1/R$ 称为电导，用 G 表示。

这是因为，对金属导体而言，电阻的温度系数是正的，当温度升高时，它的电阻值是随温度的升高而增加的。而对液体而言，其温度系数是负的，当温度升高时，它的电阻值是随温度的升高而减少的。为了运算上的方便和概念上的一致，把"负"的关系转变成"正"的关系，因而取其倒数表示。

13-5　什么是电极常数？

答：电极常数又称为电导池常数或池常数。电极常数 $K = L/A$，是两电极间离子运动路径的平均长度 L 与电极面积 A 之比，它由电极的几何尺寸和结构形式所决定。不同形式的电极具有不同的电极常数。一般测量高电导率溶液时，采用 5、10、20、25、50（cm^{-1}）等较大的电极常数；测量低电导率溶液时，则采用 0.001、0.01、0.05、0.1、1（cm^{-1}）等较低的电极常数。

改变电极常数可以改变电导仪的量程。电极常数可以通过理论计算或实验方法确定。由于电极装配和尺寸测量存在误差，常常使得电极常数的计算值与实际值之间出现差异；另外，由于电极结构型式的复杂，使得其 K 值无法用公式表达和计算出来。因此，通常电极常数不是用理论计算而是用实验方法（标准溶液法、参比电导池法）来确定的。

13-6　什么是摩尔电导率？

答：溶液的导电性能不仅与溶液的性质，而且还与浓度有关，即使是同一种溶液，浓度不同其导电的能力也是不同的。因此，只知道溶液的性质和电导率，还不能说明其导电能力，更不能对不同浓度的溶液进行导电能力的比较。为此，在溶液的电导率 γ 中引入浓度的概念，此即所谓摩尔电导率。

摩尔电导率是指：相距为 1cm，面积为 1cm^2 的两个平行电极之间，充以浓度为 1mol（基本单元以单位电荷计）的溶液时的电导率，用 λ 表示。

摩尔电导率 λ 与溶液电导率 γ 之间的关系为：

$$\gamma = \eta\lambda \tag{13-3}$$

式中　γ——溶液的电导率，S/cm；

η——溶液的摩尔浓度，mol/L；

λ——溶液的摩尔电导率，$S \cdot cm^{-1}/mol \cdot L^{-1}$。

13-7　以前有关电导仪的著述中，常采用当量浓度和当量电导率的概念，现在则采用摩尔浓度和摩尔电导率的概念，两者之间有何异同？

答：两者的实际含义完全相同，只是表述方式不同而已。

根据法定计量单位的规定，用物质的量浓度（摩尔分数）来代替以前的当量浓度，用物质的量（摩尔数）来代替以前的当量数，用"等物质的量规则"来代替以前的当量定律。

应当注意，使用摩尔浓度和摩尔电导率的概念时，必须指明其基本单元（以单位电荷计），否则所说的摩尔就没有明确的意义了。

例如，1mol 的 KCl 在水中全部电离时，离解为 6.023×10^{23} 个 H^+ 和 6.023×10^{23} 个 Cl^-，离子的电荷数为 1，则以单位电荷计的基本单元为 1KCl。1mol 的 $CuSO_4$ 在水中全部电离时，离解为 6.023×10^{23} 个 Cu^{2+} 和 6.023×10^{23} 个 SO_4^{2-}，离子的电荷数为 2，则以单位电荷计的基本单元为 1/2$CuSO_4$。这样，1mol 的 KCl（基本单元为 1KCl）和 1mol 的 $CuSO_4$（基本单元为 1/2$CuSO_4$），两者能导电的正、负离子所带的电荷量都一样多。换言之，1mol 基本单元以单位电荷计的电解质，不论其型如何，当全部离解时，所包含的正、负离子的导电电量是相等的。因此，无论是比较不同种类的电解质在指定温度和浓度等条件下的导电能力，还是比较指定电解质在不同浓度时的导电能力，采用摩尔电导率更为合理。

13-8　溶液的电导与浓度之间有何关系？测得电导后如何求出溶液的浓度？

答：可分为以下两种情况讨论。

（1）溶液的电导 G 与溶液摩尔浓度 η 之间的关系

由式（13-3）可知摩尔电导率与摩尔浓度之间的关系为：

$$\eta = \frac{\gamma}{\lambda} \tag{13-4}$$

将式（13-4）代入式（13-2）中得：

$$G = \gamma \frac{A}{L} = \eta\lambda \frac{A}{L} \tag{13-5}$$

式（13-5）说明：当电极的尺寸和距离一定时（即 A 和 L 一定时），由于溶液的摩尔电导率 λ 也是一定的，因此两电极间溶液的电导 G 就仅与溶液的摩尔浓度 η 有关。测得两电极间的电导 G，其对应的摩尔浓度 η 也就随之得知。

（2）溶液的电导 G 与溶液容量浓度 c 之间的关系

容量浓度是指 1L 溶液中所含溶质的克数或毫克数，我们通常所说的溶液的浓度就是指其容量浓度。在电导率的测定中，容量浓度 c 往往用 mg/L 作单位。溶液的摩尔浓度 η 与容量浓度 c 之间的关系为：

$$\eta = \frac{c}{\delta \times 1000} \tag{13-6}$$

式中　η——溶液的摩尔浓度，mol/L；

c——溶液的容量浓度，mg/L；

δ——溶液中溶质的毫摩尔质量，mg/mmol。

将式（13-6）代入式（13-5）中得：

$$G = \gamma \frac{A}{L} = \eta\lambda \frac{A}{L} = \frac{c}{\delta \times 1000}\lambda \frac{A}{L} \tag{13-7}$$

式（13-7）说明：当电极的尺寸和距离一定时（即 A 和 L 一定时），由于溶液中溶质的毫摩尔质量 δ

是一定的，溶液的摩尔电导率 λ 也是一定的，因此两电极间溶液的电导 G 就仅与溶液的容量浓度 c 有关。测得两电极间的电导 G，其对应的容量浓度 c 也就随之得知。

13-9 溶液的浓度变化对溶液电导测量有什么影响？

答：图 13-2 绘出了 20℃时某些电解质溶液在低浓度范围内的电导率和浓度之间的关系曲线。在浓度变化范围大的情况下，其关系曲线如图 13-3 所示。

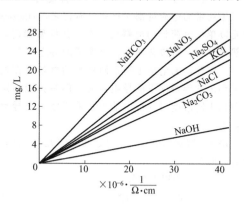

图 13-2　20℃时几种电解质溶液的电导率与浓度的关系曲线（1）（在低浓度范围内）

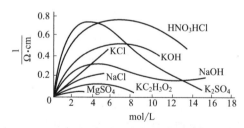

图 13-3　20℃时几种电解质溶液的电导率与浓度的关系曲线（2）（浓度变化范围大）

从图 13-2 及图 13-3 中的曲线可以看出，在低浓度时，电导率和浓度之间成单值关系，而在高浓度时则会呈现具有峰值的双值关系。其原因是在低浓度时，溶液中的离子很少，溶质的电离度随浓度的增加而增大，因而导电能力将成比例地增大；但是，当浓度较高时，由于溶液中已有大量的离子存在，它们将抑制溶质的离解，以及同性离子相斥，异性离子相吸的作用会随浓度的增加而增大，使得溶液的导电性能反而变差，电导率随之下降。

因而用电导法测量溶液浓度时，其测量范围是受到限制的，只能利用曲线的上升或下降部分，即只能测量低浓度和高浓度的电解质溶液。曲线中间一段浓度与电导率间不是线性关系，所以不能用电导法来进行测量。

13-10 电极的极化对溶液电导测量有什么影响？

答：在测量溶液电导时，无论采用哪种测量方法，都需要在电导池的电极上外加电源，以便产生相应的电流。当用直流电源时，便会在电极上产生极化作用，这是由于溶液发生了电解，在电解过程中电极本身发生化学变化，或者由于电极附近电解液的浓度变化而引起的，前一情况所引起的极化作用称为化学极化，后者则称为浓差极化。

化学极化是由于电化学反应本身的迟缓性，使电解生成物在电极与溶液之间形成了一个与外加电压相反的极化电势，此极化电势的存在使得电极间的电流减小，等效电阻增大，从而导致测量误差。

浓差极化是由于电解进行时，电极附近的离子浓度在与电极交换电子过程中很快降低，而溶液本体中的离子又来不及补充，因而造成了电极表面附近的液层与溶液深处之间的浓度差异，形成了浓差极化。浓差极化层电阻的存在同样会导致测量误差。

由于极化而造成的误差，如果用电流表示，则误差电流 ΔI 可由下式确定：

$$\Delta I = \frac{E}{R\sqrt{\omega}} \tag{13-8}$$

式中　E——极化电势；

　　　R——电极间溶液的电阻；

　　　ω——交流电频率。

为了减少或消除极化作用带来的误差，提高测量精度和灵敏度，可以采用以下措施。

（1）采用交流电源，提高电源频率。采用交流电源使电极表面的氧化和还原迅速交替地进行，其净结果可认为没有氧化或还原发生，从而减少极化作用。由式（2-19）可知，提高电源频率 ω 有利于降低极化误差，一般选取使 $\sqrt{\omega}$ 之值远大于 E/R。由于频率的提高和减小误差平方根的反比关系，故在频率增加到一定值后，它的影响将不显著。一般是测量低电导的溶液时采用较低的频率，测量高电导的溶液时可适当提高频率。

（2）降低电流密度。电极单位表面积上所通过的电流强度称为电流密度，电流密度愈大，电解作用愈强，极化作用愈显著，则极化引起的误差愈大。加大电极的表面积使电流密度降低，则可使极化作用的影响减小。对于工业上应用的铂电极，常常在其表面上涂一层铂黑，以增大其有效面积，使电极表面的电流密度显著下降，可以削弱电化学极化的影响。但是，铂黑电极表面吸附溶液溶质的能力很强，易造成浓差极化，所以在测量稀溶液时不宜采用。

13-11 电导池极间的电容效应对溶液电导测量有什么影响？

答：采用交流电源的电导仪，电导池的极间会呈现电容效应。这样，系统阻抗将不是纯电阻，而包含有容抗在内，因而测量值实际上是等效阻抗的作用，这就产生了误差。由于容抗的存在，在外加电压和电流之间会出现相位差，如果电导池两电极间的绝缘电阻为 R，电容为 C，则电导池的总阻抗 Z 为：

$$Z = R - \frac{1}{j\omega C} \qquad (13-9)$$

电流与电压间的相位差 α 为：

$$\alpha = \tan^{-1} \frac{\dfrac{1}{\omega C}}{R} = \tan^{-1} \frac{1}{\omega CR} \qquad (13-10)$$

由此可见，要减少相位差，可提高电源频率 ω，或增大极间电阻 R。

提高电源频率对降低极化作用和降低容抗影响均有利，但频率过高会给仪表的制造、调整和安装使用带来困难。因而，测量低浓度范围的溶液时，由于溶液电阻大，单位面积上通过的电流较小，因此频率不必太高，一般用工业电源频率（50Hz）已能得到较满意的结果；对于浓度高、电阻小的溶液，则必须采用高频电源，ω 的具体大小要根据不同的测量对象，用实验方法确定。确定的原则是当达到某一频率后，仪表的示值不再因频率增大而发生显著变化，这一频率即可认为电导池的工作频率。目前一般采用 $1\sim4$kHz。

增大极间电阻 R 的数值，也可达到减小误差的目的，但 R 的增大是受限制的，因为增大 R 只能通过减小电极面积和加大极间距离来实现，这样不利于减少极化作用；同时，R 过大还会使信号的绝对值减小，灵敏度降低，而且在测量高浓度的电解质溶液时制造大电阻的电导池是相当困难的。

13-12　在电导测量中，采用交流电源后会带来什么问题？如何加以解决？

答：由于交流电的作用，电导池就不能看作一个纯电阻元件，它除有阻抗作用外，还呈现容抗作用，如不消除容抗的影响，就会造成测量误差。图 13-4 是电导池的交流等效电路。一般说来，溶液浓度越大，越易极化，采用高频交流电源效果就较好。但是频率过高，电解质电容 C_2 的交流作用增强，传输电

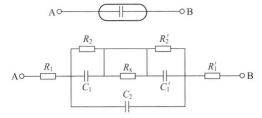

图 13-4　电导池交流等效电路

R_1、R_1'—电极自身电阻；R_2、R_2'—电极极化等效电阻；R_x—电解质溶液电阻；C_1、C_1'—静电容；C_2—电解质电容

缆分布电容的影响也更为明显，给测量带来较大的误差。

一些电导率仪中，设有电容补偿电路，以克服 C_2 和电缆分布电容的影响。实际测量中还可以根据溶液浓度的大小，采用不同频率的电源。一般测量电导率大于 100μS/cm 的溶液时，采用 1000Hz 或以上的高频电源。测量电导率小于 100μS/cm 的溶液时，可采用 50Hz 的低频电源。

13-13　为什么电导仪的电极引线不能太长？

答：图 13-5 所示为电导池和电极引线的等效电路，其中 R 是被测溶液的电阻，C 是电导池极间电容，C_0 是引线分布电容。为了减少分布电容的旁路作用，提高测量精度，电极引线不能过长。例如 DDD-32B 型工业电导仪的电极引线长度要求不超过 40m。若采取适当的措施来减小线间分布电容时，电极引线长度才能增加。

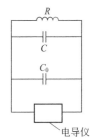

图 13-5　电导池和电极引线的等效电路

测量电极的两根引线，要用绝缘良好的聚乙烯屏蔽电缆，而且分布电容要小。在电缆总长度内的分布电容要小于 2000pF。

13-14　溶液温度的变化对溶液电导测量有什么影响？

答：溶液温度对离子的活泼性有一定影响，温度升高，溶液的电离度变大，离子的活泼性增强，离子移动速度加快，使导电能力增强；反之，则减弱。

电解质溶液的电导率随温度的升高而明显地增大，电导率 γ 和温度 t 之间的关系可用下式表示：

$$\gamma_t = \gamma_0 [1 + \beta_1 (t - t_0) + \beta_2 (t - t_0)^2]$$
$$\approx \gamma_0 [1 + \beta_1 (t - t_0)] \qquad (13-11)$$

式中　γ_t、γ_0——温度为 t 和 t_0 时的电导率；

β_1、β_2——电导率的温度系数。

通常 $\beta_2 (t - t_0)^2$ 很小，可以忽略不计。β_1 大约为 $0.02/$℃左右，它比金属电阻的温度系数大 $4\sim7$ 倍，所以温度变化对电导测量的影响很大，为此必须采取相应的温度补偿措施。

温度的补偿可以在测量线路中加补偿元件或采用参比测量法。

（1）电阻补偿法　这是在测量线路中采用电阻元件，如图 13-6 所示，其中 R_1 为锰铜电阻，其温度系数很小，可以看作近似为零，它与溶液电阻 R_x 并联，其作用是降低溶液电阻 R_x 的温度系数，使其接近于铜电阻的温度系数。R_k 是真正的温度补偿电阻，它是用铜线绕制的，它的温度系数较大。这样设置后，当溶液浓度未变，由于溶液温度的升高，溶液的

电导率变大，即电阻值 R_x 变小。由于 R_k 所处的温度与溶液的温度相同（R_k 也浸没在待测溶液中），则 R_k 因溶液温度升高其电阻值增大。根据待测溶液的温度系数，适当地选择 R_1 和 R_k 的数值，可以达到较好的温度补偿效果。

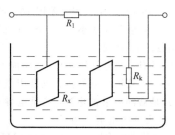

图 13-6　电阻补偿法原理

这种方法简单易行，目前大多数在线电导仪都采用它。

（2）参比电导池补偿法　即用两个结构完全相同的电导池进行温度补偿。它与热导式气体分析器补偿方法相似，将两个电导池作为电桥的相邻的两个桥臂，并处于相同的温度下，一个作为测量电导池，一个作为参比电导池，也能得到较好的温度补偿效果。

13-15　工业电导仪由哪几个部分组成？各部分的作用是什么？

答：工业电导仪由电导池、转换器、信号处理和显示器三部分组成，如图 13-7 所示。当由 DCS 进行信号处理和显示时，则只包括电导池和转换器两个部分。

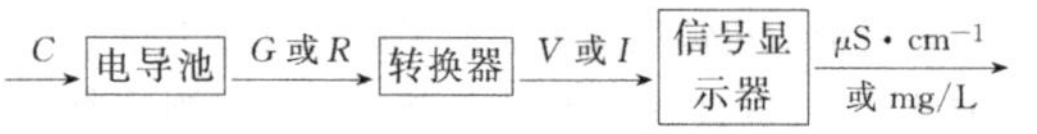

$$C \rightarrow \boxed{电导池} \xrightarrow{G\ 或\ R} \boxed{转换器} \xrightarrow{V\ 或\ I} \boxed{\begin{array}{c}信号显\\示器\end{array}} \xrightarrow[或\ mg/L]{\mu S \cdot cm^{-1}}$$

图 13-7　工业电导仪组成框图

（1）电导池　电导池又称检测器或发送器，它与被测溶液直接接触，将溶液的浓度变化转变为电导或电阻的变化。电导池的一般结构如图 13-8 所示，通常由电极 1、接线端子板 2 和电极保护套管 3 等组成。电导池的两根电极彼此绝缘，其位置相对固定，以保持两电极间的距离和面积为一定值，通过引线把电极与接线端子板相连。大多数工业电导仪的溶液温度补偿电阻也内藏在电导池中（见图 13-8 中的 4）。

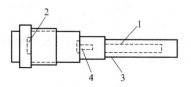

图 13-8　电导池的结构

（2）转换器　转换器的作用是将电导或电阻的变化转换成直流电压或电流信号，各种工业电导仪转换器的结构和复杂程度各异，一般包括测量电路、振荡器、交流放大及整流、电容补偿、温度补偿、稳压电源等部分。DDD-32B 型工业电导仪转换器电路框图如图 13-9 所示。

（3）信号处理和显示器　用来处理和显示转换器的输出信号，目前多采用微处理器技术，显示值有 $\mu\Omega$、μS 或 mg/L 等。

13-16　根据安装场所和安装方式的不同，电导池有多种结构型式，常见的几种如图 13-10 所示。试说明图中每种电导池的结构特点和适用场合。

答：（1）浸入式　图（a）是浸入式电导池，它直接浸没在被测介质中，或通过活接头固紧在工艺设备上，一般用在要求不高的常压场合。

（2）插入式　图（b）是插入式电导池，它的外套管上带有螺纹接口或法兰盘，安装时通过螺纹或法兰与工艺设备相连接，能保证一定的插入深度，垂直安装或水平安装均可，可用在有一定压力的场合。

（3）流通式　图（c）是流通式电导池，它通过螺纹或法兰与工艺管道相连接，被测介质由下部进入，通过电导池后再由上部侧向流出，这种电导池安装在工艺管道系统中，由于样品是直接流过电极的，所以其响应速度比较快。

（4）阀式　图（d）是阀式电导池，它由闸阀 1、填料函 2 和连接件 3 等部件组成。这种电导池可以在工艺生产不停车和不排放的情况下拉出电极进行清洗、检查或更换，既不影响生产，又可避免被测介质外溢，常用于高压测量场合。

13-17　电极的基本结构型式有平板形、圆筒形、

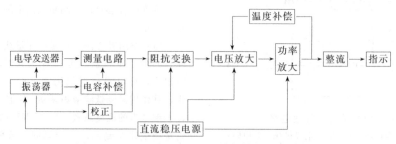

图 13-9　DDD-32B 型工业电导仪转换器电路框图

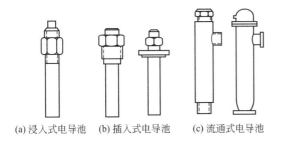

(a) 浸入式电导池　　(b) 插入式电导池　　(c) 流通式电导池

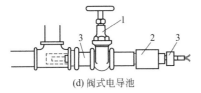

(d) 阀式电导池

图 13-10　几种电导池的外形图

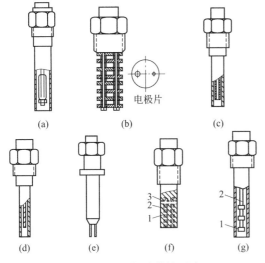

(a)　　　　　(b)　　　　　(c)

电极片

(d)　　(e)　　(f)　　(g)

图 13-11　电极的结构型式

圆环形三大类，电极的具体结构型式有多种，如图13-11所示。试说明图中每种电极的名称和结构特点。

答：（1）平板电极　图（a），由几何形状和尺寸完全相同的两块平行极板所组成。

（2）多层平板电极　图（b），由几块（图中为八块）几何尺寸相同的圆形平板重叠而成。圆形电极板上有大小圆孔各一个，相邻两块极板上的圆孔大小相间，用聚四氟乙烯短管绝缘，并保持一定的间距，再用两根长螺杆和螺帽串接固紧成一个整体。一根螺杆把1、3、5、7单层电极板串接成一组电极；另一根螺杆把2、4、6、8双层电极板串接成另一组电极。

（3）同轴电极　图（c）是由圆筒形内电极和圆筒形外电极组成的同轴电极。图（d）则是由圆柱形内电极和圆筒形外电极组成的同轴电极。

（4）平行轴电极　图（e），由两根几何尺寸相

同、平行安装的细长圆柱体所组成。

（5）内壁圆筒式电极　图（f），由几何尺寸相同的两个圆形电极1分别嵌在绝缘电导池体的两个平行管状通道2的内壁上，并与两通道中心线斜交的横向通道3相沟通。

（6）三环电极　图（g），由三个具有相同几何尺寸的电极环1等距离地套在一个绝缘玻璃管2内壁上所组成，首尾两个电极环相连构成一个电极，中间的为另一电极。

13-18　对电极的材料有何要求？常用的电极材料有哪些？

答：电极是电导仪的核心部件，制作电极的材料应满足一定要求，如物理化学性质稳定，耐腐蚀，能承受一定的压力和温度以及便于加工制作等。目前普遍采用的电极材料有铂、镍镀铂、铜镀铬和不锈钢等。

13-19　电导仪中常见的测量电路有分压测量电路、桥式测量电路、运算放大器式测量电路等几种，线路中均采用交流电源，并把电导池作为一个纯电阻元件来考虑。图13-12是分压测量电路的原理图，试述其工作原理和主要特点。

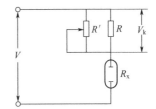

图 13-12　分压测量电路原理图

答：电导池在忽略了极化和电容的影响后，可认为是一个纯电阻 R_x，它与电阻 R_k 串联（R_k 是 R、R' 并联后的等效电阻），在信号源电压 V 的作用下，构成闭合电路，如图13-12所示。由图可知输出信号 V_k 为：

$$V_k = V \times \frac{R_k}{R_k + R_x} \qquad (13\text{-}12)$$

将 $R_x = \dfrac{K}{\gamma}$ 代入上式得：

$$V_k = V \times \frac{R_k}{R_k + \dfrac{K}{\gamma}}$$

$$= \frac{VR_k}{\gamma R_k + K} \times \gamma \qquad (13\text{-}13)$$

当信号源电压 V、电极常数 K 以及分压电阻只 R_k 一定时，分压电路的输出信号 V_k 就代表了被测溶液的电导率 γ。式（13-14）所表达的输出信号 V_k 与电导率之间的关系为非线性关系。

这种测量电路结构简单，便于调整，但它一般只

适用于低浓度高电阻的溶液，至于高浓度低电阻溶液，则不宜采用。因为溶液电阻 R_x 很小（仅为几欧姆或者更小），且由于灵敏度的限制，R_k 不能取得很大［由式（13-13）可见］。R_x 小，R_k 也小，则回路的电流便较大，这样会加剧电极极化，影响测量精度。对于高浓度低电阻的溶液，大多采用桥式测量电路。

13-20 试述桥式测量电路的工作原理和主要特点。

答：桥式测量电路有平衡和不平衡式两种。平衡电桥测量电路如图 13-13 所示。电阻 R_1、R_2、R_3 和 R_x 构成桥的四臂，其中 R_1、R_2、R_3 是由温度系数极小的锰铜丝绕制而成的已知电阻，R_x 为待测溶液电阻，AB 端接工作电压 V，CD 为输出端。当溶液浓度变化引起 R_x 变化时，电桥失去平衡，CD 端便有不平衡电压信号输出，经放大、整流后，使电表指针偏转，此时调节 R_3 的滑动触点 a，使电桥重新达到平衡（电表指针回零），这时：

$$R_x = \frac{R_1}{R_2} \times R_3 \qquad (13\text{-}14)$$

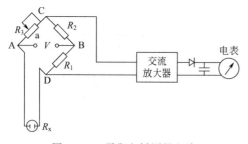

图 13-13　平衡电桥测量电路

这种测量电路的优点是对电源电压的稳定性要求不高，且测量比较准确。工业上应用时，大多通过电子自动平衡电桥来实现。

不平衡电桥测量电路如图 13-14 所示。

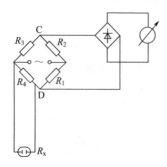

图 13-14　不平衡电桥测量电路

$R_1 \sim R_4$ 为桥臂的四个固定电阻，溶液电阻 R_x 与 R_4 并联构成一个桥臂。当 $R_x \to \infty$ 时，电桥处于平衡状态，桥路输出为零，仪表指示为零。当溶液浓度变化引起 R_x 变化时，电桥失去平衡，CD 端便有信

号输出，经整流后由磁电式仪表显示出来，可以用溶液浓度或电导率刻度。这种测量电路的优点是结构简单，但对电源的稳定性要求较高。

13-21 试述运算放大器式测量电路的工作原理和主要特点。

答：分压电路和桥式电路测量溶液电导时，均存在仪表刻度的非线性，不便于读数，也不利于仪表的数字化和用线性记录仪连续记录，采用运算放大器式电路则可克服上述缺点。

具有比例运算关系的运算放大器式测量电路如图 13-15 所示。

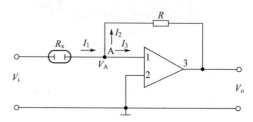

图 13-15　运算放大器式测量电路

电导池 R_x 接在反相输入端点 1，同相输入端点 2 接地，R 为跨接在运算放大器输出输入端之间的反馈电阻。当放大器的开环放大倍数 K_0 很大时，A 点电位接近于零，即通常称为"虚地点"。这时 $I_3 \approx 0$，可以认为 $I_1 \approx I_2$，而

$$I_1 = \frac{V_i - V_A}{R_x} \approx \frac{V_i}{R_x}$$

$$I_2 = \frac{V_A - V_o}{R} \approx -\frac{V_o}{R}$$

$$\therefore \quad \frac{V_o}{R} = -\frac{V_i}{R_x}$$

即

$$V_o = -\frac{R}{R_x} V_i \approx -GRV_i \qquad (13\text{-}15)$$

式中，负号表示输入与输出电压相位相反。

可见，当输入电压 V_i 恒定，反馈电阻 R 一定时，具有电压并联负反馈的比例运算放大器的输出电压 V_o 与溶液的电导 G 成线性关系。

13-22 图 13-16 是 DDD-32B 型工业电导仪电容补偿原理图，试简述其电容补偿原理。

答：设某一瞬间 L_3 上端为正，下端为负，此时就有 i_R 和 i_{cx} 流过 R_m，如不进行补偿，i_{cx} 在 R_m 上的压降附加到 i_R 在 R_m 的压降上，送入放大器的信号是两电压的叠加，必然给测量带来误差。

L_4、C_4 和 RP_1 是电容补偿电路，因为 L_4 的极性总是与 L_3 相反，所以在同一瞬间，就有一个流经 R_m 的电容电流 i_{c4} 产生，该电流的方向总是与 i_{cx} 相反，适当调节电位器 RP_1，就可使 $i_{c4} = i_{cx}$，电容 C_x 的影响被消除，送入放大器的信号 $U_m = R_m i_R$，仪表则真实地指示出被测溶液的电导率值。

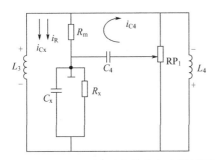

图 13-16　DDD-32B 型工业电导仪电容补偿原理图

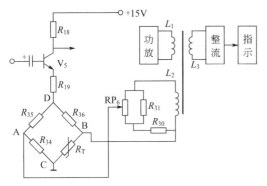

图 13-17　DDD-32B 型工业电导仪温度补偿原理图

13-23　图 13-17 是 DDD-32B 型工业电导仪温度补偿原理图，试简述其温度补偿原理。

答：温度补偿电路由反馈桥路和反馈桥路电源两部分组成。反馈桥路由 R_{34}、R_{35}、R_{36} 和温度补偿铂热电阻 R_T 组成。反馈桥路电源功率放大器的输出变压器副线圈 L_2 上的感应电势，加到 R_{31} 和 R_{30} / RP_6 电阻上，再由 RP_6 取出加到反馈桥路的 A、B 端。

设线圈 L_2 上的感应电势为 U_2，U_2 的大小和被测溶液的电导率成正比。由 RP_6 取出的电压为 U_2 的一部分，设为 U_β，U_β 即反馈桥路电源电压的大小，调节 RP_6 即可改变 U_β 的值，U_β 和溶液的电导率呈线性关系。反馈桥路的输出直接反馈到 V_5 的发射极，其大小和相位不仅与桥路电源的大小和相位有关，而且与 R_T 的大小有关。当被测溶液温度为 20℃ 时，$R_T = R_{34} = R_{35} = R_{36} = 49.64\Omega$，桥路平衡，输出为零。当溶液温度升高时，$R_T$ 增大、桥路输出增大，对 V_5 是负反馈，使交流放大器的放大倍数下降，指示值下降。当溶液温度下降时，R_T 减小，桥路输出增大，但相位相反，对 V_5 是正反馈，交流放大器放大倍数增大，指示升高。此即为温度补偿原理。

13-24　电导池的安装位置如何选择？安装时应注意哪些问题？

答：（1）电导池不应安装在死区和环境不好的地方。

（2）电导池与容器或管道各边的距离要大于 1.27cm（1/2″），电极原有的防护层应保持完好。

（3）电导池应在被测液体中浸入足够的深度。电导池若装在泵系统，应装在泵的压力侧，而不要装在真空侧。

（4）样品流速不应太大，否则会损坏电导池。样品流速低时，建议采用样品流入电导池开口的安装方式。

（5）电导池中被测液体不应含有气泡、固体物质，且沉淀不能堵塞电导池的通道。被测液体的温度和压力不得超过仪表技术条件所规定的范围。

（6）选择安装位置时，应考虑维修方便。

13-25　在电导仪的维护工作中，需要对电导池进行定期检查。其检查周期如何确定？检查项目有哪些？

答：电导池的检查周期取决于设备状况和被测溶液的电导率。一般来说，溶液的电导率越高，对电极表面的要求也越高，检查次数就要多一些。在一般正常情况下，每月只需检查一次。检查项目有如下一些。

（1）电导池内是否有裂缝、缺口、磨损或变质的迹象。

（2）电极表面铂黑镀层是否完好。

（3）电极上有无腐蚀或变色的迹象。

（4）电极周围的防护层是否完好。

（5）有无因液体流速太大而引起电极位置变化的迹象。

（6）干的电导池的泄漏电阻是否大于 50MΩ。

（7）排空口是否堵塞。

13-26　在对电导池进行维护时应注意哪些问题？

答：（1）当电导池安装在新的管道系统时，建议运行几天后就进行第一次检查。观察电极和池室上有无油污、铁锈、沉淀等物。若有，则应清洗干净。

（2）若被测溶液的电导率大大超过仪表测量范围的上限，应立即切断电源，并查看电导池是否损坏。

（3）若显示仪表出现不明原因的不正常现象，如灵敏度下降、死区增大、滞后增大、仪表指示不稳定和平衡困难等，这往往表明电极表面有损坏。应卸下电导池进行检查、清洗或更换。

13-27　当电极受到污染时如何进行清洗？

答：一般是用洗涤剂清洗电极。洗涤剂的种类要根据电导池受到污染的类型来选择。大多数情况是采用铬酸或 1%～2% 浓度的稀盐酸清洗电极。清洗方法如下。

先将电极从外壳内拆下，将电极及外壳一起浸在铬酸或 1%～2% 浓度的盐酸溶液中（注意电极的接线端不能浸入），再用毛刷刷洗电极及外壳内侧，洗净后用蒸馏水或脱盐水多次冲洗至水呈中性，然后将电极装入外壳内固定好。

如果是软泥、微粒沉积在电导池通道里，可用柔软干净的毛刷或棉花轻轻擦去电极上的沉积物，注意不要擦伤电极，对电极常数较低的电导池不要使用毛刷。

13-28 如何对电极镀铂黑？

答：如果电极上黑色的天鹅绒似的镀层被擦掉，则要重新进行镀铂黑。镀铂黑的方法和步骤如下。

（1）把要镀铂黑的电极浸泡在 10%～15% 盐酸溶液里约 5min，当出现肥皂泡状物质时，把电极放入 10% 氢氧化钠溶液里清洗。

（2）用流水彻底进行清洗。

（3）将电极浸到每 100mL 蒸馏水中含有 3g 氯铂酸（$H_2PtCl_2 \cdot 6H_2O$）和 0.2g 醋酸铅 $[Pb(Ac)_2 \cdot 3H_2O]$ 的镀铂黑溶液中。

（4）将电极引线接到 3～6V 的直流电源上，每隔 15min 变换一次极性，连续电镀两次或者直到电极表面均匀地覆盖了黑色涂层为止。电极常数为 0.1 或更低的电导池，只要很薄一层铂黑。在采用镍电极的电导池时，为使铂黑附着更牢，需将两个电极一起与电源的负极相连，电源的正极则接到一个不锈钢片或镍片上，并且电镀时不要使电流反向流动。

（5）将电导池在水龙头下冲洗半小时，对电极常数为 0.1 或更低的电导池，在冲洗之后尚需在勤换的蒸馏水中浸泡 15min。

13-29 在电导仪的使用、维护和校准过程中，往往需要对电极常数进行检查。测定电极常数的方法有哪些？如何进行测定？

答：测定电极常数的方法有两种。第一种是标准溶液法，第二种是参比电导池法。

（1）标准溶液法　把待测电导池放入已由其他方法精确测得电导率为 γ 的标准溶液中，测出此溶液在不同浓度时的电阻值 R，再依 $K = R\gamma$ 来确定待测电导池的 K 值。通常用氯化钾溶液作为标准溶液，因为纯氯化钾的标准溶液易于配制，且其电导率已被准确地测知，可供应用。氯化钾溶液在不同浓度不同温度时的电导率值如表 13-1 所示。

注意：表中所列之值未包括水本身的电导率，所以在测定电极常数时，应先用水做空白实验，即先求出水的电导率再加在上表的数据中进行计算。另外，在测定时还需注意空气中 CO_2 的影响，CO_2 溶于水中会带来测量误差。

氯化钾标准溶液的组成见表 13-2。

（2）参比电导池法　这是一种对比测量法。把一个电极常数已知的参比电导池与待测电导池放入同一溶液中，用足够精确的电桥依次测出标准电导池和待测电导池的电阻，然后用下面公式计算出待测电导池的电极常数：

$$K_1 = K_2 \frac{R_1}{R_2} \tag{13-16}$$

式中　K_1、R_1——待测电导池的电极常数和测得的溶液电阻；

　　　K_2、R_2——参比电导池的电极常数和测得的溶液电阻。

表 13-1　氯化钾溶液的电导率值（GB 11077—89）

近似浓度 /(mol/L)	电 导 率 /(S/cm)				
	15℃	18℃	20℃	25℃	35℃
1	0.09212	0.09780	0.10170	0.11131	0.13110
0.1	0.010455	0.011163	0.11644	0.012852	0.015353
0.01	0.0011414	0.0012200	0.0012737	0.0014083	0.0016876
0.001	0.0001185	0.0001267	0.0001322	0.0001466	0.0001765

表 13-2　氯化钾溶液的组成（GB 11077—89）

近似浓度/(mol/L)	质量浓度 KCl/(g/kg)溶液 （在真空中）	容量浓度 KCl/(g/L)溶液 （20℃空气中）	近似浓度/(mol/L)	质量浓度 KCl/(g/kg)溶液 （在真空中）	容量浓度 KCl/(g/L)溶液 （20℃空气中）
1	71.1352	74.2650	0.01	0.74586	0.7440
0.1	7.41913	7.4365	0.001	0.074586	将 100mL 0.01mol/L 溶液稀释 10 倍

当采用电导率很低的溶液时，其电导率往往不稳定，为此需要快速测量多次，计算其平均值代入上述公式。

上述两种测定电极常数的实验方法中，由于配制标准溶液有一定困难，比较麻烦，所以标准溶液法只用在要求较高的场合，而参比电导池法简单易行，在工厂中得到了广泛应用。

13-30 如何对转换器进行校准？

答：转换器的校准也称为"干校"，其方法是，按仪表电导率的分度值计算出对应的等效电阻值，然后用一标准电阻箱代替电导发送器中的测量电极接入仪表中，另外用一固定的、无感线绕制的电阻代替温度补偿电阻 R_t，其值应与基准温度（20℃）时相符，也接入仪表中。然后，根据 $R=K/\gamma$ 的计算值，对仪表进行校验。如仪表的测量范围为 $0\sim10\mu S$，电极常数配用 0.1，则满刻度时的等效电阻为

$$R=K/\gamma=0.1(cm^{-1})\div10^{-5}(\Omega^{-1}\cdot cm^{-1})=10k\Omega$$

电极常数为 $0.1cm^{-1}$，测量范围为 $0\sim10\mu S$ 时，仪表分度值的等效电阻见表 13-3。

表 13-3　仪表分度值的等效电阻（$K=0.1$）

仪表指示值/μS	1	2	3	4	5	6	7	8	9	10
等效电阻/$k\Omega$	100	50	33.3	25	20	16.6	14.3	125	11.1	10

设基准温度为 20℃，则 R_t（铂电阻）值为 49.64Ω，无感线绕制电阻应与之相符。改变电阻箱的阻值，先后为 100kΩ、50kΩ、33.3kΩ、…、10kΩ，则仪表的指示值应分别为 $1\mu S,2\mu S,3\mu S,\cdots,10\mu S$。如有误差，可根据量程范围和计算的 R 值调节相应的量程电位器，以调整满度点。

不同电极常数和测量范围下，电导仪分度值的等效电阻见表 13-4。

表 13-4　电导仪分度值的等效电阻

电极常数	$K=0.1$	$K=1$	$K=10$
仪表分度值/μS		等效电阻/$k\Omega$	
1	100	1000	
5	20	200	
10	10	100	
50	2	20	
100	1	10	100
500	0.2	2	20
1000	0.1	1	10
5000		0.2	2
10000		0.1	1
50000			0.2
100000			0.1

13-31 已知一电导仪所配用的电导池常数 $K=0.01cm^{-1}$，满量程为 $1\mu S/cm$。求：

（1）干校满量程时在电极间所接的等效电阻为多大？

（2）干校 1/10 量程时在电极间所接的等效电阻为多大？

解：根据式 $R=K/\gamma$ 计算

式中　R——两电极间所接等效电阻，Ω；

　　　K——电导池常数，cm^{-1}；

　　　γ——电导率，S/cm 或 $\Omega^{-1}\cdot cm^{-1}$。

（1）干校满量程时：

$$R=\frac{0.01cm^{-1}}{1\times10^{-6}S/cm}=10^4\Omega=10k\Omega$$

（2）干校 1/10 量程时：

$$R=\frac{0.01cm^{-1}}{0.1\times10^{-6}S/cm}=10^5\Omega=100k\Omega$$

13-32 试述工业电导仪常见故障及处理方法。

答：见表 13-5。

表 13-5　工业电导仪常见故障及处理方法

现　象	原　因	处　理　方　法
仪表指示为零	电源没有接通 电极回路断线	检查供电电路、保险丝等 检查电极回路连线
仪表指示最大	检测器电极连线短路 溶液电导率已超过仪表满刻度值	检查电极连线 用实验室电导仪测量溶液电导率，或将电导池内溶液排空，如仪表示值能降下来说明仪表正常
仪表指示偏高	检测器两电极端子间受潮	用洗耳球吸去端子间溶液，再用过滤纸擦干
仪表指示偏低	放大器放大能力降低 电极回路接触电阻阻值增大	检查各级放大器放大倍数，是否因滤波电容失效而使负反馈量增大导致放大倍数下降，或级间耦合电容失效导致信号电压损失 检查电极回路连接接触电阻
仪表指示忽高忽低	量程选择开关接触不良 电导池内有气泡存在	清洗开关或更换量程选择开关 调节取样阀门,消除气泡

13-33　工业电导仪在生产过程中的作用是什么？

答：工业电导仪在生产过程中的作用可以分为两类：一类用于测量锅炉给水和其他工业用水的质量指标；另一类用于监视设备在运行中是否有渗漏故障。

由于在锅炉燃烧过程中，很重要的一个问题是给水的品质以及蒸汽中的含盐量，如果给水中盐分含量较大，就会在锅炉及过热器内壁结垢，降低其传热效率，还会使器壁过热而造成破裂，甚至于爆炸。另外盐分随蒸汽进入蒸汽透平，则会使透平机的阀门堵塞，并沉积在透平机的叶片上，造成事故。因此测量出给水或蒸汽中含盐量的多少，对保证设备及操作的安全是十分重要的。测量蒸汽中的含盐量的方法是把蒸汽冷凝成液体，通过测量冷凝液的电导率就可知道含盐量的高低。

工业电导仪还可以用来监视热交换器、蒸汽冷凝器等设备的渗漏情况。当发生渗漏时，未经严格处理的水便会渗入脱盐水中，使后者的含盐量升高，其电导率也随之升高，采用电导仪进行监测，便可以判断设备是否发生了渗漏。

13-34　什么是水的纯度？水的纯度用什么方法表示？

答：水的纯度是指高纯水中溶解离子的含量，即其含盐量。高纯水中的含盐量很难用蒸馏称量方法测定，因此一般不用质量浓度表示它们的含量，而常用水的电导率来表示水的纯度。这是因为：

（1）电导率的测定方便、迅速、准确，且便于连续测定和记录；

（2）根据电解质的溶液理论，在 pH 为中性和稀的水溶液中，盐类都能离解为离子；

（3）对于同一种水，电导率与水中离子的浓度大致具有正比关系。

13-35　什么是电导率？水的电导率和哪些因素有关？

答：在规定条件下距离为 1cm、截面积为 $1cm^2$ 的两电极间介质电阻的倒数定义为电导率。它是溶液中存在的离子传导电流能力的量度。电导率的大小决定于溶液中的离子浓度、性质和溶液温度、黏度等。因此在其他条件（离子种类、溶液温度、黏度等）基本相同的条件下，它间接地表征了水中溶解离子的含量。

电导率的单位是 S/m，但在水质分析中，人们常用的单位是 $\mu S/cm$。它们之间的换算关系是：

$$1S/m = 10^3 mS/m = 10^6 \mu S/m = 10^4 \mu S/cm$$

若水样温度不是 25℃，测定数值应按下式换算成 25℃ 的电导率值：

$$\gamma(25℃) = \frac{\gamma_t K}{1 + \beta(t-25)}$$

式中　$\gamma(25℃)$——换算成 25℃ 时水样的电导率，$\mu S/cm$；

γ_t——水温为 t 时测得的电导，μS；

K——电导池常数，cm^{-1}；

β——温度校正系数（通常情况下 β 近似等于 0.02）；

t——测定时水样的温度，℃。

13-36　水的电导率与含盐量之间有何关系？如何根据电导率来估算水的含盐量？

答：人们通常用水的电导率来估算水的含盐量。对于同一种水，以温度 25℃ 为基准，其电导率与含盐量大致成正比关系。比例关系或换算系数为：

$1\mu S/cm$（电导率）$\approx 0.55 \sim 0.90 mg/L$（含盐量）

在其他温度下，则需加以校正。即温度每变化 1℃，含盐量大约变化 2%。温度高于 25℃ 时用负值，温度低于 25℃ 时用正值。

例如，在 20℃ 时测得某天然水的电导率为 $244\mu S/cm$，试计算这种水的近似含盐量。

解：设在 25℃ 时，电导率 $1\mu S/cm$ 时的含盐量相当于 0.75mg/L，则该水的含盐量 $= 244 \times 0.75 + 244 \times 0.75 \times 2\% \times 5 = 201.3$（mg/L）

根据实际经验，通常在 pH 值 5～9 的范围内，天然水的电导率与水溶液中的含盐量之比大约为 1:(0.6～0.8)。一般锅炉水，如将电导率最大的 OH^- 离子中和成中性盐，则锅炉水的电导率与含盐量之比为 1:(0.5～0.6)，即 $1\mu S/cm$ 相当于 0.5～0.6mg/L。

13-37　由于电导池本身结构、材料以及温度补偿范围的限制，进入电导池被分析溶液的温度和压力不能太高，所以各种电导仪都规定了温度和压力的范围。当被测溶液温度和压力较高时，应如何进行处理？

答：必须先将样品冷却到规定的温度值，然后减压，再引入电导池。图 13-18 是一种减温减压器的构成图。

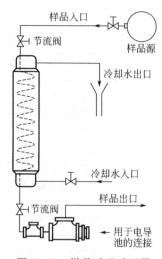

图 13-18　样品减温减压器

图中的冷却器是一种高效逆流换热器，其结构简单，为一外壳内装一盘管而成。外壳和盘管的材料均为 Inconel。盘管通样品，壳层通冷却水。图中的节流阀是一种液体减压阀，采用孔隙或间隙节流的方法降低液体的压力。

13-38 什么是"氢导"？什么是"氢电导仪"？

答：所谓"氢导"，是热电行业对水中氢离子电导率的简称，而"氢电导仪"就是测量水中氢离子电导率的电导仪。

各种离子对电导测量的敏感性大不相同，也可说各种离子在溶液中的导电能力大不相同。从离子摩尔电导率的数值来看，除了 $\lambda_{H^+} = 349.8 S \cdot cm^{-1}/mol \cdot L^{-1}$，$\lambda_{OH^-} = 198.0 S \cdot cm^{-1}/mol \cdot L^{-1}$，其他常见的正、负离子的摩尔电导率均在 $100 S \cdot cm^{-1}/mol \cdot L^{-1}$ 以下。可见氢离子的摩尔电导率远大于其他离子，也就是说，溶液中氢离子对电导测量的响应最为敏感。利用这一特性，可通过测定氢电导的方法来观察水质变化。

氢电导的测定方法就是将除盐水、凝结水、给水等通过氢型阳离子交换树脂后，立即用电导仪测定其电导率，所得数值简称为氢导。

在电厂水处理中，补水、凝结水及给水中都添加了氨，加氨的目的是除去水中的溶解氧，以防管道腐蚀。加氨后水的电导率可达 $4.0 \mu S/cm$ 以上。这样，由加氨造成的高电导率就掩盖了由水中盐类电导率的变化。为了消除加氨的影响，准确测得水中的含盐量，可用氨交换柱将水中的盐类杂质转变成相应的酸，又可将水中的氨除去，出水立即通过电导仪，即可测出水中盐类的相对含量（更确切地说主要是强酸根盐的多少）。弱酸根如硅酸根仍用比色法测定更可靠。所以氢电导仪主要用于检测碱性水或中性水中微量的强酸根盐类的相对含量，它可用来监视凝汽器的泄漏、混床的失效、炉前给水的水质等。

13-39 氢电导仪由哪些部分组成？其样品处理系统如何设置？

答：氢电导仪主要由离子交换器和电导池两个部分组成，离子交换器内装有氢离子交换树脂，用来吸收被测水样中的 Ca、Fe、NH_3 等离子，同时放出等量的氢离子。其外形如图 13-19 所示。

氢电导仪的样品处理系统如图 13-20 所示。被测水样经水冷却器降温、液体减压阀减压后送入氢电导仪进行分析。

13-40 什么是离子交换器失效监督仪？

答：离子交换器失效监督仪是一种监视水处理装置中阴、阳离子交换树脂是否失效的仪器。它是基于当离子交换器中树脂失效时，出口水的电导率发生变化的原理工作的。

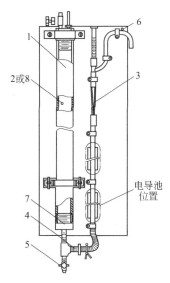

图 13-19 氢电导仪外形图

1—有机玻璃离子交换器；2—氢离子交换树脂（平常）；3—流量计；4—切断阀；5—排液阀；6—真空排放螺钉；7—下塞和滤网；8—氢离子交换树脂（染色）

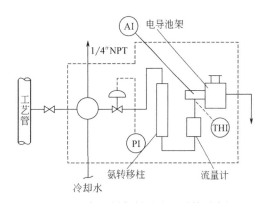

图 13-20 氢电导仪样品处理系统示意图

该仪器由两台电极常数完全一样的电导仪、一根离子交换柱，一根空白柱、一只三通闸阀和漏斗等组成。被测水由三通闸阀引入并分成两路，一路经过离子交换柱到参比电导仪，再经漏斗排出。当离子交换器中树脂失效时，交换柱可替代交换器的作用，所以流经参比电导仪的水总是经过彻底交换的。另一路经空白柱到测量电导仪，再经漏斗排出，被测水经过空白柱不发生交换，水质不变，空白柱的作用是使测量水与参比水同时到达两个电导仪，以消除时差的影响。

两台电导仪测得的水质电导率相同时，说明交换器中的离子交换树脂尚未失效，两者的测量结果明显不同时，则说明交换器中的离子交换树脂已经失效。

13-41 什么是四电极电导仪？它有何优点？

答：四电极电导仪的电导池中有四个电极，包括两个带电流的电极和两个"无电流"的电压电极，见图 13-21。外侧两个电极测量离子迁移形成的电流。内侧两个电极组成的高阻抗回路测量溶液间的电压。仪器根据测得的电流和电压这两个参数，并根据相应的仪表常数（由两对电极的电极常数决定）求出电导率。其优点是外侧两个电极处的极化效应不影响测量结果，因为电压是在两个实际上无电流的电极上测出的。

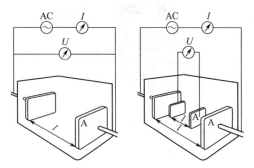

图 13-21　双电极电导池（左）和四电极电导池（右）

13-42 什么是电磁感应式电导仪？它有哪些部分组成？

答：电磁感应式电导仪又称为电磁浓度计，是利用电磁感应原理测量溶液电导率的仪表，由传感器和转换器两部分组成。

传感器的外形见图 13-22。其传感元件是两个环形感应线圈，其中一个是励磁线圈，另一个是检测线圈，励磁线圈四周有电磁屏蔽层，与检测线圈进行电磁隔离。导电液体从两个感应线圈中间流过，产生电磁耦合现象，将两个线圈交联起来构成回路进行测量。两个感应线圈用耐腐蚀的材料与溶液隔开，为非接触式仪表。

转换器电路由振荡器、交流放大和整流器、稳压电源等部分组成，见图 13-23。

图 13-22　电磁感应式电导仪传感器外形图

13-43 试述电磁感应式电导仪的工作原理。

答：电磁感应式电导仪是基于导电液体流过两个环形感应线圈时，产生电磁耦合现象工作的。其工作原理如图 13-24 所示。

在励磁线圈中通以交流电压 V_1，其铁芯为高导磁材料，便会在线圈周围产生一个交变磁场。被测液体流过励磁线圈时，液体环流可看作励磁线圈的次级绕组，在这个液体绕组中，电磁感应产生电压 V_2，

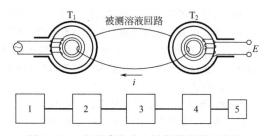

图 13-23　电磁感应式电导仪转换器示意图
T_1—励磁线圈；T_2—检测线圈；
i—感应电流；1—振荡器；2—传感元件；
3—交流放大器；4—整流器；5—稳压电源

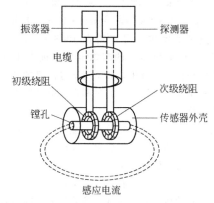

图 13-24　电磁感应式电导仪工作原理图
初级绕组—励磁线圈；次级绕组—检测线圈

感应电流 i 与 V_2 和液体的电导 G 成正比：

$$i = \frac{V_2}{R} = V_2 G$$

电导 G 与液体的电导率 γ 和电极常数 K 有关：

$$G = \frac{\gamma}{K}$$

电极常数 K 由传感器几何形状决定，等于两个感应线圈间孔洞长度 L 除以孔洞面积 A，即：

$$K = \frac{L}{A}$$

由于在环形传感器中有两个感应线圈，当液体流过第二个感应线圈（检测线圈）时，此时液体环流可看作检测线圈的初级绕组，液体中的感应电流 i 将在检测线圈中产生一个交变磁场，感应产生电压 V_3。检测线圈的输出电压 V_3 也与被测液体的电导率 γ 成正比。

13-44 电磁感应式电导仪有何特点？

答：与电极式电导仪相比，电磁感应式电导仪有以下特点。

（1）无电极，因而不受电极极化的影响。

（2）感应线圈不与被测介质接触，不会被污染，也不会污染被测介质，特别适用于污水、造纸、医药、食品等行业。

228

（3）感应线圈包覆材料为耐腐蚀塑料，可用于强酸、强碱等腐蚀性介质的浓度测量。

（4）耐温、耐压，特别适用于食品、医药行业要求高温消毒的场合和其他高温、高压场合，由于电磁感应对溶液的电导率有一定要求，不能太低。所以它适用于高电导率介质的测量，测量范围在 0～2000mS/cm 之间，最低测量限一般为 100μS/cm。不能用于工业水处理等低电导率介质场合。

13-45 试述电磁感应式电导仪的主要技术性能指标。

答：各厂家产品的性能指标不尽相同，以 E＋H 和横河产品为例，主要技术性能指标如下。

测量范围：0～2000mS/cm，分多挡量程

测量下限：100μS/cm

可测量的酸碱溶液：H_2SO_4、HNO_3、H_3PO_4、NaOH 等；

酸碱浓度测量范围：一般在 0～15％（质量分数），高浓度测量需专用电导仪（H_2SO_4、HNO_3、H_3PO_4、NaOH 在不同浓度下的电导率见图 13-25）；

测量精度：一般为±0.5％FS；

响应时间：3～6s；

感应线圈包覆材料：一般为聚醚醚酮（PEEK）；

被测介质温度：−10～＋80℃，短期使用可达＋130℃；

被测介质压力：≤2.0MPa（在 20℃下）；

被测介质流速：≤15m/s。

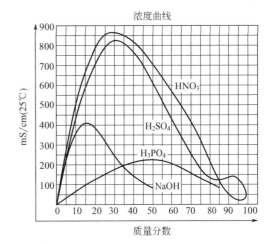

图 13-25　H_2SO_4、HNO_3、H_3PO_4、NaOH 在不同浓度下的电导率

14. 浊 度 计

14-1 什么是浊度？浊度的计量单位有哪些？

答：浊度是用以表示水的浑浊程度的单位。按照国际标准化组织 ISO 的定义，浊度是由于不溶性物质的存在而引起液体的透明度降低的一种量度。不溶性物质是指悬浮于水中的固体颗粒物（泥沙、腐殖质、浮游藻类等）和胶体颗粒物。

水的浊度表征水的光学性质，表示水中悬浮物和胶体物对光线透过时所产生的阻碍程度。浊度的大小不仅与水中悬浮物和胶体物的含量有关，而且与这些物质的颗粒大小、形状和表面对光的反射、散射等性能有关。因此，浊度与水中悬浮物和胶体物质的浓度之间并不存在一一对应的关系。

浊度的计量单位较多，常见的有以下几种：

Formazine 浊度单位——FTU；

散射浊度单位——NTU；

总悬浮固体物质浊度单位——mg/L；

欧洲酿造业浊度单位——EBC。

14-2 什么是 Formazine 浊度单位？

答：Formazine 浊度单位用 FTU 表示。FTU 是英文 Formazine Turbidity Units 的缩写，通常将其译为福马肼浊度单位。

FTU 是美国的标准浊度单位，也是国际标准化组织推荐使用的浊度单位之一。它是将一定比例的六次甲基四胺 [$(CH_2)_6N_4$] 溶液和硫酸肼（$N_2H_4 \cdot H_2SO_4$）溶液混合，配制成的一种白色牛奶状悬浮物——福马肼，以此作为浊度标准液，测得的浊度称为福马肼浊度。由于它是人工合成的，在一定操作条件下，均能获得良好的重现性。

14-3 什么是散射浊度单位？

答：散射浊度单位用 NTU 表示，NTU 是英文 Nephelometric Turbidity Units 的缩写。它是国际标准化组织颁布的国际标准 ISO7027《与入射光成 90° 角的光散射测量以及用福马肼进行的标定》中规定的浊度单位，也是目前国际上普遍使用的浊度单位。NTU 与 FTU 的数值相同，即 1NTU=1FTU。

目前，我国有关标准和规程中已采用 ISO7027 标准规定的 NTU 浊度单位，1NTU 称为 1 度（U-nit）。

也有用 FNU（Formazine Nephelometric Units）表示散射浊度单位的，其含义和数值与 NTU 完全相同。

14-4 什么是总悬浮固体物质浊度单位？

答：以 1L 水中含有悬浮物的毫克数 mg/L 作为浊度单位，浊度基准物为精制高岭土或硅藻土，即将 1L 水中含有 1mg 精制高岭土或硅藻土时的浊度叫做 1 度或 1ppm。

高岭土是由 SiO_2（42～46%）、Al_2O_3（37～40%）、Fe_2O_3（0.5～0.9%）等几种成分组成的粒土。由于高岭土的主要成分是 SiO_2，所以高岭土浊度单位有时也以 mg/L SiO_2 表示。

以前，我国和其他一些国家使用这种浊度单位，例如日本工业用水浊度标准（采用高岭土作），德国 Kieselgur 浊度标准（采用硅藻土），我国生活饮用水标准（采用硅藻土）等。由于各国使用的高岭土、硅藻土基准物，其产地、成分、颗粒形状和粒径分布不同，光学特性有差异，浊度的可比性小。采用不同的高岭土、硅藻土作基准物，会导致标准值的偏差，严重时这种偏差可达 10～20%。因此现在各国已普遍采用再现性和稳定性好的福马肼浊度标准液代替高岭土或硅藻土浊度标准液。用福马肼浊度单位 FTU 代替总悬浮固体物质浊度单位。

由于福马肼浊度标准液配制方面的限制，其最大浊度为 4000FTU，相当于高岭土浊度单位的 5000mg/L SiO_2。当被测液体（如污水和活性污泥）的浊度大于 4000FTU 时，目前仍以高岭土、硅藻土浊度单位 mg/L（或 g/L）表示。

应当注意，高岭土、硅藻土浊度单位 mg/L 与福马肼浊度单位 FTU 之间不存在严格的对应关系，两者之间也无法进行换算，只存在一定条件下通过仪器测试比对求出的"相当于"关系。

还应当注意，作为浊度单位的 mg/L 和作为浓度单位的 mg/L 是两个完全不同的概念，前者是光学单位，后者是质量含量单位，两者之间不存在数值上的相应或等同关系。浊度相同的悬浊液，其浓度可能完全不同；浓度相同的悬浊液，其浊度差异也往往相当大。

14-5 什么是欧洲酿造业浊度单位？

答：欧洲酿造业浊度单位用 EBC 表示，EBC 是英文 European Brewery Convention 的缩写。它是啤酒工业中普遍使用的浊度单位，以 Formazine 为浊度标准液。EBC 和 FTU 之间的换算关系为：1EBC=4FTU。

14-6 按测量方法分，浊度计有哪几种类型？

答：浊度计是测量水的浑浊程度的仪器，各种类型的浊度计都是利用光学方法进行测量的。按测量方法分，浊度计主要有以下几种类型。

（1）透射式浊度计　测量透射光的强度，即透过被测水样的光强。

（2）散射式浊度计　测量散射光的强度。按测量方位的不同，又可分为前散射式、垂直散射式和后散射式三种。

（3）散射光和透射光比率式浊度计　交替或同时测量散射光和透射光的强度，依其值得出浊度。

（4）表面散射式浊度计　测定照射到水样表面的散射光的强度。

几种浊度计的比较列于表 14-1。

表 14-1　几种浊度计的比较

仪器类型	测量原理	测量范围	水样色度影响	线性
透射光	$T\propto I_1$	中、高浊度	大	差
散射光	$T\propto I_2$	低、中浊度	大	较好
表面散射	$T\propto I_2$	低、中浊度	中	较好
散射光-透射光	$T\propto I_2/I_1$	低、中浊度	小	好

注：T—浊度，I_1—透射光光强；I_2—散射光光强。

14-7　浊度计的测量范围如何划分？各适用于什么场合？

答：浊度计的测量范围尚无统一、明确的划分，习惯上根据测量对象或应用场所的不同，将其划分为低、中、高三段。

（1）低浊度　测量范围在 0～100NTU（或 0～200NTU）以内。主要适用场合为：

● 高纯水和饮用水工艺；

● 自来水厂和工业水处理中的混凝沉淀监测；

● 过滤器反冲洗控制和泄漏监测；

● 工业水处理中离子交换器进水监测。

（2）中浊度　测量范围在 0～1000NTU（或 0～2000NTU）以内。主要适用场合为：

● 污水处理厂排放监测；

● 污水处理厂混凝沉淀监测；

● 污水处理厂过滤器反冲洗控制和泄漏监测；

● 地表水和污水排放口水质监测。

（3）高浊度　测量范围在 0～20g/L SiO₂（或 0～100g/L SiO₂）以内。主要用于污水处理厂的曝气池、二次沉淀池、浓缩池、消化池等场合，监测污泥的密度、厚度、界面及溢出情况等。活性污泥的浊度为 3～6g/L SiO₂，原污泥的浊度为 30～70g/L SiO₂。

14-8　污水处理工艺中污泥的浓度是如何测量的？

答：污泥的浓度是采用在线浊度计进行测量的，测出污泥的浊度后，在实验室中采用重量法测其浓度（悬浮物含量），然后将浊度折算成浓度，对仪器进行标定。不过对于不同的污水处理装置和污泥，两者之间的折算关系不尽相同甚至差异较大，所以需逐一单独标定。

测量方法采用散射法或散射-透射比较法，一般是对传统测量方法加以改进，采用脉冲光源和多通道测量技术。例如 E＋H 公司的 CUS4 系列高浊度测量探头，采用多通道交替测量法，由两个光源（LED 发光二极管）和三个接收器（光电二极管）组成，两个光源交替发射，经悬浮颗粒物散射后形成六个光束，轮流进入三个接收器，再通过数学运算从六个测量值中得出最佳结果。

14-9　什么是透射光？什么是散射光？

答：悬浮于水中的固体颗粒和胶体颗粒是光学不均匀性很强的分散物质，当光线通过这种悬浊液时，会产生非常复杂的光学现象。除在液体与气体的分界面上产生反射、折射、漫反射等现象以外，与液体浊度有关的光学现象主要还有以下几方面。

（1）光能被吸收　当光通过含有分散颗粒的介质时，介质与分散颗粒要吸收一部分辐射能。这主要是由于水中悬浮颗粒对入射光线的反射和散射现象引起的，当此颗粒为透明体时，还将同时发生折射现象。这样，入射光线透过水样后的光强就有所减弱，这种透过水样后减弱了的光称为透射光。

（2）光的散射　当光束通过光学性质不均匀的悬浊液时，从侧面可以观察到的光，称为散射光。这种光线通过非均匀介质向四面八方发射的现象，就是光的散射现象。

散射现象的发生，使光在原来传播方向上的强度减弱，在朗伯定律表达式中的衰减系数 α 除了真正的吸收系数 α_0 之外，还应有一个附加的系数 α_s，这一系数称为散射系数。入射到水样中的光强减弱，遵守以下规律：

$$I_1 = I_0 e^{-\alpha l} = I_0 e^{-(\alpha_0 + \alpha_s)l}$$

$$I_2 = I_0 e^{-\alpha_s l}$$

$$\alpha = \alpha_0 + \alpha_s$$

式中　I_0、I_1、I_2——分别为入射、透射和散射光强；

α、α_0、α_s——分别为衰减、吸收和散射系数；

l——光线通过液层的厚度。

14-10　试述透射式浊度计的结构和工作原理。

答：透射式浊度计有单光路和双光路两种结构型式。图 14-1 是单光路透射式浊度计的结构原理图。

这种单光路测量系统的缺点是干扰因素较多，如电源的波动、光源和光电元件的老化、光电元件的温度影响等均会对测量造成影响，因而其稳定性差、线性也较差。

为了克服上述问题，透射式浊度计普遍采用双光路测量系统，如图 14-2 所示。

在一定波长下，从光源发出的光被同步电动机带

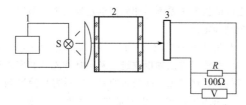

图 14-1　单光路透射式浊度计结构原理图

S—光源；1—稳流源；2—水样槽；

3—光电元件；V—电压表

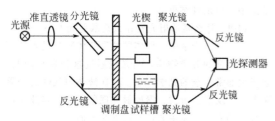

图 14-2　双光路透射式浊度计结构原理图

动的调制盘（切光盘）轮流遮断，切换成两束平行光。一束是测量光，射入试样槽，水样中的颗粒物质使光强减弱。另一束是参比光，其强度由光楔（或缝隙可变的光阑）调节。这两束光交替地被光电元件接收，通过比较两束的强度之差，得出水样的浊度。

这种双光路测量系统的优点是零点标定比较容易，且光源的变化和受光器件的环境温度影响等因素所产生的误差能被抵消，从而提高了仪器的品质指标。

14-11　试述散射式浊度计的结构和测量原理。

答：散射式浊度计的测量原理：光源以平行光束投射到被测水样中，由于水中的悬浊物而产生散射，散射光的强度与悬浮颗粒的数量和体积成正比，借以测定其浊度。

任一特定角度的散射是下列参数的函数：散射颗粒的浓度、尺寸、形状、入射光的波长、颗粒和介质折射率之差。散射光强度与颗粒物浓度之间的关系是十分复杂的，所以仪器标定通常根据实验确定。

按照测定散射光和入射光的角度不同，散射式浊度计分为90°散射式、前散射式、后散射式三种测量方式，如图14-3所示。

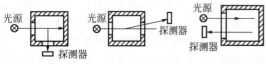

(a) 90°散射式　　(b) 前散射式　　(c) 后散射式

图 14-3　散射式浊度计的三种测量方式

测量液体介质的散射式浊度计大多采用90°散射式，图14-4是 E＋H 公司的一种90°散射浊度传感器的结构示意图。

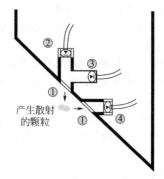

图 14-4　E＋H 公司 CUS 型浊度传感器

①—传感器发出的红外光束；②—红外光源 LED 880nm；③—参比光接收器；④—散射光接收器

与透射式相同，散射式浊度计也采用散射光与参比光周期切换比较的测量方式，参比光的功能是用来对光学系统的可能漂移进行补偿。由于散射光的强度比透射光弱，所以参比光一般要通过衰减器到达光电检测元件。

与透射法相比，散射法能够获得较好的线性，灵敏度可以提高，色度影响也较小，这些优点在低浊度测量时更加明显。因此，低浊度分析仪中多采用散射法而不用透射法，散射式浊度计的最小读数可达 0.01NTU。

14-12　散射光和透射光比率式浊度计是根据什么原理工作的？它有何优点？

答：一束光通入浑浊水样后，既有散射光，又有透射光。散射光的强度随浊度的增大而成比例地提高，而透射光强将随浊度的增加而成反比减小。由于两者向相反的方向差动，其比值将有较大的变化率。同时或交替测定散射光和透射光的强度而求两者之比的方法可使检测的灵敏度大为提高，其灵敏度可达 0.005NTU 以上。散射光和透射光比较式浊度计就是根据这一原理工作的。

这种测量方法的优点还有可以把散射光和透射光的光程做成相等，因而水样色度的影响很小。由于使用同一光源，电源的变化及环境干扰的影响、窗口接触水样的污染影响也相对减小。

散射光和透射光之比并非是严格的线性关系，只是在一定的浊度范围有近似的线性关系，从图14-5可见，透射光强是一条指数曲线，散射光强也并非直线。此外，还与所用光电元件有关，光电元件对各种频率光的敏感程度及光电反应也并非线性关系。但是，可以通过合理地选择接受透射光及散射光的两个光电元件的特性及调整两束光路长度等方法，使仪器的线性调整到近似的线性关系。这也是透射光和散射光比较式浊度计的优势之一。

散透比式浊度计在 0～2NTU 到 0～2000NTU 量

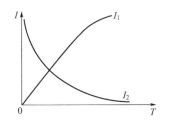

图 14-5 散射光强 I_1、透射光强 I_2 和浊度 T 的关系图

程范围内均具有较高的灵敏度和线性度。

14-13 图 14-6 是日本横河 8562 型散透比浊度变送器的原理图，试述其测量原理和系统组成。

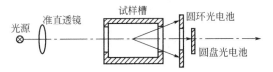

图 14-6 日本横河 8562 型散透比浊度变送器原理图

答：图中圆环形光电池与圆盘形光电池分别接受散射光 F_1 和透射光 F_2，各自产生的光电流分别为 I_1 和 I_2，可按下式求得浊度 T：

$$\frac{I_1}{I_2} = \alpha L T$$

式中 　I_1——散射光光电流；

　　　I_2——透射光光电流；

　　　L——水样液槽的有效长度；

　　　α——常数。

该仪器的光源是白炽灯泡，光电元件是硒光电池。该仪器中有一个锆钛酸铅电致伸缩元件装配在与被测液体接触的窗口上，靠外电路的触发形成超声波，连续地清洗窗口，以免窗口的附着污物而影响光的传播。

图 14-7 是 8562 型浊度变送器的水路系统图。测量时，被测水样首先进入稳流溢流缸，其作用主要是脱泡和稳流，然后再送入浊度变送器中进行测量。零

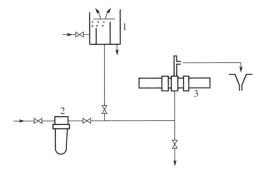

图 14-7 8562 型浊度变送器的水路系统图
1—稳流溢流缸；2—零浊度过滤器；3—浊度变送器

浊度过滤器用于仪器的在线零点校准。

14-14 图 14-8 是一种积分球式浊度计的测量原理图。请说明其测量原理。

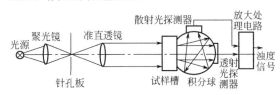

图 14-8 积分球式浊度计测量原理图

答：积分球式浊度计是在水样槽外加一个圆球，球的内壁涂以 MgO 涂料，形成白色的反射面。来自光源的平行光束通过水样槽时，水中悬浊物产生的散射光进入积分球中，由于球面的反射作用，将向各方向发射的散射光汇聚在散射光检测器上而被检出。

透射光束则由装在与入射窗口相对位置上的透射光检测器接收并检出，浊度则由散射光强 I_1 与透射光强 I_2 的比值求得。这种测量方式由于接收的散射光强增大，灵敏度也相应提高。

14-15 图 14-9 是一种振动镜式浊度计的测量原理图。请说明其测量原理。

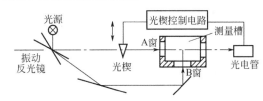

图 14-9 振动镜式浊度计测量原理图

答：从光源发出的光束送到振动镜上，振动镜以一定频率交替反射出散射用光束和透射用光束。散射用光束从 B 窗进入测量槽，遇悬浊颗粒而产生散射光，从入射的直角方向射入光电管。透射用光束从 A 窗进入测量槽，光束经悬浊水样变弱后也射入光电管。光电管将两束交替变化的光通量转换成脉动的光电流，经放大器放大后驱动伺服电机转动，伺服电机对透射用光束途中装设的遮光板进行控制。遮光板的移动，可减小或增大透射用光束的强度，直到射入光电管的两个光通量强度相等、光电流无脉动成分时为止。仪器根据保持平衡后遮光板的位置来计量浊度。

14-16 什么是双光源双探测器四束比率式浊度计？试述其工作原理和特点。

答：双光源双探测器四束比率式浊度计的结构示意图见图 14-10。两个光源和两个探测器互成 90°放置。仪器工作时，每隔 0.5s 有两个测量状态。第一个测量状态，由光源 1 产生的光束，透射光进入探测器 3，散射光进入探测器 4。第二个测量状态时，由光源 2 产生的光束，透射光进入探测器 4，垂直散射光进入探测器 3。这样一来，两个光源交替发光，两

233

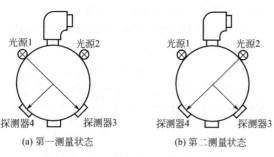

光源1　光源2　　　　光源1　光源2

探测器4　探测器3　　　探测器4　探测器3

(a) 第一测量状态　　　(b) 第二测量状态

图 14-10　双光源双探测器四束比率式
浊度计的结构示意图

个探测器就交替探测透射信号和散射信号，得到四个
独立的测量量。

设来自光源 1，在探测器 3 上探测到的（透射）
光强度为 I_{13}；来自光源 2，在探测器 3 上探测到的
（垂直散射）光强度为 I_{23}；来自光源 1，在探测器 4
上的（垂直散射）光强度为 I_{14}；来自光源 2，在探
测器 4 上的（透射）光强度为 I_{24}。则试样的浊度 T
就可用下式计算：

$$T=\sqrt{\frac{I_{23}\,I_{14}}{I_{13}\,I_{24}}}$$

每个 I 项都包含光源强度、光探测器灵敏度和电
子增益的系数，但这些系数都通过比值消掉了。此
外，因为颜色系数对四个测量信号都是相同的，并且
透射光与散射光的光程相等，所以每个测量信号受颜
色的影响也相同，故通过比率计算，由于颜色引起的
任何浊度测量的不准确性也被消除了。

另外，由于不均匀变化、污垢影响和环境干扰等
因素都会在四个测量值上出现，因此在四束比率计算
的情况下，将光源和光探测器配对使用，就能提供准
确的测量结果。其浊度测量范围为 0.01NTU～
1000NTU。

总之，这一结构有助于使补偿误差很小，允许仪
器在长时间内保持校准结果不变，同时具有较高的测
量灵敏度、准确度和稳定性。美国大湖公司（Great
Lakes）生产的该种仪器已作为浊度测量的标准仪器
列入 ISO7027 标准中。

14-17　图 14-11 是一种单光源三探测器比率式

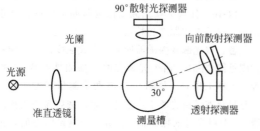

90°散射光探测器

光闸　　　　　　　　　向前散射探测器

光源

准直透镜　　　　测量槽　　透射探测器

图 14-11　单光源三探测器
浊度计的光路示意图

浊度计的光路示意图，试说明其工作原理和特点。

答：单光源三探测器浊度计除在透射方向和与透
射方向成 90°的垂直方向分别设置光探测器外，还在
与透射方向成 30°的方向上设置一光探测器，用于检
测向前散射的光。试液的浊度是通过 90°散射信号和
向前散射信号与透射信号之和的比值计算的。这种仪
器多用于在线测量管路中流体的浊度。

图 14-12 是该仪器的电路系统框图，钨卤素灯由
稳压电源供电发出光，各光路信号分别被各自的探测
器接收。90°信号经放大器后输入 A/D 转换器，向前
散射信号和透射信号经加法放大器相加放大后也输入
A/D 转换器，两者输入单片机进行比值运算和处理，
浊度值由显示器显示。

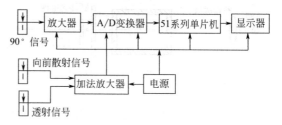

90°信号　　放大器　A/D变换器　51系列单片机　显示器

向前散射信号

透射信号　　加法放大器　电源

图 14-12　单光源三探测器浊度计
的信号处理电路框图

在这种结构的仪器中，有使用比率法测定和不使
用比率法测定两种选择。当测量低浊度（40NTU）
时，可以选择 90°散射法测量，此时单片机只处理
90°散射信号；当选择比率法测量时，单片机就会对
两路信号进行比率计算。

该仪器有很好的线性校准稳定性和抗光干扰性。
测量范围为 0～2000NTU，最小读数为 0.001NTU，
测量准确度可达±2%。

14-18　表面散射式浊度计是根据什么原理工作
的？它有何优点？

答：表面散射式浊度计是通过测量照射到水样表
面光束的散射光强度而求得水的浊度。图 14-13 是
表面散射式浊度计的测量原理图，用很窄的光束以很
低的入射角度（一般为 15°）射到水样表面。光束的
大部分被水面反射，其余部分折射入试样，反射和折
射的两路光均被水箱的黑色侧壁所吸收，只有被水面
杂质微粒向上散射的光线有可能进入物镜。如果水样
中有浑浊颗粒存在，就会发生散射，由位于水样表面

测量光电池　　补偿光电池　　光源

物镜　聚光镜　准直透镜　反光镜

被测液面　　分光镜　光闸

图 14-13　表面散射式浊度计的测量原理图

上方的探测器检测出部分散射光。探测器可位于与入射光线成 90° 的方位上，也可位于与液面成 90° 的方位上。

光路中分光镜分出的另一束光会聚到补偿光电池上，其输出电压作为补偿回路的信号补偿光源变动和光电池老化对测量结果的影响。光源后面的凹面反光镜是为提高光源的利用率而设置的。

因探测的是水样近表面层的散射光，故水样色度的影响较小。光线直接作用于开口容器的液面上，不存在测量窗口的积污和冷凝水汽对测量结果的干扰。这种仪器的测量范围很宽，从 0~2NTU 的低浊度至 0~2000NTU 的中浊度均可测量。适用行业也很宽，城市污水、尚未处理的地表水、造纸工业的白色悬浮液、电厂锅炉水和冷凝液、食品饮料行业产生的污水等的浊度都可测量。另外，由于水样同仪器的光学系统没有接触，从而减小了仪器的清洁维护量。

图 14-14 是表面散射式浊度计的水路系统图，它由高位槽稳流器和测量罐两部分组成。高位槽稳流器上方开有溢流口，被测浊液进入后进行稳流脱泡，由测量罐的上部分成两路流入罐内。由于槽内水位相对稳定，水压稳定，故流入罐内的水流量恒定。这种结构既保证测量槽内液面的平稳，又排除了气泡对测量结果的影响。

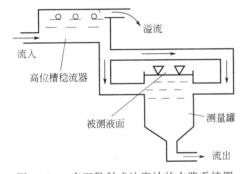

图 14-14 表面散射式浊度计的水路系统图

14-19 图 14-15 是横河公司表面散射式浊度计的水路系统图，试述图中各部件的作用和测量、校准、清洗流程。

答：测量时，被测水样经加热脱泡罐脱泡稳流后通入测量池进行测量，然后经汇流槽排出。为了加快水样流速，防止测量滞后和悬浮物沉积，加热脱泡罐中的水样同时从另一管路经汇流槽排出。

零浊度过滤器用于发生零浊度标准液，它是一种孔径为 0.1μm 或 0.2μm 的微孔过滤器。校准时，打开 V_5 阀，排空加热脱泡罐中的水样，自来水经零浊度过滤器过滤、加热脱泡罐脱泡稳流后通入测量池进行零点校准，然后经汇流槽排出。量程校准是在测量

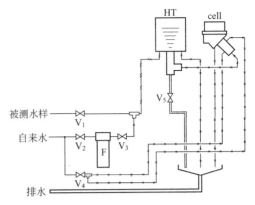

图 14-15 横河公司表面散射式浊度计水路系统图
HT—加热脱泡罐；cell—测量池；F—零浊度过滤器；
V_1~V_5—手动操作阀

池通零点标准液的同时，在光路中插入量程标准片进行的。

清洗时，打开 V_4 阀，自来水分两路通入测量槽进行清洗，然后经汇流槽排出。

14-20 浊度计中使用的光源有哪些类型？

答：浊度计中使用的光源主要有以下几种：

(1) 可见光源 一般采用装有滤光片或单色器的钨灯，一些老式浊度计只装有钨灯，仅能测无色溶液。钨灯（白炽灯泡）属于白色光源，美国 EPA 标准规定，浊度计的测量光采用全光谱白色光。

(2) 红外光源 ISO 和 EN 标准规定，浊度计测量光的波长应为 880nm±30nm，该波长位于紧靠可见光区的近红外波段。红外光不受环境中各种可见光的影响，也不受水的色度影响。目前浊度计产品使用的光源大多是近红外光源，常用的发光器件是 LED 发光二极管。

(3) 激光光源 激光具有亮度高、方向性强、光能量密集等优点，是一种较为理想的光源。发光器件多采用半导体激光器件，一般用于超纯水、高纯水的浊度测量中。

14-21 浊度计中使用的光电检测元件有哪些类型？

答：将所接收到的光能量的变化转换为相应的电流或电压变化的元件称为光电检测元件。浊度计中使用的光电检测元件有光电管、光电倍增管、光敏电阻、光电池等。

原则上说，采用各种光电元件均能达到检测的目的，不过光电池的转换效率较高、不消耗电能，不发热，体积小，因此采用较多。但光电池易受环境条件的影响，耐热、耐湿性能远不如光电管。例如，硒光电池在温度 70℃ 以上时要产生永久性衰减，防湿性能很差，需要用环氧树脂膜封涂加以保护。此外，光

电二极管也是常用的接收元件。

14-22 浊度计的测量窗口污染时，如何进行清洗？

答：清洗方法和注意事项如下。

（1）人工清洗 用软刷和水清洗。如果污染物是碳酸钙或油类时，用相应的清洗剂清洗。

（2）自动清洗 自动清洗方式有机械式（电动刷或活塞）、水射式、超声波式等。

机械式和水射式效果很好，但只有在停止测量时才能进行清洗。注意不要让电动刷或活塞的停止位置遮挡住测量窗口。

超声波式是将一个锆钛酸铅电致伸缩片粘贴在与被测液体接触的窗口上，超声振荡器将一定频率的电压加到锆钛酸铅片上，激发产生超声波，连续地清洗窗口，以免窗口的附着污物而影响光的传播。超声振动的强度可以调节，但注意不能调到有气泡产生。

14-23 测量槽式浊度计的光源室和光电池室测量窗口内表面为什么会结露？如何加以防止？

答：在光源室和光电池室内若有湿气，透明的玻璃窗口内表面会形成露滴，将会造成测量误差。当冷的测定液流入测量槽时，也将会产生这种现象。为了防止结露，在光学系统室内必须装干燥剂，并应定期检查和更换。

14-24 探头式浊度计的测量探头有哪几种安装方式？安装时应注意些什么问题？

答：有沉入式和流通式两种安装方式，前者是指用插入式支架将探头沉入水池或水渠中，后者是指用螺纹或法兰将探头安装在管道上或流通室中。

沉入式探头安装时，应与池壁保持一定的距离，至少应距池壁10cm，以防池壁对光波的反射造成测量干扰。

流通式探头在垂直管道上安装时，为避开水流不均匀时产生的空穴或断流，应装在水流自下而上流动的管段，而不应相反。在水平管道上安装时，应装在管子的中部，而不应装在顶部或底部，以防止有可能出现的气泡积聚（在①位置取样时）或悬浮物沉积（在②位置取样时）。如图14-16所示。安装时，探头的测量面应朝向流体流动方向，以避开管壁对光线的反射干扰，同时可增强自清洗作用。

14-25 浊度计对被测水样有何要求？

答：浊度计对进入测量槽的水样有以下几点要求。

（1）必须除去水中的气泡。水中的气泡和水中的颗粒一样，会产生严重的散射而导致测量误差。除去水中的气泡通常称为消泡。

（2）防止水中悬浮颗粒物的沉积。在流量较小时，悬浮颗粒物会产生沉积，浊度检测数据将小于实际的浊度值。

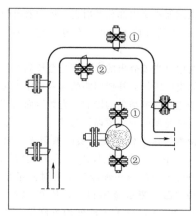

图 14-16 流通式探头在管道上的安装位置
×—错误的安装位置

（3）水样流量应保持恒定。在水样流量适当且稳定时，能够使测量槽内的水流成为湍流，这样悬浮物才能分布均匀并防止沉积。

（4）水样温度一般为 0～50℃；压力一般为 20kPa（耐压式测量槽＜500kPa）流量根据仪器要求而定，多数为 2～10L/min。

14-26 水样中的气泡是怎样产生的？如何加以消除？

答：浊度测量通常在无压力的水样中进行，带压水样压力释放时，会产生非常细小的气泡。当水样温度升高或水流受到严重扰动时，也会产生气泡。气泡严重干扰正常的浊度测量，必须加以消除。

浊度测量中采用的消泡措施有如下一些。

（1）浮力消泡 将水样引入敞开的消泡槽中，靠浮力使气泡上浮除去，再通入测量槽中进行测量。

（2）加热消泡 采用加热消泡槽，对水样加热使气泡脱除。

（3）保压消泡 采用密封的压力式消泡槽和测量槽，保持水样的压力不变，消除气泡产生的条件。

14-27 图14-17是E＋H公司一种消气泡装置的

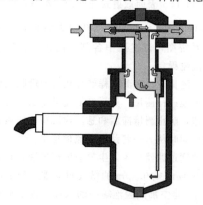

图 14-17 E＋H公司一种消
气泡装置的结构图

结构图，试述其消泡原理。

答：图 14-14 中的灰色箭头表示气泡流动方向，黑色箭头表示脱泡后的水样流动方向。许多气泡随水样直接从上部的入口流向出口，其余气泡和水样向下流入环形通道，在浮力作用下，气泡上浮并经出口排出。脱除气泡后的水样由下部进入测量腔室，经探头测量后由出口排出。

14-28　对浊度计如何进行零点校准和量程校准？

答：浊度计的校准有在线校准和离线校准两种方式，可根据仪表使用说明书的要求和现场实际情况确定采用哪种方式。有的产品无需零点校准，只需校准量程即可。

（1）在线校准　在线零点校准时，可将自来水经零浊度过滤器过滤后作为零点标准液。零浊度过滤器是一种孔径为 $0.1\mu m$ 或 $0.2\mu m$ 的微孔过滤器。自来水经该过滤器后，可以得到相当于蒸馏水的标准液，及 $0\sim0.02NTU$ 的标准液。量程超过 200NTU 时，还可直接用自来水作为零点标准液，但该自来水的浊度应低于 2NTU。

校准前，要用零点标准液对测量槽进行充分清洗，清洗时间根据仪表使用说明书的要求确定。

在线量程校准是在仪器通零点标准液的同时，在光路中插入量程标准片进行的。

（2）离线校准　离线校准是指将浊度传感器移至实验室进行校准的方法。校准时，将浊度传感器插入标准液中（或将标准液充入测量槽中），分别校准零点和量程。

零点标准液采用零浊度水。量程标准液采用浊度标准片＋零浊度水，必要时采用 Formazine 浊度标准溶液。

14-29　零浊度水是如何制备的？

答：零浊度水的制备方法如下：参照国际标准 ISO7027 中规定的方法，选用孔径为 $0.1\mu m$（或 $0.2\mu m$）的微孔滤膜。过滤蒸馏水（或电渗析水、离子交换水），需要返复过滤 2 次以上，所获的滤液即为零浊度水，该水储存于清洁的、并用该水冲洗后的玻璃瓶中。

14-30　Formazine 浊度标准溶液是如何制备的？

答：根据 JJG 880—1994《浊度计检定规程》，Formazine 浊度标准溶液的制备方法如下：

（1）准确称取 1.000g 分析纯硫酸肼，溶于零浊度水。溶液转入 100mL 容量瓶中，稀释至刻度，摇匀、过滤后备用（用 $0.2\mu m$ 孔径的微孔滤膜过滤，下同）。

（2）准确称取 10.00g 分析纯六次甲基四胺，溶于零浊度水，并转入 100mL 容量瓶中，稀释至刻度，摇匀、过滤后备用。

（3）准确移取上述两种溶液各 5.00mL，至 100mL 容量瓶中，摇匀。该容量瓶放置在（25±1）℃的恒温箱或恒温水浴中，静置 24h。加入零浊度水稀释至刻度，摇匀后使用。根据 ISO 7027 规定，该悬浮液的浊度值定为 400 度。

（4）不同浊度值的 Formazine 标准溶液，是用零浊度水和经检定合格的容量器具，按比例准确稀释 Formazine 浊度标准物质而获得。

（5）400 度 Formazine 标准物质需存放在电冰箱的冷藏室内（4～8℃）保存。已稀释至低浊度值的标准溶液不稳定，不宜保存，应随用随配。

15. 溶解氧分析仪

15-1　什么是电化学分析法？

答：电化学分析法是建立在物质的电化学性质基础上的一类分析方法。其测量系统是一个由电解质溶液和电极构成的化学电池，当有电流通过时，电解质溶液中导电的是离子，电极中导电的是电子，电荷在两者间授受传递，在电极界面处发生电化学反应，伴随发生电能和化学能的相互转换。通过测量电池的电动势或测量通过电池的电流、电量等物理量的变化来确定被测物质的组成和含量。

电化学电池可分为原电池和电解池两大类。

原电池又称迦伐尼电池，它是把化学能转变成电能的装置。在原电池中，电化学反应可以自发地进行，不需要外接电源供给电能，电位分析法就是利用原电池的原理进行测量的。

电解池是把电能转变成化学能的装置。在电解池中，电化学反应不能自发地进行，需要外接电源，供给电能。库仑分析法、极谱分析法、溶出伏安法等都是利用电解池的原理进行测量的。

电化学分析法是仪器分析法中的一个重要分支，具有灵敏度高、准确度好等特点。所用仪器相对比较简单、价格低廉，并且容易实现自动化、连续化，适合生产过程中的在线分析。在化工、冶金、医药和环境监测等领域内有较多的应用。

15-2　在线分析仪表中常用的电化学分析法主要有哪些？

答：在线分析仪表中常用的电化学分析法可以归纳为电极电位分析法和电解电流分析法两种。

（1）电极电位分析法是以测定电池两电极间电位（电势）差或电位差的变化为基础的分析方法，它是利用原电池的原理进行测量的。其工作原理可用Nernst方程式来描述。

采用电极电位分析法的在线分析仪器有 pH 计、pNa 计、其他采用离子选择电极（包括气敏电极）的分析仪器等。

（2）电解电流分析法是以测量通过电池的电流、电量等的变化为基础的分析方法，是利用原电池或电解池的原理进行测量的。其工作原理可用法拉第电解定律来描述。

① 采用原电池进行电解电流分析的在线仪器，有燃料电池式氧分析仪、原电池式微量氧、溶解氧分析仪、氧化锆分析仪等。图 15-1 是原电池电解电流测量系统原理示意图，在原电池的外电路中串联一

放电电阻 R_H，原电池放电电流的变化，通过 R_H 转换成毫伏信号，由并联毫伏计测出。

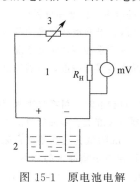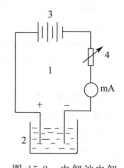

图 15-1　原电池电解　　　图 15-2　电解池电解
电流测量系统　　　　　电流测量系统
原理示意图　　　　　　原理示意图

1—外电路；2—原电池；　　1—外电路；2—电解池；
3—可调电位器；R_H—放　　3—直流电源；4—可调
电电阻；mV—毫伏计　　　电位器；mA—毫安计
（电极电位测量仪表）　　　（电解电流测量仪表）

② 采用电解池进行电解电流分析的在线仪器，有电解式微量水分仪、微库仑定硫仪、极谱式微量氧、溶解氧分析仪、定电位电解式有毒气体检测器等。图 15-2 是电解池电解电流测量系统原理示意图，电解池由外电路中的直流电源供电，电解电流经串联毫安计测出。

在实验室分析中，利用电解池的原理进行测量的有库仑法、极谱法、伏安法等，根据测量电路的结构不同又可分为恒电流法、恒电位法、电流-电位变化法等。而在线分析是连续进行的，一般都是在恒定电位下，测量通过电池的电流、电量的变化，来确定被测物质的组成和含量，电量的测量也是通过对电流的积分进行的。所以，可以把这类分析方法统称为电解电流分析法或定电位电解法。

15-3　什么是溶解氧？哪些场合需要测定水中的溶解氧？

答：溶解在水中的分子态氧称为溶解氧（Dissolved Oxygen，简称 DO），天然水中的溶解氧含量取决于水体与大气中氧的平衡。水中溶解氧的饱和含量和空气中氧的分压、大气压力、水温、水中含盐量等有密切关系。清洁地面水中溶解氧一般接近饱和，20℃清洁水中饱和溶解氧含量约为 9mg/L。水体受有机、无机还原性物质污染，会使溶解氧降低。当水中溶解氧低于 2mg/L 时，水体即产生恶臭。

溶解氧分析仪是测定水中溶解氧含量的仪器，根据不同应用，测量范围一般有 $0 \sim 10\text{mg/L}$ 或 $0 \sim 20\mu\text{g/L}$ 两种，后者属于微量氧分析仪。溶解氧分析仪主要用于下述场合。

（1）锅炉给水中的氧含量测量　大型锅炉给水中要求不含氧，水中含有氧时，与钢材接触会发生氧化反应，生成疏松多孔的氢氧化铁沉淀，使钢铁腐蚀。为保护锅炉设备免受溶解氧的腐蚀，在锅炉水的除氧器后面，以及锅炉给水中都要测量水中的氧含量。此时仪表测量范围选择 $0 \sim 20\mu\text{g/L}$，控制指标为小于 $7\mu\text{g/L}$。

（2）污水处理工艺　对于使用活化污泥的生物处理厂来说，测量曝气池的氧含量十分重要，可以控制空气或氧的鼓入量，优化生物净化流程，提高污水处理效率。此外，还需要测量和控制最终处理池中和澄清池出水中的氧含量。此时仪器测量范围选择 $0 \sim 10\text{mg/L}$。

（3）地表水、生活污水、工业污水的水质监测可以了解地表水是否受到污染，污水处理厂的出水是否达到排放指标要求。此时仪器测量范围选择 $0 \sim 10\text{mg/L}$。

15-4　试述溶解氧分析仪的测量原理。

答：目前，水中溶解氧分析仪大多采用隔膜电极式，两金属电极浸没在电解质溶液中，电极和电解质溶液装在有氧半透膜的小室内，分子氧透过隔膜扩散到电极表面上，发生电极反应。阴极发生氧的还原反应，阳极进行氧化反应，从而产生扩散电流。扩散电流 I 可用下式表示：

$$I = \frac{nFaP}{b} \times C \qquad (15\text{-}1)$$

式中，n 为电极反应时的电子传递数；F 为法拉第常数；a 为工作电极面积；P 为隔膜透过系数；b 为隔膜厚度；C 为水样中氧的浓度。

当电极参数一定时，在一定温度下，稳定后的扩散电流与水样中的氧浓度成正比。

15-5　在隔膜电极式溶解氧分析仪中，隔膜只能透过氧或其他气体，而水不能透过。电极不与被测水样直接接触，其测量值是被测水样蒸气中的氧含量，它和水中的溶解氧浓度有何对应关系？

答：隔膜电极式溶解氧分析仪的测量原理，不但基于法拉第电解定律（如上题所述），还借助于亨利（Henry）定律和道尔顿（Dalton）定律。

（1）根据亨利定律，溶解于液体中气体的质量浓度，在温度一定的条件下和与之平衡的蒸气分压成正比。对于水中溶解氧的测量来说，亨利定律可由下式表示。

$$C_{\text{DO}} = K_1 p_{\text{O}_2} \qquad (15\text{-}2)$$

式中　C_{DO}——水中溶解氧浓度，ppmW；

p_{O_2}——氧蒸气分压，hPa；

K_1——常数，K_1 值可由水中溶解氧的饱和浓度和氧的饱和蒸气分压算出：

$$K_1 = C_{\text{sDO}}/p_{\text{sO}_2}$$

式中　C_{sDO}——测量温度下水中溶解氧的饱和浓度；

p_{sO_2}——测量温度下氧的饱和蒸气分压。

（2）根据理想气体的道尔顿定律，混合气体中 i 组分的摩尔浓度等于 i 组分的分压力与混合气体的总压力之比。对于水中溶解氧的测量来说，道尔顿定律可由下式表示。

$$C_{\text{O}_2} = \frac{n_{\text{O}_2}}{n} = \frac{p_{\text{O}_2}}{p} \qquad (15\text{-}3)$$

式中　C_{O_2}——氧的摩尔浓度；

n、n_{O_2}——分别为混合气体的总摩尔数和氧的摩尔数；

p、p_{O_2}——分别为混合气体的总压力和混合气体中氧的分压力。

将式（15-3）代入式（15-2）：

$$C_{\text{DO}} = K_1 p_{\text{O}_2} \times K_2 C_{\text{O}_2} \qquad (15\text{-}4)$$

式中　K_2——氧的质量浓度（ppmW）与摩尔浓度（ppmV，对理想气体而言摩尔浓度＝体积浓度）之间的换算系数。

隔膜电极式溶解氧分析仪测得水样蒸气中的氧含量 C_{O_2} 后，可通过式（15-4）计算出水中溶解氧的浓度 C_{DO}。

15-6　水中溶解氧的含量和哪些因素有关？在隔膜电极式溶解氧分析仪中，如何对这些影响因素进行补偿或修正？

答：水中溶解氧的含量和空气中氧的分压、大气压力、水温、水中含盐量等有密切关系。

（1）空气中氧的分压　空气是几种气体的混合物，干燥空气中含有约 20.95% 的氧。氧的分压 P_{O_2} 以百帕（hPa）表示，随大气压力而变化：

$$p_{\text{O}_2} = X_{\text{O}_2} p_{\text{A}} \qquad (15\text{-}5)$$

式中　X_{O_2}——大气中氧的比例（0.2095）；

p_{A}——绝对大气压力，单位 hPa。

因此，海平面上氧的分压是：

$$p_{\text{O}_2} = 1013\text{hPa} \times 0.2095 = 212\text{hPa}$$

水蒸气也是气体，所以亨利定律也适用。当空气中的水蒸气饱和时，在 $20℃$ 和 1013hPa 总大气压力下氧的分压为：

$$p_{\text{O}_2} = (1013 - 23.3) \times 0.2095 = 207\text{hPa}$$

在这里 23.3hPa 是 $20℃$ 下饱和水蒸气的分压。空气中的水蒸气含量对空气中氧与氮的含量比例没有影响，氧和氮两者的共同分压随着水蒸气分压的升高而下降。

从上式可见，此时空气中含有约 207hPa ÷ 1013hPa＝20.43％的氧。所以，在氧化锆氧分析仪的计算公式中，空气中氧的含量不是 20.95％，而是考虑空气湿度后的修正值，如 20.6％ 等。同样，在隔膜电极式溶解氧分析仪中，也要对空气中氧的含量和分压进行湿度修正。

（2）大气压力　非标准大气压力下氧的饱和蒸气分压 p'_{sO_2}，可用下式计算：

$$p'_{sO_2} = p_{sO_2} \times \frac{p_A}{1013} \qquad (15\text{-}6)$$

式中　p_{sO_2}——1013hPa 时氧的饱和蒸气分压；

p_A——绝对大气压力，单位 hPa 。

大气压力因海拔高度而异。氧的分压和饱和值两者都随着地区的海拔高度而变化。隔膜电极式溶解氧分析仪中一般内装大气压力表，仪表标定时会自动进行压力校正。

（3）水温　水中溶解氧的含量和饱和值、氧的蒸气分压和饱和值都随温度的变化而变化，见表 15-1。所以，测量溶解氧时必须进行温度补偿，溶解氧分析仪均带有热敏电阻等测温装置，能自动进行温度补偿。

（4）水中含盐量　水中饱和溶解氧的浓度随水中含盐量的不同而不同，见表 15-1。

对上述影响因素的补偿或修正，一般由仪表自身进行，有关算法和数据已编入仪表的程序中。对于用户来说，了解上述知识也是十分必要的，以便对测量结果进行评估和判断，必要时可对仪表设定参数进行核对和修改。

15-7　试述隔膜电极式溶解氧分析仪的构成和类型。

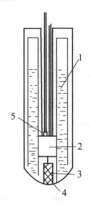

图 15-3　隔膜电极传感器结构示意图

1—电解液；2—阳极；

3—阴极；4—隔膜；

5—温度补偿热敏电阻

答：隔膜电极式溶解氧分析仪分为原电池型和电解池型两种。前者的电极反应是自发进行的，后者需要外加电压，使电极极化。

仪器由测量传感器（一次表）和转换变送器（二次表）两部分组成，传感器的结构如图 15-3 所示。

隔膜电极传感器内充电解液，有阴、阳两个电极。电极材料及其和电解液的组合有多种型式，常用的有以下两种：

银-铅电极——阴极为银，阳极为铅，电解液常采用氢氧化钾溶液；

金-银电极——阴极为金，阳极为银，电解液常采用氯化钾溶液或溴化钾溶液。

常用隔膜材料是聚四氟乙烯或聚乙烯薄膜，厚度约为 0.05～0.1mm（50～100μm）。

15-8　试写出下述化学电池的表示式和电极反应式。

（1）银-铅电极，电解液为氢氧化钾溶液；

（2）金-银电极，电解液为氯化钾溶液。

答：（1）银-铅电极，电解液为氢氧化钾溶液

此电池可以表示为：

（阴极）Ag，O_2｜KOH｜Pb（阳极）

电极反应式为：

阴极　　$O_2 + 2H_2O + 4e \longrightarrow 4OH^-$

阳极　　$Pb + 4OH^- \longrightarrow PbO_2 + 2H_2O + 4e$

（2）金-银电极，电解液为氯化钾溶液

此电池可以表示为：

（阴极）Au，O_2｜KCl｜Ag（阳极）

电极反应式为：

阴极　　$O_2 + 2H_2O + 4e^- \longrightarrow 4OH^-$

阳极　　$4Ag + 4Cl^- \longrightarrow 4AgCl + 4e^-$

15-9　如何区分电化学测量系统的阴极、阳极、正极、负极？

答：可按下述方法进行区分。

（1）根据电子的流动方向进行区分　如图 15-4 所示，在原电池（或电解池）中，电子从阴极流向阳极；而在外电路中，电子从负极流向正极。

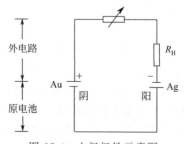

图 15-4　电极极性示意图

图中的金电极对原电池来说是阴极，但对外电路来说是正极；银电极对原电池来说是阳极，但对外电路来说是负极。

（2）按氧化-还原反应进行区分

以图 15-4 为例，其电极反应式为：

阴极　　$O_2 + 2H_2O + 4e \longrightarrow 4OH^-$

阳极　　$4Ag + 4Cl^- \longrightarrow 4AgCl + 4e^-$

在金电极上，氧分子发生了还原反应。金电极从外电路中获得电子，供给氧分子还原时所需的电子。因此对外电路来说，金电极是正极，而在电池系统内金电极则是阴极，因为它放出了带负荷的氢氧根离子 OH^- 。

表 15-1　水中饱和溶解氧浓度

| 温度/℃ | 水中盐类离子量(以 Cl 计)/(mg/L) | | | | | 100mg/L 盐离子的溶解氧量校正值/(mg/L) |
| | 0 | 5000 | 10000 | 15000 | 20000 | |
	溶解氧量/(mg/L)					
0	14.16	13.40	12.63	11.87	11.10	0.0153
1	13.77	13.03	12.29	11.55	10.80	0.0148
2	13.40	12.68	11.97	11.25	10.52	0.0144
3	13.04	12.35	11.65	10.95	10.25	0.0140
4	12.70	12.03	11.35	10.67	9.99	0.0135
5	12.37	11.72	11.06	10.40	9.74	0.0131
6	12.06	11.42	10.79	10.15	9.51	0.0128
7	11.75	11.15	10.52	9.90	9.28	0.0124
8	11.47	10.87	10.27	9.67	9.06	0.0120
9	11.19	10.61	10.03	9.44	8.85	0.0117
10	10.92	10.36	9.79	9.23	8.66	0.0113
11	10.67	10.12	9.57	9.02	8.47	0.0110
12	10.43	9.90	9.36	8.82	8.29	0.0107
13	10.20	9.68	9.16	8.64	8.11	0.0104
14	9.97	9.47	8.97	8.46	7.95	0.0101
15	9.76	9.27	8.78	8.29	7.79	0.0099
16	9.56	9.06	8.60	8.12	7.63	0.0096
17	9.37	8.90	8.44	7.97	7.49	0.0094
18	9.18	8.73	8.27	7.82	7.36	0.0091
19	9.01	8.57	8.12	7.67	7.22	0.0089
20	8.84	8.41	7.97	7.54	7.10	0.0087
21	8.68	8.26	7.83	7.40	6.97	0.0086
22	8.53	8.11	7.70	7.26	6.85	0.0084
23	8.39	7.98	7.57	7.16	6.74	0.0082
24	8.25	7.85	7.44	7.04	6.65	0.0081
25	8.11	7.72	7.32	6.95	6.52	0.0079
26	7.99	7.60	7.21	6.82	6.42	0.0078
27	7.87	7.48	7.10	6.71	6.32	0.0077
28	7.75	7.37	6.99	6.61	6.22	0.0076
29	7.64	7.26	6.88	6.51	6.12	0.0076
30	7.53	7.16	6.78	6.41	6.03	0.0075
31	7.43	7.06	6.66	6.31	5.93	0.0075
32	7.32	6.96	6.59	6.21	5.84	0.0074
33	7.23	6.86	6.49	6.12	5.75	0.0074
34	7.13	6.77	6.40	6.03	5.65	0.0074
35	7.04	6.67	6.30	5.93	5.56	0.0074

注：数据来源于 HJ/T 99—2003 溶解氧（DO）水质自动分析仪技术要求。

同理，在银电极上，发生了氧化反应。银离子进入水中与氯离子生成 AgCl，使银电极表面带负电荷。银电极多余的电子通过外电路供给金电极，所以对外电路来说，银电极是负极。而在电池系统内，银电极则是阳极，因为它吸收了带负电荷的氯离子 Cl^-。

因此，发生还原反应的电极对电池系统来说是阴极，对外电路来说是正极。发生氧化反应的电极对电池系统来说是阳极，对外电路来说是负极。

15-10 什么是三电极传感器？参比电极起什么作用？它有何优点？

答：三电极传感器内有三个电极：阴极、阳极和参比电极。图 15-5 是 E＋H 公司 COS 型三电极溶解氧传感器结构示意图，电极组合为金-银-银，阴极为金，阳极为银，参比电极也为银。参比电极不带任何电流，其作用是稳定阴极电位，从而稳定测量电路的电压，所以也叫稳压三电极传感器，或称控制阴极电位传感器。

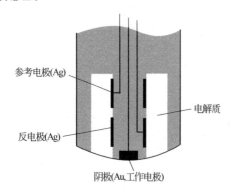

图 15-5　E＋H 公司 COS 型稳压三电极
溶解氧传感器结构示意图

稳压三电极传感器测量系统原理电路图见图 15-6。图中阴极和阳极组成电流信号测量通道，阴极和参比电极组成电位信号测量通道。电位信号与基准信号经比较放大后调节阴极电位为给定值。

稳压三电极传感器的优点如下。

（1）在双电极传感器中，随着电解质中氯离子浓度的不断降低，改变了阴极和阳极之间的电位差，从而也改变了阴极的还原电位，这一过程将引起仪表读数变化，造成测量误差，所以对双电极传感器要经常进行校准。在三电极传感器中，通过参比电极控制阴极电位为给定值，提高了传感器输出信号的稳定性和重复性精度，也减少了校准次数。

（2）三电极传感器可实现对电解质的自监测。随着电化学反应的不断进行，电解质随之消耗，其使用期会终结。在电解质使用期限结束前应及时加以更新，否则会造成对传感器的损害。在测量过程中，也可能出现隔膜破损的情况，造成部分电解质泄漏，或

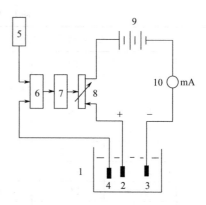

图 15-6　稳压三电极测量系统原理电路图
1—电解池；2—Au 阴极；3—Ag 阳极；4—Ag 参
比电极；5—基准信号源；6—比较放大器；
7—调节器（相当于电位差计）；8—可调
电位器；9—直流电源；10—mA 计

被测液体渗透进来，导致电解质被稀释甚至污染，此时应及时更换隔膜、清洗传感器并重新填充电解质，否则仪表会给出错误的测量值。上述现象都可以从参比电极和阳极之间电位差的变化中检测到，此时仪器会发出报警信号，提醒维护人员及时加以处理。

（3）在由外部电源供电的电解池中，采用三电极传感器可确定阴极电位，提高电极对特定离子的选择性，提高测量系统的稳定性，减少重复性误差，同时可使用相对大的电流，加快电解速度。

15-11 试述隔膜电极式溶解氧分析仪的主要技术指标和对样品的要求。

答：溶解氧分析仪的型号很多，各厂家产品的技术指标也不尽一致。根据国家有关标准的规定，隔膜电极式溶解氧分析仪的技术性能应符合以下要求：

测量范围　0～20mg/L

测量下限　目前产品可达 0.05mg/L

重复性误差　±0.3mg/L

零点漂移和量程漂移　±0.3mg/L

响应时间 T_{90}　2min 以内

对被测样水的要求一般为：

样水温度　0～40℃

样水压力　<0.35MPa

样水流速　>0.5cm/s

15-12 隔膜电极式溶解氧分析仪使用中应注意哪些问题？

答：一般应注意以下问题。

（1）一些气体和蒸气像氯、二氧化硫、硫化氢、胺、氨、二氧化碳、溴和碘能扩散并通过隔膜，如上述物质存在，会影响被测电流而产生干扰。

（2）水样中的溶剂、油类、硫化物、碳酸盐和藻

类会引起隔膜阻塞、隔膜损坏或电极被腐蚀而干扰测定。

(3) 被测水样温度较高时，应采取降温措施，使之符合仪器要求。如锅炉给水测量中，一般应先用水冷器降温。

(4) 应保证被测水样有足够的流速，如流速过慢，薄膜附近电解液中的氢氧根离子可能还原成氧和水，而使仪器读数偏低。

(5) 原电池型溶解氧分析仪的电解质溶液和阳极都是消耗型的，原电池的灵敏度会随着二者的不断消耗逐渐衰变，引起仪表读数发生变化，所以对传感器要经常进行校准。原电池在使用的初始阶段灵敏度下降较快，达到稳定期后其灵敏度才基本上保持稳定，到最后阶段又有较快的下降。从这一特点出发，对仪器进行定期校正，也具有重要的意义。

15-13 原电池型溶解氧分析仪传感器的电解质溶液什么情况下应进行更换？电极在什么情况下应进行清洗？

答：如果仪表示值偏低，调节"调整"电位器到最大后，仪表示值仍偏低，则应更换电解质溶液。

更换电解质溶液后，若仪表示值仍偏低于水样中的实际值，则说明传感器内阻增大，灵敏度下降，此时应清洗电极。

更换电解质溶液和清洗电极的工作最好按仪表使用说明书的要求定期进行。

15-14 如何对电极进行清洗？如何配制电解质溶液？

答：以银-铅原电池为例，介绍如下。

(1) 电极的清洗　当仪器灵敏度显著下降，不能满足要求时，可按下述方法对电极进行清洗。

a. 银电极清洗：用热的稀盐酸或稀硝酸溶液浸泡至恢复光泽，立即用蒸馏水洗净。

b. 铅电极清洗：用细砂纸将铅电极擦光，按丙酮、蒸馏水、稀盐酸、蒸馏水的顺序洗净。

(2) 电解液的配制　称取氢氧化钾 30g，用适量蒸馏水完全溶解，待溶液冷却至室温后用蒸馏水稀释至 100mL，过滤备用。

注意：有些产品的维护方法应按使用说明书进行，例如 E＋H 公司的溶解氧传感器，银电极只能用湿软布擦拭，而不能浸泡在酸溶液中，其电解液也应由厂家提供，而不能自行配制，该电解液不是纯氢氧化钾溶液，而是具有一定缓冲能力的某种溶液，性质接近中性硝酸钾。

15-15 隔膜电极式溶解氧分析仪的校准方法有哪些？

答：隔膜电极式溶解氧分析仪的校准方法有如下三种。

(1) 用校正液校准　这是国家有关标准推荐的方法。

(2) 用电解配氧法校准　有些仪器附带有电解配氧装置，可方便地对仪器进行校准，锅炉给水在线分析中广泛采用这种方法。

(3) 在空气中校准　这种方法简便易行，但对微量氧分析来说准确度较低。

15-16 如何用校正液对溶解氧分析仪进行校准？

答：用校正液进行校准的方法和步骤如下。

(1) 校正液的配制

零点校正液——将约 25g 的无水 Na_2SO_3 溶于蒸馏水中，加蒸馏水至 500mL。使用时配制。

量程校正液——在 (25±0.5)℃下，以约 1L/min 的流量将空气通入蒸馏水并使其中的溶解氧达到饱和，静置一段时间后使溶解氧达到稳定（通常，200mL 水需要 5～10min；500mL 水需要 10～20min）。各温度下的饱和溶解氧浓度值见表 15-1。

备注：溶解氧的浓度随大气压的变化而不同，所以最好采用大气压补偿。另外，在测定高盐度试样时，在配制溶解氧饱和水时，应根据试样中盐类的摩尔浓度添加 NaCl 试剂。

(2) 校正

① 零点校正　将电极浸入零点校正液，将指示值调整为零点。

② 量程校正　将电极浸入量程校正液，在用磁搅拌器搅拌的同时，待显示值稳定后，测定量程校正液的温度（准确至±1℃），根据表 15-1 中的饱和溶解氧浓度值调整显示值。

显示值一般随试样的流速变化而变化，因此搅拌速度应按照生产商规定的方法使电极表面的液体流速保持恒定。

③ 调节　交替进行零点校正和量程校正操作，调节分析仪直至校正液的测定值与显示值之差在±0.25mg/L 以内为止。

15-17 图 15-7 是一种锅炉给水中微量溶解氧分

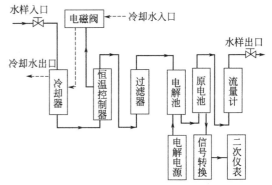

图 15-7　锅炉给水中微量溶解氧分析仪系统框图

析仪系统框图，该仪器带有电解氧配气装置，请简述其测量和校准流程。

答：被测水样经进口针阀减压后，以一定流量进入水冷却器的蛇形管，为了保证被测水样的温度在一定范围之内，用恒温控制器通过电磁阀来控制冷却水流量。

当仪器进行测量时，经降温和过滤后的被测水样流经电解池直接进入原电池（测量时电解池不工作），水中微量溶解氧经由原电池转变成相应的毫伏信号，送到二次仪表进行显示或记录。

当对仪器进行校准时，电解池将产生一定量的电解氧，溶入具有一定本底氧的被测水样中，制备成某一氧浓度的水样，作为仪器的校正基准。由于电解池的性能关系到仪器的基本误差，所以电解池使用的电解电源是稳定的直流电源。

15-18 什么是电解配氧校正法？如何用电解配氧法制备不同浓度的标准水样？

答：电解配氧校正法是根据法拉第电解定律，电解水获得已知氧浓度的标准样品，用来对仪器进行校正的方法。此法简单、可靠并具有足够的准确度，所以得到了广泛的应用。

根据法拉第电解定律，电解某物质的质量与电解电量之间有以下关系

$$m = \frac{M}{nF} \times It = \varepsilon \times It \qquad (15-7)$$

式中　m——被电解物质的质量，g；

$\quad\quad M$——被电解物质的摩尔质量，g；

$\quad\quad n$——电解反应中电子转移（变化）数；

$\quad\quad F$——法拉第常数，96500C；

$\quad\quad I$——电解电流，A；

$\quad\quad t$——电解时间，s；

$\quad\quad \varepsilon$——物质的电化当量，即1库仑电量电解物质的质量，g/C。

对水进行电解的化学反应式为：$2H_2O \longrightarrow 2H_2 + O_2$。电解池的阳极反应产生的定量氧与被测介质配比后制备的标准样品，可作为校正仪器的基准。对在线分析来说，要制取无氧的水是相当困难的，故仪器的校正只能在含有一定本底氧的被测水样中，加入已知量的氧进行，这就是所谓的"叠加法"。

根据法拉第电解定律，可以得到电解产生的氧与电解电流的定量关系。由于 $O_2 = 2O^{2-}$，所以电解反应中的电子转移（变化）数 $n = 4$，由式（15-7）可得

$$\varepsilon_{氧} = \frac{M}{nF} = \frac{32g}{4 \times 96500C} = 0.0000829g/C = 0.0829mg/C$$

当电流强度为 I（A）时，每分钟电解产生的氧量为

$$m_{氧/min} = \varepsilon_{氧} \times It = 0.0829I \times 60 = 4.974I \text{ (mg)}$$

如果被测水样的流量控制在 $q_V = 40L/h = 0.667L/min$，那么被测水样通过电解池后，水中溶解氧的浓度将增加 $c_{电解氧}$

$$c_{电解氧} = \frac{m_{氧/min}}{q_V} = \frac{4.974I}{0.667} = 7.457I \text{ (mg/L)}$$

$$I = 0.134c_{电解氧} \quad (A)$$

若 $c_{电解氧}$ 以 $\mu g/L$ 计，则电解电流 I 以 mA 计。

只要控制不同的电解电流 I，就能制备不同浓度的标准水样。

$$c_{标准} = c_{本底氧} + c_{电解氧}$$

当水中本底氧的浓度可以忽略不计时，则 $c_{电解氧}$ 可视为电解加氧后水中溶解氧的浓度值。

$$c_{标准} = c_{电解氧}$$

15-19 如何用电解配氧法对水中溶解氧分析仪进行校正？

答：用电解配氧法对水中溶解氧分析仪进行校正的操作步骤如下。

（1）仪器运行正常指示值稳定后，记录未加电解氧时的读数 x_0；

（2）水中增加电解氧 c_1 后，记录稳定时的读数 x_1；

（3）根据灵敏度公式 $S = \dfrac{x_1 - x_0}{c_1}$，求出加入定量氧后仪表正确的示值：

$$x = \frac{x_1}{S} = \frac{c_1}{x_1 - x_0} \times x_1$$

（4）调节量程电位器，使仪表指示与 x 值相符；

（5）去掉电解电流，待仪表读数稳定后，记录读数 x_0'，当 x_0' 与计算结果 $x_0' = \dfrac{x_0}{S}$ 相符时，校正完毕，即可投入运行，此时的 x_0' 为溶液的本底氧浓度。

15-20 简述靛蓝二磺酸钠葡萄糖比色法测定水中溶解氧的原理。

答：在 pH 值 12.5 左右时，靛蓝二磺酸钠被葡萄糖还原成浅黄色的还原物，当其与水中溶解氧相遇时，即产生红色半靛醌中间产物，此中间产物若遇更多的溶解氧时，会继续被氧化成蓝色靛蓝二磺酸钠，其色泽变化范围为浅绿黄色、黄色、橘红色、红色、绛红色、紫色、蓝色，最后为蓝绿色。可通过目视比色法测定溶解氧的含量。

15-21 靛蓝二磺酸钠葡萄糖比色法测定水中溶解氧采样时应注意什么？

答：采样时采样管要插入溶氧瓶底部，水样流量为 600～700mL/min，溢流 3min 以上，液面高于采样瓶口 10cm 以上，水样温度不超过 35℃，最好能比环境温度低 1～3℃。

15-22 引起纯水在线溶氧仪测量值波动大的主要原因有哪些？

答：（1）进入测量单元的样水有气泡；（2）样品管线漏气；（3）显示仪接地不良；（4）电极电缆屏蔽线未接好；（5）外界干扰源太强；（6）样水温度突变。

15-23 填空

（1）取出在线溶氧分析仪的氧电极进行空气校正时，先要用（　　）把电极清洗干净，再用滤纸吸干表面水分。

（2）在线溶氧分析仪电极若出现浑浊、胀气和（　　）时，电极需更换。

（3）靛蓝二磺酸钠葡萄糖比色法测定水中的溶解氧所用的工作液易被氧化，使用时应用（　　）密封，可使它与空气隔离。

（4）进口 HACH 公司 LDO 探头测量溶解氧的原理是 LDO 传感器被一种荧光材料所覆盖。从 LED 光源发出的蓝光被传输到传感器表面。蓝光激发荧光材料，使它发出（　　）。仪器记录从光源发出蓝光到荧光物质释放出红光的时间间隔。水中存在的氧气与记录下来的时间有很好的对应关系，通过计算可得到氧气浓度。在蓝光闪现的过程中，红色的 LED 光源

被反射到传感器上用作内部参考。

答：（1）除盐水；（2）膜破；（3）石蜡；（4）红光。

15-24 使用 HACH 公司的 LDO 探头测量溶解氧有哪些优点？

答：（1）维护量大大降低，只需要定期用湿抹布擦传感器。仪器没有膜，无需清洁和更换；没有电解质溶液污染，也无需补充；没有阳极和阴极需要清洁或更换。

（2）内置的标准会对该仪器的每一个读数进行校准。无需担心该仪器的校准问题。

（3）传感器不受 pH 值波动、硫化氢、水中的化学物质或重金属的影响。

（4）打开分析仪不到 30s 的时间内就给出读数，无需预热时间，响应迅速。

（5）即使当有机物聚集在传感器上时，也能提供准确的读数。

（6）LDO 探头只有一个可更换部件，即传感器的盖子。这个盖子很便宜，更换也很简单，传感器盖子保修一年。

16. 余氯分析仪

16-1 什么是加氯消毒？其消毒原理是什么？

答：在自来水厂和污水处理厂的出水阶段，广泛采用加氯消毒工艺，以杀灭水中的细菌和病毒。在工业循环冷却水的处理中，也采用加氯杀菌除藻工艺，因为冷却水在循环过程中，由于部分水蒸发，水中的营养物质被浓缩了，细菌等微生物会大量繁殖，易于形成黏泥污垢，过多的黏泥污垢会导致管道堵塞和腐蚀。

加氯消毒是指向水中通入氯气杀死细菌等微生物的消毒方法，氯气通常由瓶装液氯提供。氯气通入水中后，极易溶于水，并与水发生反应生成次氯酸和盐酸，反应式如下：

$$Cl_2 + H_2O \Longleftrightarrow HClO + H^+ + Cl^- \quad (16-1)$$

生成的次氯酸是弱酸，在水中发生离解生成氢离子和次氯酸根：

$$HClO \Longleftrightarrow + H^+ + ClO^- \quad (16-2)$$

氯的消毒作用是通过生成的次氯酸产生的。HClO（也可写成 HOCl）是不带电的中性分子，分子量很小，可以扩散到带负电荷的细菌表面，并穿过细菌的细胞壁进入细菌体内，然后由 Cl 原子的氧化作用破坏细菌的酶系统而导致细菌死亡。而 ClO⁻ 虽然也包含一个氯原子，但由于它带有负电荷而不易靠近带负电荷的细菌。因此 ClO⁻ 虽有氧化能力，但难以起到消毒作用。

16-2 影响氯消毒效果的因素由哪些？

答：影响氯消毒效果的因素主要有 pH 值和温度。

pH 值是影响消毒效果的一个重要因素。当水的 pH 值较高时，式（16-2）中的化学平衡会向右侧移动，使水中的 HClO 浓度降低，从而消毒效果降低。pH 值越低，消毒效果越好。实际运行中，一般应控制 pH<7.5，以保证消毒效果。否则，应加酸使 pH 值降低。

水的 pH 值直接控制着次氯酸的电离度。低 pH 值对于次氯酸的存在有利。在 pH=5.0 时，次氯酸的电离度很小，故杀生效果好；在 pH=7.5 时，水中次氯酸（HClO）的浓度和次氯酸根（ClO⁻）的浓度几乎相等；在 pH≥9.5 时，次氯酸几乎全部电离为次氯酸根离子，故杀生效果差（见图 16-1）。

一般地说，以氯为主的微生物控制方案的 pH 值范围以 6.5～7.5 为最佳。pH<6.5 时，虽能提高氯的杀生效果，但水系统中金属的腐蚀速度将增加。

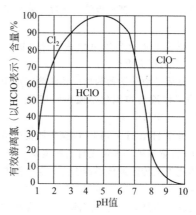

图 16-1 pH 值对水中游离氯的影响

温度对消毒效果的影响也很大。温度越高，消毒效果越好，反之越差。其原因是温度升高能促使 HClO 向细胞内扩散。另外式（16-2）的离解平衡常数 K 值随温度的升高而减小，有利于化学平衡向左移动，使 HClO 浓度增大，有利于消毒。

16-3 什么是游离氯、化合氯、总氯？什么是加氯量、需氯量、余氯量？

答：氯气在水中生成 HClO 和 ClO⁻，HClO 和 ClO⁻ 之和称为"游离氯"。其中，HClO 对细菌等微生物有很强的杀灭作用，是游离氯中的有效杀毒成分，所以也将 HClO 称为"有效游离氯"。

在游离氯起杀生作用之前，由于水中溶有铵离子、有机物等各种杂质，这些杂质会首先与游离氯反应，耗去一部分游离氯。例如，游离氯会迅速与溶液中的铵离子形成单氯胺和二氯胺。在较长一段时间里，游离氯还会与有机化合物（例如蛋白质和氨基酸）起反应，形成各种有机氯化合物。氯胺和有机氯化合物一起叫做化合氯。

化合氯加上游离氯就是溶液中的总氯量，称为总氯。请注意，只有游离氯才是有效的消毒剂，化合氯几乎没有杀毒能力。只有满足上述耗氯需要后，才会有多余的游离氯来杀灭细菌。

加氯消毒时加入的氯量称为加氯量，加氯量应包括需氯量和余氯量两部分。需氯量是指用于杀死细菌及氧化有机物和还原性物质所需要的氯量。余氯量是指为抑制水中残余细菌再度繁殖而余留在水中的氯量，称为余氯或残余氯。

有人把游离氯称为余氯，这是不确切的，杀灭细菌后剩余的游离氯才是余氯。

为维持杀灭细菌的效果，出水中始终要保持余氯量在 $0.5\sim1mg/L$，在供水管网末端也要保持 $0.05\sim0.1mg/L$ 的余氯。

16-4 什么是游离氯、余氯、总氯分析仪？它们各起什么作用？

答：测量水中游离氯含量的仪器称为游离氯分析仪，测量水中游离氯和化合氯含量之和的仪器称为总氯分析仪，它们多用于加氯消毒工艺中，监视加氯反应进行深度和加氯量的控制。

测量出水中剩余游离氯含量的仪器称为余氯分析仪，游离氯分析仪和余氯分析仪实际上是一种仪器，只是因使用场合和作用不同，赋予不同的名称而已。

16-5 在线余氯分析仪一般使用在哪些场合？

答：在线余氯分析仪的一般使用场合如下。

(1) 自来水厂出水中余氯含量监测。

(2) 污水处理厂出水中余氯含量监测。

(3) 循环冷却水中余氯含量监测。

(4) 锅炉给水处理中余氯含量监测。

当采用经过消毒的自来水作锅炉给水进行脱盐处理时，必须除去自来水中的余氯。因为余氯的存在会破坏离子交换树脂的结构，使其强度变差，容易破碎。特别是在靠近自来水厂附近时，水中余氯量较高，更需注意除氯。目前常用的除氯方法有活性炭脱氯法和添加化学药剂除氯法。

16-6 水中的余氯含量采用什么方法测量？在线余氯测量传感器探头有哪几种型式？各有何特点？

答：实验室测量余氯的标准方法有以下两种：

• 化学分析方法——DPD（N,N-二乙基-1,4-苯二胺）滴定法（GB 11897—89）；

• 仪器分析方法——DPD 分光光度法（GB 11898—89）。

在线测量余氯的方法通常采用极谱法，即电解池法。

在线余氯分析仪的传感器探头有敞开式传感器和隔膜式传感器两种型式。

• 敞开式传感器 铂或金阴极是测量电极，银或铜阳极是反电极，被测液体在它们之间形成电解质。由于电极与被测介质直接接触，容易受到污染，必须连续不断地活化，这用由被测液体携带的小玻璃珠摩擦电极表面来完成。液体的电导率必须稳定，以保证液体电阻的变化不影响传感器的测量结果。此外，液体中若存在铁或硫的化合物及其他物质时，也会对测量造成干扰。敞开式传感器可测量游离氯和化合氯两项。其极化时间长达 24h。

• 隔膜式传感器 金阴极是测量电极，银阳极是反电极，隔膜将传感器密封，里面有永久性的电解质，电解质含有氯化物离子。隔膜式传感器的测量具有选择性，隔膜只允许游离氯通过，化合氯不能通过，所以，它不能测量化合氯，如果只有化合氯存在，就不能用它。但对于游离氯的测量，它是最好的选择。

由于采用隔膜密封措施，隔膜式传感器还具有以下优点。

(1) 铁和硫的化合物等干扰组分不能通过隔膜，从而消除了交叉干扰。

(2) 通过样品池的流量 $>30L/h$（流速 $>0.3cm/s$）时，测量值不受被测液体流量波动影响。

(3) 测量值不受被测液体电导率波动的影响。

(4) 测量元件被隔膜密封，不会受到污染，因而其维护量小。

(5) 传感器极化时间短，一般只需 $30\sim60min$。

目前，在线在线余氯分析仪大多采用隔膜式传感器。

16-7 试述隔膜电极式余氯传感器的结构和工作原理。

答：隔膜电极式余氯传感器由金制的测量电极和银制的反电极组成，电极浸入含有氯化物离子的电解质溶液中，电极和电解液由隔膜与被测介质隔离，然而允许气体扩散穿过，隔膜的作用是防止电解液流失及被测液体中的污染物渗透进来引起中毒。

测量时，电极之间加一个固定的极化电压，电极和电解液便构成了一个电解池。隔膜传感器具有选择性，唯一能扩散通过隔膜的化合物是游离氯，能在电极上起反应的是次氯酸（HClO），即有效游离氯。传感器上发生下列电极反应：

测量电极（金阴极）：$HClO + 2e^- \longrightarrow OH^- + Cl^-$

反电极（银阳极）：$2Ag + 2Cl^- \longrightarrow 2AgCl + 2e^-$

连续不断的电荷迁移产生电流，电流强度与次氯酸浓度成正比。

E＋H 公司 CCS140 型余氯传感器探头的结构见图 16-2。

一般是将铂电阻测温元件、pH 电极和余氯传感器组装在一起，做成一个测量组件，用以对余氯传感器的测量结果进行温度补偿和 pH 值校正。

16-8 试述隔膜电极式余氯分析仪的主要技术指标。

答：以 E＋H 公司的余氯分析仪（采用 CCS140/141 传感器）为例，简介如下。

测量范围　CCS 140：$0.05\sim20mgCl_2/L$

　　　　　　CCS 141：$0.01\sim5mgCl_2/L$

分辨率　　CCS 140：$0.01mgCl_2/L$

　　　　　　CCS 141：$0.001mgCl_2/L$

重复性误差　max.0.2%测量范围

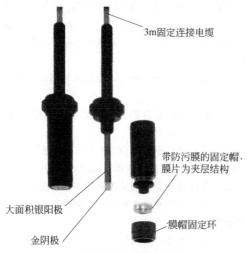

(a) CCS140余氯传感器外形图

3m固定连接电缆

带防污膜的固定帽，膜片为夹层结构

大面积银阳极

金阴极

膜帽固定环

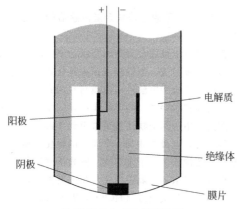

(b) CCS140余氯传感器结构图

阳极

阴极

电解质

绝缘体

膜片

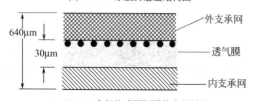

(c) CCS140余氯传感器隔膜的夹层结构

640μm

30μm

外支承网

透气膜

内支承网

图 16-2　E＋H 公司 CCS140 型余氯传感器探头

响应时间 T_{90}　＜2min

温度补偿范围　2～45℃

pH 补偿范围　pH4～9

被测水样温度　＜45℃

被测水样压力　＜0.1MPa

被测水样流量　＞30L/h（流速＞0.3cm/s）

16-9　采用隔膜电极式传感器测量余氯时应注意哪些问题？

答：主要应注意以下几点。

（1）由于受最低流量限制，隔膜电极式传感器只能安装在流通式样品池中，而不能安装在明渠上直接测量。

（2）应保证通过样品池的流量＞30L/h（流速＞0.3cm/s），并注意被测水样的温度、压力和 pH 值不应超过仪表允许范围。

（3）被测水样中不应有能在传感器隔膜上形成淀积物的任何悬浮固体，否则应采取过滤措施。

（4）定期补充电解液和对传感器进行校准（零点标准也须经活性炭过滤器除氯，量程标准液可按仪表使用说明书配制）

16-10　余氯和氯离子有什么不同？

答：余氯是以氯气、HClO、ClO^- 及氯胺类化合物（NH_2Cl、$NHCl_2$、NCl_3）存在于水中，是以分子或化合物形式存在的，而氯离子是以单纯离子形式存在，故余氯和氯离子有本质上不同。

16-11　填空

（1）水中通氯的目的是杀菌，只有（　　）才具有杀菌作用。

（2）余氯是水中溶解的（　　）和具有氧化能力的化合态有机氯的总称。

答：（1）游离氯；（2）游离氯。

16-12　判断：次氯酸遇有机物会发生爆炸。（　　）

答：√。

17. 紫外-可见光分光光度计和硅酸根、磷酸根分析仪

17.1 紫外-可见光分光光度计

17-1 什么是可见光？什么是紫外光？什么是单色光、复合光、互补色光？

答：人们的视觉可以观察到的光称为可见光，其波长范围在 $400\sim780nm$ 之间。紫外光的波长范围在 $10\sim400nm$ 之间，是一种人们的视觉观察不到的光，由于它处于可见光区紫色光的外侧，所以称其为紫外光。

具有同一波长的光叫单色光；由不同波长组成的光叫复合光；按一定比例混合可得到白光的两种单色光为互补色光。物质的颜色是由其主要吸收色光的互补色光决定的。光色互补示意见图 17-1 。

图 17-1 光色互补示意图

17-2 什么是光的波粒二重性？

答：光是一种电磁波，具有连续的波动性和不连续的微粒性。

光的传播特性如反射、折射、散射、衍射、干涉、偏振等可用波动性来解释，描述波动性的主要参数是波长 λ（cm）和频率 ν（s^{-1}），波长是具有相同振动相位的相邻两点间的距离，频率是每秒钟振动的次数，它们之间的关系是 $\lambda\nu=c$，c 为光速，等于 299790km/s。

光的另外一些现象，如光电效应、光的吸收与发射等，可用光的微粒性来说明。把光看成是具有一定能量的微粒流，这种微粒称为光子或光量子。光子的能量决定于光的频率，$E=h\nu$。式中 E 为能量，单位是 J，ν 为频率，单位是 s^{-1}，h 为普朗克常数，其值为 6.625×10^{-34} J·s。

17-3 什么是吸光光度法、比色法、分光光度法？

答：基于物质对光的选择性吸收而建立起来的分析方法叫作吸光光度法，其理论依据是光的吸收定律（朗伯-比耳定律）。

吸光光度法包括比色法、可见分光光度法、紫外分光光度法和红外吸收光谱法等。基于比较溶液颜色的深浅来进行定量的分析方法称为比色法，包括目视比色法和光电比色法。采用分光系统将复合光分解为单色光，然后对物质的吸光度进行测定，从而求出物质含量的方法，称为分光光度法。

分光光度法是比色法的发展。比色法仅限于可见光区，分光光度法则可以扩展到紫外光区和红外光区。比色法用的光来自滤片片，光谱带宽为 $40\sim120nm$，精度不高。分光光度法用的光来自棱镜或光栅，其光谱带宽最大不超过 $3\sim5nm$，在紫外区可达到 1nm 以下，近于真正的单色光，因而具有较高的精度。

17-4 什么是光的吸收定律？

答：光的吸收定律也称为朗伯-比耳（Lambert-Beer）定律，参阅图 17-2。朗伯定律是说明光的吸收与吸收层厚度成正比。比耳定律是说明光的吸收与溶液浓度成正比。如果同时考虑吸收层的厚度和溶液的浓度对单色光吸收率的影响，则得朗伯-比耳定律，是吸光光度分析的理论基础。其数学表达式如下：

$$A=\lg\frac{I_0}{I_t}=kbc$$

式中 $\lg\dfrac{I_0}{I_t}$——表示光线通过溶液时，被吸收的程度，通常用 A 表示，称吸光度；

k——比例常数，它与入射光的波长和被测物质性质有关而与光的强度、溶液的浓度及液层厚度无关；

b——液层厚度；

c——溶液浓度。

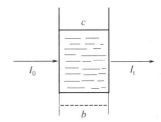

图 17-2 解释朗伯-比尔定律的示意图
b—溶液厚度；c—溶液浓度

按吸光度定义上式可写为：

$$A=kbc$$

17-5 什么是透光度？什么是吸光度？

答：透光度 又称透光率，用 T 表示。透光度是指透射光的强度 I_t 与入射光强度 I_0 之比，即 $T=\dfrac{I_t}{I_0}$。可见，透光度愈大，溶液对光的吸收愈少；透光度愈少，溶液对光的吸收愈多。

吸光度 用 A 表示，吸光度是透光度的负对数，

即 $A=-\lg T$，可见 A 愈大，溶液对光的吸收愈多。

17-6 什么是摩尔吸收系数？

答：在光的吸收定律式 $A=kbc$ 中，比例常数 k 与入射光波长、溶液的性质有关。如果浓度 c 用 mol/L 为单位、液层厚度 b 以 cm 为单位，则比例常数称为摩尔吸收系数，以 ε 表示，单位为 L·mol^{-1}·cm^{-1}。此时光的吸收定律可写成：

$$A=\varepsilon bc$$

摩尔吸收系数表示物质对某一特定波长光的吸收能力。ε 愈大表示该物质对某波长光的吸收能力愈强，测定的灵敏度也就愈高。摩尔吸收系数是通过测量吸光度值，再经过计算而求得的。

若用质量浓度 $r(g·L^{-1})$ 代替物质的量浓度 c，则 $A=abr$。式中的 a 为质量吸光系数，单位为 L·g^{-1}·cm^{-1}。

a 是通过标准物质稀溶液测得的，它的数值愈大，表明溶液对入射光愈容易吸收，测定的灵敏度就愈高。一般 a 值大于 10^3 即可进行分光光度法测定。

17-7 什么是紫外-可见分光光度计，它由哪些部件组成？

答：测量物质分子对不同波长的紫外光和可见光吸收强度的仪器称为紫外-可见分光光度计。紫外-可见分光光度计的主要组成部件有光源、单色器、吸收池、检测器和测量系统等，如图 17-3 所示。

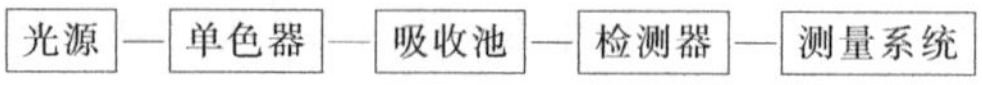

| 光源 | — | 单色器 | — | 吸收池 | — | 检测器 | — | 测量系统 |

图 17-3　分光光度计的组成框图

单色器将光源发射的复合光分解为单色光，经吸收池内的被测溶液吸收后，由检测器将光强度转变为电信号，再由测量系统进行放大、处理和显示。早期的分光光度计用表头读数，现代的分光光度计均装有微处理器或外接微型计算机，控制仪器操作和处理测量数据。

17-8 紫外-可见分光光度计使用的光源有哪几种？各适用于何种波长范围？

答：紫外-可见分光光度计的理想光源应具有在整个紫外-可见光域的连续辐射，强度应高，且随波长变化能量变化不大，但实际上是难于实现的。在可见光区，常用钨丝灯（或卤钨灯）为光源，波长范围约为 320~2500nm；在紫外光区，常用氢灯、氘灯为光源，波长范围约为 200~375nm。氘灯的辐射强度比氢灯高 2~3 倍，寿命亦较长。氙灯的强度一般高于氢灯，但欠稳定，适用的波长范围为 180~1000nm，常用作荧光分光光度计的激发光源。

17-9 单色器由哪些部分组成？它们各起什么作用？

答：单色器是将光源发射的复合光分解为单色光的装置。单色器一般由五个部分组成：入光狭缝、准光器（一般由透镜或凹面反光镜使入射光成为平行光束）、色散器、投影器（一般是一个透镜或凹面反射镜将分光后的单色光投影至出光狭缝）、出光狭缝。单色器光学系统原理图见图 17-4。入光狭缝和出光狭缝均位于球面反射镜的焦面位置，通过入光狭缝的光束经平面反射镜反射后射向球面反射镜，球面镜将平行光束反射至平面光栅，经光栅色散后的平行光束又经球面反射镜反射聚焦在出光狭缝处。

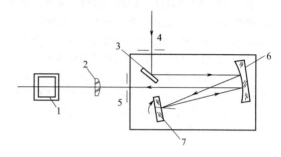

图 17-4　单色器光学系统原理图

1—样品池；2—聚光镜；3—平面反射镜；4—入光狭缝；
5—出光狭缝；6—球面反射镜；7—平面光栅

色散器是单色器的核心部分，常用的色散元件是棱镜或光栅。

棱镜由玻璃或石英制成，玻璃棱镜色散能力大，但吸收紫外光，只能用于 350~820nm 的分析测定，在紫外区必须用石英棱镜。

光栅是在玻璃表面上每毫米内刻有一定数量等宽等间距平行条痕的一种色散元件，刻线处不透光，通过光的干涉和衍射现象，较长的光波偏折的角度大，较短的光波偏折的角度小，混合光束通过光栅后被分开，形成光谱。高质量的分光光度计采用全息光栅代替机械刻制和复制光栅。

狭缝是指由一对隔板在光通路上形成的缝隙，用来调节入射单色光的纯度和强度，也直接影响分辨力。狭缝可在 0~2mm 宽度内调节，较先进的分光光度计的狭缝宽度可随波长一起调节。

17-10 试述吸收池的结构和材料。

答：吸收池是盛放样品溶液的容器，具有两个相互平行、透光且具有精确厚度的平面。玻璃吸收池用于可见光区，石英吸收池用于紫外光区。吸收池的光程长度一般为 1cm，也有 0.1~10cm 的。

17-11 紫外-可见分光光度计使用的检测器有哪几种？各有何特点？

答：检测器是一种光电转换设备。常用的有光电池、光电管、光电倍增管、光电二极管阵列检测器、电荷耦合检测器等。

（1）光电池　其光电流较大，不用放大，用于初级的分尖光度计上。缺点是疲劳效应较严重。

（2）光电管 锑-铯阴极的紫敏光电管适用波长为 $200\sim625nm$，银-氧化铯-铯阴极的红敏光电管适用波长为 $625\sim1000nm$。

（3）光电倍增管（PM—Photomultiplier）是目前应用最为广泛的检测器，它利用二次电子发射来放大光电流，放大倍数可高达 10^8 倍。

（4）光电二极管阵列检测器（PDA—Photodiode array detector）是一种固态光电检测器，光源发出的复合光先通过样品池后，由光栅色散，色散后的单色光直接为数百个光电二极管接收，单色器的谱带宽度接近于各光电二极管的间距，由于全部波长同时被检测，扫描速度快，$190\sim800nm$ 可在 $0.1s$ 内完成扫描。

（5）电荷耦合检测器（CCD—Carge coupled detector）是一种新型的固态光电检测器，由许多光敏检测阵元组成，每个阵元都是一个金属-氧化物-半导体（MOS）电容器。阵元尺寸很小，作为光信号检测时有很高的空间分辨能力，检测灵敏度很高，可排成一维（线阵）获二维（面阵）检测器，已在各种现代光谱仪器中得到应用。

17-12 图 17-5 是光电倍增管结构示意图，请简要说明其工作过程。

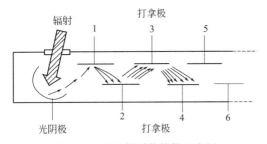

图 17-5 光电倍增管结构示意图

答：如图 17-5 所示，光电倍增管是在普通光电管中引入具有二次电子发射的倍增电极——打拿极组合而成。倍增电极间电位逐级升高，相临两倍增电极间电位约 90V，当辐射波照射到光阴极时，产生的电子受第一级倍增电极正电位的吸引，加速并撞击到该电极上，产生二次电子发射，这些二级发射电子又被加速撞击到第二级倍增电极上，经多级放大的电子最后被收集到阳极上。由于光电流逐级倍增，光电倍增管具有很高的灵敏度，特别适合于弱辐射波的检测。光电倍增管倍增电极可达 $11\sim14$ 级，每个光子可产生 $10^6\sim10^7$ 个电子。

17-13 紫外-可见分光光度计的类型有哪几种？各有什么特点？

答：紫外-可见分光光度计的类型很多，但可归纳为三种类型，即单光束分光光度计、单波长双光束分光光度计和双波长分光光度计。

一般的单光束分光光度计每换一个波长都必须用空白进行校准，测定吸收光谱较麻烦（用计算机技术实现自动扫描的除外），且对光源和检测系统的稳定性要求较高。

单波长双光束分光光度计能自动比较透过空白（参比池）和试样（样品池）的光束强度，其比值即为试样的透射比。双光束分光光度计大多能自动扫描吸收光谱，它还能消除了电源电压波动的影响，减小了放大器增益的漂移。

双波长分光光度计常采用等吸收点法和系数倍率法等进行有干扰组分存在时的定量分析。当试样溶液浑浊、背景吸收大或共存组分的吸收光谱相互重叠有干扰时，宜采用双波长分光光度法进行测定。

17-14 图 17-6 为 751 型单光束紫外-可见分光光度计光学系统图，请简要说明其工作过程。

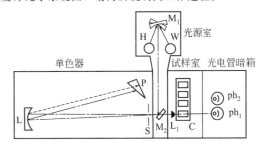

图 17-6 751 型单光束紫外-可见分光光度计光学系统图

答：751 型紫外-可见分光光度计的波长范围为 $200\sim1000nm$，在 $200\sim320nm$ 以氢灯 H 为光源，在 $320\sim1000nm$ 波段以钨灯 W 为光源。

光源发出的光经凹面反射镜 M_1 聚光后反射到平面镜 M_2 上，经入射狭缝 S 进入单色器。进入单色器的光束经球面准直镜 L 反射成一束平行光射入石英棱镜 P，经棱镜色散后的单色光返回 L，聚焦后经出射狭缝 S 射出（出射和入射狭缝是一体的，分别位于狭缝的上、下部）。为消除杂散光的影响，单色光先经滤光片 L_1 后进吸收池 C，透射光射到蓝敏光电管 ph_1 或红敏光电管 ph_2 阴极面上产生光电流，经放大后用电位差计测量吸光度。旋转棱镜角度，可获得任一波长的单色光。

17-15 试述单波长双光束分光光度计的工作原理和特点。

答：图 17-7 为单波长双光束分光光度计的光路系统示意图。

其测量过程为来自光源的光束经单色器 1 后，分离出的单色光经反射镜 2 分解为强度相等的两束光，分别通过样品池 7 和参比池 6，在平面反射镜 4 和 5 的作用下汇合，投射到光电倍增管 9 上。调制器 8 带动 2 和 5 同步旋转，两光束分别通过参比池 6 和样品

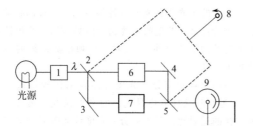

图 17-7　单波长双光束分光光度计光路系统示意图

1—单色器；2、3、4、5—反射镜；6—参比池；
7—样品池；8—旋转装置；9—光电倍增管

池 7，然后经 4 和 5 交替投射到光电倍增管 9 上。检测器在不同的瞬间接收、处理参比信号和试样信号，其信号差再通过对数转换成吸光度。

17-16　试写出双波长分光光度法的原理。

答：双波长分光光度法是在传统分光光度法的基础上发展起来的，它的理论基础是差吸光度和等吸收波长。它与传统分光光度法的不同之处，在于它采用了两个不同的波长，即测量波长（又叫主波长 λ_P，primary wavelength）和参比波长（又叫次波长 λ_S，second wavelength）测定同一样品溶液，以克服单波长测定的缺点，提高了测定结果的准确度。

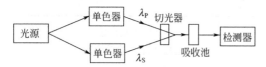

图 17-8　双波长分光光度计光路系统示意图

早期的双波长分光光度计的光路系统见图 17-8。测定时，两束不同波长的单色光经切光器（chopper，一种用于双波长分光光度计中使光束按一定周期反射、遮断或通过的装置）处理后，以一定的时间间隔交替照射吸收池，经待测溶液吸收后，再照到检测器上，产生两个不同的吸光度，再将这两个吸光度相减，就得到了差吸光度 ΔA。

根据朗伯-比尔定律可得：

$$A_P = \varepsilon_P Lc + A'_P \tag{17-1}$$

$$A_S = \varepsilon_S Lc + A'_S \tag{17-2}$$

式中　A_P、A_S——分别为待测溶液在主波长和次波长处的吸光度；

ε_P、ε_S——分别为待测溶液在主波长和次波长处的摩尔吸光系数；

L——光径；

c——待测溶液的浓度；

A'_P、A'_S——分别为待测溶液在主波长和次波长处的散射或背景吸光度。

当 λ_P、λ_S 相差不太大时，由同一待测溶液产生的光散射吸光度和背景吸光度大致相等（称为等吸收波长），即 $A'_P = A'_S$，将式（17-1）和式（17-2）相减得：

$$\Delta A = A_P - A_S = (\varepsilon_P - \varepsilon_S)Lc \tag{17-3}$$

对于同一待测溶液来说，$(\varepsilon_P - \varepsilon_S)$ 是一常数，在光径 L 不变的情况下，式（17-3）可简化为：

$$\Delta A = Kc \tag{17-4}$$

式（17-4）说明，待测溶液在 λ_P 与 λ_S 两个波长处测定的差吸光度 ΔA 与试样中待测物质的浓度 c 成正比。这就是双波长法的定量公式。

17-17　试述一种新型双波长分光光度计的光路系统和测量过程。

答：以 WFZ800-S 型双波长分光光度计为例，其光路系统见图 17-9。

该仪器工作波段为 200～800nm，溴钨灯 W 和氘灯 H 分别作为可见、紫外光源，转动凹面镜 M_1 可实现光源的转换。光束通过狭缝 S_1，由棱镜 M_2 分成两

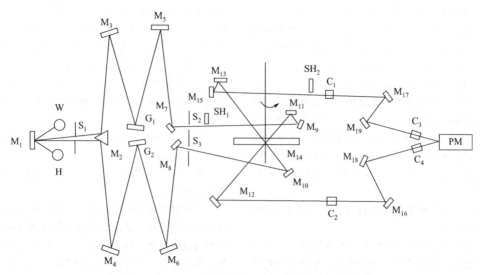

图 17-9　WFZ800-S 型双波长分光光度计光路系统图

束，分别同时进入第一单色器（由 M_3、G_1、M_5、M_7组成）和第二单色器（由 M_4、G_2、M_6、M_8组成），用复制光栅作色散元件。两个单色器相对独立，从出射狭缝 S_2 和 S_3 可获得任意波长的单色光 λ_1、λ_2。转动调谐镜 M_{14} 嵌有 6 块小平面镜和 6 个空洞镜盘，当它旋转到反射镜位置时，S_3 射出的单色光被 M_{10} 反射到 M_{12}，通过第一个样品池 C_2，经 M_{16}、M_{18}，再通过第二个样品池 C_4，最后到光电倍增管 PM。当 M_{14} 旋转到空洞位置时，有两种情况：一是 S_3 射出的单色光经 M_{10} 直到 M_{13}，经 M_{15}、C_1、M_{17}、M_{19}、C_3 达到 PM；二是 S_2 射出的单色光经 M_9、M_{11}、M_{12} 再到 C_2、M_{16}、M_{18}、C_4 到 PM。因此，若用光闸 SH_1 挡住 S_2 射出的单色光，仪器以单波长双光束方式工作，如 SH_1 不挡 S_2，而以 SH_2 挡在 C_1 之前，仪器以双波长方式工作。

17-18 在用分光光度计进行测量时，经常会发现标准曲线不成直线的情况，特别是当吸光物质的浓度高时，标准曲线会明显向下或向上偏离，这种情况称为偏离朗伯-比耳定律现象。偏离朗伯-比耳定律的原因有哪些？

答：引起偏离朗伯-比耳定律的原因有以下三点。

（1）入射光为非单色光　严格讲朗伯-比耳定律只适用于单色光。但实际上目前各种分光光度计得到的入射光实质上都是某一波段的复合光。由于物质对不同波长光的吸收程度的不同，导致了对朗伯-比耳定律的偏离。测定时通常选择物质的最大吸收波长的光为入射光，这样，不仅可以保证测定灵敏度较高，而且由于此处的吸收曲线较平坦，偏离朗伯-比耳定律的程度较小。

（2）溶液中的化学反应　溶液中的吸光物质常因离解、缔合、形成新的化合物或互变异构体等化学变化而改变了浓度，因而导致对朗伯-比耳定律的偏离。因此，必须控制显色反应条件，控制溶液中的化学平衡，防止对朗伯-比耳定律的偏离。

（3）比耳定律的局限性引起偏离　严格说，比耳定律是一个有限定律，只适用于浓度小于 0.01mol/L 的稀溶液。因为浓度高时，吸光粒子间的平均距离减小，受粒子间电荷分布相互作用的影响，它们的摩尔吸收系数发生改变，导致偏离比耳定律，因此，待测溶液的浓度应控制在 0.01mol/L 以下。

17-19 什么是显色反应、显色剂？选择显色反应时要考虑哪些因素？

答：在进行可见分光光度法分析时，首先要把待测组分转变为有色化合物，然后进行比色和光度测定。将待测组分转变为有色化合物的反应叫显色反应，能与待测组分形成有色化合物的试剂称为显色剂。其中，络合反应是最主要的显色反应。

同一组分常可与多种显色剂反应，生成不同的有色物质。选择显色反应时，要考虑以下因素。

（1）灵敏度高　可见分光光度法一般用于测量微量组分，因此灵敏度是首先考虑的因素。通常摩尔吸光系数在 $10^4 \sim 10^5$ 时，认为反应灵敏度较高。

（2）选择性好　一般显色剂都能与多种物质发生显色反应，在光度法分析中要找到干扰较少或干扰易于除去的反应。

（3）吸光化合物与显色剂之间颜色差别大　显色剂在测定波长处无明显吸收，试剂空白小，可以提高测量准确度。

（4）反应生成的化合物组成恒定、性质稳定　保证测定过程中吸光度基本不变。

17-20 在可见光分光光度测量中，溶液的酸度对光度测定有什么影响？

答：溶液的酸度对光度测定有显著影响。

（1）酸度不同时，显色化合物的组成和颜色可能不同。

（2）溶液酸度变化，显色剂的颜色可能发生变化，原因是很多有机显色剂是酸碱指示剂，其颜色随 pH 值变化而变化。

（3）溶液酸度过高会降低配合物的稳定性，特别是对弱酸型有机显色剂和金属离子形成的配合物影响较大。

（4）溶液酸度过低会引起金属离子水解生成氢氧化物沉淀。这种现象常发生在有色配合物的稳定度不是很大，并且被测金属离子所形成的氢氧化物的溶解度又很小的情况下。

由于酸度对显色反应的影响很大，因此，某一显色反应最适宜的酸度必须通过实验来确定。其方法是通过实验做吸光度 A-pH 关系曲线，选择曲线平坦部分对应的 pH 值作为应该控制的酸度范围。

17-21 在可见光分光光度测量中，如果共存离子本身有颜色，或共存离子与显色剂生成有色化合物，都将干扰测定。消除干扰的方法有哪些？

答：（1）控制溶液的酸度，使待测离子显色，干扰离子不能生成有色化合物。

（2）加入络合掩蔽剂，使干扰离子生成无色络合物。

（3）加入氧化还原掩蔽剂，改变干扰离子的价态，使干扰离子不与显色剂反应。

（4）采用电解、萃取、沉淀或离子交换等方法除去干扰离子。

（5）利用待测溶液与参比溶液的差减比较法，以抵消干扰。

（6）选择适当的吸收波长，以避开干扰离子的影响。

17-22 已知 Fe^{3+} 浓度为 $56.0\mu g/L$ 的溶液，用 KCNS 显色，在波长 480nm 处，用 2cm 比色皿测得

吸光度 A 为 0.120，计算摩尔吸光系数（Fe 的原子量为 56.0g/mol）。

解：$C = 56.0\mu g/L = 56.0 \times 10^{-6} g/L$

$\qquad = 56.0 \times 10^{-6}/56 mol/L = 1.0 \times 10^{-6} mol/L$

$A = \varepsilon CL$

$\varepsilon = \dfrac{A}{CL} = \dfrac{0.120}{1.0 \times 10^{-6} \times 2.0}$

$\qquad = 6.0 \times 10^4 \ (L \cdot cm^{-1} \cdot mol^{-1})$

答：摩尔吸光系数是 $6.0 \times 10^4 L \cdot cm^{-1} \cdot mol^{-1}$。

17-23 某有色化合物在分光光度法测定时摩尔吸光系数为 $2.5 \times 10^5 \ L \cdot cm^{-1} \cdot mol^{-1}$，分子量为 125g/mol，若要准确配制 1L 此化合物的溶液，使其在稀释 200 倍之后，放在 1cm 厚的比色皿中测得的吸光度为 0.600，问应称取此化合物多少克？

解：$M = 125g/mol$

$\qquad L = 1cm$

$\qquad A = 0.600$

$\qquad \varepsilon = 2.5 \times 10^5 \ L \cdot cm^{-1} \cdot mol^{-1}$

$\qquad W = CM = \dfrac{MA200}{\varepsilon L}$

$\qquad\quad = \dfrac{125 \times 0.600 \times 200}{2.5 \times 10^5 \times 1} = 0.060 \ (g)$

答：应称取此化合物 0.060g。

17-24 某有色物质溶液的浓度为 $4.5 \times 10^{-6} g/mL$，在 530nm 波长下用 2.0cm 吸收池所测得的吸光度为 0.300，试计算：（1）吸收系数；（2）使用 5.0cm 吸收池时溶液的百分透光度。

解：已知 $C = 4.5 \times 10^{-6} g/mL = 4.5 \times 10^{-3} g/L$

（1）$A = KbC$

$\qquad K = \dfrac{A}{bC} = \dfrac{0.300}{2.0 \times 4.5 \times 10^{-3}}$

$\qquad\quad = 33 \ (L \cdot g^{-1} \cdot cm^{-1})$

（2）$A = \lg \dfrac{1}{T} = 0.3 \times 5.0/2.0 = 0.75$

$\qquad T = 10^{-A} = 17.8\%$

答：（1）吸收系数是 33 $(L \cdot g^{-1} \cdot cm^{-1})$；（2）使用 5.0cm 吸收池时溶液的百分透光度是 17.8%。

17-25 用硫氰酸盐光度法测铁的含量，在最大吸收波长 480nm 处，用 1cm 比色皿测定 1.0mg/mL 铁标准溶液的吸光度为 0.358；在相同条件下，测得试验的吸光度为 0.430，求试液中铁的含量。

解：应用对照法即可求得试液中铁的含量 C_x 为：

$\qquad C_x = 0.430 \times 1.0/0.358 = 1.2mg/mL$

答：试液中铁的含量为 1.2mg/mL。

17-26 已知某化合物的相对分子质量为 251，将此化合物用乙醇作溶剂配成浓度为 $0.150mmol \cdot L^{-1}$ 的溶液，在 480nm 波长处用 2.00cm 吸收池测得透光率为 39.8%，求该化合物在上述条件下的摩尔吸光

系数 ε 及质量吸光系数 a。

解：由 Lambert-Beer 定律可得

$$\varepsilon = \frac{A}{cb} = \frac{-\lg T}{cb}$$

已知 $c = 0.150 \times 10^{-3} mol \cdot L^{-1}$，$b = 2.00cm$，$T = 0.398$

$\varepsilon(480nm) = \dfrac{A}{cb}$

$\qquad = \dfrac{-\lg 0.398}{1.50 \times 10^{-4} mol \cdot L^{-1} \times 2.00cm}$

$\qquad = 1.33 \times 10^3 \ (L \cdot mol^{-1} \cdot cm^{-1})$

$a(480nm) = \dfrac{\varepsilon(480nm)}{M}$

$\qquad = \dfrac{-\lg 0.398}{1.50 \times 10^{-4} mol \cdot L^{-1} \times 2.00cm \times 251 g \cdot mol^{-1}}$

$\qquad = 5.31 (L \cdot g^{-1} \cdot cm^{-1})$

答：摩尔吸光系数为 $1.33 \times 10^3 \ L \cdot mol^{-1} \cdot cm^{-1}$，质量吸光系数为 $5.31 \ L \cdot g^{-1} \cdot cm^{-1}$。

17-27 判断题（对打 √，错打 ×）

（1）在线硅酸根分析仪测量时，反应生成的溶液蓝颜色越深，表明水样的硅酸根离子浓度越低。（　　）

（2）紫外吸收光谱是由于分子中价电子的跃迁而产生的。（　　）

（3）光电倍增管是一种光电转换器件，同时也是一种电流放大器。它可以放大直流信号，但不能放大断续光转换成的交流信号。（　　）

（4）分光光度计中的光电转换元件，除硒光电池外，大多数采用光电倍增管。（　　）

（5）影响比色分析的因素主要有光学因素和化学因素。（　　）

（6）清洗比色皿时，应用软毛刷刷或在洗液中长时间浸泡。（　　）

（7）大多数有色化合物，在紫外光区的摩尔吸光系数比在可见光区大得多，所以紫外光吸收光谱比可见光吸收光谱更为灵敏，可以测定更低的含量。（　　）

（8）光波绕过障碍物而弯曲地向它后面传播的现象，称为波的干涉现象。（　　）

（9）当频率相同、振动方向相同、周相相等或周相差保持恒定的波源所发射的相干波互相叠加时，会产生波的衍射现象。（　　）

（10）在分光光度计中，常因波长不同而选用不同的光源，钨灯是用在紫外光区，氢灯和氘灯用在可见光区。（　　）

答：（1）×；（2）√；（3）×（都能放大）；（4）√；（5）√；（6）×；（7）√；（8）×（应为波的衍射现象）；（9）×（应为波的干涉现象）；（10）×（正好相反）。

17-28 选择题

（1）分光光度计的简易检验主要指检查（　　）。

A. 电源模块；B. 分光系统和光电系统；C. CCD 模块；D. 放大器模块

（2）Michelson 干涉仪的两个透镜分别是（　　）。

A. 定镜和动镜；B. 反光镜和滤光镜；C. 分光镜和反光镜

（3）在分光光度法中，如果显色剂本身有色，而试样显色后测定中发现其吸光度很小时，应选用（　　）作为参比溶液。

A. 空气；B. 蒸馏水；C. 试剂空白

（4）在分光光度计的检测系统中，以光电倍增管代替硒光电池，可以提高测量的（　　）。

A. 灵敏度；B. 准确度；C. 精密度；D. 重现性

（5）紫外-可见分光光度法是利用溶液中的分子或基团在紫外和可见光区产生（　　）能级跃迁所形成的吸收光谱，并根据吸收光谱进行定性和定量测定。

A. 原子外层电子；B. 原子内层电子；C. 分子外层电子；D. 分子内层电子

（6）在分光光度计中，常因波长不同而选用不同的光源，钨灯用在（　　）。

A. 可见光区；B. 紫外光区；C. 两种光区均可

答：（1）B；（2）A；（3）C；（4）A；（5）C；（6）A。

17-29 填空题

（1）ABB 公司 8241 型在线硅酸根分析仪测定硅含量的方法：样品水中的硅酸盐、硫酸和钼酸盐混合生成黄色硅钼杂多酸混合物，通过（　　）环境排除其他杂多酸的干扰，选择性地生成 β-硅钼酸。为了提高方法的灵敏度，最后将黄色酸还原成蓝色，并用（　　）进行检测。

（2）国产 FIA-33 型在线磷酸根自动分析仪的检测系统由（　　）、样品流通池、（　　）、传输光纤等组成。

（3）在显色反应中，消除共存离子干扰的方法主要有（　　）、（　　）、（　　）和（　　）。

（4）光谱法可分为（　　）和（　　）。

（5）可见分光光度法中显色剂分为无机显色剂和有机显色剂。其中钼酸铵属于（　　）显色剂。

（6）显色反应主要条件包括（　　）、（　　）、（　　）、（　　）等。

（7）物质在紫外线区域有（　　）吸收谱，其（　　）强度较大，所以紫外线分析仪有很高的灵敏度。

（8）紫外线分析仪能在较大的温度和压力范围内进行连续分析，并且不受（　　）、（　　）等外界因素的

影响，也不受仪表辐射光源（　　）变化的影响。

答：（1）酸性，可见分光光度计；（2）固态冷光源，硅光电池；（3）控制酸度，加入掩蔽剂，分离干扰离子，选择适当测量条件；（4）原子光谱法；分子光谱法；（5）无机；（6）显色剂用量，酸度，显色温度，显色时间；（7）带状，积分吸收；（8）气泡，灰尘，亮度。

17.2　硅酸根、磷酸根分析仪

17-30　什么是硅酸根分析仪？

答：硅酸根分析仪是分析水中可溶性二氧化硅和硅酸盐含量的仪器，目前普遍采用钼蓝法测量水中微量硅的含量。由于钼蓝法是先将水中的硅化物转变成可溶性正硅酸（H_4SiO_4），通过分析水中硅酸根（SiO_3^{2-}）含量进行测量的，所以将其称为硅酸根分析仪。

水中微量硅的含量，通常换算成每立升水中所含二氧化硅（SiO_2）的微克数来表示，所以也将其称为二氧化硅分析仪，简称硅表。

17-31　为什么要检测锅炉给水中的硅化物含量？

答：水中硅化物的存在是造成水垢的原因之一。水垢由于其热导率远比金属要小，致使影响锅炉传热，造成热量损失和燃料浪费，同时也会使锅炉产生局部过热而损坏。水垢还会引起沉积物下面金属的腐蚀，危及锅炉的安全运行。此外，硅化物由于能溶解在高压蒸汽中，而被携带到汽轮机内，在汽轮机的喷嘴或叶片上形成二氧化硅（SiO_2）沉积物，危及汽轮机的安全运行。因此，对锅炉给水的处理极为重要。

在锅炉给水处理中，通过混凝沉淀及离子交换法除硅，但一般难以达到完全纯净的程度。根据锅炉给水的水质标准，要求 $SiO_2 < 20\mu g/L$。硅表可用来监视水处理过程的中除硅质量，检测锅炉给水中的微量硅含量。

17-32　试述钼蓝法硅酸根离子分析仪的测量原理。

答：对工业用水中微量硅含量的分析，传统采用钼蓝法。在酸性溶液中，水中硅会与显色剂钼酸盐产生显色反应，生成硅钼黄，再与还原剂生成硅钼蓝，使溶液呈蓝色。蓝色的深浅程度又与试剂水中硅的含量有关，从而可通过光电比色或分光光度法测定吸光度而求得待测试样水中的含硅量。

根据测定的元素不同，钼蓝法有硅钼蓝和磷钼蓝等。硅钼蓝法用于测定水中硅的含量，磷钼蓝法用于测定水中磷的含量。硅钼蓝法的分析过程一般可分为三个阶段，即显色、加掩蔽剂和还原。

（1）显色　在加有硫酸的酸性溶液中，使水中硅转变成可溶性正硅酸 H_4SiO_4，然后与钼酸盐在微酸性溶液中进行显色反应，生成黄色的硅钼杂多酸，称为硅钼黄，其分子式为 $H_4SiMo_{12}O_{40}$。

（2）加掩蔽剂　由于水中的铁、磷和砷均能与钼

酸盐起显色反应，也生成黄色络合物，当加入还原剂时，又会与硅钼黄一起被还原成钼蓝，因而会干扰硅的测定。为此，在对硅钼黄进行还原之前，先加入掩蔽剂（例如酒石酸、草酸），使得干扰离子与掩蔽剂生成无色稳定的络合物，从而达到防止干扰分析的目的。

（3）还原　硅钼黄在还原剂的作用下，会被还原成蓝色的硅钼杂多酸，称为硅钼蓝，其分子式为 $H_4SiO_4 \cdot 10MoO_3 \cdot 2MoO_2$。

硅钼蓝法常用的试剂除 H_2SO_4 与水中硅生成可溶性正硅酸外，作为显色剂的钼酸盐有钼酸铵、钼酸钠；作为掩蔽剂的有酒石酸、草酸；作为还原剂的有 1-氨基-2-萘酚-4-磺酸之外，尚有称为罗多耳和万年青糖醇等有机还原剂。

17-33　试述硅分析仪的结构组成和工作原理。

答：以 ASD-405 型二氧化硅分析仪为例加以说明。

硅分析仪一般由采样及预处理、钼蓝法比色测定和操作-控制三大部分组成，如图 17-10 所示。待测的工业用水经采样及预处理后，成为合乎 ASD-405 型

图 17-10　二氧化硅分析仪组成框图

硅表所要求的试样水，这一段属于采样及预处理部分；对试样水进行显色及比色测定到显示输出，为比色测定部分；操作控制整个系统的开关和电磁阀门顺序动作的为操作控制部分。

其工作原理如图 17-11 所示，仪表的整个工作过程可分成五个阶段。

（1）试样水的准备　待测的工业用水经电磁阀 V_6 进入后，通过孔径分别为 $10\mu m$、$5\mu m$、和 $2\mu m$ 的三级串联的微粒过滤器 $F_1 \sim F_3$ 除浊，再进入高位溢流槽备用。由恒压头高位槽经电磁阀 V_1 进入计量槽，进行定量计量，其多余部分从计量槽的溢流管流入底部排水槽汇集排出。计量槽外套有加热器，使进入显色槽之前的试样水温达到规定的温度。这样便完成了试样水的准备。

（2）零点调整　为了消除试样水本身浑浊度、光

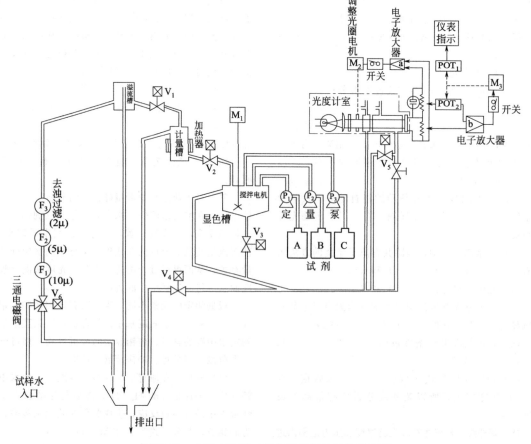

图 17-11　ASD-405 型二氧化硅分析仪工作原理图

学系统零点和灵敏度变化等造成的影响，测量室在注入显色液之前，先注入试样水进行调零。这时，硅光电池和标准电源在负载电阻上两点电位差送入放大器 a，驱动电机 M_2，带动光圈，调节入射光强，直到放大器 a 的输入电压≈0 为止，此即自动零位调整。零位调整结束后，排出测量室内的试样水接着通入已显色了的显色溶液，为吸光度的测定做好准备工作。

（3）显色反应　经预处理后合格的试样水，由电磁阀 V_2 控制注入显色槽。显色槽中设有电动搅拌器，其下部出口由电磁阀 V_3 控制，并有溢流旁路管。预先配制好的酸性钼酸铵溶液（A）、酒石酸（B）和 1-氨基-2-萘酚-4-磺酸（C）分别按一定量及比例、以一定的时间间隔按钼蓝法规定的先后顺序注入显色槽，进行显色反应。注入由控制定量泵 $P_1 \sim P_3$ 来实现。显色后的硅钼蓝溶液由电磁阀 V_3 控制，输出到光电比色的测量室进行比色测定。

（4）测定及记录　由光源经透镜得到的平行光，再通过干涉滤光片之后成 $\lambda = 810nm$ 的单色平行光，经自动光圈照射到比色测量室。入射光通过测量室被有色溶液吸收，使其透射光强减弱，由 I_0 变为 I，照射到硅光电池上，其输出电压由滑线电阻器 W_1 和 W_2 上引出，馈给电子放大器 b，驱动可逆电机 M_3，带动滑线电位器 POT_1 动触点，直到放大器 b 的输入电压≈0，M_3 才停止转动。与此同时，M_3 同步地改变另一滑线电位器 POT_2 的动触点，经不平衡电桥输出，作为测量值信号发送给指示记录仪表，以实现

SiO_2 含量分析结果的指示和记录。

（5）显色槽及测量室的洗净及洗液的排放　打开电磁阀 V_1、V_2、V_5，注入试样水，对显色槽及测量室进行洗净，然后打开电磁阀 V_3，排放洗净用水，使系统回复到准备状态，为下一次硅分析做好准备。

这样便完成了一次硅分析测定。整个分析过程需要 15min，其中显色过程占用 11min。整个分析系统的工作，有人工、自动和检查三种工作状态可供选择。

17-34　图 17-12 是 ABB 公司 8241 型硅酸根分析仪流路示意图，试简述其分析过程。

答：水样先经预热、脱气后，与第一酸（硫酸）、钼酸铵混合进入第一延时线圈，生成黄色的硅钼黄。加入第二酸（掩蔽剂）后进入第二延时线圈，在此停止产生黄色物质并提供还原环境。加入还原剂后进入第三延时线圈，在此生成蓝色硅钼蓝。然后进入样品池，分光光度计对样品池中显色的样品进行分析后，测量出样水中的硅酸根离子含量。

图 17-13 是 8241 硅酸根分析仪的化学反应流程与条件示意图。

17-35　试述钼蓝法微量硅分析仪的主要性能指标和对被测水样的要求。

答：各厂家产品的技术性能不尽相同，一般如下。

显色方法：硅钼蓝法

所用试剂：显色剂为酸性钼酸铵；掩蔽剂为酒石酸、草酸；还原剂为 1-氨基-2-萘酚-4-磺酸

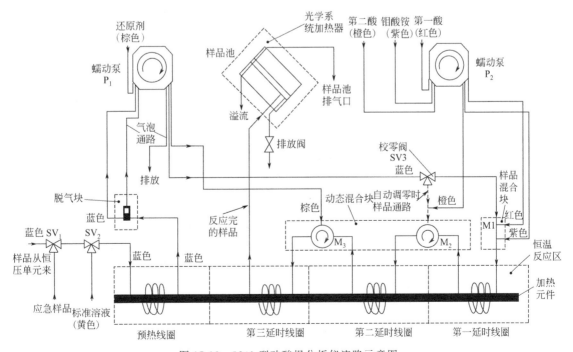

图 17-12　8241 型硅酸根分析仪流路示意图

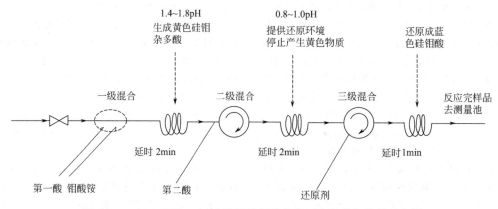

图 17-13　ABB 公司 8241 硅酸根分析仪化学反应流程与条件示意图

SiO_2 测定范围：$0\sim0.1mg/L$，$0\sim5mg/L$

$0\sim50\mu g/L$，$0\sim5000\mu g/L$

测量精度：$<\pm5\%FS$

测定方式：光电比色法或分光光度法

检测器：硅光电池

测定波长：一般为 810nm

测定周期时间：$<15min$

对被测水样的要求：流量 $20\sim30L/h$，温度 $20\sim40℃$，共存离子 $PO_4^{3-}<20ppm$

17-36 在工业用水处理中，二氧化硅分析仪主要用于何种场合？起什么作用？

答：二氧化硅分析仪目前主要用于对锅炉用水中微量硅的分析。

大型锅炉用水要经过多级处理才能满足要求。水的处理过程称为水的精制，严格精制过的水，习惯上称为脱盐水。脱盐水制备过程中，需设置电导仪和二氧化硅分析仪对水质进行监测和控制。对于 $\mu g/L$ 级的微量硅酸根离子，电导仪的灵敏度达不到分析要求，因此设置电导仪后仍需设置二氧化硅分析仪。

制备脱盐水的典型流程如图 17-14 所示。碳过滤器内装有活性炭和优质无烟煤，用来吸附水中的有机物质、氯离子、去色和除气味。阳离子交换器中装有阳离子交换树脂，阴离子交换器中装有阴离子交换树脂，混合离子交换器中装有混合在一起的阴、阳离子交换树脂。当水从上到下流经阳离子交换器时，水中的阳离子 K^+、Na^+、Ca^{2+}、Mg^{2+} 等被树脂所吸附，树脂交换出阳离子 H^+ 进入水中；水再经过阴离子交换器时，水中的阴离子被树脂吸附，树脂交换出阴离子 OH^- 进入水中，并与水中的 H^+ 结合生成水。经过阴、阳离子交换器后，水中的绝大部分盐类被除去，阴、阳离子可分别小于 $5mg/L$。

混合离子交换器的作用相同于阴、阳离子交换器。被精制的水经过它后得到进一步的精制，其指标可达阴、阳离子分别 $\leqslant0.1mg/L$，$SiO_2\leqslant10\mu g/L$，电导率 $\leqslant1\mu S/cm$。

阴离子交换器出口的二氧化硅分析仪测量出口水中 SiO_2 含量，当它高于 $30\mu g/L$ 时，立即自动停止生产，进入再生程序。再生时，为了避免再生用的碱进入硅分析仪系统，取样三通电磁阀自动切换，样品水被改为成品水。混合离子交换器出口装的硅分析仪，测量成品水中 SiO_2 的含量，当其超过 $10\mu g/L$ 时，自动报警。

17-37 在线硅分析仪安装时应注意哪些问题？

答：在线硅分析仪的安装必须认真遵循以下几点。

（1）仪表应尽量靠近取样点。这样，取样管短，其容积也小，由此造成的时滞就小。取样管长时，为减小时滞，便要不停地排放样品水。样品水是经过精制的水，它的价值较高，大量排放会造成经济上的损失。硅分析仪取样管长，还会导致样品水的温度更易受环境温度的影响。测试表明，在南方夏季，太阳照在 6m 长的 1/2″取样管上，样品水温度可达 45℃左右。这一温度已超过大多数硅分析仪对样品水温的要求，仪表的示值将会随阳光的照射发生较大的变化。为了减少这一影响，不得不再增加旁路排放样品水的流量。

（2）环境要求清洁，无腐蚀性气体，湿度低，温度变化小。硅分析仪目前有加表箱后露天就地安装和

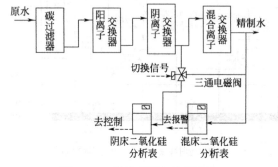

图 17-14　脱盐水制备典型流程

室内安装两种。实践表明，露天安装满足不了硅表对环境的要求。如硅表对环境温度的要求比常规仪表严格，一般要求环境温度在 15～40℃ 之间。露天安装时，表箱里要设电加热恒温器，环境温度在冬天虽能满足硅表的要求，但在夏天却得不到保证。夏天太阳直射表箱时，电加热器虽已停止工作，但实测到的表箱内温度可接近 50℃，远远超过了 40℃。经长期观察测试，这个温度对有的硅表的示值影响可达 20%。

（3）安装地点不应有强烈振动。由于硅表结构复杂，灵敏度高，因此极易受振动影响。对一些硅表的电位器做轻敲试验，发现仪表的示值有 10% 甚至更大的变化。振动还会对计量泵、灯丝和紧固件有影响。

（4）硅表供电电源应稳定，周围不应有强电磁场，以免影响仪表示值。

（5）安装地点应有排水地沟，以供硅表工作过程中排放下水之用。加了药剂的样品水其 pH 值在 1.5pH 以下，有腐蚀性。在硅表维护中要清洗各种零件，因此还要安装清洗池。

17-38　硅分析仪的维护工作包括哪些内容？

答：硅表的维护工作量要比其他在线分析仪表大。实践表明，硅表能否正常运行，很大程度上由维护工作的好坏来决定。维护工作包括以下几个方面。

（1）样品水方面　每天都应检查其压力、温度和旁路水量、进样量；检查过滤器是否堵塞，是否让离子交换树脂混进了样品水中。

（2）试剂方面　每天都应检查试剂加入量是否恰当，试剂还剩余多少，是否变质。

（3）仪表组件方面　各组件运行是否正常，并应定期更换易损件。

（4）环境方面　温度是否适宜，湿度如何，有无腐蚀性气体。

在仪表组件维护方面，主要有以下内容。

① 过滤器的检查及更换。测定悬浊物多的试样水或因离子交换器的网眼破损使样品水带树脂时，过滤器滤孔会发生堵塞。滤孔堵塞后，样品水量明显减小。此时可采用反冲洗的办法，在过滤器还未完全堵塞时，便应进行反洗，反洗无效时，应更换滤芯。

② 测量槽窗板的清洗。测量槽透射窗板由于结垢等模糊不清时，透过光量会减少，致使不能调整灵敏度。这时可把窗板取下，先用铬硫酸等洗净，再用净水冲洗，然后装上。注意不要留有指印，安装时容器和窗板之间应放上合成橡胶填料并夹紧。

③ 校对滤光片、干涉滤光片及透镜的清扫。校对滤光片如积上灰尘，校正浓度时数据便会出错；干涉滤光片和透镜附上灰尘后，透光量将减少，不能进行灵敏度调整。因此，对这些镜片要经常拆下用镜头纸或脱脂麂皮等擦拭。

④ 光源灯的更换。当光源灯出现不能调整灵敏度或断丝时需要更换。大约 3 个月更换一次。

⑤ 试剂计量泵的检修。对于活塞泵，按要求定期拆卸和清洗，每半年更换一次活塞、气缸的 O 形环和阀的膜片；对于隔膜泵，每半年更换一次膜片；对于蠕动泵，每半月检查一次管件组件，如有破损、老化等则进行更换。

⑥ 电磁阀隔膜的更换。电磁阀隔膜是氟橡胶制品，有一定耐酸性，但长期与试剂接触仍会被腐蚀而损坏，大约每年需要更换一次。

17-39　硅分析仪的常见故障有哪些？其原因是什么？

答：硅分析仪运行中故障较多，查找也较难。常见故障及原因因表而异，大致可分为三类，仅供参考。

（1）指示最大

• 样品水泵坏或有关电磁阀坏，不能输送样品水。

• 光源灯丝断或光源灯无电。

• 电路部分故障。

（2）指示最小

• 试剂中断，无试剂或泵抽打不出。

• 定时器、继电器或电磁阀动作不良。

（3）指示误差大

• 样品水温、环境温度波动大，超出允许范围或恒温部分失控。

• 测量窗口有气泡或已被污染。

• 校对滤光片、干涉滤光片及透镜等有灰尘。

• 样品水过滤器坏，浊物或树脂进入样品水。

• 样品水或药剂计量不准。

• 试剂药品不纯或配制错误或过期变质。

• 电磁阀内漏，造成试剂/样水流量比不正常。

• 前置放大器故障。

17-40　硅分析仪如何进行在线校准？

答：硅分析仪在线校准方法和步骤如下。

（1）零点校准

① 将校准滤光片置于仪表光路以外。

② 使测量容器（或样品池、光学池）内完全是没有成色的脱离子水。

③ 通过调零电位器或自动调零程序（如果仪表有此功能）使仪表指零。

校零都是采用未加药的样品水进行，有的硅表是人工校零，校零时要注意气泡对零位的影响，一旦在比色窗的玻璃上有气泡，示值将会发生百分之几甚至更大的偏差。样品水的温度与气泡关系最大，较低温度的样品水容易产生气泡，因此，人工校零时，冬天样品水应先加热。

（2）量程校准

① 将校准滤光片插入仪表光路。

② 调整量程（或灵敏度）电位器，使仪表指示校准滤光片的等效硅浓度值。

③ 反复进行零点和量程校准，直至零点和量程均符合要求为止。

④ 根据要求的不同，有时需采用硅标准溶液进行量程校准，校准方法同上。

17-41 硅标准溶液如何配制？

答：硅标准溶液的配制方法如下。

用白金坩埚称取精制脱水粉末二氧化硅（SiO_2）0.500g，加入无水碳酸钠 5g，充分搅拌后加热 30min 使其熔融，然后溶于水中，装入 500mL 量瓶。将白金坩埚用水冲洗，冲洗的水也装入量瓶中，再加水，使溶液量达 500mL。为求准确，取其一定量做定量分析，检查 1mL 溶液中是否含有 SiO_2 1mg。

将此标准溶液稀释 20 倍，制成 50mg/L 的 SiO_2 标准溶液。分别取其 0.25、0.5、0.75、1.0、2.5、5.0、7.5、10mL，加水至 100mL。至此，便获得各种浓度的二氧化硅标准溶液。

需要注意的是，配置标准溶液的水都要用无硅水（双重脱离子的含硅量最少的水），容器都要用塑料瓶。

17-42 测定水中 SiO_2 时，加入酒石酸溶液有什么作用？

答：加入的酒石酸溶液能保证显色反应所需的酸度，能分解干扰离子 PO_4^{3-} 生成的磷钼黄，能排除铁离子的干扰，总之能提高分析灵敏度与准确度。

17-43 以你使用过的硅酸根分析仪为例，列出其使用的试剂配方。

答：表 17-1 是目前市场上部分在线硅酸根分析仪的试剂配方。

17-44 什么是磷酸根分析仪？

答：磷酸根（PO_4^{3-}）分析仪是测定水中各种磷酸盐和总磷酸盐含量的仪器。一般用于工业循环冷却水和锅炉给水加药的处理工艺中，也可用于地表水和排放污水中总磷含量的监测。

用磷酸盐系水质稳定剂处理的循环冷却水中可能含有各种磷酸盐：正磷酸盐（例如磷酸三钠、磷酸氢二钠和磷酸二氢钠）、聚磷酸盐（例如三聚磷酸钠、六偏磷酸钠等）和有机磷酸盐（例如 ATMP、HEDP 和 EDTMP 等）。人们通常把正磷酸盐和聚磷酸盐之和称为总无机磷酸盐或简称为总无机磷，而把正磷酸盐、聚磷酸盐和有机磷酸盐三者之和称为总磷酸盐或简称总磷。循环水中磷酸盐（包括无机磷酸盐和有机磷酸盐）的总量以 PO_4^{3-} 计，一般在 10mg/L 以下，采用磷酸根分析仪进行测定。

17-45 试述在线磷酸根分析仪的测量原理。

答：在线磷酸根分析仪采用钼酸铵分光光度法，可测定水中各种磷酸盐和总磷酸盐的含量，测量范围一般为 0.02～50mg/L（PO_4^{3-}）。

在线磷酸根分析仪的测量原理：在酸性条件下，将聚磷酸盐和有机磷酸盐转化成正磷酸盐，正磷酸盐与钼酸铵反应生成黄色的磷钼杂多酸，再用抗坏血酸把磷钼杂多酸还原成磷钼蓝，于 700nm 最大吸收波长处用分光光度法测定。各国的在线磷酸根分析仪只是在水样加热温度及分解速度方面有所不同。

（在线磷酸根分析仪与硅酸根分析仪的结构、流程、维护和校准方法大同小异，不再重复介绍。）

17-46 简述工业循环冷却水中磷含量测定方法的原理。

答：正磷酸盐含量的测定：在酸性条件下，正磷酸盐与钼酸铵反应生成黄色的磷钼杂多酸，再用抗坏血酸还原成磷钼蓝，在 710nm 最大吸收波长处用分光光度法测定。

表 17-1 几种在线硅酸根分析仪的试剂配方

仪表型号	8241 型	COPRA SILICA	FIA-33	HK-118W
第一酸	0.3M 硫酸 （160mL 硫酸/10L）	0.3M 硫酸 （160mL 硫酸/10L）	4% 硫酸 （100mL 硫酸/2.5L）	4.2% 硫酸 （126mL 硫酸/3L）
钼酸铵溶液	150g 钼酸铵 30mL 氨水/10L	140g 钼酸铵 37gNaOH/10L	8%钼酸铵(200g) 12.5mL 氨水/2.5L	150g 钼酸铵 24mL 氨水/3L
第二酸 掩蔽剂	1.0M 硫酸 200g 柠檬酸/10L	190g 草酸/10L	125g 5%柠檬酸 12.5mL 硫酸 150mL 1.2%酒石酸锑钾/2.5L	10%酒石酸/3L
还原剂	132g 抗坏血酸 0.6g 托立龙 B 13mL 甲酸/10L	32mL 98%硫酸 60g 六水硫酸亚铁铵 10g 吐温 20/10L	100g 4%抗坏血酸 10mL 10% EDTA/2.5L	4.5g 1-2-4 酸 21g 无水亚硫酸钠 270g 亚硫酸钠/3L

注：1-2-4 酸为 1-氨基-2-萘酚-4-磺酸。

总无机磷酸盐含量的测定：在酸性溶液中，试验溶液煮沸的情况下，聚磷酸盐水解成正磷酸盐，正磷酸盐与钼酸铵反应生成黄色的磷钼杂多酸，再用抗坏血酸还原成磷钼蓝，在 710nm 最大吸收波长处用分光光度法测定。

总磷含量的测定：在酸性溶液中，用过硫酸钾分解剂，将聚磷酸盐和有机磷转化为正磷酸盐，正磷酸盐与钼酸铵反应生成黄色的磷钼杂多酸，再用抗坏血酸还原成磷钼蓝，在 710nm 最大吸收波长处用分光光度法测定。

需要说明的是目前用于锅炉给水加药控制的在线磷酸根分析仪仅分析正磷酸盐的含量。

17-47 填空

（1）为了防止设备的腐蚀和结垢，要在循环水中加入一定的（ ）和有机磷酸盐。

（2）测总磷时加入过硫酸钾的目的是使有机磷（ ）为正磷。

（3）测定循环水中的总磷包括（ ）和总无机磷，总无机磷包括聚磷和正磷。

答：（1）聚磷酸盐；（2）氧化分解；（3）有机磷。

17-48 判断

（1）在工业循环水中，聚磷酸盐和有机磷酸盐是防止设备腐蚀和结垢的有效成分。（ ）

（2）炉水中加入磷酸钠的目的是防止结垢。（ ）

答：（1）√；（2）√。

17-49 总磷测定过程中加硫酸和过硫酸钾的作用是什么？

答：总磷的分解和磷钼化学反应都要在酸性条件下完成，所以要加入硫酸调节样品的酸性；加过硫酸钾的作用是将有机磷与聚磷分解为正磷。

17-50 总磷测定过程中加钼酸铵和抗坏血酸的作用是什么？

答：钼酸铵与正磷生成磷钼杂多酸，抗坏血酸起还原作用，使磷钼杂多酸还原成磷钼蓝。

17-51 锅炉水中加入 Na_3PO_4 的目的何在？

答：锅水中加入磷酸钠的目的是：（1）磷酸钠可与水中的钙镁结合生成磷酸盐沉淀，防止硫酸钙等硬垢的生成；（2）磷酸钠可以增加泥垢的流动性，生成的磷酸钙、磷酸镁是高分散的微粒，能作为锅炉水中补充的结晶核心，使碳酸钙、氢氧化镁附着在沉淀周围而析出，变得细小而分散；（3）可以促使硬质老垢疏松；（4）在锅炉金属表面形成牢固的保护膜，从而可以防止锅炉金属的苛性脆化。

17-52 为什么要控制锅炉水中 PO_4^{3-} 的含量？

答：（1）防止结垢　当锅炉水处于沸腾、碱性较强的条件下，锅炉水中的钙会与磷酸根发生如下反应：

$$10Ca^{2+} + 6PO_4^{3-} + 2OH^- \Longrightarrow Ca_{10}(OH)_2(PO_4)_6$$

生成的碱式磷酸钙是一种松软的水渣，易排除，不会积附在锅内形成二次水垢。

（2）锅炉内磷酸根也不宜太多　过多不仅造成药剂的浪费，而且会增加锅水的含盐量，影响蒸汽品质；且当锅炉水中含铁量增加时，有生成磷酸盐铁垢的可能。所以只要达到阻垢的目的，炉水中的磷酸根浓度以低些为好。

（3）在锅炉金属表面形成牢固的保护膜，防止锅炉金属的苛性脆化。

18. 污水和地表水监测仪表

18-1 我国污水排放标准和地表水水质标准有哪些？

答：我国的污水排放标准分为综合排放标准和行业排放标准两种。现行的综合排放标准是 GB 8987—1996《污水综合排放标准》。行业排放标准目前保留的仅有合成氨、磷肥、烧碱和聚氯乙烯、海洋石油、钢铁、造纸、纺织染整、肉类加工等几个，其他已被综合排放标准取代。根据综合排放标准和行业排放标准不交叉执行的原则，上述工业企业的污水排放执行各自的行业排放标准，其他企业和单位的污水排放执行综合排放标准。

在污水排放标准中，根据污水排入水域的类别，分别规定了各种污染物的最高允许排放浓度和部分行业的最高允许排水量。因此，还需了解我国地表水的水域划分和各类水域的水质指标。与此有关的标准主要有两个，即 GB 3838—2002《地表水环境质量标准》和 GB 3097—1997《海水水质标准》。

18-2 污水和地表水的水质监测项目有哪些？

答：水质监测项目通常有如下一些。

(1) 水质的一般综合性指标 水温、pH、氧化还原电位、溶解氧、电导率、浊度、悬浮物（SS）等。

(2) 水质的有机污染度指标 COD、BOD、TOC、TOD、UV 吸收等。

(3) 水中污染物的成分及含量 金属离子、氨氮、硝酸氮、总氮、总磷、氟化物、氯化物、氰化物、酚、油类等多种。

(4) 水质的生物污染物指标 大肠杆菌群数、细菌总数等。

以前，这些项目都是在实验室中采用化学或仪器分析方法进行监测的。目前能实现自动在线监测的项目只是其中的一小部分，主要是一般综合性指标、有机污染度指标和少数污染物的成分及含量。

18-3 什么是水质自动在线监测？自动在线监测项目有哪些？

答：水质自动在线监测是指采用在线水质分析仪表，对污水和地表水自动、连续地进行监测，及时、准确地掌握污水和地表水水质及其变化情况。

根据国务院发布的《国家环境保护"九五"计划和 2010 年远景目标》，要求在全国实施主要污染物排放总量控制计划。为此，需要提高水质监测技术水平，采用污染物在线自动分析仪器，对污染源实施总量在线监测。

目前我国污水在线监测项目主要是化学需氧量和水流量。根据环保管理的需要，满足对封闭水域和特殊水域的保护，还可增加氨氮、总氮、总磷等项目。从监视角度看，还应安装水温、pH、电导率和浊度等自动在线监测仪器，对水质起到辅助监视作用。

地表水在线测定项目主要是水温、pH、溶解氧、电导率、浊度、高锰酸盐指数、氨氮和总有机碳；对湖（库）还将增加总氮、总磷。对部分特殊水域（如饮用水源地）还需增加硝酸盐氮、亚硝酸盐氮、大肠菌群、挥发酚等。同时还应监测河流的水位和流量，以满足环境管理的需要。

18-4 什么是水质自动在线监测中的"五参数"？它们各起什么作用？

答：所谓"五参数"是指水质一般综合性指标中的水温、pH、溶解氧、电导率和浊度五个基本监测参数，有时还包括氧化还原电位在内。

(1) 水温 可反映水体的热污染情况。

(2) pH 用来指示水体的酸碱性、净化过程进行的深度、金属及有机物的稳定状态等。

(3) 溶解氧 水体受有机、无机还原性物质污染，会使溶解氧浓度降低。溶解氧可反映水中还原性物质（主要是有机还原性物质）的含量。

(4) 电导率 是水质无机物污染的综合指标。

(5) 浊度 反映水体的浑浊程度，即悬浮于水中的不溶性颗粒物质的含量。

18-5 在水质自动在线监测中，水质一般综合性指标中的 pH（或氧化还原电位）、水温、溶解氧、电导率和浊度常称为"五参数"。"五参数"各用什么方法和仪器进行测量？

答：(1) pH 采用玻璃电极法进行测量。如果水样中有氟化物，玻璃电极容易被腐蚀，此时可采用锑电极法，但要注意在不同的锑表面状态和样品条件下有时会产生异常值。

(2) 水温 采用铂电阻温度计进行测量。

(3) 溶解氧（DO） DO 的在线监测一般采用膜电极法。膜电极法有两种结构型式：原电池式和极谱式（电解池式）。这两种型式的最大差别是原电池式不需外加电压，而极谱式需外加电压。膜电极法的优点是测定 DO 时不受水中 pH、盐度、氧化还原性物质、色度和浊度等的影响。

(4) 电导率 可采用双电极电导仪或四电极电导仪进行测量。目前，水质监测大多采用四电极电导仪，在两个电极间加一微小的恒电流 I，在另外两个电极间可得到电压降 E，因 $E＝IR$，且电流 I 恒定，故由电压降值可得电阻 R 值，求得溶液电导率，此法可消除电极极化的影响。

（5）浊度 根据水质浑浊度的不同，可分别采用透射式、散射式、表面散射式、散射和透射比较式浊度计。

测量这五个基本参数的分析仪常组合在一起，形成整套水质分析装置，称为水质综合分析仪，用于地表水，排放污水等水质的监测中。

18-6 水质的有机污染度监测项目有哪些？

答：反映水质有机污染程度的综合指标有 COD（化学需氧量）、BOD_5（五日生化需氧量）、TOC（总有机碳）、TOD（理论需氧量）和 UV（紫外线吸光度）。这些指标均有相应的测试方法和测定仪器。

其中 COD 是最早实现自动在线监测的项目。在水质监测和排污总量监控中主要采用的是 COD，其他项目可通过与 COD 的相关关系换算成 COD。

由于 COD 标准方法需要在线加热，且氧化剂中所含的 Cr、Mn 都是有毒的重金属，因此一些发达国家采用 TOC、TOD、UV 法代替 COD 法。但无论采用什么监测方法，都必须换算成 COD 值，换算系数的取得要花费很多时间和精力，其中最主要的影响因素是水中的悬浮物。

18-7 什么是化学需氧量（COD）？

答：在一定条件下，用强氧化剂氧化水样中的无机还原性物质及部分或全部有机物，所消耗的氧化剂量相对应的氧的质量浓度（mg/L）称为化学需氧量，简称 COD。COD 是英文 Chemical Oxygen Demand 的缩写。

COD 是表征水体中还原性物质的综合性指标。除特殊水体外，还原性物质主要是有机物，因此，COD 通常可作为衡量水体有机污染的综合指标之一。

由于不同类型的水（特别是一些工业废水）中存在不被 COD 所反映的有机物，如一些挥发性化合物、环状或多环芳烃污染物，故 COD 指标不能完全反映水体的有机污染状况。

从 COD 测量中使用的氧化剂来分，有铬法（采用重铬酸钾 $K_2Cr_2O_7$）和锰法（采用高锰酸钾 $KMnO_4$）。中国国家标准 GB 11918—89 和国际标准 ISO 6060 均采用铬法。

18-8 测定 COD 的方法有哪些？

答：测定 COD 的方法可分为化学分析法和仪器分析法两类。

（1）化学分析法 化学分析法是以重铬酸钾作氧化剂进行化学氧化后，用滴定法测定消耗的氧化剂量，得出相对应的氧的质量浓度。方法定义明确，实验条件简单、易操作，但费时（全过程需 3h），试剂消耗量大，从而出现了 COD 测定仪。

（2）仪器分析法 从测量方法分，COD 测定仪有两种类型，一种是以分光光度法测定 COD 的仪器，另一种是以电化学方法（如恒电流库仑滴定法）测定 COD 的仪器。从使用场合上分，又可分为实验室型和在线型两种。

18-9 试述分光光度法 COD 测定仪的测量原理。

答：在强酸性溶液中，以重铬酸钾作氧化剂，在催化剂作用下，于一定温度加热消解水样，使水样中的还原性物质（主要是有机物）被氧化剂氧化，而重铬酸钾被还原为三价铬。在一定波长下，用分光光度计测定三价铬或六价铬含量，换算至消耗氧的质量浓度。测定流程如图 18-1 所示。

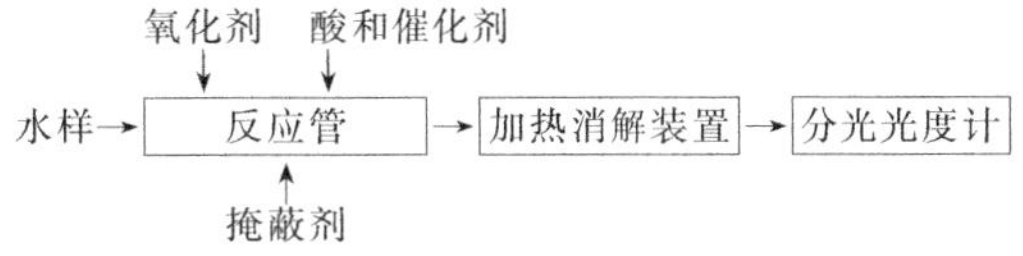

图 18-1 分光光度法 COD 测定流程图

从测定流程可以看出，分光光度法 COD 测定仪的核心部分是加热消解装置（COD 反应管）和分光光度计。依仪器型号不同，加热消解装置形式也有不同。

一般的 COD 测定仪，其 COD 反应管控温范围为 $100\sim150℃$（标准方法的反应温度为 143℃），控温精度 $\pm0.5℃$，消解反应时间控制范围为 $0\sim120min$（标准方法的反应时间为 2h）。测量范围为 $0\sim150mg/L$，$0\sim1500mg/L$，$0\sim15000mg/L$。

快速 COD 测定仪，为达到快速测定 COD 的目的，改变反应条件，即提高了酸度、加入复合催化剂、提高氧化剂重铬酸钾的浓度，反应温度由标准方法的 143℃ 增至 165℃，消解时间由原标准方法的 2h，缩短至 10min，最后用分光光度计，于波长 610nm 处测定三价铬含量，通过校准曲线折算为 COD 值。校准曲线是以邻苯二甲酸氢钾为标准制作的。

18-10 试述恒电流库仑滴定法 COD 测定仪的测量原理。

答：在酸性介质中以重铬酸钾为氧化剂，消化水样（一般为 15min）以后，以电解产生的 Fe^{2+} 为库仑滴定剂，对剩余的 $Cr_2O_7^{2-}$ 进行恒电流滴定。在滴定过程中，利用浸在溶液中的指示电极，指示电解产生 Fe^{2+} 时恒电流毫安数乘以滴定时间做终点显示，直接读出 COD 值。用数学表达式表示为：

$$COD(mg/L)=\frac{It\times8000}{96500V}$$

式中，I 为电解产生 Fe^{2+} 的恒电流强度，mA；t

263

为滴定时间，s；V 为水样体积，L。

该类型仪器由电极系统、恒电流发生系统和指示系统三部分组成，如图18-2所示。

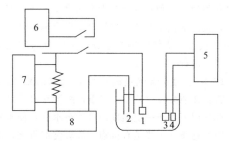

图18-2　恒电流仑滴定法 COD 测定仪系统图
1—工作电极；2—辅助电极（隔离）；3、4—指示
电极和参比电极；5—终点指示计；6—计时装置；
7—电位计；8—恒电流电源

电极系统：有两对电极，一对是以铂制成的工作电极和以铂丝内充 3mol/L 硫酸制成的辅助电极；另一对是以铂制成的指示电极和以钨丝内充饱和硫酸钾制成的参比电极。

恒电流发生系统：恒电流电源 1～100mA。

指示系统：一般为毫伏计，当达到滴定终点，电位计计时装置断路，电路即断。

恒电流仑滴定 COD 测定仪不需制备标准溶液。测定时只需同时进行空白试验。

18-11　什么是生化需氧量（BOD）？

答：在规定条件下，微生物分解水中有机物所进行的生物化学过程中，所消耗水中溶解氧的量，称为生化需氧量（全称是生物化学需氧量），简称 BOD。BOD 是英文 Biochemical Oxygen Demand 的缩写。

BOD 反映了水中可被微生物分解的有机物总量。BOD 值越大，则说明水中有机物含量越高。

微生物在分解有机物过程中，分解作用的速度和程度与温度和时间有直接关系。在 20℃ 条件下，一般需要 10～20 天才能完成。为了使测定的 BOD 值有可比性，目前国内外普遍规定在 20℃（±1℃）温度下培养 5 天，分别测定水样培养前后的溶解氧含量，两者之差即为 BOD_5 值，称为五日生化需氧量，以氧的 mg/L 数表示。BOD_5 是反映水质有机污染的综合指标之一。

如果测定时间是 20 天，则结果称作 20 天生化需氧量（也称完全生化需氧量），以 BOD_{20} 表示。生活污水的 BOD_5 约为 BOD_{20} 的 70% 左右。

18-12　测定 BOD_5 的方法有哪些？

答：测定 BOD_5 的方法可分为化学分析法和仪器分析法两类。

（1）化学分析法　化学分析法是国标 GB 7488—87 规定的稀释与接种法，它是将被测水样分成两份，

一份测定当天的溶解氧含量，将另一份放入 20℃ 培养箱内，培养 5 天以后再测其溶解氧含量，两者之差即为 BOD_5。这种方法比较繁琐，耗时也长。

（2）仪器分析法　仪器分析法有以下几种。

① 压差法 BOD 测定仪。测量水样生化反应密封系统中由于氧量的减少而引起的气压变化，根据压差求得 BOD 值。

② 电量法 BOD 测定仪。在水样生化反应密封系统中，氧量的减少由电解氧来补给，根据库仑定律，由电解氧所消耗的电量求得 BOD 值。

上述两种方法是将 BOD 人工化学分析法移植到仪器中，同样繁琐耗时，难以用于在线分析。

③ 微生物传感器法 BOD 测定仪。由微生物固化膜和隔膜溶解氧电极相结合制成，水样中有机物在微生物固化膜发生生化反应，所消耗的氧量由溶解氧电极测出。从而求得 BOD 值。这种测量方法简便、快速，已开始在 BOD 自动在线监测中得到应用。

④ 快速 COD 法 BOD 测定仪。即用 COD 测定仪测量水样的 COD 值，将此值称为 COD（1）；再将水样经活性污泥降解后测量 COD 值，将此值称为 COD（2）；用 COD（1）与 COD（2）之差求得 BOD 值。这种测量方法可实现 BOD 的快速在线监测，有较好的应用前景。虽然快速在线测得的 BOD 与 BOD_5 不尽相同，但两者有较好的相关性。采用快速 COD 法测定 BOD_5 的国家标准正在制定中，尚未颁布。

18-13　试述微生物传感器法 BOD 测定仪的测量原理。

答：微生物传感器如图18-3所示。它是由微生物固化膜和隔膜溶解氧电极相结合制成的一种传感器。在装有微生物传感器的测定池中，以一定的流量加入磷酸盐缓冲液和空气，溶解氧通过微生物固化膜和聚四氟乙烯薄膜扩散到氧电极上，并显示出一定的电流值。再在测定池中定量地加入污水水样，有机物扩散到微生物固化膜上，使微生物呼吸加速，氧气被微生物大量消耗，致使氧电极电流迅速减小，3～5min 后达到稳定值。由于在测定前已将氧电极电流的减小值与葡萄糖-谷氨酸标准溶液的相应 BOD 值作了标准曲线，所以可通过氧电极电流的减少值在标准曲线上查

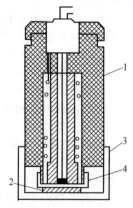

图18-3　微生物传感器
1—溶解氧电极；2—微生物固化膜；3—压帽；
4—聚四氟乙烯隔膜

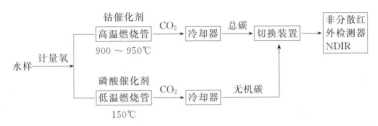

图 18-4　直接燃烧氧化-NDIR 法 TOC 测定仪测量流程图

出污水水样的 BOD 值。

微生物传感器法可克服传统标准稀释法操作繁杂、费时、干扰多、精度差、不利于现场监测的缺点，可用于城市污水处理厂、饮料厂、酒精厂等营养型废水及生活污水的 BOD 监测中。

18-14 什么是总有机碳（TOC）？测定 TOC 的方法有哪些？

答：水中有机物质的总含碳量称为总有机碳，简称 TOC。TOC 是英文 Total Organic Carbon 的缩写。TOC 是水质有机污染的综合指标之一。

国外许多国家将 TOC 在线自动监测仪置于工厂总排污口，随时监测废水的排污情况。有些国家已制定了 TOC 的排放标准。我国 GB 8978—1996《污水综合排放标准》中也已列入 TOC 控制指标。

测定 TOC 的方法主要有直接燃烧氧化-NDIR 法（非分散红外法）和紫外/过硫酸盐催化氧化-NDIR 法两种，都是仪器分析方法。其中，直接燃烧氧化-NDIR 法使用较广，美国环保署的 EPA9096 就规定用该方法测定水中的 TOC 值。我国 TOC 测定国家标准正在制定中，尚未颁布。

18-15 试述直接燃烧氧化-NDIR 法 TOC 测定仪的测量原理。

答：直接燃烧氧化-NDIR 法 TOC 测定仪的测量流程如图 18-4 所示。

将均匀水样（或稀释后水样）与氧气（或净化的空气流，不含 CO_2）混合，通入内装铂和二氧化钴（或三氧化二铬）催化剂的碳管中，管内温度约为 $900\sim950℃$，水样中的含碳物质被氧化为二氧化碳和水，水被冷凝除去，用非分散红外检测器测量二氧化碳含量，其含量与水样中的总含碳量 TC（包括总有机碳 TOC 和总无机碳 TIC）成正比。

高温燃烧反应式如下：

$$C_aH_bO_c + nO_2 \longrightarrow aCO_2 + \frac{b}{2}H_2O$$

$$M^{2+}(HCO_3)_2 \longrightarrow MO + 2CO_2 + H_2O$$

$$M^{2+}CO_3 \longrightarrow MO + CO_2$$

$$2M^+HCO_3 \longrightarrow M_2O + H_2O + 2CO_2$$

$$M_2^+CO_3 \longrightarrow M_2O + CO_2$$

另有一路水样，通入内充浸渍磷酸的石英片或玻璃棉的低温燃烧管中，管内温度约为 $150\sim160℃$，在此温度下，有机碳不氧化，无机碳被氧化生成二氧化碳。用非分散红外检测器测得的二氧化碳含量与水样中的总无机碳 TIC 含量成正比。

低温燃烧反应式如下：

$$M^{2+}(HCO_3)_2 + 2H^+ \longrightarrow M^{2+} + 2H_2O + 2CO_2$$

$$M^{2+}CO_3 + 2H^+ \longrightarrow M^{2+} + H_2O + CO_2$$

$$M^+HCO_3 + H^+ \longrightarrow M^+ + H_2O + CO_2$$

$$M_2^+CO_3 + 2H^+ \longrightarrow 2M^+ + H_2O + CO_2$$

再用差减法计算总有机碳的量，计算公式为：

$$TOC = TC - TIC$$

18-16 直接燃烧氧化-NDIR 法 TOC 测定仪校准用的标准溶液如何配制？

答：配制方法如下。

（1）试剂和材料　均用分析纯试剂和无二氧化碳的蒸馏水制备。

（2）总碳标准溶液配制方法　称取预先在 $105℃$ 干燥 2h 的邻苯二甲酸氢钾（$KHC_6H_4O_4$）$2.215g \pm 0.002g$，溶于水中，移入 1000mL 容量瓶，用水稀释至刻度，此溶液 1mL 含 1mg 总碳。

（3）无机碳标准溶液配制方法　称取无水碳酸钠（Na_2CO_3）$4.412g \pm 0.004g$ 和无水碳酸氢钠（$NaHCO_3$）$3.497g \pm 0.003g$（两种试剂都需干燥）溶于水中，移入 1000mL 容量瓶，用水稀释至刻度。此溶液 1mL 含 1mg 无机碳。

（4）已制备好的标准溶液放入冰箱保存。

18-17 试述紫外/过硫酸盐催化氧化-NDIR 法 TOC 测定仪的测量原理。

答：紫外/过硫酸盐催化氧化-NDIR 法 TOC 测定仪可测定同一样品中的总无机碳（TIC）和总有机碳（TOC），而不是用减差得出 TOC 含量。

总无机碳（TIC）的测定是在水样中加入磷酸，酸化至 $pH \le 2$，样品中的碳酸盐生成二氧化碳，用载气夹带至非分散红外检测器检测。其反应机理同上述低温燃烧法。

总有机碳（TOC）的测定是在 $95℃$ 下，用紫外/过硫酸盐氧化分解处理水样中的有机物，使其生成二氧化碳和水。通过气液分离器和冷凝器排除水，余下二氧化碳也用载气夹带至非分散红外检测器检测。其反应机理如下。

紫外（UV）氧化法：

$$O_2+2H_2O \xrightarrow{h\nu} O_2+H_2O+O^*+OH^*$$

$$C_aH_b+n(O^*+OH^*) \longrightarrow aCO_2+\frac{b}{2}H_2O$$

过硫酸盐氧化法（采用过硫化钾 $K_2S_2O_8$）：

$$K_2S_2O_8+H_2O \longrightarrow 2KHSO_4+O^*$$

$$C_aH_b+nO^* \longrightarrow aCO_2+\frac{b}{2}H_2O$$

18-18　什么是总需氧量（TOD）？

答：水中可氧化物质在高温燃烧条件下进行氧化所需要的总氧量称为总需氧量，简称 TOD。TOD 是英文 Total Oxygen Demand 的缩写。

当水中的有机物全部被氧化时，碳被氧化成 CO_2，氢、氮、硫分别被氧化成 H_2O、NO、SO_2。因此，TOD 值可反映水中几乎全部有机物（包括构成有机物的碳、氢、氮、硫等元素）在燃烧过程中所需要的氧量，比 COD、BOD 更接近理论需氧量，所以又将 TOD 称为理论需氧量。

18-19　试述 TOD 测定仪的测量原理。

答：TOD 测定仪主要由渗透配氧装置、高温石英燃烧管、氧检测器和数据处理系统四部分组成，如图 18-5 所示。

$$C_aH_bO_cN_dP_e+nO_2 \longrightarrow aCO_2+\frac{b}{2}H_2O+dNO+\frac{e}{2}P_2O_5$$

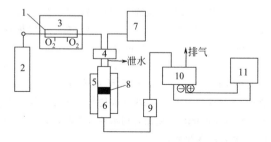

图 18-5　TOD 测定仪系统图
1—硅橡胶渗透管；2—氮气瓶；3—恒温炉（40℃）；
4—样品计量阀；5—电炉（900～950℃）；
6—石英燃烧管；7—水样储器；8—铂网；9—脱水器
10—氧检测器；11—数据处理系统

TOD 是根据水样燃烧氧化-氧气浓度测量法进行工作的。在含有一定浓度氧气的载气不断流动的燃烧管里注入一定量的水样，使水样中的可氧化物质燃烧氧化，燃烧产生的气体和载气经脱水后进入氧检测器，用氧检测器测量载气中氧浓度的减少量，以求出水样的氧消耗总量。

渗透配氧装置由硅橡胶渗透管和恒温炉组成，根据渗透配气法原理工作，氧气在恒定的温度和压力下，以一定的渗透速率渗透到以恒定流量流经渗透管

的载气流中去，载气采用高纯氮气，配氧浓度可达到 1000mg/L。

高温石英燃烧管采用铂作催化剂，由电炉加热，反应温度保持在 900～950℃。

氧检测器有两种：氧化锆氧检测器或液体电解质燃料电池（以铂网作阳极，铅作阴极，电解液为氢氧化钾溶液）。

TOD 测定仪操作简便，易实现自动化，但因仪器昂贵而不易普及。

18-20　什么是紫外线吸光度（UV）？

答：各种有机物质对 254nm 波长紫外线大多有吸收，所以可用对 254nm 波长紫外线的吸收来标度有机污染物质的含量，称为紫外线吸光度，简称 UV。UV 是英文 Ultraviolet（紫外线）的缩写。

由于与 COD 有关的有机污染物种类繁多，且不同种类有机物的紫外吸光系数各不相同，所以这一方法只能作为特定方法用于特定的污染源测量。

18-21　试述 UV 吸收测定仪的测量原理。

答：UV 吸收测定仪是利用有机物质能吸收 254nm 波长紫外线的原理，通过测量水样中有机物质的紫外线吸光度求出有机污染物浓度的。所以选择这一参数作为水质污染度的标度，是由于对此参数容易设计出连续自动监测仪器。

该法采用一个流动池使水样连续流过，即可在数秒钟内由紫外光度计测得实时数据。为了避免水中泥沙的干扰，同时用一可见光浊度计测定沙粒的散射强度。仪器的读数为紫外线吸收与散射光强度的比值。测量范围为 $0～400×10^{-6}$，精度为±5%。

18-22　目前我国污水在线监测项目主要是化学需氧量 COD，如何将 TOC、TOD、UV 测量值换算成 COD 值？

答：由于 TOC、TOD、UV 三种水质自动测定仪在测量原理、测量对象、测量条件等各方面都与标准的 COD 测量方法不同，并且由于排水的性质各异其适应性也不同。使用上述水质自动测量仪时，须将仪器的测量值代入换算公式，经换算后所求出的值，可以视同于使用标准测量方法得出的 COD 值。换算公式的一般形式为：

$$y=a+bx$$

式中　y——标准方法的测量值；

　　　x——水质自动测量仪的测量值。

因为换算公式是依各特定排水的具体情况而定，即使在同一单位内，如果排水系统不同的话，每一系统都要有本身的换算公式。

数据是换算公式的基础，数据收集的频次需根据排水的特性做出判断。一般是每天不定时地随机取出一对数据（将采集的试样分为两份，同时或在短时间

内用标准方法和使用方法同时测量），收集数据的数量在 20 对以上。数据的多少可能导致统计结果上的差异，因此需要加以注意。

18-23 什么是有机氮？什么是氨氮、总氮？

答：有机氮是反映水中蛋白质、氨基酸、尿素等含氮有机物总量的一个水质指标。若使有机氮在有氧的条件下进行生物氧化，可逐步分解为 NH_3、NH_4^+、NO_2^-、NO_3^- 等形态，NH_3 和 NH_4^+ 称为氨氮，NO_2^- 称为亚硝酸氮，NO_3^- 称为硝酸氮，这几种形态的含量均可作为水质指标，分别代表有机氮转化为无机物的各个不同阶段。总氮（TN）则是一个包括从有机氮到硝酸氮等全部含量的水质指标。在水质监测中，上述含氮有机物和无机物的含量是折算成氮（N_2）的 mg/L 数计算的，所以将其称为有机氮、氨氮、硝酸氮和总氮。

18-24 水质在线自动监测中，氨氮、总氮各用什么方法测量？

答：氨氮用分光光度法或氨气敏电极法测量。分光光度法在线氨氮分析仪的测量原理是在二氯异氰脲酸钠存在下，铵离子与水杨酸钠反应生成蓝色化合物，在波长 660nm 处具有最大吸收，可用分光光度法进行测量。为防止水样浊度的干扰，将测量光与一束波长为 880nm 的散射参比光进行比较。氨气敏电极法可参见本书离子选择性电极部分。

总氮的自动监测主要使用紫外吸收法和化学发光法。紫外吸收法是以国标 GB 11894—89 为基础，即将含氮化合物用过硫酸钾分解并氧化为 NO_3^-，用紫外法测得总氮，值得注意的是这一方法易受溴化物离子的干扰。化学发光法没有干扰，被认为是自动在线监测的首选方法，载气将水样带入装有催化剂的反应管中，通过高温（700～900℃）或低温密闭燃烧将含氮化合物氧化为 NO，再与臭氧发生器产生的 O_3 反应，测量放射出的化学发光强度。

18-25 什么是总磷？水质在线自动监测中，总磷用什么方法测量？

答：水中的磷酸盐主要包括正磷酸盐、聚磷酸盐和有机磷酸盐三种类型，三者之和称为总磷酸盐或简称总磷。

水质在线自动监测中，总磷的测定以国标 GB 11893—89 的钼酸铵分光光度法为基础，采用磷酸根分析仪进行测量。其测量原理是在酸性条件下，将聚磷酸盐和有机磷酸盐转化成正磷酸盐，正磷酸盐与钼酸铵反应生成黄色的磷钼杂多酸，再用抗坏血酸把磷钼杂多酸还原成磷钼蓝，于 700nm 最大吸收波长处用分光光度法测定。各国的总磷自动分析仪只是在水样加热温度及分解速度方面有所不同。

18-26 监测水中石油类污染物的方法和仪器有哪些？

答：水中石油类污染物监测的标准方法是 GB/T 16488—1996 红外光度法，它是利用油中均含有的甲基和亚甲基在红外波段有特征吸收波长，通过测定吸光度得到水中油的含量。但这种方法难以实现在线分析。

目前，水中石油类污染物在线测定仪的生产厂家和产品不多，加拿大 Arjay 公司生产的 Hydrosence 水中油（碳氢化合物）在线监测仪是其中的一种。

Hydrosence 测油仪采用紫外荧光法。待测污水在一块垂直放置的玻璃板表面上摊布开，形成一薄层水徐徐流下，检测器组件置于玻璃板的前方，它由紫外光源、滤光片及荧光接收器组成。紫外线照射在流动的薄水层上，污水中的碳氢化合物分子吸收紫外线光子的能量，由基态跃迁至激发态，当它们重新返回基态时便发射出荧光，这些荧光的波长取决于碳氢化合物的种类和结构特征。荧光接收器前装有滤光片，选择性地接收某一波长荧光的光强，便可选择性地测定污水中某种类型碳氢化合物（油）的含量。

流过玻璃板表面的水样，在重力作用下自然流出，返回排水管。全部测量过程中检测器不和污水直接接触，因而污水中含有的颗粒物和污渣不会对检测器造成污染。此外，让水从玻璃板上流过的这种设计，最大限度地减少了水中悬浮颗粒物对检测器读数产生的影响。

该仪器的量程范围较宽，从 0～10mg/L 到 0～500mg/L，测量精度可达 ±1mg/L。

18-27 水质自动在线监测的采样系统如何设计？应注意哪些问题？

答：能否取得具有代表性的水样，是水质监测的关键，因此，在采样点的选择和采样系统的设计上要做周密的考虑。通常用置于水中不同深度的潜水泵，或可随水位涨落保持一定深度的浮动泵采样。抽水量大约为 1L/s，水压保持在 150kPa（约 $15mH_2O$），泵出口深度可调，通常恒定在水面下 50cm 处。

为了防止水样在采集过程中发生变化，特别是溶解氧的变化，输送管道应尽可能短，最好小于 5m，最长不大于 25m。泵将水样首先抽到一个容积为 60L 的缓冲槽中，多余的水由溢流管排回河流中，此缓冲槽使水样保持恒定压力，再分别流入测量池中。采样泵必须有可靠的过滤器，以防止浮游物的堵塞及泥沙的沉淀。同时水路系统要避光，以防止藻类生长。

温度、pH 值、电导、溶解氧、浊度等传感器件可组装在一个测量池中，由泵采集的水样经缓冲槽进入测量池，即可测出这几项参数。

18-28 地表水和污水往往会对在线监测仪表的传感元件造成污染，因此，在线监测仪表一般装有自

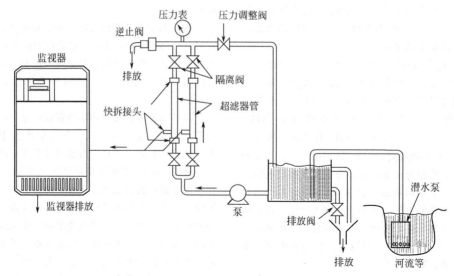

图 18-6　水质自动在线监测装置采样系统图

动清洗装置。常用的自动清洗方法有哪些？清洗时间如何设置？

答：常用的自动清洗方法有如下一些。

（1）超声波清洗　在传感元件附近装一超声波探头，由超声振荡连续清洗。

（2）机械刷清洗　在传感元件处装一组软刷，由机械转动间歇刷洗，每次清洗 $0.5\sim30s$。

（3）水喷射清洗　在传感元件附近装一喷头，用水压 $0.05\sim0.5MPa$ 的清水间歇喷洗，每次清洗 $2\sim3min$。

（4）试剂清洗　用化学试剂如 5％ HCl 或 HClO 间歇清洗，每次清洗 $1\sim3min$。

清洗方法的选择由传感元件本身的性质及接触污染物的种类而定。

18-29　图 18-6 是国外一种水质自动在线监测装置的采样系统图，在该系统中，采用了超级过滤器技术，试述其采样流程、各组成部件的作用及特点。

答：水质在线监测装置一般安装在污水排放口或饮用水厂的取水口，最普通的污染监测项目是温度、pH 值、溶解氧、电导率和浊度。有时还需增加监测氨、硝酸盐、氟化物的离子选择电极和监测磷酸盐、COD 的分析仪。这些监测仪器可以集中安装在水质在线监测成套装置中。

水质在线连续监测中遇到的一个突出问题，是水中不溶性悬浮物和胶体物造成的堵塞、污染和对测量的干扰。通常采取的措施是在样品进入分析仪之前的取样管道上安装过滤器。但传统的过滤器存在以下两个弊端。

（1）过滤容量有限，容易堵塞和失效，维护清洗工作量大。

（2）过滤不彻底，水中的藻类孢子和细菌等微生物

往往难以滤除。这些微生物在水样中滋生繁殖，会以藻类的形式滞留在监测装置内，带来一系列的麻烦和问题，所以常采用杀生剂清洗或紫外线消毒的办法加以应对。

图 18-6 中的超级过滤器是一种渗透膜过滤器，这种膜可以把所有粒度大于 $0.02\mu m$ 的悬浮颗粒和胶体物质除去，包括藻类孢子和细菌。膜的寿命与样品的性质有关，在较好的条件下最长可用 2 年。

在超级过滤器中，水的流动方向与滤膜的安装方向平行，样品自下而上纵向流过膜表面，而不像在常规过滤器中那样，水流与膜表面成直角。在后者的情况下，膜表面会形成一层"滤饼"，需频繁地更换滤膜或清洗它。这种流动方式起到自清洗作用，大大减轻了过滤器的维护工作量。

图中的压力调节阀是一个背压调节阀，作用是保持水样流量的稳定。逆止阀的作用是当过滤器内的压力降到低于大气压时打开通气，以均衡薄膜两侧的压力，防止真空的出现。否则关泵时造成的压力差可能会使薄膜脱离支撑管而遭到损坏。

如果取样管线太长或潜水泵的扬程不足，使潜水泵不能向超级过滤器提供合适压力和流量的样品，则需增加一个缓冲水槽和一台再循环泵，如图中所示那样。否则只用一台潜水泵即可。

缓冲水槽的尺寸与潜水泵的流量有关。低流量、大水槽在被测物浓度发生变化时，会增加仪表的响应时间。缓冲槽应配一个排水阀，以加快样品流动并利于定期清洗。

由两个并联安装的超级过滤器组成双过滤器系统，以利于过滤器的检查和清洗。超级过滤器需定期清洗，清洗频度与水样中的悬浮物浓度有关。当水样中有微生物活动时，可用 500mg/L 的次氯酸钠溶液进行清洗。

19. 油品质量分析仪表

19.1 馏程分析仪

19-1 什么是馏程？

答：馏程也称沸程，是指在专门的蒸馏仪器中，所测得的油品试样蒸馏温度（沸点）与馏出量之间的关系，表示油品沸腾的温度范围。常以一定蒸馏温度下馏出物的体积百分比（回收点），或馏出物达到一定体积百分比时，读出的蒸馏温度（沸点）来表示。

馏程的起始点叫初馏点，是指蒸馏开始后，第一滴馏出物出现时的蒸馏温度。馏程的末端叫终馏点（干点），指被蒸馏的样品在蒸馏末期即将蒸干时温度计所指示的最高温度。

19-2 试述馏程测定法的原理。

答：馏程测定法的原理是按照规定速度蒸馏定量的油品试样，所生成的蒸气从蒸馏瓶中导出，并确定其馏出温度与馏出物体积百分比之间的关系。这种蒸馏过程不发生分馏作用，油中的各烃类组分不是按照它们的沸点依次蒸出，而是在整个蒸馏过程中以沸点连续增高的混合物的形式蒸出。也就是说，当蒸馏液体油时，沸点较低的组分因其蒸气分压高而首先从中蒸出，同时携带少量沸点较高的组分一起蒸出；但也有一些沸点较低的组分留在液体中，以后与较高沸点的组分一起蒸出。所以，初馏点、干点以及中间馏出点的蒸发温度，仅能粗略地确定其组成及应用性质。

19-3 发动机燃料的馏程测量有何实用意义？

答：发动机燃料的馏程测量，一般在选择初馏点、10%、50%、90%、97%～98%馏出点和终馏点，这几个点可以用来表示燃料的蒸发性，在使用时有下列意义：

（1）初馏点，判断燃料中有无保证发动机低温启动的轻馏分；

（2）10%馏出温度，判断燃料中轻馏分（被认为是启动馏分）的数量，作为发动机启动性和形成气阻倾向的指标；

（3）50%馏出温度，判断燃料中影响汽化式发动机加温速度的较轻馏分的数量，表示其影响发动机暖车、加速性和燃料分配均匀性的平均蒸发度；

（4）90%馏出温度，判断影响燃料充分蒸发和燃料的尾部重质馏分的数量，它会使未燃尽的燃料稀释润滑油而产生润滑不良的故障；

（5）97%～98%馏出温度，和90%馏出温度相同，并进一步判断不应该进入这种燃料的重质或胶质馏分的数量；

（6）终馏点（干点），和90%馏出温度一样，判断燃料稀释润滑油的影响，它越接近90%馏出温度，或终馏点和90%馏出温度越低，则燃料中不易蒸发的馏分越少，因而稀释作用也越小。

19-4 测量石油产品的馏程有什么作用？

答：（1）在制定原油的加工方案时，测定馏程可以知道其中所含轻、重馏分的数量，以便大致了解从原油中产出的汽油、煤油、轻柴油等馏分的数量。

（2）在石油炼制过程中，馏出物的馏程结果是控制炼油装置操作条件（如温度、压力、液位、侧线拔出量、蒸汽用量等）的基础，它的及时准确与否对产品的产量和质量关系极大。

（3）在使用燃料时，测定它的馏程可以判断其适用程度（如发动机燃料的馏程用来表示它的蒸发性，灯用煤油的馏程用来控制其中轻、重馏分于适当的数量），从而提高应用效果。

19-5 ASTM沸点是怎样得到的？

答：ASTM（美国材料和试验协会）石油馏分常压蒸馏方法，是一种经常用来确定多组分液体性质的标准方法。在馏程测定中，它采用体积法，即从回收馏出物的体积百分比（回收点）得到ASTM沸点。例如，10%点是回收试样体积10%时的温度（℃）。为了得到体积平均沸点，要计算10%、30%、50%、70%和90%回收点的平均温度。所谓正常沸点，是常压下50%回收点的温度。

实际上，对于0%点或初馏点的测定，最好是5%或10%的回收点，因为重复性比较好，而且比较有意义。同样道理，对于确定100%的干点和损失量的终馏点而言，最好是90%或95%回收点。

19-6 为什么要对测得的沸点进行大气压力校正？如何进行校正？

答：当液体的温度升高时，它的蒸气压随之增加，当它的蒸气压与大气压相等时，开始沸腾。液体在一个大气压下的沸腾温度称为它的沸点。

因为液体的沸点随外界压力的变化而变化，所以如果不是在标准大气压（101.3kPa）下测得的沸点，都必须对测量值进行校正。根据GB 616—1988《化学试剂沸点测定通用方法》，校正按下述经验公式进行：

$$T = t + k(273 + t)(101.3 - p)$$

式中 T——校正沸点，℃；

　　k——校正系数（对缔合性液体，k 值为 0.00075；
　　　　对非缔合性液体，k 值为 0.00090）；

　　t——实测的沸点温度，℃；

　　p——测定沸点时的大气压力，kPa。

19-7 ASTM 馏程分析器有哪些基本形式？

答：ASTM 馏程分析器有两种基本形式：间断式——在自动测量基础上设计成与实验室 ASTM 蒸馏方法完全一样；连续式——类似于工艺装置中的分馏塔，采用了一个填充柱。

间断式分析器蒸馏设备的烧瓶中装有 100mL 样品，并在烧瓶的冷却表面使冷凝液回流，所以冷凝液的回流量相当小。在连续式分析器中，通过填料的办法来改善回流特性，导致分离的选择性比较好，比较适合于过程控制。

19-8 在测定馏程时，样品为什么要先进行冷却？

答：在测定馏程时，进入分析器的样品至少要冷却到低于其初馏点 30℃。若样品没有经过足够的冷却，其中绝大部分的低沸点轻质组分将会损失掉。例如，催化装置粗汽油的初馏点为 30℃ 或更低，则测量除干点外的任何点都是不实际的。如果采用水冷却器，可以测量粗汽油的初馏点，而没有明显的轻质烃的损失。如果初馏点是 60℃，样品至少要冷却到 30℃。

19-9 试述 1463 型蒸馏分析器的工作原理。

答：1463 型蒸馏分析器可连续地测量从 5％ 到 97％ 回收点百分率的石油产品的沸点温度，温度范围在 65℃ 和 316℃ 之间。获得的结果与 ASTM D—86 方法所获得的结果相关。

样品经过计量后进入蒸发器组件，维持在测量温度下蒸发。没有蒸发的样品在残留液杯中被收集起来，然后以一个与样品进入量成比例的量排出。例如，如果要求的沸点是 40％，则排出量就是输入量的 60％。

残留液杯通过一根管子与一个液位测量静力槽相通，两者保持相同液位。一个压力变送器监测这个液位，液位信号用来控制蒸发器的加热功率，

如果蒸发器内的温度高于 40％ 回收点的蒸发温度，则超过 40％ 的样品将被蒸发掉，残留液杯中的液位将下降，从而导致蒸发器加热温度自动降低，直到输入和排出之间达到平衡为止。如果蒸发器温度过低，则蒸发量不够，残留液杯中的液位上升，致使蒸发器的温度升高，直到温度高得足以蒸出所需比例的样品为止。这时，残留液的液位就回到要求的位置。

样品进入量与排出量平衡时蒸发器中的温度，即为该回收百分率的沸点温度，它被热电偶测量并传送出去。

1463 型蒸馏分析器流程图见图 19-1。

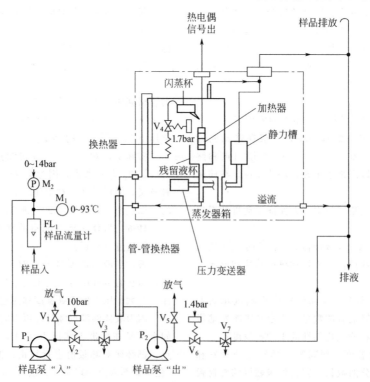

图 19-1　1463 型蒸馏分析器流程图

1bar＝10⁵Pa

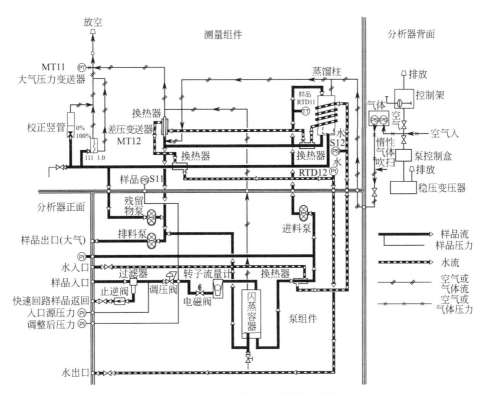

图 19-2   44520 型蒸馏分析器流程图

19-10 怎样启动 1463 型蒸馏分析器？

答：1463 型蒸馏分析器的启动步骤如下：（1）接通电源隔离器；（2）打开各冷却水阀门；（3）打开样品入口和样品出口的截止阀；（4）接通电源开关，随后接通加热器开关；（5）观察加热器电压和蒸发温度，等待给出稳定的读数。

19-11 1463 型蒸馏分析器最主要的维护内容是什么？

答：在维护时，要经常检查蒸发器的结焦情况，特别是对于有重组分和高沸点组分的样品尤为重要。为了节省时间，最好有一个备用的蒸发器单元，在结焦情况发生的时候整体予以更换。这样，就可以在不停表的情况下，清洗和维修结焦的单元。

19-12 精密科学公司（PSG）44520 型蒸馏分析器是怎样工作的？

答：44520 型蒸馏分析器测量石油产品的沸腾特性，结果与 ASTM D-86 和 IP-123 相关。其流程见图 19-2 。

经过精密计量泵的样品送到蒸馏柱的上部，然后慢慢地从柱的螺旋管流下，当电能加到柱组件部分的加热器时，一小部分样品蒸发。蒸气与被冷却水盘管冷却的蒸馏柱内壁接触，随即冷却下来并从顶部流出。未蒸发的样品（残留物）通过蒸馏柱底部的热电偶以后，流入残留物杯及与其连通的竖管。热电偶的温度就是未蒸发的样品温度。

竖管内残留物的液位由差压变送器测量，残留物泵的转速（流量）由微处理机按照竖管液位的测量值调节。因为进样流量是固定参数，而残留物流量可以通过残留物泵转速计算，所以蒸馏的百分率可以通过残留物流量和进样流量来计算。蒸馏的结果是线性的，通常记录在蒸馏百分率对于温度的曲线上。

有两种操作方式：方式 1 是保持蒸馏温度恒定，而观察蒸馏百分率输出，直到实际温度和设定点温度相等为止；方式 2 则保持蒸馏百分率恒定，而观察蒸馏温度，直到实际的蒸馏百分率（从差压变送器读出）等于设定液位为止。两种操作方式均由微处理机进行控制，并通过 ASTM 公式自动地将大气压力修正为 760mmHg。

19-13 试述 44520 型蒸馏分析器的初始启动步骤。

答：44520 型的初始启动步骤如下：（1）打开所有流路（氮气、仪表空气、冷却水）的截止阀；（2）接通泵开关，启动样品供给和排出泵；（3）调整位于样品过滤器下游的调压器；（4）设定样品流量计；（5）观察位于样品分析组件箱下面的样品压力表并松开接头以排出任何残留的空气；（6）在尽可能不破坏已调好压力的情况下，打开快速回路样品返回阀；（7）在初始启动操作时，检查压力变送器的校正值。

19-14 选择

(1) 汽油在发动机中的加速性能依靠馏程中的（　　）进行评定。

A. 初馏点和10％点回收温度；B. 50％点回收温度；C. 90％点回收温度；D. 终馏点

(2) 石油产品的馏程表示油品的沸腾温度范围，在整个蒸馏过程中，物料是按照（　　）的次序馏出的。

A. 烷烃、环烷烃、芳香烃；B. 沸点由低变高

(3) 汽油在发动机中的蒸发完全程度依靠馏程中的（　　）进行评定。

A. 初馏点和10％点回收温度；B. 50％点回收温度；C. 90％点回收温度和终馏点；D. 终馏点

(4) 汽油在发动机中的启动性能依靠馏程中的（　　）进行评定。

A. 初馏点和10％点回收温度；B. 50％点回收温度；C. 90％点回收温度；D. 终馏点

答：(1) B；(2) B；(3) C；(4) A。

19-15 测定馏程时为什么要严格控制加热速度？

答：一般说来，在一定容积的蒸馏瓶中，气压会随气体分子数的增多而升高。在蒸馏操作中，如蒸馏瓶受热过大，加热速度过快，会产生大量的气体，来不及由出口管逸出，导致瓶内的气压大于外界的大气压，因此读出的蒸馏温度比正常蒸馏温度偏高。降低加热速度会使加热强度不够，蒸馏结果偏低。

19-16 分析重质油的馏程时为什么要采用减压方式？

答：因为常压下蒸馏重质油品，当蒸馏温度达到360～380℃时，高分子烃类就会受热分解，因此有必要在较低温度下进行蒸馏。由于液体表面分子逸出所需的能量随外界压力的降低而降低，如果降低外界的压力，便可降低烃类的沸点。

19-17 色谱模拟蒸馏的基本原理是什么？

答：色谱模拟蒸馏是采用具有一定分离度的典型非极性色谱柱，在程序升温条件下将试样按组分沸点次序分离，同时进行切片积分，获得对应百分收率的累加面积。然后在相同的色谱条件下，测定已知正构烷烃混合物的保留时间。经过正构烷烃沸点校正，就可以得到对应的百分收率温度，即馏程。其中，累加面积百分数即收率，因烃类的相对质量校正因子近似1，故可认为是试样的质量分数。

19-18 试述兰州奥博公司生产的在线全馏程自动分析仪的工作原理。

答：该分析仪根据国标 GB/T-6536 对蒸馏装置进行了在线化设计，其工作原理完全与标准方法相同。其中液位跟踪检测及加热控制是由光电检测器、位移机构、I/O 控制器件等配合工业控制计算机进行

的，实现了全自动化。分析仪的结构如图 19-3 所示，其工作过程如下。

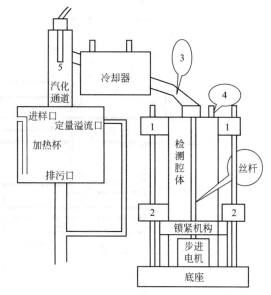

图 19-3　全自动馏程分析仪结构示意图
1—初馏点检测器；2—液位检测；3—冷凝通道；
4—吹扫气入口；5—温度传感器

在计算机控制下油品定量进入加热杯体，多余的油从溢流口排出。进样完毕后，计算机控制加热棒按升温程序对加热杯体进行加热，当油品温度上升至一定值时，油品开始沸腾、汽化。汽化的油品沿汽化通道上升，然后进入冷凝管，经冷凝管冷却后变为液体，流入检测腔体。当光电检测器检测到第一滴油品滴下时，计算机采集油气温度检测器的温度值，得到油品初馏点。随着油温的不断升高，更多的油品经上述汽化、冷却过程由加热杯体进入检测腔体，检测腔体的液位不断升高。计算机通过液位光电检测器检测，并控制步进电机跟踪检测腔体的液位上升，同时不断采集油气温度检测器的温度值，将液位高度和对应的温度值记录下来，给出油品全馏程曲线或全馏程数据表。在整个蒸馏过程中，计算机根据油品温度的变化速率和液位的上升速率，自动调整加热功率，使其符合国标对蒸馏速率的要求，保证分析的准确性。

开始下一个测量周期前，用新的样品对加热杯进行降温和冲洗，油品从排污口排出。同时从吹扫气入口引入仪表空气对冷凝通道进行吹扫，吹走附着在管壁处的油滴，确保初馏点测量准确。

19-19 奥博公司在线全馏程自动分析仪预处理部件有哪些？

答：由样品快速回路出来的油品要先经过减压器、过滤器、换热器等预处理部件，由进油阀控制，在分析开始时引入加热杯。进样完后，在分析过程中

样品由旁路排出。

19-20 奥博公司全馏程自动分析仪怎样计算出被分析样品的各馏出点温度？

答：仪器在检测到初馏点后，步进电机自动跟踪收集到油品的液位。液位每增加 0.5mL，仪器自动记录一次油品气相温度值。到检测腔内液位不再变化时，收集到的油品的最高液位代表本次蒸馏的油品的总量。当需要计算某个点的温度值如 50％点时，仪器首先根据总量计算出 50％的量值如 48mL，然后从记录的温度表中查出 48mL 时的温度值作为油品 50％点的馏出温度。同样可计算出标准方法中 5％、10％、30％、70％、90％、95％、98％ 各点的温度值。

19-21 奥博公司全馏程自动分析仪怎样判断油品的干点值？

答：如图 19-4 所示，油品在蒸馏过程中的升温曲线是一条连续平稳上升的曲线。当油品蒸馏过程结束时，升温曲线会从最高点向下走，出现拐点。仪器把这个拐点温度作为油品的干点值。

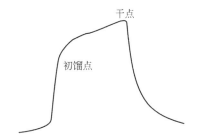

图 19-4　油品在蒸馏过程中的升温曲线

19-22 奥博公司全馏程自动分析仪如何进行校准？

答：由于进样量不精确、计算馏程的方法与实验室标准方法有偏差、及实验条件与实验室标准方法不一致等原因，需要对仪表进行校准。校准采用与实验室标准方法分析结果进行对比的方法进行。具体操作是仪表进样开始分析时，从仪表进样口采集此时的工艺油样送化验室分析。等化验结果出来后，把仪器当时分析结果与之进行逐点比较。把实验室手工分析结果与仪器测量结果的差值作为修正值送入仪表内，完成校准。

19-23 图 19-5 是荆州分析仪器厂 EPA-99 型在线干点分析仪工作原理示意图，试述其工作原理。

答：被测油品经进样泵 1 以恒定的流量进入蒸发棒 3 并沿着螺旋形的表面流下，同时按轻重组分的顺序渐次蒸发。蒸发出来的组分经热交换器 2 冷却后从底部排出，未蒸发的组分（残液）流入底杯 4，被热电偶 5 测温，并经底部残液泵 8 以进油量的 4％抽出。底杯 4 与一立管 6 相连，其液面高度由微差压传感器 7 检测并送入计算机作为闭环调节蒸发棒 3 加热

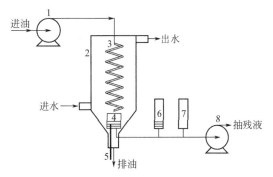

图 19-5　EPA-99 型在线干点分析仪工作原理示意图
1—进样泵；2—热交换器；3—蒸发棒；4—底杯；
5—热电偶；6—立管；7—微差压传感器；
8—底部残液泵

功率的信号。当维持底杯 4 液面高度不变时，达到控制蒸发率 96％左右的动态平衡，热电偶 5 检测出来的残液温度加上修正系数即为被测油品的干点温度值。当油品干点值发生变化时，在原加热功率下，油品蒸发量也发生变化，造成残液液面升高或降低，这一信息送入计算机来调节加热功率，最后保持残液液面高度不变，这时测出的油品干点值升高或降低。

19.2　倾点分析仪

19-24 什么是倾点？什么是凝固点？

答：在低温时，石油产品会逐渐地丧失流动性。倾点就是表示石油产品这种低温性能的指标之一，用测得的石油产品的凝固点温度加 3℃的方法来计算得出。石油产品的凝固点，是指在规定的试验条件下，将盛于试管内的试油冷却并倾斜 45°，经过 1min 以后油面不再移动时的最高温度。

（我国轻柴油产品的牌号就是以其凝固点标注的）。

19-25 石油产品在低温时丧失流动性的原因是什么？

答：石油产品在低温时丧失流动性，一般有两种原因：（1）黏度增大。油品的黏度随着温度的降低而增大，当到达一定温度时，油品就会丧失流动性。（2）石蜡结晶体。油品冷却到某一临界温度时，溶解在其中的石蜡发生结晶。由于结晶均匀地分布于液体中，形成所谓"石蜡结晶网络"，完全牵制着全部液体微粒，以致使整个液体失去流动性。

19-26 测定石油产品的倾点对生产和应用有何意义？

答：测定石油产品的倾点对生产和应用有下列意义。

（1）对于含蜡油品来说，倾点可以在某种程度上作为估计石蜡含量的指标。

（2）倾点是关系到柴油在发动机燃料系统中能够

顺利流动的最低温度，低温时析出的固体石蜡颗粒，会堵塞燃料过滤器而终止燃料供应。

（3）倾点反映石油产品的低温流动性能，对于油品输送和储存也是重要的参考指标，是储运时的质量检查规格之一。

19-27 影响倾点测量的因素有哪些？

答：油品的倾点与其化学成分有关。由石蜡基石油制成的直馏重油，它的倾点要比以环烷-芳香基石油制成的重油高；正构烷烃的倾点随链长度的增加而升高；异构烷烃的倾点较正构烷烃的倾点要低；不饱和烃的倾点较饱和烃的倾点为低。

油品的倾点与冷却速度有关。因为冷却速度太快，有些油品的黏度增大时其晶体增长得很慢，在它尚未聚合起来以前，温度已经降低了许多，所以它的倾点就偏低。

含蜡油品的倾点与热处理作用有关。经过热处理（加热和冷却的过程）以后，大部分含蜡油品的倾点都会发生变化。这种变化的性质和程度，决定于热处理时油品的加热温度。油品的热处理到达最适宜的温度时，其倾点具有最小数值。

倾点还与蜡的结构有关。如果缓慢而无扰动地使蜡油制冷，蜡就结晶并从溶液中分离出来，将得到较低的倾点。

19-28 试述移动球型倾点分析器的工作原理。

答：移动球型倾点分析器的工作原理简述如下。

样品盛在样品杯中，样品杯由杯电机带动很缓慢地旋转，采用珀尔帖半导体冷却器冷却旋转杯中的样品。样品杯中浸入一个吊在固定管上的小钨球，小钨球是偏心悬挂的（不是悬挂在样品杯的中心位置），固定管绕轴同步旋转，带动小钨球也一起转动。

当样品温度较高时，其黏度较低，随样品杯一起转动，不会对小球造成阻力。当样品冷却时，其黏度加大，转速减慢，液体对小球产生拉动阻力。当接近凝固点时，流速更慢，拉动阻力更大。一旦达到预定的拉力，小球带动固定管产生位移，此位移用光电方法检测出来，然后使光电池继电器停止样品杯的旋转，关断珀尔帖冷却器，新的测量周期重新开始。这时，热电偶测得的样品温度，加上 3℃ 就是倾点温度，它被储存下来并转换成 4～20mA 的电流信号输出。

19-29 移动球型倾点分析器有哪些报警回路？

答：移动球型倾点分析器有下列报警回路：（1）冷却水温度高报警；（2）样品温度高报警；（3）样品杯液位高报警；（4）排放管液位高报警。

19-30 移动球型倾点分析器怎样启动？

答：对于正常的连续分析，启动步骤如下：（1）接通吹扫系统；（2）接通并检查冷却水流量；（3）接通并调整样品流量；（4）设定单次/连续开关于连续方式；（5）接通主电源开关；（6）可编程序控制器处于自检方式，接着复位后进入运行状态；（7）系统按程序正常运行。

19-31 填空

（1）移动球型倾点分析器由（ ）、（ ）和（ ）组成。

（2）在珀尔帖冷却器中，如果（ ）温度和（ ）温度过高，珀尔帖冷却器都可能损坏。

（3）移动球型倾点分析器的分析时间取决于（ ）和（ ）。

（4）在冷却水中断的情况下，珀尔帖冷却器的（ ）很快变热，插入其中的（ ）的阻值减少，电源就断开。

答：（1）控制单元，分析器单元，吹扫单元；（2）冷却水，样品；（3）倾点温度，冷却水温度；（4）散热器，热敏电阻。

19-32 图 19-6 是荆州分析仪器厂生产的 PPA-69B 型在线倾点分析仪原理图，试述其工作原理。

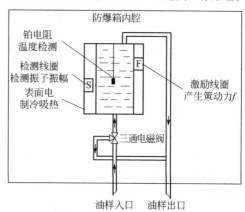

图 19-6　PPA-69B 型在线倾点分析仪原理图

答：PPA-69B 是利用油样中的机械振子在做强迫振动时，其振幅与油样的黏滞阻力有关的性质进行工作的。

在密封腔体的外部，通过电磁耦合给振子一个策动力 f。f 是一个周期变化的力，其有用成分为基波，可用下式表示：

$$f = F_m \sin\omega t$$

式中，F_m 是策动力的幅值；ω 为角频率；t 为时间。振子在策动力作用下稳态响应为：

$$X = A\sin(\omega t + \phi)$$

式中，X 是振子离开平衡位置的位移；A 是振子的振幅；ϕ 是振子的振动与策动力 f 之间的相位差。

策动力幅值 F_m 为一个常数，且角频率 ω 为一适当值时，振子的振幅 A 和相位 ϕ 与振子周围的油样

黏滞阻力 R 有关，可表示为：

$$A = \zeta(R)$$
$$\phi = k(R)$$

在这里我们仅利用 $A = \zeta(R)$ 的关系，A 随着 R 增大而减小，它们具有单调关系。油样在达到倾点（或凝固点）时的黏滞阻力 R，对应着一个振子的振幅 A。如果已知标样的倾点（或凝固点）为 T，那么我们就可以不必知道 R，而是使标样温度为 T，直接得到 A，这就是直接用标定方法定出倾点（或凝固点）的检测门槛 A 的依据。

PPA-69B 的工作周期和动作顺序如图 19-7 所示。

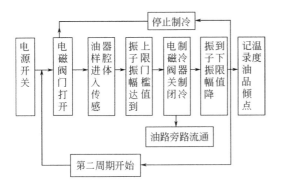

图 19-7　PPA-69B 的工作周期和动作顺序

PPA-69B 的工作过程是周期性的。当电源接通后，进样三通电磁阀打开，带有一定压力的样品经过电磁阀进入传感器的腔体内，当振子的振幅达到上限门槛时进油电磁阀自动关闭，油样被封闭在传感器的腔体内。为了减小取样管道造成的传输滞后，三通电磁阀的另一个通道中依然有油流过，只是不再流经传感器。此时半导体制冷器受控制电路的控制，开始制冷。传感器的油样开始降温，其黏滞阻力逐渐增大，振子的振幅随之逐渐减小，当振幅减小到下限门槛时，由控制电路发出停止制冷的信号，记录此时的温度值同时打开电磁阀，重新开始第二周期的测试过程。这一系列动作是由检测控制电路和机械振子配合起来周而复始地进行的。

19-33　试述进口 TS-40630 AS-4 型油品预处理系统的结构、功能与操作原理。

答：如图 19-8 所示。

TS-40630 AS-4 型油品预处理系统由在线过滤器、抽吸器（EDUCTOR）、互为备用的两个聚集过滤器（FILTER-COALESCER）及切换阀、旁路流量计、调压器、负压表等部件组成。

此油品预处理的功能包括过滤进来的油品，将大于 $5\mu m$ 的粒子滤除，除掉游离水，将样品的压力与流量调整到合适的值，排出分析后的样品。

系统的处理流程为 200 目的在线滤网串入快速回路中，用于挡住粗的粒子，不让其进入聚集过滤器。

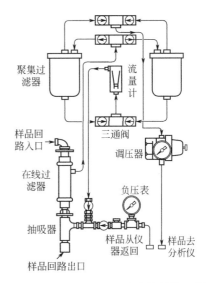

图 19-8　TS-40630 AS-4 型油品预处理系统

聚集过滤器的滤芯元件挡住大于 $5\mu m$ 的粒子和游离的水，这些杂质从聚集过滤器的底部通过流量计与单向阀由抽吸器吸入口返回快速回路。样品压力可用调压器手动设定，设定范围最大可到 $0.2 \sim 0.5 MPa$，并可经压力表读出。抽吸器安装在在线过滤器的下游，用来产生一个低压点，以便分析后的样品和聚集过滤器的旁路可返回快速回路。

19-34　说明进口 44670 型倾点分析仪工作原理。

答：图 19-9 是 44670 型倾点分析仪测量系统简化流程图。主要由测量室组件（包括样品池、热电组件、测温热电偶等部件）、差压测量组件、样品控制阀件和空气控制阀件组成。

仪器工作过程如下：仪器每个测量周期由五个基本工序组成，最后两个工序会自动反复进行，直到发生倾点检测为止。简单地说就是先把样品池冲洗干净，然后进样品，控制液面。第四个工序是对样品进行压力脉冲和倾点检测试验，第五个工序是让样品池压力与大气平衡，以便脉冲试验步骤可反复进行。详述如下。

（1）强制排放　阀门 4、8、5 打开，用高压仪表风将样品压出样品池。热电组件正向导通，样品池被加热。工序结束，阀 5 关闭。

（2）进样品　阀门 6、7、9 导通，进样时也通过阀 9 向样品池施加一压力，此压力大小的选择与样品黏度有关。多余的样品经溢流孔排出；热电组件继续加热样品池；工序结束时阀 6 关闭。

（3）液位控制　阀门 4、7、8、9 保持通电，使样品表面受压，排出多余样品。热电组件开始冷却样品。冷却剂将热电组件背面的热量带走，工序结束时全部阀门关闭。

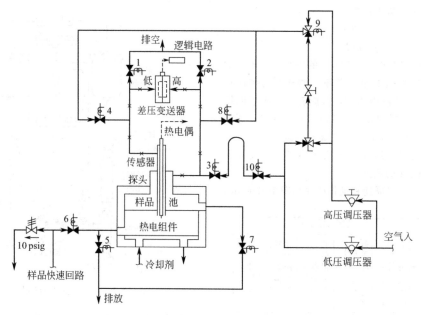

图 19-9 44670 型倾点分析仪测量系统简化流程图

（4）均压 阀门 1、2、10 打开，样品池、差压变送器、及相连管线与大气连通，在测量系统建立零差压条件。工序结束所有阀门关闭。阀门 10 将低压空气封闭在阀门 3、10 之间的弯管中。

（5）脉冲 阀门 3 通电，使封闭在阀门 3、10 之间的空气膨胀到样品池，产生压力脉冲撞击传感器探头外的样品表面，并冲击差压变送器的高压端；外部样品表面的压力脉冲会使样品向上推入传感器探头，压迫探头内空气撞击差压变送器的低压端。变送器产生一个与样品流动性相关的输出电压。

均压、脉冲反复进行。显然，刚开始冷却时样品流动性最好，差压变送器的输出最小。随着温度降低，样品流动阻力增加，变送器输出逐渐升高。当差压变送器输出达到某一设定值时，仪器就记录此时的样品温度作为样品的倾点温度，并重新开始另一个测量周期。

19-35 进口 44670 型在线倾点分析仪测不出倾点的可能原因有哪些？

答：（1）设定点电压太高，差压变送器输出无法达到；（2）空气压力调整不正确，使压力系统工作不正常；（3）热电阻件制冷不正常，样品温度不下降；（4）冷却剂流量与温度不正常，热电组件散热不好，温度降不到样品倾点。

19-36 图 19-10 是 Phase Technology 公司在线倾点分析仪的系统流程图，试说明其工作原理。

答：该仪器由三部分组成：样品预处理系统、样品回收系统和分析测量部件。

样品经过膜式过滤器和精细过滤器后进入分析仪

的检测单元，检测后的样品流入样品回收系统。由空气泵、两个三通阀和气体干燥器构成的干燥气路，用于干燥进入样品池的空气，防止由于空气中含有水分导致分析误差增大。新鲜水经过检测室时带走半导体制冷器热端产生的热量。

样品预处理系统是一个高效能的系统，主要由膜式过滤器、精细过滤器和自动反吹几部分组成。样品流在过滤膜注入部分快速同轴流动产生一个强烈的漩涡运动能够将固体颗粒和水分扫除出过滤膜表面。但是一部分微细的颗粒将驻留在过滤膜的孔隙中，随着驻留在孔隙中的颗粒增多，过滤效率越来越低。这时启动系统反冲洗动作，由于特殊设计的过滤膜孔隙分布和漏斗式的几何形状保证了反冲洗的有效进行，将堵在过滤膜孔隙中的固体颗粒推离过滤膜经旁路排出。清洁和无游离水的样品进入精细过滤器，这里有特别的干燥剂和过滤片组合用来去除样品流中的结合水，消除分析过程中的水分干扰，这对低温的分析是很重要的。

Phase Technology 公司倾点分析仪最大的优势是直接采用倾点自动分析的标准方法，方法标准号是 ASTM D5949，分析结果可直接作为产品质量数据而无需多余的手工分析。分析原理如图 19-11 所示。试样由入口进入样池，池内只保留 0.15mL，多余的由溢出口流出。因柴油分子较大，油样在冷却过程中不仅有蜡结晶体出现，而且逐渐变黏稠，最后凝固。微型半导体制冷器对试样进行有控制的降温，当达到预期的检测温度时，仪器自动地用一定压力的过滤空气吹拂试样的表面，让其产生波纹，从而导致反射光发

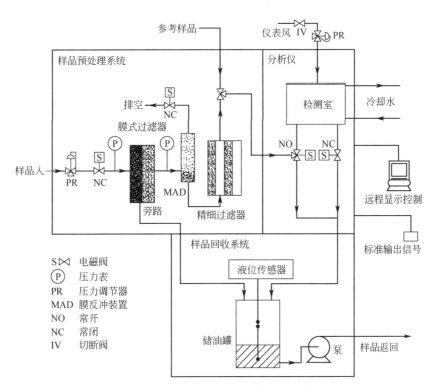

图 19-10　Phase Technology 公司在线倾点分析仪系统流程图

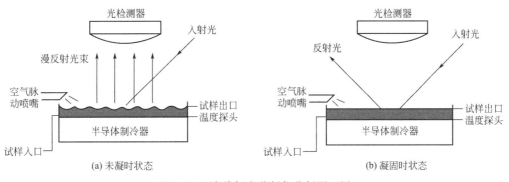

(a) 未凝时状态　　　　　　　　　　　　　　　(b) 凝固时状态

图 19-11　在线倾点分析仪分析原理图

生变化，产生漫反射光。光检测器检测到这个变化后，给出一个测量信号。在过滤空气压力一定的条件下，波纹起伏的大小就代表柴油的冷却情况。冷却初期油面波纹起伏比较大。继续降温并用相同强度的空气吹拂试样。随着温度的下降，试样的黏度不断变大，表面逐渐变平，漫反射光逐渐变弱，测量到的信号越来越小。当信号值和吹气前相同时，说明试样已凝固，此时的温度就是柴油的凝点。由 ASTM D 97 定义可知，倾点比凝固点温度值高 3℃，凝固点温度加上 3℃ 就是该试样的倾点。

样品回收系统是一个简单的液位控制系统，当油位达到某个点时，自动启动泵将样品排出。

19.3　闪点分析仪

19-37　什么是闪点？什么是燃点？

答：闪点是在规定的条件下，石油产品被加热到它们的蒸气与空气的混合气接触火焰时，发生闪火的最低温度。石油产品闪点的测定方法分为开口杯法和闭口杯法两种。在做开口杯法闪点测试时，达到闪点后，继续进行实验，直到点火器火焰使试样发生点燃并至少燃烧 5s 时的最低温度，就是开口杯法的燃点。

闪点和燃点随大气压力的升高而升高，因此在不同大气压力条件下测得的闪点和燃点，皆应换算成在 101.3kPa 大气压力条件下的温度，才可作为正确的测量结果。

19-38 闪点对生产和应用有哪些意义？

答：闪点是表征油品安全性的指标，因为闪点是出现火灾危险的最低温度，闪点越低，燃料越易燃，火灾危险性也越大。所以按照闪点的高低，就可以确定运输、储存和使用燃料时的防火安全措施。

闪点又是判断油品馏分组成的重要质量指标。一般来说，油品蒸气压越高，馏分的组成越轻，则它的闪点就越低；反之，馏分组成越重的油品，则具有较高的闪点。所以在生产过程中，根据油品的闪点就能够调整操作指标，以便提出其中所含的轻质馏分。

在某些润滑油的规格中，规定有用开口杯法和闭口杯法测定的两种闪点指标。如果两者差别很大，说明有轻质馏分混入，或蒸馏时有裂解现象，或溶剂脱蜡过程中有溶剂分离不完全等问题。这样，利用两种闪点的差值，就可以检查润滑油馏分的宽窄程度和低沸点混入物的含量。

19-39 影响闪点测量准确性的因素有哪些？

答：影响因素有以下一些。

(1) 测量的方法　因为开口杯法测量所形成的油气能够自由地扩散到空气中，损失了一部分油气，所以测得的结果要比闭口杯法高一些。

(2) 样品的流量　在闭口法测定时，因为样品流量要影响液面以上的空间容积，也会影响油气混合物的浓度，所以样品的流量偏大时，测得的结果比正常时低。

(3) 火焰的性质　点火用火焰的形状、离液面的高度以及停留的时间，都是影响闪点测定的因素。球形火焰直径较大，测得结果偏高；火焰离液面越低，停留时间越长，测得结果越低。

(4) 加热的速度　加热速度快时，单位时间内给予油品的热量多，蒸发量大，使得油气浓度达到爆炸下限的时间短，测得结果偏低。

(5) 样品的水分　在加热样品时，分散在油中的水会汽化形成水蒸气，有时甚至形成气泡覆盖于液面上，影响油的正常汽化，推迟了闪火时间，会使结果偏高。

(6) 大气压力　大气压力越低，闪火温度越低。测试结果要用不同大气压力下的修正值进行修正。

19-40 44624/5 型闪点分析器的工作原理是怎样的？

答：44624/5 型闪点分析器是美国 PSG 的产品。它的测量组件是闪蒸杯，杯内的上部气相空间和下部液相空间都装有热电偶，测量流程图见图 19-12。

在样品蒸气-空气混合物闪火之前，气相和液相热电偶的温差保持相对恒定；在闪火以后，气相热电偶的温度（或气液两相的温差）就急剧升高。由于两

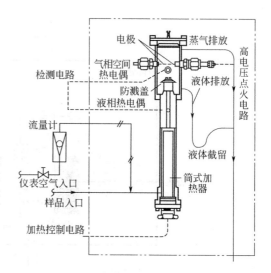

图 19-12　44624/5 型闪点分析器测量流程图

支热电偶是反相串接的，因此温差的急剧增大就导致电势的突然增加，并使放大器带动的翻转继电器动作。当继电器被触发时，一个下刻度驱动电势加到液相热电偶上，产生瞬时的下刻度漂移，于是记录仪所示的峰值电压，就是实际的闪点温度。

19-41 44624/5 型闪点分析器如何启动？

答：44624/5 型闪点分析器的启动步骤如下：(1) 检查测量组件的内部元件（包括电极和热电偶的间隙），接通样品泵并检查样品流量；(2) 设定冷却周期计时器，以获得足够的操作时间，产生允许范围内的重复性，并连续观察几个周期；(3) 接通仪器电源，检测印刷电路板测试插座上的电压，调整微调电位器以产生小于 1.0V DC 的读数；(4) 正常运行后，在保持输出不变的情况下尽量调整（增加）空气流量，以降低油气混合物浓度，从而减少结焦。

19-42 44624/5 型闪点分析器的有何缺点？要采取何种措施？

答：它的主要局限性在于，高压点火电极的点火频率极高，使得样品中的烃类分子不断燃烧，燃烧后析出的碳就在点火电极周围堆积结焦，结焦的速度与样品中碳原子数成比例。这样，电极与金属接地极之间的间隙缩小，它们一旦短路，分析器就将无法工作。为了减缓结焦速度，可以采取调整加大冷却周期的办法。因为冷却周期短时，结焦速度较快，每 10 天甚至每星期都要将点火电极拆下来清洗一次。

19-43 荆州分析仪器厂 FPA-99 型在线闪点分析仪是怎样工作的？有何特点？

答：在规定的条件下将油品加热，其蒸气遇到明火产生闪爆时油品的最低温度，定义为该油品的闪点值。发生闪爆的实质是油品蒸气中的碳氢化合物发生剧烈氧化反应的结果，只有当油品蒸气的浓度达到一

定值时，遇到明火才会产生闪爆现象，FPA-99型在线闪点分析仪就是根据这一原理工作的，参见图19-13。

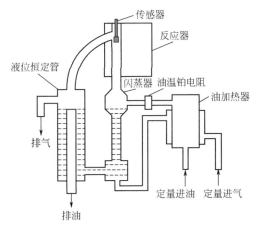

图19-13　FPA-99型在线闪点分析仪
工作原理示意图

　　定量的被测油样经油加热器进入闪蒸器和定量的压缩空气混合，油气从闪蒸器的上部进入反应器内，油气和传感器接触，传感器的表面是一层铂催化剂，油气在铂催化剂作用下，在表面发生热化学反应，随着油气浓度的变化，其反应的热量 Q 也发生变化。油温升高，油气浓度亦升高；油气浓度一定，传感器所获得的信号也一定。用标定的方法通入已知闪点的油样，测定油气发生闪爆时传感器输出的油气浓度信号，作为给定值。固定该给定值不变，当通入被测油样时，由传感器、油加热器等组成的闭环控制系统自动调节油样加热功率，当传感器测得的油气浓度信号与给定值相等时，调节系统便趋于平衡，此时由置入油管内的铂电阻测得的油温便是被测油样的闪点值。

　　FPA-99型闪点分析仪的工作原理属于间接测量方法，而美国44624/5型闪点分析器属于直接测量法。当FPA-99型的测量范围为25～125℃时，其测量结果与国际通用的闭口闪点法（ASTM D-56标准分析方法）较一致，它们之间的偏差≤2℃，仪器的重复性误差≯2℃/每周，仪器的响应时间≮8min。

　　FPA-99型仪器的最大优点是，不存在采用直接测量法时高压点火电极结焦，继而引起电极对地短路而影响仪器工作的现象。

19-44　填空

（1）石油产品闪点的测定方法分为（　　）和（　　）两种。通常蒸发性较强的轻质油品多用（　　）测定。

（2）用开口杯法测定闪点时，油品受热后形成的蒸气不断向周围空气扩散，使得测出的闪点（　　）。

（3）44624/5型闪点分析器的冷却周期时间控制

器由（　　）和（　　）组成。

（4）FPA-12型闪点分析器的闪蒸器和换热器的排油管构成（　　），以保证闪蒸器中具有一定的（　　）。

　　答：（1）开口杯法，闭口杯法，闭口杯法；（2）偏高；（3）可变阻抗控制元件，延时继电器；（4）U形管，液位。

19-45　填空

（1）测定石油产品闪点是用闭口杯法还是开口杯法，取决于石油产品的性质和使用条件，通常轻质油采用（　　）杯法。

（2）油品的闪点是在规定条件下，加热油品使空气中油蒸气浓度达到爆炸（　　）时的温度。所以闪点是油品蒸气与空气混合气发生闪火时油品的（　　）温度。

（3）测定油品的闪点时，升温速度是一关键因素，若升温速度过快，则会造成油品蒸气挥发过快，闪点偏（　　）。

　　答：（1）闭口；（2）下限，最低；（3）低。

19-46　选择

（1）可燃物质受热发生自燃的最低温度称为（　　）。

A. 闪点；B. 燃点；C. 自燃点；D. 着火点。

（2）以下关于闪点的说法不正确的是（　　）。

A. 从油品的闪点可以判断其组成的轻重；B. 从闪点可以鉴定油品发生火灾的危险性；C. 油品的闪点与密度有一定对应关系。

　　答：（1）C；（2）C。

19-47　油品的馏程、化学组成和其闪点有何关系？

　　答：油品馏程的馏出温度愈低，闪点就愈低；对同一温度范围的油品，石蜡烃多时，闪点高；烯烃的闪点比烷烃、环烷烃、芳香烃都低。

19-48　试样含水对测定闪点有何影响？

　　答：GB/T 261闭口闪点法规定水分大于0.05%、GB/T 267开口闪点法规定水分大于0.1%时，必须脱水。这是由于加热试样时，分散在油中的水会汽化形成水蒸气，有时形成气泡覆盖于液面，影响油的正常汽化，推迟闪火时间，结果偏高。水分较多的重油，在测定开口闪点时，加热到一定温度，试样会溢出，无法分析。

19.4　辛烷值分析仪

19-49　什么是辛烷值？

　　答：辛烷值是表示点燃式发动机燃料抗爆性的一个约定数值，在规定条件下的标准发动机实验中通过与标准燃料进行比较测定，采用和被测燃料具有相同抗爆性的标准燃料中异辛烷的体积百分数表示。测定辛烷值的方法不同，测得值也不一样，引用辛烷值应指明所用的方法。

参比燃料异辛烷的辛烷值为 100，正庚烷的辛烷值为 0，在两者的调和油中，异辛烷所占体积分数作为调和油的辛烷值。

19-50 什么是马达法辛烷值？什么是研究法辛烷值？

答：辛烷值有马达法辛烷值（Motor Octane Number，缩写为 MON）和研究法辛烷值（Research Octane Number，缩写为 RON）两种数值，前者比后者稍低。两者的关系与燃料的组成有关，据经验可知如燃料中烷烃较多，两者数值接近；燃料中烯烃较多，两者相差较大。

马达法辛烷值是指用马达法测定的辛烷值，测定的条件是较高的混合气温度（149℃）和发动机转速（900r/min）。它表示的车用汽油抗爆性，与在高速公路上行驶的汽车和超车或爬坡时的载重汽车相适应。

研究法辛烷值是指用研究法测定的辛烷值，测定的条件是较低的混合气温度（不加热）和发动机转速（600r/min）。它表示的车用汽油抗爆性，与慢速行驶但时常要加速的公共汽车和轿车相适应。

目前，我国和西欧采用的是 RON，而美国采用的是 (RON＋MON)/2（也称为抗爆指数）。例如，我国车用汽油有 90、93、95 几个牌号，其辛烷值分别为 RON 90、RON 93、RON 95。

19-51 试述辛烷值的实验室测定方法。

答：实验室测定辛烷值是在专门设计的可变压缩比的单缸试验机（ASTM-CFR 发动机，CFR——美国燃料及设备合作研究委员会）中进行的。先对样品燃料进行测定，提高压缩比到出现爆震现象为止，然后保持压缩比不变，选择某一辛烷值的标准燃料在同样的试验条件下进行测试，使发动机产生同样强度的爆震现象。这时，标准燃料的抗爆性能与样品燃料的抗爆性能相同，标准燃料的辛烷值就是样品燃料的辛烷值。

19-52 在线测定辛烷值有什么意义？

答：汽油辛烷值是衡量其在发动机中燃烧时是否产生爆震的指标。低辛烷值汽油燃烧时易爆震，导致发动机效率下降、寿命缩短及油耗增加。马达法和研究法辛烷值都属于实验室辛烷值，它们在炼油厂用来测定车用汽油的抗爆性并调和产品，从而控制产品的质量，或者制订工艺方案。在线的辛烷值测量用于汽油生产或汽油调和，在连续性和及时性方面都比实验室方法优越。

现在，国际上普遍从使用掺有四乙基铅抗爆剂的有铅汽油，转向使用高辛烷值馏分调和而成的无铅汽油，以提高燃料的动力经济性能和加强环境保护工作，因此，辛烷值的在线测定有更重要的意义，成为各国测定辛烷值的新趋势。

19-53 试述 8154 型 CFR 辛烷值在线分析器的工作原理。

答：8154 型 CFR 辛烷值分析器，是 CFR 发动机与爆震强度检测系统相结合而构成的一个独立完善的辛烷值在线分析系统，它根据 ASTM D-2885《使用在线分析器测定研究法和马达法辛烷值》进行测定。

辛烷值已知的原型（标准）燃料作为参比燃料，来自参加调和的组分管线、辛烷值未知的产品燃料作为被测燃料。在两种燃料的压缩比相匹配的情况下，根据它们在发动机中燃烧时所产生的不同爆震强度（KI）进行比较，然后计算产品燃料的辛烷值，并计算产品燃料实际辛烷值与标准燃料的目标辛烷值之间的辛烷值差，最后将辛烷值转换成 4～20mA DC 模拟信号送给 DCS 系统。

19-54 CFR 发动机由哪些部分组成？

答：CFR 发动机是一种具有可变操作参数的单缸发动机，主要组成部分是燃料汽化系统、点火控制系统、燃烧做功系统、电力设备和仪表控制系统。除仪表控制系统以外，其余部分与一般汽油发动机相类似。

19-55 CFR 发动机的仪表控制系统由哪些部分组成？它们的作用是什么？

答：仪表控制系统由爆震强度测量系统、压缩比调整系统、温度控制系统和一些指示表头组成，用来调整压缩比、控制各工作点温度和测定爆震强度，是 CFR 发动机工作正常与否的关键部件。

19-56 爆震强度是怎样测定的？

答：爆震强度测定系统由传感器、放大器、调节系统和指示表头组成。它通过改变汽缸行程（即压缩比）和调节爆震仪的放大与展宽，使被测燃料燃烧时的爆震倾向与相应的爆震强度对应，从而得出被测燃料的爆震强度。

19-57 辛烷值分析器有哪些报警条件？

答：辛烷值分析器的报警条件有发动机冷凝器水位低，发动机冷凝器水温高，发动机油压低，发动机爆震强度低，化油器排出口溢流，微动阀极限超限和燃料/空气检查故障。上述条件出现时，将引起发动机停车（同时报警灯发亮，打印机登录信息），切换燃料或等待分析器自动纠正。

19-58 填空

（1）CFR 发动机的压缩比调节器，采用（　　）驱动（　　）上下移动，以达到改变压缩比的目的。

（2）（　　）和（　　）分别是马达法和研究法测试的关键参数，由面板上的控制开关来控制。

（3）当燃料与空气的混合气压缩冲程接近上死点前一定的（　　）时，汽缸顶部的（　　）打出一个火花，将混合气点燃。

（4）加热、通风和空气调节系统的作用是保证分析小屋内处于规定的（　　）内，及时稀释和排除发动机运转过程中可能产生的（　　）。

答：（1）可逆电机，气缸活塞；（2）混合气温度，进气温度；（3）提前角，火花塞；（4）环境温度范围，可燃性气体

19-59 测定汽油辛烷值的目的是（　　）。

A. 判断汽油汽化性能的优劣；B. 判断汽油抗爆性能的优劣；C. 判断汽油动力性能的优劣

答：B。

19.5 原油含水分析仪

19-60 为什么要测量原油中的含水量？原油含水分析仪有哪些类型？

答：在原油集输储运中，原油要经过分离、沉降、电脱水、稳定等初步加工处理后，才能进行外输及存储。原油的密度和含水率是原油处理、输送过程中进行质量监测的主要指标，也是油品贸易、外输交接中净油量结算的依据。

日前，原油的含水率测量仍以人工取样、蒸馏化验的方法为主。由于受到人工取样的离散性及化验操作主观因素的影响，测量结果的连续性差，误差较大，远远不能满足工业测量的需要。因此，推广原油含水在线自动测量已势在必行。

原油含水在线自动分析仪根据测量原理可分为电导式、电容式、超声波式、核辐射式、微波式等。应用较多的是微波式和电容式。

19-61 蒸馏电容法原油低含水分析仪是根据什么原理进行测量的？有何特点？

答：电容式原油含水分析仪是根据油和水的介电常数差异较大的原理测量原油中含水率的。但是，由于原油的介电常数受其物理性质的影响，不同油田、不同地点甚至不同时间采出的原油，介电常数都不相同，这给电容法测量造成了困难。为此，电容式原油含水分析仪采用蒸馏加热法，使进入电容测量元件的不是全部原油样品，而是其中蒸馏点在240℃以下的水和轻馏分。由于固定沸点轻馏分的介电常数基本一致，因而可消除原油性质差异造成的影响。

蒸馏电容法原油低含水分析仪具有测量精度高、稳定性好、适用范围广等优点，但它在原油取样、蒸馏排污、放水过程中，要用电机、齿轮泵、电磁阀可动部件，结构复杂，可靠性差，不便于维护，不能测量高含水原油，并且，其测量过程是间断的、不连续的。

19-62 微波式原油含水分析仪是根据什么原理进行测量的？有何特点？

答：微波式原油含水分析仪是利用微波通过油样时，会引起微波的强度衰减、或产生相位变化、或发生频率变化这三种特征而工作的。目前使用较多的是衰减法和移相法。

微波式原油含水分析仪，只有一个天线探头与原油接触，无任何可动元件，结构简单，可连续测量，使用安全可靠，维护工作量小，可测量高、低含水率原油，应用范围较广。

19-63 试述衰减法微波原油含水分析仪的测量原理。

答：衰减法微波原油含水分析仪的基本测量原理如下。

微波是一种高频电磁波，频率范围约为1～1000GHz。微波原油含水分析仪一般使用频率为10GHz、波长约为3cm的微波。微波传递方向性较好，能量集中，它也像其他电磁波一样，在通过一些介质时，会使介质的分子极化、振动与摩擦，吸收掉一部分微波能量。而当微波从一种介质射入另一种介质时，将在两种介质的分界面上产生折射与反射，不同的介质对微波的吸收不同，对微波的反射也不同。衰减法微波原油含水分析仪就是利用这种原理工作的。

反射微波的强弱与介质的波阻抗 Z 有关。波阻抗是表征电磁波在介质中传播时，其电场、磁场强度比值大小的参数。在自由空间中，横电磁波的波阻抗等于这种介质的磁导率 μ 与介电常数 ε 比值的平方根，即 $Z=\sqrt{\mu/\varepsilon}$。很显然，不同的介质其波阻抗是不同的。

当微波垂直于两种介质的分界面传播时，反射波功率与入射波功率之比——功率反射系数与两种介质的波阻抗有关，可以表示为

$$\Gamma^2 = \left(\frac{Z_2 - Z_1}{Z_2 + Z_1}\right)^2$$

式中　Γ^2——功率反射系数；

Z_1——出射介质的波阻抗；

Z_2——入射介质的波阻抗。

原油与水两种介质的波阻抗明显不同。在原油中传播的微波遇到水滴时，会产生强烈的反射。原油中含水量越高，对微波的反射越强。在入射波强度不变的条件下，通过测量原油中反射微波的强弱，便可测定原油中的含水量。

例如，水的波阻抗 Z_W 约为 47Ω，某原油的波阻抗 Z_O 为 266Ω，空气的波阻抗 Z_A 约为 377Ω。当微波从空气中的天线探头射入纯原油中时，功率反射系数为

$$\Gamma^2 = \left(\frac{Z_O - Z_A}{Z_O + Z_A}\right)^2 = 0.0298$$

而当微波从空气射入纯水中时，功率反射系数为

$$\Gamma^2 = \left(\frac{Z_W - Z_A}{Z_W + Z_A}\right)^2 = 0.6057$$

可见微波反射能量相差很大，而当微波射入含水量不同的原油时，其功率反射系数如表 19-1 所示。功率反射系数随含水量增加而增加。

表 19-1　原油含水量与微波功率反射系数的关系

含水量/%	0	10	20	30	40	50
Γ^2	0.030	0.055	0.086	0.120	0.160	0.204

含水量/%	60	70	80	90	100
Γ^2	0.255	0.314	0.384	0.474	0.606

19-64　简述微波原油含水分析仪的基本组成和测量过程。

答：微波原油含水分析仪组成框图如图 19-14 所示，由变送器和显示器两部分组成。

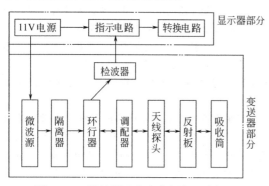

图 19-14　微波原油含水分析仪组成框图

变送器装在输油管道上，用于将含水率转换为电信号送往显示器。测量时，微波源产生一定强度的微波，由环形器、换向开关进入调配器，达到阻抗匹配，再由天线探头射入量油筒内的吸收筒中。在吸收筒内，微波产生一定的反射。反射微波沿相反的路径经天线探头、调配器、换向开关后进入环形器，经环形器导向进入隔离器，最后进入检波器，由检波二极管将反射波的强弱变成相应的电压信号输出。

显示器的作用有三个：一是向变送器提供 11V 电源供微波源使用；二是将检波管输出的电压信号加以放大，并转换成含水值指示出来；三是将含水率转换成 0~10mA DC 或 1~5V DC 标准信号输出，供二次仪表显示或控制之用。

19-65　图 19-15 是微波原油含水分析仪变送器的结构和微波传播示意图，试述图中各部分的功能和微波的产生、传播及接收过程。

答：（1）微波源　是产生微波的器件，它是由体效应二极管作为振荡源组成的微波波导腔振荡器。当

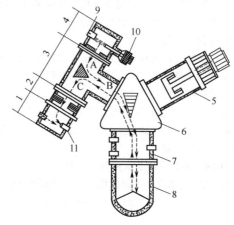

图 19-15　变送器结构和微波传播示意图
1—检波器；2—隔离器；3—环形器；4—微波源；
5—监视臂；6—换向开关；7—调配器；8—天线探头；
9—体效应管；10—调谐棒；11—检波管

体效应管外加直流偏置电压（11V）时，其内产生浪涌电流振荡，在波导腔中形成微波电磁场由耦合窗口发射到环形器中去。

（2）环形器　是一种对微波有环形引导作用的器件，从某种意义上说是一种换向器、隔离器。从微波源进入 A 口的入射信号，可以从 B 口发射到换向器进入量油筒中，其间能量损失很小。但入射波却不能从 A 口直接射到 C 口进入检波器，此方向隔离很好。另一方面，从量油筒返回的反射波，可以无损耗地从 B 口进入 C 口射向检波器进行检波，但不能反向射入 A 口到微波源。这样，入射微波与反射微波各行其道，互不影响。

（3）调配器　是一个阻抗变换元件，使天线探头的特性阻抗与传输微波的波导管的阻抗相匹配。调配器上的螺钉可以产生与天线探头相反的额外反射波，此反射波可以与探头本身的辐射波相抵消，以达到阻抗匹配的目的。但不会阻碍入射波和油品反射波的通过。

（4）检波器　用来检测原油对微波的反射波的强弱，并由检波二极管变换为直流电压信号。

（5）隔离器　是一种微波铁氧体元件。其作用是利用波导管中的铁氧体元件将从检波器泄漏出来的辐射微波全部吸收掉，以防止反射波窜入微波源，影响正常测量。但由于铁氧体元件的特殊形状和位置，对从天线来的油品反射波无阻碍作用，使之顺利进入检波器检波。

（6）换向开关和监视臂　是为了便于对原油含水分析仪表进行调校而设置的。它是在波导管中安装的一个位置可调的活塞，可以部分地吸收微波辐射，其特性随活塞的位置而变，其上反射的微波也随之变

化。利用它可以产生与已知含水量的标准油样相同的反射波，以校正仪表的显示。

（7）补偿电极（图中未画出） 用来检测原油的电阻率，利用水在原油中的分布状态（油包水、水包油）对电阻率的影响，在电路中实现分布状态的自动补偿。

19-66 图 19-16 是微波原油含水分析仪显示器的电路组成图，试述图中各部分的功能和作用。

答：显示器由 11V 安全电源、状态补偿电路、含水指示电路、信号转换电路组成。

（1）11V 安全电源 向变送器提供 11V 直流电源，供给微波体效应管。电源电路中具有灵敏可靠的限流措施，以防止 11V 电源线意外短路时，产生火花，引起爆炸危险。

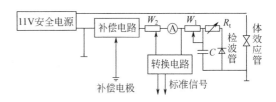

图 19-16 显示器电路组成图

（2）状态补偿电路 根据补偿电极测得的原油电阻率，实现水在原油中分布状态的自动补偿。

（3）含水指示电路 由检波二极管来的信号经转换器放大后由电流表指示。

（4）转换电路 对检波输入进行转换与放大，变为 0～10mA 或 1～5V 标准信号输出。

20. 密 度 计

20-1 什么是密度？什么是标准密度、参考密度、相对密度？

答：（1）密度 单位体积某物质的质量，叫作这种物质的密度，其定义式为

$$\rho = \frac{m}{V} \tag{20-1}$$

式中 ρ——物质的密度；

m——物质的质量；

V——质量为 m 的物质的体积。

密度的单位为 kg/m^3。根据实用需要，密度也可用 g/cm^3 来表示。其换算关系为：

$1kg/m^3 = 0.001g/cm^3$ 或 $1g/cm^3 = 1000kg/m^3$。

（2）标准密度 是指有关标准、规范规定的标准条件下的物质密度。使用标准密度是便于不同温度或压力下物质间的相互计算与比较。液体和固体密度的标准条件，通常采用温度 20℃，也可用 15℃、15.56℃（60°F）等；气体密度的标准条件，通常采用热力学温度 273.15K（0℃）和压力 101325Pa，也可用 293.15K（20℃）和 101325Pa 等。

（3）参考密度 是指在一定状态（温度和压力）下参考物质的密度。参考密度多在相对密度测量时使用。例如，在 20℃ 时参考物质纯水的密度；在 293.15K 和 101325Pa 时参考物质干空气的密度等。

（4）相对密度 在给定条件下，某种物质的密度 ρ 与参考物质的密度 ρ_r 之比，用 d 表示，即

$$d = \frac{\rho}{\rho_r} \tag{20-2}$$

相对密度是无量纲量。测量相对密度时，液体与固体的参考物质一般用纯水；气体的参考物质一般用与气体的温度、压力相同的干燥空气。以前常把相对密度叫作比重（specific gravity 或 specific weight），这一术语现已废止，不再使用。

20-2 液体的密度与温度之间有何关系？如何计算不同温度下的密度？

答：对于液体来说，一般可以认为其密度仅仅与温度有关。液体是不可压缩性流体，压力的变化对液体密度的影响很小，可以忽略不计。

在通常状态下，物质的密度与温度的关系为

$$\rho_2 \approx \rho_1 [1 + \alpha_V (t_1 - t_2)] \tag{20-3}$$

式中 ρ_1——物质在温度 t_1 时的密度；

ρ_2——物质在温度 t_2 时的密度；

α_V——物质的体膨胀系数，它表征了物质的热膨胀特性，单位为 ℃$^{-1}$。

由式（20-3）可得

$$\alpha_V = \frac{\rho_2 - \rho_1}{t_1 - t_2} \times \frac{1}{\rho_1} = \gamma \frac{1}{\rho_1} \tag{20-4}$$

式中，$\gamma = \frac{\rho_2 - \rho_1}{t_1 - t_2}$，称为密度温度系数，它表示温度每变化 1℃时物质密度的变化量，单位为 $g/(cm^3 \cdot ℃)$。将式（20-4）带入式（20-3）

$$\rho_2 \approx \rho_1 \left[1 + \gamma \frac{1}{\rho_1} (t_1 - t_2) \right] = \rho_1 - \gamma(t_2 - t_1) \tag{20-5}$$

式（20-5）在诸多标准中均有应用。例如在 GB 1885 的"石油密度温度系数表"中给出了石油产品在不同温度下的 γ 值，可用于将测得的石油产品密度 ρ_t 换算为标准温度 20℃ 时的密度 ρ_{20}，以便进行贸易结算。此时，式（20-5）变为

$$\rho_t = \rho_{20} - \gamma(t - 20) \tag{20-6}$$

20-3 气体的密度与温度、压力之间有何关系？如何计算不同温度、压力下的密度？

答：对于气体来说，其密度不仅与温度有关，而且与压力有关。气体密度的计算公式有多种，工业测量中普遍采用的计算公式是：

$$\rho(t, p) = \frac{pM}{RTZ(t, p)} \tag{20-7}$$

式中 $\rho(t, p)$——在规定的压力 p 和温度 t 条件下气体的密度；

M——气体的摩尔质量；

R——摩尔气体常数，$R = 8.314510$J/mol·K；

T——热力学温度，$T = t + 273.15$K；

$Z(t, p)$——在 t 和 p 下气体的压缩因子。

气体的体膨胀系数大致相同，均为 1/273.15，即 0.00366℃$^{-1}$，在式（20-7）中用 $\frac{1}{T}$ 加以修正；气体的压缩系数在不同的温度和压力下是不同的，在式（20-7）中用 $\frac{p}{Z(t, p)}$ 加以修正。

多组分气体混合物的密度计算公式可参见本书"5. 气相色谱仪"中"5.7 天然气专用色谱仪和热值计算"一节。

20-4 工业在线测量用的密度计有哪几种类型？

答：工业在线密度测量一般用于产品质量控制、物料配比调节和质量流量测量中。

工业在线测量用的密度计主要有浮力式（浮筒式、沉筒式）、压力式（采用差压变送器测量，有吹泡式、隔膜式两种）、重力式（称量式）、振动式和核辐射式几种。其中前三种由于灵敏度和分辨率较低，测量范围有限，测量精度不高，目前使用较少。大量使用的是灵敏度高、测量精度高、稳定性和可靠性较好的振动式和核辐射式密度计。振动式密度计不但可以测量液体的密度，也可用来测量气体的密度。核辐射式密度计的独到之处是测量的非接触式，因而可用于许多恶劣工况和介质的密度测量。

由于对核辐射式仪表缺乏深入了解，往往对其产生盲目恐惧心理，因而影响了它的推广应用。事实上，核仪表所用的放射源都是封闭型的，人体所受到的射线照射剂量远比 X 光透视和核医疗要小得多，只要遵照有关规定正确操作，对健康不会造成影响。

20.1 振动式密度计

20-5 试述振动式密度计的测量原理。

答：当在振动着的管子中流过被测液体时，则此振动管的横向自由振动频率将随着被测液体密度的变化而改变。当液体密度增大时，振动频率将减小。反之，当液体的密度减小时，则振动频率增大。测定振动管频率的变化，就可以间接地测定被测液体的密度。

充满流动液体的管子如图 20-1 所示。

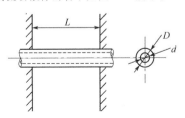

图 20-1　振动管示意图

设振动管材料的密度为 ρ_0，被测液体的密度为 ρ_X，当管子振动时，管内液体和管子一起振动。因而充满液体管子的横向自由振动可以看作具有总质量 M 的弹性体的自由振动。自由振动部分的总质量 M 应为管子自由振动部分的质量加上充满该部分管子的液体的质量：

$$M = \frac{\pi}{4} \left[(D^2 - d^2)\rho_0 + d^2 \rho_X \right] L \quad (20\text{-}8)$$

当振动管两端固定时，由弹性力学理论可以得到其横向自由振动频率 f_X 为

$$f_X = \frac{C}{4L^2} \sqrt{\frac{E}{\rho_0} \times \frac{D^2 + d^2}{1 + \dfrac{d^2 \rho_X}{(D^2 - d^2)\rho_0}}} \quad (20\text{-}9)$$

式中　C——由振动形式而定的常数；
　　　 E——管子的弹性模量；

L——管子的自由振动长度；
D——振动管外径；
d——振动管内径。

当振动管的几何尺寸及材料确定之后，L、D、d、ρ_0、E 均为常数。因此，振动频率 f_X 仅与液体密度 ρ_X 有关。为了便于由所测定的振动频率 f_X 确定液体的密度 ρ_X，首先确定管内处于真空状态，即 $\rho_X = 0$ 时的振动频率 f_0：

$$f_0 = \frac{C}{4L^2} \sqrt{\frac{E}{\rho_0}(D^2 + d^2)} \quad (20\text{-}10)$$

可见，f_0 为常数。此式与式（20-9）相除，得到

$$\frac{f_0}{f_X} = \sqrt{1 + \frac{\rho_X}{\rho_0} \times \frac{d^2}{D^2 - d^2}} \quad (20\text{-}11)$$

解出 ρ_X，可得

$$\rho_X = \rho_0 \times \frac{D^2 - d^2}{d^2} \left(\frac{f_0^2}{f_X^2} - 1 \right) = K \left(\frac{f_0^2}{f_X^2} - 1 \right) \quad (20\text{-}12)$$

式中 $K = \rho_0 \times \dfrac{D^2 - d^2}{d^2}$。由式（20-12）可见，管内液体的密度 ρ_X 与管子的自由振动频率 f_X 的平方成反比关系，如图 20-2 所示。

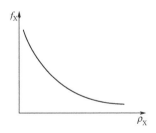

图 20-2　振动频率与液体密度间的关系

式（20-12）也可表示为

$$\rho_X = K \left(\frac{T_X^2}{T_0^2} - 1 \right) \quad (20\text{-}13)$$

式中 T_0、T_X 分别为振动管在真空状态和充液状态时的振动周期，因此，被测液体密度 ρ_X 与振动管自由振动周期 T_X 的平方成正比关系。

20-6 试述振动式密度计的结构组成及工作过程。

答：振动式密度计的振动管有单管、U 形管等几种结构，检测方法也有多种形式。现以单管振动式密度计为例加以说明。

单管振动式密度计由检测器和变送器两部分组成。检测器由振动管、检测线圈、激振线圈、维持放大器、减振器等组成，结构如图 20-3 所示。

振动管是检测器的核心，采用弹性好、导磁率高、温度系数小的恒弹性合金钢制成。振动管两端用固定座固定在底台上；振动管两边分别与不锈钢波纹软管（减振器）连接，以减小外界振动的干扰。

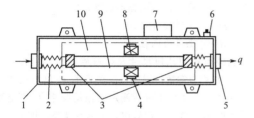

图 20-3 振动管检测器的结构

1—外壳；2—减振器；3—振动管固定座；4—检
测线圈；5—连接法兰；6—接线盒；7—维持放大器；
8—激振线圈；9—振动器；10—底盘

振动管的振动由紧靠振动管的检测线圈感应出
来。检测线圈中通有一恒定直流电流，电流在线圈的
铁芯上产生磁场。当振动管振动时，改变了它与铁芯
间的间隙时，引起铁芯中磁通变化，在检测线圈中感
应出同频率的交流电信号，送给维持放大器，如图
20-4 所示。

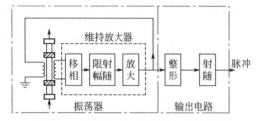

图 20-4 振动式密度变送器原理框图

维持放大器是一个高稳定性、高放大倍数的晶体
管放大器。当振动管有一微小振动时，经检测线圈转
换成同频率的交流电信号送到放大器，放大器经过移
相放大，又送入紧靠振动管另一侧的激振线圈，使激
振线圈的铁芯合拍地吸动振动管，补充振动的能量损
耗，形成一个正反馈过程，使振动管以其自由振动频
率维持振动下去。

维持放大器的交流电信号同时经输出电路整形后
以脉冲形式输出。

20-7 如何将密度变送器输出的脉冲信号转变成
被测液体的密度？

答：这种转变一般是在显示仪表中实现的。振动
管密度变送器输出的脉冲信号反映了液体密度和振动
周期的关系。由式（20-13）可知，ρ_X-T_X 是非线性关
系（二次曲线），实际应用时，都是在较小的密度范
围内，将上述二次曲线分段用直线代替，即进行线性
化处理，如图 20-5 所示。在 $\rho_1 \sim \rho_2$ 密度范围内用直
线 AB 代替了曲线。大多数情况下，被测液体的密度
变化范围不大，用这种线性化处理所导致的误差是非
常微小的。线性化处理后，直线 AB 方程为

$$\rho_X = K_N T_X - T_N \qquad (20\text{-}14)$$

式中 ρ_X——被测液体密度；

T_X——振动管振动周期；

K_N——直线斜率；

T_N——直线截距。

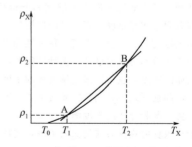

图 20-5 ρ_X-T_X 关系曲线

实际应用中，如果用两种已知密度为 ρ_1、ρ_2 的标
准液体分别送入变送器，然后精确测出相应的周期
T_1、T_2，将 ρ_1、T_1 和 ρ_2、T_2 分别代入式（20-14），
联立 ρ_X 方程组可解出 K_N、T_N 为

$$K_N = \frac{\rho_2 - \rho_1}{T_2 - T_1}$$

$$T_N = \frac{1}{2}\left[K_N(T_2 + T_1) - (\rho_2 + \rho_1)\right]$$

已知 K_N、T_N 两个标定过的常数，就能根据变送
器输出的信号周期（即振动管振动周期）T_X 求出被
测密度 ρ_X 来。

在显示仪表中，有两组预置开关，分别为系数
K_N 和预置数 T_N。将计算出的 K_N、T_N 在这两组预置
开关上设置好，密度计将自动完成 $\rho_X = K_N T_X - T_N$
计算，直接显示出密度 ρ_X 的值。

20-8 试述 U 形管振动式密度计的结构组成及
主要性能指标。

答：以美国加利布朗公司（Calibron）D625L 型
U 形管振动式密度计为例，U 形振动管的结构如图
20-6 所示。

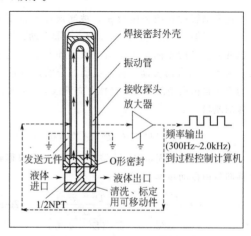

图 20-6 D625L 型 U 形管振动式
密度计的结构组成

其主要性能指标如下：

测量范围　0.3～2.0g/cm³ 或 300～2000kg/m³

测量精度　±0.0005g/cm³ 或 0.5kg/m³

分辨率　0.0001g/cm³ 或 0.1kg/m³

重复性误差　＜±0.01％ FS

被测介质温度　标准 10～60℃；可选 0～110℃

被测介质压力　≤24.8MPa

U 形振动管材质　316 不锈钢或哈氏合金 C-276

20-9　振动式密度计如何安装？安装时应注意哪些问题？

答：振动式密度计一般安装在被测管道的旁通管路上，安装位置应尽可能靠近测量点。当在水平管道上安装时，旁通管路应位于主管的下方；当在垂直管道上安装时，应取在液体自下而上流动的管段，以保持被测液体充满振动管，防止可能出现的空穴或断流。

通过密度计的流体速度要足够高以保持温度的稳定性，但不能过高以防引起气穴现象或产生不适当的压降。为了保证一定的流速，可将密度计安装在孔板两侧的旁通管路中，利用孔板的压降使流动加快，或在旁通管路中用泵升压，增大流速。

应保持旁通管路尽可能短，并采取隔热措施保持旁通管路和密度计与主管道温度的一致性。如果密度计安装在振动严重的管段，则有必要用柔性软管减振后再连接至密度计。

液体密度计的几种常见安装方式见图 20-7。

20-10　振动式密度计不但可以测量液体密度，也可以测量气体密度。试述振动式气体密度计的结构和工作原理。

答：以横河公司 GD402 型振动式气体密度计为例，其检测器的结构如图 20-8 所示。

GD402 型振动式气体密度计的工作原理和液体密度计基本相同，不同之处是振动管是一个薄层密闭圆柱形容器，被测气体不是从管中穿过，而是从管子外面流过，其振动频率随周围气体的密度变化而变化。此外，该仪器采用多方式自激振荡电路（multi-mode self-oscillation circuit），以两种不同的频率轮流激励同一振动管，由此产生的两种谐振频率之比是气体密度的函数，通过测量其比值求得被测气体的密度，这种设计可以克服由于振动管自身原因产生的漂移和由于被测气体中含有的油雾、灰尘、水分等对振动管的黏附造成的干扰。

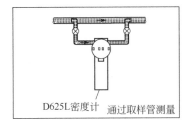

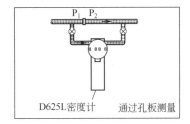

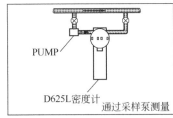

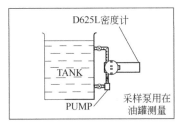

图 20-7　液体密度计的几种常见安装方式

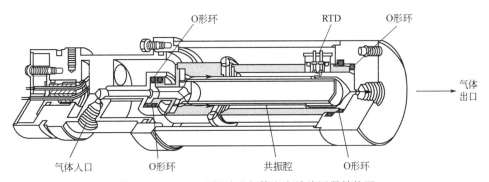

图 20-8　GD402 型振动式气体密度计检测器结构图

20-11 试述振动式气体密度计的主要性能指标。

答：以横河公司 GD402 型振动式气体密度计为例，主要性能指标如下：

测量范围　$0\sim6kg/m^3$（$0\sim0.006g/cm^3$）

最低量程　$0\sim0.1kg/m^3$（$0\sim0.0001g/cm^3$）

线性误差　±1％FS

重复性误差　±0.1％ FS

长期稳定性　±0.3％/每月

GD402 型振动式气体密度计不仅可以测量气体的密度，还可间接测得气体的密度、分子量，也可用于某些混合气体的浓度测量，如 H_2/Air（85％～100Vol％）、H_2/CO_2（0～100Vol％）、Air/CO_2（0～100Vol％）等。

20.2　γ 射线密度计

20-12 填空

(1) 应用最广泛的工业核仪表是（　　）、（　　）、（　　）、（　　）。

(2) 用于工业核仪表的射线多为（　　）、（　　）、（　　）射线、也有用（　　）射线的。

(3) 常用的密度检测放射源是（　　）和（　　）。

(4) 放射性的一个主要参量是（　　），它是（　　）所经历的时间。

(5) 各种射线都具有不同的能量，同种射线的（　　）越高，（　　）能力越强。

答：（1）料位计，密度计，厚度计，核子称；

(2) β，γ，X，α；　（3）钴-60（^{60}Co），铯-137（^{137}Cs）；

(4) 半衰期，放射性强度衰减一半；（5）能量，穿透。

20-13 判断（对打√，错打×）

(1) 钴-60 的 γ 射线比铯-137 的能量高，因此：

A. 钴-60γ 射线在仪表中产生的脉冲计数多；

B. 钴-60γ 射线在闪烁探头中产生的脉冲幅度高一些

(2) 放射源防护容器关闭后：

A. 放射源就不再放射射线了，可以延长其使用期；

B. 放射源容器周围可以进行正常工作

(3) 密度计指示长时间在"零"附近摆动，那么：

A. 实际密度也一定在密度下限附近；

B. 密度可能在下限以下甚至"料空"

(4) 密度最高时，密度计指示也最高，这时：

A. 探头接收到的射线最强；

B. 探头接收到的射线最弱；

C. 探头接收不到任何射线

(5) 人体受到射线照射：

A. 在允许剂量范围内不会影响健康；

B. 就一定会得病

答：（1）A. ×，B. √；（2）A. ×，B. √；（3）A. ×，B. √；（4）A. ×，B. √，C. ×；（5）A. √，B. ×。

20-14 工业核仪表中常用的射线探测器有哪些？它们各有什么特点？

答：工业核仪表中常用的射线探测器主要有闪烁探测器、电离室探测器两种。

闪烁探测器的探测效率高，可以降低仪表射源的强度，其工作寿命也较长，可达数年。其缺点是成本高，稳定性稍差，抗震性差。

电离室探测器结构一般比较牢固，性能稳定，工作寿命长，缺点是探测效率低，仪表射源强度较高。

20-15 闪烁探测器的基本构成部件有哪些？分别起什么作用？

答：闪烁探测器的基本构成部件是闪烁晶体和光电倍增管。闪烁晶体的作用是接受入射射线照射，在入射粒子或光子作用下产生电离，发出闪烁荧光，从而把射线转变成为光电器件可以感受的光信号。

光电倍增管完成光信号-电信号的转换。它的涂有特种材料的光阴极接收到光信号后即可产生电子，称光电子。在光阴极到阳极之间有 10 多个次级电子发射极，工作时，它们逐级升高电压，形成一个电子加速放大系统，电子放大倍数约为 10^6。这样，在阴极上微弱的电子发射到阳极就会产生相当可观的电流。

闪烁晶体与光电倍增管通过玻璃窗口耦合起来，在工作条件下，就可以将入射的射线转换成相应的电信号，配以适当的电子线路就可以实现射线的探测。

20-16 γ 射线密度计有什么特点和优点？适用于何种场合？

答：γ 射线密度计的测量是非接触式的，不受被测介质的化学性质和温度、压力、黏度等物理性质的影响。安装时无需在被测设备上开孔、打眼或进行改造，只需用夹具固定在管道两侧即可，安装十分方便。由于测量探头不与被测介质接触，投入使用以后，基本不需要维护。

它特别适用于高温、高压、强腐蚀、高黏度、剧毒、深冷、含大量悬浮颗粒的液体密度测量，而在这些恶劣条件下，常规测量仪表是难以胜任的。

γ 射线密度计广泛用于石油、化工、冶金、煤炭、建材、轻工等行业。可对密闭管道或容器内的工业物料，如钻井固井用泥浆、压裂浆、砂浆，选矿厂或洗煤厂用浮选液，石油化工产品如各种油脂、醇类等以及酸、碱、盐等溶液的密度进行在线测量。还可作为浓度计使用，测定溶液的浓度或混合液的配比；作为界面计使用，检测两相分层介质的界面；与流量计配套作为质量流量计等。

工业核仪表具有广泛的应用前景，有些人由于对其缺乏了解，往往谈核色变。事实上，核辐射式仪表所用的放射源都是封闭型的，它对人体只有外部照射而无内照射的可能。对于封闭型放射源的防护是比较简单和容易的。例如，在距工业核仪表 0.5m 强度最大点工作 8h，所受射线照射剂量小于 20mrem，而一次胸部 X 光透视为 100～2000mrem，一次牙齿透视为 1500～15000mrern。只要遵照有关规定正确操作，不必有什么顾虑。

20-17 试述 γ 射线密度计的测量原理。

答：γ 射线密度计又称为放射性同位素密度计。该仪表基于 γ 射线强度的衰减随被测介质密度而异的原理工作。

γ 射线自放射源射出后，穿过设备壁和其内的被测物料到达探测器。射线同物料相互作用的规律是射线强度随穿过的物料密度增加而呈指数规律减弱。当密度变化时，射线穿过物料后的强度也随之变化，并保持一定的函数关系，即

$$I = I_0 e^{-\mu \rho d}$$

式中 I——射线穿过设备壁和其内的被测物料后探测器接收到的射线强度信号；

I_0——是当被测物料的密度 $\rho = \rho_0$（ρ_0 为零点密度）时探测器接收到的射线强度信号；

ρ——被测物料的密度；

μ——被测物料对射线的质量吸收系数；

d——射线穿过被测物料的距离。

对于确定的测量对象，I_0 和 μ、d 都是不变的常量，因此通过测量 I，就可以得到被测物料的密度值 ρ。

20-18 γ 射线密度计由哪几部分构成？各部分的主要功能是什么？

答：以原化工部自动化研究所（现为天华化工机械及自动化研究设计院）生产的 HZ-5301 系列 γ 射线密度计为例，其基本构成见图 20-9。

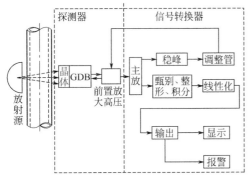

图 20-9　HZ-5301 系列 γ 射线密度计的基本构成

各部分主要功能如下。

（1）放射源及其容器　放射源固定安装在射源容器内，射线通过测量通道被探测器接收，射源容器的源闸开关可以开启、关闭射源的测量通道。

（2）探测器　探测器的主要组成部件是闪烁晶体、光电倍增管、高压电路和前置放大电路。进入探测器里的 γ 射线被闪烁晶体接收，将它转换成微弱的闪烁光子，再由光电倍增管将它转换成电流脉冲信号，并经前置放大器转换为 1V 左右的电压脉冲信号。

高压电路负责提供光电倍增管工作所必需的直流高压，范围一般在 800～1300V。

（3）信号转换器　将来自探测器的电压脉冲信号，经放大、甄别、整形和积分线性化处理，转换为 0～10mA 或 4～20mA 标准输出，同时用数字显示其瞬时密度值，并提供上、下限报警信号。

20-19 试述 γ 射线密度计的主要技术性能指标。

答：以 HZ-5301 系列 γ 射线密度计为例，主要技术性能指标如下。

放射源：铯-137（^{137}Cs），11.1～148×10^7Bq

测量范围：0.500～3.0000g/cm^3

测量精度：±1%FS

绝对误差：±0.5mg/cm^3（在最佳测量状态下）

统计误差：≤±1%FS

长期稳定性：±1%/48h

时间常数：20～120s

环境温度：－20～＋60℃（探测器）；0～50℃（主机）

防爆等级：Ex d Ⅱ CT 5

20-20 γ 射线密度计的安装方式有哪些？

答：γ 射线密度计的安装方式有多种，见图 20-10。采取何种安装方式根据被测介质和现场设备的具体情况而定，图 20-10 中（a）是典型的安装方式，放射源和探测器分别安装在被测管道的两侧，被测介质由下向上流动。

20-21 运行中的密度计长时间指零或指满，人们怀疑仪表坏了，你能在不停车的情况下作出判断吗？

答：如果仪表长时间指零，用一块约 10mm 厚的钢板置于探头的射线入射侧，若仪表指示上升至满量程的 20% 左右，而撤下钢板，指示又回零，且此现象能重复出现，则可断定仪表工作正常；而当钢板置于探头的射线入射侧，仪表指示不变，则属仪表故障。

当仪表长时间指满，用一"检验源"靠近探头，若仪表指示立即下降，而检验源远离探头，仪表指示随即上升，则可断定仪表工作正常；当检验源接近探

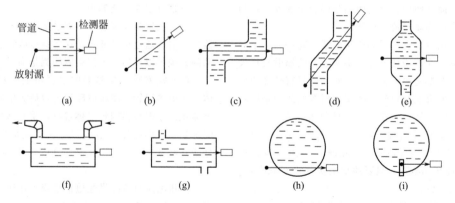

图 20-10 γ射线密度计放射源和探测器的安装方式

头，仪表无反应时，则是仪表故障。

20-22 怎样判断仪表工作源是否需要更换？

答：放射源强度是不断衰减的，当强度减弱到不能保证仪表正常工作时就需要更换。放射源的最低强度需保证仪表在灵敏度最高、设备内料空的状态下，仪表能调出零点。当不能保证或勉强达到这个要求时，就是源强不够，需要更换。

应当指出，源强是逐渐衰减的，不会突变，例如钴-60，每月衰减 1％，铯-137 强度每年衰减 2.3％。因此换源之前应是仪表灵敏度逐渐提到最高，调零逐渐感到困难，不会是突然不能调零。

20-23 闪烁探头无信号输出，如何着手检修？

答：经过仔细检查确认是闪烁探头无输出信号，可采取如下步骤检修。

（1）分析原因 闪烁探头无信号可能是下列原因之一：

a. 高压或低压供电中断；

b. 前置放大器损坏；

c. 光电倍增管的高压分压器中的任一电阻开路、短路；

d. 光电倍增管破损。

（2）检修 针对上述原因，逐条检查。检查时应用高输入阻抗的电压表、示波器、脉冲信号发生器、放射源等。

注意：带电检修时必须绝对保证光电倍增管的光密封，不得有任何微弱漏光，否则将造成光电倍增管的损坏。

20-24 为什么在密度不变时，密度计仪表指示仍不断摆动？

答：密度指示实际上是一定密度所对应的射线强度的指示。由于原子核发生衰变具有随机特性，在某一时刻，发生衰变的原子核数目服从统计分布，因此放射性强度也服从统计分布。即同一个源，在不同时刻，其强度是不同的，并且在某一平均值上下波动，

这是放射性固有的特性。因此即使密度不变，探头接收到的射线强度也是呈统计涨落的，仪表指示也就围绕一个平均值左右摆动。这种摆动是遵从一定的统计规律，所以称之为统计摆动。

由于统计摆动而造成的误差叫做核仪表的统计误差。

20-25 安装和使用工业核仪表时应注意哪些问题？

答：安装和使用工业核仪表时，应注意以下几点：

（1）仪表到货后应单独妥善保管，不得与易燃、易爆、腐蚀性等物品放在一起；

（2）安装地点除从工艺和仪表要求考虑外，尽量置于其他人员很少接近的地方，并设置有关标志，安装地点应远离人行过道；

（3）安装时，应先安装有关机械部件和探测器并初步调校正常，然后再安装射源，安装时应将射源容器关闭，使用时再打开；

（4）检修时应关闭射源容器，需要带源检修时，应事先制定操作步骤，动作准确迅速，尽量缩短时间，防止不必要的照射；

（5）更换放射源时，一般应请仪表制造厂家或专业单位进行，有条件的单位也可自行更换；

（6）废旧放射源的处置，应与当地卫生防护部门联系，交由专门的放射性废物存放处理单位处理，用户不得将其当作一般废旧物资处理，更不能随意乱丢。

20-26 γ射线密度计的校准方法有哪些？它们各有何优缺点？

答：γ射线密度计的校准方法有实物校准和模拟校准两种。

（1）实物校准 就是用真实的工艺物料对仪表进行校准的方法，实物校准的准确度和可信度高，是推荐的校准方法，但比较麻烦。

（2）模拟校准法　是用模拟校准板代替工艺物料对仪表进行校准的方法，模拟校准简单方便，但受各种条件的限制，准确度难以保证，只能用在对测量准确度要求不太高（如密度变化趋势监视等）的场合。

也可采用实物校准和模拟校准相结合的方法对仪表进行校准。

20-27　如何对 γ 射线密度计进行实物校准？

答：实物校准方法和步骤如下。

（1）零点校准　在被测管道中注满水，根据该水在当时温度下的密度调校仪表的零点。由于被测物料的密度可能小于或大于 $1g/cm^3$，所以用水校准应称为基准点校准。

（2）量程校准

① 由于 γ 射线密度测量的严重非线性，量程校准点至少应选 3 点以上（有时甚至多达 10 点）。

② 量程校准必须在工况稳定、物料参数长时间稳定不变的情况下进行，每个校准点重复取样三次，用手工分析法测定样品的密度值，然后取其平均值调校仪表的示值。

20-28　如何对 γ 射线密度计进行模拟校准？

答：模拟校准是在被测管道充满零点标样或工艺物料参数长时间稳定不变的前提下，将厚度不同的模拟校准板逐一插入探测器的孔槽板中，待仪表示值稳定后分别进行校准。每次量程调校完毕后，应再校对一次零点。

模拟校准板一般是不锈钢板，由仪表厂家配备，其厚度计算公式如下：

$$\mu_m \rho_m d_m = \mu_X \rho_X d_X$$

式中　μ_m、μ_X——分别为校准板和被测介质对射线的质量吸收系数；

ρ_m、ρ_X——分别为校准板和被测介质的密度；

d_m、d_X——分别为校准板的厚度和被测管道的内径。

第4篇 样品处理系统和仪表安装

21. 取样和样品处理系统

21-1 对于在线分析仪来说，什么情况下需要配置样品处理系统？

答： 当分析仪的传感元件不直接安装在工艺管线和设备中时，都需要配置样品处理系统。

21-2 样品处理系统的作用是什么？它有什么重要性？

答： 样品处理系统的作用是保证分析仪在最短的滞后时间内得到有代表性的工艺样品，样品的状态（温度、压力、流量和清洁程度）适合分析仪所需的操作条件。

在线分析仪能否用好，往往不在分析仪自身，而是取决于样品系统的完善程度和可靠性。因为，分析仪无论如何复杂和精确，分析精度也要受到样品的代表性、实时性和物理状态的限制。事实上，样品系统使用中遇到的问题往往比分析仪还要多，样品系统的维护量也往往超过分析仪本身。所以，要重视样品系统的作用，至少要把它放在和分析仪等同的位置上来考虑。

21-3 对样品系统的基本要求有哪些？

答： （1）使分析仪得到的样品与工艺管线或设备中物料的组成和含量一致。

（2）工艺样品的消耗量最少。

（3）易于操作和维护。

（4）能长期可靠工作。

（5）系统构成尽可能简单。

（6）采用快速回路以减少样品传送滞后时间。

21.1 取样和取样探头

21.1.1 取样

21-4 取样点的位置如何选择？

答： 在工艺管线上选择分析仪的取样点位置时，应遵循下述原则。最佳位置可能是以下各点中某几点的权衡和折衷：

（1）取样点应位于能反映工艺流体性质和组成变化的灵敏点上；

（2）取样点应位于对过程控制最适宜的位置，以避免不必要的工艺滞后；

（3）取样点应位于可用工艺压差构成快速循环回路的位置；

（4）取样点应选择在样品温度、压力、清洁度、干燥度和其他条件尽可能接近分析仪要求的位置，以便使样品处理部件的数目减至最小；

（5）取样点位置应易于从扶梯或固定平台接近；

（6）在线分析仪和实验室分析取样点应分开设置。

一般认为，在大多数气体和液体管线中，从产生良好混合的湍流位置上取样，可保证样品真正具有代表性。因为气体或液体混合物除非有湍流存在是不容易达到完全混合的。取样点可选在一个或多个90°弯头之后，紧接最后一个弯头的顺流位置上，或选在节流元件下游一个相对平静的位置上（不要紧靠节流元件）。

尽可能避免以下情况。

（1）不要在一个相当长而直的管道下游取样，因为这个位置流体的流动往往呈层流状态，管道横截面上的浓度梯度会导致样品组成的非代表性。

（2）避免在可能存在污染的位置或可能积存有气体、蒸汽、液态烃、水、灰尘和污物的死体积处取样。

21-5 为什么不能在管壁上钻孔直接取样？

答： 如果在管壁上钻孔直接取样，一是无法保证样品的代表性，不但流体处于层流或紊流状态时是这样，处于湍流状态时也难以保证取出样品的代表性；二是由于管道内壁的吸收或吸附作用会引起记忆效应，当流体的实际浓度降低时，又会发生解吸现象，使样品的组成发生变化，特别是对微量组分进行分析时（如微量水、氧、一氧化碳、乙炔等），影响尤为显著。所以，样品均应当用插入式取样探头取出。

21-6 对于清洁样品、含尘气样、脏污液样，各应采用何种探头取样？

答： 对于清洁样品或含尘量不大（<10mg/m³）的气体样品，采用直通式（敞开式）取样探头，探头切口呈45°角，背向流体流动方向。

液样中含有少量颗粒物、黏稠物、聚合物、结晶物时，易造成堵塞，可采用不停车带压插拔式取样探头，这也是一种直通式探头，可方便地将探管取出进行清洗。这种探头也可用于含有少量易堵塞物（冷凝物、黏稠物）的气体样品。

含尘量较高（>10mg/m³）的气体样品，可采用过滤式探头取样，过滤器装在探管头部（工艺管道内）的称为内置过滤器式探头，装在探管尾部（工艺管道外）的称为外置过滤器式探头。

脏污液样不得采用过滤式探头，因为湿性污物附着力强，难以靠流体的冲刷达到自清洗目的。一般是采用口径较大的直通式探头，将液样取出后再加以除污。

对于乙烯裂解气、催化裂化再生烟气、硫磺回收尾气、煤或重油汽化气、尿素酸性气等复杂条件样品的取样，应采用特殊设计的专用取样装置。

21-7 直通式取样探头有哪几种常用规格？各适用于什么场合？

答：直通式取样探头采用 316 不锈钢管材制作，探头内部的容积应限制其尺寸尽可能减少。探头的规格一般有如下几种。

6mm 或 1/4″OD Tube——用于气体样品；

10mm 或 3/8″OD Tube——用于液体样品；

3mm 或 1/8″OD Tube——用于需汽化传送的液体样品；

12mm 或 1/2″OD Tube——用于快速循环回路、含尘量较高的气样和较脏污的液样。

21-8 取样探头的长度应如何确定？

答：探头的长度主要取决于插入长度，为了保证取出样品的代表性，一般认为插入长度至少等于管道内径的 1/3。EEMVA No.138 标准推荐的插入长度为：

min——30mm；

max——$0.5d+10$mm（d 为管道内径）。

21-9 设计和制作取样探头时应注意哪些问题？

答：（1）取样探头应通过带法兰的 T 形短管接头固定。

（2）所用的材料、T 形接头、法兰类型、阀门、压力等级、焊接件和热处理工艺应符合相应的配管技术规格。

（3）取样截止阀应作为探头组件的一部分加以考虑，截止阀以闸阀或球阀为宜。当样品为高压气体

时，可考虑采用双截止阀系统，这是一种双重隔离的附加保护措施。

（4）取样探头应有足够的机械强度，在工艺流体中保持刚性固定。当流体速度快、流动力大时，如探头较细，可套上加强管加以保护。

（5）法兰上应标注探头位号和工艺管道流体流动方向。

（6）在设计探头时应注意，防止因共振效应而断裂。

21-10 取样探头应从什么方位插入工艺管道？

答：取样探头的插入方位应作如下考虑。

（1）水平管道　气体取样，探头应从管道顶部插入，以避开可能存在的凝液或液滴；液体取样，探头应从管道侧壁插入，以避开管道上部可能存在的蒸气和气泡，以及管道底部可能存在的残渣和沉淀物。

（2）垂直管道　从管道侧壁插入，液体应从由下至上流动的管段取出，避免下流液体流动不正常时的气体混入。

21.1.2　取样探头

21-11 什么是直通式取样探头？

答：直通式取样探头又称敞开式取样探头，由插入工艺管道内部的取样管（也称探管、探针）、与工艺管道取样口连接的法兰和根部截止阀三个部分组成，统称为取样探头组件。

直通式取样探头一般是剖口呈 45°角的杆式探头，开口背向流体流动方向安装，利用惯性分离原理，将探头周围的颗粒物从流体中分离出来，但不能分离粒径较小的颗粒物。这种探头适用于含尘量<10mg/m^3 的气体取样和洁净液体的取样。石油化工生产中使用的取样探头大多是这种探头。

21-12 图 21-1 所示的取样探头是什么探头？适用于什么场合？

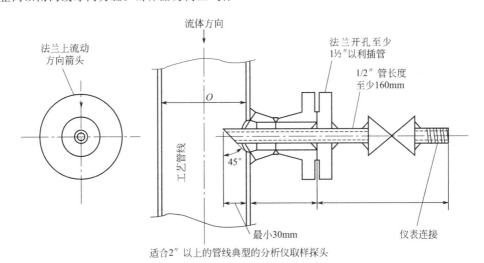

图 21-1　取样探头图

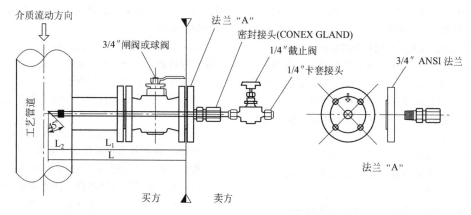

图 21-2 可拆探管式取样探头结构图

答：图 21-1 所示的取样探头是国外标准中推荐的一种固定式直通探头，探管直接焊接在法兰盘上，探管直径为 1/2″，多用于快速循环回路、含尘量较高的气样和较脏污的液样。当用于快速循环回路时，探管尺寸还可适当加大，以便加快流体流动。

21-13 什么是不停车带压插拔式取样探头？

答：不停车带压插拔式取样探头又称可拆探管式取样探头，是一种在工艺不停车的情况下，可将取样管从带压管道中取出进行清洗的探头。它是在直通式探头中增加一个密封接头和一个闸阀（或球阀）构成的，其结构如图 21-2 所示。

CONEX GLAND 密封接头的结构见图 21-3。其结构可分为两部分，其一是取样管的夹持和固定部分，采用卡套式压紧结构；其二是与闸阀法兰的连接部分，采用螺纹连接方式，依靠密封件实现两者之间的密封。安装时注意应使取样管的坡口朝向和法兰上的箭头指向（流体流动方向）一致。为便于插拔操作和保证安全，取样管的前端焊有一块凸台，以免取样管在拔出过程中被管道内的压力吹出，发生安全事故，当凸台到达盲法兰盘端部时，即可将闸阀关闭，然后将密封接头旋开，将取样管取出。

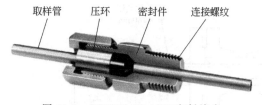

图 21-3 CONEX GLAND 密封接头

不停车带压插拔式取样探头适用于样品较脏、探头易堵塞需经常清理的场合。这种探头主要用于含有少量颗粒物、黏稠物、聚合物、结晶物的液体样品，也可用于含有少量易堵塞物（冷凝物、黏稠物）的气体样品。

21-14 什么是过滤式取样探头？

答：所谓过滤式取样探头是指带有过滤器的探头，适用于含尘量较高（＞10mg/m³）的气体样品。过滤元件视样品温度分别采用烧结金属或陶瓷（＜800℃）、碳化硅（＞800℃）、钢玉 Al_2O_3（＞1000℃）。探头的设计应考虑利用流体冲刷达到自清扫的目的。

过滤器装在探管头部（工艺管道内）的称为内置过滤器式探头，装在探管尾部（工艺管道外）的称为外置过滤器式探头。

内置过滤器式探头的缺点是不便于将过滤器取出清洗，只能靠反吹方式进行吹洗，过滤器的孔径也不能过小，以防微尘频繁堵塞。这种探头用于样品的初级粗过滤比较适宜。

普遍使用的是外置过滤器式探头，这种探头可以很方便地将过滤器取出进行清洗。当用于烟道气取样时，由于过滤器置于烟道之外，为防止高温烟气中的水分冷凝对滤芯造成堵塞，对过滤部件应采用电加热或蒸汽加热方式保温，使取样烟气温度保持在其露点温度以上。这种探头广泛用于锅炉、加热炉、焚烧炉的烟道气取样。

脏污的液样不得采用过滤式探头，因为湿性污物附着力强，难以靠流体的冲刷达到自清洗目的。一般是采用口径较大的直通式探头，将液样取出后再加以除污。

21-15 图 21-4 和图 21-5 是 M&C 公司 SP2100-H 系列电加热取样探头的外形图和结构图，也是一种外置过滤器式探头，主要用于直接抽取法 CEMS 系统中烟气样品的取样。试述其结构、工作原理和性能指标。

答：SP2100-H 系列电加热取样探头的结构和工作过程简述如下。

（1）探头的采样管为 25mm（1″）的 316 不锈钢 Tube 管，探头内有孔径 2μm 的陶瓷过滤器（根据不同工况，有不同材质和孔径的过滤器可选），烟尘含量

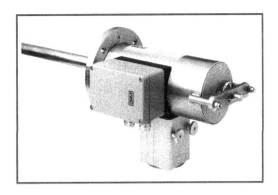

图 21-4　M&C 公司 SP2100-H 系列
电加热取样探头外形图

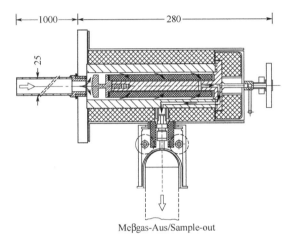

图 21-5　M&C 公司 SP2100-H 系列
电加热取样探头结构图

大时，还可在采样管端部加装前置过滤器。烟气由耐腐蚀隔膜泵抽吸，经过滤除尘后由样品出口 [10mm（3/8″）的 Tube 管接头] 排出，烟气流通路径由箭头

示出。

（2）陶瓷过滤器四周是铝质电加热块，内有自调控型电加热元件（无需温控器），可使过滤器和样品温度保持在某一设定值（一般在 150℃ 左右），防止烟气中水分冷凝与尘粒混合将过滤器堵塞，并可保证采集样品的代表性。

（3）当过滤器积尘时，可以很方便地打开后盖取出清洗，而无需拆卸探头。

（4）该系列有的型号配有反吹系统，可自动或手动对过滤器进行反吹清洗（吹扫空气经加热后再吹入，以防冷凝堵塞）。

主要性能指标如下。

样品温度：max. 600℃（标准型）

样品压力：0.04～0.2MPa（A）

环境温度：-20～+80℃

样品含尘量：2g/m³（标准型）

探头加热温度：+180℃

供电：230V/115V，50/60Hz，200W

防护等级：IP54

质量：9kg

21-16　什么是稀释式取样探头？

答：稀释式取样探头是一种将烟气用空气稀释后取出的探头，用于稀释抽取法 CEMS 系统中烟气样品的取样。其优点是稀释后的样品无需除湿或其他处理，可直接送往分析仪进行分析，由于取样量很小，大大减轻了探头过滤器的负担和样品的腐蚀作用。稀释式取样探头的结构和工作原理见图 21-6。

稀释采样的原理：采用文丘里喷射泵抽吸烟气，用干燥、清洁的压缩空气作为喷射源及稀释气，压缩空气在喷射泵的一级喷嘴和二级喷嘴之间的空间内产生一个负压，此负压将烟道内的烟气经节流小孔抽

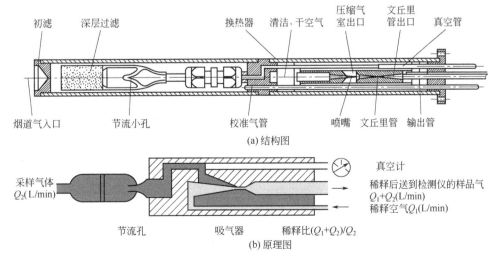

(a) 结构图

(b) 原理图

图 21-6　稀释式取样探头的结构和工作原理图

入，并与压缩空气混合稀释后经管线送往分析仪。

节流小孔也称为声速孔、临界孔。经理论分析，当节流小孔满足临界条件，即小孔上游压力 $p_上$ 与下游压力 $p_下$ 满足 $p_下 \leqslant 0.53 p_上$ 时，小孔达到临界状态，在临界状态下，流体通过小孔的流量被限制在声速，此时流过小孔的流量不再与小孔两侧的压差有关，体积流量保持为恒定值。稀释后气体的流量与流过小孔的烟气流量之比就是稀释采样的稀释比。设流过小孔的烟气流量为 Q_2，稀释空气流量为 Q_1，则稀释比 r 为

$$r = (Q_1 + Q_2)/Q_2$$

通过调节稀释空气的压力（即调节其流量）可以调整稀释比 r，选用不同孔径的节流小孔也可以调整稀释比 r。r 的范围可以从 12：1 到 350：1，通常多选择在 100：1 到 300：1 之间。

另一种确定稀释比的方法是用标准气替代烟气经节流小孔送入喷射泵，稀释后由分析仪进行分析，标准气浓度与稀释后的浓度之比便是稀释比。

真空压力表用于监视节流小孔下游的压力 $p_下$，即监视是否满足 $p_下 \leqslant 0.53 p_上$ 的条件。实际上只要小孔下游保持一定的真空度，即可满足上述要求。

21-17　什么是高温取样探头？

答：所谓高温取样探头是指温度 1000℃ 以上的气体样品的取样探头。水泥窑炉和钢铁熔炼炉等的炉气温度很高（1000～1400℃），含尘量也大，这种场合的取样就得借助于高温取样探头。高温取样探头有以下两种类型。

（1）水洗式高温取样探头　其结构如图 21-7 所示。探头端部的喷嘴喷出水雾，由抽气泵抽进探头的气体，经水雾化后变为气水混合物送至气液分离器将样气分离出来，注入探头的冷水同时将探头冷却。这种探头不适用于分析 CO_2、SO_2 等可溶于水的组分，目前很少采用。

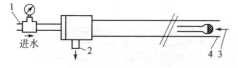

图 21-7　水洗式高温取样探头
1—水进口；2—气水混合物出口；
3—喷嘴；4—喷雾口

（2）水套式高温取样探头　是目前广泛采用的高温取样探头。图 21-8 是国外一种水泥窑炉使用的水套式探头的外形图。其后部为夹套式结构，通入循环冷却水进行冷却，冷却水采用蒸馏水，可防止夹套内结垢并减少水对夹套的腐蚀。循环冷却水的换热采用电制冷器或水冷却器在探头以外进行。

图 21-8　水套式高温取样探头

这种探头的取样管采用耐高温特种钢制造，国外钢号为 1.4541（X6Cr18NiTi1810，近似于我国的0Cr18Ni10Ti）。有关技术参数如下。

样品温度：max.1200～1400℃

样品压力：max.200kPa（A）

样品含尘量：max.2000g/m³

样品流量：max.250L/h

冷却水出口温度：50～85℃（或高于样器露点温度）；

冷却水压力：max.400kPa（A）

冷却水循环量：约 3m³/h

21-18　什么是减压式取样探头？

答：减压式取样探头是将减压阀和取样管组合成一体，将样品减压后再取出的一种探头，国外将其称为 GPR（Genie Probe Regulator）探头，可译为 Genie探头式减压器或 Genie 减压调节探头，由美国 A+公司开发生产。这种探头多用于天然气管道取样，可在14MPaG（2000psiG）压力下工作，其优点是可以防止天然气凝析液进入分析仪，也可用于其他易液化气体或中高压气体样品的取样。其结构如图 21-9 所示。该探头下端装有热翼片，其作用是当样品减压膨胀温度降低时，可通过翼片吸热从气流的热质中得到补偿。

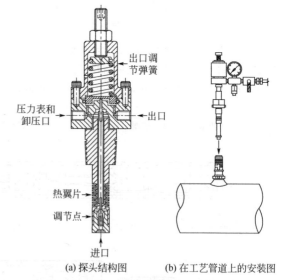

（a）探头结构图　　（b）在工艺管道上的安装图

图 21-9　Genie 减压式取样探头

21.2　样品传输和伴热保温

21.2.1　样品传输

21-19　对样品传输的基本要求有哪些？

答：(1) 传输滞后时间不得超过60s，这就要求分析仪至取样点的距离尽可能短，传输系统的容积尽可能小，样品流速尽可能快（1.5～3.5m/s之间为宜）。

(2) 如果在分析仪允许通过的流量下，时间滞后超过60s，则应采用快速回路系统。

(3) 传输管线最好是笔直地到达分析仪，只有最小数目的弯头和转角。

(4) 没有死的支路和死体积。

(5) 对含有冷凝液的气体样品，传输管线应保持一定坡度向下倾斜，最低点应靠近分析仪并设有冷凝液收集罐。倾斜坡度一般为1：12，对于黏滞冷凝液可增至1：5。

(6) 防止相变，即在传输过程中，气体样品完全保持为气态，液体样品完全保持为液态。

(7) 样品管线应避免通过极端的温度变化区，它会引起样品条件无控制的变化。

(8) 样品传输系统不得有泄漏，以免样品外泄或环境空气侵入。

21-20 什么是快速回路？快速回路的构成形式有哪几种？

答：快速回路是指加快样品流动以缩短样品传输滞后时间的管路。

快速回路的构成形式通常有两种，即返回到装置的快速循环回路和通往废料的快速旁通回路。

21-21 什么是返回到装置的快速循环回路？设计快速循环回路时应注意哪些问题？

答：返回到装置的快速循环回路简称快速循环回路（fast circulating loop），是利用工艺管线中的压差，在其上、下游之间并联一条管路，样品从工艺引出又返回工艺的循环系统，分析仪所需样品从回路上接近分析仪的某一点引出，见图21-10。

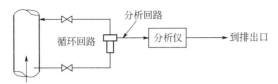

图 21-10　快速循环回路示意图

快速循环回路可降低样品传输的时间滞后，并使工艺流体的耗损量降至最低。在样品系统设计时，应优先考虑采用快速循环回路。

快速循环回路应避免跨接在下述差压源两边。

(1) 控制阀　控制阀通常会形成变化不定的差压，并联快速回路对阀的控制特性会产生不利影响。

(2) 节流孔板　限流孔板通常造成的能量损失高，但产生的压差低，对快速回路推动力小。快速回路也不应接在流量测量孔板两侧，以免影响流量测量

精度。

在设计快速循环回路时，应注意以下几点。

(1) 当样品取出点和返回点距离较远时，应特别注意不能有流量测量仪表和紧急切断阀被旁路。

(2) 当快速回路跨接段压差较小时，可在快速回路中增设泵输，泵的选型应避免其润滑系统对样品造成污染或降解。

(3) 通往分析仪的样品回路通常经自清洗式旁通过滤器引出。

(4) 快速回路内应提供流量指示和调节仪表。

21-22 什么是通往废料的快速旁通回路？它适用于哪些场合？

答：通往废料的快速旁通回路简称快速旁通回路（fast by-pass loop），是从工艺管道到排气或排液口的样品流通系统，由于它是分析回路的并联旁通支路，所以称为"旁通回路"，见图21-11。

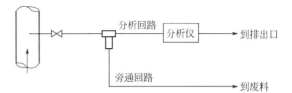

图 21-11　快速旁通回路示意图

快速旁通回路的样品一般作为废气、废液处理，有时也返送工艺低压点（特别是液样）。快速旁通回路一般从自清洗式旁通过滤器引出。

快速旁通回路通常用于下述场合：

(1) 样品排放不会造成环境危险和污染时；

(2) 当将样品返回工艺不现实时，如减压后的气体、液体气化后的蒸汽等；

(3) 样品回收成本高于其本身价值时，将其返回工艺是不经济的；

(4) 将样品返回工艺可能导致污染或降解时，如多流路测量的混合样品等。

21-23 样品传输的管材和管件如何选择？

答：(1) 样品传输管线应优先选用316不锈钢无缝Tube管，管子经过退火处理，其优点是：

① 316不锈钢不会与样品流路中的组分发生化学反应，并且具有优良的耐腐蚀性能；

② 无缝钢管与焊接钢管比较，内壁光滑，对样品的吸附作用很少，耐压等级高；

③ Tube管采用压接接头连接，密封性能好，死体积小；

④ 退火处理的管子挠性高，便于弯曲施工和压接连接。

(2) 管子的连接应采用压接方式，使用双卡套式压接接头，管件（接头、阀门）材质，规格应与管子

相同和匹配。

(3) 避免使用非金属管子和管件，除非它们的物理化学特性有明显优势并取得用户允许。

(4) 紫铜管子和管件只能用于气动系统和伴热系统，不得用于样品传输。

21-24 样品传输管的管径尺寸如何确定？

答：管径尺寸可根据经验或通过计算确定。

由于样品系统的流量与工艺物流相比是很小的，受传输滞后时间的限制，其管径应尽可能减小，因此，管径一般可根据经验确定。

气体样品——6mm 或 1/4″OD Tube

液体样品——10mm 或 3/8″OD Tube

快速循环回路或脏污样品——12mm 或 1/2″OD Tube

管径的精确计算按下式进行：

$$\Delta p = \frac{1}{2}\lambda \times \frac{L}{d} \times \rho v^2$$

式中　Δp——压降，Pa；

λ——摩擦系数，$\lambda = \tau/\rho v^2$；

τ——在管子表面上的切应力，N/m^2；

ρ——流体密度，kg/m^3；

v——流体速度，m/s；

L——管子长度，m；

d——管子内径，m。

注意　(1) 摩擦系数 λ 的倍值，是采用穆迪（Moody）系数带入的结果，与 EEMUA No.138 标准保持一致。因为 λ 与雷诺数 Re 有关，工程文献中可能出现其他倍值系数，穆迪系数适用于一般样品的 Re 范围。

(2) 上述公式适用于不可压缩性流体（液体），对于可压缩性流体（气体），如果管线中的压降只占进口压力的小部分（<20%），也可作为在管线平均压力下的不可压缩性流体来处理，采用上述公式计算。

21-25 样品管线的管壁厚度如何确定？

答：一般工程设计中对管壁厚度的要求是

$\phi 3 \times 0.7$　或　$1/8″ \times 0.028$

$\phi 6 \times 1.0$　或　$1/4″ \times 0.035$

$\phi 10 \times 1.0$　或　$3/8″ \times 0.035$

$\phi 12 \times 1.5$　或　$1/2″ \times 0.049$

管子的承压能力与壁厚有关，而且受温度的制约。

样品系统常用的 Tube 管最高允许工作压力及其温度降级系数，可查阅有关手册。

21-26 什么情况下须对样品管线和部件配备吹洗设施？

答：在下述情况下，应对样品管线和部件配备吹洗设施：

- 样品黏度高于 $500mm^2/s$ 时（在 38℃下）；
- 可能出现凝固或结晶的样品；
- 腐蚀性或有毒性样品；
- 用户规定的其他场合。

吹洗介质可采用氮气或蒸汽，应从取样点邻近的下游引入，特别注意系统中附加的独立部件（如并联双过滤器等）的吹洗。

21-27 什么是 Pipe 管？什么是 Tube 管？它们之间有何不同？

答：Pipe 管和 Tube 管是两种规格系列的管子，其管径尺寸、连接方式、表示方法和使用范围均不相同。

(1) Pipe 管是大管径的管子，管径一般在 15~1500mm（1/2″~60″）之间。也有小于或大于此范围的 Pipe 管，但使用量很少。而 Tube 管是小管径的管子，管径一般在 1/8″~1/2″（3~12mm）之间。

(2) Pipe 管的连接方式有法兰连接、螺纹连接和焊接连接三种，大多数场合用法兰连接，低压场合允许用螺纹连接。而 Tube 管的管壁很薄，不允许在上面套螺纹，经过退火处理后，采用卡套方式连接，也叫压接连接。

(3) Pipe 管用公称直径 DN 表示管子的管径规格。公称直径既不等于管子的外径，也不等于管子的内径，它是管路系统中所有组成件（包括管子、法兰、阀门、接头等）通用的一个尺寸数字，同一公称直径的管子、法兰、阀门、接头之间可以相互连接，而不管其他尺寸（外径、内径、壁厚等）是否相同。简而言之，采用公称直径后，使得管子和管件之间的连接得以简化和统一，这也就是 Pipe 管用 DN 表示管径的原因所在。

Tube 管用外径 OD 表示管子的管径规格，如 $1/4″OD$ Tube 表示外径为 $1/4″$ 的 Tube 管。因为 Tube 管采用卡套方式连接，这种连接方式关心的是外径，外径相同的管子和管件之间可以用卡套连接起来，这就是 Tube 管用 OD 表示管径的原因所在。

(4) Pipe 管的壁厚是标准的，一般用壁厚系列号（英文缩写为 Sch. No. – Schedule Number）来表示，Sch. No. 也称为耐压级别号，从 Sch. No. 5 到 Sch. No. 160。不同管径或材质的管子，各有其标准壁厚系列。或者说，Sch. No. 相同但管径或材质不同的管子，其实际壁厚并不相同。

Tube 管的壁厚用其实际厚度尺寸（英寸或 mm）表示。

(5) Pipe 管应用十分广泛，工艺管道和公用工程管道均采用 Pipe 管。而 Tube 管仅用于仪表系统的测量管路、气动信号管路和在线分析仪的样品管路中。

21-28 在线分析仪表和样品处理系统中使用的
Tube 管有哪些类型和规格？

答：常用的 Tube 管按材质分，主要有 316 不锈
钢和 304 不锈钢两种；按成型工艺分，有无缝钢管
（先热轧后冷拔而成）和焊接钢管（用带钢焊接而成）
两种；按其外径和壁厚尺寸采用的计量单位制有英寸
制 Tube 管米制 Tube 管两种。

21-29 在线分析仪表和样品处理系统中使用的
管接头有哪些类型？

答：管接头的类型繁多，但可归纳为以下几个
大类。

（1）中间接头（Union） 用于 Tube 管和 Tube
管之间的连接，或者说两边均采用卡套连接的接头，
主要有以下几种：直通中间接头（Union）；三通中
间接头（Union Tee）；四通中间接头（Union
Cross）；弯通中间接头 [Union Elbow（有 90°和 45°
弯通两种）]；穿板接头（Bulkhead Union）。

（2）异径接头（Reducing Union） 用于不同管
径 Tube 管之间的连接，俗称大小头，也是一种中间
接头。

（3）终端接头（Connector） 用于 Tube 管和分
析仪、样品处理部件（过滤器、减压阀、流量计、样
品泵等）之间的连接。这种接头，一边采用卡套和
Tube 管连接，一边采用螺纹和分析仪及样品处理部
件连接，是 Tube 管终端处的连接件，所以称为终端
接头。主要有以下几种：直通终端接头（Connec-
tor）；三通终端接头（Connector Tee）；弯通终端接
头 [Connector Elbow（有 90°和 45°弯通两种）]；穿板
接头（Bulkhead Connector）。

（4）压力表接头（Gauge Connector） 用于 Tube
管和压力表之间的连接，也是一种终端接头。主要有
直通（Gauge Connector）和三通（Gauge Connector
Tee）两种。

其他如短管接头（Adapter）、管堵头（Plug）、
管帽（Cap）等，不再赘述。

21-30 什么是卡套式管接头？它是如何实现连
接和密封的？

答：卡套式管接头（Tude Fittings）是一种用于
连接 Tube 管的接头（从其英文名称也可看出这一
点）。它是靠圆环形卡箍的压紧力实现连接和密封的，
所以也叫压接接头。卡套式管接头有单卡套（Single
Ferrule）和双卡套（Twin Ferrule）两种，图 21-12
是双卡套管接头的结构和工作原理图。

通过顺时针转动螺母产生的推力，驱动两个卡箍
向着接头本体方向前进，在本体锥形口、前卡箍、后
卡箍三者的相互挤压作用下，在 Tube 管上压出两个

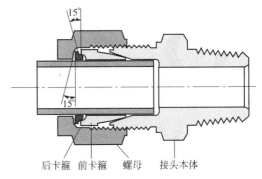

（a）管子插入接头未转动螺母时的情况

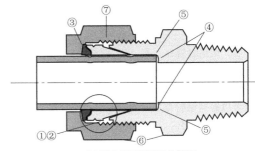

（b）转动螺母压紧后的情况

图 21-12 双卡套管接头的结构和工作原理图

小的锥形面，依靠前、后卡箍与 Tube 管两个锥形面
之间的压紧力实现了连接和密封。

21-31 使用卡套式管接头进行连接时应注意哪
些问题？

答：应注意以下几点。

（1）连接前对 Tube 管进行检查，管子必须圆
整，管端无毛刺，表面无明显缺陷。

（2）将 Tube 管插入接头中，并确保卡套内的管
子已插到位，用手拧紧螺母。建议在螺母六角和接头
主体之间画一条标线，作为螺母转动起始点的基
准线。

（3）切勿用老虎钳夹着管子插入接头，老虎钳会
在管子上留下印迹或刮痕，甚至使管子变成椭圆形，
容易造成泄漏。

（4）用扳手沿顺时针方向拧紧螺母，对 ≥1/4″
（6mm）的接头，需要转动 $1\frac{1}{4}$ 圈；<1/4″（6mm）

的接头，需要转动 $\frac{3}{4}$ 圈，如图 21-13 所示。

（5）如需断开并重新连接，记下原来拧紧位置，
用扳手将连接断开。重新装配时，将螺母拧紧到原来
位置，再用扳手轻轻拧紧，直至感到力矩稍微增大
即可。

21-32 在线分析仪表和样品处理系统中使用的
管螺纹有哪些类型？

答：常用的管螺纹有以下两种。

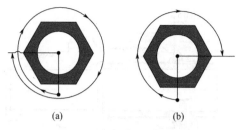

图 21-13　卡套式管接头螺母拧紧圈数示意图

（a）对于 1/4～1″（6～25mm）的接头，

顺时针方向转动 $1\frac{1}{4}$ 圈；

（b）对于 1/16～3/16″（2～4mm）的接头，

顺时针方向转动 $\frac{3}{4}$ 圈

（1）圆锥管螺纹　有 NPT 螺纹（60°牙形角）和 BSPT 螺纹（55°牙形角）两种。圆锥管螺纹带有一定的锥度（锥度角 1°47′），越拧越紧，利用其本身的形变就可以起到密封作用，所以也叫"用螺纹密封的管螺纹"。实际使用时，一般要加密封剂，如 PTFE 带、化合管封剂等，以防出现泄漏。

（2）圆柱管螺纹　有 Straight 螺纹（60°牙形角）和 BSPP 螺纹（55°牙形角）两种。圆柱管螺纹不带锥度，是一种直形的管螺纹，本身无密封作用，所以也叫"非螺纹密封的管螺纹"。用于管子连接时，靠垫圈（垫片）实现密封。

此外，在管子（或接头、阀门等）外表面上的螺纹叫阳螺纹，用 M（Male）标注；在管子内表面上的螺纹叫阴螺纹，用 F（Female）标注。顺时针旋转拧紧的螺纹叫右旋螺纹，反时针旋转拧紧的螺纹叫左旋螺纹，左旋螺纹在其型号后标注 LH，右旋螺纹不标注。

在线分析仪表和样品处理系统中使用的管螺纹大多为 NPT 圆锥管螺纹，除一部分气瓶上采用左旋螺纹外，其他场合一般均为右旋螺纹。

21.2.2　伴热保温

21-33　什么是伴热？什么是隔热？

答：伴热（heat-tracing）　利用蒸汽伴热管、电伴热带对样品管线加热来补充样品在传输过程中损失的热量，以维持样品温度在某一范围内。

隔热（thermal insulation）　为了减少样品在传输过程中向周围环境散热，或从周围环境中吸热，而在样品管线外表面采取的包覆措施。或者说，为保证样品在传输过程中免受周围环境温度影响而采取的隔离措施。

21-34　样品传输管线为什么要进行伴热或隔热保温？哪些样品需要伴热或隔热保温传输？

答：在石油化工装置中，样品传输管线往往需要伴热或隔热保温，以保证样品相态和组成不因温度变化而改变。样品传输过程中一个明显的温度变化来源是天气的变化，我国处于大陆性季风带，冬夏极端温度之差往往高达 60℃ 以上。此外，还必须考虑直接太阳辐射的加热效应，在夏季阳光曝晒下，样品管线表面温度有时可达 80～90℃。因此，在样品传输设计中必须考虑环境温度变化对样品相态和组成的影响。

气样中含有易冷凝的组分，应伴热保温在其露点以上；液样中含有易气化的组分，应隔热保温在其蒸发温度以下或保持压力在其蒸气压以上。微量分析样品（特别是微量水、微量氧）必须伴热输送，因为管壁的吸附效应随温度降低而增强，解吸效应则呈相反趋势。易凝析、结晶的样品也必须伴热传输。总之，应根据样品条件和组成，根据环境温度的变化情况，合理选择保温方式，确定保温温度。

21-35　蒸汽伴热有何优缺点？

答：采用低压蒸汽伴热的优点：温度高，热量大，可迅速加热样品并使样品保持在较高温度。其缺点如下。

（1）蒸汽伴热系统因蒸汽管径偏细，气压不能太高和存在立管高度的变化，有效伴热长度受到很大的限制，以致样品管线较长或重负荷伴热时，不得不采用分段伴热的做法。根据国外资料，蒸汽伴热的最大有效伴热长度为 100ft（30.48m），因此，对于 60m 长的样品管线，一般要分两段伴热。

（2）蒸汽压力的波动会导致温度的较大幅度变化，供气不足甚至短时中断也时有发生，难以达到样品管线伴热温度均衡、稳定的要求。

（3）样品管线采用蒸汽伴热时，对伴热温度进行控制是非常困难的，或者说是不可控的（对样品处理箱可采用温控阀控温）。

21-36　与蒸汽伴热方式相比，电伴热有何优越性？

答：目前国内石化企业大多使用蒸汽伴热方式，主要原因是可以利用厂内原已存在的蒸汽锅炉，但其伴热效能及日后运转中的维修和消耗都远不如采用电伴热经济。另外，供气管网和回水管路的材料、保温安装及日后维护费用、蒸汽用水的净化费用也是相当可观的。与蒸汽伴热相比，电伴热还具有以下优点。

（1）电伴热是比较简单的伴热系统，不像蒸汽伴热那样需要复杂的供汽管网和回水管路，所需的供配电设施可与其他电气线路共用。

（2）电伴热的热损失范围和运行、维护费用仅于伴热管线上。

（3）电伴热是极易控制的伴热系统，其温度控制可以十分精确，这是蒸汽伴热无法达到的。

（4）无噪声、无污染，蒸汽伴热有"跑、冒、滴、漏"现象，电伴热则没有。

（5）电伴热带的使用寿命可达25年甚至更长，这一点是蒸汽伴热很难达到的。

（6）安装、使用、维护方便。

很多发达国家已在工业领域普遍采用电伴热技术，目前国内新建的大型石化项目，仪表系统的伴热不少已采用电伴热。但需注意，电伴热温度范围通常低于200℃，蒸汽伴热范围可达到450℃，有些样品的汽化、传输仍需采用蒸汽伴热方式。

21-37　电伴热系统中采用的伴热带有哪几种？

答：电伴热系统中采用的伴热带有如下几种：

- 自调控电伴热带；
- 恒功率电伴热带；
- 限功率电伴热带；
- 串联型电伴热带。

其中前三种均属于并联型电伴热带，它们是在两条平行的电源母线之间并联电热元件构成的。样品传输管线的电伴热目前大多选用自调控电伴热带，一般无需配温控器。样品温度较高时（如CEMS系统的高温烟气样品）可采用限功率电伴热带。

恒功率电伴热带的优势是成本低，缺点是不具有自调温功能，容易出现过热。它主要用于工艺管道和设备的伴热，用于样品管线伴热时，必须配温控系统。

串联型电伴热带是一种由电缆芯线作发热体的伴热带，即在具有一定电阻的芯线上通以电流，芯线就发出热量，发热芯线有单芯和多芯两种，主要用于长距离管道的伴热。

21-38　什么是自调控电伴热带？

答：自调控电伴热带（self-regulating heating cable）又称功率自调电伴热带，是一种具有正温度特性、可自调控的并联型电伴热带。图21-14是美国Thermon公司自调控电伴热带的结构图。

自调控电伴热带由两条电源母线和在其间并联的导电塑料组成。所谓导电塑料，是在塑料中引入交叉链接的半导体矩阵制成的，是电伴热带中的加热元件。当被伴热物料温度升高时，导电塑料膨胀，电阻增大，输出功率减少；当物料温度降低时，导电塑料收缩，电阻减小，输出功率增加，即在不同的环境温度下会产生不同的热量，具有自行调控温度的功能。它可以任意剪切或加长，使用起来非常方便。

这种电伴热带适用于维持温度较低的场合，尤其适用于热损失计算困难的场合。其输出功率（10℃时）有10、16、26、33、39W/m等几种，最高维持温度有65℃和121℃两种。所谓最高维持温

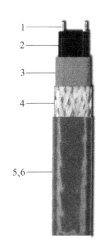

图21-14　Thermon公司自调控电伴热带

1—镀镍铜质电源母线；2—导电塑料；3—含氟聚合物绝缘层；4—镀锡铜线编织层；5—聚烯烃护套（适用于一般环境）；6—含氟聚合物护套（适用于腐蚀性环境）

图21-15　恒功率电伴热带

1—铜电源母线；2、5—含氟聚合物绝缘层；3—电热丝与母线连接（未显示）；4—镍铬高阻合金电热丝；6—镀镍铜线编织层；7—含氟聚合物护套

度，是指电伴热系统能够连续保持被伴热物体的最高温度。

在线分析样品传输管线的电伴热大多选用自调控电伴热带。一般情况下无需配温控器，使用时注意其启动电流约为正常值的6～7倍，供电回路中的元器件和导线选型应满足启动电流的要求。

21-39　什么是恒功率电伴热带？

答：恒功率电伴热带（constant wattage heating cable）也是一种并联型电伴热带，图21-15是一种恒功率电伴热带的结构图。它有两根铜电源母线，在内绝缘层2上缠绕镍铬高阻合金电热丝4。将电热丝每隔一定距离（0.3～0.8m）与母线连接，形成并联电阻。母线通电后各并联电阻发热，形成一条连续的加热带，其单位长度输出的功率恒定，可以任意剪切或加长。

这种电伴热带适用于维持温度较高的的场合。其最大优势是成本低，缺点是不具有自调温功能，容易出现过热，用于在线分析样品系统伴热时，应配备温控系统。

21-40　什么是限功率电伴热带？

答：限功率电伴热带（power-limiting heating cable）也是一种并联型电伴热带，其结构与恒功率电伴热带相同，不同之处是它采用电阻合金加热丝，这种电热元件具有正温度系数特性，当被伴热物料温

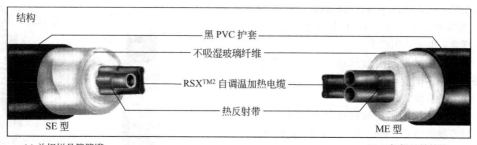

图 21-16　Thermon 公司电伴热管缆

结构（从外到内）：护套层——黑色 PVC 塑料；保温层——非吸湿性玻璃纤维；热反射层——铝铜聚酯带；

电伴热带——自调控型；样品管——有各种尺寸和材料的 Tube 管可选

度升高时，可以减少伴热带的功率输出。同自调控电伴热带相比，其调控范围较小，主要作用是将输出功率限制在一定范围之内，以防过热。

这种电伴热带适用于维持温度较高的场合，其输出功率（10℃时）有 16、33、49、66W/m 等几种，最高维持温度有 149℃ 和 204℃ 两种。主要用于 CEMS 系统的取样管线，对高温烟气样品伴热保温，以防烟气中的水分在传输过程中冷凝析出。

21-41　如何确定所需电伴热带的功率?

答：电伴热带的功率是按单位长度的发热量（W/ft、W/m）计算的。可根据样品管道单位长度的散热量来确定所需电伴热带的功率，散热量按下式计算：

$$Q_E = q_N K_1 K_2 K_3$$

式中　Q_E——单位长度样品管道散热量（实际需要的伴热量），W/m;

q_N——基准情况下样品管道单位长度散热量（见表 21-1），W/m;

K_1——保温材料热导率修正值（岩棉取 1.22，复合硅酸盐毡取 0.65，聚氨酯泡沫塑料取 0.67，玻璃纤维取 1）；

K_2——样品管道材料修正系数（金属取 1，非金属取 0.6～0.7）；

K_3——环境条件修正系数（室外取 1，室内取 0.9）。

21-42　什么是伴热管缆?

答：伴热管缆是将样品传输管、电伴热带或蒸汽伴热管、保温层和护套层装配在一起的一种组合管缆。

电伴热管缆（electric trace tubing）的结构如图 21-16 所示。目前多采用自调控电伴热带，高温场合则采用限功率电伴热带，被伴热样品管的数量有单根和双根两种。

蒸汽伴热管缆（steam trace tubing）的结构与电伴热管缆相同，只是用蒸汽伴热管代替了电伴热带。

表 21-1　样品管道单位长度散热量/(W/m)[①]

保温层厚度/mm	温差 ΔT/℃[②]	样品管尺寸，英寸/DN,mm	
		1/4,3/8(6,8,10)	1/2(15)
10	20	6.2	7.2
	30	9.4	11.0
	40	12.7	14.9
20	20	4.0	4.6
	30	6.2	7.0
	40	8.3	9.5
	60	12.8	14.7
30	20	3.3	3.7
	30	5.0	5.6
	40	6.7	7.6
	60	10.3	11.7
	80	14.2	16.0
	100	18.3	20.7
	120	22.7	25.6
	140	27.2	30.8
	160	32.1	36.2
	180	37.1	42.0
40	20	2.8	3.2
	30	4.3	4.8
	40	5.8	6.5
	60	9.0	10.1
	80	12.3	13.8
	100	15.9	17.8
	120	19.7	22.1
	140	23.7	26.5
	160	27.9	31.2
	180	32.3	36.2

资料来源于 SH 3126—2001《石油化工仪表及管道伴热和隔热设计规范》。

①　散热量计算基于下列条件：隔热材料为玻璃纤维；管道材料为金属；管道位置在室外。

②　温差指电伴热系统维持温度与所处环境最低设计温度之差。

注：管道阀门散热量按与其相连管道每米散热量的 1.22 倍计算。

它有重伴热和轻伴热两种类型，被伴热样品管的数量也有单根和双根两种。

伴热管缆省却了现场包覆保温施工的麻烦，使用十分方便。其防水、防潮、耐腐蚀性能均较好，可靠耐用。目前影响其推广应用的主要是价格因素，国内尚无专业生产厂，国外进口产品价格较贵。

21-43 如何选择电伴热管缆？

答：电伴热管缆可根据厂家提供的选型样本选择，有时也需要通过计算加以核准和确认。

图 21-17 是 Thermon 公司 RSX 型自调控电伴热管缆的工作曲线图，样品管是单根 1/4″Tube 管，左边的纵坐标为电伴热功率，单位 W/ft；右边的纵坐标为环境温度，单位°F；下边的横坐标为样品管的温度，单位°F。根据样品管需要维持的温度和环境温度的交叉点，就可查出所需的伴热功率。图中间的粗线是不同规格电伴热带的工作曲线，例如标有 RSX3 的粗线是功率 3W/ft（10W/m，在 10℃时）的 RSX 型自调控电伴热带的工作曲线，根据该曲线的变化可查出用 RSX3 伴热时，在不同环境温度下样品管温度的变化情况。

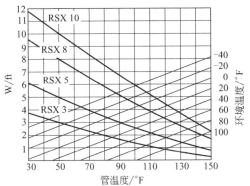

图 21-17　Thermon 公司 RSX 型自调控
电伴热管缆工作曲线图

$$1°F = \frac{5}{9}K$$

图 21-18 是美国 Unitherm 公司 2256 型自调控电伴热管缆的工作曲线图，样品管是单根 Tube 管，尺寸有 1/4″、3/8″、1/2″三种，纵坐标为样品管的维持温度，横坐标为环境温度，单位分别用°F和℃标注。

根据有关图表和选型样本中的其他资料就可确定所需的电伴热管缆的型号和规格。

21-44 蒸汽伴热系统中采用的低压蒸汽有哪几种？保温材料有哪些？保温层的厚度如何确定？

答：采用的伴热蒸汽有低压过热蒸汽和低压饱和蒸汽，低压蒸汽有关参数见表 21-2。

样品管线常用的保温材料有硅酸铝保温绳、硅酸盐制品、岩棉制品等。样品处理箱或分析仪保温箱常

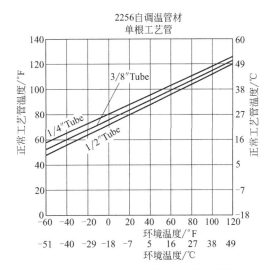

图 21-18　Unitherm 公司 2256 型自调控
电伴热管缆的工作曲线图

用的保温材料有玻璃纤维、岩棉、聚氨酯泡沫塑料等。

表 21-2　低压蒸汽有关参数

饱和压力/MPa(A)	温度/℃	冷凝潜热/(kJ/kg)
1	179.038	481.6×4.1868
0.6	158.076	498.6×4.1868
0.3	132.875	517.3×4.1868

伴热蒸汽压力和保温层厚度的选择可参见表 21-3。

**表 21-3　不同环境温度下伴热蒸汽
压力和保温层厚度的选择**

环境温度	蒸汽压力/MPa(A)	保温层厚度 δ/mm
−30℃以下	1	30
−30～−15℃	0.6	20
−15℃以上	0.3	20
0℃以上	1	10

注：资料来源于 SH 3126—2001《石油化工仪表及管道伴热和隔热设计规范》。

21-45 什么是重伴热？什么是轻伴热？

答：蒸汽伴热方式有重伴热和轻伴热两种，如图 21-19 所示。

（1）重伴热　伴热管和样品管直接接触的伴热方式。

（2）轻伴热　伴热管和样品管不直接接触或在两

(a) 单管重伴热　(b) 多管重伴热　(c) 单管轻伴热　(d) 单管轻伴热

图 21-19　重伴热和轻伴热结构示意图

者之间加一层隔离层。

当样品易冷凝、冻结、结晶时，可采用重伴热；当重伴热可能引起样品发生聚合、分解反应或会使液体样品汽化时，应采用轻伴热。

21-46 如何计算蒸汽伴热系统的蒸汽用量？

答：（1）计算蒸汽伴热系统的总热量损失 Q_S

$$Q_S = \sum_{i=1}^{n} (q_p L_i + Q_{bi})$$

式中　Q_S——伴热系统的总热量损失，kJ/h；

q_p——样品伴热管道的散热量，kJ/m/h，可查"样品管道单位长度散热量表"求取，换算关系为 $1W/m = 3.6kJ/m/h$；

L_i——第 i 个样品伴热管道的保温长度，m；

Q_{bi}——第 i 个样品处理箱的热损失，kJ/h，每个仪表保温箱的热损失可取 $500 \times 4.1868kJ/h$；

i——伴热系统的数量，$i = 1, 2, 3, \cdots, n$。

（2）计算蒸汽用量 W_S

$$W_S = K \frac{Q_S}{H}$$

式中　W_S——伴热用蒸汽用量，kg/h；

H——蒸汽冷凝潜热，kJ/kg；

K——蒸汽余热系数。

在实际运行中，应考虑下列诸多因素，取 $K = 2$ 作为确定蒸汽总用量的依据：

- 蒸汽管网压力波动；
- 隔热层多年使用后隔热效果的降低；
- 确定允许压力损失时误差；
- 管件的热损失；
- 疏水器可能引起的蒸汽泄漏。

21-47 蒸汽伴热系统中使用的疏水器有哪些类型？如何进行选择？

答：疏水器也称疏水阀，其作用是定期排出蒸汽伴热系统内的凝结水，阻滞蒸汽的泄漏，节约能源。在每个伴热系统中均应单独安装一个疏水器。

疏水器按其工作原理与结构不同，有多种类型。目前仪表保温系统中常用的疏水器为热动力式疏水器。还有一种利用温度敏感元件的热胀冷缩原理而使其自动排水的温调式疏水器，其优点是蒸汽泄漏量极小，无噪声。

疏水器的选择主要应根据设计排水量及疏水器前后的压差进行。疏水器的设计排水量按下式计算：

$$G_{sh} = K G_m$$

式中　G_{sh}——设计排水量，kg/h；

G_m——理论排水量，kg/h；

K——疏水器的倍率。

K 的大小可由以下因素决定：

工作原理示意图	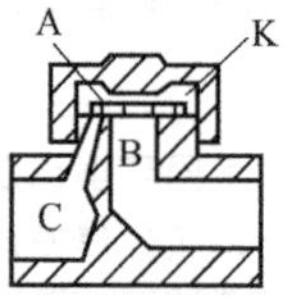	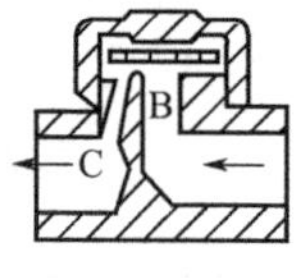	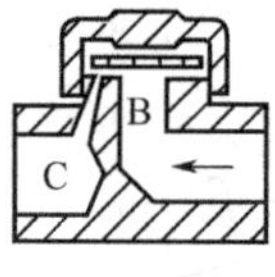	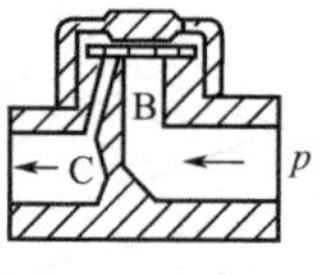	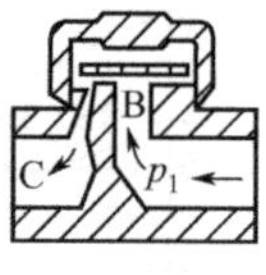
疏水情况	没有蒸汽，系统和疏水器内均为空气	排气	排水	停止排水	排水
控制室 K 处压力 入口孔 B 处压力 阀片 A 动作	0 0 阀片关闭	低 高 阀片开启	低，逐渐升高 高，逐渐降低 阀片下降	高 低 阀片关闭	低 高 阀片开启
控制室情况	无介质流动	空气与凝结水经入口孔 B 流至阀片 A 下面时，依靠它的压力把阀片 A 抬起，然后通过出口孔 C 排出，此时作用在阀片上面的压力和阀片重量之和小于阀片下的压力	由于凝结水经入口孔后压力降低产生二次蒸汽，部分蒸汽通过阀盖与阀片间的间隙进入控制室 K，此时阀片上面的压力逐渐升高	当蒸汽进入时，由于蒸汽的密度远小于凝结水，在同样的压差下气相流速大于液相流速，即阀片下蒸汽速度高，动压大，但静压小（伯务利效应）。当作用于阀片下的静压小于控制室 K 作用于阀片的压力和阀片重量之和时阀片关闭	控制室 K 内蒸汽由于阀盖散热而冷凝，以及控制室 K 内压力通过阀片与阀座间不严密处的泄漏压力下降，阀片被入口压力 p_1 顶起

图 21-20　热动力式疏水器的工作原理

（1）安全系数　考虑到理论计算与实际使用时的出入；

（2）使用系数　考虑到开始时低压重荷的情况及设备速热的要求。

对仪表蒸汽伴热管线来说 $K=3$ 即可。

21-48　什么是热动力式疏水器？它是根据什么原理工作的？

答：热动力式疏水器又称圆盘式疏水器，其控制元件是一个圆盘形的不锈钢阀片，根据凝结水和蒸汽作用在阀片两侧热动力（动压和静压）的大小，控制阀门的开度。其工作原理见图 21-20。

21-49　试述 Swagelok 公司可变孔径自动疏水阀的工作原理和特点。

答：Swagelok 公司的可变孔径自动疏水阀是一种温调式疏水器，适用于饱和蒸汽系统。它采用一种对温度敏感的碳氢化合物蜡状物，可对凝液或蒸汽的温度分别作出反应，将阀门打开或关闭。其工作过程如图 21-21 所示。

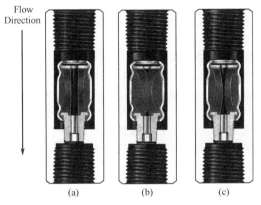

图 21-21　可变孔径自动疏水阀的工作过程

图中左边的箭头指示介质流动方向，图（a）疏水阀全开，准备进入工作状态；图（b）刚进入工作状态时，新鲜蒸汽温度较高，蜡状物膨胀，将阀紧紧关闭；图（c）蒸汽和凝液处于平衡状态时，凝液温度较低，蜡状物收缩，阀半开，将凝液和杂质排出。其结构见图 21-22。

这种可变孔径自动疏水阀的特点：结构紧凑，体积小，无可动部件；工作时无蒸汽损失；凝液中的固体颗粒物沿直线路径通过，易于排出；负载能力不受限制，范围为 $0 \sim 200\mathrm{lb/h}(0 \sim 90.8\mathrm{kg/h})$；可带背压或无背压操作。

21-50　图 21-23 是 Bestobell 公司一种疏水器的结构图，试述其工作原理和特点。

答：这是一种温调式和热动力式相结合的疏水器，它综合利用双金属元件对温度敏感和热动力阀对压力敏感的原理工作，实现凝结水的连续排放并阻止

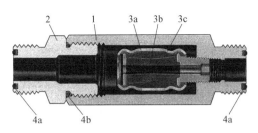

图 21-22　可变孔径自动疏水阀的结构和组成

1—阀体；2—接头；3a—膨胀介质，碳氢化合物蜡状物；3b—调控部件，碳氟化合物 FKM 或黄铜；3c—黄铜壳体；4a、4b—O 形密封圈，碳氟化合物 FKM

图 21-23　Bestobell 公司疏水器的结构图

新鲜蒸汽的泄漏。其温度敏感元件是一个三角形的双金属带，称为 Delta（△）元件，根据蒸汽和凝结水温度的不同控制阀的开度；其压力敏感元件是由阀杆与阀体构成的热动力阀，根据蒸汽和凝结水压力的不同控制阀的开度。热动力阀同时起到止逆阀的作用，防止凝结水的背压造成的倒流，这种背压有时可达入口压力的 70％。

图 21-24 是其工作原理图。图（a）是初次启动时的情况，此时双金属带松弛，阀全开，冷却下来的凝结水和不可凝结的气体（空气和二氧化碳等）可迅速排出。图（b）是新鲜蒸汽进入时的情况，新鲜蒸汽温度较高，双金属带绷紧，将阀杆上提，阀紧紧关闭。图（c）是蒸汽和凝液处于平衡状态时的情况，凝结水温度较低，阀半开，将凝液排出。

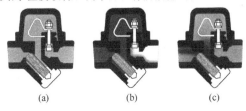

图 21-24　Bestobell 公司疏水器的工作原理图

21.3 样 品 处 理

21-51 样品处理的基本任务和功能是什么?

答:分析仪通常需要不含干扰组分的清洁、非腐蚀性的样品,在正常情况下,样品必须是在限定的温度、压力和流量范围之内。样品处理的基本任务和功能可归纳如下。

- 流量调节,包括快速回路和分析回路;
- 压力调节,包括降压、抽吸和稳压;
- 温度调节,包括降温和保温;
- 除尘;
- 除水除湿和气液分离;
- 去除有害物,包括对分析仪有危害的组分和影响分析的干扰组分。

21-52 什么是前处理单元?什么是预处理单元?

答:样品处理通常在样品取出点之后立即进行和/或紧靠分析仪之前进行,为了便于区分,习惯上把前者叫做样品初级处理或前处理,而把后者叫做样品的预处理或主处理。

前处理单元对取出的样品进行初步处理,使样品适合于传输,缩短样品的传送滞后,减轻预处理单元的负担,如减压、降温、除尘、除水、汽化等。

预处理单元对样品作进一步处理和调节,如温度、压力、流量的调节、过滤、除湿、去除有害物等,安全泄压、限流和流路切换一般也包括在该单元之中。

21-53 样品处理单元应安装在什么位置?

答:样品处理单元(包括前处理单元和预处理单元)应装在仪表保护箱、保温箱内或金属板上,箱或板可安装在现场或分析小屋外墙上,如需要安装在屋内,应得到用户认可。非危险性介质(如水处理系统)的样品处理单元,可放置在分析小屋内。

21-54 对样品处理箱的结构和制作有何要求?

答:(1) 样品处理箱应采用不锈钢板或镀锌钢板制作,外层厚度 1.5~2mm,内层厚度 0.5~1.0mm(内层也可用铝箔代替),保温层厚度 25mm(1″),门的四周用密封条密封,外壳防护等级为 IP55。

(2) 处理箱门上一般应有安全玻璃视窗,四周用密封条镶边,窗口大小至少应能看到减压阀和指示仪表状态而不必打开门(前处理箱不需开窗口)。

(3) 样品处理部件应用螺栓和螺母连接在安装板上,螺母应永久性固定在安装板上,安装板应采用 3mm 厚的不锈钢板或镀锌钢板。处理箱内如部件较少,也可用固定支撑(如槽钢)固定。

(4) 样品系统需要伴热保温,箱内应配备带温控阀的蒸汽加热器或带温控器的电加热器(防爆型),维持箱内温度为 40℃ 或在样品露点以上。

21-55 对样品处理系统的配管和部件有何要求?如何进行安装?

答:样品处理系统的配管、部件及其安装要求如下。

(1) 样品处理系统的配管和部件应能经受 1.5 倍最大操作压力而无任何泄漏或损坏。

(2) 所有进出样品处理箱的管子均应通过穿板接头,压力表安装应采用压力表转换接头,所有压接接头均应采用双卡套型的。

(3) 安全泄压阀用以保护那些承压范围有限的部件,如样品处理容器和玻璃外壳的部件,应安装在系统入口处,并连接至火炬或带阻尼器的放空管上。

(4) 过流阀和限流孔板用于限制进入分析仪的危险气体流量(最高不超过分析仪正常需要量的 3 倍),应安装在系统出口处。

(5) 玻璃浮子流量计仅能用于低危险场合,如清洁的非腐蚀性样品,低压低流速且温度接近于环境温度的样品,并应采取机械防护措施。高危险场合应采用不锈钢浮子流量计。每套样品处理系统都应有样品流量低检测,并向分析仪和 DCS 发送样品流量低报警。

(6) 流路切换阀应优先采用气动型阀。如采用电磁阀,应是三通型的,在需要两通的地方也要用三通阀,把一个通路塞住。电磁阀的驱动信号应是 24V DC,低功耗型(≤3W),用于危险区域或处理可燃性物料时,应采用 Ex d 隔爆型。

(7) 应提供分析仪的检查取样点,以便取出样品送实验室作对照检验。检查取样点应位于所有样品处理部件的下游,和送往分析仪的样品具有同等代表性。检查样品取出用的手动阀门,应使其易于操作,并减少打开受热箱体的必要性,手柄可伸出箱外,从箱子侧壁引出。检查取样点不应用作实验室工艺分析取样点,实验室取样点应与分析仪取样点及样品系统完全分离。

(8) 样品处理箱内应有一个通大气的排气接口,用于通风、换热和泄漏气体的排放,并由其他配管引至安全地点。样品含有毒性气体时,应通过手动截止阀向箱内提供仪表空气,用于开门之前的箱内吹扫。

(9) 合理布置管线、部件位置,以便在拆下一个部件时不需要拆除其他部件。部件应安装在不同平面内,以避免配管跨接时的弯曲。管子应用切管器切得十分平齐,管子切口应去毛刺。配管时用高质量的弯管器弯管,至少弯曲到管子生产厂家规定的最小弯曲半径。

(10) 样品系统的一切部件应加标记,阀和处理容器以其功能标注,安全阀、过流阀、浮子流量计应标明其设定值,加热系统铭牌标注正常操作温度,存在有毒或会使人窒息的气体时，应设置警告牌。

21.3.1　流量调节

21-56　样品处理系统常用的流量调节部件有哪些？

答：（1）球阀（Ball Valves）　阀芯呈球形，用于切断或接通样品流路。样品处理系统中大量使用的是二通球阀（2-WayBall Valves）和三通（3-WayBall Valves）球阀，根据驱动方式，二通、三通球阀又可分为手动、气动、电动几种。此外，有时还少量使用四通、五通、六通、七通球阀。

（2）旋塞阀（Plug Valves）　阀芯呈圆柱形，其作用同二通球阀。

（3）单向阀（Check Valaes）　又称止逆阀、止回阀，只允许样品单向流动，而不能逆向流动。

（4）针阀（Needle Valves）　阀芯呈圆锥形，用于微调样品流量和压力。

（5）稳流阀　用于稳定样品流量和压力。

（6）限流阀、限流孔板　限制样品流量不超过某一允许值，起安全保护作用。

（7）浮子流量计（Flowmeter）　又称转子流量计，用于指示样品流量。其锥形圆管材料有玻璃和金属两种，浮子材料有不锈钢、铜、铝、塑料等几种。样品系统中多使用带针阀的浮子流量计，既可指示流量，也可调节流量。有时也使用带低流量报警的浮子流量计，当样品流量低于规定值时发出报警信号，以免分析仪发出错误的测量信号。

21-57　试述稳流阀的工作原理。

答：稳流阀的结构有多种型式，但它们都具有在输入压力或输入负载变化时，能自动保持输出流量恒定的性能。图21-25是一种稳流阀的结构示意图。

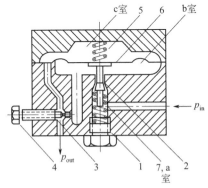

图 21-25　稳流阀结构示意图

1—阀体；2—导阀；3—针阀阀针；4—针阀手柄；
5—偏置弹簧 S_1；6—聚四氟乙烯膜片；
7—支撑导阀弹簧 S_2

这是一种力平衡式压力调节器。输入压力为 p_{in} 的气体，进入阀内 a 室，设其压力为 p_a，即 p_{in} 等于

p_a。经有倒立锥度的导阀 2 进入 b 室，设其压力为 p_b。气体再经针阀的阀针节流后分为两路，一路反馈进入 c 室，设其压力为 p_c，一路作为输出，压力为 p_{out}，显然 p_c 等于 p_{out}。

在 b、c 室间有一面积为 S 的聚四氟乙烯膜片相隔。由于导阀和膜片相连，作用在膜片导阀上的作用力为偏置弹簧 S_1 产生的 F_{S1} 和支撑导阀弹簧 S_2 产生的 F_{S2}，由于 $F_{S1} > F_{S2}$，导阀总保持一定开度。当针阀关闭时，$p_c = 0$，$F_{S2} + p_b S \gg F_{S1}$，膜片上升带动导阀上升，a、b 室通道被切断，进一步使输出无压力。调节针阀手柄使阀针保持一定开度，设气体通过此阀针的气阻为 R。封存在 b 室的气体一旦经针阀流出后，作用在膜片上的弹簧力使导阀下移，气样重新进入 b 室，经针阀后，一路反馈进入 c 室，一路作输出。这时，导阀的位置取决于 F_{S1}、F_{S2}、$p_b S$、$p_c S$ 的力平衡，由于 F_{S1}、F_{S2}、S 恒定，导阀位置取决于 b、c 两气室的压力 p_b、p_c，即取决于针阀的压差 Δp。在此压差下，设输出流量为 Q，则：

$$Q = \frac{p_b - p_c}{R} = \frac{\Delta P}{R}$$

只要保持膜片两侧的压差 Δp 不变，输出流量就能保持不变。

因某种原因 p_{in} 增高时，通过一定开度导阀的气体流速加快，p_b 压力随着增高。由于输出的容积较大，压力来不及反馈至 c 室时，膜片受自下而上的力，破坏了原来平衡，于是膜片上移，导致导阀开度变小，流速下降使 p_b 减小，从而保持 Δp 差值不变。反之亦然。当输出负载变化时导阀自动跟踪，始终保持上式中的 Δp 值不变，使 Q 值不变。

若需要改变输出流量时，通过针阀手柄调节阀针进和退，线性改变气体的流通截面，即线性改变 R 值大小，使输出流量 Q 呈线性变化。

稳流阀的稳流性能是有条件的，只有当输入压力 p_{in} 变化不太大时，输出才具有高稳定性。因此，一般稳流阀前需串接稳压阀或针阀。

21.3.2　压力调节

21-58　样品处理系统常用的压力调节部件有哪些？

答：（1）压力调节阀（pressure regulator）　也称为减压阀，是取样和样品处理系统中广泛使用的减压和压力调节部件。按照被调介质的相态，可分为气体减压阀和液体减压阀两类，气体减压阀又有多种结构类型，如普通减压阀、高压减压阀、背压调节阀、双级减压阀、带蒸汽或电加热的减压阀等。

（2）安全泄压阀（relief valves）　用以保护分析仪和某些耐压能力有限的样品处理部件免受高压样品的危害。

（3）压力表（pressure gauge） 测量氨气、氧气等介质压力时，应采用氨用、氧用压力表等专用压力表。测量强腐蚀性介质压力时，可选用隔膜压力表。

21-59 气体的减压如何进行？应注意哪些问题？

答：气体的减压一般在样品取出后立即进行，特别是高压气体的减压，因为传送高压气体有发生危险的可能，并且会因迟延减压造成的大膨胀体积带来过大的时间滞后。

气体减压采用减压阀，稳压采用稳压阀或针阀。

高压气体（6.3MPa 以上）的减压应注意以下问题。

（1）根据焦耳-汤姆逊（Joule-Thomson）效应，气体降压节流膨胀会造成温度急剧下降，可能导致样品组分冷凝析出，周围空气中的水分也会冻结在阀和管线上而造成故障，因此需采用带伴热的减压阀并在前处理箱中设置加热系统。

（2）在高压减压场合，为确保分析仪的安全，进分析小屋之前的样品管线上应装防爆片来加以保护，不应当用安全阀来代替防爆片（虽然仍应装上安全阀），因为安全阀有时会"拒动作"，且其启动时的排放能力不足以提供完全的保护。

21-60 什么是背压调节阀？它和普通压力调节阀有何不同？

答：背压调节阀（back pressure regulator）用于稳定分析仪气体排放口的压力，这种压力对于分析仪的检测器来说，称为分析样品的背景压力，简称背压。当排放口外部的气压波动时（这种情况一般发生在集中排气系统和火炬排放管路中），这种波动会迅速传递到检测器中，影响分析测定的正常进行和测量结果的准确性。此时应安装背压调节阀，以稳定背压。

背压调节阀和普通压力调节阀的不同之处在于前者调节阀前压力，后者调节阀后压力，所以也将它们分别称为阀前压力调节阀和阀后压力调节阀。其结构见图 21-26。

21-61 试述蒸汽和电加热减压阀的结构及适用场合。

答：蒸汽加热减压汽化阀（steam heated vaporizing regulator）和电加热减压汽化阀（electrically heated vaporizing regulator）用于需要将液体样品减压汽化后再进行分析的场合。一般液体的汽化潜热很大，减压汽化要吸收大量的热能，此时需采用带加热的减压阀。

蒸汽加热和电加热减压气化阀的结构见图 21-27和图 21-28。由于受防爆条件的限制，电加热减压气化阀的加热功率不大（一般不超过 200W），选用时应加以注意。

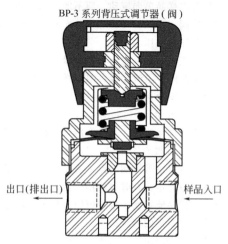

单级压力调节器（阀）内部构件

压力弹簧
驱动装置
膜片
软阀座固定器
软阀座
提升头
提升弹簧

出口 入口

BP-3 系列背压式调节器（阀）

出口（排出口） 样品入口

图 21-26　GO公司单级压力
调节阀和背压调节阀

根据焦耳-汤姆逊（Joule-Thomson）效应，气体降压节流膨胀会造成温度急剧下降，可能导致样品组分冷凝析出，周围空气中的水分也会冻结在阀体上而造成故障。当高压气体减压且减压前后压差很大时，也需采用带加热或伴热的减压阀。

21-62 液体的减压如何进行？应注意哪些问题？

答：液体属于不可压缩性流体，当压力不高时，利用管道内部的流动阻力即可达到减压的目的。当压力较高时，如高压锅炉炉水或蒸汽凝液的减压，可用液体减压阀、减压杆或限流孔板减压，它们都是依据间隙（缝隙）限流减压的原理工作的。限流孔板实际上是使流体通过一段内径很小的管子（可小至0.13mm 或 1/200″）。

无论是液体减压阀、减压杆或限流孔板，使用时应注意流体中不含有可能堵塞间隙或孔径的颗粒物，减压后的流体应保持通畅，否则不可压缩性流体会很快把压力传递过来。

21-63 试述液体减压阀的结构和减压过程。

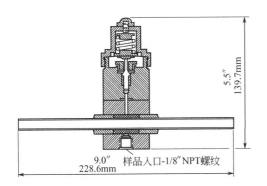

9.0″
228.6mm

样品入口-1/8″NPT螺纹

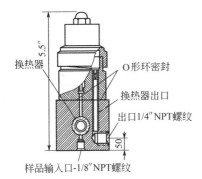

换热器

O形环密封

换热器出口

出口1/4″NPT螺纹

5.5″

样品输入口-1/8″NPT螺纹

50

图 21-27　蒸汽加热减压汽化阀结构图

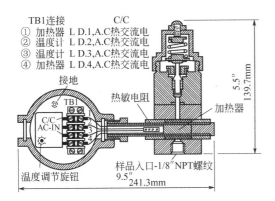

TB1连接　　　C/C
① 加热器 L D.1,A.C热交流电
② 温度计 L D.2,A.C热交流电
③ 温度计 L D.3,A.C热交流电
④ 加热器 L D.4,A.C热交流电

接地

TB1

C/C
AC-IN

热敏电阻

加热器

5.5″
139.7mm

温度调节旋钮

样品入口-1/8″NPT螺纹

9.5″
241.3mm

图 21-28　电加热减压汽化阀结构图

答：图 21-29 是一种双螺杆式液体减压阀的结构图。

该阀采用螺纹间隙减压方式工作。由圆柱形螺纹阀杆作为一级减压阀杆，将液体样品的压力由高压减至中、低压；针阀杆作为二级减压阀杆，将样品的压力由中压减至低压并调节样品流量。

当样品流经一级阀杆旋槽和阀体之间的缝隙时，流动受到阻力，样品受阻路程越长，受到的阻力越大，减压效果越明显。改变一级阀杆的位置，可以改变样品受阻路程，从而改变减压幅度。同样，改变二级阀杆的位置，可以调节样品出口压力和流量。

当用于高温高压样品减压时，液体减压阀应装在水冷器之后的样品流路中。

双螺杆式液体减压阀的主要性能指标如下。

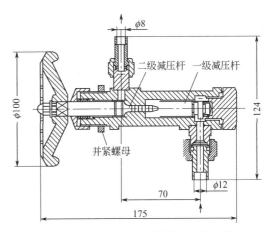

φ8

二级减压杆　一级减压杆

φ100

124

并紧螺母

70　　φ12

175

图 21-29　双螺杆式液体减压阀结构图

样水温度：≤80℃
公称压力：32MPa
出口压力：0.2～0.5MPa
出口流量：0.5～3.0L/min
入口管径：1/2″或φ12mm
入口管径：3/8″或φ8mm

材质：不锈钢，密封件为聚四氟乙烯 O 形圈

21-64　什么是减压杆？使用减压杆时应注意些什么问题？

答：图 21-30 是一种 VREL 减压杆的外形图。减压杆用于高压液体样品的减压和流量控制，其结构是一种套管式的杆形部件，当液体样品通过多级减压杆和套管内径之间的缝隙时，样品的压力被逐步降低。减压过程是在整个减压杆长度内完成的，因此可将局部受压状态保持在最低限度。通过转动导引螺杆手柄改变减压杆在套管中的进出位置，可以调节样品通过减压杆时的流速和压降。当液体样品中的杂质阻塞样品流动时，减压杆可以完全缩回，便于样品压力把杂质吹扫干净。

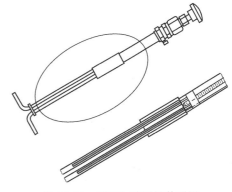

图 21-30　VREL 减压杆外形图

图 21-31 是 VREL 减压杆用于高温高压水样处理时的系统组成图。减压杆必须安装在样品冷却器的后

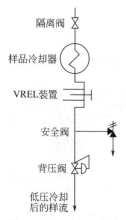

图 21-31 VREL 减压杆用于高温高压水样处理时的系统组成图

面，这是因为如果先减压后降温，当样品压力降到低于某一饱和点压力（临界压力）时，高温热水会在减压杆内闪蒸成蒸汽，使减压杆无法工作。当减压杆下游部件发生故障，出现阻断样流的情况时，由于液体是不可压缩性流体，其压力会很快经减压杆的间隙传递过来，会给下游耐压能力有限的部件乃至分析仪造成危害。图中安全阀的作用是将这种高压泄放掉，以便有效保护下游部件和分析仪。

21-65 鼓泡稳压器的工作原理是什么？使用中应注意哪些问题？

答：鼓泡稳压器俗称液封，是在线分析中使用的一种稳压装置。其结构简单，制作容易，工作原理见图 21-32。图中 H 为支管插入液体的深度，ρ 为液体密度。当样气压力增高时，主管压力亦增高，当主管压力大于 $\rho g H$ 时（g 为重力加速度），样气就通过液体鼓泡并由放空管排出，使进入分析器的样气压力保持在 $\rho g H$ 不变，从而达到稳压的作用。鼓泡稳压器由此而得名。

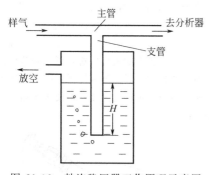

图 21-32 鼓泡稳压器工作原理示意图

使用时注意调整样气压力，使一部分样气始终不断地从液封中鼓泡排出。当工艺管道内压力波动幅度较大时，可以使用两级鼓泡稳压器。两级液封的高度分别为 H_1 和 H_2，它们由分析器样气入口处额定压力大小来决定。例如已知某分析器入口压力为 $\rho g H_2$，通过此式即可求得第二级液封的插入深度。一般第一级液封的插入深度比第二级加深 20%～40% 即可。

21-66 样品系统中常用的泵有哪几种类型？

答：样品系统中使用的泵有隔膜泵、喷射泵、膜

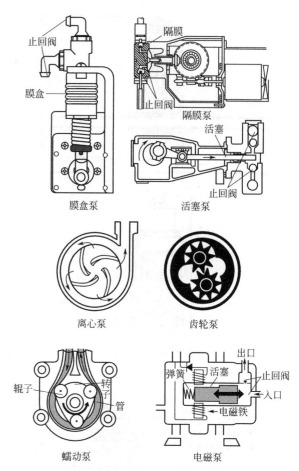

图 21-33 样品系统中使用的泵

盒泵、电磁泵、活塞泵、离心泵、齿轮泵、蠕动泵等多种类型。其结构简图见图 21-33。

对于微正压或负压气体样品的取样一般使用泵抽吸的方法，使样品达到分析仪要求的流量，隔膜泵和喷射泵是常用的两种抽吸泵。

在样品（包括气体和液体样品）增压排放系统中，也常采用离心泵、活塞泵、隔膜泵、齿轮泵等进行泵送，具体选型根据排放流量和升压要求而定。

在液体分析仪的加药计量系统中，多采用小型精密的活塞泵、隔膜泵、蠕动泵等。

在气液分离系统中，也可采用蠕动泵替代气液分离阀起阻气排液作用。

21-67 隔膜泵有哪些优点？选用时应注意什么问题？

答：样品系统所用的泵，其体积流量远小于工艺装置中所用的泵，泵送效率和动力消耗相对而言是不太重要的，而高可靠性、样品不受污染、耐腐蚀性则是头等重要的问题。隔膜泵通过隔膜将泵的机械传动部分和润滑系统与样品隔离开来，样品不会受到污染，选用合适的隔膜材料也可解决腐蚀性样品带来的

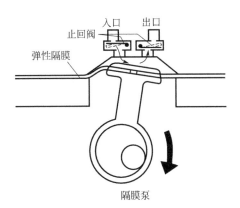

图 21-34 德国 M&C 公司 M47 型
隔膜泵结构简图

问题，是最适用于样品系统的泵。隔膜泵的结构见图 21-34。

在选型和使用时应注意以下几点：

（1）泵的额定压力和流量，应当超过要求值的 10%～20% 为宜；

（2）泵的振动会对分析系统产生不良影响，应考虑采用独立支架和柔性接头加以隔离；

（3）泵的作用引起的样品压力脉动可能会对分析仪及减压阀等带来有害影响，对于气样可在线路中增加适当的阻尼容积，对于液样则需采用波登管阻尼器。

21-68 试述隔膜泵的主要性能指标。

答：以德国 M&C 分析仪器公司 M47-EX 型防爆隔膜泵为例，其主要性能指标如下。

泵送流量：最大 6L/min（在一个大气压下）

泵送压力：0.4～2.2×10⁵ Pa（A）。

（泵送流量和泵送压力之间的关系曲线见图 21-35）

样品温度范围：－30～＋80℃

配管尺寸：1/4″

部件材质：泵头 PVDF（聚偏氟乙烯）；隔膜

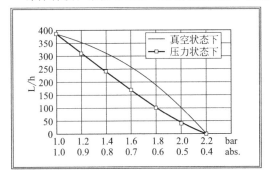

图 21-35 泵送流量和泵送压力之间的关系曲线

［在泵送压力为 0.8～1.4×10⁵ Pa（A）时，

泵送流量为 240L/h，即 4L/min］

PTFE（聚四氟乙烯）

防爆等级：EEx e II T3

防护等级：IP 44

质量：5.5kg

21-69 什么是喷射泵？它是根据什么原理工作的？

答：喷射泵又称为文丘里抽吸器，它是一种利用高速第二流体（水、空气或蒸汽，又称工作流体）在文丘里管中产生的低压把样品抽吸出来的装置。

喷射泵的结构如图 21-36 所示。以水、压缩空气、蒸汽作为动力，这些流体经喷嘴进入吸入腔体，形成低压区，从而把低压样品吸入，再经扩压管中的喉管将混合流体升压后排出，控制第二流体入口压力，就能控制样品的吸入量，达到升压稳压目的。

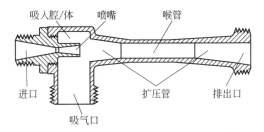

图 21-36 喷射泵（文丘里抽吸器）的结构

喷射泵的工作原理是以伯努利方程为基础的。伯努利方程如下：

$$\frac{p}{\rho} + \frac{v^2}{2} = C$$

式中 p——第二流体的静压力；

ρ——第二流体的密度；

v——第二流体的流速；

C——常数。

由流体流动的连续性原理可知，流体在管道内各点的流速必然随管道截面积的变化而变化。第二流体流经截面积小的管道处时，其流速必然增大，引起该处动压能 $\frac{v^2}{2}$ 急剧增大。由伯努利方程可知，该处静压 p 急剧下降。当流速增大到其静压小于样品的静压时，样品便会被源源不断吸入，这样便实现了低压样品的抽吸取样。

喷射泵的体积小，结构简单，材质可用不锈钢、工程塑料或聚四氟乙烯。由于样品经过泵后与第二流体发生混合，因而喷射泵应位于分析仪之后。使用喷射泵需要注意的主要问题是分析仪之前的样品管线和部件必须严格密封，以防环境空气被吸入。

21.3.3 温度调节

21-70 如何对气体样品和液体样品进行降温处理？

答：(1)气体样品的降温 对于干燥的或湿度较低的气体样品，在裸露管线中通过与环境空气的热交换就能迅速冷却下来，这是因为气体的质量流量与体积流量相比是很小的，其含热量相对于样品管线的换热面积而言也是小的。有时为了缩短换热管线长度，也可采用带散热片的气体冷却管。一般来说，气体样品的降温不需要采取其他措施。

(2)液体样品的降温 液体样品比气样有大得多的质量流量，其降温需要通过与冷却介质换热来实现，最常用的降温方法是采用水冷器。水冷器有列管式、盘管式和套管式三种。

21-71 什么是列管式、盘管式、套管式水冷器？

答：列管（Tube Array）式水冷器又称为管束（Tube Bundle）式水冷器。盘管（Tube Coil）式水冷器也称为螺旋管或蛇管水冷器。套管（Dual Heat Transfer Coils）式水冷器的结构如图21-37所示。在这种冷却器中，小口径内管和大口径外管同轴放置，内管通样品，外管通冷却水，样品和冷却水逆向流动。其主要优点是结构简单、换热效率高，能用于高温/高压样品。例如乙烯裂解废热锅炉炉水和蒸汽凝液，温度320℃，压力11.5MPa，经10m长的套管与冷却水换热后温度可降至90℃以下。

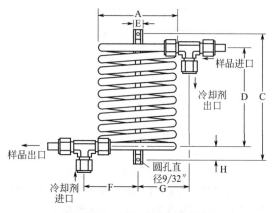

图 21-37 套管式液体冷却器

21.3.4 除尘

21-72 灰尘如何分类？分析仪对样品除尘的要求是什么？

答：对于灰尘的分类尚不完全统一，一般按灰尘粒度划分为：

>1mm	颗粒物
1mm～10μm	微尘
<10μm	雾尘、烟尘

其中，也把粒度100～10μm的称为粉尘，10～1μm的称为超细粉尘，<1μm的称为特super粉尘。

分析仪对样品除尘的一般要求是最终过滤器<10μm，即将微尘全部滤除。个别分析仪对除尘的要求更高，可能达到<5μm。

21-73 样品处理系统中采用的除尘方法有哪些？各有何特点？

答：样品除尘方法主要有以下几种。

(1)过滤除尘 过滤器是样品处理系统中应用最广泛的除尘设备，主要用来滤除样品中的固体颗粒物，有时也用于滤除液体颗粒物（水雾、油雾等）。

有各种结构型式、过滤材料和孔径的过滤器，从结构型式上分，主要有直通式和旁通式两种。过滤材料主要有金属筛网、粉末冶金、多孔陶瓷、玻璃纤维、羊毛毡、脱脂棉、多微孔塑料膜等。过滤孔径分布较广，从0.1～400μm都有产品可选，但大多数产品的过滤孔径在0.5～100μm之间。

(2)旋风分离除尘 旋风分离器是一种惯性分离器，利用样品旋转产生的离心力将气/固、气/液、液/固混合样品加以分离。广泛用于液样，对含尘粒度较大的气样效果也很好。

旋风分离器适宜分离的颗粒物粒径范围在40～400μm之间。其弱点一是不足以产生完全分离，一般对>100μm的尘粒分离效果最好，<20μm的尘粒分离效果较差。二是需要高流速，样品消耗较大（包括流量和压降）。因而旋流器适用于快速循环回路的分叉点处作为初级粗除尘器使用。

(3)静电除尘 静电除尘器可有效除去粒径小于1μm的固体和液体微粒，是一种较好的除尘方法，但由于采用高压电场，难以在防爆场所推广，样气中含有爆炸性气体或粉尘混合物时，也会造成危险。

(4)水洗除尘 往往用于高温、高含尘量的气体样品，有时为了除去气样中的聚合物、黏稠物、易溶性有害组分或干扰组分，也采用水洗的方法。但样品中有水溶性组分（如CO_2、SO_2等）时会破坏样品组成，水中溶解氧析出也会造成样品氧含量的变化，应根据具体情况斟酌选用。此外，经水洗后的样气湿度较大，甚至会夹带一部分微小液滴，可采取除水降湿措施或升温保湿措施，以免冷凝水析出。

21-74 样品处理系统中常用的过滤器有哪些类型？

答：常用的过滤器主要有以下几种。

(1)Y形粗过滤器 Y形粗过滤器的一般采用金属丝、网作过滤元件，用于滤除较大的颗粒和杂物。

(2)筛网过滤器 筛网过滤器的滤芯采用金属丝网，有单层丝网和多层丝网两种结构。筛网式过滤器按其网格大小分类，多作为粗过滤器使用。

(3)烧结过滤器 烧结是一个将颗粒材料部分熔

融的过程。烧结滤芯的孔径大小不均，在烧结体内部有许多曲折的通道。常用的烧结过滤器是不锈钢粉末冶金过滤器和陶瓷过滤器，其滤芯孔径较小，属于细过滤器。

（4）纤维或纸质过滤器　纤维过滤器的滤芯采用压紧的合成纤维（如玻璃纤维）或自然纤维（如羊毛毡、脱脂棉），纸质过滤器的滤芯采用滤纸。其滤芯孔径很小，属于细过滤器。

（5）膜式过滤器　滤芯采用多微孔塑料薄膜，一般用于滤除非常微小的液体颗粒。

（对于粗、细过滤器的划分，目前尚无统一规定。上文中粗、细过滤器的划分，是以 $100\mu m$ 为界限的，即过滤孔径<$100\mu m$ 的称为细过滤器，≥$100\mu m$ 的称为粗过滤器。）

21-75　解释下列名词：滤芯、滤饼、有效过滤面积、过滤孔径、过滤范围、过滤级别。

答：滤芯　过滤器的主要组成部分，具体承担捕获流体颗粒物的任务。

滤饼　过滤流体时，集聚沉积在滤芯上的一层固体颗粒物。

有效过滤面积　滤芯中，流体可以流经的实际区域。

过滤孔径　以滤芯的平均孔径表示，例如 $5\mu m$ 的过滤器，表示滤芯的平均孔径为 $5\mu m$，该过滤器能滤除掉 $95\%\sim98\%$ 的粒径大于 $5\mu m$ 的颗粒物。

过滤范围　一般以滤芯孔径的分布范围表示，例如 $2\sim5\mu m$ 的过滤器，表示滤芯孔径主要在 $2\sim5\mu m$ 范围内，粒径大于 $5\mu m$ 的颗粒将被阻止，而粒径小于 $2\mu m$ 的能够通过，粒径介于 $2\sim5\mu m$ 之间的有可能被阻止，也有可能通过。有时也以可滤除颗粒物粒径范围表示。

过滤级别　也称为过滤规格。按照滤芯的平均孔径的大小，将过滤器划分为若干个级别，例如 $0.5\mu m$、$2\mu m$、$7\mu m$、$15\mu m$ 等。过滤器的种类不同，生产厂家不同，过滤级别的划分也有不同。

21-76　什么是筛网的"目"？筛网的"目"与筛孔尺寸有何对应关系？

答：我国过去在对筛网的筛号以及粒度大小的表达中，多采用美国泰勒公司的标准筛，以"目"来区分。"目"是指筛网的网眼数，在给定长度（英寸）中有多少网眼称为多少"目"，目数大者，网孔小，表示粒度细。但近些年来 ISO 与一些国家的标准，包括我国的 GB 6003—85，均以筛孔的大小表示粒度。GB 6003—85 同 ISO 565—83 是一致的。表 21-4 是泰勒筛的目号与 GB 6003—85 对应的筛孔尺寸，以便读者对照，并将原来的"目"改成相应的尺寸。

表 21-4　泰勒筛的目号与 GB 对应的筛孔尺寸

泰勒筛的目号与筛孔尺寸/mm	GB 6003—85 对应的筛孔尺寸/mm
400；0.037	(0.036)；0.038
325；0.044	0.045；0.044
270；0.053	(0.050)；0.053
250；0.063	0.063；0.063
200；0.074	(0.071)；0.074
170；0.089	0.090；0.090
150；0.104	(0.100)；0.106
115；0.124	0.125；0.125
100；0.147	(0.140)；0.150
80；0.175	0.180；0.180
65；0.208	(0.200)；0.212
60；0.246	0.250；0.250
48；0.295	(0.280)；0.300

上表中处于括弧中的值，属于 GB 6003—85 中的补充系列 R20 的尺寸，没有括弧者为主要系列 R20/3 的尺寸，而第二个值为 R40/3 的补充尺寸，均可使用。

目前美国泰勒公司已不再用"目"，也已改成筛孔尺寸（采用 R40/3 系列），同上表对应的值基本一致，属 GB 6003—85 中的补充系列。

21-77　直通过滤器和旁通过滤器各有哪些结构型式和过滤规格？

答：直通过滤器又称在线过滤器（on-line filter），只有一个出口，样品全部通过滤芯后排出。旁通过滤器（by-pass filter）又称为自清扫式过滤器，它有两个出口，一部分样品经过滤后由样品出口排出，其余样品未经过滤由旁通出口排出。

图 21-38 是 Swagelok 公司 Nupro FW 系列在线过滤器的结构图。

图 21-38 中的滤芯呈片状。图（c）是折叠网孔式滤芯，由多层金属丝网折叠而成，过滤孔径有 $2\mu m$、$7\mu m$、$15\mu m$ 几种。其两边的固定筛用来支撑和固定滤芯。图（d）是烧结不锈钢滤芯，过滤孔径为 $0.5\mu m$。

图 21-39 是 Swagelok 公司 Nupro F 系列和 TF 系列在线过滤器的结构图。

图 21-39 中的滤芯呈筒形。图（a）中滤筒水平放置；图（b）中滤筒垂直放置，其优点一是便于将滤筒取出进行清洗，二是易于改装成旁通过滤器，只要将底部丝堵换成旁通接头即可。

图（c）是烧结不锈钢滤芯，过滤孔径有 0.5、2、7、15、60、90μm 几种。图（d）是单层网孔式滤芯，过滤孔径有 40、140、230、440μm 几种。

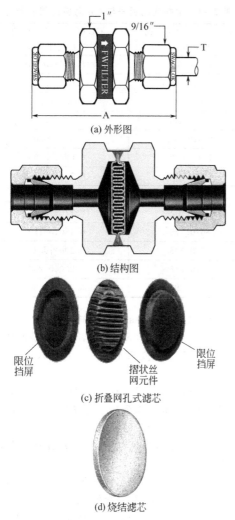

(a) 外形图

(b) 结构图

限位
挡屏　　　　摺状丝　　　限位
　　　　　网元件　　　挡屏

(c) 折叠网孔式滤芯

(d) 烧结滤芯

图 21-38　Nupro FW 系列在线过滤器

图 21-40 和图 21-41 是两种旁通过滤器的结构图。

21-78　在选择和使用过滤器时应注意些什么问题？

答：（1）正确选择过滤孔径。过滤孔径的选择与样品的含尘量、尘粒的平均粒径、粒径分布、分析仪对过滤质量的要求等因素有关，应综合加以考虑。

如果样品含尘量较大或粒径较分散，应采用两级或多级过滤方式，初级过滤器的孔径一般按颗粒物的平均粒径选择，末级过滤器的孔径则根据分析仪的要求确定。

（2）旁通式过滤器具有自清洗作用，多采用不锈钢粉末冶金滤芯，除尘效率较高（可达 0.5μm），运行周期较长，维护量很小，但只适用于快速回路的分叉点或可设置旁通支路之处。

（3）直通式过滤器不具备自清洗功能，其清理维护可采用并联双过滤系统或反吹冲洗系统，后者仅

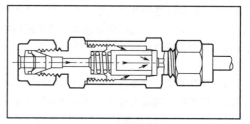

(a) F 系列结构图

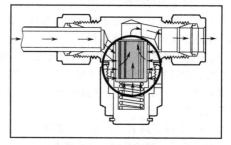

(b) FT 系列结构图

(c) 烧结滤芯

(d) 网孔式滤芯

图 21-39　Nupro F 系列和 TF 系列在线过滤器

适用于允许反吹流体进入工艺物流的场合和采用粉末冶金、多孔陶瓷材料的过滤器。

（4）过滤器应有足够的容量，以提供无故障操作的合理周期，但也不能太大，以免引起不能接受的时间滞后。此外，过滤元件的部分堵塞，会引起压降增大和流量降低，对分析仪读数造成影响。考虑到以上情况，样品系统一般采用多级过滤方式，过滤器体积不宜过大，过滤孔径逐级减小，至少应采用粗过滤和精过滤两级过滤。

（5）造成过滤器堵塞失效的原因，大都不是机械粉尘所致，主要是由于样品中含有冷凝水、焦油等造成的。出现上述情况时，一是对过滤器采取伴热保温措施，使样品温度保持在高于结露点 5～10℃ 以上；二是先除水、除油后再进行过滤，并注意保持除水、除油器件的正常运行。

21-79　什么是气溶胶过滤器？

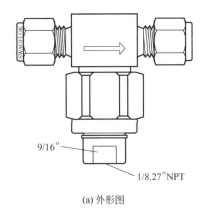

(a) 外形图

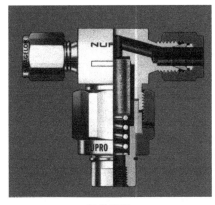

(b) 结构图

图 21-40　Swagelok 公司 Nupro TF
系列旁通过滤器

（滤芯结构和过滤孔径见图 21-39 及其说明）

答：所谓气溶胶（aerosol）是指气体中的悬浮液体微粒，如烟雾、油雾、水雾等，其粒径小于 1μm，采用一般的过滤方法很难将其滤除。

图 21-42 是德国 M&C 公司 CLF 系列气溶胶过滤器的结构图。该过滤器适用于气体样品中各种类型气溶胶的过滤，例如以重油和煤为燃料的烟道气样品，样品的酸露点可以在 100℃以上。

气溶胶过滤器最有效的安装位置是在样品处理系统的下游、分析仪入口的流量计之前。样气在过滤器内的流动路径如图 21-58 中箭头所示，过滤元件是两层压紧的超细纤维滤层，气样中的微小悬浮粒子在通过过滤元件时被拦截，并聚结成液滴，在重力作用下垂直滴落到过滤器底部。

过滤元件被流体饱和时仍能保持过滤效率，除非被固体粒子堵塞，其寿命是无限的。过滤器的工作情况可以通过玻璃外壳直接观察到，而不需要打开过滤器进行检查。分离出的酸性凝液可以打开 GL25 帽盖排出，或接装蠕动泵连续排出。使用中应注意防止酸性流体灼伤。

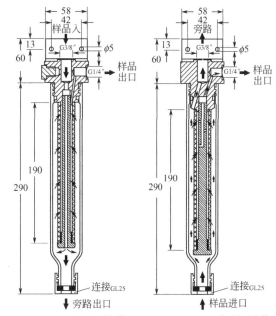

(a) FP-70P200-D 型，用于气体　　(b) FP-70P190-D 型，用于液体

图 21-41　M&C 公司 FP 系列旁通过滤器

以 CLF-5 型为例，气溶胶过滤器的有关技术数据如下。

样品温度：max. +80℃

样品压力：$0.2\sim2\times10^5$ Pa（A）

样品流量：max. 300NL/h

样品通过过滤器后的压降：1kPa

过滤效果：粒径 >1μm 的微粒 99.9999% 被滤除

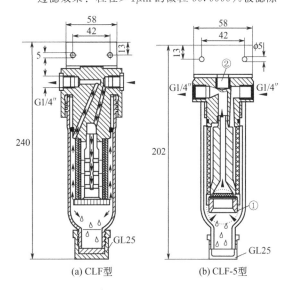

(a) CLF 型　　　　　(b) CLF-5 型

图 21-42　M&C 公司 CLF 系列气溶胶过滤器

21-80　试述旋风分离器的结构和工作原理。

答：旋风分离器的形状与漏斗相似，上部为圆柱形，下部为锥形。其典型尺寸如图 21-43 所示。样品

315

入口通常是长方形开口，尺寸为 $0.5D \times 0.25D$（D 为旋风分离器的直径）。样品沿螺线方向［图（b）］或切线方向［图（c）］进入旋风分离器，被迫旋转流动，在离心力的作用下，颗粒物或液滴被甩向器壁，当与器壁相碰撞时，失去动能而沉降下来，在重力作用下由下旋流携带经底部出口排出，净化后的样气在锥形区中心形成上旋流，由顶部出口排出。

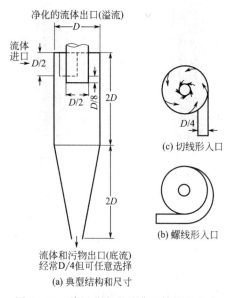

(a) 典型结构和尺寸

(c) 切线形入口

(b) 螺线形入口

图 21-43　旋风分离器的典型结构和尺寸

21-81　旋风分离器的分离效果与哪些因素有关？使用中应注意些什么问题？

答：离心力的大小与旋风分离器的直径和样品的流速有关，直径愈小，流速愈快，分离效果愈好。在大直径、低流速的旋流器中，离心力 5 倍于重力；在小直径、高流速的旋流器中，离心力 2500 倍于重力。

如果一个小的旋风分离器不能满足流量较大的样品分离，最好是用两个或更多相似的小分离器，把它们并联起来使用，而不要去增大分离器的直径，以致降低其分离效率。如果样品的压力和流速较低，可以将旋风分离器置于离心式取样泵的旁路之中，如图 21-44 所示。

旋风分离器的分离效果还与粒子和样品之间的密度差有关。液体与气体的密度差较大，气样中的液滴较易分离。对于气样中的固体颗粒物，分离效果视粒径而异，旋风分离器适宜分离的颗粒物粒径范围在 $40 \sim 400 \mu m$ 之间，最适合用来分离大于 $100 \mu m$ 的颗粒物，而对小于 $< 20 \mu m$ 的颗粒物的分离则不适合。

旋风分离器的弱点：一是不足以产生完全分离，总有一部分粒径较小的颗粒物滞留在分离后的样气

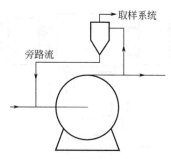

图 21-44　旋风分离器置于离心式取样泵的旁路之中

中；二是需要高流速，样品消耗较大（包括流量和压降）。因而旋风分离器适用于快速循环回路的分叉点处作为初级除尘器使用，如图 21-45 所示。

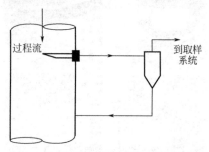

图 21-45　旋风分离器用于快速循环回路的分叉点处作为初级除尘器使用

21-82　静电除尘器、除雾器的工作原理是什么？

答：粒径小于 $1 \mu m$ 的粉尘、悬浮物、油雾、水雾等采用一般的过滤方法是难以达到要求的。静电除尘器、除雾器可有效除去这些微粒，其结构原理见图 21-46。

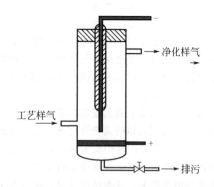

图 21-46　静电除尘、除雾器

在一个几千伏的高压电场中，微粒和悬浮物会产生电晕，造成微粒带电。带电粒子在这个强电场中高速运动，在运动轨迹上相互碰撞又会使更多微粒带电。其结果是带负电的微粒奔向阳极，带正电的奔向阴极。微粒到达电极后失去电荷沉积下来达到捕集目的，除尘效率可达 90%～99%。

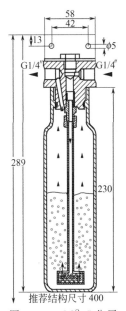

58
42
13
φ5
G1/4″
G1/4″
289
230
推荐结构尺寸 400

图 21-47 M&C 公司
FP 系列样品洗涤器

气样中若含可燃性气体时，系统需严防泄漏，因大气的氧进入，会引起爆炸。

21-83 什么是样品洗涤器？

答：样品洗涤器（Wash Bottle）是一种用水或某种溶液洗涤气体样品的装置，用于除去气样中的灰尘或某些有害组分，也可用作样品增湿器（如用于醋酸铅纸带法硫化氢分析仪中）。图 21-47 是一种样品洗涤器的结构。

需要注意的是，一部分气体组分易溶于水，如 CO_2、SO_2 等，会给测量结果带来误差。此外，气样中的氧含量也可能发生一些变化，如气样中的氧被水溶解或水中的溶解氧析出。因此，除非别无选择，一般不宜采取水洗的办法。

21.3.5 除水除湿和气液分离

21-84 什么叫除水？什么叫除湿？除水、除湿控制点有哪些？

答：通常把将气体样品露点降至常温（15～20℃）叫做除水，而将样品露点降至常温以下叫做除湿或脱湿。

表 21-5 列出了几个典型的除水、除湿控制点（在大气压力下）。

表 21-5 典型的除水、除湿控制点
（在大气压力下）

露 点	体积含水量/ppmV	质量含水量/ppmW
20℃	23080	14330
15℃	16800	10500
5℃	8600	5360
0℃	6020	3640
−10℃	2570	1596
−20℃	1020	633
−40℃	127	79

样品除湿的一般做法是先将样品温度降至 5℃ 左右，脱除大部分水分，然后再加热至 40～50℃ 进行分析。这样，残存的水分便不会再析出。

有些分析仪对除湿的要求较高，需将露点降至−20℃以下。

21-85 样品处理系统中采用的除水除湿方法有哪些？各有何特点？

答：样品除水除湿方法主要有以下几种。

（1）冷却降温 这是最常用的方法，有水冷（可降至 30℃ 或环境温度）、涡旋管制冷（可降至−10℃ 或更低）、冷剂压缩制冷（可降至 5℃ 或更低）、半导体制冷等。

（2）惯性分离 有旋液分离器、气液分离罐等。前者利用离心作用进行分离，后者利用重力作用进行分离。设计时应考虑其体积对样品传输时间滞后的影响。

（3）过滤 有聚结过滤器、旁通过滤器、膜式过滤器、纸质过滤器和监视（脱脂棉）过滤器等。前三种用于脱除液滴，后两种用于进分析仪之前的最后除湿。这些过滤器只能除去液态水，而不能除去气态水，即不能降低样气的露点。设计时要考虑其造成的阻力和压降对样品流速和压力的影响。

（4）Nafion 管干燥器 Nafion 管干燥器是 Perma Pure 公司开发生产的一种除湿干燥装置，以水合作用的吸收为基础进行工作，具有除湿能力强、速度快、选择性好、耐腐蚀等优点，但它只能除去气态水而不能除去液态水。

（5）干燥剂吸收吸附 所谓吸收，是指水分与干燥剂发生了化学反应变成另一种物质，这种干燥剂称为化学干燥剂；所谓吸附，是指水分被干燥剂（如分子筛）吸附于其上，水分本身并未发生变化，这种干燥剂称为物理干燥剂。

这种方法应当慎用，这是因为随着温度的不同，干燥剂吸湿能力是变化的；某些干燥剂对气样中一些组分也有吸收吸附作用；随着时间的推移，干燥剂的脱湿能力会逐渐降低。这些因素都会导致气样组成和含量发生变化，对常量分析影响可能不太明显，但对半微量、微量分析则影响十分显著。

21-86 样品降温除水常用的冷却器有哪几种类型？

答：样品降温除水常用的冷却器有以下几种。

• 涡旋管冷却器（vortex tube cooler） 根据涡旋制冷原理工作。

• 压缩机冷却器（compressor cooler） 又称为冷剂循环冷却器（refrigerant cooler），其工作原理和电冰箱完全相同。

• 半导体冷却器（semiconductor cooler） 根据珀尔帖热电效应原理工作。

• 水冷却器（water cooler） 通过与冷却水的换热实现样品的降温，有列管式、盘管式、套管式几种结构类型。

涡旋管冷却器、压缩机冷却器和半导体冷却器主要用于湿度高、含水量较大的气体样品的降温除水。

有时也采用水冷却器对气体样品降温除水，但除水效果有限。因为水冷却器只能将样品温度降至常温，即 $25\sim30℃$ 左右，此时常压气体中的含水量约为 $3\%\sim4\%\mathrm{Vol}$，样品带压水冷时，除水效果稍好一些。因此，水冷却器只适用于对除水要求不太高的场合，一般情况下是将其安装在取样点近旁对样品进行初级除水处理。

21-87 试述涡旋管的工作原理。

答：涡旋管的结构和工作原理见图 21-48、图 21-49。

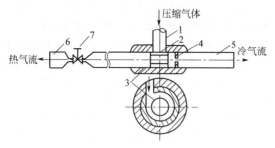

图 21-48　涡旋管结构示意图
1—进气管；2—喷嘴；3—涡旋管；4—孔板；
5—冷气流管；6—热气流管；7—控制阀

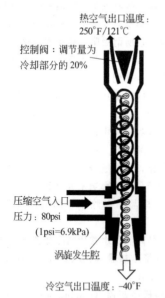

图 21-49　涡旋管工作原理示意图

常温压缩空气经喷嘴沿切线方向喷入涡旋发生器，由于切向喷嘴的作用，在涡旋发生器中形成沿圆周方向以音速旋转前进的高速气流，顺涡旋管向左运动。热端装有控制阀，当气流到达热端时，外圈气流从控制阀阀芯周边排出，内圈气流受到阀芯的阻挡，反向折转沿涡旋管向右运动，由冷端出口排出。

在涡旋管中，外圈左行气流和内圈右行气流以相

同的角速度沿同一方向旋转，虽然两者角速度相同，但外圈气流线速度高，内圈气流线速度低，即两者的动能是不同的。这样，在两股气流的交界面上就会发生能量交换，内圈气流向外圈气流输出能量，或者说外圈气流从内圈气流汲取能量，以维持两者以相同的角速度高速运行。

外圈气流的动能大，就意味着其温度高，从热端出口经过控制阀排入大气时带出较多的热量，形成热气的来源。内圈气流的动能小，意味着其温度低，内圈的低温气体经过孔板排出时又会产生绝热膨胀，使其温度进一步下降，形成冷气的来源。

涡流管两端产生的冷气流和热气流既可用来冷却除湿，也可以用来保温伴热。

21-88 如何用涡旋管冷却气体样品？使用中应注意哪些问题？

答：用涡旋管冷却器的结构见图 21-50。

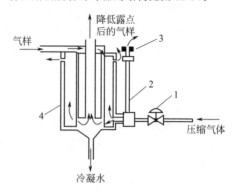

图 21-50　涡旋管冷却器结构示意图
1—空气压力调节阀；2—涡流管制冷器；
3—控制阀；4—热交换器

冷却过程通过涡旋管的冷气流与气体样品的热交换完成。冷却后气样部分旁路，即可将冷凝下的水雾水滴及时带走，还可达到自清扫的目的。运行时必须将涡旋管的控制阀调节适当，才能达到制冷目的。当控制阀全关时，气体全部从孔板排出，无制冷效应产生。若阀全开时，少许气体反而从热端吸入，这时涡旋管就变成了一个气体喷射器。当阀调节到一定位置时，压缩气体从冷端和热端流出一定的量，制冷温度也就一定。若用铂电阻检测冷却温度，通过简单电子线路来控制压缩空气加入量（调节压缩空气的入口压力），即可实现制冷温度的自动控制，既可任意设定制冷温度，又可节约气源。

涡旋管冷却器的结构简单，启动快，维护方便，但耗气量较大，可达 $50\sim100\mathrm{L/min}$。采用较高气压时，气样的温度可降至 $-10\sim-40℃$。在实际使用中，温度给定不能太低，一般设定在 $1\sim5℃$，使气样含水量降至 $0.6\%\sim0.8\%$ 左右即可。若低于 $0℃$ 以

下时，冷凝出的水冻结会堵塞管道。

21-89 试述压缩机冷却器的工作原理。

答：压缩机冷却器的工作原理和电冰箱完全相同，见图 21-51（图中未标出 1～3）。

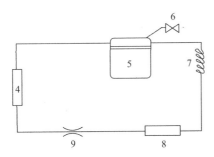

图 21-51　压缩机冷却器的工作原理

4—汽化器；5—压缩机；6—制冷剂补充阀；

7—冷凝器；8—干燥器；9—毛细管

制冷剂蒸气经压缩机压缩后，在冷凝器中液化并放出热量，进入干燥器脱除可能夹带的水分。毛细管的作用是产生一定的节流压差，保持入口前制冷剂的受压液化状态并使其在出口释压膨胀汽化。制冷剂在气化器中充分汽化并大量吸热，使与之换热的样品冷却降温。

21-90 试述半导体冷却器的工作原理。

答：半导体制冷是 1834 年由珀尔帖发现的一种物理现象。如图 21-52 所示，当一块 N 型半导体（电子型）和一块 P 型半导体（空穴型）用导体连接并通以电流时，正电流进入 N 型半导体，多数载流子即电子在接头处发生复合。复合前的动能和势能变成接头处晶格的热振动能，于是接头处温度上升。当正电流进入 P 型半导体时，需挣脱 N 型半导体晶格的束缚，即要从外界获取足够能量才能产生电子-空穴对。于是接头处发生吸热现象。电流越大，接头处温差越大。N 型和 P 型半导体之间的导流片采用紫铜板。为使制冷端和样品、发热端和散热片之间既保持

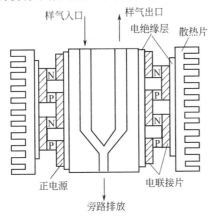

图 21-52　半导体冷却器

良好接触，又保持电绝缘性，两者之间的电绝缘层采用镀银陶瓷板、薄云母板、铝或铜的氧化物层。调节电流大小即可控制制冷温度。通常设定制冷温度在 +1～+2℃，防止样品管路冻结堵塞。在防爆的区域使用时，部件需隔爆。

半导体冷却器的优点是：外形尺寸小，使用寿命长，工作可靠，维护简便，控制灵活方便，且容易实现较低的制冷温度。其缺点是制冷效率低，成本高。

21-91 图 21-53 是德国 M&C 公司 PSS 系列气体冷却单元外形图和系统组成图。试简述其工作流程和特点。

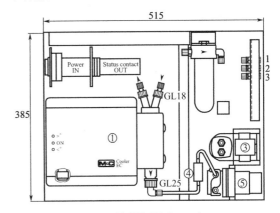

(a) 外形图（尺寸：mm）

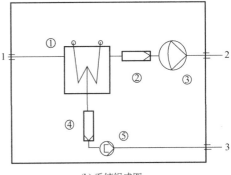

(b) 系统组成图

图 21-53　M&C 公司 PSS 系列气体冷却单元

①气体冷却器（压缩机式或半导体式）；②精细过滤器（2μm）；③隔膜泵；④过滤器；⑤蠕动泵；

1—样气入口；2—样气出口；3—冷凝液排放口

答：气体样品在隔膜泵③的抽吸作用下进入冷却器①，冷却脱湿后的样品经精细过滤器②后由隔膜泵排出，冷凝出来的水分经粗过滤器④后由蠕动泵⑤排出，蠕动泵的作用是阻气排液。

在气体冷却器中，采用了该公司专利部件 Jet Stream（射流）热交换器，其结构如图 21-54 所示。气样由顶部进入，由上而下再由下而上两次流经 Jet Stream 管，这种流路结构的特点，一是可以使样品

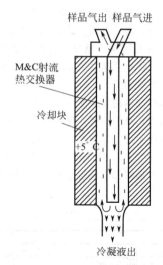

样品气出　样品气进

M&C射流
热交换器

冷却块

+5℃

冷凝液出

图 21-54　M&C 公司 Jet Stream
（射流）热交换器示意图

与冷却块充分换热，先在中间的内管中初步冷却，再在外面的环管中深度冷却；二是冷凝出来的液体在重力作用下向下流淌，很难混杂在气样中上升至顶部出口。Jet Stream 管的制冷除湿速度极快，从而避免了气体组分的丢失，同时也避免了因气体总量变化而造成的测量误差。

此外，该冷却器内配有温控系统，可以将气样出口温度控制在 5℃±0.1℃ 之内，气样温度的精确控制意味着气样含水量的精确控制，便于从分析结果中扣除水分造成的干扰和影响，这一点对于红外等仪器的微量分析来说是十分重要的。

21-92　试述 M&C 公司气体冷却单元主要性能指标。

答：气体冷却除湿系统在样品处理中占有重要地位，M&C 公司气体冷却单元包括 CSS 架装式、PSS 便携式、SS 壁挂式三个系列，其主要性能指标（以 PSS 系列为例）如下。

入口样品温度：≤80℃，可选≤180℃

入口样品湿度：≤80℃露点

出口样品温度：一般为 5℃±0.1℃，最低可达 -30℃±0.1℃

样品压力：$0.7 \sim 1.4 \times 10^5 \, Pa$（A）

样品流量：150～350L（标准）/h

制冷能力：50～90kJ/h

供电和功耗：230V 50Hz±10%，240V·A

气路配管：1/4″或 6mm ODTube

与样品接触部件材质：不锈钢、玻璃、PVDF、PTFE 等

21-93　含水气体样品经水冷却器和气液分离器处理后依然带水，请分析其原因并提出处理办法。

答：（1）水气分离器排液口未装自动排液器，人工排液不及时，水气分离器内液位过高造成带水。

处理办法：应加装自动排液器，如采用人工排液，应加强现场巡检，及时、定期排液。

（2）水冷却器失效，样气经过水冷后温度不下来，气相中的水不能析出，并在后面的管道中冷凝析出，从而造成样气带水。

处理办法：检修水冷却器。水冷器是易结垢部件，检修内容主要是除垢。检修方法是将水冷器从装置上拆下，卸开顶盖，抽出内部不锈钢盘管和内件，用稀盐酸溶解水垢，水垢去除干净后用水清洗，再用仪表空气吹干。检查顶盖密封垫，如有必要，更换新密封垫，组装复位。

（3）水冷却器内部换热盘管穿孔或破裂，冷却水进入样气管路而致。

处理办法：将水冷却器解体，抽出盘管检查，修补或更换盘管。

（4）样气伴热保温管线功能失效，造成样气管内大量带水，超出除水系统的处理能力。

处理办法：检查处理伴热保温管线存在的问题，使其恢复正常。

21-94　什么是旋液分离器？试述其结构和工作原理。

答：旋液分离器实际上是一种用于气/水分离的旋风分离器。图 21-55 是一种旋液分离器的结构图。样气沿切线方向进入分离器，经过分离片时由于旋转而产生离心力，水分被甩到器壁上，沿壁流下。样气中如果还有灰尘，经过滤器过滤后进入分析仪进行分析。气室下部的积水达到一定液位高度时，浮子浮起，带动膜片阀开启，把积水排出，然后阀门又自动关上。

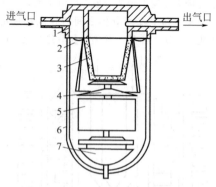

进气口　　　　　　　　　　　出气口

图 21-55　旋液分离器结构图

1—气室；2—分离片；3—过滤器；4—稳流器；
5—浮子；6—外壳；7—膜片阀

21-95　什么是 K.O. 罐？

答：K.O. 罐是国外样品处理系统中使用的一种

气液分离罐，其英文全称是 Knock-Out Pot，意即敲打罐、撞击罐。它是一种惯性分离器，用于分离气体样品中的液滴，结构如图 21-56 所示，气样中的液滴在惯性和重力作用下滴落入罐中。它和一般气液分离罐的不同之处在于：送往分析仪的样品出口位于湿样气入口近旁，从而避免了样气流经分离罐所造成的传输滞后。

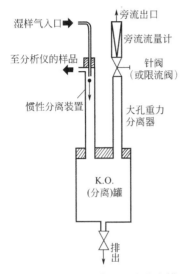

图 21-56　K.O. 罐（气液分离罐）

21-96　什么是聚结器？试述其结构和工作原理。

答：聚结器也称为凝结器，是一种能将样品中的微小液体颗粒聚集成大的液滴，在重力作用下将其分离出来的装置。大多数气体样品中都带有水雾和油雾，即使经过水气分离后，仍有相当数量粒径很小的液体颗粒物存在。这些液体微粒进入分析仪后往往会对检测器造成危害。采用聚结器可以有效地对其进行分离。

聚结器中的分离元件是一种压紧的纤维填充层，通常采用玻璃纤维（俗称玻璃棉）。当气样流经分离元件时，玻璃纤维拦截悬浮于气体中的微小液滴，不断涌来的微小液滴受到拦阻后，流速突变，失去动能，会像滚雪球那样迅速聚集起来形成大的液滴，从而达到分离目的。这种大液滴在重力作用下，向着纤维填充层的下部流动，并在重力作用下滴落到聚结器的底部出口排出。未滴落的液滴再聚集不断涌来的小滴，继续其聚结过程。

聚结器能有效实现气雾状样品的气、液分离。即使玻璃纤维层被液体浸湿，仍然会保持分离效率，除非气样中含有固体颗粒物并堵塞了分离元件，其使用寿命是不受限制的。图 21-57 是聚结器的典型结构，图 21-58 是 Swagelok 公司的水平式聚结器。

需要注意的是，聚结器只能除去液态的水雾，而不能除去气态的水蒸气，即气样通过聚结器后，其露

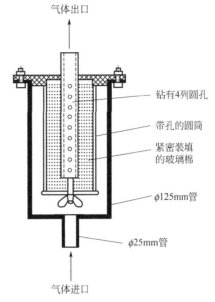

图 21-57　聚结器的典型结构

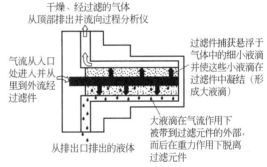

（a）样品由里向外流动

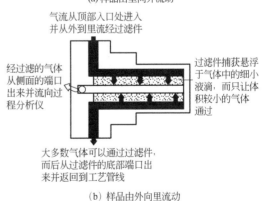

（b）样品由外向里流动

图 21-58　Swagelok 公司的水平式聚结器

点不会降低。

21-97　聚结器能否用于液-液分离？如何实现液-液分离？

答：聚结器可以用于液-液分离，例如 Balston 公司的聚结过滤件，既可以用来分离悬浮于油或其他烃

类中的水滴，也可以用来分离悬浮于水中的油滴。

原则上说，微纤维聚结器将悬浮液滴从与之不相溶的液体中分离的过程与将其从气体中分离的过程是一样的。连续液相中的悬浮液滴被纤维捕获并促使这些小液滴聚结成大液滴，大液滴在重力差的作用下从连续液相中分离出来，即比连续液相重的沉淀下来，而比连续液相轻的则浮在上面。

实际上，液-液分离比气-液分离更困难。由于液-液之间的密度差总是较气-液之间的密度差小，所以，需要更长的分离时间。为了避免连续相携带凝结相，既可加大聚结过滤器的容积，也可将流速降得很低。凭经验，液-液分离的流速应当不超过气-液分离流速的 1/5。即使流速很低，但如果两个液相间的密度差小于 0.1 个单位（例如，若悬浮于水中的油的相对密度介于 0.9 与 1.1 之间），则凝结相的分离时间可能会相当长。

液-液分离的另外一个实际问题：少量杂质可能充当表面活性剂并对凝结作用进行干扰。由于这个原因，所以我们无法预知液-液聚结过滤器的准确性能，因而必须对每个系统进行现场测试后确定。

可以采用图 21-58（a）中的水平式聚结器实现液-液分离，应使流体以很低的速度由里向外流动，若凝结相较连续相重，其排出口位于下部；若凝结相较连续相轻，则排出口位于上部。

也可以分两个阶段进行液-液分离，将液态水从液态烃中分离出来就是这样的例子。第一阶段采用吸水介质（烧结硼钛酸盐玻璃）的聚结器，它会使液态水滴产生聚结；第二阶段采用疏水介质（烧结聚四氟乙烯）的过滤器，它会使液态水滴从液态烃样品中分离出来。

21-98 如何除去液体样品中的气泡？

答：如果液体样品中含有气泡，将影响或降低大多数液体分析仪的性能，特别是电导率分析仪和依据光学原理制造的分析仪，因此，将气泡从液体样品中除去是很重要的。

图 21-59 是一种气泡脱除器，它也是一种聚结器。含有气泡的液体样品流过多孔的玻璃纤维床层或编织网状物，使小的气泡聚结成一个较大的气泡，气泡靠浮力上升并在脱泡器的顶部逸出，脱泡后的液样则向下流出脱泡器。

旁通过滤器也可用于液体样品中气泡的分离，这是通过仔细平衡旁通过滤器的三个流路实现的。含有气泡的液体样品从入口进入，脱泡后的液样从过滤介质（滤芯）另一侧的出口排出，分离出的气泡由液样携带经旁通流路出口带走。在这里，被液体浸湿的过滤介质起到气泡分离的作用，过滤介质上液体的表面张力，将气泡阻挡住，使泡沫无法渗透过去，只要过

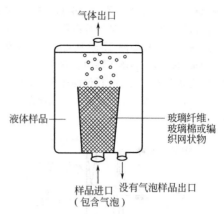

图 21-59　一种气泡脱除器原理示意图

滤介质两边的压差低于其上液体的表面张力，气泡就不会在过滤介质上产生渗透现象，相反，它会被旁流带走。

21-99 什么是膜式过滤器？它有何特点？

答：膜式过滤器（Membrane Filter）又称薄膜过滤器，用于滤除气体样品中的微小液体颗粒。它的过滤元件是一种微孔薄膜，多采用聚四氟乙烯（PTFE）材料制成。

气体分子或水蒸气分子很容易通过薄膜的微孔，因而样气通过膜式过滤器后不会改变其组成。但在正常操作条件下，即使是最小的液体颗粒，薄膜都不允许其通过，这是由于液体的表面张力将液体分子紧紧地约束在一起形成了一个分子群，而分子群又一起运动，这就使得液体颗粒无法通过薄膜微孔。因而，膜式过滤器只能除去液态的水，而不能除去气态的水，气样通过膜式过滤器后，其露点不会降低。

图 21-60 是 A$^+$ 公司 200 系列 Genis 膜式过滤器的结构及其在样品处理中的应用。

膜式过滤器有以下主要特点：

- 过滤孔径最小可达 $0.01\mu m$；
- PTFE 薄膜具有优良的防腐蚀性能，除氢氟酸外，可耐其他介质腐蚀；
- PTFE 薄膜与绝大多数气体都不发生化学反应，且具有很低的吸附性，因而不会改变样气的组成和含量，可用于 10^{-6} 甚至 10^{-9} 级的微量分析系统中；
- 操作压力最高可达 35MPaG（5000psig）；
- 薄膜不但持久耐用，而且非常柔韧。

21-100 图 21-61 是 Balston 公司的一种聚结薄膜组合过滤器，试述其结构特点和工作过程。

答：聚结薄膜组合过滤器由聚结过滤器和薄膜过滤器两部分组成，聚结过滤器位于下部，过滤元件采用烧结多孔材料，呈筒形；薄膜过滤器位于上部，过滤元件采用疏水性微孔 PTFE 薄膜。气体从入口进入

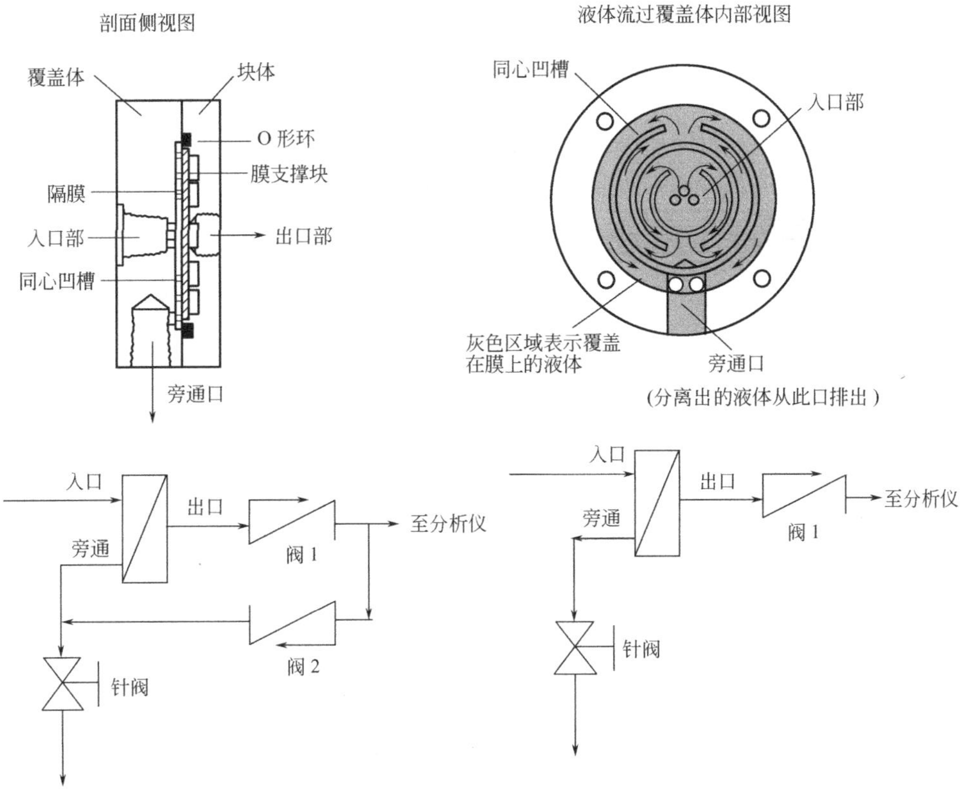

剖面侧视图   液体流过覆盖体内部视图

覆盖体　块体

O 形环
膜支撑块
隔膜
入口部　　出口部
同心凹槽

旁通口

同心凹槽　　入口部

灰色区域表示覆盖
在膜上的液体

旁通口

（分离出的液体从此口排出）

入口　　出口　　　　　至分析仪

旁通　　　　阀 1

针阀　　阀 2

入口　　出口　　　　　至分析仪

旁通　　　阀 1

针阀

图 21-60　A⁺公司 200 系列 Genis 膜式过滤器

注：为了使薄膜正常运行，一定要有旁流。

并被直接向下导入聚结过滤器。聚结过滤器将所有的颗粒物（包括固体和液体颗粒）捕获，并不断将颗粒

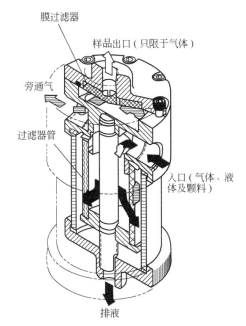

膜过滤器

样品出口（只限于气体）

旁通气

过滤器管

入口（气体、液体及颗料）

排液

图 21-61　Balston A39/12 系列聚结
薄膜组合过滤器

物由底部排液口排出。而后，样气向上流到薄膜过滤器的上游一侧，流经薄膜滤室后从下游一侧的旁通出口流出。薄膜位于滤室上方，经薄膜进一步滤除残留微小液体颗粒后的样气由顶部样气出口排出。

聚结薄膜组合过滤器的典型安装位置在分析仪或受其保护组件的上游，见图 21-62。即使样品系统其他组件失灵，聚结薄膜组合过滤器照样可以对分析仪或组件提供保护。

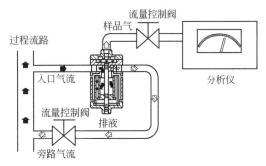

流量控制阀
样品气

过程流路

入口气流

分析仪

流量控制阀　排液

旁路气流

图 21-62　聚结薄膜组合过滤器在分析系统中的应用

21-101　什么是 Nafion 管干燥器？它是根据什么原理工作的？

答：Nafion 管干燥器（Nafion dryer）是 Perma Pure 公司开发生产的一种除湿干燥装置，其结构如图

21-63 所示。在一个不锈钢、聚丙烯或橡胶外壳中装有多根 Nafion 管，样品气从管内流过，净化气从管外流过，样品气中的水分子穿 Nafion 管半透膜被净化气带走，从而达到除湿目的。

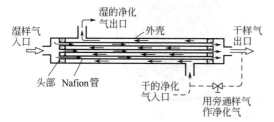

图 21-63　Nafion 管干燥器结构示意图

Nafion 管的干燥原理完全不同于多微孔材料的渗透管，渗透管基于气体分子的大小来迁移气体，而 Nafion 管本身并没有孔，它是以水合作用的吸收为基础来进行工作的。水合作用是一种与水的特殊的化学反应，它不吸收或传送其他化合物。

具体地说，Nafion 管中气体分子的迁移是以其对硫酸的化学亲和力为基础的。Nafion 管是以 Teflon（PTFE，聚四氟乙烯）为基体，在 Teflon 矩阵域内嵌入了大量的离子基——磺酸基制成的。磺酸基（$-SO_3H$）是硫酸（$HO-SO_2-OH$）分子中除去一个羟基（$-OH$）后残余的原子团（$-SO_2-OH$）。磺酸基很易与烃基或卤素原子连接，聚四氟乙烯中引入磺酸基后，会增强其酸性和水溶性。由于磺酸基具有很高的亲水性，水分子一旦被吸收进入 Nafion 管壁，它就会从一个磺酸基向另一个磺酸基渗透，直到最终到达管的外壁，即水分子会全部穿过 Nafion 管到达管壁外的净化气体中。

这里的驱动力是水蒸气的分压，而不是样品的总压。事实上，即使 Nafion 管内的压力低于管外的压力，Nafion 管照样能对气体进行干燥。关键在于是 Nafion 管内部的湿度大，还是外部的湿度大。如果 Nafion 管内气体所含的水分比管外气体所含的水分多（即具有更高的水汽分压），则水汽将会向外移动；反之，水汽则会向里移动（即充当加湿器，而不是干燥器）。

除了水分子以外，任何与硫酸具有极强结合力的气体分子都会穿过 Nafion 管。碱和酸具有极强的结合力，但大多数碱在常温下都是固体，碱性气体主要是一部分含有氢氧基（$-OH$）或水（$H-OH$）的有机碱醇（一般形式为 $R-OH$）及 NH_3（当 NH_3 中有水时就会形成氢氧化铵，即 $NH_3 + H_2O \rightleftharpoons NH_4-OH$），它们能够穿过 Nafion 管。环境监测和过程分析中需要测量的大多数的气体，都无法穿过 Nafion 管，或者穿过速度相当慢。因此，当所损失的组分含量可以忽略不计时，可以用 Nafion 管干燥器

来去除这些气流中的水分。

21-102　Nafion 管干燥器有何特点和优点？

答：Nafion 管干燥器有如下一些特点和优点。

（1）除湿能力强。常温常压下，样气经 Nafion 管干燥后可达到的最低露点温度是 -45℃，相当于含水量为 100ppmV。对于 Nafion 管来说，这是一个极限露点，即使用含水量为 2 ppmV、露点为 -71℃ 的 N_2 作为净化气，样品的露点也不会变得更低。

（2）除湿速度快。由于水合作用的吸收是一个一级化学反应，这个过程会在瞬间完成，所以 Nafion 管干燥气体的速度非常快。

（3）样气经干燥后其组成和含量基本不变，气态水分子可以随意通过 Nafion 管，而其他分子基本上都不能通过。

（4）Nafion 管和聚四氟乙烯一样，具有极强的耐腐蚀性能，即使是氢氟酸或别的凝结酸，Nafion 管都可以承受。

（5）耐温、耐压能力较好，Nafion 管可以承受的最高温度为 190℃，最高压力为 1MPaG。

（6）Nafion 管干燥器无可移动部件，一般无需维护。

21-103　使用 Nafion 管干燥器时应注意哪些问题？

答：主要应注意以下几点。

（1）谨防液态水进入 Nafion 管干燥器　Nafion 管只能分离气态水而不能分离液态水，弄清这一点对于正确使用 Nafion 管干燥器非常重要。这里所说的气态水是指样气中的水蒸气分子，液态水是指样气中的水滴或水雾，它们是集聚在一起的水分子群。聚结器和膜式过滤器只能分离液态水而不能分离气态水，Nafion 管则恰好与之相反。

这是因为 Nafion 管分离气态水分子的过程既无相态变化，也无能量消耗。如果液态水进入 Nafion 管，则它仍会被吸收，而后将其全部蒸发，变为水蒸气。这个过程发生了相态变化，随之产生了能量消耗，Nafion 管开始变冷。随着 Nafion 管的变冷，就会使更多的水发生冷凝，从而使 Nafion 管变得更冷。这样，就会产生一系列的级联反应，Nafion 管会变得越来越冷、越来越湿，直到它被完全浸湿并失去干燥功能。

在大多数情况下，当 Nafion 管被完全浸湿时，用净化气将 Nafion 管连续吹干，Nafion 管又可恢复其干燥性能。然而，如果气态样品中含有离子化合物，这些离子化合物就会溶解于 Nafion 管中的液态水里。一旦出现这种情况，则会发生该溶液与 Nafion 管间的离子交换。这时，就需将 Nafion 管替换下来，将其用酸处理，从而使其再生。

（2）要定期对 Nafion 管进行清洗　要想使Nafion 管干燥器发挥最大效率，则必须定期对管的内、外表面进行清洗，这是由于油膜或别的沉淀物都可能降低 Nafion 管的性能。如果净化气被油污染、样品过滤不充分或者样品中发生了有害的和不可预见的化学反应，时间长了，污染物残渣就会堆积在干燥器内。一段时间以后，将会造成 Nafion 管性能的逐渐衰退，所以要定期对其进行清洗。

（3）操作温度　尽管 Nafion 管可以承受的温度高达 190℃，但其最高操作温度建议为 110℃。由于 Nafion 管是极强的酸性催化剂，当操作温度上升到 110℃ 以上时，样气中就有可能产生有害的化学反应，所以大多数 Nafion 管干燥器的操作温度应控制在 110℃ 以下。

（4）操作压力　对 Nafion 管干燥器的操作压力并无严格规定，只要保持样品气和净化气之间有一定的压力差即可。但应注意避免在 Nafion 管内造成负压，当 Nafion 管内出现负压而管外净化气压力较高时，Nafion 管可能会被压扁。这种情况往往是由于样品抽吸泵安装在 Nafion 管干燥器出口管路中所致。如需用泵抽吸样品，应将泵安装在 Nafion 管干燥器之前而不是其后。

（5）净化气　净化气可以采用干的空气或氮气，也可从 Nafion 管干燥器出口气流中引出一路旁流作为净化气，只要保持净化气的湿度低于样品气即可。为了得到最佳的干燥效果，建议将净化气流速设定为湿样品气流速的 2 倍。

21-104　样气中的哪些组分不能穿过 Nafion 管，哪些组分可能穿过 Nafion 管？

答：样气通过 Nafion 管干燥器后被原封不动地保留下来的组分（即不能穿过 Nafion 管的组分）如下。

大气：Ar、He、H_2、N_2、O_2、O_3

卤素：F_2、Cl_2、Br_2、I_2

烃类：简单的烃类（烷烃）

无机酸：HCl、HF、HNO_3、H_2SO_4

其他有机物：芳香烃、酯、醚

氧化物：CO、CO_2、SO_x、NO_x

硫化物：COS、H_2S、硫醇

有毒气体：$COCl_2$、HCN、NOCl

样气通过 Nafion 管干燥器后被除去的组分及损失量不定的组分（即能够穿过 Nafion 管的组分）如下。

大气：H_2O

无机物：NH_3

有机物：醇、二甲基亚砜、四氢呋喃

损失不定的组分：有机酸、醛、胺、酮、腈。

21-105　使用干燥剂脱湿时应注意哪些问题？

答：（1）根据组分性质选用干燥剂。

（2）尽量少用。因所有的干燥剂，除能脱湿外也要吸附、吸收一些被检测的组分，即所谓无专一性。当吸附、吸收组分达到饱和后，随样品温度、压力变化会再吸附、吸收或脱附、释放出来，造成分析附加误差。

（3）推荐选用硅胶、分子筛作干燥剂。因其他干燥剂的使用均是一次性的，会大大提高维护成本。硅胶、分子筛可再生循环使用，再生温度最好为 100～300℃，再生时间为 3h。

（4）同时使用两种以上干燥剂脱湿时，第一级脱湿能力选较差的，第二级较强，最后级脱湿能力最强，顺序不能颠倒。

（5）干燥罐最好用并列双路，可相互切换使用，一个作备用，以便更换干燥剂时分析不中断。

21-106　什么是微孔管干燥器？它和分子筛干燥器有何异同？

答：微孔管又称渗透管，它是一种多微孔材料的管子，与膜式过滤器中的渗透膜相比，其孔径更小，与分子筛的孔径大小相近。

微孔管干燥器和分子筛干燥器的相同之处是，两者都属于多微孔材料，这种材料上的孔非常小，只允许水分子通过，其他气体分子很难通过，其作用相当于一个过滤分子的筛网，所以称其为"分子筛"。以空气为例，同 N_2 和 O_2 相比，水的分子非常小。当空气遇到这种微孔材料时，只有很少的 N_2 和 O_2 分子能通过小孔且速度较慢，而水蒸气分子则会很快穿过这些小孔，从而有选择地将气体样品中的水分除去。

两者的不同之处是，微孔管干燥器采用渗透方式除水，水分子穿透管壁与其他分子分离；分子筛干燥器采用吸附方式除水，水分子被分子筛吸附与其他分子分离。微孔管的干燥功能是通过管壁两侧的压力差实现的，在压力差作用下，水蒸气分子被迫穿过管壁上的小孔。分子筛的干燥功能则依靠再生来维持，分子筛吸满水时需要替换下了进行再生，再生方法有加热和减压两种。如果分子筛通过加热再生，则这种再生装置称为"变温"干燥器；如果分子筛的再生是通过降低其周围的压力实现的，则该再生装置称为"变压"干燥器。

微孔管干燥器多用于微量水标准气的配制，尚无用于在线分析样品除湿方面的报道。分子筛干燥器用于样气和色谱仪载气干燥方面的例子已经较多，但其除湿能力有限，多用于去除微量的水分。

21-107　无论是采用冷却除水器还是采用气液分离器，都存在一个将冷凝或分离出的液体排出的问题。样品处理系统中的排液方法和排液器件有哪些？各有何优缺点？

答：样品处理系统中常用的排液方法和排液器件主要有如下一些。

（1）利用旁通气流将液体带走　此时应安装一个针阀限制旁通流量，并对压力进行控制。但这种方法通常并不理想，因为不断地分流对样气不仅是一种浪费，而且存在有毒、易燃组分时还可能导致危险。

（2）采用自动浮子排液阀　其结构见图 21-64 和图 21-65。当液位引起浮子上升时打开阀门，使液体排出。这种方法通常也并不理想，因为浮子操作阀机构往往会被样品中颗粒物所堵塞。此外，当样气压力较高时也不宜采用自动浮子排液阀。

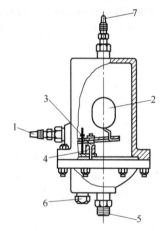

图 21-64　自动浮子排液阀

1—进气孔；2—浮子；3—阀芯；4—阀座；
5—排液孔；6—排污孔；7—排气孔

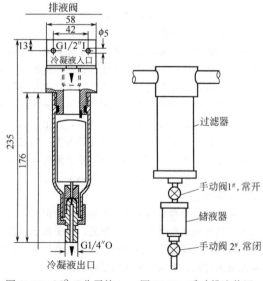

图 21-65　M&C 公司的
自动浮子排液阀

图 21-66　手动排液装置

（3）采用图 21-66 所示的手动排液装置　这种方法解决了上述两种方法存在的问题和弊病，是一种值得推荐的正确排液方法，尤其适用于样气压力较高的场合。如将图中的两个手动阀改为电动或气动阀并由程序进行控制，则可成为自动排液装置。

（4）采用蠕动泵自动排液　其优点是排液量小，排液流量十分稳定，很适合样品处理系统少量凝液的连续自动排放。其缺点是维护量较大，每 30～60 天就要对泵管进行预防性更换，当排液中含有颗粒物时，更换间隔时间会更短，好在泵管的更换费用很低。

21.3.6　防腐蚀和去除有害物

21-108　对于腐蚀性强的样品，如何加以处理？

答：在样品传输和处理系统中，对于腐蚀性强的样品，主要是通过合理选用耐腐蚀材料加以应对的，对于含有少量强腐蚀性组分的样品，也可以采用吸收剂或吸附剂脱除。

21-109　样品处理系统常用的橡胶和塑料材料有哪些？试述其主要性能特点。

答：橡胶和塑料材料用于各种密封件（垫片、O 形环、填料等）和一部分管材、抽吸泵、阀门、过滤器、样品处理容器等，常用的橡胶和塑料材料有如下一些。

- 乙丙橡胶（EPR）　类似天然橡胶，适用于一般场合，耐温范围 −60～+150℃。
- 丁腈橡胶（Nitril、Buna-N）　耐油，具有一定耐腐蚀性，用于含油量高的样品，耐温范围 −54～+120℃。
- 聚醚醚酮（PEEK）　耐热水、蒸汽，可在 200～240℃蒸汽中长期使用，在 300℃高压蒸汽中短期使用。
- 聚四氟乙烯（PTFE、Teflon）　具有优良的耐腐蚀和耐热性能，几乎可抵抗所有化学介质，并可长期在 230～260℃下工作，应用广泛。耐温范围 −200～+260℃。
- 聚三氟氯乙烯（PCTFE、Kel-F）　耐热和耐腐蚀性能稍低于 PTFE，耐温范围 −195～+200℃。
- 聚全氟乙丙烯（FEP、F-46）　耐腐蚀性能极好，耐温低于 PTFE，耐温范围 −260～+204℃。
- 聚偏二氟乙烯（PVF_2、Kynar）　强度较高，耐磨损，耐腐蚀性能优良，耐温范围 −20～+140℃。
- 氟橡胶（Viton）　耐温高，耐腐蚀性能优良，耐温范围 −40～+230℃。

选用时，注意其适用温度和对氟化物的适应性。

21-110　对于含氯气及氯化物的气体样品，如何加以处理？

答：316 不锈钢（Cr18 Ni 12 Mo 2 Ti）可耐干的

氯气及氯化物（包括氯化氢、氯甲烷、氯乙烷、氯乙烯、氯丁烯等），但不耐湿的氯气及氯化物。其原因是氯元素会和水反应生成盐酸（HCl）和次氯酸（HOCl），盐酸是还原性强酸，而次氯酸具有强氧化性，316 不锈钢不耐盐酸和次氯酸。

对于湿的氯气和氯化物样品，可采取如下措施。

（1）样品取出后立即降温除水　此法适用于含水量较高的样品，在某丁基橡胶项目的色谱分析中，对含氯甲烷 85%（质量）、含水 10%（质量）、温度 73℃ 的气体样品，采用先降温除水，再保温传送的方法，取得了满意的效果。除水前腐蚀严重，316 管材管件不足 2 个月就被腐蚀洞穿。

（2）保温在露点以上　此法适用于含水量很少，露点在常温之下的样品。

（3）采用其他耐腐蚀材料　金属材料中仅有哈氏合金、钛材等极少数材料可以耐湿氯腐蚀，不仅价格昂贵，且无现成管材可选。

塑料管材（PVC、氟塑料）虽然耐湿氯，但其耐温、耐压、密封性能远不及金属，且易老化变质，更重要的耐火性差，着火时易损毁造成泄漏危险。

21-111　对于含氟气及氟化物的气体样品，如何加以处理？

答：316 不锈钢耐干的氟气及氟化物，但不耐湿氟，其原因是氟元素会和水生成氢氟酸（HF），而 316 不耐氢氟酸。

防腐蚀措施和湿氯一样，不同之处是可采用蒙耐尔（Monel）材料取代 316 不锈钢，Monel 耐氢氟酸，国外也有 Monel Tube 管、管件和阀门产品可选。湿氟不宜采用塑料管材，因为氢塑料不耐氟，其他塑料管材也不宜采用，因为氟有毒，一旦泄漏，不但危及人身安全，而且会造成严重的环境污染。

21-112　对于含硫蒸气及硫化物的气体样品，如何加以处理？

答：316 不锈钢耐硫蒸气（S_2）及硫化物（H_2S、SO_2、SO_3 等）腐蚀，包括干、湿含硫样品。这里的问题如下。

（1）硫化氢和含硫气体的高温应力腐蚀现象　上述气体在高温下都具有氧化剂的作用，会破坏 316 不锈钢表面的保护性氧化膜，迅速扩散进入晶界，使金属力学性能受到损害，合金在腐蚀和一定方向的拉应力同时作用下会产生破裂，称为应力腐蚀破裂。

氯气也存在高温应力腐蚀问题。

因此，在对含硫气体和氯气伴热保温传送时，应特别注意防止蒸汽伴热产生的温度过高或局部过热，管材必须经过退火处理，并且不允许采用焊接。

（2）少量硫化物的脱除　原油中的有机硫化物包括硫醇、硫醚、二硫化物、多硫化物、噻吩、环状硫化物等，在石化装置中，这些硫化物受热后分解出大量硫化氢甚至硫元素，虽经脱硫处理，但物中含有少量 H_2S，也是常有的事，煤制气和天然气也存在同样情况。许多在线分析仪对 H_2S 及其他含硫气体十分敏感，需要在样品处理时脱除。

常用的办法是采用吸收吸附剂脱硫，如铁屑或褐铁矿粉末可脱除 H_2S、SO_2 等，无水硫酸铜脱硫剂（96% $CuSO_4$，2% MgO，2% 石墨粉）可脱除 H_2S、SO_2、NH_3 等腐蚀性气体。

21-113　当样品具有腐蚀性时，浮子流量计如何选型？

答：玻璃管浮子流量计的测量管可选用高铝玻璃、硼玻璃或有机玻璃，浮子可选用玻璃、氟塑料或耐蚀金属。注意玻璃管不耐氢氟酸、氟化物和碱液。

如玻璃管不满足耐温、耐压和防腐蚀要求，可选用耐腐蚀材料的金属管浮子流量计。

21-114　图 21-67 是 M&C 公司 FP 系列吸附过滤器的结构图，试述其适用范围和主要性能指标。

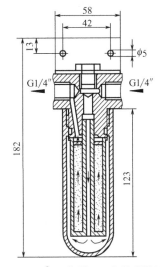

图 21-67　M&C 公司 FP 系列吸附过滤器

答：M&C 公司 FP 系列吸附过滤器用于吸附去除对分析仪有害的组分和干扰组分，吸附过滤器的容积根据载气流量和有害的组分和干扰组分的含量而定，高度在 100～200mm 之间。样气由入口进入后，先沿一垂直的狭窄流路向下流动，再折转向上流动，这种流路设计一方面可使气样与吸附材料充分接触，增强吸附效果；另一方面可使气样中可能挟带的冷凝液滴直接跌落到过滤器底部，避免冷凝液滴进入吸附材料。过滤器的工作情况可以通过透明的玻璃外壳直接观察到，而无需打开过滤器进行检查。吸附材料及其适用范围见表 21-6。

表 21-6　可选吸附材料及其适用范围

吸附材料	对吸附材料有害的组分	可被吸附的组分
活性炭	溶剂或油品的蒸气	SO_2，CO_2，Cl_2，NH_3
Eisenberger 物质	气溶胶	HF
硅胶	水蒸气	SO_2，NH_3，HCl，CO_2，C_nH_m
氢氧化钙	CO_2	SO_2，Cl_2，H_2O
钠一钙	CO_2，SO_2	Cl_2，H_2O
Purafil Ⅱ	SO_2，SO_3，NH_3，CS_2，H_2S	C_2H_2，C_2H_4，CH_4O

FP 系列吸附过滤器的有关技术数据如下。

操作温度：$-20\sim+80℃$

操作压力：$\leqslant 0.4MPa$

部件材料：PVDF（聚偏氟乙烯）、Viton（氟橡胶）、玻璃

21.4　流路切换系统

21-115　什么是单流路分析系统？什么是多流路分析系统？

答：单流路分析系统是指一台分析仪只分析一个流路的样品。多流路分析系统是指一台分析仪分析两个以上流路的样品，它通过流路切换系统进行各个样品流路之间的切换。

21-116　单流路分析系统有何优缺点？适用于什么场合？

答：相对于多流路分析系统而言，单流路分析系统分析周期短，不存在样品之间的掺混污染问题，系统可靠性较高，但其价格也相对要高许多。在进行两者之间的价格评估时，必须考虑到单流路分析系统在速度和可靠性方面的明显优势。

对于在线分析来说，重要测量点应优先采用单流路分析系统，对于闭环自动控制则必须采用单流路分析系统。

21-117　多流路分析系统有何优缺点？适用于什么场合？

答：一台多流路分析仪和数台单流路分析仪相比，价格明显要低得多。多流路分析系统的缺点是：

（1）当分析仪出现故障停运时，所有流路的分析中断和信息损失；

（2）样品之间可能出现的掺混污染；

（3）一个流路在循环分析之间的时间延迟；

（4）由于流路切换系统的复杂性，增大了故障概率和维护量。

当工艺变化比较缓慢，对在线分析的速度要求不高，且分析结果不参与闭环控制，仅作为工艺操作指导时，可采用多流路分析系统。

21-118　多流路分析系统中，造成样品之间掺混污染的原因是什么？如何加以防止？

答：多流路分析系统设计应使被选择的流路样品不受其他流路样品的污染，造成污染的最常见原因是阀门的泄漏以及死体积中滞留的样品。

防止污染通常采用下述两种方法。

（1）切断和放泄系统（block and bleed system）它是采用两个三通阀的双通双阻塞系统，其构成和原理见图 21-68。

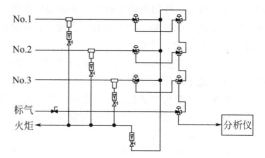

图 21-68　切断和放泄系统

图中 No.3 流路被选择。No.1 和 No.2 流路的样品被双阀截断，双阀之间死体积中滞留的样品或由于阀门偶尔泄漏流入的少量样品经旁通管路排入火炬系统，不会对 No.3 流路造成污染。

（2）反向洗涤系统（Back Flush System）它是采用被选择流路的样品反吹洗涤其他流路的系统，其构成和原理见图 21-69。

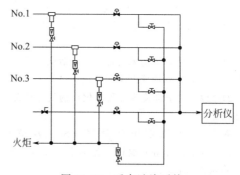

图 21-69　反向洗涤系统

图中 No.3 流路被选择，No.1 和 No.2 流路和标准气流路的样品被气动二通阀截断。No.3 流路的样品在流向分析仪的同时，还反向吹洗 No.1 和 No.2 流路和标准气流路，将上述流路气动二通阀前滞留的样品或由于阀门偶尔泄漏流入的少量样品吹出，经旁通管路排入火炬系统，因而不会对 No.3 流路造成污染。

21.5　样　品　排　放

21-119　对样品排放的基本要求是什么？

答：对样品排放的基本要求是不应对环境带来危

险或造成污染。

21-120 气体样品如何排放？排放时应注意哪些问题？

答：气体样品的排放方式和排放时应注意的问题如下。

（1）排火炬或返回工艺 对于易燃、有毒或腐蚀性气体，这是最安全、最容易和最经济的处理方法。返回点的压力应低于排放点，或者说样品排放压力应高于返回点压力（排放压力一般控制在 0.05MPaG 以上），以保持足够的排放压差。当这一点难以做到时，应采用泵送。

返回点不应有压力波动，否则会影响分析仪的性能，这一点往往也难以做到。在样品返回管线上，采用文丘里管或喷嘴节流将有助于将背压波动减至最小限度。此外，通常还需要在分析仪出口管线上采取某种形式的背压控制措施，以保护分析仪，如加装自动背压调节阀、单向阀（止逆阀）等。

如果样品中有易冷凝的组分，排放管线应伴热保温，并在适当位置加装凝液阀，经常自动排除冷凝物，以防止凝液堵塞和背压的形成。

对于多台分析仪的集中排放，排放总管应有足够的容积（排放总管口径至少应为分析仪排气管口径的 6 倍），以免背压波动对分析仪造成干扰。排放总管水平敷设时，应有 1∶100～1∶10 的斜度，以利排放，分析仪排气管应从总管上部垂直接入，避免排放口被总管内积液或杂质淤堵。必要时，也可用排气收集罐取代排气总管，每台分析仪的排气管线应分别接入罐中。

（2）排入大气

① 直接排放。对环境无危害的清洁、无毒、不易燃气体可直接排大气。有些以大气压力为参照点的分析仪（如红外分析仪、气相色谱仪的柱系统和检测器出口等），也需要直接排大气。

排放时，可在分析小屋顶部伸出一根垂直管子，管子末端装有某种形式的防护罩或 180°弯头，防止雨水侵入并将风的影响减至最低限度。如果含有有害的冷凝物，应在排放系统最低点装上一个带凝气阀（疏水器）或鹅颈管（U 形管）的凝液收集罐。

② 稀释排放。如果可燃性气体流量不大，又无法排入火炬或工艺时，可设置稀释排放系统，用压缩空气或氮气在一个足够容积的稀释罐中稀释至 LEL 以下，通入放空烟囱（高度至少在 6m 以上）排空。

应注意采取分析仪背压控制措施并加装阻火器。

对于某些以大气压力为参照点的分析仪，应注意大气压变化对分析仪示值误差的影响。虽然由海拔高度引起的大气压变化可通过刻度校正来消除，但由气候变化引起的大气压变化也不容忽视（每昼夜大气压变化不超过 1300Pa，气候急剧变化尤其是下雨时，可达 2600Pa）。必要时，可在分析仪排气管线加装绝对压力调节阀，它与一般背压调节阀的区别在于其参比压力由一个抽真空的膜盒提供。

21-121 图 21-70 是美国联合碳化物公司（UCC-Union Carbide Corporation）设计的一套分析仪出口气体收集排放系统，适用于分析小屋内多台分析仪的集中排放。试对该系统作一简要说明。

答：该系统简要说明如下。

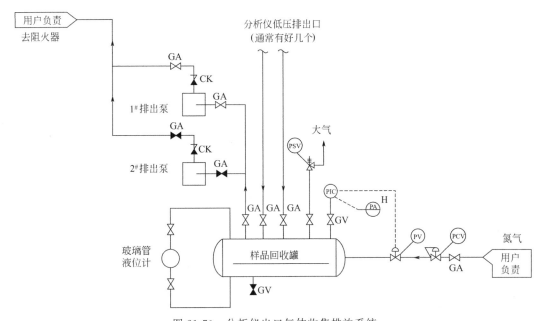

图 21-70 分析仪出口气体收集排放系统

该系统由一个排气收集罐和两台隔膜泵组成，两台泵一用一备。

收集罐的容积、分析仪排出流量和泵送能力应保持匹配，这对于维持分析仪有一个低的和稳定的背压十分重要。图中罐的直径为 1.2m，长度为 1.8m。

就地压力控制系统（PCV 和 PIC/PV）调节收集罐内的压力，该罐的正常压力控制在 127mmH₂O（1.27kPa）。同时向控制室提供一个压力高报警信号（PA）。

安全泄压阀用于保护出口收集排放系统并对分析仪系统可能出现的高背压提供二级保护。

玻璃液位计用于监测分析罐内可能出现的冷凝液，必要时通过 GV 阀排出。

一般来说，每台分析仪的排气管线应分别接入罐中。

21-122 液体样品如何排放？排放时应注意哪些问题？

答：气体样品的排放方式和排放时应注意的问题如下。

（1）返回工艺 液体样品一般是直接返回工艺流程，特别是样品具有产品、中间产品或原料价值时。液体样品往往需要泵送以提供传动压力，以下是两种泵送方案。

① 简单泵送方案（见图 21-71）。泵的输送能力应与分析仪排出流量相匹配且相当可靠（否则采用双泵，一用一备），当泵的容量稍稍过大时，可在旁路装上安全阀达到匹配。

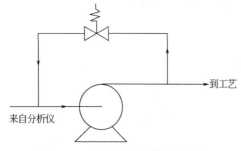

图 21-71　液体样品简单泵送方案

② 采用收集罐的泵送方案（见图 21-72）。

对图 21-72 方案的简要说明。

• 通过有高低液位设定点的液位开关对泵进行开-停控制，并带高低液位报警输出和就地液位指示；

• 带阻火器的排气口用于气体的排放；

• 排液阀用于排污或罐的排空；

• 溢流排液口应加装 U 形管或鹅颈管以防止虹吸。

分析仪的位置应使其出口相对于排液总管而言有一定的高度，从分析仪引出的排液管线直接连接到排

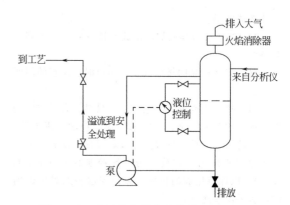

图 21-72　采用收集罐的液体样品泵送方案

液总管上而不应经过阀门。

排液管线口径应足够大以防止对分析仪系统产生背压，并且应有一定坡度以便排气，防止气塞。

（2）就地排放 如果样品不能返回工艺，少量的、不含易燃、有毒、腐蚀性成分的液体样品可排入化学排水沟或污水沟送处理厂处理，如含有上述成分则需经过处理后才能排放，无论如何，不能排入地表水排水沟里。

特别注意，如果液样中含有易挥发的可燃性组分，或混溶有可燃性气体成分时，必须将其脱除后才可以排放（一般加热至 40℃ 以上使其蒸出），以防可燃性气体在排水沟内积聚带来的危险。

21.6　特殊样品的取样和处理系统

21-123 何谓"特殊样品"？特殊样品的取样和处理系统主要有哪些？

答：这里所谓的"特殊样品"，是指那些取样点工艺条件苛刻、样品组成复杂易变、采用一般的处理方法难以奏效的样品。例如：高温、高含水含尘样品，易聚合、结晶样品，强腐蚀性样品，脏污样品等。这些样品往往需要采用专用的取样和样品处理装置加以处理，或采用较为复杂的系统和流程进行处理，为了与一般的系统相区别，我们将其称为特殊样品或复杂条件下的取样和样品处理系统。

特殊样品的取样和处理系统主要有如下一些：

• 乙烯裂解气取样和样品预处理系统；

• 丁二烯抽提装置样品处理系统；

• 催化裂化再生烟气取样和样品预处理系统；

• 硫磺回收装置样品处理系统（见硫分析仪部分）；

• 合成氨装置转化、变换高温高含水样品处理系统；

• 尿素合成塔出口样品处理系统；

• 高温含尘含水烟道气取样和样品处理系统（见CEMS部分）；

• 水泥回转窑尾气取样和样品处理系统。

21-124 试述乙烯裂解气取样装置（Py-Gas）的工作原理和主要性能指标。

答：乙烯裂解气取样装置（Py-Gas）是美国流体数据公司（Fluid Data）的产品，天华化工机械及自动化研究设计院苏州自动化研究所也生产 YQXL-Py-Gas 裂解气取样装置，并已在国内部分乙烯裂解和催化裂化装置中得到应用。Py-Gas 的结构如图 21-73 所示。

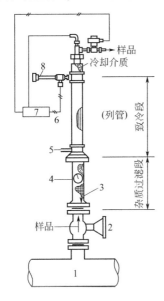

图 21-73 乙烯裂解气取样装置（Py-Gas）

1—工艺管道；2—根部截止阀（闸阀或球阀）；3—油、水返回工艺管道；4—温度指示表；5—压缩空气（冷气）出口；6—压缩空气入口；7—温度控制器；8—涡旋管制冷器

该装置由过滤逆流部件、列管式冷却器、涡旋制冷管和温度控制器四个部分组成。其工作过程如下。

(1) 高温、高含水、高油尘样品先经过滤逆流部件除去一部分液态油尘。

(2) 用涡旋制冷管产生 0～-30℃ 的制冷气源，经列管式冷却器换热冷却样品，使绝大多数的水分和重的烃类物质冷凝为液体，顺样品管流下，冲洗过滤逆流部件后，返回工艺管道。

(3) 冷却后的样品用测温元件测量，温度控制器根据测温信号调节压缩空气出口压力（即调节冷气流量），以保持设定制冷温度，并控制样品出口阀门，使露点（含水量）达到要求的样品送出，再经简单的处理，吸附残留的水分和夹带的油雾后送色谱仪进行测量。如果样品温度超过设定温度 16℃ 以上，则自动关闭样品出口阀门。

其主要技术性能指标如下。

样品条件

温度：max. 650℃；

压力：max. 0.14MPa；

输出指标

温度：10～30℃ ±2℃；

压力：样品通过 Py-Gas 时的典型压力降为 7kPa；

流量：500～1500mL/min；

压缩空气

供气压力：0.5～0.7MPa；

耗气量：250L/min。

21-125 在乙烯裂解气取样装置（Py-Gas）的选型和使用中应注意哪些问题？

答：Fluid Data 公司的 Py-Gas 已在世界范围内广泛采用，我国的乙烯裂解装置也大多选用该产品。但从国内实际使用情况看并不理想，大多数 Py-Gas 并未发挥出其应有作用，相当一部分处于停用状态。

造成这种现象的原因是多方面的，对于乙烯裂解气这种高温、高含水、高油尘样品的处理本身难度就很大，加之裂解原料上的差别、工艺和设备上的差异、多变的工况、频繁的清焦、系统配置上的欠缺、使用维护上的不当等，都会对 Py-Gas 的运行产生影响。

下面根据国内部分用户的使用经验，提出几点建议，仅供参考。

(1) 根据工艺要求的不同，乙烯裂解气的取样点一般有两处，一处在废热锅炉出口管道上，另一处在急冷器出口管道上。

废热锅炉出口管道中的物料温度高，约 500℃ 左右，含水量约 30% 左右，压力约 91kPa，不含急冷油（在急冷器之前）。此处的主要问题是防止结焦，可考虑选用带除焦阀（De-Coke Ram Valve，其价格为 Py-Gas 的 1.5 倍）的 Py-Gas。

急冷器出口管道中的物料温度在 200℃ 以上，含水量约 6% 左右，压力约 91kPa，含有大量急冷油（约 85% 左右），此处的主要问题是除油，无需采用除焦阀。

(2) 清焦操作时未及时关闭 Py-Gas 的根部截止阀是造成 Py-Gas 结焦和其他故障的重要原因之一。建议将根部手动阀改为带阀位指示器的气动或电动闸阀，其开关动作由清焦程序自动控制，清焦开始关闭，清焦结束打开，阀位状态可随时在 DCS 上观察到。不仅可有效保护 Py-Gas，减少结焦等故障，也可提高自动化程度，减轻维护人员的工作量。将 Py-Gas 根部手动阀改为气动闸阀的方案见图 21-74。

(3) 当取样点选在急冷器出口管道上时，应慎重选择 Py-Gas 之后的油气分离器和自动排油阀，尽可能将 Py-Gas 出口气体中可能夹带的油分除去，并应加强对此处的巡检维护，及时排除故障。

(4) 无论考虑如何周全，样品带油现象还是难以避免的，问题是及时发现并采取相应措施，避免带油

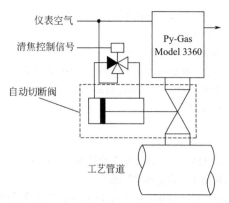

图 21-74　将 Py-Gas 根部手动阀改为
气动闸阀的方案

样气进入色谱柱中造成危害。建议在分析小屋的样品预处理系统中加装一个观察罐，如图 21-75 所示。其结构是一个焊接连接的"T"管路，作用是既可及时观察到样品带油现象，又避免了样品的传输滞后，因为样品只是流经"T"管路，并未进入观察罐中。

（5）Py-Gas 到分析仪之间的样品传输管线应采用 3/8″或 ϕ10mm 的不锈钢管，并应采取伴热保温措施，最好配备蒸汽吹扫系统。

一般来说，保持 Py-Gas 的长期稳定运行绝非轻而易举，往往需要经历一个观察、摸索、积累经验、逐步熟悉的过程，并应根据现场具体情况对系统配置加以改进和完善。

21-126　简述重油催化裂化装置反应-再生系统工艺流程、再生烟气分析的意义和作用。

答：催化裂化是炼油厂提高原油加工深度、生产高辛烷值汽油、柴油和液化气的一种重质油轻质化工艺过程，由反应-再生、分馏、吸收稳定三部分组成。在重油催化裂化装置中，原油与高温催化剂进行催化反应，反应后的油气与催化剂经三级旋风分离器迅速分离，油气送分馏塔进行分馏。参与反应后且表面积炭的催化剂被送到再生器进行烧焦再生，再生后的催化剂可循环使用。催化裂化装置处理量大、产值高、利润大，其不足之处是需要对催化剂不断再生和防止催化剂二次燃烧所带来的危害。因此，在催化裂化反应中，必须了解和掌握催化剂的循环量和再生系统的反应状况。然而，催化剂的循环量是用仪表无法检测的，只有通过对再生器中反应组分 O_2、CO、CO_2 的测量，来判断和衡量催化剂的再生程度，控制最佳的剂油比、汽剂比来保持反应系统的三大平衡。国内外的经验均证明，对催化裂化装置采用高级或优化控制可产生巨大的经济效益，而对催化剂再生情况的在线观测是实现优化控制的先决条件之一。

某炼厂重催装置反应再生系统工艺流程示意图见图 21-76。

如图所示，重催装置的反应再生系统由反应器、第一再生器、第二再生器组成。反应器出来的催化剂经第一再生器再生后，进入第二再生器进行完全的再生，然后与重油一起进入反应器。所谓再生，就是空气与催化剂表面的焦炭发生燃烧反应，除掉催化剂表面焦炭，使催化剂活性得以恢复的过程。因重油催化装置催化剂表面焦炭多，必须经两级再生才能使催化剂表面焦炭燃烧干净。二再的烟气冷却后与一再的烟气混合进入三旋和烟机。

两个再生烟气取样点的样品组成和工艺条件如表 21-7 所示。

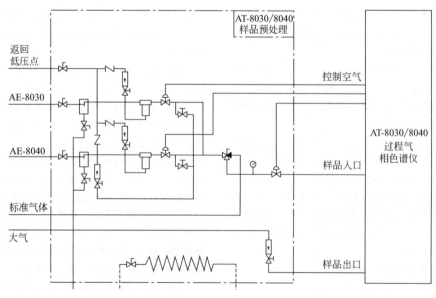

图 21-75　乙烯裂解气样品处理系统和气样带油观察罐

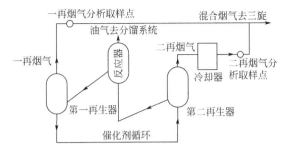

图 21-76　重催装置反应再生系统工艺流程示意图

表 21-7　再生烟气取样点的样品组成和工艺条件

组　　成	一再取样点	二再取样点
CO	5%	50×10^{-6}
CO_2	12%	15%
O_2	<0.5%	2%~5%
SO_2	$<400 \times 10^{-6}$	250×10^{-6}
NO	$<10 \times 10^{-6}$	$<10 \times 10^{-6}$
N_2	60%	70%
H_2O	<15%	<15%
粉尘含量	500mg/m³	1150mg/m³
压力/MPa	0.2	0.2
温度/℃	650~700	350~400

测量一再和二再的烟气重点是不一样的。第一再生器的反应是欠氧反应,要求测量 CO 和 CO_2;第二再生器内的再生反应为富氧反应,要求测量是 O_2 和 CO_2。测量一再 CO 与两个再生器 CO_2 的目的有两个:一是据此在操作中均衡分配一再与二再的烧焦负荷;二是借此推算出催化剂上面焦炭含量,达到优化操作的目的。测量二再的氧气,是为了控制过量的氧含量在一定的范围内。若氧含量太少,则催化剂上面的焦炭没有完全燃烧,活性没有恢复;若氧含量太多,不仅造成浪费,还会引起两个再生器的烟气混合后形成燃烧的条件,发生二次燃烧,损坏设备,造成重大的安全生产隐患。

21-127　催化装置再生烟气在线分析中存在的主要问题是什么?如何加以解决?

答:再生烟气在线分析中,分析仪表方面技术上已经没有任何问题,用红外分析仪测量 CO 和 CO_2,用磁氧分析仪测量 O_2,都是很成熟的。目前国内大多数炼厂再生烟气取样系统应用不太好的主要原因,是由于样品本身的复杂性:烟气温度高达 700℃,且烟气中含有大量细小的催化剂粉尘、水和酸性气体(SO_2、CO_2 等),使样品输送和处理相当困难。粉尘和水易板结,会堵塞样品输送管;酸性气体与水混合后极易对样品输送系统造成腐蚀;样品的高温加剧了样品输送管的腐蚀和磨损。

为了解决催化装置再生烟气取样这一难题,国内外作了多年的研究开发,目前已取得突破。国外如美国 Fluid Data 公司的 PY-GAS 5521 型取样器、德国 M&C 公司的 LGC-BF/PN25 型取样器等,已在国内部分催化裂化装置中得到应用。国内天华化工机械及自动化研究设计院苏州自动化研究所的 YQXL-FCCU 型取样器也已在洛阳石化成功应用,并通过中国石化集团公司的技术鉴定。

这些取样器的基本设计思路是"回流取样",即采用冷却的办法把再生烟气中的水分冷凝下来,冷凝液在流回工艺管道时回洗样品中的颗粒物和其他杂质,从而实现系统的自清洗,并使气样得到净化。由于催化再生烟气中含水量不多,不足以形成足够的反冲洗能力,使用时需向取样器中注入少量的低压蒸汽(即注水)。

21-128　PY-GAS 5521 型取样器是美国 Fluid Data 公司专为催化再生烟气取样而设计的取样装置,图 21-77 是其系统组成图。试述图中各部分的作用以及工艺样品在取样器中的处理过程。

答:PY-GAS 5521 型取样器要求垂直安装在工艺管道上。从下到上由以下几部分组成。

(1) 根部取样阀　通常使用 DN50 的高温不锈钢闸阀或球阀(由用户自行购买安装)。用于对取样器维护时,切断工艺样品。

(2) 过滤逆流段　这一段填充了金属过滤网,上部的滤网目数比下面的目数大。作用就是分级过滤样气中含有的固体颗粒杂质。这一段还有一个蒸汽注入口,使用中要接入低压蒸汽,以增加样气中的含水量。一个温度计用于指示样气此时的温度,给系统调试提供参考。

(3) 冷却脱水段　这一段与工艺装置的换热器一样,热的样品从下向上从管内通过,冷的空气从上向下从管外通过。冷却过程中,样气中的水逐步冷却向过滤段回流。样气出冷却器前,低温下的饱和水已经冷凝析出;样气出冷却器后,温度会提高到环境温度不会有水析出。

(4) 温度控制系统　包括温包-毛细管测温元件、气动的温度控制器、空气涡旋管制冷部件和样气超温切断阀等。作用是通过控制制冷空气的流量来控制冷却段顶部温度,通常使这个温度低于环境温度(或样品输送管保温温度)5℃以上。当样气温度超过设定点 10℃ 时,超温切断阀动作关断样品出口,避免样品带水进入后续的样品输送和测量部件。

(5) 样品的监视与流量调节元件　便于维护人员观察出口样气的流量和被处理的情况。

工艺样品在取样器中的处理过程如下。工艺样品进入取样器后,因速度变慢,大量的固体杂质并不进

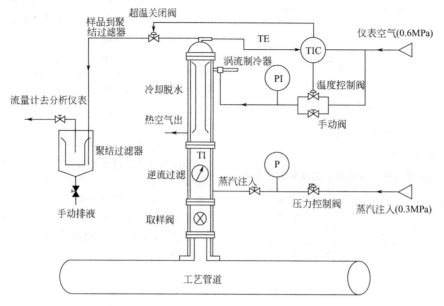

图 21-77　PY-GAS 5521 型取样器系统组成示意图

入取样器而直接回到工艺管道。样品慢速向上流动，首先经过逆流过滤部分，在这里剩下的固体粉尘等颗粒物都被过滤下来，样品与蒸汽混合后上升到冷凝段。在冷却段，通过控制冷却空气量在柱中形成受控制的温度梯度，样气中的水逐步冷凝，向下流动并聚集在逆流过滤段。当液态水足够多时就会继续向下流并把过滤段的粉尘冲回工艺管道。样气来到取样器的顶部时，已经是干净的、含极少量水的样品。样品出取样器后温度升高到环境温度，不会再有水析出，经流量调节输送到在线仪表样品预处理系统。取样器出口有样气超温切断阀，保证没有处理干净的样品不进入后续的管道与部件。

PY-GAS 5521 型取样器于 2002 年底开始在南方某炼厂重催装置使用，到 2005 年一直使用正常，没有发生样品系统腐蚀与堵塞的现象，维护工作量较以前大为减少。

21-129 PY-GAS5521 型取样器使用中应注意哪些问题？

答：主要应注意以下几个问题。

（1）出口样气流量最大应控制在 1500mL/min 之内。此时，在直径为 50mm 的取样器内，样气的流速仅为 1.3cm/s，而催化再生烟气在烟道的流速至少为 2m/s。根据斯托克斯（Stokes）定律，当含有悬浮颗粒物的流体移动速度变慢时，重力将使粒子加速向下掉并不再悬浮。也就意味着，样气中绝大多数的粉尘等固体颗粒物并不进入取样器，从而大大减小了样气中粉尘处理的难度。实际应用中也发现，应用两年后在过滤段基本没有发现粉尘沉积。

（2）使用时注入少量蒸汽。蒸汽的第一个作用是给样气加热保温，因为样气流量较小，高温的样气很快就会被降温，如果温度下降过快，样品中的水过早析出，将不利于过滤段的回流自清洗。蒸汽的第二个作用是向样气中注水，增加系统的自清洗能力，因为催化再生烟气中含水量不多，不足以对逆流段形成足够的反冲洗能力。蒸汽的第三个作用是洗干净样气中的 SO_2，确保腐蚀性气体不进入后面的样品输送与分析部件。

（3）PY-GAS 取样器要求制冷空气压力为 0.7MPa，才能保证足够的制冷量，应尽量给以保证。只有足够的制冷能力，才能确保可在冷却脱水段建立合理的温度平衡，确保逆流过滤段得到足够的回流水冲洗，保证整个系统正常工作。只有足够的制冷能力，才能保证样品在出口处达到低于环境温度的温度设定点，从而连续向在线仪表供气。

（4）建立系统温度平衡是一个很难的工作，需要经过较长时间的摸索才能找到规律。过滤段温度受到四个主要因素影响：样气流量、冷却空气量、蒸汽注入量和环境温度。样气流量和冷却空气量基本不变，主要干扰因素是蒸汽流量和环境温度的变化。因样气与空气热容小，而取样器壳体热容很大，要达到温度的稳定是一个很长的过程，只有多次、反复调整蒸汽流量，过滤段温度才能达到要求的控制点（60℃）。此外，温度平衡点会随环境温度的波动而波动。经验证明，冷却段、过滤段的保温要做好，可减小环境温度波动的影响（允许过滤段温度在 50～75℃ 的范围内波动）。在北方气温变化较大的地方，更应注意对取样器与样品输送系统的伴热与保温。

（5）因第一再生器中再生反应是不完全燃烧，故烟气中存在硫蒸气。使用中发现，硫磺会在过滤段上部冷却段下部出现。建议每隔半年左右用150℃左右的蒸汽冲洗取样器1h（冲洗时关闭样品出口阀），让硫磺溶化流回工艺管道。

21-130 试述 M&C 公司 LGC-BF/PN25 型催化裂化再生烟气取样器的结构和工作原理。

答：图 21-78 为 LGC-BF/PN25 型取样器的结构图，设计思路和工作原理与前述 PY-GAS5521 型取样器基本相同，不同之处主要在于前者采用冷却水换热制冷，而后者采用压缩空气涡旋制冷。

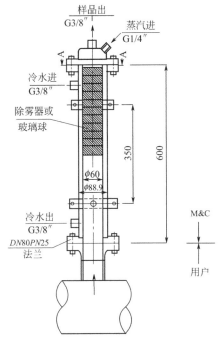

图 21-78　M&C 公司 LGC-BF/PN25 型催化裂化再生烟气取样器结构图

21-131 图 21-79 是天华化工机械及自动化研究设计院苏州自动化研究所研制的催化裂化再生烟气取样和样品处理系统流路图，试说明其工作原理和性能指标。

答：（1）系统构成和各部分的作用

① 再生烟气取样器。YQXL-FCCU 型旋冷仪，其结构、原理与 PY-GAS5521 型取样器基本相同。

② 样品流量控制单元。采用聚结过滤器对水分和粉尘进行第二级滤除并对取样流量进行控制。样品的流量控制是关键环节，一般应控制在 1000mL/min 之内，最大不能超过 1500mL/min。流量过大会使取

样器失去斯托克斯定律管的沉降作用，粉尘将随样气一起被取出。

③ 蒸汽轻伴热传输管线。将样品由前处理系统传送至现场分析小屋的预处理系统。

④ 膜式过滤和样品分配单元。采用膜式过滤器对水分和粉尘进行第三级滤除并进行样品分配和流量控制，供红外和氧分析仪使用。

（2）适用的样品条件

温度：200～780℃

压力：0.1～0.2MPa

粉尘含量：500～1500mg/m³

含水量：5～25%V

SO_2 含量：<500ppmV

（3）主要技术指标

旋冷仪出口温度：10～30℃

传输管线伴热温度：≥40℃

样品压力：0.02MPa

样品流量：1000mL/min

粉尘含量：无

含水量：≤2000ppmV

仪表空气压力：0.45～0.6MPa

蒸汽压力：0.3MPa

21-132 简述丁二烯抽提装置的工艺流程和在线色谱分析取样点的位置。

答：丁二烯抽提装置以乙烯装置的 C4 馏份为原料，采用二甲基甲酰胺（DMF）或乙腈（ACN）为溶剂，通过两级萃取和两级精馏，从混合 C4 馏分中提取高纯度的 1-3 丁二烯产品。目前我国采用 DMF 法的丁二烯抽提装置居多，DMF 法丁二烯抽提工艺简图见图 21-80。

图 21-80 中带 "○" 处是在线色谱分析的五个主要取样点。

（1）原料蒸发罐出口，分析原料的组成和 1,3-丁二烯的含量。

（2）第一萃取塔 B 塔 109 块塔板处，检测中间萃取的程度。

（3）第一萃取塔 A 塔顶部出口，检测排放物成分和含量。

（4）第二汽提塔顶部出口，检测排放物成分和含量。

（5）第二蒸馏塔顶部出口，检测产品 1,3-丁二烯的纯度。控制指标为：1,3-丁二烯纯度≥99.5%，乙烯基乙炔≤5×10⁻⁶，总炔烃含量≤20×10⁻⁶。

21-133 丁二烯抽提装置的被测样品有何特点？样品处理系统要解决的主要问题是什么？

答：DMF 法和 ACN 法丁二烯抽提装置样品组成及物理特性见表 21-8。

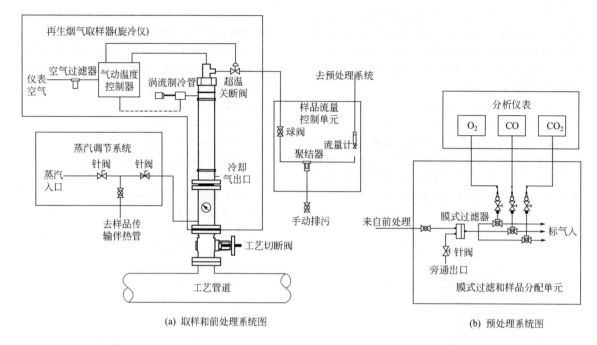

(a) 取样和前处理系统图

(b) 预处理系统图

图 21-79　催化裂化再生烟气取样和样品处理系统流路图

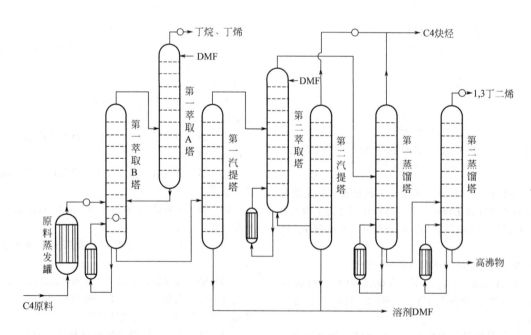

图 21-80　DMF 法丁二烯抽提工艺简图

表 21-8 丁二烯抽提装置样品组成及物理特性

序号	名称(中文)	名称(英文)	熔点/℃	沸点/℃	水溶性
1	丙烷	Propane	−187.7	−42.1	微溶
2	丙烯	Propylene	−185.2	−47.7	微溶
3	甲基乙炔(丙炔)	methyl-acetylene(MA)	−102.7	−23.2	微微溶
4	正丁烷	n-butane	−138.3	−0.5	不溶
5	异丁烷	Iso-butane	−159.6	−11.7	微溶
6	异丁烯	Iso-butene	−140.4	−69.0	微微溶
7	1-丁烯	1-butene	−185.4	−6.3	不溶
8	反丁烯	*t*-2-butene	−105.6	0.9	不溶
9	顺丁烯	*c*-2-butene	−138.9	3.7	不溶
10	1,3-丁二烯	1,3-butadiene(1,3-BD)	−108.9	−4.4	不溶
11	1,2-丁二烯	1,2-butadiene(1,2-BD)	−136.3	10.3	不溶
12	乙基乙炔	ethyl-acetylene(EA)	−125.8	8.7	不溶
13	乙烯基乙炔	vinyl-aectylene(VA)	−118.0	5.1	微溶
14	正戊烷	n-pentane	−129.7	36.1	微溶
15	二甲基甲酰胺	dimethyl formamide(DMF),溶剂	−61.0	153.0	溶
16	乙腈	acetonitrile(ACN),溶剂	−44.9	81.6	易溶
17	亚硝酸钠	NaNO₂,阻聚剂			易溶
18	二聚物	BD Dimer,丁二烯自聚物			不溶

样品特性：(1) 1,3-丁二烯在光、热、氧及各种催化剂作用下易发生聚合反应；(2) 乙烯基乙炔在空气中非常容易氧化生成爆炸性的过氧化物，易发生加成反应和聚合反应。

样品处理系统要解决的问题主要有以下几个方面。

(1) 全程伴热保温，防止样品冷凝 从表 21-8 中可以看出，样品中多数组分沸点较高，甚至接近常温，因此从取样、传输到样品预处理，均须伴热保温，以防某些组分冷凝下来使样品失真，同时也要防止样品冷凝可能造成的传输管线阻塞和其他故障。

(2) 防止丁二烯自聚并除去已生成的自聚物 1,3-BD 在 70℃ 以上易自聚，生成双向缩聚物(简称二聚物)，工艺样品中约含 0.2%～0.3% 的 BD 二聚物，样品伴热传输中，如温度过高会生成更多的自聚物，自聚物黏度高，易堵塞传输管线和色谱仪进样阀及色谱柱。因此，样品系统要解决防止丁二烯自聚并除去已生成的自聚物，这也是丁二烯抽提装置样品处理的最大难点。

(3) 除去对色谱柱有害的物质 DMF 对色谱柱有害，DMF 可作为色谱柱固定液使用，进入柱子后会引起柱性能变化，应在样品处理时除去。

ACN 对色谱柱的危害比 DMF 小，但出峰时 ACN 与 VA(乙烯基乙炔)的峰重叠，影响 VA 的测量。如采用极性柱，两者不易分开，可采用非极性柱预分 ACN 并将其反吹出去，然后再进入极性柱对 VA 进行分离，也可考虑在样品处理时将其除去。

21-134 如何设计丁二烯抽提装置的样品处理系统？设计时应注意哪些问题？

答：丁二烯抽提装置的样品处理是乙烯工业(乙烯裂解及其下游装置)在线分析的难点之一，它比乙烯裂解气的样品处理还要复杂，难度还要大。天华化工机械及自动化研究设计院从 1995 年就开始从事丁二烯抽提装置样品处理系统的研究和应用，在日本横河公司原有技术的基础上，进行了多项改进和更新，经过多年的现场实践，技术已经逐步成熟，先后成功应用于国内多套丁二烯抽提装置中，并已于 2003 年通过中国石化集团公司的技术鉴定。根据天华院的技术和经验，丁二烯抽提装置样品处理系统的设计要点如下。

(1) 取样 采用不停车带压插拔式取样探头取样，以便发生堵塞时的拆卸清理。根据取样点的不同分别设计样品前处理系统，液体样品需减压汽化，微压样品可用泵抽吸增压。这里应注意以下两个问题。

① 有些取样点样品中带用少量的二聚物和其他杂质，当工艺波动时，二聚物和杂质的含量随之变化，采用一般的过滤器很容易造成堵塞，并且难以清理。此时可采用二级过滤的办法，先用粗过滤器(滤料采用丝网、玻璃球等)进行拦截捕获，再经烧结金属过滤器后送减压阀减压。为除去粗过滤器中的黏附物，可定期通入高温蒸气对其进行吹扫清理。

② 对于液体样品的减压汽化，不宜采用蒸汽加热的减压汽化阀，因为蒸汽温度过高，丁二烯易自聚，会导致减压阀堵塞，而应采用电加热的减压汽化阀，加热温度控制在 60℃ 以内。

(2) 样品伴热保温传输 丁二烯装置工艺样品的特点是以碳四为主，在温度、压力变化时容易液化，导致样品失真，需伴热保温传输。但伴热温度不能超过 70℃，当温度超过 70℃ 以上时样品中的 1,3-丁二烯容易自聚，堵塞传输管线。伴热效果应使样品温度保持在 40℃ 左右为宜，最高不得超过 60℃。

以前采用低压蒸汽伴热，极易发生自聚现象。自聚物不但堵塞样品管线，严重时甚至涌入样品处理系统和色谱仪部件，停车检修时，自聚物已冷却固化，无法进行清理，只能将堵塞部分废弃。有的工厂曾采取多项措施加以改进，如加快样品流速、加粗管线通径、设置双路传输管线并轮流用蒸汽和氮气吹扫清理等，虽取得一定效果，但日常维护量很大。

根据实践经验，丁二烯样品采用电伴热保温传输是最佳方案，电伴热带应选用自调控型，最好采用一体化电伴热管缆。

（3）样品处理　从样品组成及物理特性表（表 21-8）中可以看出，碳氢化合物组分均不溶或微溶于水，DMF、ACN 和阻聚剂均易溶于水，BD 自聚物可被水洗去，采用水洗的办法对样品进行处理可有效除去样品中的有害物质，而不影响样品的基本组成。洗涤水的温度应＞10℃，水洗后的样品经聚结器、膜式过滤器除水后送色谱仪进行分析（对于原料组成分析和产品纯度分析两个取样点的样品无需进行水洗处理）。

天华院苏州自动化研究所开发的丁二烯抽提装置取样和样品处理系统见图 21-81。

21-135　图 21-82 是天华院苏州自动化研究所开

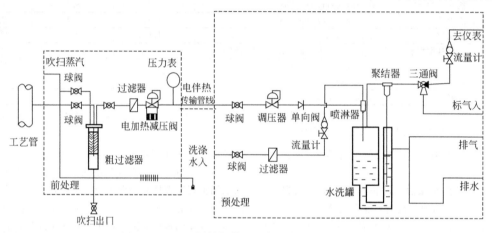

图 21-81　丁二烯抽提装置取样和样品处理系统图

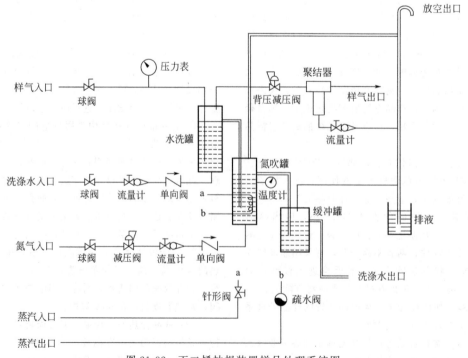

图 21-82　丁二烯抽提装置样品处理系统图

发的一种带氮吹环节的丁二烯抽提装置样品处理系统图，试述其样品处理过程和图中各部分的作用。

答：丁二烯样品经水洗罐洗涤后，由聚结器脱除液滴和水雾，送色谱仪进行分析。图中的背压减压阀用于稳定水洗罐的压力，使水洗系统气液两相间的压力保持平衡。

图中的氮吹罐用于脱除洗涤水中溶解的少量可燃气体，以免洗涤水排入地沟后溶解气体释放出来可能形成的危险。脱除方法是用蒸汽对洗涤水加温，并通入氮气吹扫将水中溶解的气体驱出。

21-136 合成氨生产中红外分析仪的取样点有哪些？样品处理系统要解决的主要问题是什么？

答：合成氨生产装置的原料来源有多种，工艺路线也各有差异，但主要生产过程均包括造气、脱硫、变换、脱碳、精制、压缩合成几个工序。在合成氨生产中，采用多台红外分析仪检测工艺气中 CH_4、CO、CO_2 等组分的含量，对生产过程控制和工艺操作起着重要作用。图 21-83 是烃类转化法大型合成氨装置工艺流程示意图，图中①～⑥是红外分析仪取样点位置，各取样点的工艺条件和红外分析仪有关参数见表 21-9。

从表 21-9 中可以看出，转化、变换、脱碳出口气体高温、中压，其中转化、变换出口气体含水量达 30% 以上，最高时可达 60%，属于高含水的气体。

甲烷化炉（精制）出口气体温度仅 $38℃$，含水量 0.25%（2500ppmV），在常温下远未达到饱和状态，应不会有水析出。但在实际运行中，特别是工艺不稳定或环境温度较低时，样品处理系统经常带水，严重威胁红外分析仪的正常运行。

当样气含水且湿度较大时，主要危害有以下几点。

（1）当水分冷凝在红外检测气室的晶片上时，会产生较大的测量误差。

（2）样气中存在水分会吸收红外线，从而给测量造成干扰。水分在 $1～9\mu m$ 波长范围内有连续的吸收波长，而且其吸收波谱和许多组分特征吸收波谱往往是完全重叠的，即使使用滤波气室和滤光片，也不能把这种干扰消除。在进行微量分析时，这种干扰是不容忽视的。

（3）水分存在会增强样气中腐蚀性气体的腐蚀作用。

因此，对于合成氨装置的在线红外分析仪来说，样品处理系统要解决的主要问题是除水脱湿。

21-137 合成氨装置在线红外分析仪的样品处理系统应如何设计？如何对样品除水脱湿？

答：为了防止样气中水分对红外检测气室的危害，降低其对待测组分的干扰，需要在对样品除水脱湿，降低其露点。除水的方法很多，但常用和较好的方法是采用冷却器降温除水。

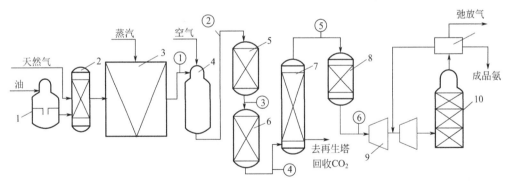

图 21-83　烃类转化法大型合成氨装置工艺流程示意图
1—汽化炉；2—脱硫塔；3—一段转化炉；4—二段转化炉；5—高温变换炉；6—低温变换炉；
7—CO_2 吸收塔；8—甲烷转化炉；9—多段离心压缩机；10—氨合成塔

表 21-9　各取样点的工艺条件和红外分析仪有关参数

序号	取样点位置	分析对象	量程/%	控制值/%	工艺条件		含水量/%
					温度/℃	压力/MPa	
①	一段转化炉出口	CH_4	0～15	8.85	790	3.1	41.18
②	二段转化炉出口	CH_4	0～1	0.3	360	2.9	39.89
③	高温变换炉出口	CO	0～5	3.1	423	2.9	32.20
④	低温变换炉出口	CO	0～1.5	0.41	237	2.7	1.96
⑤	脱碳吸收塔出口	CO_2	0～1	<0.1	316	2.6	0.9
⑥-1	甲烷化炉出口	CO_2	$0～50\times10^{-6}$	$<3\times10^{-6}$	38	2.6	0.25
⑥-2	甲烷化炉出口	CO	$0～50\times10^{-6}$	$<3\times10^{-6}$	38	2.6	0.25

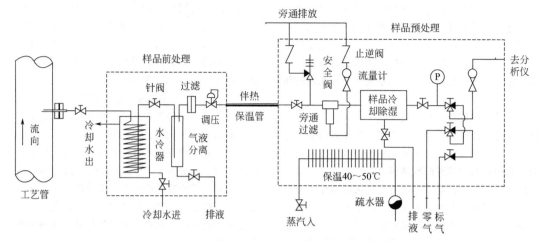

图 21-84　合成氨装置红外分析仪样品处理系统典型方案

图 21-84 是合成氨装置红外分析仪样品处理系统的一种典型方案，适用于转化、变换、脱碳出口样气的处理。甲烷化炉（精制）出口样气的处理，也可采用该方案，但其中的水冷环节可以省去。

该系统的样品处理过程如下。

（1）样气取出后，首先由水冷器降温除水，样气流经水冷器后的温度一般可降至 30℃ 左右，在标准大气压力下 30℃ 饱和样气中的含水量约为 4% Vol，但此时样气的压力较高，其实际含水量还要低不少。

应将减压阀安装在气液分离器之后，而不应置于其前，这样可使样气在带压状态下进行分离，以增强除水效果。图中的气液分离器采用旁通方式排液，针阀微开，由少量样气携带冷凝水排出，其作用是提高排液速度并降低分离器的容积滞后。

（2）样气由伴热保温管线传送至预处理系统，样品温度应保持在 40～50℃ 为宜。

（3）样气在预处理系统中旁通分流后，分析流路的样品经冷却器进一步降温除湿，然后送红外分析仪进行检测。冷却器可采用压缩机式、半导体式或涡旋管式，一般是将样品温度降至 5℃ 左右，此时样品的含水量约为 0.85%（8500ppm）。降温后的样品在预处理箱中再加热升温，使其温度高于除湿后的露点温度至少 10℃ 以上，进入红外分析气室后便不会产生冷凝现象了（红外分析仪恒温在 40～50℃ 下工作，远高于样气的露点温度）。

微量分析时应采用带温控系统的冷却器，将样品温度即其含水量控制在某一恒定值，使它对待测组分产生的干扰恒定，造成的附加误差属于系统误差，可以从分析结果中扣除。

以前，这一步常采用干燥剂吸湿除湿，但各种干燥剂往往同时吸附其他组分，吸附量又受温度、压力变化的影响，弄得不好反而会增大附加误差，这种方法仅适用于要求不高的常量分析。在微量分析或重要的分析场合，均应采用冷却器降温除湿。

21.7　样品系统滞后时间计算

21-138　为什么要进行样品系统滞后时间计算？

答：众所周知，分析滞后时间＝样品系统滞后时间＋分析仪的响应时间。对于大多数应用场合而言，分析仪的响应时间是快的（指连续型分析仪，而非色谱等周期型分析仪），与工艺要求的分析时限相比，一般均能满足。而在样品系统中，时间延迟经常要比分析仪的时间延迟大得多。因此，重点应放在样品从取样点传送到分析仪的过程中，包括样品处理的各个环节，尽可能地把时间延迟减至最低。

样品系统滞后时间的计算是样品系统设计的一项重要任务，通过计算不但可以求出分析滞后时间，而且可以作为评价系统品质的重要指标，为改进和优化设计提供参考。

样品系统滞后时间也称为样品传送滞后时间，简称样品滞后时间或样品传送时间，即样品从取样点传送到分析仪的这段时间。

21-139　样品系统滞后时间计算方法有哪几种？

答：迄今为止，理论的和半经验的计算公式已有多种。工程上常用的计算方法有以下两种。

（1）体积流量计算法　用样品系统的总容积除以样品体积流量，即可得到样品传送时间。

（2）压差流速计算法　根据样品系统中两点之间的压力降，求得样品流速，用两点之间的距离除以样品流速，即可得到样品传送时间。

21-140　试推导体积流量法的样品系统滞后时间计算公式。

答：可按以下几步进行推导（参见图 21-85）。

（1）基本计算公式

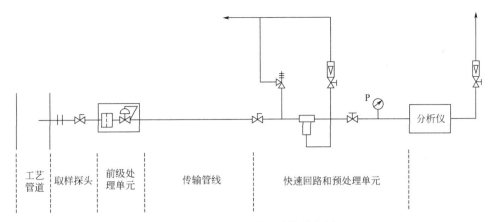

图 21-85 样品预处理系统示意图

样品系统滞后时间基本计算公式为：

$$T_t = V/F \qquad (21\text{-}1)$$

式中 T_t——总的样品传送时间；

V——样品系统总容积；

F——样品流量。

V 由样品管线容积和样品处理部件容积两部分组成，即

$$V = 1/4 \times \pi d^2 L + \sum_{i=1}^{n} V_i \qquad (21\text{-}2)$$

式中 d——样品传送管线内径；

L——样品传送管线长度；

V_i——样品处理部件容积，$i = 1, 2, \cdots, n$。

则

$$T_t = (1/4 \times \pi d^2 L + \sum_{i=1}^{n} V_i)/F \qquad (21\text{-}3)$$

由式（21-3）可知：

$$T_t = 1/4 \times \pi d^2/F + \sum_{i=1}^{n} V_i/F = T_1 + T_2$$

$$(21\text{-}4)$$

式中 $T_1 = 1/4 \times \pi d^2/F$，样品通过传送管线的时间；

$T_2 = \sum\limits_{i=1}^{n} V_i/F$，样品通过处理部件的时间。

（2）对基本公式的修正

① 样品通过处理部件的时间 T_2。样品处理部件包括阀门、过滤器、气液分离器、旋风分离器、样品冷却器等。样品在这些部件中的传送，并非是一个纯容积滞后过程，还存在一个浓度变化滞后问题，这是由于样品组成发生变化时，新进入的样品与滞留在部件中的老样品混合平均所造成的，新样品将混合样品逐步置换完毕需要一段时间，这段时间远比 $T_2 = \sum\limits_{i=1}^{n} V_i/F$ 要长。可以把样品处理部件看成是一个阻容环节，即一阶滞后环节，其表达式为：

$$y = C(1 - e^{-t/T}) \qquad (21\text{-}5)$$

式中 C——样品组成发生阶跃变化后的浓度；

y——处理部件出口浓度；

T——时间常数，即 $y = 63.2\% C$ 时的时间，通常令 $T = \sum\limits_{i=1}^{n} V_i/F$，即取纯容积滞后时间为 T；

t——浓度变化滞后时间。

由式（21-5）可求得

当 $t = T$ 时 $\qquad y = 63.2\% C$

当 $t = 2T$ 时 $\qquad y = 86.5\% C$

当 $t = 3T$ 时 $\qquad y = 95\% C$

当 $t = 4T$ 时 $\qquad y = 98.2\% C$

当 $t = 5T$ 时 $\qquad y = 99.3\% C$

可见当 $t = 5T$ 时，浓度置换才接近全部完成，通常取 $t = 3T$，即出口浓度变化到 $95\% C$ 时，即认为样品已通过该部件（见图 21-86）。

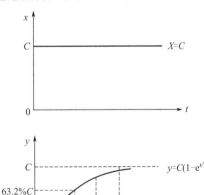

图 21-86 样品浓度阶跃变化时的一阶滞后效应

由此可见，样品处理部件的传送滞后时间是相当大的，其容积越大，滞后时间越长，例如一个 0.5L

341

的气液分离罐，其容积相当于 $40m$ 长 $\phi 6 \times 1$ 的管子，其传送滞后时间相当于样品通过 $40 \times 3 = 120m$ 长管子所需时间。因此，在设计样品系统时，应尽可能减少处理部件用量，尽可能采用小容积的部件。

对基本公式中 $T_2 = \sum_{i=1}^{n} V_i / F$ 项作如下修正：

$$T_2 = \sum_{i=1}^{n} V_i / F \times 3 \qquad (21\text{-}6)$$

② 样品通过传送管线的时间 T_1。样品传输管线由管子和接头组成，与管等内径的球阀、闸阀等也可以包括在内。这里还存在着一个死体积问题。所谓死体积是指只有一端与流动系统相连通的体积，所有管接头和等内径阀门都有死体积，管线的死端更是明显的死体积。死体积和样品处理部件一样，也存在一个浓度变化滞后问题，两者不同之处是：处理部件通过均匀混合逐步完成样品置换，而死体积与流动样品通过扩散和湍流发生交换，最后为新样品填满，死体积也可看作一阶阻容环节，只是置换速度较样品处理部件还要缓慢，但由于体积很小，其影响也较小。实际计算时，可根据样品管线死体积数量的多少，用一个经验系数对传输时间加以修正：

$$T_1 = \pi d^2 L / 4F \times (1.2 \sim 1.5) \qquad (21\text{-}7)$$

（3）修正后的基本公式

将式（21-6）、式（21-7）代入式（21-4）：

$$T_t = 1/4 \times \pi d^2 L / F (1.2 \sim 1.5) + \sum_{i=1}^{n} V_i / F \times 3 \qquad (21\text{-}8)$$

21-141 由上题的讨论可知，样品传送滞后时间与样品系统的内部容积有关，与样品浓度的动态更新有关。除此之外，还与样品物理状态的变化有关。液体样品状态变化对计算有何影响？如何加以计算和修正？

答：液体属于不可压缩性流体，压力的变化对液体体积的影响甚小，对于样品系统的计算来说，可以忽略不计。

温度的变化对于液体体积的影响由下式给出：

$$V_t = V_{20}[1 + \mu(t - 20)] \qquad (21\text{-}9)$$

式中 V_t——温度 t 时液体的体积；

V_{20}——温度 20℃ 时液体的体积；

μ——液体的体积膨胀系数，℃$^{-1}$；

t——液体温度，℃

设 V_1 为取样探头至减温器之间样品系统的体积，V_2 为液体减压后的体积，t_1 为取样点处样品温度，t_2 为减温后的温度，则

$$V_1 = V_{20}[1 + \mu(t_1 - 20)] \qquad (21\text{-}10)$$

$$V_2 = V_{20}[1 + \mu(t_2 - 20)] \qquad (21\text{-}11)$$

由式（21-10）、式（21-11）可得：

$$V_2 = V_1[1 + \mu(t_2 - 20)] / [1 + \mu(t_1 - 20)] \qquad (21\text{-}12)$$

对于水，$\mu = 18 \times 10^{-5}$ ℃$^{-1}$，即每 1℃ 变化不足万分之二。对于液态碳氢化合物，如 $C_6 \sim C_8$，$\mu = 100 \sim 130 \times 10^{-5}$ ℃$^{-1}$，即每 1℃ 变化千分之 $1.0 \sim 1.3$。由于式（21-12）中 V_1 的体积较小，当温度变化不大时（几十度之内），其影响可忽略不计，当温度变化超过 100℃ 以上时，对于液态碳氢化合物，可按式（21-12）计算出 V_2，折算成取样探头至减温器之间样品系统的体积。

21-142 气体样品状态变化对计算有何影响？如何加以计算和修正？

答：（1）干气体的体积与压力、温度之间的关系可由理想气体状态方程求出：

$$p_1 V_1 / T_1 = p_2 V_2 / T_2$$

$$V_2 = V_1 p_1 T_2 / p_2 T_1 \qquad (21\text{-}13)$$

式中 p_1、p_2——分别为样品减压前后的绝对压力；

T_1、T_2——分别为样品减压前后的热力学温度；

V_1、V_2——分别为样品减压减温前后的体积。

（2）式（21-13）仅适用于常温常压下的一般干气体，对于一些较易液化的气体，如 CO_2、SO_2、NH_3、C_3、C_4 等在一般温度和压力下，与理想气体状态方程的偏差就较明显。另外一些气体在高压、低温及接近液态时，应用理想气体状态方程会带来较大偏差。因此，对于上述气体在应用式（21-13）时，应增加一个气体压缩系数 Z 来加以修正：

$$V_2 = V_1 p_1 T_2 Z_2 / (p_2 T_1 Z_1) \qquad (21\text{-}14)$$

式中，Z_1、Z_2 分别为减温减压前后的气体压缩系数。

气体压缩系数 Z 不仅与该气体所处工况有关，而且与该气体的临界温度、临界压力有关，即

$$Z = f(T, p, T_c, p_c) \qquad (21\text{-}15)$$

式中 Z——气体在 T、p 条件下的压缩系数；

T、p——气体工作状态下的热力学温度和绝对压力；

T_c、p_c——气体的临界热力学温度和临界绝对压力。

（3）湿气体是干气体与水蒸气的混合物，其特点是气体中的水蒸气在一定条件下将发生状态变化，即水蒸气凝聚为液体，或者发生相反的蒸发过程，其积与压力、温度的关系式可由下式给出：

$$V_2 = V_1[(p_1 - p_{s1}) T_2 Z_2] \div [(p_2 - p_{s2}) T_1 Z_1] \qquad (21\text{-}16)$$

式中 p_{s1}、p_{s2}——分别为减温减压前后水蒸气的分压力（绝对压力），$p_s = \varphi p_{smax}$；

φ——在 p、T 条件下的相对湿度；

p_{smax}——在 p、T 条件下水蒸气的最大分压力（绝对压力）。

（4）以上讨论了气体样品的体积与压力、温度的关系，在实际计算时，V_1 代表取样探头至减压阀、减温器之间的样品系统实际容积，V_2 代表压力、温度变化后样品的实际体积，用 V_2 取代 V_1，作为取样探头至减压减温环节之间的等效容积即可。

注意上述公式中的 p、T 为绝对压力和热力学温度，工程上给出的 p、T 一般为表压力和摄氏温度，其换算关系如下：

绝压 A＝表压 G＋101325Pa

$101325Pa≈100kPa＝0.1MPa＝1bar$

热力学温度(K)＝摄氏温度 $t＋273.16℃≈(t＋273)℃$

21-143 需气化传输的液体样品状态变化对计算有何影响？如何加以计算和修正？

答：C_4 液体样品取出后，需就近在取样点处加以气化，然后以气体状态传送。C_3 样品有时也呈液态，也需气化后传送。C_5 可气化传输，也可液相传送，C_6 以上样品一般采用液相传送。

C_3、C_4 可以用蒸汽或电加热的减压阀减压气化，C_5 则需采用蒸汽或电加热的气化器加热气化。上述液体气化后，体积膨胀 200～300 倍，对传送滞后时间的影响较大，计算步骤如下。

（1）计算样品气化前的体积 V_1

V_1 为取样探头、到气化室的连接管线和气化室内气化前的体积。

$$V_1＝1/4×\pi d^2(L_1＋L_2)＋V_气 \quad (21\text{-}17)$$

式中　d ——取样探头和连接管线的内径，一般采用 $\phi3×0.7mm$ Tube 管，外套 $\phi6$ Tube 加强管（或采用 $1/8×0.028''$ OD Tube，外套 $1/4''$ OD Tube 加强管）；

L_1 ——取样探头长度，一般＜500mm；

L_2 ——连接管长度，一般 500～1000mm；

$V_气$ ——气化室内毛细管长度，可忽略不计或折入连接管长度 L_2 中。

（2）计算气化后的体积 V_2

在标准状态下（0℃，101325PaA）：

$$V_2＝22.4L/mol×\rho V_1/M \quad (21\text{-}18)$$

式中　22.4L/mol——标准状态下，1 摩尔质量气体的体积；

ρ ——液体样品密度，kg/m^3（g/L）；

M ——摩尔质量，g/mol。

由于样品中往往含有多种组分，所以：

$$M＝M_1C_1＋M_2C_2＋\cdots＋M_nC_n＝\sum_{i=1}^{n}M_iC_i$$
$$(21\text{-}19)$$

式中　M_i ——各组分的摩尔质量；

C_i ——各组分的质量分数。

由于样品组成不断变化，此处 C_i 取正常工况下的浓度。为简化计算，式（21-19）中可取若干主要组分进行计算（微量、痕量组分可弃）。

V_2/V_1 为标准状况下液体样品的体积膨胀倍数，C_3 约为 260～280 倍，C_4 约为 240～260 倍，C_5 约为 195～215 倍。

由于液体气化后并非处于标准状态，因而需要对 22.4L/mol 加以修正。设气化后温度为 40℃（一般伴热保温至 40℃ 左右传送）。则：

$22.4L/mol×T_{40℃}/T_{0℃}＝22.4L/mol×(40＋273.16)/273.16$
$＝25.68L/mol \quad (21\text{-}20)$

气化后压力约 1barG，传输至快速回路分叉点时，一般为 0.5barG，进色谱仪前约 0.3barG，按 0.5barG＝1.5barA 计算：

$$25.68L/mol÷1.5＝17.12L/mol \quad (21\text{-}21)$$

则式（21-18）经修正后可写为：

$$V_2＝17.12L/mol×\rho V_1/M \quad (21\text{-}22)$$

（3）V_1 代表取样探头至气化器之间样品系统实际容积，V_2 代表液体样品气化后的体积，用 V_2 取代 V_1 作为探头至气化环节的等效容积即可。

21-144 试推导带快速回路的样品系统滞后时间计算公式。

答：为了缩短传送滞后，样品系统中一般均含有快速回路，其构成形式有两种。一种是利用工艺管线上的压差，在其上下游之间并联一条管线，称为返回到工艺装置的快速循环回路（fast circulating loop），样品从回路上的某一点取出，如图 21-87 所示。另一种是样品从工艺管线取出直接引往分析仪，在进入分析仪预处理系统前引出一条支路，称为通往废料的快速旁通回路（fast by-pass loop），旁通回路的样品一般作为废气、废液处理，也有的增压后返回工艺装置。如图 21-88 所示。

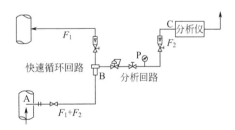

图 21-87　带快速循环回路的样品系统

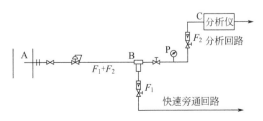

图 21-88　带快速旁通回路的样品系统

带快速回路的样品系统滞后时间计算如下：

$$T_t = T_1 + T_2 = V_1/(F_1 + F_2) + V_2/F_2 \quad (21\text{-}23)$$

式中　　T_t——总的样品传送时间；

T_1——AB 段（从取样探头至旁通过滤器）的传送时间；

T_2——BC 段（从旁通过滤器到分析仪）的传送时间；

V_1、$F_1 + F_2$——AB 段的容积和流量；

V_2、F_2——BC 段的容积和流量。

$$T_1 = V_1/(F_1 + F_2) = (\pi d_1^2 L_1/4 + \sum_{i=1}^{n} V_{i1})/(F_1 + F_2)$$

$$(21\text{-}24)$$

$$T_2 = V_2/F_2 = (\pi d_2^2 L_2/4 + \sum_{i=1}^{n} V_{i2})/F_2 \quad (21\text{-}25)$$

可按式（21-24）和式（21-25）分别计算 AB 段和 BC 段的传送时间 T_1 和 T_2，然后由 $T_t = T_1 + T_2$ 得出样品系统总的传送时间。

21-145 采用过程气相色谱仪对氨合塔循环气进行在线分析，工艺数据如下。

样品组成和正常含量：

H_2	72.62mol%
N_2	24.24mol%
Ar	0.72mol%
NH_3	2.42mol%

样品相态：气相

取样点压力（正常）：11.6MPaG

取样点温度（正常）：66℃

工艺管道尺寸：16″（$DN\ 400$）

取样和样品处理系统如图 21-89 所示。

图中　　L_1——取样探头，长 300mm，$\phi6 \times 1$mm Tube；

L_2——取样探头至减压阀连接管线，长 700mm，$\phi6 \times 1$mm Tube；

L_3——减压阀至旁通过滤器连接管线，长 50m，$\phi6 \times 1$mm Tube；

L_4——旁通过滤器至色谱仪连接管线，长 500mm，$\phi3 \times 0.7$mm Tube。

以上 $L_1 \sim L_4$ 管线长度包括 Tube 管和管接头、阀门、过滤器（均为等径）长度之和。

试计算样品传送滞后时间 T，要求 $T < 60$s。

解：按下述步骤计算。

（1）计算 $L_1 + L_2$ 的容积 V_1（样品减压前体积）

$$\begin{aligned}
V_1 &= 1/4 \times \pi d_1^2 (L_1 + L_2) \\
&= 1/4 \times 3.14 \times 4^2 \times (300 + 700) \text{mm}^3 \\
&= 12560 \text{mm}^3 = 0.01256\text{L}
\end{aligned}$$

（2）计算 V_1 体积的高压样品减压后的体积 V_2

设样品减压后传送至旁通过滤器时的压力为 0.5barG，温度为常温 20℃。

$$\begin{aligned}
V_2 &= V_1 \times \frac{p_1}{p_2} \frac{T_2}{T_1} \\
&= 0.01256\text{L} \times \frac{(116+1)\text{barA} \times (20+273)\text{K}}{(0.5+1)\text{barA} \times (66+273)\text{K}} \\
&= 0.01256\text{L} \times \frac{117 \times 293}{1.5 \times 339} \\
&= 0.01256 \times 67.42\text{L} \\
&= 0.8468\text{L}
\end{aligned}$$

（3）计算 L_3 的容积 V_3

$$\begin{aligned}
V_3 &= 1/4 \times \pi d_1^2 L_3 = 1/4 \times 3.14 \times 4^2 \times 50000 \text{mm}^3 \\
&= 628000 \text{mm}^3 \\
&= 0.628\text{L}
\end{aligned}$$

（4）计算 $V_2 + V_3$ 并乘以经验系数 1.2

$$(V_2 + V_3) \times 1.2 = (0.8468\text{L} + 0.628\text{L}) \times 1.2 = 1.77\text{L}$$

（5）将快速旁通回路流量设定为 $F_1 = 2$L/min，分析回路流量为 $F_2 = 0.1$L/min（色谱仪需要的样品流量 100mL/min），则样品传送至旁通过滤器所需时间 T_1 为：

$$T_1 = \frac{1.77\text{L}}{F_1 + F_2} = \frac{1.77\text{L}}{(2+0.1)\text{L/min}} = 0.843\text{min} \approx 51\text{s}$$

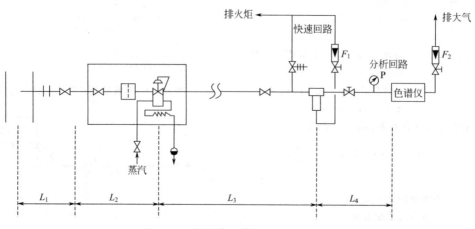

图 21-89　样品传送滞后时间计算用图

（6）计算 L_4 容积 V_4 并乘以经验系数 1.2

$$V_4 = 1/4 \times \pi d_2^2 L_4 = 1/4 \times 3.14 \times 1.6^2 \times 500 \text{mm}^3$$
$$= 1005 \text{mm}^3 \approx 0.001 \text{L}$$

$$V_4 \times 1.2 = 0.001 \text{L} \times 1.2 = 0.0012 \text{L}$$

（7）计算样品通过 L_4 所需时间 T_2

$$T_2 = \frac{0.0012 \text{L}}{F_2} = \frac{0.0012 \text{L}}{0.1 \text{L/min}} = 0.012 \text{min} = 0.72 \text{s} \approx 1 \text{s}$$

（8）样品传送总滞后时间 T 为

$$T = T_1 + T_2 = 51 \text{s} + 1 \text{s} = 52 \text{s} < 60 \text{s}$$

21-146 采用过程气相色谱仪对乙烯精馏塔产品乙烯进行在线分析，工艺数据如下。

样品组成及正常含量：

CH_4	0.01mol%
C_2H_2	0~5ppmV
C_2H_4	99.96mol%
C_2H_6	0.03mol%

样品相态和密度：液相，567.4kg/m³

取样点压力（正常）：1.818MPaG

取样点温度（正常）：−31.0℃

工艺管道尺寸：4″（$DN\ 100$）

样品返回点压力：0.06MPaG

取样和样品处理系统见图 21-89。

图中　L_1——取样探头，长 150mm，$\phi 3 \times 0.7$mm Tube，外套 $\phi 6$ 加强管；

　　　L_2——取样探头至减压气化阀连接管线，长 500mm，$\phi 3 \times 0.7$mm Tube；

　　　L_3——减压气化阀至旁通过滤器连接管线，长 40m，$\phi 6 \times 1$mm Tube；

　　　L_4——旁通过滤器至色谱仪连接管线，长 500mm，$\phi 3 \times 0.7$mm Tube。

以上 $L_1 \sim L_4$ 管线长度包括 Tube 管和管接头、阀门、过滤器（均为等径）长度之和。

试计算样品传送滞后时间 T，要求 $T < 40$s。

解：按下述步骤计算。

（1）计算 $L_1 + L_2$ 的容积 V_1（样品气化前的体积）

$$V_1 = 1/4 \times \pi d_1^2 (L_1 + L_2)$$
$$= 1/4 \times 3.14 \times 1.6^2 \times (150 + 500) \text{mm}^3$$
$$= 1306 \text{mm}^3 \approx 0.00131 \text{L}$$

（2）计算 V_1 体积的液体样品气化后的体积 V_2

$$V_2 = 22.4 \text{L/mol} \times \frac{\rho V_1}{M} \times \frac{p_1 T_2}{p_2 T_1}$$

式中　ρ——液体样品密度，$\rho = 567.4$ kg/m³ $= 567.4$ g/L；

　　　M——样品摩尔质量，g/mol；

（由于样品中除乙烯外其他组分均为微量，故取乙烯的摩尔质量作为样品的摩尔质量，$M = 28.0$ g/L。）

　　　p_1——标准状态下的绝对压力，$p_1 =$

101325PaA≈1barA；

　　　p_2——样品传送至旁通过滤器时的绝对压力，$p_2 = 2$barA；

（因为样品返回点压力为 0.06MPaG $= 0.6$barG，所以旁通过滤器处的样品排放压力应为 1barG）

　　　T_1——标准状态下的热力学温度，$T_1 = 273$K；

　　　T_2——环境热力学温度，$T_2 = (20 + 273)$K$= 293$K。

将上述数值代入式中

$$V_2 = 22.4 \times \frac{567.4 \times 0.00131}{28.0} \times \frac{1 \times 293}{2 \times 273}$$
$$= 22.4 \times 0.02655 \times 0.5366$$
$$= 0.3191 \text{L}$$

（3）计算 L_3 容积 V_3

$$V_3 = 1/4 \pi \times d_2^2 L_3$$
$$= 1/4 \times 3.14 \times 4^2 \times 40000$$
$$= 502400 \text{mm}^3 = 0.5024 \text{L}$$

（4）计算 $V_2 + V_3$ 并乘以经验系数 1.2

$$(V_2 + V_3) \times 1.2 = (0.3191 \text{L} + 0.5024 \text{L}) \times 1.2$$
$$= 0.8215 \text{L} \times 1.2$$
$$= 0.9858 \text{L}$$

（5）快速旁通回路流量设定为 $F_1 = 1.5$L/min，分析回路流量为 0.1L/min，则样品传送至旁通过滤器所需时间 T_1 为：

$$T_1 = \frac{0.9858 \text{L}}{F_1 + F_2} = \frac{0.9858 \text{L}}{(1.5 + 0.1) \text{L/min}} = 0.62 \text{min} = 37 \text{s}$$

（6）计算 L_4 容积 V_4

$$V_4 = 1/4 \times \pi d_1^2 L_4$$
$$= 1/4 \times 3.14 \times 1.6^2 \times 500$$
$$= 1005 \text{mm}^3 \approx 0.001 \text{L}$$

$$V_4 \times 1.2 = 0.001 \text{L} \times 1.2 = 0.0012 \text{L}$$

（7）计算样品通过 L_4 所需时间 T_2 为

$$T_2 = \frac{0.0012 \text{L}}{F_1} = \frac{0.0012 \text{L}}{0.1 \text{L/min}} = 0.012 \text{min} = 0.72 \text{s} \approx 1 \text{s}$$

（8）样品传送滞后时间 T 为

$$T = T_1 + T_2 = 37 \text{s} + 1 \text{s} = 38 \text{s} < 40 \text{s}$$

说明：上述两题是针对正常工况做出的，实际运行中，组分含量、样品压力和温度、环境温度、样品返回点压力等均可能偏离正常情况，此时可适当加大快速旁通回路流量 F_1，以满足样品传送滞后时间的要求。

21.8　样品处理系统的检验测试

21-147 试述样品处理系统的检验测试项目和程序。

答：（1）检验测试顺序　检验测试前，应将所有的电动和气动部件接至要连接的分析仪或仿真仪器，驱动样品阀门动作。检验测试顺序如下：

① 目测检验；

② 电气连接检验；

③ 泄漏测试；

④ 功能测试。

每套样品处理系统应单独测试。

（2）目测检验

① 按照相关的文件/图纸确认所有部件都包括在内。

② 确认所有部件按正确顺序相连接。

③ 检验部件有无损坏。

④ 检查所有配管安装是否整齐、平直和牢固。

⑤ 对大约 10% 的卡套接头进行抽查。

⑥ 检查配管、阀门、流量计、泄压阀、电磁阀等的材料符合图纸和规格书要求。

（3）电气连接检验

① 检验额定电压无误。

② 检验防爆合格证无误。

③ 检验安装是否牢固，配线是否正确。

④ 检查端子盒盖应易于接近。

⑤ 检查接线端子是否紧固。

⑥ 检查电缆防护处理是否正确。

（4）泄漏测试 测试目的是检验由入口接管到样品处理系统所有管路、部件的气体贯通性和密封性能。测试方法是充入 0.1MPaG（15psiG）的气体，观察其压力降每 3min 应小于 0.007MPaG（1psiG），

如操作压力更高时，测试气体压力应为 1.25 倍正常操作压力。应采用合适牌号的泄漏检测剂涂刷在每个泄漏测试点上。压力源应采用带管道过滤器的压缩机或压缩空气钢瓶。

如果样品系统中的部件标有"氧用、已清洗过"字样，则在检验过程中就必须注意保持其清洁度。

泄漏测试的步骤如下：

（1）泄漏测试时应将样品处理系统的全部出口关死，由样品入口向系统充压至 0.1MPaG（15psiG）或测试压力，然后观察压力示值；

（2）调整系统内的全部流量计确保浮子能自由活动；

（3）如样品流路不止一个，应分别检查每个流路，按要求打开各个流路切换阀；

（4）断开样品处理系统入口，检查全部安全泄压阀的动作，向泄压阀充压直至阀门打开，按规格书检验相应的泄放压力（如果泄压阀不动作时，应注意相关流量计、压力表或其他部件，使之不要过压）；

（5）根据实际情况，对每条标准气管线重复（1）至（3）各步进行检查；

（6）样品系统泄漏测试结束后，取走所有测试用的配件，按原来样子重新连接好，重复上述各步对其他样品处理系统作泄漏检查。

22. 分析小屋和仪表安装

22-1 什么是分析仪的遮蔽物？分析仪的遮蔽物有哪几种类型？

答：在线分析仪安装在现场，因而需要不同程度的气候和环境防护，以确保仪表的使用性能并利于维护。为分析仪提供气候和环境防护的部件或设施称为遮蔽物。

在线分析仪的遮蔽物有分析仪壳体、分析仪箱柜、分析仪掩体和分析仪小屋四种。

22-2 由分析仪外壳提供的气候和环境防护有何优缺点？

答：分析仪外壳是分析仪的构成部分之一。像pH计、电导仪等仪器，可直接露天安装，其气候和环境防护完全由外壳承担。

这种安装方式的优点是外壳周围自然通风，不存在爆炸性气体积聚的危险，而且安装费用最低，其缺点是仪表和维护人员没有气候防护，仪表易受腐蚀性气氛侵袭，其使用寿命可能比安装在箱柜、掩体和小屋时短，当仪表需要加热或打开维修时，这种方式是不适宜的。

22-3 由分析仪箱柜提供的气候和环境防护有何优缺点？

答：分析仪箱柜是一种小而简单的遮蔽物，分析仪可单台或组合安装在箱中，维修在箱外进行。

安装在箱柜中的分析仪应符合所处地点的危险区域等级。箱柜应符合现场环境条件和分析仪制造厂的技术要求，并应考虑维修时的可接近性。

分析仪箱柜提供了一种改善仪器环境防护的价廉方法，通风往往靠自然通风实现。然而，自然通风不会改变区域的危险等级，在危险区域，当箱柜中安装非防爆仪表时，必须采用吹扫措施并符合有关防爆规程。

22-4 什么是分析仪掩体？它有何优缺点？

答：分析仪掩体也称为分析仪小棚，它是一种一面或多面敞开的遮蔽物，可解除对自然风通过的阻碍，掩体内可安装一台或多台分析仪，仪器的维护通常在掩体内进行。

当分析仪符合所处场所的区域危险等级，且环境条件符合分析仪生产厂的技术要求时，可采用这种遮蔽方式安装。

这种掩体适宜安装对气候防护要求很低的分析仪，其优势之一是可燃性和毒性物质泄漏时会得到自然风的稀释处理。掩体的优点是有利于多台分析仪的组合安装，而且可为维护人员提供某些气候保护，同时提供永久性自然通风。其缺点是不便于改变区域危险等级，仅能提供最小的气候防护。

22-5 什么是分析仪小屋？它有何优缺点？

答：分析仪小屋通常简称分析小屋，它是一种可安装一台或多台分析仪的封闭型建筑物，分析仪的维护全部在小屋内进行。

小屋的结构型式有土木结构和金属结构两种，前者在现场就地建造，后者在系统集成商的工厂里建造。

分析小屋安装方式费用最高，但它对于需要高等级防护、用途重要且需要经常维护的分析仪是非常合理的，小屋为这些分析仪提供了一种可控制的操作和维护环境，并可降低长期维护费用。当环境条件很糟糕时，这种保护形式尤为必要。

分析小屋对于通风系统有两种选择：自然通风系统或强制通风系统。

自然通风系统对小屋内的环境条件提供有限的控制，小屋内的区域危险等级和屋外完全一样，其优点是安装简单和便宜。

强制通风系统可严格控制小屋内的环境条件，小屋内的区域危险等级也可根据分析仪系统的保护要求加以选择，其优点之一是，当小屋内的通风空气取自安全区域，且通风系统正常运行时，可以使用非防爆型仪器。

22-6 与土木结构的分析小屋相比，金属结构的小屋有何优点？

答：（1）分析仪系统能够在模拟运行条件下得到充分测试。设计、设备和安装缺陷可以在发运到现场之前得到纠正。这一点对保证系统顺利开车投运和降低现场维护量至关重要。

（2）集成商工厂安装不受现场气候和施工条件的影响。

（3）整套系统的设计、安装、调试、投运由系统集成商负责，提供交钥匙工程，符合专业化分工原则，责任归一，效率高。

（4）可避免现场安装中各设计专业、各施工工种协调对接引起的麻烦和差错，提高了系统的可靠性。

（5）所有相关文件合并到系统集成商提供的单独档案里。

由于具有上述优点，自20世纪80年代以后，国外开始采用金属结构的分析小屋，而逐步摒弃土木结构的小屋。目前，采用金属结构可移动式分析小屋，整套系统经预先装配后运至现场就位，已成为普遍采用的做法。

22-7 金属结构分析仪小屋的大小如何确定？外形尺寸一般以多少为宜？

答： 金属结构的分析小屋属于非标产品，其大小可根据分析仪的数量、类型、系统复杂程度和操作维护空间确定，并应留有适当的余地。受长途运输条件限制（如通过立交桥、涵洞、隧道时有高度限制，通过道路收费站时有宽度限制），其外形尺寸如下。

长度：一般不宜超过 10m；

宽度：一般为 2.5m，最宽不应超过 3.0m；

高度：一般为 2.7m，室内净高为 2.5m。

如长、宽、高超过以上尺寸，可采用组合式结构，分体制作，运输到现场后再组合成一体。

22-8 试述分析小屋的机械结构及材质要求。

答：（1）骨架、底座和屋顶 分析小屋的骨架、底座和屋顶为金属构件，采用型钢焊接而成，机械强度满足起吊、拖运、运输及支撑墙面安装设备的要求，内外墙负载能力为 $500kg/m^2$，屋顶承重能力应≥$250kg/m^2$（2 个人重量）且不发生永久性形变。

底座主框架宜采用 $12^\#$ ～$20^\#$ 槽钢，屋顶主框架宜采用 $10^\#$ ～$12^\#$ 槽钢。

（2）内外墙和内外顶面板 外墙、外顶材质为 1.5mm 或 2.0mm 厚的不锈钢板（304SS）或镀锌钢板。在腐蚀性较强场合，可采用 10mm 厚的玻璃纤维增强塑料板材。

外墙可采用Ⅱ型钢板拼装结构或带肋钢板焊接结构。

外顶可采用搭扣结构拼装式防雨设计或平面焊接式防雨设计。

内墙、内顶材质一般为 1.2mm 或 1.5mm 厚的镀锌钢板。

（3）保温层 内外墙和内外顶之间填充阻燃型保温材料（高密度矿岩棉或玻璃棉），保温层厚度一般为 70～75mm，严寒或酷热地区应加厚至 80～85mm。

（4）地板 采用 4.0～6.0mm 厚的花纹钢板，必要时可加一层防静电塑胶版。

（5）门 小屋的门应是外开型的，小屋面积≤$9m^2$ 时只设一个门，>$9m^2$ 时应设两个门：主门和安全门。

门的位置和尺寸以及进出通道应能保证设备搬入和移出，门的标准尺寸为 900（W）×2000（H）mm，标准厚度为 40～50mm。内外门板的材质和厚度宜与内外墙板相同。

安全门应设在维修人员面对仪表操作时，向右转身 90°所面对的墙上，以便发生意外情况时，能迅速撤离小屋。

门内装有阻尼限位闭门器和推杆式逃生锁，门外装有保险锁和把手，应避免使用可锁死的门，在外部锁住的情况下，门必须能从内打开。所有的门上应配有用叠层玻璃（层间加金属防护网）或钢化玻璃制作的安全窗口（安全规程或用户不允许开窗口时除外）。门缝和窗缝镶橡胶密封条密封。

（6）小屋内部应避免有可能积聚气体的死角和沟槽，小屋最高点应设合适的排气孔，以防气体积聚。样品预处理单元、气瓶、标准样品容器和实验室对照检查取样点应位于小屋外边。

（7）屋顶应有一定的倾斜度，坡度至少为 4%，可呈 A 型或一面斜坡结构，不允许采用平顶，以防雨水积存。

（8）涂漆

外墙：白色、灰色（不锈钢板不涂漆）。

内部：天花板—白色亮光漆；

内墙—白色亚光漆；

地板—灰色。

22-9 分析小屋的外部设施有哪些？

答：（1）小屋外面设有带防护链的气瓶固定支架，用于放置载气钢瓶和标准气瓶，必要时可加气瓶护栏，以防无关人员接近。在高寒地区或环境条件恶劣场合，也可在小屋内隔出一个气瓶间，气瓶间应单独设门并配备照明、通风设施。

（2）门、接线箱、气瓶架和样品预处理箱上方应有防雨遮沿。或将小屋顶檐向外延伸 600～1000mm，用以遮盖有关设备。

（3）小屋顶部应有供整体吊装用的吊耳（吊环）。

22-10 对分析小屋的地坪有何要求？小屋与地坪间如何固定？

答： 小屋应放置在水泥平台上，以防碳氢化合物渗入，平台标高至少应比周围地域高 100mm，表面务须平坦整洁，以防小屋因地面凹凸不平产生形变。

小屋与地坪的固定，采用焊接方式，即在平台四角预埋固定件，与小屋底座槽钢焊接固定。地脚螺栓固定方式在小屋吊装时难以准确定位，不建议采用。

大型分析器房自重数吨，可直接放置在平台上，无需焊接固定。

22-11 分析小屋的配电应如何进行？有什么要求？

答：（1）公用配电和仪表配电应彼此独立，不得合用一个接线箱或配电箱；不同电压等级的电源（如 380V AC、220V AC、UPS、24V DC）也应彼此独立，不得合用一个接线箱或配电箱。

（2）电源接线箱应位于小屋外部，电源线通过接线箱接入分析小屋，不允许穿墙接线。

（3）电源总开关应位于小屋外部，以便小屋内出现危险情况时断开供电。

（4）配电箱位于小屋内部，每台仪表和设备应分别供电和走线，不得搭接或合用。

（5）每个配电回路应配有各自的熔断保护装置和手动开关。

（6）公共配电和仪表配电均应当留出至少一个备用回路。

22-12　分析小屋的电气设备和仪表各应由何种电源供电？

答：分析小屋的照明灯、通风机、空调器、维修插座等公用设备由公用电源供电。分析仪及其附属设备，如样品系统中的电动部件，应由仪表电源供电。安全检测报警和联锁系统一般应由 UPS 电源供电，参与闭环控制的分析仪系统也可由 UPS 电源供电。

HVAC 机组和电伴热系统耗电量高，应单独配电，不应和其他设备混在一起配电，以免相互干扰。

22-13　对分析小屋的照明有何要求？

答：分析小屋内的照明应有足够照度（一般为 $250\sim300\mathrm{lx}$），以利于操作和维修。必要时配备事故照明，可采用带逆变器和蓄电池的照明灯具，停电备用时间不少于 30min，照明设备应适用于 1 区危险场所。照明开关应安装在分析小屋外主门旁，采用防爆电源开关。

为了便于夜间维护操作，分析小屋外部的样品处理箱和气瓶护栏上方也应提供照明，并配备照明开关。

22-14　分析小屋的通风、采暖和空调系统如何设置？有什么要求？

答：（1）通风　分析小屋应配备通风机，一般采用防爆轴流风扇。当室内可能存在的有害气体相对密度 <1 时，风机应装在小屋上部；相对密度 >1 时，装在小屋下部。风机开关一般装在室外主门旁，采用防爆电源开关。

（2）采暖　小屋内的温度一般应控制在 $10\sim30℃$ 范围内，冬季可使用蒸汽采暖装置，暖气散热面的表面温度应不超过区域危险等级允许的温度，并用护罩加以屏蔽，以防人体直接接触造成烫伤。

室内暖气管线连接均应焊接，不应有活接头，以防蒸汽泄漏损坏分析仪。蒸汽进出管线截止阀装在室外，并设有活接头以备检修。必要时可加装自动控温阀，用于调节蒸汽流量和室温。

（3）空调　夏季炎热地区分析小屋应配备空调装置，当环境条件和设备散热在分析小屋内造成不可接受的高温时（分析仪对环境温度的要求是 <50℃，带 LCD 液晶显示屏的分析仪对环境温度的要求是 <40℃），也应配备空调装置，以满足分析仪运行环境温度要求。

防爆空调有窗式、壁挂式和柜式三种，可根据需要选用。

22-15　什么是正压通风？何种场合应采取正压通风措施？

答：正压通风是指采取强制通风措施，在分析小屋内所有通道关闭时，保持室内外压差不低于 $25\sim50\mathrm{Pa}$（$2.5\sim5\mathrm{mmH_2O}$），所以又称强制通风。其作用有二：一是使分析小屋处于微正压状态，防止室外可燃性气体、腐蚀性气体和灰尘进入室内；二是将室内可能泄漏的危险气体稀释吹除。

下述场合应采取正压通风措施：

（1）分析小屋处于 1 区爆炸危险场所；

（2）分析小屋外部经常存在腐蚀性气体，进入室内会对仪表设备造成腐蚀时。

22-16　正压通风系统由哪几部分组成？

答：典型的正压通风系统由以下三个部分组成。

（1）风筒组件　由吸风筒和送风筒两部分组成。吸风筒的作用是将洁净空气送至分析小屋，一般用镀锌钢板制作，圆形风筒直径不小于 250mm，方形风筒截面积不小于 300mm×300mm，也可采用 DN250 以上的钢管。空气应取自于无腐蚀性气体和毒气的非危险区域，风筒吸入端应带防雨罩、金属丝网（防鸟类或异物）和过滤器。

吸风筒的直径应限制空气流速不超过 15m/s，风筒穿越危险区域时，应是密封无泄漏的。尽可能避免风筒穿越 1 区危险场所。

送风筒位于分析小屋内，空气进入室内后通过直形或环行风筒上的多个喷嘴从分析小屋顶部均匀向室内送风。

（2）防爆轴流风机　采用两台轮流工作，将空气加压送入分析小屋，供风量除应保证室内外压差不低于 $25\sim50\mathrm{Pa}$（$2.5\sim5\mathrm{mmH_2O}$）外，还应保证小屋内部空气置换量每小时 10 次以上。

（3）控制系统　简单的办法是采用压力调节风门（自重式百叶窗）。复杂的方案是采用微差压变送器检测室内外压差，通过一套控制装置调节风机转速，当小屋失压时发出报警信号。

22-17　什么是 HVAC 系统？

答：HVAC 是英文 Heating Ventilating and Air Conditioning System 的缩写，其含义是加热、通风和空气调节系统，实际上是具有正压通风和冷暖空调功能的一套设备，类似于我们常说的集中空调。

HVAC 系统由 HVAC 机组、风筒组件和自重式百叶窗等部分组成。其中，HVAC 机组又由轴流风机、冷暖空调和控制系统组成。夏季供冷风，冬季供热风，供风量和供风温度由控制系统控制，以满足小屋正压通风和温度调节的要求。

国外分析小屋大多采用 HVAC 系统，国内由于无防爆型集中空调产品，而进口 HVAC 机组价格昂贵，所以采用很少。

22-18 对于正压通风的分析小屋，如何计算通风流量和排风口开孔尺寸？

答：可按以下方法计算。

(1) 通风流量计算 按照有关标准规定，分析小屋的通风流量应保证小屋内部空气置换次数每小时 10 次以上，或者说通风流量至少应保证小屋内空气置换速率为 10 次/h。

这里应当注意，小屋内部的空气容量和空气置换量并不是一个概念，空气容量是指小屋内部的空气容纳量即其内部容积，而空气置换量是将小屋内部的空气完全置换更新一遍所需要的空气量。

在进行分析小屋的空气置换时，可以把分析小屋看成是一个阻容环节，即一阶滞后环节，这是由于新进入的空气与小屋内部滞留的原有空气混合平均所造成的，而原有空气中可能含有分析仪系统的泄漏物，新鲜空气将原有空气逐步置换完毕需要一段时间，置换所需空气量远比小屋的空气容纳量要大。

按一阶滞后环节计算，置换完成至 95% 时所需空气量为小屋容积的 3 倍，置换完成至 99% 时所需空气量为小屋容积的 5 倍，通常取小屋容积的 3 倍为置换一遍所需空气量。则分析小屋的通风流量可按下式计算：

最小通风流量＝小屋内部体积×3（倍）×10（次/h）

例如，一个内部尺寸 5m（长）×2.5m（宽）×2.5m（高）的分析小屋，正压通风所需最小通风流量 Q_{min} 为

$$Q_{min}=5m×2.5m×2.5m×3×10/h=937.5m^3/h$$

实际设计是可预留一定裕量，取 $Q=Q_{min}×1.3\sim1.5$。

(2) 排风口开孔尺寸计算 排风口开孔尺寸可以通过下述办法计算，将所有排风口看作一块节流孔板，近似计算其总面积，孔板的流量（排放）系数为 0.61，按下式计算：

$$A=\frac{Q}{0.61\sqrt{2gh}} \tag{22-1}$$

可简化为：

$$A=\frac{Q}{0.77\sqrt{p}} \tag{22-2}$$

式中 A——排风口的总面积，m^2；

Q——正压通风的空气流量，m^3/s；

g——重力加速度常数，$9.81m/s^2$；

h——小屋内需维持的正压压力，m；

p——小屋内需维持的正压压力，Pa。

对于最小的 25Pa 正压，式 (22-2) 可简化为：

$$A=Q/3.85 \tag{22-3}$$

例如，对于上述分析小屋的通风流量，取

$$Q=Q_{min}×1.3=937.5m^3/h×1.3$$
$$=1219m^3/h=0.3386m^3/s$$

则排风口的总面积为

$$A=Q/3.85(m^2)=0.3386÷3.85=0.088m^2$$

考虑到小屋还有其他一些泄漏点，如门密封处、墙壁接缝处、管道和电缆入口处等，加之小屋内需维持的正压压力应 25～50Pa 之间，实际设计时，可对计算所得的排风口总面积适当缩小，乘以修正系数 0.9～0.7。

22-19 分析小屋的安全检测报警系统由哪些部件组成？

答：(1) 可燃气体检测报警器 宜选用检测探头和信号变送器一体化结构的产品，并带就地显示表头和接点信号输出。

(2) 有毒气体检测报警器 当样品中含有有毒组分时，需设有毒气体检测报警器，要求与可燃气体检测报警器相同。

(3) 氧含量检测报警器 又称缺氧报警器，分析小屋内部空气中的氧含量低于正常值（干空气氧含量为 20.9%，25℃、相对湿度 50% 时，氧含量约为 20.6%）较多时，容易造成人员缺氧，呼吸困难、头痛、晕倒甚至死亡事故，应予以高度重视。要求与可燃气体检测报警器相同。

(4) 火灾报警器 一般由烟雾传感器和温度传感器组成，其信号可接入全厂火灾报警系统，同时接入小屋就地报警系统。

(5) 声光报警器件 指警笛、警灯（宜选旋转闪光型），装在小屋外边。

(6) 安全报警系统 其作用是报警和联锁，由小型可编程序报警器（PLC）进行控制，装在防爆报警控制箱内，面板上设有各种指示灯和按钮。

安全检测报警系统应能实现就地报警（小屋室内和室外）、控制室报警和联锁控制 （如启动风机）功能。

22-20 防爆报警控制箱面板上的指示灯和按钮有哪些？分别起什么作用？

答：防爆报警控制箱面板上的指示灯和按钮有如下一些：

电源指示灯（白色） 表示报警系统处于上电状态；

安全状态指示灯（绿色） 表示分析小屋处于安全状态，无报警发生；

报警指示灯（黄色） 用于可燃气体、有毒气体、缺氧报警；

报警指示灯（红色）　用于火灾报警；

试验按钮　又叫试灯按钮，用于检查报警系统工作是否正常；

确认按钮　又叫消音按钮，维护人员按下该钮，通知控制室已经知道发生了报警，正在进行处理，同时停止警笛鸣响；

复位按钮　用于报警系统复位；

紧急报警按钮　维护人员在分析小屋内遇到危险情况时，按动该钮，报警求援。

22-21　分析小屋的可燃气体、有毒气体、缺氧报警值如何设置？

答：分析仪小屋内危险气体的报警设定值，国内外标准不尽一致，国外也不尽一致。

（1）对可燃气体的报警设定值规定　我国 GB 12358《作业环境气体检测报警仪通用技术要求》、SH 3063《石油化工企业可燃气体和有毒气体检测报警设计规范》和 SY 6503《可燃气体检测报警器使用规范》均规定为 25％LEL；

EEMUA No.138 规定为 20％LEL。

（2）对有毒气体的报警设定值规定　SH 3063 标准规定，达到 100％TLV 时报警，但如试验用标准气调制困难时，可将报警点设定在 200％TLV；

EEMUA No.138 标准规定，达到 100％TLV 时报警。

（3）对缺氧的报警设定值规定　当小屋内空气中氧含量降至 19％时报警。

22-22　什么是 TLV？

答：TLV 是英文 Threshold Limit Value 的缩写，字面含义为"阈限值"。实际上是指空气中有害物质的职业接触限值，或者说是空气中有害物质的最高允许浓度。

职业接触限值是指为了保护作业人员而规定的车间空气中有害物质含量不应超过的接触水平。

应当说明，TLV 值是长期接触限值，即作业人员在有害气体环境中，以中等劳动强度每天连续工作 8h，一个月（按 20 个工作日计）之内对健康无害的允许限，而非短期接触值。

22-23　当样品中含有有毒组分时，需采取哪些措施？

答：（1）样品处理箱和标气（液）瓶应装在小屋外面，其传送管线严格密封，谨防泄漏。

（2）对样品系统应设吹扫，吹扫时格外小心。

（3）应在适当位置设警示标志。

（4）小屋内需设有毒气体检测报警器，并保持良好通风。

22-24　可燃气体、有毒气体、缺氧检测器应安装在分析小屋内的什么位置？

答：可燃气体检测器应安装在可能发生泄漏的部位附近，当可燃气体比空气轻时，安装在小屋上部距顶棚 0.2m 高处；当可燃气体比空气重时，安装在小屋下部距地板 0.5m 高处。安装位置应避免设在通风口附近或小屋内的死角处，并应避开空气流动通道。

有毒气体检测器和缺氧检测器一般应设于小屋内 1.5m 高度处（人的呼吸高度）。

22-25　分析小屋的危险区域等级如何确定？对安装在小屋内、外的电气设备和仪表的防爆等级有何要求？

答：根据国内外有关标准和实际经验，对分析小屋内、外危险区域的界定和电气防爆要求可归纳如下。

分析小屋外部：危险区域与小屋所处区域相同，可据此确定安装在小屋外部的电气设备和仪表的防爆等级要求。

分析小屋内部：当小屋采取了自然通风（在 2 区）和正压通风（在 1 区）措施时，小屋内部的危险区域等级为 2 区（即使外部环境为 1 区）。安装在小屋内部的电气设备和仪表的防爆等级应按 Ex IIBT3 或 Class 1，Division 2，Group B，C，D 要求。如果采用 H_2 作载气或分析对象中有 H_2 存在，则分析小屋内靠近顶棚处的电气防爆等级应按 Ex IICT2 或 Class 1，Division 2，Group B（氢气）要求。

22-26　有人认为，如果气相色谱仪采用 H_2 作载气，则分析小屋内、外的电气设备都应当是 Ex IIC 防爆等级的，理由是氢气钢瓶和氢气管路上的阀门、接头很可能发生泄漏，属于泄漏源，而氢气是 C 组易燃易爆气体，所以应采用 Ex IIC 等级的电气设备。这种看法对吗？

答：这种看法不正确，是一种不符合实际情况的过高要求。

众所周知，在数量庞大的分析化验室中大多配有气相色谱仪，而气相色谱仪几乎都用 H_2 作载气，如果按照上述意见，这些化验室中的仪器设备都应采用 Ex IIC 防爆等级的，否则便不能进行分析，这显然是十分荒唐的。事实上，这些化验室中的分析仪器和电气设备都是非防爆的，其安全操作规程规定，进行分析时保持良好通风即可。

对于现场分析小屋来讲，可作如下具体分析。

（1）氢气钢瓶属于压力容器，经过严格试压试漏，不可能发生泄漏，不属于泄漏源。氢气管线上的阀门、接头也经过严格试压试漏，当然不排除有偶尔发生泄漏的可能，但泄漏量是十分微小的，不能将其和工业装置氢气管道上的阀门、压缩机、泵等同对待，看成足以形成爆炸危险区域的泄漏源。

（2）即使氢载气管线上的阀门、接头偶尔发生泄漏，由于 H_2 的比重仅为 0.07，比空气轻得多，泄漏出的少量 H_2 迅速垂直向上扩散，不可能在分析小屋外与空气充分混合，形成爆炸性气体混合物（H_2 的爆炸下限为 4%）并滞留在分析小屋附近。

（3）同样，在分析小屋内部，除小屋顶棚外的其余空间也不可能发生上述情况，只有小屋顶棚附近的有限空间可能出现 H_2 滞留并形成爆炸性气体混合物的危险。由于分析小屋采取了通风和可燃气体检测报警措施，即使出现 H_2 积累，也不可能持久或扩散至小屋中下部。

（4）产生爆炸的三个充分必要条件是，易燃气体、易燃蒸汽与空气混合形成爆炸浓度、点火源，三者缺一不可。既然小屋外部和小屋内顶棚以下部分不可能形成氢气爆炸性混合物，当然也不能把这些部位作为氢气爆炸性危险场所对待。

根据以上分析，分析小屋内靠近顶棚处的电气防爆等级应按 Ex IICT2（H_2 的温度组别为 T1）要求，而小屋下部和小屋外部采用 Ex IIBT3 等级的电气设备即可，没有必要全部采用 Ex IIC 等级的电气设备。

22-27 现场分析小屋内能不能安装非防爆型仪表？

答：根据工程设备和材料用户协会标准 EEMUA No. 138《在线分析仪系统的设计和安装》，在强制通风的分析小屋内，可以安装非防爆型仪表，但必须符合以下两个条件。

（1）小屋采取了正压通风措施，通风空气取自安全区域。

（2）小屋内有安全检测报警和联锁系统，当发生下述情况时，自动切断非防爆型仪表的电源。

• 正压通风系统工作不正常或出现通风故障，造成小屋内正压低于 25Pa、通风量不足（为达到每小时 10 次空气置换量）或通风中断。

• 小屋内可燃性气体浓度达到报警设定值 25% LEL。

我国标准对此尚无明确规定，如需安装非防爆型仪表时，可在分析小屋内加装正压防爆型仪表柜，将分析仪装在柜内，通仪表空气吹扫并维持正压，当吹扫故障或打开柜门时，自动断电。

（EEMUA 是工程设备和材料用户协会的英文缩写，英文全称为 The Engineering Equipment and Materials User Association。其会员几乎囊括了西欧和北美石油、天然气、化工、能源工业领域中所有的国家大型公司和跨国公司。）

22-28 对安装在分析小屋的电气设备（包括仪表），其外壳防护等级有何要求？

答：电器设备的外壳防护等级在 IEC 60529 和 GB 4208 中仅指防尘和防水（包括对人体接触的防护），以 IP 代码标注。在美国防火协会标准 NEMA ICSI-110 中除指防尘和防水外，还包括防腐蚀和防爆，以 NEMA 代码标注。

安装在小屋外的电气设备，其防护等级要求一般如下。

露天安装：IP55 或 NEMA 4X

带防雨遮沿时：IP54 或 NEMA 4X

非腐蚀性气氛：NEMA4

安装在小屋内的分析仪和电气设备，其防护等级要求一般如下。

垂直方向有倾斜面：IP52 或 NEMA 12

垂直方向无倾斜面：IP51 或 NEMA 12

22-29 对分析仪系统的安装有何要求？

答：分析仪的安装方式有壁挂式、落地式、架装或保护箱安装等，应按仪表安装说明书要求进行，注意留有维修空间和操作通道。壁挂式安装支撑材料宜采用镀锌碳钢或不锈钢横、竖滑架，可灵活、可靠地满足分析仪的安装要求。

安装位置及其附近应无振动源、过热源和电磁干扰源，否则要采取防震、隔热和抗电磁干扰措施。

分析仪的配管较为复杂，以过程色谱仪为例，包括样品、载气、标气、燃烧气（H_2）、助燃气（Air）、仪表空气、伴热蒸汽等管线，其样品管线又分为进样、快速回路、分析回路、排火炬和排空等。其他分析仪还可能有氮气（吹扫用）和冷却水（样品处理用）管线等。应按布局合理、横平竖直、整齐美观、配件统一、操作和维修方便的要求加以组配安装。

22-30 对样品、载气、标气管线的配管和管路敷设有何要求？

答：（1）样品、载气、标气管线采用 1/4″、3/8″、1/8″Tube 管，双卡套接头连接，材质为 316SS，一般采用完全退火的无缝钢管。

（2）进入分析小屋的管线均应在小屋外的入口附近加装截止阀，以便小屋内出现危险情况时可从外部加以关断。

（3）穿墙进、出小屋时应通过穿板接头。

（4）危险介质（如样品、H_2 载气和燃烧气等）应在其入口管线上加装过流阀或限流孔板，限制进入小屋的流量（最高不超过正常需要量的 3 倍）。

（5）分析后样品经集气管（1½″）后放空，快速回路和旁通样品汇总后排火炬。

22-31 对仪表空气管线的配管和管路敷设有何要求？

答：（1）外部供气管线一般采用 1/2″镀锌钢管，进入小屋前应通过截止阀和过滤减压装置，过滤器和减压阀应配备两套，并联安装，一用一备，以利维修和清洗。穿墙进入小屋时应加装密封圈进行室内外密封隔离。

（2）仪表空气进入小屋后应通过总管分配至用气设备，总管应有足够容积，（管径一般为1″），防止压力波动影响分析仪正常运行。如果小屋用气设备较多，应加设储气罐，储气罐一般应装在小屋外。

（3）供气总管应优先采用304不锈钢管，也可采用镀锌钢管，管子应是无缝型的。总管与外部供气管线的连接用法兰连接方式。

（4）供气总管应架空水平敷设，并保持一定倾斜度（斜向总管末端），以利排污。总管末端出口处应用盲板或丝堵封住，而不能焊死。

（5）在总管取气时，取源部件应位于水平总管顶部，经过倒U形弯引下来，每条支管均应装截止阀，以保证某台用气设备故障或正常吹扫维修时的隔离。

（6）供气支管可选用304 Tube管，管径不小于3/8″OD。

22-32 对氮气管线的配管和管路敷设有何要求？

答：工厂氮气一般用于分析仪和样品系统吹扫，配管要求与仪表空气管线相同。

22-33 对低压蒸汽管线的配管和管路敷设有何要求？

答：低压蒸汽用于样品伴热保温和小屋内部加热，前者管材一般为1/2″OD Tube不锈钢管，后者可选用3/4″OD镀锌钢管。

进入小屋前应装截止阀和减压/稳压阀。活接头只能用于室外，室内采用焊接连接，以防泄漏。与外部供气管线的连接采用法兰连接方式。穿墙时应加装密封圈进行室内外密封隔离。

22-34 对电源线和信号线的配线和线路敷设有何要求？

答：电源线和信号线应分别进线，分开敷设。

（1）电源线　采用阻燃型铜芯绝缘电线，线芯截面积为：分析仪供电≮2.5mm²，公用设备供电≮3.5mm²。

（2）信号线　优先采用铜芯聚乙烯绝缘、聚氯乙烯护套、阻燃型多芯软电缆，其屏蔽方式为铜带绕包对屏，铜线编织总屏。

线芯截面积一般为：

| 4～20mA信号线 | 0.75mm² |
| 接点信号线 | 1.0mm² |

通信电缆应根据分析仪要求选配，一般为2.5mm²对绞线（也可能采用同轴电缆、光纤电缆）。

不同电平等级和不同类型的信号线应经过各自的接线箱转接，不得混杂在一个接线箱内。特别注意4～20mA本安信号线和非本安信号线不得混杂在一个箱内接线。

信号接线箱应留出至少15％的备用端子。

（3）电缆敷设　从室外接线箱进入小屋的电缆宜采用保护管敷设方式，保护管穿墙时，应加装密封圈进行室内外密封隔离。

电源线和信号线应分别进线，分开敷设。本安和非本安信号线应分别进线，分开敷设。

在分析小屋内，电源线应穿保护管敷设。信号线也可穿管敷设，但成本较高，采用桥架加汇线槽方式敷设经济实惠，也能满足安全要求。

22-35 分析仪的接地系统如何设置？

答：分析仪的工作接地和屏蔽接地一般位于控制室侧，分析小屋的接地主要指安全接地。分析仪、用电设备、接线箱、配电箱、穿线管、桥架、汇线槽、预处理箱、小屋本体（包括门）等，均应作保护接地，经接地支线、汇流排接入电气专业接地网，接地电阻应为4～10Ω。

接地支线采用绿/黄相间标记的铜芯绝缘多股软线，线芯截面积一般为2.5～4mm²。

接地干线采用铜芯绝缘电线，线芯截面积一般为16～25 mm²。

22-36 分析小屋和分析仪系统如何进行标识？（设置哪些铭牌？标注什么内容？）

答：分析小屋和分析仪系统应按如下要求进行标识。

（1）每个分析小屋都应在主门上方设单独的不锈钢铭牌，标明小屋编号和其中分析仪的位号。

（2）每台分析仪应有一个单独的铭牌，标明其位号和用途，分析仪的主要部件也应标注制造厂名称、型号和系列号，以便辨识。

（3）每个样品处理箱应有一个单独的铭牌，标明其相对应的分析仪位号和流路识别号，箱内部件标识要求见样品处理系统的安装要求。

（4）管线进出小屋的穿板接头处，进出分析仪和样品处理箱的接管口处，均应标明其流路号或介质名称，并应标注流动方向。

（5）主要电气设备、每个接线箱、配电箱均应有单独的铭牌，标明其编号和/或用途。电线、电缆应打印线号，接线端子应加识别标记。

（6）高温高压源、有毒或窒息性气体应有警告牌。

（7）室外铭牌应采用不锈钢刻蚀，一般用途刻黑字，示警用途刻红字。用铆接方式固定。

（8）室内铭牌可采用层压塑料，一般用途白底黑字，示警用途红底白字。用不锈钢螺丝固定（但主要仪表、设备应采用不锈钢铭牌）。

附录 化工分析仪表维修工国家职业标准

(本标准由国家劳动和社会保障部组织制定并批准，自2005年1月28日起施行。此处仅摘录了其中对化工分析仪表维修工的工作要求部分。)

3. 工 作 要 求

本标准对初级、中级、高级、技师和高级技师的知识和技能要求依次递进，高级别涵盖低级别的要求。

3.1 初级（国家职业资格五级）

职业功能	工作内容	技能要求	相关知识
化工分析仪表维修	（一）维修前的准备	1. 能识读带控制点的工艺流程图 2. 能识读分析仪表供电、供气原理图 3. 能识读本岗位在线分析系统结构框图及接线图 4. 能识读可燃气体报警器、有毒气体报警器、火灾报警检测器分布图 5. 能根据维修需要选用标准仪表、工具、器具和材料	1. 工艺生产过程和设备基本知识 2. 自控仪表图例相关知识 3. 标准仪表的使用方法及注意事项 4. 工具、器具的使用方法及注意事项 5. 化学试剂的物性知识、使用方法及安全注意事项
	（二）使用与维护	1. 能使用和维护酸度计、电导仪等分析仪表 2. 能使用和维护可燃气体报警器 3. 能使用万用表、兆欧表等测试仪表 4. 能对酸度计、电导仪等在线分析仪表进行防冻、防腐、防泄漏处理	1. 酸度计、电导仪等分析仪表的工作原理及使用方法 2. 可燃气体报警器的工作原理及使用方法 3. 万用表、兆欧表等测试仪表的工作原理及使用方法 4. 酸度计、电导仪等在线分析仪表的防冻、防腐、防泄漏处理方法
	（三）检修与投入运行	1. 能对酸度计、电导仪等分析仪器进行检修、调试及投入运行 2. 能计算酸度计、电导仪等分析仪器测量误差 3. 能进行计量单位换算	1. 酸度计、电导仪等分析仪器及可燃气体报警器的检修规程 2. 酸度计、电导仪等分析仪器和可燃气体报警器的调试及投入运行方法 3. 仪表测量误差知识 4. 计量单位及换算知识
	（四）故障判断与处理	1. 能判断和处理酸度计、电导仪等分析仪器的故障 2. 能判断酸度计、电导仪电极的使用情况 3. 能判断和处理可燃气体报警器的故障	1. 酸度计、电导仪等分析仪器的故障寻找及排除方法 2. 酸度计、电导仪电极结构知识 3. 可燃气体报警器的故障判断及处理方法

3.2 中级（国家职业资格四级）

职业功能	工作内容	技 能 要 求	相 关 知 识
化工分析仪表维修	（一）维修前的准备	1. 能识读自动控制系统原理图 2. 能识读在线分析系统及可燃气体报警器回路图 3. 能识读单流路预处理系统原理图	1. 自动控制系统的组成及功能 2. 在线分析系统及可燃气体报警器回路图的识读方法 3. 单流路样品预处理系统知识
	（二）使用与维护	1. 能使用和维护红外线分析仪、氧分析仪、微量水分析仪等分析仪表 2. 能使用和维护有毒气体报警器 3. 能使用和维护单流路预处理系统 4. 能使用标准信号发生器、频率发生器等测试仪表 5. 能识读分析仪表发出的报警信息	1. 红外线分析仪、氧分析仪、微量水分析仪等分析仪表的工作原理及使用方法 2. 有毒气体报警器的工作原理及使用方法 3. 单流路预处理系统的维护知识 4. 标准信号发生器、频率发生器等测试仪表的使用方法
	（三）检修与投入运行	1. 能对红外线分析仪、氧分析仪、微量水分析仪等分析仪表进行检修、调试及投入运行 2. 能对有毒气体报警器进行检修、调试及投入运行 3. 能对单流路预处理系统进行检修、调试及投入运行	1. 红外线分析仪、氧分析仪、微量水分析仪等分析仪表的检修规程 2. 有毒气体报警器的检修规程 3. 单流路预处理系统的检修规程
	（四）故障判断与处理	1. 能判断和处理红外线分析仪、氧分析仪、微量水分析仪等分析仪表的故障 2. 能判断和处理有毒气体报警器的故障 3. 能判断和处理单流路预处理系统的故障	1. 红外线分析仪、氧分析仪、微量水分析仪等分析仪表的故障判断及处理方法 2. 有毒气体报警器的故障判断及处理方法 3. 单流路预处理系统的故障判断及处理方法

3.3 高级（国家职业资格三级）

职业功能	工作内容	技 能 要 求	相 关 知 识
化工分析仪表维修	（一）维修前的准备	1. 能识读自动化仪表工程施工图 2. 能识读与仪表有关的机械设备装配图 3. 能根据工作要求自制安装检修用的专用工具 4. 能根据工作要求选用适用的材料及配件	1. 自动化仪表施工及验收技术规范 2. 分析仪表有关的机械设备装配知识 3. 材料、配件的性能及使用知识
	（二）使用与维护	1. 能使用和维护气相色谱仪等分析仪表及其外围设备 2. 能使用和维护可燃气体报警等系统 3. 能维护多流路样品预处理系统	1. 气相色谱仪等分析仪表及其外围设备的工作原理及使用方法 2. 可燃气体报警等系统知识 3. 多流路样品预处理系统知识

职业功能	工作内容	技 能 要 求	相 关 知 识
化工分析仪表维修	(三)检修与投入运行	1. 能对气相色谱仪等分析仪器及其外围设备进行检修、调试及投入运行 2. 能对可燃气体报警等系统进行检修、调试及投入运行 3. 多流路样品预处理系统进行检修、调试及投入运行	1. 气相色谱仪等分析仪器及其外围设备的检修规程 2. 可燃气体报警等系统的检修规程 3. 多流路样品预处理系统的检修规程
	(四)故障判断与处理	1. 能判断和处理气相色谱仪及其外围设备的故障 2. 能判断和处理可燃气体报警等系统的故障 3. 能判断和处理多流路预处理系统的故障	1. 气相色谱仪等分析仪器及其外围设备的故障判断与处理方法 2. 可燃气体报警等系统的故障判断与处理方法 3. 多流路预处理系统的故障判断与处理方法

3.4　技师（国家职业资格二级）

职业功能	工作内容	技 能 要 求	相 关 知 识
化工分析仪表维修	(一)使用与维护	1. 能使用和维护质谱仪、分析仪表工作站、在线密度计等分析仪表 2. 能编制在线分析成套系统的维护规程	1. 质谱仪、分析仪表工作站、在线密度计等分析仪表的工作原理 2. 维护规程编写标准规范知识
	(二)检修与投入运行	1. 能对在线分析仪表工作站、在线密度计等进行检修、调试及投入运行 2. 能对在线分析成套系统进行拆卸、清洗、组装、调试和投入运行	1. 在线分析仪表工作站、在线密度计等系统的维修规程 2. 在线分析成套系统的检修知识
	(三)故障判断与处理	1. 能判断和处理在线分析仪表工作站、在线密度计等分析系统的故障 2. 能利用计算机控制系统及分析仪表的相关信息判断并处理故障	1. 在线分析仪表工作站、在线密度计等系统的故障判断与处理方法 2. 计算机控制系统及分析仪表的故障信息知识
管理	(一)质量管理	1. 能组织开展质量攻关 2. 能组织相关人员进行协同作业	相关的计量、质量标准和技术规范
	(二)生产管理	能组织相关岗位进行协同作业	生产管理基本知识
培训指导	(一)理论培训	1. 能撰写生产技术总结 2. 能对本职业初级、中级、高级操作人员进行理论培训	1. 技术总结撰写知识 2. 职业技能培训教学方法
	(二)操作指导	1. 能传授特有操作技能和经验 2. 能对本职业初级、中级、高级操作人员进行现场操作指导	

3.5 高级技师（国家职业资格一级）

职业功能	工作内容	技 能 要 求	相 关 知 识
化工分析仪表维修	（一）故障判断与处理	1. 能对因分析仪表引起的生产装置的非正常停车进行紧急处理，恢复正常生产 2. 能对分析仪表通信故障进行判断和处理	1. 化工工艺操作规程 2. 分析仪表通信故障的判断和处理方法
	（二）检修与投入运行	1. 能对带控制及联锁的在线分析系统进行检修、调试及投入运行 2. 能判断在线分析仪表系统在运行中引起误差的原因	1. 仪表控制、报警、联锁与工艺过程的关系 2. 在线分析仪表系统的误差知识
管理	（一）质量管理	1. 能制定各项质量标准 2. 能制定质量管理方法和提出改进措施 3. 能按质量管理体系要求指导工作	1. 质量分析与控制方法 2. 质量管理体系的相关知识
	（二）生产管理	1. 能协助编制生产计划、调度计划 2. 能协助进行人员的管理 3. 能组织实施本装置的技术改进措施项目	1. 生产计划的编制方法和基本知识 2. 项目技术改造措施实施的相关知识
	（三）技术改进	1. 能编写工艺、设备的改进方案 2. 能参与重大控制方案的审定	1. 工艺、设备改进方案的编写要求 2. 控制方案的编写知识
培训指导	（一）理论培训	1. 能撰写技术文章 2. 能编写培训大纲	1. 技术文章撰写知识 2. 培训计划、教学大纲的编写知识 3. 本职业的理论及实践操作知识
	（二）操作指导	1. 能对技师进行现场指导 2. 能系统讲授本职业的主要知识	